“十二五”职业教育国家规划教材
经全国职业教育教材审定委员会审定
普通高等教育“十一五”国家级规划教材

空调技术

第2版

主编 付小平
参编 程瑞端 李时东
主审 朱 能

机械工业出版社

本书为经全国职业教育教材审定委员会审定的“十二五”职业教育国家规划教材，是高职高专院校供热通风与空调技术制冷与空调技术等相关专业的主干课教材之一。本书全面系统地阐述了空调技术的主要内容，包括空气与其焓湿图、空调负荷与送风量、空气的热湿处理与空调设备、空调冷热源、空调系统、空调风管道系统及设计、空调水系统及设计、空调房间的气流组织、室内空气质量与空气净化处理、空调系统的消声与隔振、空调工程设计以及空调系统的测定与调整，共12章。每章之后均有本章要点，并配有思考题与习题。

本书可作为高职高专院校、成人高等学校空调、制冷类专业教材，还可作为从事空调工程设计、施工和中央空调系统运行管理、维护保养人员的培训教材，也可作为相关专业本科学生、专业技术人员和管理人员的学习参考书。

本书配有电子课件，凡使用本书作为教材的教师可登录机械工业出版社教育服务网 www.cmpedu.com 注册后下载。咨询邮箱：cmpgaozhi@sina.com。咨询电话：010-88379375。

图书在版编目（CIP）数据

空调技术/付小平主编. —2版. —北京：机械工业出版社，2015.12（2025.4重印）

“十二五”职业教育国家规划教材　普通高等教育“十一五”国家级规划教材

ISBN 978-7-111-52586-8

Ⅰ.①空…　Ⅱ.①付…　Ⅲ.①空调技术—高等职业教育—教材　Ⅳ.①TB657.2

中国版本图书馆CIP数据核字（2015）第308257号

机械工业出版社（北京市百万庄大街22号　邮政编码100037）
策划编辑：张双国　　责任编辑：张双国
版式设计：霍永明　　责任校对：陈　越
封面设计：路恩中　　责任印制：常天培
北京中科印刷有限公司印刷
2025年4月第2版第10次印刷
184mm×260mm · 22印张 · 3插页 · 546千字
标准书号：ISBN 978-7-111-52586-8
定价：59.80元

电话服务	网络服务
客服电话：010-88361066	机　工　官　网：www.cmpbook.com
010-88379833	机　工　官　博：weibo.com/cmp1952
010-68326294	金　　书　　网：www.golden-book.com
封底无防伪标均为盗版	机工教育服务网：www.cmpedu.com

第2版 前言

《空调技术》自2003年出版以来，深受高职高专院校相关专业师生和广大社会读者的欢迎，先后重印8次，发行了2万余册。随着我国经济和社会的快速发展，国家对合理利用资源、节约能源、保护环境、关注人的舒适健康提出了越来越高的要求，从而推动空调行业快速发展，新理念、新技术、新系统、新设备、新装置的应用日益广泛和成熟，这些成果需要得到及时反映；国家有关部门组织修订和新制定了一大批专业规范和标准，教材的相关内容需要与时俱进给予更新，对于新出台的规范和标准，相关内容缺少的需要及时补充，表述不准确的需要得到规范；编者通过10多年的教学实践，对空调技术的课程内容和重点、难点的认识也有了进一步提高，对全书内容的撰写、取材和把握方面有了新的认识，基于以上原因，于是有了本次修订。

本次修订主要体现在以下几方面：

1. 增加新内容。一是新增了蓄冷系统、地源热泵系统、温湿度独立控制系统、多联机系统、地板送风系统、热泵系统等内容，以及溶液除湿空气处理机组、辐射板等设备和装置的介绍；二是新增了风管道和水管道使用的各种阀门介绍；三是新增了振动的危害与评价介绍；四是新增了50余幅插图；五是附录新增了5幅空调系统应用的实际工程图。上述内容的增加使本书内容更加充实。

2. 更新和增加引用规范和标准。本书第1版共引用了19个国家或行业规范和标准，为继续加强工程技术的规则意识教育教学内容，修订版除了更新其中的16个规范和标准外，还根据需要新引用了15个国家或行业规范和标准，如《民用建筑供暖通风与空气调节设计规范》（GB 50736—2012）、《通风与空调工程施工规范》（GB 50738—2011）等。

3. 调整章节。为了使本书的内容既体现循序渐进，又符合工程实际进程的先后顺序，将原第11章（空调系统的测定与调整）与第12章（空调工程设计）互换，将原第6章的“空调管道和设备绝热”部分从第6章调整到第7章。

4. 精简思考题和习题。精简了部分思考题和习题，更加突出了需要学生掌握的重点内容和知识点。

5. 纠正错误。更正了第1版文字和图表中发现的编写、绘制及印刷错误。

考虑到各相关院校和专业课程设置、教学学时以及教学侧重点均有所不同，本书编写时选取的信息量较大，知识点较多，任课教师可根据具体情况对书中的相关章节和内容酌情进行取舍。

本次修订工作由付小平、程瑞端和李时东合作完成，付小平担任主编并统稿，天津大学朱能教授任主审。

本次修订过程中，参考了众多专业教材、专著、论文、手册以及产品样本等，在此，谨向有关作者表示衷心的感谢。

由于本书所涉及的内容量大面广，限于编者的水平，难免有错误、疏漏和不妥之处，敬请广大读者提出宝贵意见，以使本书不断得到完善。

编　者

第1版 前言

空调行业是近20年我国发展最快的行业之一。空调技术的应用也越来越广泛，从人们的日常生活到国民经济各部门，从传统产业到高新技术产业，从国防科技到航空航天，到处都不可缺少。空调行业的快速发展和空调技术的广泛应用同时也带来了对空调专业人才需求的持续增长。改革开放前，我国只有为数不多的高等院校设置空调或相近专业，进入21世纪，国内大多数以工科为主的高等院校都设置有此类专业或专业方向，由此可见国内对高层次空调人才需求量之一斑。

本书是高职高专制冷与空调专业系列教材之一，是为满足空调或相近专业空调课程的教学需要而编写的，具有以下鲜明特色：

1. 紧紧围绕高职高专教育的培养目标，以其所要求的专业能力并结合空调职业岗位群的基本技术要求为主线安排本书的内容。基本理论和基础知识不追求系统性和完整性，以必需、够用为度；专业知识则突出针对性和实用性，充分反映目前广泛使用的各种空调技术和设备；专业名词、用语和技术性条文采用或参考了国家现行的最新规范和标准。

2. 本书内容精练、适用，对最基本、常用的空调设备和系统作了比较深入的分析和全面介绍，省略了方法繁多的负荷计算、很少用到的表冷器选择计算、喷水室设计计算、二次回风系统和诱导器系统的分析等，增加了空调冷热源、空调风管道系统设计、空调水系统设计、空调工程设计等实用内容，并尽量反映了现代空调（主要是舒适性空调）技术与设备的应用情况，如变风量、变水量系统，高层建筑空调系统形式，室内空气质量控制等。

3. 每章后给出了本章要点，能帮助学生更好地自学和掌握重点、难点，配置的思考题与习题对引导自学、启发思维、检验学习效果、掌握重点、理解难点能起到积极作用，同时也为开展讨论式教学创造了条件。

4. 本书充分考虑到一般设计、工程施工、运行管理、维护保养等职业岗位，对空调技术理论知识和专业技能的要求，内容实用、编排合理、叙述清晰、信息量大，并具有通用性，既可以作为高职高专、成人教育等大专院校相关专业的教学用书，也可以作为从事相关专业工作的工程技术人员和管理人员的工作参考书，以及社会从业人员的培训教材。

本书由深圳职业技术学院付小平、程瑞端和李时东合编，付小平担任主编并编写了绪论、第3、4、5、6、7、8、12章及附录，程瑞端编写了第9、10、11章，李时东编写了第1、2章。全书由付小平统稿，由天津大学环境工程学院副院长朱能教授主审。

需要特别说明的是，本书继承了传统专业理论中的许多精髓，其中部分公式、图表等直接取自书后的参考文献。在现代空调技术方面，则主要借助了国内外其他众多信息源，在此，本书编者谨向被引用了各种资料的原作者表示衷心的感谢。

由于编者的水平所限，书中难免有错漏之处，敬请读者不吝赐教。

编 者

目录

绪论

用人工的方法使某一特定空间内的空气参数达到一定要求的技术称为空气调节，简称空调技术或空调。空调技术是为满足生产过程、科学实验以及人们工作和生活对室内空气状态条件的要求而产生和发展起来的。经过20世纪一个世纪的发展，已形成了一个独立的，以工程热力学、传热学、工程流体力学为主要理论基础，综合建筑、机械、电工电子、自动控制、计算机等工程学科成果的现代空调技术学科分支，它专门研究和解决各类生产、工作、生活和科学实验所要求的特定空间空气环境问题。

0.1 空调的任务和技术手段

一个特定空间（如房间、车厢、机舱、船舱等）内空气的温度、湿度、流动速度、洁净度和新鲜度是描述其空气环境的基本参数，一般也是要进行调节和控制的基本参数。在一些特殊场合，有时还要求对空气的压力、成分等进行调节和控制。因此，空调的任务就是创造并保持能满足一定要求的特定空间空气环境。

一个特定空间内的空气环境一般要受到来自空间内部产生的热湿量和其他有害物的干扰，同时还要受到来自空间外部气候变化、太阳辐射和外部空气中有害物的干扰。为了保证特定空间内空气的有关参数（如温度、湿度、流动速度、洁净度、新鲜度等）处于限定的变化范围内，必须对这些干扰采取技术手段来消除它们的影响。通常采用的技术手段和能达到的目的主要有：

1）采用热湿交换技术，借助空气、水、制冷剂等介质，经热、质交换将特定空间内多余的热湿量消除或补充其热湿量的不足，以保证特定空间内空气的温湿度合适。

2）采用气流组织技术，通过选用合适的送回风口形式和恰当的布置，来保证特定空间内空气的合理流动并有合适的流速。

3）采用净化技术，将有害物捕捉、清（消）除，来保证特定空间内的空气洁净、无异味。

4）采用换气技术，不断补充外部空气，置换或稀释特定空间内的空气，以保证特定空间内空气中有一定的氧气含量。

由上可知，空调技术主要涉及以下几个方面的内容：

1）特定空间内、外干扰量的确定与计算。

2）空气的处理方法及装置选择。

3）空调系统形式的确定与设计。

4）特定空间气流组织设计与风口选择。

5）空调系统的消声、隔振、测定与调整。

由于空调是对特定空间内空气环境多个参数的调节和控制，因此在工程上将只能对特定空间内空气的温度进行调节和控制的技术手段称为供暖或降温；将只能把特定空间内空气中的有害物含量控制在一定卫生要求范围内的技术手段称为工业通风。实质上，供暖、降温以及工业通风都是控制特定空间内空气环境的技术手段，只是在调节和控制的要求上及全面性方面与空调有差别。因此，可以说空调技术是供暖技术、降温技术和工业通风技术的发展。

0.2 空调的基本方法和系统组成

空调的基本方法是以空气为介质，使送、排风参数不同来达到控制特定空间内空气参数的目的。即将一定量的某状态空气在单位时间里连续送入特定空间(送风)，同时排除一定量的空气(排风)，在送风和排风的同时作用下，使特定空间内的空气保持要求的状态。在建筑物里，特定空间通常称为空调房间，即空气环境受到控制且与室外空气不直接连通的建筑空间。空调房间既可以是大如体育馆内包含比赛场地和观众席的巨大空间，也可以是小如酒店的标准客房；既可以是工厂生产高品质产品的洁净车间，也可以是科研院所的恒温恒湿实验室。当特定空间只是房间内的部分空间区域而不是整个房间时，又称为空调区，如航站楼内的登机牌和行李托运办理区域。

一个典型的建筑中央空调系统主要由流体输送与分配系统、空调设备、冷热源以及控制和调节装置等四部分组成，如图0-1所示。

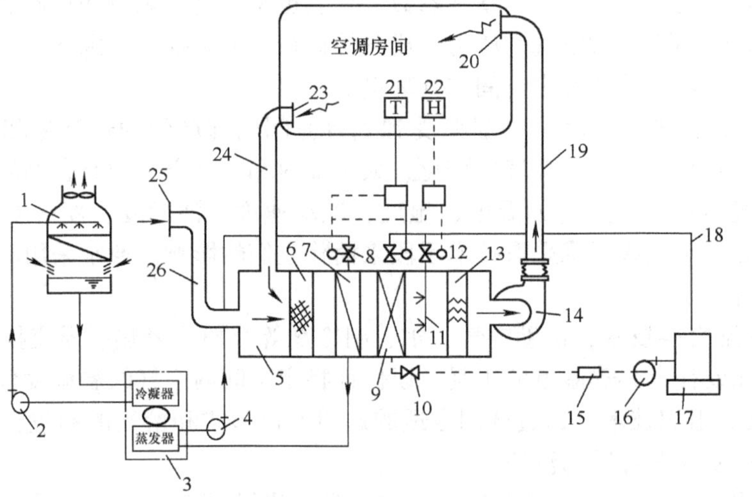

图0-1 典型建筑中央空调系统简图

1—冷却塔 2—冷却水泵 3—制冷机组 4—冷冻水泵 5—空气混合室 6—空气过滤器 7—空气冷却器 8—冷水调节阀 9—空气加热器 10—疏水器 11—空气加湿器 12—蒸汽调节阀 13—挡水板 14—风机 15—回水过滤器 16—锅炉给水泵 17—锅炉 18—蒸汽管 19—送风管道 20—送风口 21、22—温、湿度感应控制元件 23—回风口 24—回风管道 25—新风进口 26—新风管道按不同的中央空调系统形式，流体输送与分配系统可分为空调风系统和空调水系统两种类型。全空气空调系统的流体输送与分配系统为风系统，主要包含送风系统和回风系统两部分。送风系统的作用是将经空调设备（如组合式空调机组）处理过的空气送入空调房间，该部分主要由送风管道与送风口组成。回风系统由室内回风口和回风管道组成，主要作用是将空气从空调房间内吸出并送回空调设备进行再处理。风机盘管加新风空调系统等以水为主要输送对象的空调系统的流体输送与分配系统，是由连接冷热源与空调设备（如风机盘管）的送回水管组成的水系统。其作用是将经冷热源冷却或加热的水先送入空调设备与空气进行热湿交换，再将升温或降温后的水从空调设备送回冷热源进行再处理。

空调设备的作用是将准备送入空调房间或区域的空气进行加热、冷却、加湿、除湿以及净化等处理，使其达到规定的状态。空调设备可以集中设于一处，为整幢建筑物服务，也可以分散设置在建筑物的不同地点，分别为其附近的空调房间或区域服务；可以设在专用空调机房内，也可以直接安装在空调房间内就地处理空气。常用的空调设备有组合式空调机组、柜式风机盘管（风柜）、风机盘管等。

冷源是为空调设备对空气进行冷却处理提供冷量的。常用的空调冷源设备主要是能生产低温水的各种冷水机组，也有用制冷装置的蒸发器来直接冷却空气的。热源是为空调设备提供加热空气所需热量的。常用的空调热源设备主要是能生产热水的各种锅炉。直燃型溴化锂吸收式冷热水机组、热泵型冷热水机组等则是空调冷热源一体化设备。空调工程采用的天然冷热源主要是江河湖海等地表水和地下水。

空调系统配备的控制和调节装置（包括各种测量元件、调节器和执行机构），能自动或人工手动调节送风的参数、送排风量或供水参数和供水量等，以适应空调系统的负荷变化，保持特定空间内要求的空气状态，同时保证空调系统经济、节能地运行。

0.3 空调的作用和应用

空调对国民经济各行业的发展和对人民物质文化生活水平的提高具有重要意义。这不仅意味着受控的空气环境对各种生产过程的稳定进行和保证产品的质量和产量有重要作用，而且对提高劳动生产率、保护人体健康、创造舒适的工作和生活环境也有重要意义。

空调的作用是抵御特殊空间内空气环境的内外干扰，维持所需要的空气环境，按其服务对象或用途不同可分为舒适性空调（或舒适空调）和工艺性空调（或工艺空调）两大类。

舒适性空调以满足人对特定空间内空气环境的舒适性要求为主要目的，舒适的环境使人精神愉快、心情舒畅，既有利于身体健康，又有利于提高工作、学习效率。办公楼（写字楼）、旅馆（酒店）、商场、影剧院、餐厅、体育馆、室内娱乐场所、图书馆、博物馆、展览馆、机场航站楼、火车候车室等公共建筑中所用的空调都属于舒适性空调。

工艺性空调（又称为工业空调）以满足生产工艺和科学实验过程、设备运行、产品储存和物品珍藏等对特定空间内空气环境的特殊要求为主要目的，工作人员的舒适要求在有条件时可兼顾。

工艺性空调的控制要求千差万别，不同的使用对象有不同的空气环境参数的调控要求。例如以高精度恒温恒湿为特征的精密机械及仪器制造业，在其生产过程中，为避免元器件由于温度变化产生胀缩而影响产品精密度、由于湿度过大引起表面锈蚀，一般都严格规定环境的基准温度和湿度及其偏差范围，如 (20 ±0.1)℃，(50 ±5)%。

天然和化学纺织纤维多数属于吸湿性或易产生静电的材料，在不同的空气温、湿度条件下，它们的物理特性和机械特性（如回潮率、强力、伸长度、柔软性及导电性等）都会随空气温、湿度的变化而发生不同程度的变化，进而直接影响纺织生产的顺利进行及产品的产量和质量。因此，不同的纺织工序都有不同的温、湿度控制标准。

由于纸张有湿涨干缩的特性，因此彩色印刷生产过程对空气环境相对湿度的控制要求很高，以保证套色准、防静电、纸张不卷曲、不折皱。

在电子产品生产过程中，除了有一定的温、湿度要求外，往往还对室内空气的洁净度有很高要求，以保证生产过程和产品的高精度、高纯度及高成品率。例如，超大规模集成电路生产的某些工艺过程，空气中悬浮微粒的控制粒径为 0.1μm，规定每立方米空气中大于和等于0.1μm的粒子总数不得超过 1000 粒或 100 粒，甚至有不超过 10 粒的要求。

为了保证精密仪器和精密机械的使用精度，其安装使用的房间通常也都有温、湿度和洁净度的控制要求。而药品、制剂、食品生产以及生物实验室、医院的手术室、烧伤病房等，不仅要求一定的空气温、湿度，而且要求控制空气中的含尘浓度及微生物数量，以防止产品被污染或人体被感染。

此外，胶片、光学仪器、橡胶、卷烟等生产或加工过程都有一定的温、湿度控制要求。作为工业生产部门常用的计量室、控制室及大型计算机房等，也均有比较严格的空调要求。

现代农业的发展也与空调密切相关，如植物温室、禽畜养殖、粮食贮存等，都需要对内部空气环境进行调节和控制。

交通运输工具如飞机、船舶、汽车及火车，有的必须设置空调，有的空调装备率正在随着人们物质生活水平的提高逐年上升。

另外，在宇航、地下与水下设施以及军事领域，空调也都发挥着重要作用。有些科学实验要求建立人工气候室以模拟高温、高湿、低温、低湿等特殊空气环境，都离不开空调技术。

综上所述，空调技术作为特定空间空气环境的保障技术，正日益广泛地应用到国民经济和国民生活的各个领域，它对促进现代工业、现代农业、国防和科技的发展以及人民物质文化生活水平的提高都担负着十分重要的使命，是不可缺少的基本保证条件。

0.4 空调技术的发展概况

1890 年以后，空调技术获得初步成就，既有了工艺性空调，也有了舒适性空调。属于工艺性空调的有：1891 年在美国罗彻斯特采用贮存照相胶片的 E. Kodak 装置，1900 年纺织厂和卷烟厂的空调，1902 年纽约附近布鲁克林一家印刷厂的空调，1904 年汉堡中心电话交换站的空调等。舒适性空调有：1894 年德国法兰克福一幢房子和 1895 年美国圣路易斯一家私人图书馆的空调，1901 年蒙特卡洛娱乐场的空调，1902 年纽约证券交易所的空调，1904 年西德科隆和巴西里约热内卢剧场的空调等。

1906 年，空气调节（Air Conditioning）这一名词在独特的情况下出现于美国。美国的 S. W. Cramer 在北卡罗来纳州首次用它来表达利用环境空气“处理”棉花的方法，以区别于在纤维上直接加附加剂的处理方法。

美国的 W. H. Carrier 对空调事业的发展做出了卓越贡献：1902 年起，他在纽约附近的布鲁克林印刷厂里研究空气湿度的调节；1904 年他设计了带喷水室的集中式空调设备，这种喷水室至今还在采用；1911 年他得出了空气干球温度、湿球温度和露点温度的关系，以及空气显热、潜热和焓值间关系的计算公式，绘制了空气的焓湿图，这是空调史上的一个重要里程碑。

在空调系统方面，最早使用的是全空气系统，后来才有了空气-水系统。空气-水系统用水管代替了大部分大截面风管道，既节约了许多金属材料，又节省了风管道所占建筑物的空间，因此经济效益很高。早先的空气-水系统是诱导器系统，是 Carrier 在 1937 年发明的，它在以后的 20 多年中曾广泛应用于旅馆、医院、办公楼等公共建筑中。20 世纪 60 年代，由于风机盘管的出现，消除了诱导器噪声大和不易调节等主要缺点，使空气-水系统更加具有生命力，至今世界各国仍然盛行。全空气系统的进一步发展则是变风量的应用，变风量系统可以按负荷变化来改变送风量，起到了节能的作用。因此，近 20 年来世界各国采用变风量的全空气系统日渐增多。

除了集中式的空调系统外，在 20 世纪 20 年代末期出现了整体式空调机组。它是将制冷机、风机、空气处理装置等组合在一起的成套空调设备。后来，此类空调设备发展迅速，现在通用的除了整体式的还有分体式的，有小型的以家用为主的空调器，也有用途广泛、形式多样的单元式空调机等多种机型，以及能利用制冷剂正逆向循环、在夏季供冷冬季供暖的热泵型机组。

在我国，空调技术的起步并不太迟，工艺性空调和舒适性空调几乎同时出现。1930 年左右，在上海的纺织厂出现了带喷水室的空调系统，其冷源为深井水。随后，一些电影院和银行也实现了空气调节。几座高层建筑的大旅馆也先后设置了全空气式的空调系统。在当时，高层建筑装有空调，上海是亚洲的首位。但到 1937 年，由于爆发抗日战争，使我国刚起步不久的空调业停滞不前。

新中国成立后，随着国民经济的发展，我国空调事业逐步发展壮大。组合式空调机组在 20 世纪 50 年代已应用于纺织工业。1966 年，我国自行研制成功了第一台风机盘管机组。20 世纪 80 ~ 90 年代是我国空调技术发展最快的时期，空调技术的主要服务对象由工业转向民用，首先是在星级酒店、高档写字楼、商场、影剧院、餐厅、室内娱乐场所等公共建筑装设空调系统，随后空调器也大量进入居住建筑。现在，我国已能独立设计各种空调系统，如大型公共建筑和高层建筑的空调系统、高精度的恒温恒湿洁净室以及人工气候室等。专门生产空调设备的大型企业，已具备了定型化、系列化生产各种空气处理设备和不同规格空调机组的能力。其产品已走出国门，进入世界市场，质量和性能有的已达到国际上同等产品的水平，有的产品生产量已在国际上名列前茅。

0.5 空调技术的发展方向

由于使用空调要消耗能量，在一些工业企业（如电子厂），空调能耗约占其全部能耗的 40% 以上，在高档写字楼和星级酒店也要占到 30% 以上，而空调消耗的电能或热能大多来自发电厂、热电站或独立的锅炉房，其发电、生产蒸汽或热水所消耗燃料燃烧过程的排放物，是造成地球气候变暖（温室效应）的重要原因之一。此外，空调用制冷装置大量采用的 CFC 和 HCFC 制冷剂不仅破坏大气臭氧层，而且对地球气候变暖也有重大影响。

在空间内部空气质量方面，由于大量合成材料用于建筑内部装修装饰，同时为了节能而尽量提高建筑物的密闭性，降低新风供给量，造成了空间内部空气质量下降，出现了“令人疲倦和致病”的建筑物（即所谓“病态建筑”）。人们长期生活或工作在这种人工控制的环境内，会产生闷气、黏膜刺激、头疼及昏睡等症状。

上述种种情况说明，舒适、健康、节能、环保是在采用空调技术时需要综合考虑的重要因素，也是衡量采用的空调技术是否先进的重要标准之一。创造舒适、健康的空调环境要以消耗能源为代价，而自然能源（主要是煤炭、石油、燃气）是有限的，而且不可再生，从社会经济的可持续发展、人类的生存环境及空调使用的经济性考虑，必须重视节能和环保问题。为此，空调技术的发展，不仅要在能源利用、能量的节约和回收、改进能量转换和传递设备的性能、提高系统能量的综合利用效果、寻求更合理的运行规律、优化系统的技术经济分析以及计算机控制等方面继续加强研究和开发，而且还要在更广泛的范围内，研究、创造适合人工作和生活并有利于健康的空间内部空气环境。

目前，我国的空调技术已由过去主要解决特定空间内部空气环境的温度与湿度控制（即所谓温湿环境工程），发展到对空间内部空气环境的质量全面调节与控制（即所谓人工环境工程）。本书主要阐述温湿环境工程的基本原理和设计方法，也涉及了空气质量控制和净化技术。

由于空调技术在保证生产过程的稳定性和产品的质量，保证科学实验环境的适合性以及保证人们在生产劳动过程中的工作效率和生活的质量等方面具有不可替代的作用，因此，随着我国社会经济的高速发展，科学技术的不断进步，人民生活水平的逐步提高，空调技术应用的普及率和对空调的要求也在日益提高，使得空调技术的发展前景越来越广阔。

第1章

空气与其焓湿图

空气既是需要利用空调技术对特定空间空气环境进行调节和控制的主体，又是空调工程中需要根据不同要求进行热湿处理的对象。因此，全面、深入地了解空气的特性，熟悉反映空气状态的参数及相互间关系的线图，会熟练运用焓湿图是学习和掌握空调技术的重要基础。

本章主要介绍和讨论空气的组成，水蒸气和干空气的特性，空气的状态与参数，空气的焓湿图及其应用。

1.1 空气的组成与状态

空调技术所研究的空气就是人们口语中所称呼的、无所不在且时刻要呼吸的“空气”，只不过作为一门特殊的学科，需要从独特的角度去研究空气的组成、性质、状态、变化规律等。

1. 空气的组成

地球大气层从地面到外空可分为若干层，其中最靠近地面的一层就是人类赖以生存的空气环境，通常称为“空气”，也就是空调技术所要研究、处理和控制的空气。地球表面不同地点的空气，虽然都是由多种气体和水蒸气组成的混合物，但其成分是不完全相同的。平均而言，其成分按照体积比大致为氮气（N_2）占78%；氧气（O_2）占21%；其他气体（如二氧化碳、一氧化碳、惰性气体等等）占大约1%。

水蒸气在空气中按体积比几乎可以忽略不计，但按质量比，常温下大约占空气总质量的0.01%～0.4%。空气中的水蒸气在日常生活和某些生产过程中发挥了举足轻重的作用，是空调技术重点控制的对象之一。

在空调技术范畴内，为研究分析和工程计算方便，通常将空气视为仅由干空气和水蒸气两部分组成，即

$$空气=干空气+水蒸气$$

由于自然界的空气中均含有水蒸气，因此在许多教科书中将空气称为“湿空气”，以区别于不含水蒸气的干空气。

虽然水蒸气在空气中所占的比例微乎其微，但在地球大气中它却无处不在。研究表明，

即使在人类认为极其干旱的沙漠深处，空气中仍然含有足够的水蒸气，足以支撑起千姿百态的特殊沙漠生态系统。可以说，在地球上，自然界中存在的空气都是“湿空气”。为避免混淆，在以后的讨论中，只使用“空气”和“干空气”这两个词。

2. 空气中的水蒸气及其影响

水蒸气亦称水汽，是气态的水。空气中水蒸气的主要来源一是江河湖海中水的自然蒸发；二是生物（包括人、动物和植物）生理过程产生的水的蒸发或水蒸气的直接散发；三是生产工艺过程中使用和产生的水的蒸发或水蒸气的直接散发。

需要引起注意的是，空气中的水蒸气含量不是定值，而是在一定范围内变化的，主要受以下几个因素的影响：

（1）自然环境的影响　各地的海拔不同，所处的地区不同，空气中水蒸气的含量是不同的，最明显的是沙漠地区和热带雨林，两者空气中的水蒸气含量相差很大。

（2）气象条件的影响　在同一海拔的同一地区，由于风霜雪雨、日出日落、季节的转换、气候的变化，造成一年甚至一天之内，空气中水蒸气的含量也会发生很大变化。

（3）湿源的影响　即使在同一时间、同一地点、同一气候条件下，由于湿源不同或散湿量的变化，空气中水蒸气的含量也不同。如同一个俱乐部内，中餐厅和西餐厅、舞厅和棋牌室的差异，室内人员多少和活动状况的差异等。

空气中水蒸气含量的变化对空气的干燥和潮湿程度会产生重要影响，从而对人的舒适感及健康、产品产量和质量、生产工艺过程、设备状况、处理空气的能耗等都有极大的影响。

（1）影响人的舒适感甚至健康　湿度的大小影响人体皮肤表面汗液的蒸发速度，从而影响人的舒适感。另外，关节炎病人对过于潮湿的气候非常敏感，甚至可以“预报”阴雨天气；而咽喉炎病人在干燥环境里病情会加重。即使是正常人，也不喜欢过于潮湿或干燥的空气环境。

（2）影响某些产品的质量和成品率　对于食品工业，过于潮湿的环境会使食品加速腐败；对于精密机械和电子行业，尤其是集成电路制造和精密电子机械产品的生产，空气的潮湿程度直接影响到产品质量和成品率；而仓储行业对空气的湿度更是十分关注。

（3）影响生产工艺过程　如彩色印刷，特别是纺织生产的各个工艺过程，对空气中水蒸气的含量情况最敏感。

（4）影响设备状况　主要是金属设备的锈蚀问题。

（5）影响处理空气的能耗　空气中水蒸气的多少直接影响到加热或冷却同样体积的空气所需要的能量多少。在空调工程中，经常会要求对空气进行加热和冷却处理。例如，同样是将30℃的空气降温到20℃，空气中水蒸气的含量不同，所需要的冷量是不同的。

基于上述种种原因，平时可以忽略的空气中的水蒸气，在空调范畴里不仅不能忽略而且还要把它放在非常重要的地位来对待。

3. 干空气

干空气是指除去空气中的水蒸气后的那部分空气，即不含水蒸气的空气。从空调的角度看，干空气有以下基本特性：

1）在常温常压条件下不发生相变，即不会液化也不会凝固。

2）组成成分及比例不变。这主要是指干空气中各个组成成分如氧气、氮气、二氧化碳、各种微量气体的成分比例基本固定不变。

3）不可压缩。因为通常的空气处理过程中，空气的压力变化范围不大，在这个范围内，干空气可近似看作不可压缩。

当然，在实际的空气中，上述干空气各组成成分的比例关系会随地点、气候和人类活动的不同有一定的变化，如因二氧化碳增加带来的温室效应问题、空气污染问题等。但对仅进行热湿处理的一般空调技术而言，通常是仅讨论空气的热力学性质。此时，这些变化是可以忽略不计的。

如前所述，自然界的空气都是“湿空气”，而干空气是指除去空气中的水蒸气后的那部分空气，因此干空气实际上是一个抽象概念，在自然界中并不存在。但是，引入干空气的概念对实际工程计算和分析讨论有关问题却有很大方便。因为在空气处理的过程中，空气中的水蒸气含量变化较大，而干空气的成分和数量却保持了相对的稳定，可以作为一个整体来对待。因此通常以干空气为基数，可以在简化计算繁琐程度的同时，使计算更加精确。

4. 空气的状态与基本变化规律

由工程热力学知识可知，水蒸气的状态有三种，当分别存在于空气中时，使空气也表现出三种状态：

1）当空气中所含的水蒸气是干饱和蒸汽（干蒸汽）时，空气处于饱和状态，该空气称为饱和空气，可表示为

空气 = 干空气 + 干饱和蒸汽（干蒸汽） = 饱和空气

2）当空气中所含的水蒸气是湿饱和蒸汽（湿蒸汽）时，空气处于过饱和状态，该空气称为过饱和空气，可表示为

空气 = 干空气 + 湿饱和蒸汽（湿蒸汽） = 过饱和空气

3）当空气中所含的水蒸气是过热蒸汽时，空气处于不饱和状态，该空气称为不饱和空气或未饱和空气，可表示为

空气 = 干空气 + 过热蒸汽 = 不（未）饱和空气

空气的上述三种状态在一定条件下可以相互转化。以雾的形成和消失过程为例，在通常情况下，空气处于不饱和状态，但是由于某种原因如气温下降或有湿源将水蒸气不断加入空气中时，空气就会由不饱和逐渐达到饱和，继而过饱和。当空气成为过饱和空气，即空气中有微小水滴悬浮时，雾就产生了，如秋冬季节清晨的空气和冬季浴室内的空气。当温度上升或湿源停止将水蒸气加入空气中时，雾会慢慢消失。在这个过程中，空气实际上发生了由过饱和状态到饱和状态，再到不饱和状态的变化过程。

1.2　空气的状态参数

空气除了上述组成、性质、状态等定性的描述外，为便于对其进行处理和调控，还需要有对空气进行定量分析和描述的物理量，称为空气的状态参数。

状态参数通常是指识别某一个或某一类客观事物的数值特征或数量特征的度量。可以说每一个客观的物体都有其特定的状态参数。

对于空气，出于不同的目的，研究的角度不同，关注的重点不同，描述空气的指标也不

完全相同。从空调的目的出发，主要从压力、温度、湿度和能量特性四个方面来描述空气的状态，所涉及的参数即为空气的状态参数。

1.2.1 空气的压力类参数

空气的压力类参数主要有空气的绝对压力、大气压力和水蒸气分压力。客观地说，这三个压力参数尤其是大气压力和水蒸气分压力在空调工程中应用比较少，不像空气的其他状态参数那样高频率出现，部分原因是压力的测量要远比温度和湿度的测量困难。不过，不常用并不等于不重要。相反，空气压力方面的概念在空调技术中有非常重要的应用，主要体现在以下四个方面：

1）某些空调房间的空气压力必须比另一些房间（如厨房、厕所）的空气压力高，以防异味或尘埃进入。这时，需要计算和测量房间内、外的空气压力差。

2）表示空气潮湿程度的状态参数“相对湿度”是用水蒸气分压力来定义的（详见本章的1.2.3部分）。

3）不同的大气压力条件，空气的性质不一样，需要查阅不同的焓湿图（详见本章的1.3.1部分）。

4）在设计风管道的过程中，要用到空气全压、静压、动压的概念。此外，所有风机盘管和风机都有一个重要的选型参数——出口全压。

1. 大气压力与空气的绝对压力

地球表面单位面积上所受大气的压力称为大气压力或大气压，通常用p_B表示，单位为Pa。大气压力不是一个定值，它与海拔成反比，海拔越高，空气越稀薄，大气压力就越小。大气压力不仅与海拔有关，还随季节、气候以及空气中水蒸气含量的变化而变化。由于大气压力不同，空气的物理性质也会不同，反映空气物理性质的状态参数也会有差别，所以在空调的设计和运行中，如果不考虑当地大气压力的情况，就会造成一定的误差。当地大气压力的值可以用“大气压力计”测得。

在工程实际中，采用弹簧压力表等仪表测得的空气压力值称为工作压力（或表压力、真空度）。工作压力不是空气的绝对压力，而是空气的绝对压力与当地大气压力的差值，即

绝对压力 = 当地大气压力 + 工作压力

应该引起注意的是，只有绝对压力才是空气的状态参数，凡涉及空气压力而未注明是工作压力（如表压力或真空度）时，均应理解为是绝对压力。

2. 水蒸气分压力

水蒸气分压力是指空气中的水蒸气单独占有空气的体积，并具有与空气相同的温度时所具有的压力，通常用p_q表示，单位为Pa。同理可引出干空气分压力，用p_g表示，单位也为Pa。

根据分子运动论的学说，气体分子越多，撞击容器壁面的机会越多，表现出的压力也就越大，因而水蒸气分压力的大小可以反映空气中水蒸气含量的情况。

由于在空调技术范畴中将空气视为干空气与水蒸气的混合气体，因此根据道尔顿分压定律：混合气体的总压力等于各组成气体的分压力之和，可得空气的总压力即大气压力

$$p_B = p_g + p_q \tag{1-1}$$

1.2.2 空气的温度类参数

空气的温度类参数除了干球温度外，还有湿球温度和露点温度。

1. 干球温度

干球温度就是通常所说的温度，用 t 或 t_g 表示，单位为℃，只是在空调技术中，为了区别于湿球温度，才特别称为干球温度。

2. 湿球温度

图 1-1 中是两支普通水银玻璃棒温度计，右边一支温度计的感温包上裹有一小块纱布，纱布的下端浸在盛有常温蒸馏水的容器中，由于毛细现象使得包裹感温包的纱布处于湿润状态，这支温度计就变成了“湿球温度计”，其显示的温度值就是湿球温度。湿球温度用 t_S 表示，单位是℃。

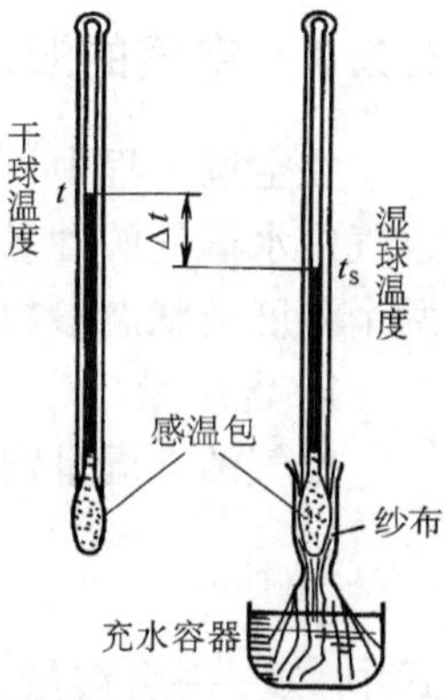

图 1-1　干湿球温度计

通常空气都是处于未饱和状态，还可以容纳水蒸气，因此湿球温度计感温包包裹的湿纱布上的水就会有一部分要蒸发到空气中。由于水蒸发时要吸收汽化热，这个热量会由纱布中的水温自己下降所放出的显热来就近提供；而湿纱布的水温下降后，会与其周围空气形成温差，于是就有热量从较高温度的空气向较低温度的湿纱布传递。当水蒸发所需要的汽化热使湿纱布的水温下降到与周围空气形成温差得到的显热量相等时，湿纱布上的水温不再下降，从而达到一个动态平衡，此时湿球温度计上显示的温度就是当时当地的空气湿球温度，实质上也就是湿纱布上水的温度。

需要特别指出的是，水向空气中蒸发的速度与空气的潮湿程度有关，同样的干球温度条件下，空气越干燥，水的蒸发速度就越快，需要的汽化热就越多，达到上述动态平衡时湿球温度与空气温度的温差就越大。所以，干、湿球温差的大小可以反映空气的潮湿程度，这就为定量分析、测量空气的潮湿程度提供了极大的方便。

由于湿球温度实际上是湿球感温包纱布上水与空气之间，蒸发散热与温差得热这两个相反的传热过程达到动态平衡时的温度，而空气的流动速度对上述两个热交换过程有极大的影响。实验证明，当流经湿球温度计感温包纱布的空气流速较小时，由于热湿交换不够充分，测得的湿球温度误差较大；而在空气流速≥2.5m/s 时，流速对湿球温度的读数影响较小。因此使用湿球温度计测量湿球温度时，要注意以下两点：

1）使湿球温度计感温包附近的空气流速达到 2.5m/s 以上，必要时使用通风干湿球温度计。

2）达到热湿交换的平衡需要一定时间，所以读数时要使湿球温度计放置在测量地点至少 1～2min，等到温度计的水银柱稳定后，再读取其数值。

3. 露点温度

任一状态的未饱和空气，在保持所含水蒸气量不变的条件下，使其温度逐渐降低，当温度低于某一个临界温度时，空气中的水蒸气便开始凝结出来，这个临界温度就称为这个状态空气的露点温度。露点温度通常用 t_L 表示，单位是℃。

空气中水蒸气在低于某个临界温度后会凝结出来的事例很容易看到，如雾的形成；室内外温差较大时，玻璃窗上的室内部分附着的一层“水膜”；室内的自来水管上有时附着的水珠等。

需要引起注意的是，不同状态的未饱和空气经过一定程度的降温都会有“露水”凝结出来，但开始结露的那个露点温度却不一定相同。

露点温度在空调技术中非常重要。当需要对空气进行除湿处理时，通常是用空调设备将空气的温度降低到其露点温度以下，从而达到除去空气中多余水蒸气的目的。

1.2.3 空气的湿度类参数

在空调工程中，测量和调节空气的湿度是仅次于温度控制的重要任务，尤其是需要知道空气中水蒸气的含量和某一状态空气吸收水蒸气的能力时，可以分别用含湿量和相对湿度这两个湿度类状态参数来度量。

1. 含湿量

空气的含湿量定义：每千克干空气中含有的水蒸气量，即

$$d=\frac{m_q}{m_g} \tag{1-2}$$

式中 d——含湿量，单位为 $g/kg_{干}$；

m_q——空气中所含水蒸气的质量，单位为 kg；

m_g——空气中所含干空气的质量，单位为 $kg_{干}$。

在含湿量的定义式中，使用干空气的质量而不是使用空气的质量作为分母，完全是为了准确、直观、方便地表示空气中水蒸气的含量情况。因为在对空气进行热湿处理的过程中，经常会有水蒸气的加入或析出，因此空气的质量会因水蒸气的变化而变化，而干空气的质量则基本维持不变。

与水溶解糖或盐的道理相同，每千克干空气所能容纳的水蒸气量是有限度的，超过这个限度，多余的水蒸气就会从空气中凝结出来。而每千克干空气所能容纳的最大水蒸气量与其干球温度唯一相关，温度越高，每千克干空气所能容纳的水蒸气越多，反之就越少。于是，某一温度下，每千克干空气所能容纳的最大水蒸气量即为该温度下空气的最大含湿量，称为饱和空气含湿量，简称饱和含湿量，用 d_b 表示，单位为 $g/kg_{干}$。显然，达到最大含湿量的空气就是饱和空气。

表1-1是一个实验总结数据表。从表中可以发现，每一个温度都唯一对应了一个饱和空气的最大含湿量，温度越高，每千克干空气所能容纳的水蒸气越多。常温下每千克干空气只能容纳几克到几十克的水蒸气。当温度超过50℃后，随着温度的上升，干空气的“吸湿能力”明显增大。到90℃时，1kg干空气甚至可以吸收超过自身质量的水蒸气。

表1-1 空气温度与对应饱和状态参数值（$p_B=1013\times10^2$Pa）

空气温度 t/℃	饱和空气的水蒸气分压力 $p_{q,b}/10^2$Pa	饱和空气的含湿量 d_b/（$g/kg_{干}$）	饱和空气的焓 h_b/（$kJ/kg_{干}$）
-15	1.65	1.01	-12.60
-10	2.59	1.60	-6.07
-5	4.00	2.47	1.09
0	6.09	3.78	9.42
5	8.70	5.40	18.51
10	12.25	7.63	29.18
15	17.01	10.6	41.78
20	23.31	14.7	57.78
25	31.60	20.0	75.78
30	42.32	27.2	99.65
35	56.10	36.6	128.95

（续）

空气温度 t/℃	饱和空气的水蒸气分压力 $p_{q,b}/10^2$ Pa	饱和空气的含湿量 d_b/（g/kg干）	饱和空气的焓 h_b/（kJ/kg干）
40	73.58	48.8	165.80
45	95.60	65.0	212.69
50	123.04	86.2	273.40
55	156.94	114	352.11
60	198.70	152	456.36
65	249.38	204	598.71
70	310.82	276	795.50
75	384.50	382	1080.19
80	472.28	545	1519.18
85	576.69	828	2281.81
90	699.31	1400	3818.36
95	843.09	3120	8436.40
100	1013.00	—	—

反过来，从表 1-1 中也可以看出，随着温度的下降，每千克干空气的最大含湿量会逐渐降低。例如，在 40℃时，每千克干空气最多可以容纳 48.8g 的水蒸气，而 30℃时只能容纳 27.2g 的水蒸气。于是，饱和空气从 40℃降温到 30℃后，以每千克干空气计，会有 48.8g − 27.2g = 21.6g 的水蒸气从空气中凝结出来。

2. 相对湿度

含湿量可以准确地反映出每千克干空气中含水蒸气量的绝对值。但是，从表 1-1 中可以看出，同样是含湿量为 10.6g/kg干的空气，在 15℃时是饱和空气，在 30℃时却只能算是未饱和空气，因为 30℃的空气最大含湿量为 27.2g/kg干。

由此可见，含湿量这个参数只能反映空气中水蒸气量含量的多少，不能直观地反映空气是否饱和，即是否还能容纳水蒸气。相对湿度参数则可以满足这个要求。相对湿度的定义式为

$$\varphi = \frac{p_q}{p_{q,b}} \times 100\% \tag{1-3}$$

式中　φ——相对湿度，用%表示；

p_q——空气中的水蒸气分压力，单位为 Pa；

$p_{q,b}$——相同温度下饱和空气的水蒸气分压力，单位为 Pa，其值可根据空气温度从附录 A 中查得。

由式（1-3）可知，相对湿度直观地反映出了空气中水蒸气含量接近其饱和含量的程度，也就是反映出了空气吸收水蒸气的能力（又称为吸湿能力）和空气的潮湿程度。相对湿度数值与人类对空气潮湿程度的感官直觉最为吻合，所以被广泛地使用。

需要特别注意的是，相对湿度为 100% 的空气就是饱和空气。当空气达到饱和后就再也不能吸收水蒸气了，此时，湿球温度计的读数与干球温度计的读数相等。此外，空气达到饱和后，如果温度下降，就会有水蒸气凝结出来，因此根据露点温度的定义，饱和空气的干球温度就是其露点温度。所以，当空气饱和时，其相对湿度为 100%，并且干球温度、湿球温

度、露点温度完全相等。显然，当相对湿度为零时，空气为干空气。

另外，由热工学理论的水蒸气性质可推知，空气的干球温度 t 和饱和水蒸气分压力 $p_{q,b}$ 之间为一一对应的非线性单值函数关系，可用 $p_{q,b}=f(t)$ 或 $t=f(p_{q,b})$ 来表示，具体的函数拟和数值参见附录A。显然，这两个参数是“非独立的”关联参数。

1.2.4 空气的能量参数

在空调工程中，最常见的空气处理过程是冷却或加热空气，经常会碰到如将空气从30℃冷却到20℃需要多少冷量，或将5℃的冷空气加热到20℃需要多少热量的问题，这时就需要一个能代表空气能量状态的参数来进行空气能量变化的计量，这个参数就是焓。焓严格来说应称为比焓或质量焓，但工程上常简称为焓，用 h 表示。工程热力学中对焓的定义是“焓是物质本身所包含的内部能量”，这个定义当然也适用于空气。

能量有多种形式，在空调技术中，空气焓所指的“内部能量”通常仅限于热能和压力能，而不是其他能（如核能或化学能）。尽管在一定条件下，其他能可以转化为热能和压力能或热能和压力能也在相互转化。

在空调工程中，由于空气处理过程压力的变化非常小，可以近似看成定压过程，因此空气焓的变化就可以忽略压力的变化，而看成是热能变化造成的。

空气的焓是以1kg干空气为基数进行计算的，即1kg干空气加上 dg 水蒸气的焓的总和，加起来就是（$1+0.001d$）kg空气的焓。另外，空气的焓是以0℃为基准计算的，取0℃的干空气和0℃的水的焓为零，则空气的焓为

$$h=h_g+0.001dh_q \tag{1-4}$$

式中 h——含有1kg干空气的空气的焓，单位为 $kJ/kg_{干}$；

h_g——1kg干空气的焓，单位为 $kJ/kg_{干}$；

d——含湿量，单位为 $g/kg_{干}$；

h_q——1kg水蒸气的焓，单位为 $kJ/kg_{汽}$。

干空气的焓 h_g 可以用下式计算：

$$h_g=c_{p,g}t=1.01t$$

式中 $c_{p,g}$——干空气的比定压热容，1.01kJ/(kg·K)；

t——空气的温度，单位为℃。

水蒸气的焓 h_q 可以用下式进行计算：

$$h_q=r+c_{p,q}t=2500+1.84t$$

式中 r——0℃时水的汽化潜热，$2500kJ/kg_{水}$；

$c_{p,q}$——水蒸气的比定压热容，1.84kJ/（kg·K）。

将 h_g 和 h_q 的表达式代入式（1-4）中，得

$$h=1.01t+(2500+1.84t)d\times10^{-3} \tag{1-5}$$

式（1-5）实际上是空气焓的定义式，即空气的焓就是将空气所含有的成分（1kg干空气和 $d$kg水蒸气），分别从0℃加热到 t℃时所需要的热量。

从式（1-5）可看出，空气的焓不仅与温度有关，还与其所含水蒸气的多少有关。因此在空调工程中，空气被处理时焓增加、减少还是不变，由温度和含湿量两者的变化情况决定。

1.2.5　空气状态参数之间的关系

下面给出了最常用的表示空气参数之间的关系式，部分关系式的具体推导过程参见本书后面的参考文献，严密的数理论证还可以参考工程热力学方面的书籍。

1）含湿量 d 与水蒸气分压力 p_q 之间的关系式：

$$d = 622\frac{p_q}{p_B - p_q} \tag{1-6}$$

从式（1-6）中可以看出含湿量 d 与水蒸气分压力 p_q 这两个参数是“非独立的”关联参数，仅知道这两个参数是不能推算出其他参数的。

2）已知水蒸气分压力 p_q 和干球温度 t（饱和水蒸气分压力 $p_{q,b}$），求解相对湿度 φ 的公式：

$$\varphi = \frac{p_q}{p_{q,b}} \times 100\%$$

式中　$p_{q,b}$——干球温度 t 所对应的饱和水蒸气分压力，单位为 Pa，可由附录 A 查得。

3）已知干球温度和含湿量 d，求解焓 h 的公式：

$$h = 1.01t + (2500 + 1.84t)\ d \times 10^3$$

4）已知干球温度 t（饱和水蒸气分压力 $p_{q,b}$）和相对湿度 φ，求解含湿量 d 的公式：

$$d = 622\frac{\varphi p_{q,b}}{p_B - \varphi p_{q,b}} \tag{1-7}$$

5）已知干球温度 t 和湿球温度 t_S，求解相对湿度 φ 的公式：

$$\varphi = \frac{p'_{q,b} - 0.00065(t - t_S)p_B}{p_{q,b}} \times 100\% \tag{1-8}$$

式中　$p'_{q,b}$——湿球温度 t_S 所对应的饱和水蒸气分压力，单位为 Pa，可由附录 A 查得。

式（1-8）是一个经验总结公式，式中的 0.00065 为实验数据总结所得。

通常在进行空调方面的计算时，一般都认为大气压力 p_B 基本不变。在大气压力 p_B 不变的条件下，理论上知道下面五个（组）参数中的任意两个（组），就可以利用上述公式求解出其余的几个（组）参数，这两个（组）参数称为独立参数。这一点具有非常重要的意义，因为在空气诸多参数中，除了干球温度和湿球温度比较容易测量外，其余的空气参数都不容易直接测量。

1）干球温度或饱和水蒸气分压力（此两者为非独立参数），两者任知其一。

2）湿球温度。

3）含湿量或水蒸气分压力或露点温度（此三者为非独立参数），三者任知其一。

4）相对湿度。

5）焓。

【例 1-1】　测得某空调房间空气的干球温度 $t = 25℃$，湿球温度 $t_S = 20℃$，试求该房间空气的相对湿度、含湿量和焓（大气压力 $p_B = 1013 \times 10^2 \text{Pa}$）。

【解】

1）由式（1-8）可计算出相对湿度 φ，但要先查出干、湿球温度所对应的饱和空气水蒸气分压力。从附录A中可查得对应于 $t=25℃$，$t_S=20℃$ 的饱和空气水蒸气分压力分别为 $p_{q,b}=31.60\times10^2\text{Pa}$，$p'_{q,b}=23.31\times10^2\text{Pa}$，代入式（1-8）中可计算出相对湿度。

$$\varphi=\frac{p'_{q,b}-0.00065(t-t_S)p_B}{p_{q,b}}\times100\%$$
$$=\frac{23.31\times10^2-0.00065\times(25-20)\times1013\times10^2}{31.60\times10^2}\times100\%=63.35\%$$

2）由式（1-7）可求得含湿量。

$$d=622\frac{\varphi p_{q,b}}{p_B-\varphi p_{q,b}}=622\times\frac{0.6335\times31.60\times10^2}{1013\times10^2-0.6335\times31.60\times10^2}\text{g/kg}_{干}=12.5\text{g/kg}_{干}$$

3）由式（1-5）可求得焓。

$$h=1.01t+(2500+1.84t)\frac{d}{1000}=\left[1.01\times25+(2500+1.84\times25)\times\frac{12.5}{1000}\right]\text{kJ/kg}_{干}$$
$$=57.08\text{kJ/kg}_{干}$$

1.3 空气的焓湿图及其应用

在实际工作中，很少直接使用上述公式来计算空气状态参数，这些公式所代表的空气各个参数的内在关系通常以二维线算图（简称线算图）的形式来表示，以方便工程应用。线算图有多种形式，我国采用的是以焓为纵坐标、含湿量为横坐标的焓湿图，也称为 $h-d$ 图。

焓湿图最基本的应用是查找参数。此外，焓湿图还可以用于判断空气的状态、表示空气的状态变化和处理过程等。

1.3.1 焓湿图的组成

焓湿图看上去比较复杂，实际上只有五种线条，它们分别是：45°的等焓线、垂直的等含湿量线、近似水平的等温线、弧形的等相对湿度线以及与等焓线几乎平行的等湿球温度线。

由于等湿球温度线几乎与等焓线平行，也是近似成45°斜角。因此，为了使图面看上去更清晰，避免两种线在图纸上重叠混淆，许多书上给出的焓湿图都没有等湿球温度线。这样，焓湿图的图面上就只有四种线条：45°的等焓线、垂直的等含湿量线、近似水平的等温线、弧形的等相对湿度线。不同的大气压下有不同的焓湿图。图1-2所示为某大气压下的焓湿图。

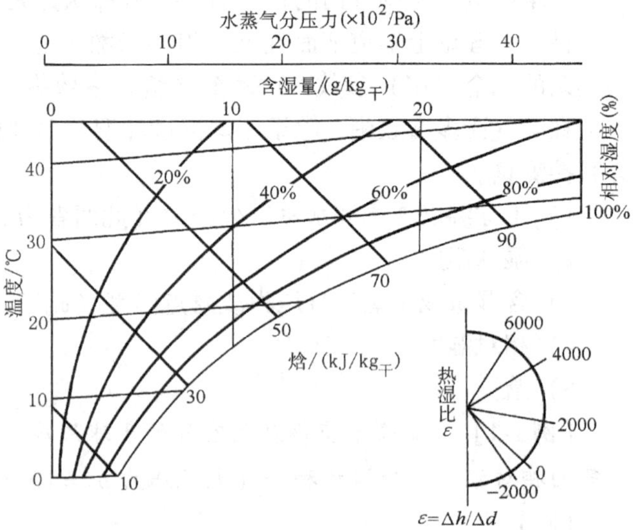

图1-2 某大气压下的焓湿图

1. 焓湿图的绘制

绘制焓湿图首先要作出纵坐标轴和45°的斜横坐标轴，两轴间的夹角为135°（为了使图面开阔、线条清晰）。

接着按一定间隔画出相应的垂直等含湿量线和 45°倾斜的等焓线。然后，分别根据式（1-5）画出等温线；在大气压力不变的前提下，根据附录 A 和式（1-7）画出等相对湿度线；在大气压力不变的前提下，由式（1-6）可知含湿量和水蒸气分压力一一对应，即含湿量和水蒸气分压力在焓湿图中共用一组等值线，只是代表的数值各不相同；最后，根据式（1-8）推导出等湿球温度线。

关于焓湿图，需要特别注意以下几点：

1）饱和空气线即相对湿度为100%的等相对湿度线，见图 1-2 中最右下方的弧线。这条弧线通常称为“饱和线”，其上每一点都是空气的饱和状态。前面曾提到过饱和空气的一个特点就是干球温度、湿球温度、露点温度完全相等。

2）大部分焓湿图中没有画出等湿球温度线，但因为等湿球温度线与等焓线基本平行，故工程上近似地用等焓线代替等湿球温度线，即过某一点的等湿球温度线就是过该点的等焓线。

3）焓湿图中没有等露点温度线，但等含湿量线就是等露点温度线。因为露点温度的定义已说明含湿量相同的状态点，露点温度均相同。

4）由于绘制焓湿图所依据的部分公式如式（1-6）和式（1-7）中，含有大气压力 p_B 的常数因子，故而每张焓湿图都是在某一大气压力值条件下绘制的。因此，在使用焓湿图时，须先看一下该图的大气压力值是多少，与设计采用的大气压力值差多少。如果差别不大，工程计算时可近似使用；如果差别较大，则需直接套用公式计算或借助相关软件计算。在实际工作中，认为一般情况下，直接使用标准大气压力的焓湿图精度是足够的。

5）我国以及苏联和东欧国家所采用的线算图，是以含湿量为横坐标，焓为 45°斜坐标的焓湿图，而美、英、日等国家采用的则是温湿图，其基础坐标系是以温度为横坐标，含湿量为纵坐标的直角坐标系（图 2-1）。虽然焓湿图和温湿图的形式不同，但实质内容是一样的，并且许多国际标准如室内热湿环境评价与测量标准等都是以温湿图来表示的，因此对温湿图也要有所认识。

2. 热湿比和热湿比线

为了说明空气状态变化的方向和特征，常用空气状态变化前后的焓差 Δh 和含湿量差 Δd 的比值来表示。这个比值称为热湿比 ε（单位为 kJ/kg），也称为角系数，即

$$\varepsilon = \frac{\Delta h}{\Delta d \times 10^{-3}} = \frac{h_B - h_A}{(d_B - d_A) \times 10^{-3}} \tag{1-9}$$

在空调过程中，空气常常由一个状态（A）变为另一个状态（B）。在整个状态变化过程中，如果空气的热湿变化是同时进行的，那么在焓湿图上，状态 A 和状态 B 之间的直线连线就是空气状态变化的过程线，称为热湿比线。

从热湿比的定义式可知，ε 实际上是直线 $\overline{AB}$ 的斜率。而直线的斜率与直线的起始位置无关，两条斜率相同的直线必然平行。根据这一特性，在焓湿图上以任意点为中心作出一系列不同值的 ε 标尺线（通常在焓湿图的右下方设有一个热湿比的半圆形刻度盘，圆弧上的刻度就是热湿比的数值），实际应用时，只需把等值的 ε 标尺线平移到空气状态点，就可画出该空气状态的变化过程线了。该作法称为平行线法（图 1-3），即根据 ε 值，在半圆形的热湿比刻度盘上找到相应的 ε 值线，然后过空气的初状态点作 ε 值线的平行线即得所要求的热湿比线。

热湿比线的另一种作法是辅助点法（图 1-4）：在焓湿图上首先找到空气的初状态点 A，

任取一个Δd值，则可计算出$\Delta h=\varepsilon\Delta d$，然后在焓湿图上找到比$A$点的焓值大$\Delta h$的等焓线，和比$A$点的含湿量值大$\Delta d$的等含湿量线，以及这两条线的交点$B$，连接$A$、$B$两点，这条连线就是所要作的热湿比线。

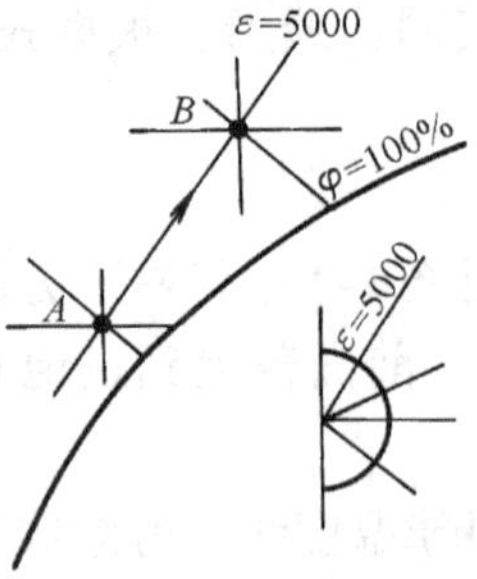

图1-3 平行线法绘制热湿比线

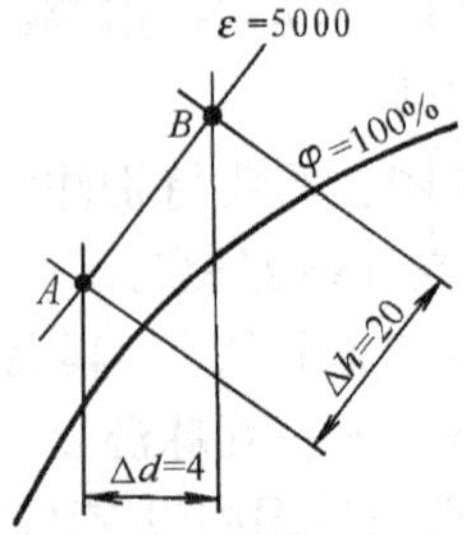

图1-4 辅助点法绘制热湿比线

如果忽略空气与所含干空气两者质量的微小差异，将式（1-9）分子、分母同乘$q_m$kg的空气量，将得到

$$\varepsilon=\frac{\Delta h}{\Delta d\times10^{-3}}=\frac{q_m\Delta h}{q_m\Delta d\times10^{-3}}=\frac{Q}{W} \tag{1-10}$$

可见，质量为$q_m$kg的空气在被处理过程中所得到（或失去）的热量Q和湿量W的比值，与相应1kg（干）空气的比值是完全一致的。

1.3.2 焓湿图的应用

对于空调专业人员来说，焓湿图是一个重要的工具，无论是工程设计、系统调试，还是运行管理，都需要用到焓湿图。焓湿图的应用主要包括：确定空气所处状态、查找空气状态参数、分析空气状态变化过程、确定两种不同状态空气混合后的状态点等。

1. 确定空气状态及查找参数

根据任意两个独立的空气状态参数，就可以在焓湿图上找到相应的状态点，并可判断出空气是处于什么状态，还可查找出其他的状态参数。

【例1-2】 某日气象台预报的天气温度是30℃，相对湿度是60%。试在焓湿图中标出相应状态点，查出该状态空气的其余参数，并画出过此状态点的等湿球温度线和等露点温度线。

【解】

1）首先在焓湿图上找到30℃等温线和60%等相对湿度线的交点A，如图1-5所示。由于该点在饱和线的上部区域，可知该空气为未饱和空气。

2）由过A点的45°斜线查得其焓为71kJ/kg$_干$，过A点的垂直线查得其含湿量为16.15g/kg$_干$，水蒸气分压力为25.50×10^2Pa。

3）过A点作等湿球温度线（其实就是等焓线并以虚线表示），与饱和线相交于B点。由于饱和线上的干球温度与湿球温度相同，故B点的干球温度就是B点的湿球温度即A

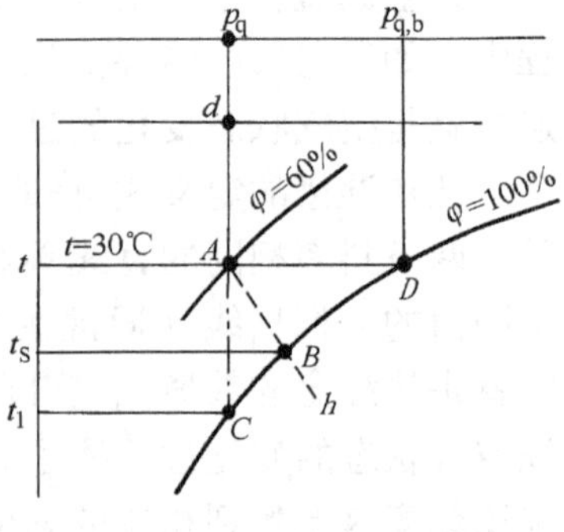

图1-5 已知干球温度和相对湿度求其他参数

点的湿球温度，为 23.9℃。

4）过 A 点作等露点温度线（其实就是等含湿量线并以点画线表示），与饱和线相交于 C 点。由于饱和线上的干球温度与露点温度相同，故 C 点的干球温度就是 C 点的露点温度也是 A 点的露点温度，为 21.8℃。

5）找到 30℃等温线与饱和线的交点 D，D 点的水蒸气分压力即为 A 点的饱和水蒸气分压力，其值为 $42.2\times10^{2}\text{Pa}$。

【例 1-3】　为了知道某房间内空气的状态，使用一个干湿球温度计进行实测，测得干球温度为 30℃，湿球温度为 20℃。求该房间内空气的其他参数。

【解】

1）先在饱和线上找到干球温度为 20℃的状态点 B（图 1-6），由于在饱和线上，此点的干球温度与湿球温度相等，故 B 点的湿球温度为 20℃。

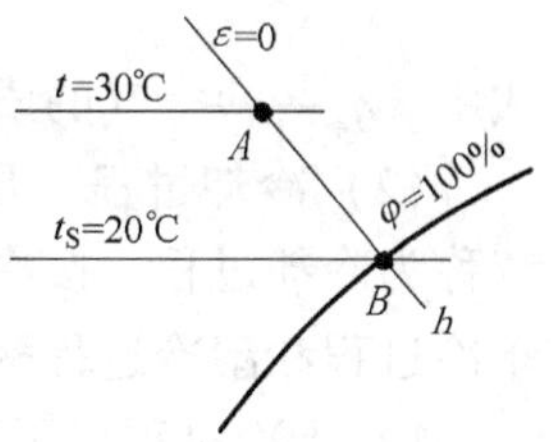

图 1-6　已知干、湿球温度求其他参数

2）过 B 点，作等湿球温度线（近似以等焓线代替），与 30℃的等温线相交于 A 点，此点就是房间内空气的状态点。由于该点在饱和线的上部区域，故房间空气为未饱和空气。

3）确定了 A 之后，其余参数的查找方法参见例 1-2。

【例 1-4】　已知大气压力 $p_{\text{B}}=101325\text{Pa}$，空气初状态 A 的温度 $t_{\text{A}}=20℃$，相对湿度 $\varphi_{\text{A}}=60\%$。当空气吸收 $Q=10000\text{kJ/h}$ 的热量和 $W=2\text{kg/h}$ 的湿量后，空气状态发生变化，变化后的焓 $h_{\text{B}}=59\text{kJ/kg}_{干}$，求空气终状态 B。

【解】

（1）用平行线法求终状态 B　首先在大气压力 $p_{\text{B}}=101325\text{Pa}$ 的焓湿图上，根据 $t_{\text{A}}=20℃$、$\varphi_{\text{A}}=60\%$ 确定出空气的初状态点 A。然后，求出热湿比值 $\varepsilon=Q/W=(10000/2)\text{kJ/kg}=5000\text{kJ/kg}$，再根据 ε 值在焓温图的 ε 标尺上找到 $\varepsilon=5000\text{kJ/kg}$ 的参照线，过 A 点作与 $\varepsilon=5000\text{kJ/kg}$ 平行的线。此过程线与 $h_{\text{B}}=59\text{kJ/kg}_{干}$ 的等焓线的交点 B，就是所求的终点状态 B，如图 1-3 所示。查焓湿图得 B 点的空气状态参数为：$t_{\text{B}}=28℃$，$\varphi_{\text{B}}=51\%$，$d_{\text{B}}=12\text{g/kg}_{干}$。

（2）用辅助点法求终状态 B　求出热湿比值 $\varepsilon=Q/W=(10000/2)\text{kJ/kg}=5000\text{kJ/kg}$，因为 ε 还可以用 $\Delta h/\Delta d\times10^{-3}$ 表示，故任取 $\Delta d=4\text{g/kg}_{干}$，则由 $\varepsilon=\Delta h/\Delta d\times10^{-3}$ 得 $\Delta h=\varepsilon\Delta d\times10^{-3}=5000\times4\times10^{-3}=20\text{kJ/kg}_{干}$。

依题意，由于空气状态是在吸热、吸湿后由 A 变到 B，因此空气的焓和含湿量均要增大，于是分别在初状态点 A 的右边作与其相差 $\Delta d=4\text{g/kg}_{干}$ 的等含湿量线和相差 $\Delta h=20\text{kJ/kg}_{干}$ 的等焓线，设两线的交点为 B'，则 AB' 的连线就是 $\varepsilon=5000\text{kJ/kg}$ 的空气状态变化过程线。此过程线与 $h=59\text{kJ/kg}_{干}$ 的等焓线的交点 B 就是所求的终点状态点 B，如图 1-4 所示。

2. 表示空气的状态变化过程

空调的一个基本任务就是对空气进行这样和那样的“加工”，例如将冬季的室外冷空气加热，将夏季的室外热空气冷却，对空气进行除湿或加湿等，这些对空气的加工过程统称为“热湿处理”。显然，热湿处理过程中空气的状态要发生变化，前面已知空气的每个状态在焓湿图上都可以用一个点来表示，而连续的点就是线，因此空气状态变化的情况可以在焓湿图上用线条表示出来。

几种空调工程中常用的典型空气状态变化过程如图 1-7 所示，现分析如下：

（1）加热过程　加热过程是等湿加热过程或等含湿量加热过程的简称。在此过程中，空气的含湿量保持不变（$d_B = d_A$，即 $\Delta d = 0$），但温度升高，焓增加（$h_B > h_A$，即 $\Delta h > 0$）。在焓湿图上用垂直向上的方向线 $A \to B$ 表示加热过程，其空气状态变化的热湿比值为

$$\varepsilon = \frac{\Delta h}{\Delta d \times 10^{-3}} = \frac{\Delta h}{0} = +\infty$$

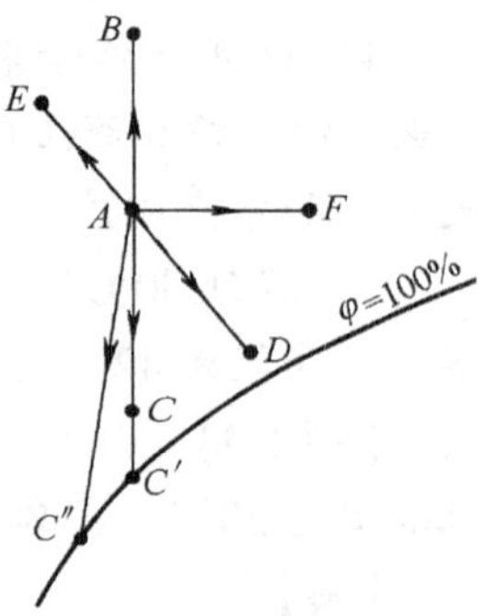

图1-7　几种典型空气状态变化过程

空气通过电加热器和热水或蒸汽加热器时所发生的状态变化过程即为加热过程。加热器的加热量为

$$Q = q_m \ (h_B - h_A)$$

式中　q_m——空气的质量流量，单位为kg/s。

（2）冷却过程　凡是空气在状态变化过程中温度要降低的过程统称为冷却过程。按冷却过程是否有结露现象发生，冷却过程分为干冷过程和湿冷过程两种。

1）干冷过程。干冷过程即等湿冷却过程或称等含湿量冷却过程。在此过程中，空气的含湿量保持不变（$d_C = d_A$，即 $\Delta d = 0$），但温度降低（不低于露点温度），焓减小（$h_C < h_A$，即 $\Delta h < 0$）。干冷过程在焓湿图上用垂直向下的方向线 $A \to C$ 表示，其状态变化的热湿比值为

$$\varepsilon = \frac{\Delta h}{\Delta d \times 10^{-3}} = \frac{\Delta h}{0} = -\infty$$

空气通过制冷装置的蒸发器或空调设备的表冷器、冷却盘管时无结露现象发生，以及与温度为 t_L 的水进行热湿交换时的状态变化过程均为干冷过程。在此过程中空气放出的热量即处理空气所需要的冷量为

$$Q = q_m \ (h_C - h_A)$$

2）湿冷过程。湿冷过程又称为减焓减湿过程。与干冷过程不同的是，在湿冷过程中空气的温度要降低到其露点温度以下，因此会有结露现象出现，这就意味着空气的含湿量要减少（$d_C'' < d_A$，即 $\Delta d < 0$）。湿冷过程在焓湿图上一般用向左下方倾斜的方向线 $A \to C''$ 表示，但空气状态的实际变化过程是先由 A 点到饱和线上的 C' 点，再保持饱和状态由 C' 点减含湿量变化到 C'' 点。由于湿冷过程不仅空气的焓要减小（$\Delta h < 0$），含湿量也要减少（$\Delta d < 0$），因此其热湿比值为

$$\varepsilon = \frac{\Delta h}{\Delta d \times 10^{-3}} > 0$$

空气通过制冷装置的蒸发器或空调设备的表冷器、冷却盘管时，有结露现象出现以及与温度低于 t_L 的水进行热湿交换时的状态变化过程均为湿冷过程。湿冷过程是夏季空调中最常用的空气热湿处理过程。在此过程中，空气放出的热量即处理空气所需要的冷量（又称为制冷量）为

$$Q = q_m(h_{C''} - h_A)$$

凝结出的水蒸气量为

$$W = q_m(d_{C''} - d_A)$$

（3）等焓过程　凡是空气在状态变化过程中焓保持不变的过程统称为等焓过程或绝热

过程。按空气在等焓变化过程中含湿量是增加还是减少，等焓过程分为等焓加湿过程和等焓减湿过程两种。

1）等焓加湿过程。等焓加湿过程是指空气在状态变化过程中，其焓不变（$\Delta h=0$），含湿量增加（$\Delta d>0$）。由于焓不变意味着空气与外界没有热量交换，因此该过程又称为绝热加湿过程，在焓湿图上用向右下方倾斜 45°的方向线 $A\rightarrow D$ 表示。在等焓加湿过程中，空气状态变化的焓湿比值为

$$\varepsilon=\frac{\Delta h}{\Delta d\times10^{-3}}=\frac{0}{\Delta d\times10^{-3}}=0$$

当往空气中喷雾（微小水滴）加湿时，水滴会很快蒸发，所需要的汽化热显然只能由其周围的空气提供，此时空气的温度会降低，显热要减少，但同时空气的含湿量增加，空气传给水的热量又由蒸发到空气中的水分以潜热的形式带回空气中。在这个过程中，空气减少的显热和增加的潜热相互抵消，使空气的焓值基本保持不变，所以工程上把此过程当作等焓加湿过程对待。同理，水在空气中的自然蒸发，工程上也当作等焓加湿过程对待。据此，空气经雾化式或自然蒸发式加湿装置处理，或与温度为 t_S 的水进行热湿交换时的状态变化过程均按等焓加湿过程对待。

等焓加湿过程对空气的加湿量为

$$W=q_m\ (d_D-d_A)$$

2）等焓减湿过程。等焓减湿过程是等焓加湿过程的逆过程，由于在该过程中空气的含湿量要减少（$\Delta d<0$），因此在焓湿图上用向左上方倾斜 45°的方向线 $A\rightarrow E$ 表示等焓减湿过程，其过程的焓湿比值为

$$\varepsilon=\frac{\Delta h}{\Delta d\times10^{-3}}=\frac{0}{\Delta d\times10^{-3}}=0$$

用固体吸湿剂（如硅胶）处理空气时，空气中的部分水蒸气被吸附，使空气的含湿量减少，同时空气要失去部分潜热；而水蒸气凝结时放出的凝结潜热会使空气的温度升高，在这个过程中，空气减少的潜热和增加的显热相互抵消，使空气的焓值基本没有改变，只是略微减少了凝结水带走的液体热（可以忽略），因此工程上将固体吸湿剂处理空气的过程近似按等焓减湿过程对待。

等焓减湿过程从空气中除去的湿量为

$$W=q_m\ (d_E-d_A)$$

（4）等温加湿过程　等温加湿过程简称等温过程。在此过程中，空气的温度不变，含湿量增加，在焓湿图上用接近水平的方向线 $A\rightarrow F$ 表示。

在空调工程中，常采用向空气喷蒸汽加湿的空气处理方式。显然，空气中增加水蒸气后，其焓和含湿量同时增加，由于焓的增加值为加入空气的水蒸气的全热量，即

$$\Delta h=\Delta d\times10^{-3}h_q$$

式中　Δd——空气由 A 状态变化到 F 状态增加的含湿量，单位为 $g/kg_{干}$；

h_q——加入空气中水蒸气的全部热能，单位为 $kJ/kg_{汽}$，$h_q=2500+1.84t_q$。

因此对空气进行喷蒸汽加湿处理时，空气状态变化过程的热湿比值为

$$\varepsilon=\frac{\Delta h}{\Delta d\times10^{-3}}=\frac{\Delta d\times10^{-3}h_q}{\Delta d\times10^{-3}}=h_q=2500+1.84t_q$$

空调工程中采用喷蒸汽加湿时所用的蒸汽通常为低压蒸汽，其温度 t_q 一般在100℃左右，如取100℃计算，则由上式可得 $\varepsilon=2684$，该过程线在焓湿图上与等温线近似平行。为使用方便，工程上忽略不计蒸汽显热，把对空气进行喷蒸汽加湿处理的过程视为等温加湿过程。加热量和加湿量分别为

$$Q=q_m\ (h_F-h_A)$$

$$W=q_m\ (d_F-d_A)$$

【例1-5】 考察一个等湿降温过程，设空气初状态的干球温度为33℃，含湿量为14g/kg干。查焓湿图，求当空气终状态的干球温度分别为33℃、28℃、21℃和19.4℃时，相应的湿球温度、露点温度、相对湿度和焓。

【解】 根据 $d=14\text{g/kg}_干$ 和要求的各终状态干球温度数值，查焓湿图得到相应的各空气参数值如图1-8所示。可以看到，在等湿降温过程中，空气的含湿量不变，露点温度也不变，但干球温度、湿球温度、相对湿度、焓都在变化。当空气温度降到19.4℃时，空气达到饱和。此时，其干球温度=湿球温度=露点温度=19.4℃，相对湿度为100%。

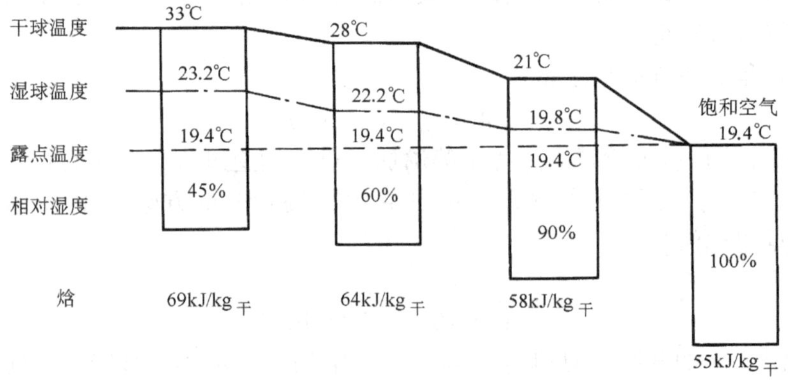

图1-8 等湿降温过程中空气参数的变与不变

【例1-6】 要使初状态干球温度 $t=33℃$，湿球温度 $t_S=23.3℃$，流量 $q_V=10000\text{m}^3/\text{h}$ 的空气通过空气处理装置后，降温到开始结露，问需要多少制冷量？

【解】 由于空气降温减焓放出的热量，就是空气处理装置需要吸收的热量，也即所要求的制冷量，因此本题实质上是求空气经处理装置处理前后的焓值变化引起的热量变化。

1）根据已知条件查焓湿图得：初始状态 $h_1=69\text{kJ/kg}_干$，终了状态 $h_2=55\text{kJ/kg}_干$

2）制冷量为

$$Q=q_m(h_1-h_2)=\frac{q_V\rho}{3600}(h_1-h_2)=\left[\frac{10000\times1.2}{3600}(69-55)\right]\text{kJ/s}=46.67\text{kJ/s}$$

需要特别说明的是，在例1-6的求解式中，空气的质量流量 q_m 的单位为kg/s，其中，kg是空气的质量；而焓 h 的单位为kJ/kg干，其中，kg干是空气中所含干空气的质量，当只知道空气的质量流量时，理论上应先计算出其中的干空气质量流量，才能进行相关计算。但从表1-1中可以看出，在人类活动的一般温度范围内（如-15～40℃），也就是空调所涉及的温度范围内，即使在饱和状况下，空气的含湿量也仅为1.01～48.8g/kg干，未饱和空气的含湿量就更小了。因此，以空气的质量流量近似代替其所含干空气的质量流量进行上述计算，

误差可控制在 0.101% ~4.88%，这在工程计算中是完全可以接受的。

此外，用质量流量进行计算是比较方便的，但在实际工程计算时，涉及的多是体积流量，这是因为计量器具都是测量空气体积流量的。而质量流量 q_m 等于体积流量 q_V 与空气密度 ρ 的乘积，空气的密度受温度、压力和水蒸气含量的影响，不是一个定值，要严格而精确地计算就要运用微积分进行“分段求积求和”，这既不方便，也没有这个必要。因为在空调所涉及的温度范围内，空气的密度变化不大，仅在 1.2kg/m³ 的附近窄幅波动。因此，工程计算时通常近似取 $\rho=1.2\text{kg/m}^3$ 作为空气密度的一个“常数”来使用。

【例 1-7】 如果例 1-6 中，经空气处理装置处理后空气终状态的干球温度为 19.4℃，湿球温度为 14.3℃，求终状态空气的露点温度、含湿量、焓和相对湿度，并计算处理空气所需要的制冷量和从空气中凝结出来的水蒸气量（kg/h）。

【解】

1）根据题给干球温度和湿球温度条件查焓湿图，可得终状态空气的其他参数：露点温度为 11℃；含湿量为 8.2g/kg干；焓为 40kJ/kg干；相对湿度为 60%。

2）处理空气所需制冷量为

$$Q=q_m(h_1-h_2)=\frac{q_V\rho}{3600}(h_1-h_2)=\left[\frac{10000\times1.2}{3600}\times(69-40)\right]\text{kJ/s}=96.67\text{kJ/s}$$

3）查焓湿图得初状态空气的含湿量为 14g/kg干，则空气在从初状态变到终状态的过程中凝结出来的水蒸气量为

$$W=q_m(d_1-d_2)=\frac{q_V\rho}{3600}(d_1-d_2)=\left[\frac{10000\times1.2}{3600}\times(14-8.2)\right]\text{g/s}=19.33\text{g/s}=69.6\text{kg/h}$$

与例 1-6 相比，同样是把空气从 33℃冷却降温到 19.4℃，两者需要的能量却相差一倍。其原因在于例 1-7 的空气处理过程中，有大量的水蒸气从空气中凝结出来，需要额外消耗大量的冷量来“吸收”水蒸气凝结时所放出的凝结潜热。由此可见，在进行空气处理时，使空气降温去湿所消耗的冷量要比仅使空气降温需要的冷量大得多。

3. 确定两种不同状态空气混合后的状态点

在空气处理过程中，经常会将两种不同状态的空气进行混合，并要知道混合后空气的状态和参数。为此，必须掌握求解和在焓湿图上查找混合后空气状态参数的方法。

如图 1-9 所示，假设将 A、B 两种状态的空气进行混合，混合后的状态为 C，则根据能量守恒定律和质量守恒定律，混合前、后空气的能量不变，水蒸气的含量也不变，于是有

$$q_{mA}h_A+q_{mB}h_B=(q_{mA}+q_{mB})h_C \tag{1-11}$$

$$q_{mA}d_A+q_{mB}d_B=(q_{mA}+q_{mB})d_C \tag{1-12}$$

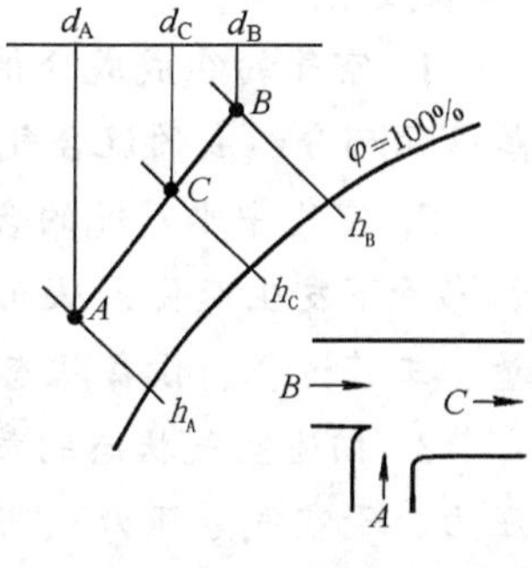

图 1-9　两种不同状态空气的混合图示

从上两式可以导出混合后的空气状态参数：

$$h_C=\frac{q_{mA}h_A+q_{mB}h_B}{q_{mA}+q_{mB}} \tag{1-13}$$

$$d_C=\frac{q_{mA}d_A+q_{mB}d_B}{q_{mA}+q_{mB}} \tag{1-14}$$

可以证明，混合后的状态点 C 就在 A、B 两个状态点的连线上，并且状态点 C 分割该连

线形成的线段$\overline{BC}$和$\overline{AC}$的长度与参与混合的两种空气的质量成反比，也就是

$$\frac{\overline{BC}}{\overline{AC}}=\frac{q_{mA}}{q_{mB}} \tag{1-15}$$

但是，如果根据式（1-15）计算出混合点C在过饱和区（图1-10），则说明在混合过程中，必定会有多余的水蒸气凝结出来。当空调风口送冷风时，有时在风口附近会出现“雾气”，就是这种情况的实际表现。在这种情况下，可以证明，混合后的终状态点D不在过饱和区，而近似在过C点的等焓线与饱和线的交点上。

【例1-8】 夏季，某空调系统的空气处理装置欲对新风和回风混合后的空气进行处理，已知新风量及新风状态是$q_{mW}=200$ kg/h，干球温度$t_W=32.8$℃，相对湿度$\varphi_W=45\%$；回风量及回风状态为$q_{mN}=2200$ kg/h，干球温度$t_N=19$℃，相对湿度$\varphi_N=60\%$。求新风、回风混合后的空气焓、含湿量和温度。

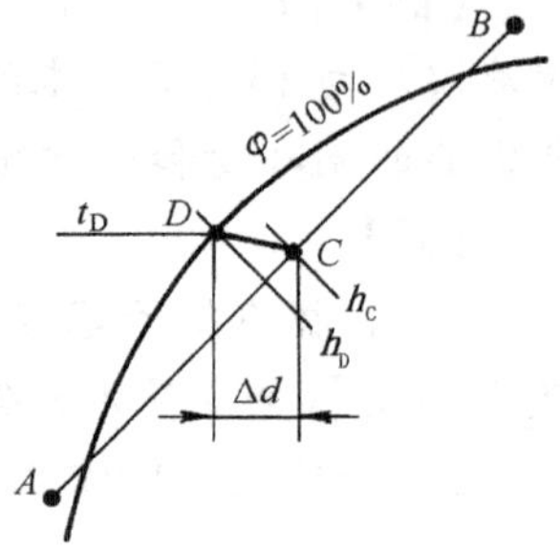

图1-10 混合点在过饱和区的图示

【解】

1）根据题给条件查焓湿图，得新风的焓和含湿量分别为：$h_W=69\text{kJ/kg}_{干}$，$d_W=14\text{g/kg}_{干}$；回风的焓和含湿量分别为：$h_N=40\text{kJ/kg}_{干}$，$d_N=8.2\text{g/kg}_{干}$。

2）根据式（1-13）和式（1-14），可得混合后的空气状态参数：

$$h_C=\frac{200\times69+2200\times40}{200+2200}\text{kJ/kg}_{干}=42.42\text{kJ/kg}_{干}$$

$$d_C=\frac{200\times14+2200\times8.2}{200+2200}\text{g/kg}_{干}=8.68\text{g/kg}_{干}$$

3）根据h_C和d_C查焓湿图可得混合后空气的温度$t_C=20.3$℃。

本章要点

1. 空气的组成成分很多，也很复杂，但在空调技术范畴内只把空气当作由干空气和水蒸气两部分组成的混合气体对待。

2. 空气中水蒸气的含量虽然很少，但含量却不是定值，而且不稳定，极易在各种因素的影响下发生变化，从而引起空气干、湿程度的改变，进而对人的舒适感、产品产量和质量、工艺过程、设备状态和处理空气的能耗等产生不利影响。

3. 描述空气状态的参数分为四大类，即压力类参数（绝对压力、大气压力、水蒸气分压力、干空气分压力）、温度类参数（干球温度、湿球温度、露点温度）、湿度类参数（含湿量、相对湿度）和能量类参数（焓）。

4. 空气状态参数之间的关系有关系式和二维线算图两种表示方式。在大气压力一定的前提下，知道两个独立的参数，就可以利用关系式或二维线算图计算或查找出其他参数。

5. 焓湿图不仅可以确定空气状态、查找空气参数，还可以表示空气状态变化过程、确定两种不同状态空气混合后的状态点。

6. 两种不同状态的空气混合规律表明，混合状态点在参与混合的两个状态点的连线上，分割该连线形成的线段长度与参与混合的两种空气的质量成反比。

思考题与习题

一、思考题

1. 空调技术所要研究、处理和调控的是什么空气？有哪几种基本状态？能否相互转化？
2. 空气中的水蒸气从何而来？含量情况如何？会对什么有影响？
3. 什么是干空气？其基本性质是什么？从空调的角度如何对待？
4. 大气压力是不是定值？与什么有关？原因是什么？
5. 空气中的水蒸气分压力是什么压力？空气中的干空气分压力又是什么压力？
6. 大气压力与干空气分压力和水蒸气分压力之间是什么关系？
7. 湿球温度是什么温度？干湿球温度计为什么可以测量空气的相对湿度？
8. 露点温度是什么温度？与“结露”现象有什么关系？
9. 含湿量与相对湿度有何异同？
10. 空气的温度或含湿量变化时，其焓值是否有变化？为什么？
11. 焓湿图有哪些作用？由哪几种参数线组成？
12. 焓湿图是否为通用的？各种参数线是否都与大气压力值有关？为什么？
13. 热湿比 ε 是否为空气的状态参数？热湿比线是什么性质的图线？
14. 如何在焓湿图上确定空气状态点、判断状态及查找参数？
15. 六种典型空气状态变化过程的特点各是什么？在焓湿图上如何表示？
16. 两种不同状态的空气混合规律说明了混合状态点在什么位置？

二、习题

1. 空气的温度 $t=22℃$，相对温度 $\varphi=50\%$，大气压力 $p_B=100\text{kPa}$，试求其水蒸气分压力、干空气分压力、含湿量及焓。

2. 试判断在下列变化过程中，空气的焓是增加还是减少：

（1）$t_1=30℃\quad d_1=14\text{g/kg}_{干}\longrightarrow t_2=30℃\quad d_2=16\text{g/kg}_{干}$

（2）$t_1=30℃\quad d_1=14\text{g/kg}_{干}\longrightarrow t_2=20℃\quad d_2=14\text{g/kg}_{干}$

（3）$t_1=30℃\quad d_1=14\text{g/kg}_{干}\longrightarrow t_2=15℃\quad d_2=10\text{g/kg}_{干}$

（4）$t_1=30℃\quad d_1=14\text{g/kg}_{干}\longrightarrow t_2=25℃\quad d_2=18\text{g/kg}_{干}$

3. 查焓湿图完成下表：

参数 序号	h /（$\text{kJ/kg}_{干}$）	d /（$\text{g/kg}_{干}$）	φ /%	t_g /℃	t_S /℃	t_L /℃	p_q /Pa	$p_{q,b}$ /Pa
1			50	32				
2	62.85	12						
3				30		17		
4		16	45					
5	58.66					14		
6	67.04		35					
7				25			2000	
8				20			$p_q=p_{q,b}$	
9			70		25			
10				23	20			

4. 用加热器将状态为 $t=10℃$、$\varphi=40\%$、$p_B=101325\text{Pa}$ 的室外空气加热至20℃，求加热后的空气相对湿度。若被加热的空气量为1000kg/h，求每小时需提供多少加热量，并画出空气状态变化过程的焓湿图图示。

5. 状态为 $t=25℃$、$d=12\text{g/kg}_{干}$ 的空气，经表面温度为10℃的空气冷却器冷却后，温度降至13℃，求冷却后的空气含湿量。若被冷却的空气量为5000kg/h，求从空气中除去的湿量和热量各为多少，并画出空气状态变化过程的焓湿图图示。

6. 将流量为1000kg/h的空气处理后，其温度由35℃降至24℃，相对湿度由50%升至90%，问：此过程是加湿还是除湿过程？加湿或除湿量是多少？

7. 欲将8000kg/h状态为$t_1=28$℃、$\varphi_1=60\%$的空气和2000kg/h状态为$t_2=35$℃、$\varphi_2=85\%$的空气混合后进行处理，求混合空气的参数，并画出空气混合过程的焓湿图图示（大气压力$p_B=101.3$kPa）。

8. 已知室外空气$t_W=9$℃、$\varphi_W=50\%$，大气压力$p_B=101.3$kPa，由于室内有多余的热量和湿量要消除，为维持室内状态参数$t_N=24$℃、$\varphi_N=60\%$，问：将室外空气送入室内，每千克空气要吸收多少水蒸气和热量才能达到室内空气的控制状态？画出室外空气状态变化过程的焓湿图图示。

9. 先将9000kg/h状态为$t_1=26$℃、$\varphi_1=70\%$的空气和1000kg/h状态为$t_2=34$℃、$\varphi_2=80\%$的空气混合，混合后的空气（状态为3）再处理到$t_4=20$℃、$\varphi_4=95\%$，问：处理过程中这些空气将放出多少热量？凝结出多少水量？画出空气状态变化过程的焓湿图图示。

10. 已知$t_1=10$℃、$\varphi_1=60\%$的某空气700kg/h，$t_2=24$℃、$\varphi_2=65\%$的另一空气7800kg/h，试问需要将状态1的空气加热到多少摄氏度与状态2的空气混合才能保证混合空气的湿球温度为19℃？画出空气状态变化过程的焓湿图图示。

第2章

空调负荷与送风量

空调负荷是空调工程设计中最基本也是最重要的数据之一，它的数值直接影响到空调方案的选择，空调设备和冷热源设备容量的大小，进而影响到工程投资、设备能耗、系统运行费用以及空调的使用效果。要定量计算空调负荷就需要用到室内外空气计算参数。由于室内空气环境的控制是通过送、排一定量的不同状态参数空气来实现的，因此送、排多少空气量及其参数如何至关重要。

需要特别说明的是，以室内、外空气的设计参数为依据的空调负荷计算，仅涉及空调系统、设备的容量，是最不利条件下的空调负荷，与空调系统绝大多数条件下的运行无关。一般情况下，空调系统应根据实际的室外气象条件和室内设定的空气参数来进行运行调节，而实际运行工况下的空调系统负荷往往低于设计条件下的空调系统负荷。

本章主要介绍和讨论空调室内、外计算参数及确定；空调负荷的计算和估算方法；空调房间送风量和送风状态的计算与确定方法。

2.1 室内、外空气计算参数

在设计一个中央空调系统时，首先要明确设计目标和设计条件，即：空调系统要将室内空气控制在什么状态之下（表示这个状态的空气参数称为空调设计室内空气计算参数）；空调系统需要在什么气象条件下运行（表示这个气象条件的空气参数称为空调设计室外空气计算参数）。显然，一个运行在海南岛的空调系统和一个运行在哈尔滨的空调系统区别是非常大的。

此外，要消除空调房间内部和外部干扰源所造成的影响也与室内、外空气参数有关，因此在讨论空调负荷的计算问题之前，首先要了解空调设计计算用的室内、外空气参数及确定方法。

2.1.1 室内空气计算参数

室内空气计算参数主要是指作为空调工程设计与运行控制标准而采用的空气温度、相对湿度和流动速度等室内空气的控制参数。这些参数可分为两类：一类是在民用建筑和工业企业辅助建筑中以保证人体舒适、健康和提高工作效率为目的的“舒适性环境空气参数”；另一类是在生产厂房以及一些研究、实验环境或设施中以着重满足生产工艺过程和试验过程的空气环境需求为目的的“工艺性环境空气参数”。

1. 热舒适性与室内空气计算参数

由于室内人的热舒适性是涉及人的生理和心理感应的十分复杂的问题，而良好的热舒适环境又是提高工作效率的保证，因此对于建筑热环境舒适条件的研究，不少环境学家和卫生学家在大半个世纪以前就着手开始了，并先后产生了热强度指标、等感温度、有效温度图和人体舒适区等成果。近几十年来，一些欧美学者获得的诸多成就则将该领域的研究推进到了一个新的里程，这些研究成果为确定舒适性空调的室内空气计算参数范围奠定了基础。

（1）人体热平衡与热舒适感　当人体散热和体内新陈代谢产热相平衡时，人的冷热感觉良好，体温会保持在36.5~37℃。一般情况下，凡是有利于人体维持这种热平衡的环境，人就感到舒适；反之，就感到不舒适。研究表明，人体在室内的热舒适状态（冷热感）是由许多因素决定的，其中主要有：

1）室内空气的温度（包括室内垂直方向和水平方向的温度差）。

2）室内空气的相对湿度。

3）人体附近的气流速度。

4）围护结构内表面及室内其他物体表面的温度（即辐射温度）。

5）衣着情况及衣服的保温性能和透气性。

6）人的活动情况。

7）人的性别、年龄和身体状况。

8）种族或个体的习惯。

在上述影响人的热舒适性的因素中，可以看出既有与空气有关的因素，也有与空气无关的因素，以下讨论的主要是与空气有关的因素。

首先，要了解人体的散热主要是以对流、辐射、热传导和蒸发等方式进行。其中对流、辐射、热传导的散热方式是通过人体表面进行的，对流散热中包括了导热，由于热传导散热量不大，一般不单独考虑。蒸发散热则是通过皮肤、鼻咽黏膜与肺进行的，但主要是人体出汗时由汗液蒸发带走的热量。

其次，要了解与空气有关的因素如何影响人体的热舒适性：

1）由于人体对于温度较为敏感，而且只能在生理条件下借助于神经系统进行有限的调节，因此空气温度是影响人的热舒适性的最主要因素，也是空调设计中首要考虑的问题。室内温度对人体的影响是通过与人体表面皮肤的对流换热和导热来表现的。无论是夏季还是冬季，过高或低的室内温度都会使人体本身的热平衡受到破坏，从而产生极不舒适的感觉，严重时甚至会导致室内人员生病的情况发生。

2）出汗是人体在任何气温下都存在的生理机能，只是在气温较低时出汗量较少，往往感觉不到出汗。而相对湿度主要影响人体表面汗液的蒸发，即影响蒸发散热量的多少。相对湿度过高不仅会使人感到气闷，而且汗液不易蒸发；相对湿度过低又会使人感觉干燥、引起皮肤干裂，而且易引发呼吸系统疾病。

3）气流速度对人的热舒适性最明显的影响是在夏季送冷风时，如果冷空气的流速过大，造成吹冷风的感觉时，会极不舒适，严重时还会致人生病。

由于人体与外界的换热量中，有一部分是通过人体与周围物体的辐射传热来进行的，辐射传热量的大小和方向取决于人体与物体表面的温度和两者间的温差。因此人体周围物体表面的温度高低同样会影响人的热舒适性。

现代空调技术对室内空气环境与人的热舒适程度的关系在不断进行深入研究，这种研究包括人类对空气环境感到舒适的范围（舒适区）和人类舒适感的程度（PMW-PPD 指标）两个方面。

(2) 等效温度图和舒适区　图 2-1 是美国供暖、制冷、空调工程师学会（ASHARE）1977 年版手册基础篇（ASHARE Handbook）给出的等效温度图。

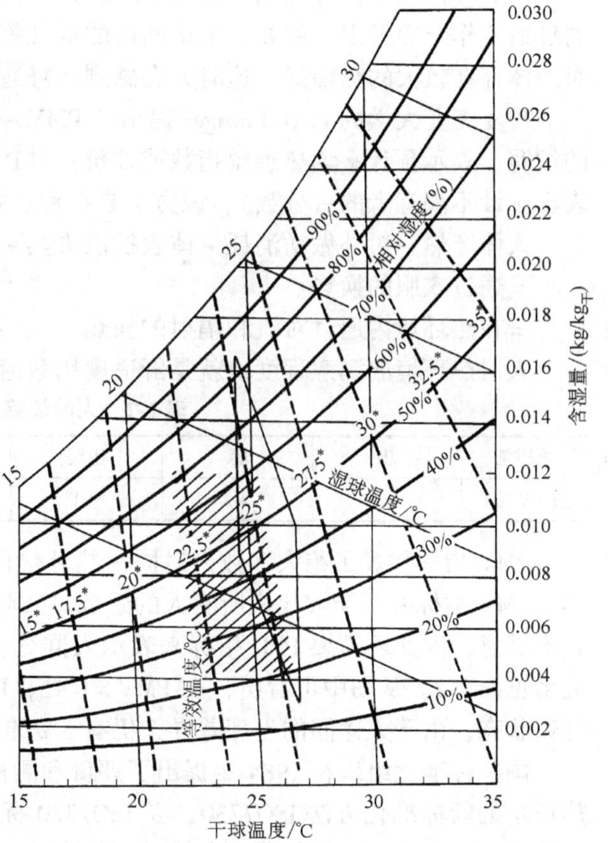

图 2-1　等效温度图

图中斜画的一组虚线就是等效温度线，它们的数值标注在 $\varphi=50\%$ 的相对湿度线上。例如，通过 $t=25$℃ 和 $\varphi=50\%$ 两条等值线交点的虚线就是 25℃ 等效温度线。虽然在这条等效温度线上各点所对应的干球温度和相对湿度都不相同，但是各个点的空气状态给人体的冷热感觉是相同的，都相当于 $t=25$℃ 和 $\varphi=50\%$ 条件下人的冷热感。由此可知，等效温度是空气温湿度不同但人有相同冷热感的综合数值。此外，从同一条等效温度线可以看到，当相对湿度减小时，维持同样冷热感觉所需要的温度增加，反之亦然。

等效温度图中的各个等效温度是在室内空气流速为 0.15m/s 时，对身着 0.6clo 热阻服装、静坐的被试验人员实测得出的。clo 是服装的热阻单位，1clo = 0.155m^2·℃/W，相当于男性穿着西装时的热阻。某些服装的热阻值参见表 2-1。

表 2-1　某些服装的热阻值

服装形式	clo	m^2·℃/W
短裤	0.1	0.015
典型的炎热季服装：短袖开领衫、短裤、薄短袜和凉鞋	0.3	0.047
一般的夏季服装：短裤、薄长裤、短袖开领衫、薄短袜和鞋子	0.5	0.08
薄型工作服装：薄内衣、长袖棉工作衬衣、工作裤、羊毛袜和鞋子	0.7	0.11
典型的冬季室内服装：内衣、长袖衬衫、裤子、茄克衫或长袖毛衣、厚袜和鞋子	1.0	0.16

等效温度图中画出了两块舒适区，其中的菱形部分由美国 Kansas 州立大学给出；另一块平行四边形部分根据 ASHARE 推荐的舒适标准 55－74 绘出。两块舒适区的实验条件不同，前者适用于身着 0.6～0.8clo 服装坐着的人，后者适用于身着 0.8～1.0clo 服装坐着的人，但活动量稍微大些。两块舒适区重叠部分的中心正好是 25℃ 等效温度线穿过的位置，是推荐的室内空气设计条件。

(3) 人体热平衡方程和PMV-PPD指标 等效温度虽然简单明了，但没有对室内热环境的舒适度作全面考虑。例如，某房间内的空气等效温度是25℃，但房间内的物体温度很高，对人体存在较大的热辐射，这时人会感到不舒适而不是舒适。

丹麦工业大学的P. O. Franger提出了PMV－PPD评价方法（PMV是Predicted Mean Vote的缩写，表示预计平均热感觉指数或评价；PPD是Predicted Percentage of Dissatisfied的缩写，表示预计不满意者的百分数），该方法是在稳定热环境下，以下列热平衡式为基础提出的：

人体产热－对外做功消耗－体表扩散失热－汗液蒸发失热－呼吸的显热和潜热交换
＝通过衣服的换热
＝在热环境内通过对流和辐射的换热

人对热环境的满意程度也就是舒适度用数值进行量化的评价值见表2-2。

表2-2 人的热感觉与PMV值

热感觉	热	暖	稍暖	适中（舒适）	稍凉	凉	冷
PMV值	+3	+2	+1	0	－1	－2	－3

PMV指标代表了绝大多数人对同一热环境的冷热感觉，但由于人与人个体间有生理差异，PMV指标并不能够代表所有人的感觉。实测数值表明，即使PMV＝0也有近5%的人感到不满意，因此还需要PPD指标来表示人群对热环境不满意的百分数，PMV与PPD之间的关系见图2-2。从图中可看出，在PMV＝0处，PPD＝5%，这意味着即使室内环境为最佳热舒适状态，由于人体间的生理差异，仍有5%的人感到不满意。

国际标准化组织在1984年提出了评价和测量室内热环境的新标准化方法ISO7730，在ISO7730标准中，就采用PMV-PPD指标来描述和评价热环境。这两个指标综合考虑了人的活动程度，衣着情况，以及空气温度、湿度、流速和平均辐射等六项因素。ISO7730对PMV-PPD指标的推荐值为PPD＜10%，即允许有10%的人感觉不满意。从图2-2可以看出，相应的PMV值在－0.5～＋0.5之间。

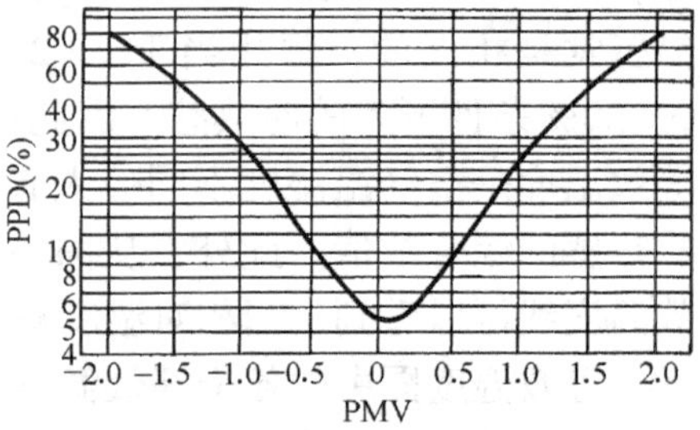

图2-2 PMV-PPD关系曲线

国家标准《民用建筑供暖通风与空气调节设计规范》（GB 50736—2012）规定，空调房间内的热舒适性应采用PMV和PPD指标评价，热舒适度等级划分参见表2-3。

表2-3 不同热舒适度等级对应的PMV、PPD值

热舒适度等级	PMV	PPD
Ⅰ级	－0.5≤PMV≤0.5	≤10%
Ⅱ级	－1≤PMV＜－0.5，0.5＜PMV≤1	≤27%

PMV－PPD指标虽然较等效温度复杂，但更能代表人体的热舒适感。

(4) 舒适性空调室内空气计算参数的确定 舒适性空调室内空气设计计算参数的确定，除了要参考室内参数综合作用下的舒适条件外，还应综合考虑室外气象条件、经济条件和节能要求等因素。这就决定了舒适性空调室内计算参数应有一个范围，以适应不同的需要。这个范围基本上为图 2-1 所示两块舒适区的重叠部分。

国家标准《民用建筑供暖通风与空气调节设计规范》（GB 50736—2012）规定，人员长期逗留区域舒适性空调室内空气计算参数应符合表 2-4 的规定。国家标准《工业建筑供暖通风与空气调节设计规范》（GB 50019—2015）规定，舒适性空调室内空气计算参数应符合表 2-5的规定。

表 2-4　人员长期逗留区域舒适性空调室内空气计算参数

类　别	热舒适度等级	温度/℃	相对湿度（%）	风速/（m/s）
供热工况	Ⅰ级	22～24	≥30	≤0.2
	Ⅱ级	18～22	—	≤0.2
供冷工况	Ⅰ级	24～26	40～65	≤0.25
	Ⅱ级	26～28	≤70	≤0.3

表 2-5　舒适性空调室内空气计算参数

参 数	冬 季	夏 季
温 度/℃	18～24	22～28
风 速/（m/s）	≤0.2	≤0.3
相对湿度（%）	—	40～70

此外，确定室内空气计算参数时还需要考虑空调房间的用途。表 2-6 为常见居住建筑与公共建筑内空调房间的室内空气参数。

表 2-6　常见居住建筑与公共建筑内空调房间的室内空气参数

建筑类别	房间用途	夏　季		冬　季	
		温 度/℃	相对湿度（%）	温 度/℃	相对湿度（%）
住 宅	卧室与起居室	26～28	45～65	18～20	≥30
旅 馆	客 房	24～27	50～65	18～22	40～50
	宴会厅、餐厅	24～27	55～65	18～22	40～50
	娱乐室	25～27	40～60	18～20	40～50
	大厅、休息室、服务部门	26～28	50～65	16～18	40～50
医 院	病 房	25～27	45～65	18～22	40～55
	手术室、产房	25～27	40～60	22～26	40～60
	检查室、诊断室	25～27	40～60	18～22	40～60
办公楼	一般办公室	26～28	<60	18～20	≥30
	高级办公室	24～27	40～60	20～22	40～60
	会议室	25～27	<60	16～18	≥30
	计算机房	25～27	45～65	16～18	≥30
影剧院	观众厅	26～28	≤65	16～18	≥35
	舞 台	25～27	≤65	16～20	≥35
	化 妆	25～27	≤60	18～22	≥35
	休息厅	28～30	≤65	16～18	—
学 校	教 室	26～28	≤65	16～18	—
	礼 堂	26～28	≤65	16～18	—
	实验室	25～27	≤65	16～20	—

（续）

建筑类别	房间用途	夏季		冬季	
		温度/℃	相对湿度（%）	温度/℃	相对湿度（%）
图书馆	阅览室	26~28	45~65	16~18	≥30
博物馆	展厅	26~28	45~60	16~18	40~50
美术馆	珍藏室、贮放室	22~24	45~60	12~16	45~60
档案馆	缩微胶片室	20~22	30~50	12~16	30~50
体育馆	观众席	26~28	≤65	16~18	35~50
	比赛厅	26~28	≤65	16~18	—
	练习厅	26~28	≤65	16~18	—
	游泳池大厅	25~28	≯75	25~27	≯75
	休息厅	28~30	≤65	16~18	—
百货商店	营业厅	26~28	50~65	16~18	30~50
电视、广播中心	播音室、演播室	25~27	40~60	18~20	40~50
	控制室	24~26	40~60	20~22	40~55
	节目制作室、录音室	25~27	40~60	18~20	40~50

注：表中空气温度与相对湿度的对应值应在温度低时取高相对湿度，反之亦然。

2. 工艺性空调室内空气计算参数的确定

由于工艺过程的千差万别，工艺性空调可分为一般降温性空调、恒温恒湿空调、净化空调、人工气候等。

降温性空调对室内空气温、湿度的要求是保证夏季工人操作时手不出汗，因此一般只规定温度或湿度的上限，对空调精度没有要求。如电子工业的某些车间，规定夏季室温不大于28℃，相对湿度不大于60%。

恒温恒湿空调对室内空气的温、湿度基数和精度都有严格要求。如某些计量室，室温要求全年保持（20±0.1）℃，相对湿度保持（50±5）%。也有的工艺过程仅对温度或相对湿度一项有严格要求，如纺织工业某些工艺对相对湿度要求严格，而空气温度则以劳动保护为主。

净化空调不仅对空气温、湿度有一定要求，而且对空气中所含尘粒的大小、数量、甚至微生物种类也有严格要求。如医院的洁净手术室分为四个等级，各种等级对细菌浓度都有明确的指标要求。

人工气候即要模拟高温高湿或低温低湿，甚至高空气候等环境。

不论何种工艺性空调，由于其服务对象为工业生产或科学实验，因此必须按工艺过程的特殊要求来确定室内空气计算参数（很多设计手册已有相关规定）。当有人操作时，在可能的情况下应尽量兼顾考虑人体热舒适的需要。对于夏季温度和相对湿度低于舒适性空调的场所，应尽量减小室内空气的流速，在工艺条件允许的前提下，应尽量提高空气温度，这样不仅可以节省设备投资和运行费用，而且还有利于操作人员的健康。

工艺性空调的室内空气计算参数除了温湿度基数及其允许波动范围应根据工艺需要并考虑必要的卫生要求确定外，活动区的风速应按《工业建筑供暖通风与空气调节设计规范》（GB 50019—2015）的规定取值，即冬季不宜大于0.3m/s，夏季宜采用0.2~0.5m/s，当室内温度高于30℃时，可大于0.5m/s。

随着科学的发展，技术的进步，生产的工艺过程会不断改进，产品的质量要求会日益提高，品种也会逐渐增多，相应地在空气环境参数的控制要求方面也会有所变化，因此空调的室内空气计算参数需要与工艺人员慎重研究后确定。某些生产工艺过程所需的室内空气参数见表2-7。

表2-7 某些生产工艺过程所需的室内空气参数

工艺过程	夏季		冬季		备注
	温度/℃	相对湿度(%)	温度/℃	相对湿度(%)	
机械加工：					
一级坐标镗床	20±1	40~65	20±1	40~65	
二级坐标镗床	23±1	40~65	17±1	40~65	
高精度刻线机（机械法）	20±0.1~0.2	40~65	20±0.1~0.2	40~65	
各种计量：					
标准热电偶	20±1~2	<70	20±1~2	<70	
检定一、二等标准电池	20±2	<70	20±2	<70	
检定直流高、低阻电位计	20±1	<70	20±1	<70	
检定精密电桥	20±1	<70	20±1	<70	
检定一等量块	20±0.2	50~60	20±0.2	50~60	
检定三等量块	20±1	50~60	20±1	50~60	
光学仪器加工：					
抛光、细磨、镀膜、光学系统装配	24±2	<65	22±2	<65	有较高的空气净化要求
精密刻划	20±0.1~0.5	<65	20±0.1~0.5	<65	
电子器件：					
电容器	26~28	40~60	16~18	40~60	
精缩、制版、光刻	22±1	50~60	22±1	50~60	高的空气净化要求
扩散、蒸发、纯化、外延	23±5	60~70	23±5	60~70	
显像管涂屏	25±1	60~70	25±1	60~70	有洁净要求
阴极、热丝涂敷	24±2	50~60	22±2	50~60	
纺织：					
（纯棉）梳棉	29~31	55~60	22~24	55~60	
细纱	30~32	55~60	24~26	55~60	
织布	28~30	70~75	22~25	70~75	
（混纺）梳棉	28~30	55~60	22~25	55~60	
细纱	30~32	55~60	24~27	55~60	
织布	28~30	70~75	23~26	70~75	
（锦纶）卷绕	22.5±0.5	71±1	22.5±0.5	71±1	
纺丝	30~32	50~60	30~32	50~60	
牵伸、备拈、络筒	25±1	65±2	23±1	65±2	
实验室	23±1	65±2	23±1	65±2	

（续）

工艺过程	夏季		冬季		备注
	温度/℃	相对湿度（%）	温度/℃	相对湿度（%）	
（涤纶）卷线	27±1	70±5	27±1	70±5	
纺丝	<35	—	<32	—	
牵伸	25±1.5	70±10	23±1.5	70±10	
实验室	21±0.5	65±2	21±0.5	65±2	
（腈纶）纺丝、聚合	<33	—	>32	—	
毛条	28±1	65±5	22±1	65±5	
实验室	20±1	65±2	20±1	65±2	
（羊毛）前纺	28~30	65~75	26~28	65~75	
精纺	30~32	65~80	26~30	65~80	
织布	28~30	75~85	26~28	75~85	
制药：					
（片剂）制片	26±2	50±5	22±2	50±5	有一定的空气净化要求
片剂干燥	26~28	50±5	24~26	50±5	
（针剂）混合	28±2	<60	28±2	<60	有较高的空气净化要求
粉剂充装	26±1	10~25	26±1	10~25	
造纸：					
薄型纸完成（分切）	25±1	65±5	20±1	65±5	
高级纸完成	26±2	65±5	26±2	65±5	
实验室	20±（0.5~2）	60~65±（2~3）	20±（0.5~2）	60~65±（2~3）	
印刷：					
电子制版	（20~23）±1.5	55±5		55±5	冬季可取20℃
照相凹版制版	（20~23）±1	（55~60）±2.5		（55~60）±2.5	冬季可取20℃
胶版印刷	（24~27）±4	（46~48）±2		（46~48）±2	冬季可取24℃
照相凹版印刷	（24~27）±4	（46~48）±2		（46~48）±2	冬季可取24℃
凸版印刷	（24~27）±4	（40~50）±5		（40~50）±5	冬季可取24℃
胶片：					
底片贮存	21~25	55~65		55~65	冬季可取21℃
胶卷生产	22~25	50~60		50~60	冬季可取22℃
卷烟：					
原料加工	27	60~80	20	60~80	
烟丝贮存	26	50~70	20	50~70	
橡胶：					
钢丝锭子室	25±1	<40	25±1	<40	
高压胶管钢丝编织室	23±2	62.5±2.5	23±2	62.5±2.5	
实验室	20±1	~60	20±1	~60	

3. 空调基数和空调精度

某些行业的生产过程或某些试验过程对室内空气环境的控制要求是相当严格的，通常用空调基数和空调精度来表示。空调基数是指空调区域内，按设计规定所需保持的空气基准温度和基准相对湿度。空调精度是指在空调区域内温度和相对湿度允许的波动范围。例如，t_N = (22 ±1)℃和 φ_N = (50 ±5)%，其中空气温度 22℃和相对湿度 50% 为空调基数，温度波动范围 ±1℃和相对湿度波动范围 ±5% 称为空调精度。

2.1.2　室外空气计算参数

通常建筑物为自然环境所包围，其内部必然处于外界大气压力、温度、湿度、风速、风向以及日照等气象参数的影响之中。空调系统设计与运行中所要用到的一些室外气象参数称为“室外空气计算参数”。其中关系最密切的主要是一些温、湿度参数，如计算通过围护结构传入室内或由室内传至室外的热量时，涉及的室外空气温度；计算加热或冷却室外空气所需热、冷量以及确定室外新风状态时，要涉及的室外空气干、湿球温度等参数。

1. 室外空气温、湿度的变化规律

由于室外空气的干、湿球温度等参数都是随季节、昼夜和时刻不断变化的量，在确定应当采取什么样的空气参数作为设计计算参数之前，需要对室外空气温、湿度的变化规律有所了解。

(1) 室外空气温度的日变化　室外空气温度在一昼夜内的日变化是以 24h 为周期的周期性波动。这种日变化是由于地球每天接受太阳辐射热和放出热量而形成的。在白天，地球吸收太阳辐射热，使靠近地面的空气温度升高；到夜晚，地面得不到太阳照射，还要由地面向大气层放散热量，黎明前为地面放热的最后阶段，故气温一般在凌晨四五点最低。在白天，随着太阳的逐渐升高，地面获得的太阳辐射热量逐渐增多，到下午两三点钟，达到全天的最高值。此后，气温又随太阳辐射热的减少而下降，直到下一个凌晨，气温又达到最低值。图 2-3是北京地区某年夏季最热一天的气温日变化曲线。在工程计算中，可把室外空气温度的日变化近似看作正弦或余弦规律变化。

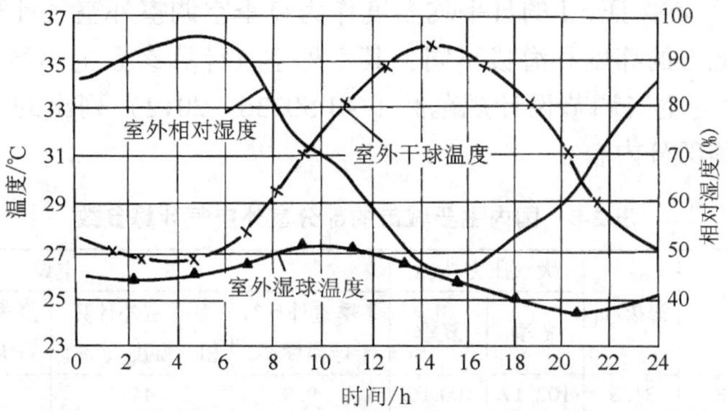

图 2-3　室外空气干湿球温度、相对湿度 24h 变化曲线

(2) 室外空气温度的季节性变化　室外空气温度的季节性变化也呈周期性。全国各地的最热月份一般在七、八月，最冷月份在一月。图 2-4 是北京、西安、上海地区某十年各月平均空气温度的变化曲线。

(3) 室外空气湿度的变化　空气的相对湿度取决于空气干球温度和含湿量，如果空气的含湿量保持不变，干球温度升高，则相对湿度变小；干球温度降低，则相对湿度加大。就一昼夜内的大气而论，一般含湿量变化不大（可看作定值），则大气的相对湿度变化规律正好与干球温度的变化规律相反，即中午的相对湿度低，早、晚的相对湿度高（图 2-3）。

此外，从图2-3中还可看到，室外湿球温度的变化规律与干球温度的变化规律相似，只是峰值出现的时间不同。

2. 室外空气计算参数的确定

从图2-3和图2-4可以看出，不论是一昼夜还是一年，室外空气温湿度等参数的变化是非常大的，这就涉及在计算一个房间或一栋建筑的冷负荷或热负荷时，室外空气参数如何取值的问题。

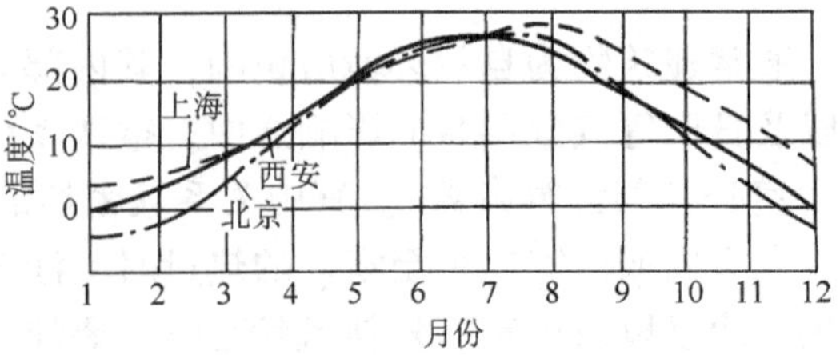

图2-4 北京、西安、上海地区某十年各月平均空气温度的变化曲线

室外空气计算参数取什么值，会直接影响室内空气状态的保证程度和设备投资。例如，当夏季取用很多年才出现一次，而且持续时间较短（几小时或几昼夜）的当地室外空气最高干、湿球温度作为室外空气计算参数时，就会因配置的设备和相关装置容量过大，长期不能全部投入使用而形成投资浪费。因此，设计规范中规定的室外空气计算参数值，通常不是取最不利条件时的数值，而是根据全年少数时间不保证室内温、湿度在控制标准范围内的原则确定的数值。

《民用建筑供暖通风与空气调节设计规范》（GB50736—2012）和《工业建筑供暖通风与空气调节设计规范》（GB 50019—2015）均规定下列统计值为空调室外空气计算参数：

1）采用历年平均不保证1d的日平均温度作为冬季空调室外空气计算温度。

2）采用累年最冷月平均相对湿度作为冬季空调室外空气计算相对湿度。

3）采用历年平均不保证50h的干球温度作为夏季空调室外空气计算干球温度。

4）采用历年平均不保证50h的湿球温度作为夏季空调室外空气计算湿球温度。

5）采用历年平均不保证5d的日平均温度作为夏季空调室外空气计算日平均温度。

由于全国各个地方的纬度和海拔不同，其室外空气计算参数也不尽相同。表2-8是根据《民用建筑供暖通风与空气调节设计规范》（GB 50736—2012）列出的我国一些主要城市的室外空气计算参数的部分内容。

表2-8 国内主要城市的部分室外空气计算参数

序号	城市名	纬度（北）	海拔/m	大气压力/kPa		空调			
				冬季	夏季	冬季室外计算干球温度/℃	冬季室外计算相对湿度（%）	夏季室外计算干球温度/℃	夏季室外计算湿球温度/℃
1	北京	39°48′	31.3	102.17	100.02	−9.9	44	33.5	26.4
2	天津	39°05′	3.3	102.71	100.52	−9.6	56	33.9	26.8
3	石家庄	38°02′	81.0	101.72	99.58	−8.8	55	35.1	26.8
4	太原	37°47′	778.3	93.35	91.98	−12.8	50	31.5	23.8
5	呼和浩特	40°49′	1063.0	90.12	88.96	−20.3	58	30.6	21.0
6	沈阳	41°44′	44.7	102.08	100.09	−20.7	60	31.5	25.3
7	大连	38°54′	92.8	101.39	99.78	−13	56	29.9	24.9
8	长春	43°54′	236.8	99.44	97.84	−24.3	66	30.5	24.1
9	哈尔滨	45°45′	142.3	100.42	98.77	−27.1	73	30.7	23.9
10	上海	31°10′	2.6	102.54	100.54	−2.2	75	34.4	27.9
11	南京	32°00′	8.9	102.55	100.43	−4.1	76	34.8	28.1

（续）

序号	城市名	纬度（北）	海拔/m	大气压力/kPa		空调			
				冬季	夏季	冬季室外计算干球温度/℃	冬季室外计算相对湿度（%）	夏季室外计算干球温度/℃	夏季室外计算湿球温度/℃
12	杭州	31°14′	41.7	102.11	100.09	-2.4	76	35.6	27.9
13	合肥	31°52′	27.9	102.23	100.12	-4.2	76	35.0	28.1
14	福州	26°05′	84.0	101.29	99.66	4.4	74	35.9	28.0
15	厦门	24°29′	139.4	100.65	99.45	6.6	79	33.5	27.5
16	南昌	28°36′	46.7	101.95	99.95	-1.5	77	35.5	28.2
17	济南	36°41′	51.6	101.91	99.79	-7.7	53	34.7	26.8
18	青岛	36°04′	76.0	101.74	100.40	-7.2	63	29.4	26.0
19	郑州	34°43′	110.4	101.33	99.23	-6	61	34.9	27.4
20	洛阳	34°38′	137.1	100.90	98.82	-5.1	59	35.4	26.9
21	武汉	30°37′	23.1	102.35	100.21	-2.6	77	35.2	28.4
22	长沙	28°12′	44.9	101.96	99.92	-1.9	83	35.8	27.7
23	广州	23°10′	41.7	101.95	100.45	5.2	72	34.2	27.8
24	海口	20°02′	13.9	101.64	100.28	10.3	86	35.1	28.1
25	南宁	22°49′	73.1	101.10	99.55	5.7	78	34.5	27.9
26	桂林	25°19′	164.4	100.30	98.61	1.1	74	34.2	27.3
27	成都	30°40′	506.1	96.37	94.80	1	83	31.8	26.4
28	重庆	29°31′	351.1	98.06	96.38	2.2	83	35.5	26.5
29	贵阳	26°35′	1074.3	89.74	88.78	-2.5	80	30.1	23.0
30	昆明	25°01′	1892.4	81.19	80.82	0.9	68	26.2	20
31	拉萨	29°40′	3648.7	65.06	65.29	-7.6	28	24.1	13.5
32	西安	34°18′	397.5	97.91	95.98	-5.7	66	35.0	25.8
33	兰州	36°03′	1517.2	85.15	84.32	-11.5	54	31.2	20.1
34	西宁	36°43′	2295.2	77.44	77.29	-13.6	45	26.5	16.6
35	银川	38°29′	1111.4	89.61	88.39	-17.3	55	31.2	22.1
36	乌鲁木齐	43°47′	917.9	92.46	91.12	-23.7	78	33.5	18.2
37	深圳	22°33′	18.2	101.66	100.24	6	72	33.7	27.5

2.2　太阳辐射对建筑物的热作用

经围护结构传入空调房间的太阳辐射热，在空调冷负荷的构成中占有相当大的比重。因此，了解和掌握太阳辐射的基本性质及对建筑物的热作用，对合理地进行空调房间冷负荷的计算有着重要的意义。

太阳的表面温度高达6000℃，并不断地向外辐射出巨大的能量。当太阳辐射线通过地球表面的大气层时，其中一部分辐射能量被大气层中的臭氧、水蒸气、二氧化碳和尘埃等吸收，另一部分则被云层中的尘埃、冰晶、微小水珠以及各种气体分子等折射或反射，形成没有一定方向的散射辐射。这些散射辐射大部分返回了宇宙空间，小部分到达了地面。剩余那些没有被吸收和散射的辐射能则透过大气层到达地面，这部分辐射能称为直射辐射。因此，地球表面所接受的太阳辐射由直射辐射和散射辐射两部分组成。

因为太阳直射辐射是指太阳光线直接投射到地球表面的能量，因而是有方向性的。散射辐射可以认为没有方向性，但是它只占总辐射能中的很少部分，所以影响直射辐射的因素即可以认为是影响太阳总辐射的因素。

太阳辐射强度指1m^{2}黑体表面在太阳照射下所获得的热量值，单位为W/m^2。它可用仪器直接测量。

到达地面的太阳辐射强度的大小主要取决于地球对太阳的相对运动，也就是取决于被照射地点与太阳射线形成的高度角β（图2-5）和太阳光线通过大气层的厚度（图2-6）。

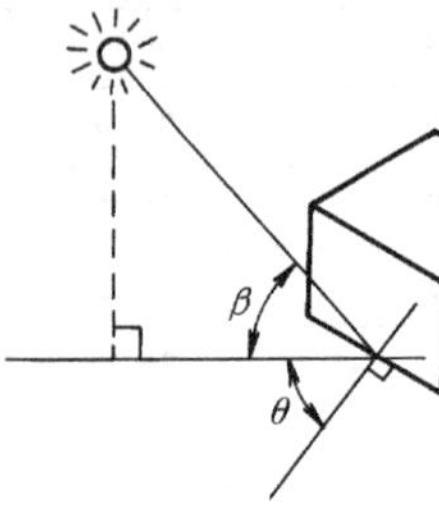

图2-5　太阳高度角示意图

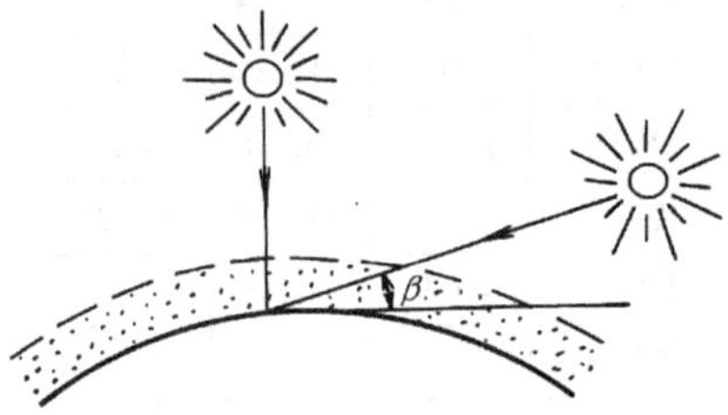

图2-6　太阳光线穿越大气层厚度的示意图

此外，地理纬度不同、季节不同、昼夜不同，太阳辐射强度也都不同。例如纬度高的南极和北极，太阳高度角小，太阳通过大气层的路程长，太阳辐射强度小；而纬度低的赤道太阳辐射强度大，如图2-6所示。同一地区由于地球公转，夏季太阳高度角高于冬季，且日照时间比冬季长。图2-7所示为北纬40°地区的夏、冬两季日出、日落相对位置示意图。

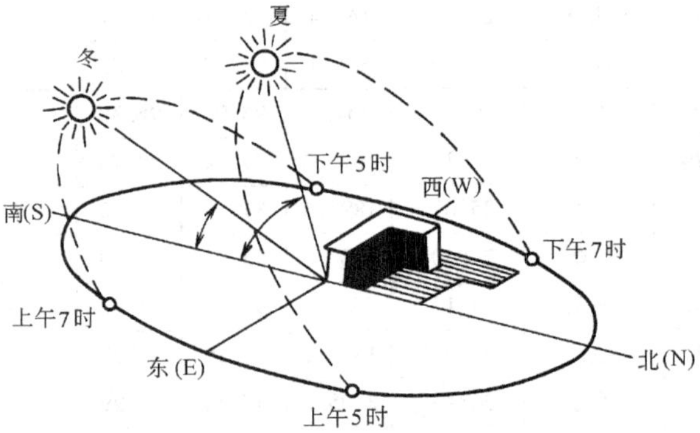

图2-7　日出、日落相对位置示意图

同理，由于地球自转，同一地点的太阳高度角逐时在变化，中午太阳高度角大，太阳辐射强度高于早晨和黄昏。

当太阳射线照射到非透明的围护结构外表面时，一部分会被反射，另一部分会被吸收，反射和吸收的比例取决于围护结构外表面材料的粗糙度和颜色。表面越粗糙、颜色越深的围护结构外表面，吸收的太阳辐射热就越多；反之，就越少。同一种材料对于不同波长辐射的吸收率是不同的，黑色表面对各种波长的辐射几乎全部吸收，而白色表面对不同波长的辐射则吸收率不同，对于可见光几乎90%都反射回去。所以，在外围护结构上刷白或玻璃窗上挂白色窗帘可减少进入室内的太阳辐射热。

2.3 空调负荷

在明确了空调室内外计算参数后，就可以来讨论空调负荷问题。空调负荷按性质分为冷负荷、热负荷和湿负荷三种；按对象分为房间负荷和系统负荷两类。

2.3.1 空调房间夏季得热量与冷负荷

一般在夏季，空调房间（或空调区域，下同）的各种得热量会使房间的温度上升到超出控制范围，只有向房间供给适当的冷量才能保持房间的空气温度在控制范围内。因此，需要向空调房间提供多少冷量，即房间冷负荷为多少，必须要知道房间的得热量情况和数值。

1. 空调房间夏季得热量

空调房间夏季得热量是指夏季某一时刻由外界进入空调房间和空调房间内的热源散发的热量的总和。《民用建筑供暖通风与空气调节设计规范》（GB 50736—2012）和《工业建筑供暖通风与空气调节设计规范》（GB 50019—2003）均规定，空调房间在夏季计算得热量时，应根据下列各项确定：

1）通过围护结构传入的热量。

2）通过围护结构透明部分（如外窗、阳台玻璃门、玻璃幕墙）进入的太阳辐射热量。

3）人体散热量。

4）照明装置散热量。

5）设备、器具、管道及其他内部热源的散热量。

6）食品或物料的散热量。

7）渗透空气带入的热量。

8）伴随各种散湿过程产生的潜热量。

上述各项得热量按是否会随时间变化，可分为稳定得热量和瞬时得热量两类；按得热量性质的不同，可以分为显热得热量和潜热得热量两类，而显热得热量又包括对流和辐射两种方式传递的得热量。

2. 空调房间冷负荷与得热量的关系

为使空调房间保持所要求的空气温度，在某一时刻应从室内除去的热量或需要向房间供给的冷量称为房间冷负荷。空调房间的冷负荷应根据各项得热量的种类和性质分别进行计算，其中通过围护结构传入的热量、透过外窗进入的太阳辐射热量、人体散热量，以及非全天使用的设备、照明装置的散热量等形成的冷负荷，应按非稳态传热方法计算确定。

需要特别指出的是，得热量是引起冷负荷的根源，但它们之间并非时刻都相等，这是由围护结构和房间内部物体的蓄热特性以及得热量的种类决定的。

瞬时得热中的对流热和潜热是直接放散到房间空气中的热量，并立即构成房间的瞬时冷负荷。而瞬时得热中的辐射热（如经外窗进入空调房间的瞬时太阳辐射热和照明辐射热等）则不能立即成为瞬时冷负荷。因为辐射热会首先透过空气投射到具有蓄热性能的围护结构、家具、设备、装置等室内物体表面上，被其吸收和贮存。只有当这些室内物体表面因吸热而温度升高到高于室内空气温度后，它们才会以对流换热方式将贮存的那部分热量逐渐放出来加热室内空气成为房间滞后冷负荷。所以，空调房间冷负荷是上述房间瞬时冷负荷和房间滞后冷负荷之和。各种瞬时得热中所含各种热量成分百分比的参考数据见表2-9。

表 2-9 各种瞬时得热中所含各种热量成分百分比

得热种类	辐射热（%）	对流热（%）	潜热（%）
太阳辐射热（无内遮阳）	100	0	0
太阳辐射热（有内遮阳）	58	42	0
荧光灯散热	50	50	0
白炽灯散热	80	20	0
人体散热	40	20	40
传导热	60	40	0
设备散热	20～80	80～20	0
渗透空气和通风带入热	0	100	0

由此可见，任一时刻房间瞬时得热量的总和未必等于同一时刻的瞬时冷负荷，只有当瞬时得热量（如新风和渗透热量风带入室内的得热量）全部以对流换热方式传递给室内空气（如新风和渗透风带入室内的得热量）或围护结构、家具设备装置没有蓄热能力（这是不可能的）的情况下，得热量的数值才等于瞬时冷负荷。

图 2-8 是经围护结构进入空调房间的太阳辐射热所形成的瞬时得热量和实际冷负荷的关系图。从图中可以看出，空调房间实际冷负荷的峰值要比太阳辐射所形成的得热量的峰值小，而且出现的时间也迟于太阳辐射热的峰值。这种得热量转化为冷负荷过程中存在的衰减和延迟现象，主要是由围护结构蓄热特性决定的。显然围护结构的蓄热能力越强，冷负荷峰值越低，延迟时间越长。

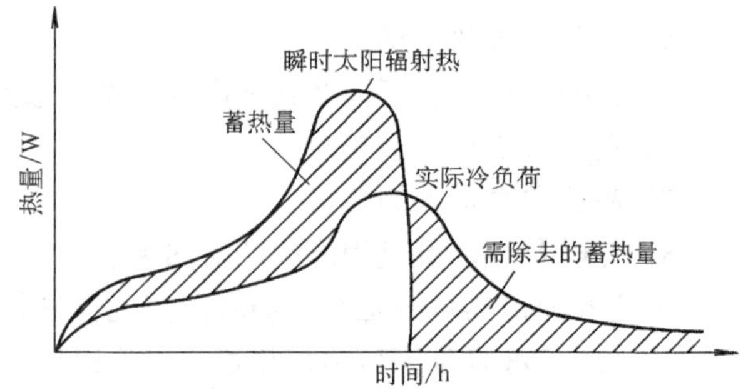

图 2-8 太阳辐射热形成的得热量与冷负荷

围护结构的蓄热能力与其热容量有关，建筑材料的热容量等于其质量与比热的乘积，热容量越大，蓄热能力也越大；反之，则小。一般建筑结构的材料比热容值大致相等，故材料热容量就单一地与其质量成正比关系。图 2-9 所示为不同质量围护结构的蓄热能力对冷负荷的影响。从图中可以看到，重型结构的蓄热能力比轻型结构的蓄热能力大得多，其冷负荷的峰值比较小，延迟时间也比较长。

图 2-10 所示为荧光灯照明散热形成的瞬时得热量和实际冷负荷的关系。由于灯具散热比较稳定，当灯打开时荧光灯散发到房间的总能量为一个恒定值，等于灯的瓦数。但灯具所散发的辐射能量最初并没有全部转化为冷负荷，而是有一部分被房间的围护结构（如墙体）和家具等室内物体所吸收。随着开灯时间的持续，围护结构和家具等室内物体的温度逐渐上升，与室内空气的热交换量逐渐提高，最终通过辐射的得热量与向空气对流传热量相等，达到平衡。此后，围护结构和家具等室内物体的温度不再提高。因此可以认为，照明散热形成的瞬时得热量全部转化为瞬时冷负荷，即得热量等于冷负荷。当灯关闭之后，贮存在围护结构和家具中的热量会逐渐释放出来，通过对流传热向空气散发，继续形成冷负荷直至全部放完。

由以上分析可知，在计算空调冷负荷时，除了必须考虑围护结构的吸热、蓄热和放热效应外，还要注意不同性质的得热量所形成的室内逐时冷负荷是不同步的。在确定房间逐时冷负荷时，必须按不同性质的得热量分别计算，然后取逐时各冷负荷分量之和。

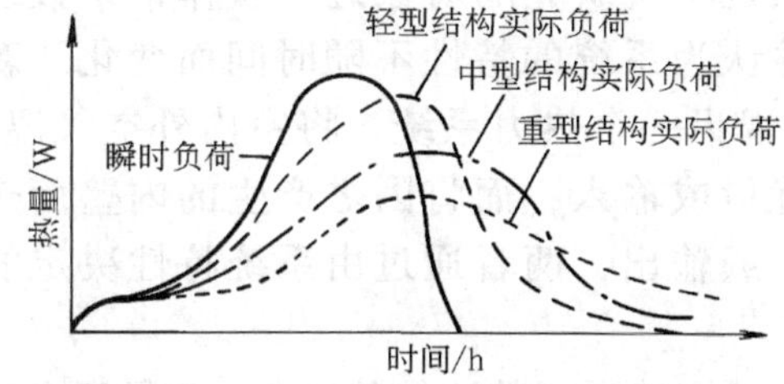

图 2-9　不同质量围护结构的蓄热能力对冷负荷的影响

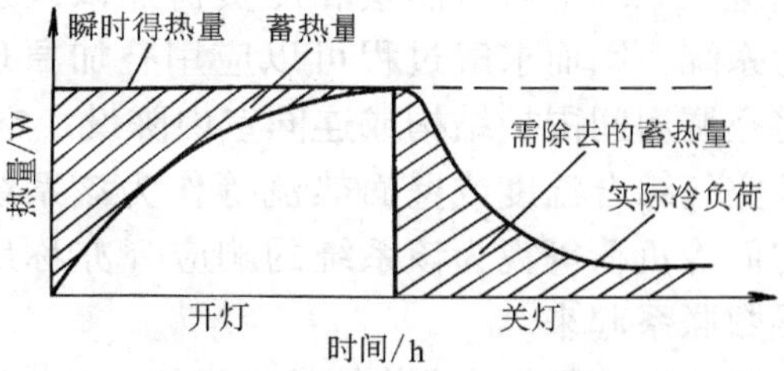

图 2-10　荧光灯照明散热形成的得热量和实际冷负荷的关系

3. 冷负荷计算方法

得热量的计算虽然很复杂，但还可以沿用经典的传热学计算方法来计算，冷负荷的计算则需要在得热量计算的基础上，再考虑太阳辐射和室外温度变化，以及围护结构等物体的蓄热效应，因此十分繁琐。因为，不同地区和不同季节的太阳辐射强度及室外温度变化的规律是不同的，不同围护结构等物体的蓄热能力也不相同，各类房间得热量和冷负荷的关系也不尽相同，使得即使一个最简单的房间负荷计算也需要通过求解一组庞大的偏微分方程组才能完成。采用有限差分法可对偏微分方程直接求得数值解，但计算工作量大，且方法非一般工程设计人员可掌握，因此给冷负荷的计算带来了极大的不便。

为了达到能够在实际中应用的目的，研究人员在开发可供空调工程师在设计中使用的负荷求解方法方面进行了不懈的努力。建筑物空调负荷计算迄今已经历了定常（亦称稳定或稳态）计算法、周期热作用下的不定常计算法和新的不定常传热计算方法三个历史时期。在 20 世纪 40 ~ 50 年代以前，空调技术尚处于发展初期，人们对建筑物空调负荷的认识也比较简单，按稳定传热过程来确定空调负荷也在情理之中。1946 年，美国人 C. O. Mackey 和 L. T. Weight 提出了当量温差法；20 世纪 50 年代初，苏联 A. M. Щколовер 等人提出了谐波（分解）法，他们均用周期性变化外扰作用下的不稳定传热来考虑通过围护结构的传热负荷。其共同的缺点是不区分得热量和冷负荷，致使计算出的空调冷负荷往往偏大。

20 世纪 60 年代以来，美、加、日、苏及欧洲其他国家陆续开始革新空调负荷计算方法的研究，并先后推出了一些成果。20 世纪 60 年代中期，美国的 Crrier 公司提出了蓄热负荷系数法，同一时期日本也提出了权系数法。当加拿大学者 D. G. Stephenson 和 G. P. Mitalas 将工程控制理论引入负荷计算，于 1967 年提出反应系数法之后，更是掀起了革新负荷计算方法的研究热潮。1971 年，他们两人又提出了 Z 传递函数法，用以改进反应系数法，并提出了适合手算的冷负荷系数法，即可以不需要迭代或回溯，可以从得热量一步直接求解冷负荷的方法。其后，美、欧、日等国均有一些成果问世，其中包括美国学者在 1975 年提出的一种简化的冷负荷系数法。我国在 20 世纪 70 ~ 80 年代也积极开展新计算方法的研究，在借鉴国外研究成果的基础上，提出了符合我国国情的两种空调设计冷负荷计算法：谐波反应法和冷负荷系数法，并于 1982 年通过了原城乡建设环境保护部主持的评议。这些方法针对我国的建筑特点推出了一批典型维护结构的冷负荷温差（冷负荷温度）和冷负荷系数（冷负荷强度系数)，为我国的暖通空调技术人员提供了实用的设计工具。

新的空调负荷计算方法有着共同的前提：一是认为所研究的传热过程是一个非稳定过程，应从原理上对得热量和冷负荷加以区别；二是将所研究的对象近似看作常系数线性热力系统，因而求解过程可以应用叠加原理，并认为系统的特性不随时间而变化。新方法将空调房间围护结构或连同室内陈设、空气等视为一个热力系统，将室内外空气温度、室外空气综合温度或壁面热流等作为该系统的扰量或输入，而将因之产生的内壁面热流或房间冷负荷等视为该系统的响应（亦称反应）或输出，两者通过由系统特性决定的传递函数联系起来。

冷负荷系数法是目前较常应用的一种方法，它是在传递函数法的基础上，为便于在工程中进行手算而建立起来的一种简化计算方法。由于传递函数法在计算由墙体、屋顶、窗户、照明、人体和设备的得热量或冷负荷时，需要知道计算时刻 τ 以前的得热量或冷负荷，是一个递推的计算过程，因此需要用计算机计算。为了便于手工计算，通过引入瞬时冷负荷计算温度和冷负荷系数的方法来简化。但即使是进行了简化，实际的计算过程中，计算工作量依旧十分浩大。

2.3.2 空调房间冬季耗热量与热负荷

空调房间除了能得到热量外，在某些情况下，还会损失热量，特别是在冬季体现得最明显。

1. 空调房间冬季耗热量

耗热量是指房间空气损失的热量，又称为失热量或热损失。在冬季，一般空调房间均会有各种热量损失，冬季空调房间的耗热量主要包括：

1）围护结构的耗热量。

2）加热由门窗缝隙渗入室内的冷空气的耗热量。

3）加热由门、孔洞及相邻房间侵入的冷空气的耗热量。

4）水分蒸发的耗热量。

5）加热由外部运入的冷物料和运输工具的耗热量。

6）通风耗热量。

7）通过其他途径散失的热量。

在上述各项耗热量中，室内、外温差作用下通过围护结构向室外传递的热量损失最多，即围护结构的耗热量最大。在计算围护结构耗热量时，把它分成围护结构的基本耗热量和附加耗热量两部分来计算。

围护结构的基本耗热量是指在稳态传热条件下，由于室内、外温差作用，通过房间各部分围护结构（如墙、窗、门、地面、屋顶等）向室外传递的热量总和。

由于空调房间所处环境条件并不稳定，围护结构的实际耗热量会受各种变化因素的影响，按稳态传热条件计算所得到的基本耗热量必然会有偏差，因此需要对已计算出的基本耗热量进行相应地修正或附加。这些修正或附加主要包括朝向修正及风力、房间高度和外门三个方面的附加。其中，朝向修正是考虑建筑物的各个朝向受太阳辐射影响不同而对外围护结构传热量的修正；风力附加是考虑室外风速的大小对外围护结构的外表面传热系数有影响而对外围护结构传热量的修正；高度附加是考虑在热流作用下，房间内上部的空气温度高于室内空气计算温度（地面以上、2m以下空气的平均温度），使实际耗热量比计算耗热量大的修正；外门附加是考虑建筑物底层入口的外门频繁开启致使冷空气进入导致耗热量增大的修正。

2. 空调房间热负荷的确定

在冬季，影响房间内空气温度升降的因素是房间的得热量和耗热量，显然只有当房间总的得热量小于总的耗热量，才会使房间空气温度降低到设计值以下。此时为了保持空调房间的空气温度符合设计要求，需要补充房间缺少的热量或向房间供给的热量称为房间热负荷。

冬季空调房间的得热量主要包括：

1）最小负荷值的工艺设备散热量。

2）热管道及其他热表面的散热量。

3）热物料的散热量。

4）人体散热量。

5）照明装置散热量。

6）通过其他途径获得的热量。

民用建筑的有关得热量一般作为安全因素不计算；耗热量中通常也只计算围护结构的耗热量这一项，因此民用建筑的热负荷一般就等于围护结构的耗热量。

需要引起注意的是，空调房间冬季热负荷与供暖房间热负荷的计算方法是一样的，只是由于空调房间室内热环境条件的要求高于供暖房间，因此两者室内、外空气计算参数的规定值有所不同。

此外，有一些房间或区域（如商场或建筑物的内区等），由于人流多、照明强，使其在冬季室外气温低于室内气温的情况下，得热量还是大于耗热量，此时即使在冬天也需要供冷。所以，对于冬季空调，房间不一定就是热负荷，到底是热负荷还是冷负荷，要根据房间的得热量和耗热量的对比来确定。

2.3.3 空调房间散湿量与湿负荷

空调房间的自然湿量来源有室内湿源散发的湿量和室外空气渗透带入的湿量两类，统称为散湿量，主要包括下列各项：

1）人体散湿量（包括呼吸和出汗向空气散发的湿量）。

2）渗透空气带入的湿量。

3）化学反应过程的散湿量。

4）各种潮湿表面、液面或液流的散湿量。

5）食品或其他物料的散湿量。

6）设备散湿量。

各项散湿量的计算方法参见参考文献中的有关设计手册。

对于空调房间来说，室内湿源的散湿量和渗透空气带入的湿量不一定都有，因此有可能造成房间空气保持要求的参数时有多余的湿量或湿量不足。此时，为保持房间要求的空气控制参数，必须从房间除去多余的湿量或向房间补充不足的湿量均称为房间湿负荷。

2.3.4 空调系统负荷与概算方法

以上讨论的均为房间负荷的确定方法，系统负荷的确定则是建立在房间负荷基础之上的。

1. 空调系统负荷

（1）夏季空调系统的冷负荷 根据系统服务范围内所有空调房间的同时使用情况、空调系统的类型及调节方式的不同，有两种不同的算法：一是取同时使用的各空调房间逐时冷负荷的综合最大值，即从各房间逐时冷负荷相加之后得出的数列中找出的最大值；二是取同时使用的各空调房间夏季冷负荷的累计值，即找出各房间逐时冷负荷的最大值并将它们相加在一起，而不考虑它们是否同时发生。后一种方法的计算结果显然比前一种方法的结果要大。当采用变风量集中式空调系统时，由于系统本身具有适应各空调房间冷负荷变化的调节能力，应采用各空调房间逐时冷负荷的综合最大值；当采用定风量集中式空调系统时，由于系统本身不能适应各空调房间冷负荷的变化，为了保证最不利情况下达到空调房间的温、湿度要求，应采用各空调房间夏季冷负荷的累计值。

此外，夏季空调系统的冷负荷还要计入新风冷负荷（处理室外空气需要耗用的冷量），以及风机、风管、水泵、水管和水箱的附加冷负荷（抵消这些设备和装置及其中的流体温升需要耗用的冷量）。

（2）冬季空调系统负荷 冬季空调系统负荷是热负荷还是冷负荷，取决于系统服务范围内所有空调房间总的耗热量和总的得热量，当总的耗热量大于总的得热量时，空调系统负荷是热负荷；反之，空调系统负荷为冷负荷。如果空调系统负荷是热负荷，则还要计入新风热负荷，以及风管道、热水管、水箱内的流体温降的附加热负荷。

（3）空调系统湿负荷及其他 舒适性空调系统通常不考虑湿负荷，如果要考虑，一般只计算人体的散湿量，并作为空调系统的湿负荷。

从理论上讲，新风冷、热负荷及附加冷、热负荷可以逐一计算出来，但很繁琐且不太准确，实际工程中通常以房间总负荷的10%～50%来统筹考虑。

一般来说，空调系统总的冷、热负荷就是冷源和热源需要供给的冷量与热量，也是决定制冷机和锅炉等冷、热源设备总装机容量的依据。而各空调房间配置的末端设备或装置一般是以房间冷负荷为依据选定的，通常能满足冬季供暖的需要。对于寒冷地区，由于冬季热负荷较大，还需要进行校核确认。

2. 空调负荷的概算

空调设计负荷与空调房间的功能和用途、建筑物的热工性能、空调系统的形式、空气处理的方式、新风量的大小等因素有关，应通过认真的设计计算确定。但在工程设计的方案设计或初步设计阶段，为了满足项目报审、招标等对设备容量、机房面积以及投资费用等方面的要求，往往需要大致了解空调系统的供冷量、供热量、用电量、用水量，以及空调机房、制冷机房、锅炉房等设备用房的面积。此时，由于受到各种具体计算条件不清楚、不明确或不全面的限制，还无法进行准确的负荷计算，只能借助一些概算方法或指标来预估空调负荷。

常用的空调负荷概算方法是单位空调面积指标法。该方法是根据总结出的已在使用的同类型空调建筑和房间的负荷指标，来概算要设计的建筑和房间的空调负荷。由于空调负荷的影响因素较多，所以这类指标通常是一个数值范围。表2-10是国内部分典型民用建筑和房间的空调负荷概算指标，可供概算空调负荷时参考。

表 2-10　国内部分典型民用建筑和房间的空调负荷概算指标

建筑类型	房间用途	冷负荷（W/m^2 空调面积）	热负荷（W/m^2 空调面积）
旅馆、宾馆、饭店	客房（标准层）	80 ~ 110	60 ~ 70
	酒吧、咖啡厅	100 ~ 180	
	西餐厅	160 ~ 200	
	中餐厅、宴会厅	180 ~ 350	
	商店、小卖部	100 ~ 160	
	中庭、接待	90 ~ 120	
	小会议室（允许少量吸烟）	200 ~ 300	
	大会议室（不允许吸烟）	180 ~ 280	
	理发、美容	120 ~ 180	
	健身房、保龄球	100 ~ 200	
	弹子房	90 ~ 120	
	室内游泳池	200 ~ 350	
	舞厅（交谊舞）	200 ~ 250	
	舞厅（迪斯科）	250 ~ 350	
	办公室	90 ~ 120	
办公楼（全部）		90 ~ 115	60 ~ 80
超高层办公楼		105 ~ 145	70 ~ 85
百货大楼、商场	底 层	250 ~ 300	60 ~ 80
	二层或以上	200 ~ 250	
	超级市场	150 ~ 200	
医 院	高级病房	80 ~ 110	65 ~ 80
	一般手术室	100 ~ 150	
	洁净手术室	300 ~ 450	
	X 光、CT、B 超诊断室	120 ~ 150	
影剧院	舞台（剧院）	250 ~ 350	80 ~ 90
	观众厅	180 ~ 350	
	休息厅（允许吸烟）	300 ~ 350	
	化妆室	90 ~ 120	
体育馆	比赛馆	120 ~ 300	120 ~ 150
	观众休息厅（允许吸烟）	300 ~ 350	
	贵宾室	100 ~ 120	
展览馆、博物馆	展览厅、陈列室	130 ~ 200	90 ~ 120
会 堂	报告厅	150 ~ 200	120 ~ 150
图书馆	阅览室	75 ~ 100	50 ~ 75
公寓、住宅		80 ~ 90	45 ~ 70

由于空调负荷的计算相当繁琐，而且计算方法本身的依据基本上都是特定情况下的经验估计，同时还做了大量的简化。随着新的建筑材料、玻璃、灯具的大量使用，新的建筑构造和建筑形式的出现，使得各种冷负荷计算方法所约定的假设条件均会相应发生变化，所以即使按照某种负荷计算方法进行了精确计算，其结果也会存在一定的误差。此外，还可能因缺乏很多基本计算数据而无法按照某种负荷计算方法进行精确计算。为此，可采用基于统计数据的概算方法，对已经投入运行的多个同类建筑或房间的空调负荷设计指标进行统计分析，以获取相对更具实用价值的参考依据。

还需要引起重视的是，在计算空调房间冷负荷时应注意分析空调冷负荷的组成，针对不同的空调对象（工艺性空调还是舒适性空调），要仔细分析空调冷负荷的组成，看哪些负荷占主要地位，哪些负荷占次要地位。对于主要负荷应从调查了解、收集原始数据入手，力求准确地加以计算；对于次要负荷，可以稍为粗略一些。例如，对于工艺性空调，工艺设备（电动与电热设备）散热和照明灯具散热所引起的冷负荷一般为主要负荷，而围护结构冷负荷（建筑围护结构传热和透过玻璃窗的太阳辐射热引起的冷负荷）和人体散热冷负荷，相对来说所占的份额要小得多。又如，对于影剧院、体育馆和百货商场这一类公共建筑的舒适性空调，人体散热和照明灯具散热引起的冷负荷占主要地位，而围护结构冷负荷相对来说所占的比例就较小。因此，准确地掌握空调房间的人员数量是进行冷负荷计算的前提。像影剧院、体育馆这类建筑，观众厅、比赛厅的人数，在进行建筑设计时已确定了。困难的是百货商场，除了售货员的岗位数可以事先确定外，顾客的人数往往是未知数。它取决于商场是建在闹市区还是非闹市区，平日与节假日，以及底层与各楼层的售卖布局等因素。需要通过调查研究获得顾客人流方面的资料，以作为计算空调负荷的依据。

2.4 空调房间送风量和送风状态点的确定

在已知空调房间冷（热）、湿负荷的情况下，为了使空调房间的空气状态保持在工作、生活或生产、科研所要求的范围内，必须由空调系统或装置向空调房间输送一定量和一定状态的空气。输送多少空气量和输送什么状态的空气才能满足要求，是本节要讨论和解决的主要问题。

2.4.1 空调房间送风量的确定

图2-11是一个空调房间的送、排风示意图。已知该空调房间的冷负荷 Q 和湿负荷 W，需要通过送、排风量相同，空气参数不同的方法来使房间的温、湿度保持稳定。即通过向空调房间送入数量为 q_m（kg/s），状态为 O 的低焓值和低含湿量的干冷空气（其参数为 h_0 和 d_0），吸收室内的余热和余湿变成室内状态的空气（参数为 h_N 和 d_N）后，从排风口等量排出。

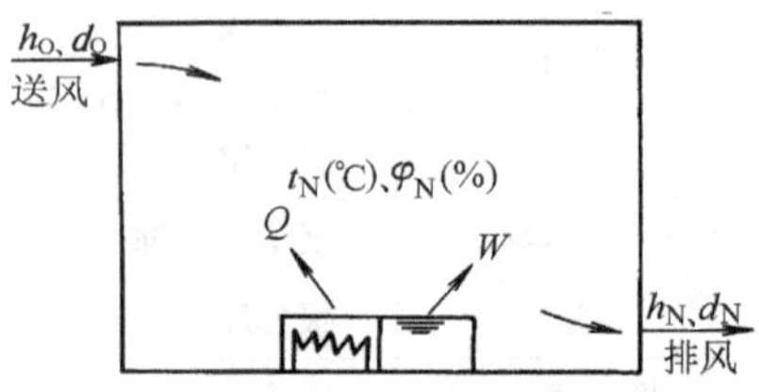

图2-11 空调房间送、排风示意图

由空调房间的热、湿平衡可分别得

$$q_m h_O + Q = q_m h_N \tag{2-1}$$

$$q_m d_O + W = q_m d_N \tag{2-2}$$

式中　Q——空调房间的冷负荷，单位为 kW；

W——空调房间的湿负荷，单位为 kg/s；

q_m——空调房间的送排风量，单位为 kg/s；

h_O——送入空调房间的空气的焓，单位为 kJ/kg干；

d_O——送入空调房间的空气的含湿量，单位为 kg/kg干；

h_N——排出空调房间的空气的焓，单位为 kJ/kg干；

d_N——排出空调房间的空气的含湿量，单位为 kg/kg干。

上两式经整理后可分别得空调房间的送风量计算式：

$$q_m = \frac{Q}{h_N - h_O} \tag{2-3}$$

或

$$q_m = \frac{W}{d_N - d_O} \tag{2-4}$$

式（2-3）和式（2-4）相比可得空调房间的热湿比为

$$\varepsilon = \frac{Q}{W} = \frac{h_N - h_O}{d_N - d_O} \tag{2-5}$$

从上式可以看出，空调房间的热湿比 ε 是由空调房间的冷负荷 Q 和湿负荷 W 决定的，因此其物理意义为：当数量为 q_m（kg/s）的空气由状态 O 沿 ε 线变化到状态 N 时，就能达到同时除去房间热量和湿量的目的，保持室内要求的温、湿度状态。

2.4.2　空调房间送风状态点的确定

从上述分析可知，送风状态点 O 不是一个固定的点，从图 2-12上可以看出，它可以是过室内状态点 N 的热湿比为 $\varepsilon = Q/W$ 线上、N 点以下线段上的任何一点。由式（2-4）和式（2-5）可知，送风状态点 O 与送风量 q_m 可以有很多组合，O 点的位置决定了送风量 q_m 的大小。很明显，送风状态点 O 与室内状态点 N 越接近，$h_N - h_O$ 或 $d_N - d_O$ 的差值就越小，送风温差 $\Delta t_O = t_N - t_O$ 也越小，送风量则会越大；反之，送风温差会越大，送风量会越小。

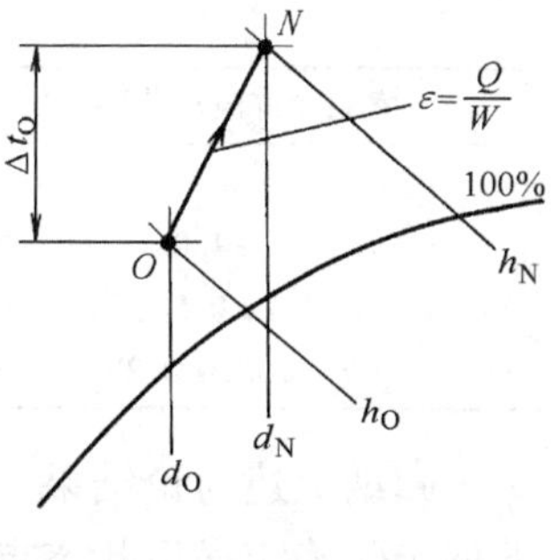

图 2-12　送风量与送风状态点分析图

空调系统的夏季送风温差是决定空调系统经济性的主要因素之一。在保证既定的技术要求前提下，加大送风温差有突出的经济意义：送风温差加大一倍，送风量可减少一半，空调系统的材料消耗和投资（不包括制冷系统）约减少 40%，而动力消耗则可减少 50%；送风温差在 4 ~ 8℃之间每增加 1℃，送风量可以减少 10% ~ 15%。

但送风量太小时会使室内空气温、湿度分布的均匀性和稳定性受到影响，即影响空调效果。此外，送风量减小则送风温差必定要加大，在室内温度一定的条件下，送风温差加大必然会使送风温度降低。而过低的送风温度会使人感到不舒适，甚至引起疾病，还很容易产生送风口结露滴水现象而带来其他问题。

因此，送风状态点 O 的确定，也就是送风温差的确定要从经济和技术两个方面综合考虑。另外，确定送风温差时还要与拟采用的送风方式联系起来考虑，因为不同的送风方式有不同的合适送风温差。所以，在空调设计中，正确地选定送风温差是一个相当重要的问题。

空调系统常用的上送风方式的夏季送风温差，应根据送风口类型、安装高度和气流射程长度以及是否贴附等因素确定。在满足舒适和工艺要求的条件下，宜加大送风温差。《民用建筑供暖通风与空气调节设计规范》（GB 50736—2015）规定舒适性空调的送风温差，当送风口高度小于或等于5m时，宜采用5～10℃；当送风口高度大于5m时，宜采用10～15℃。《工业建筑供暖通风与空气调节设计规范》（GB 50019—2015）规定工艺性空调的送风温差，宜按表2-11给出的数据采用。

为了保证空调效果，需要对空调房间的最小送风量给予保护，在《工业建筑供暖通风与空气调节设计规范》（GB 50019—2015）中是通过对房间换气次数的规定来体现的，其主要内容为：舒适性空调的房间换气次数每小时不宜小于5次，但高大空间的换气次数应按其冷负荷通过计算确定。工艺性空调的房间换气次数不宜小于表2-11所列的数值。根据这个规定和式（2-6），可计算出一个满足空调房间换气次数要求的送风量。

换气次数指房间送风量 q_V（m^3/h）和房间体积 V（m^3）的比值，用 n（次/h）表示，即

$$n = \frac{q_V}{V} \tag{2-6}$$

显然，换气次数与送风温差之间是成反比的关系，从表2-11中也可看出二者是相适应的。换气次数是保证房间卫生要求的一个重要指标。

表2-11 工艺性空调的送风温差与换气次数

室温允许波动范围/℃	送风温差 Δt_0/℃	换气次数 n/（次/h）
> ±1.0	≤15	
±1.0	6～9	5（高大空间除外）
±0.5	3～6	8
±0.1～0.2	2～3	12（工作时间不送风的除外）

归纳上述讨论结果，已知空调房间冷负荷 Q、湿负荷 W 和室内控制状态点 N，可以按照下列步骤确定送风状态点和房间送风量：

1）计算热湿比值 $\varepsilon = Q/W$。

2）在 $h-d$ 图上确定出室内状态点 N 后，过 N 点作热湿比线 ε。

3）按照规范要求选取送风温差 Δt_0，求出送风温度 $t_0 = t_N - \Delta t_0$，并进行校核（为防止送风口产生结露滴水现象，一般要求夏季送风温度要高于室内空气的露点温度2～3℃）。

4）在 h-d 图上找到 t_0 等温线，该线与热湿比线 ε 的交点就是送风状态点 O，查出 h_0 和 d_0 的数值。

5）用式（2-3）或式（2-4）计算送风量，并按照规范要求用式（2-6）校核换气次数。

【例2-1】 某空调房间的夏季冷负荷 $Q = 3314W$，湿负荷 $W = 0.264g/s$，体积 $V = 100m^3$，要求室内全年保持空气状态为 $t_N =$（22±1）℃和 $\varphi_N =$（55±5）%，当地大气压为

101285Pa，确定送风状态参数和送风量。

【解】

1）计算热湿比。根据式（2-5）可得 $\varepsilon=\frac{Q}{W}=\frac{3314}{0.264}$kJ/kg = 12553kJ/kg≈12600 kJ/kg

2）定室内空气控制状态点 N，作热湿比线。根据 $t_N=22℃$、$\varphi_N=55\%$ 在 h-d 图上（图2-13）确定室内空气控制状态点 N。通过该点画出 $\varepsilon=12600$ 的热湿比线。

3）取送风温差，确定送风状态点。依题意，查表2-11，取送风温差 $\Delta t_O=8℃$，则送风温度 $t_O=22℃-8℃=14℃$。查 h-d 图，得室内空气的露点温度 $t_{NL}=12.5℃$，则 $t_O-t_{NL}=14℃-12.5℃=1.5℃<2\sim3℃$，说明送风温差取得过大，使送风温度偏低，不合适。将 Δt_O 减小为7℃，显然就可满足防止送风口结露的要求，此时的送风温度 $t_O=15℃$。

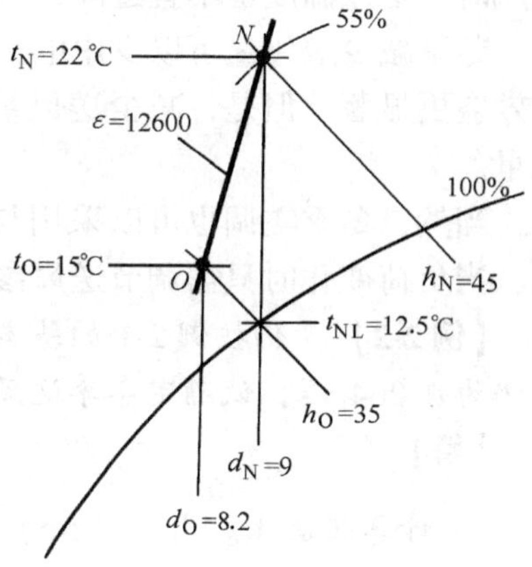

图2-13　例题2-1示意图

4）在 h-d 图找到15℃等温线和 ε 线的交点 O，查得送风状态参数：$h_O=35\text{kJ/kg}_干$，$d_O=8.2\text{g/kg}_干$。

5）计算送风量。根据题给条件，查 $h-d$ 图可分别得 $h_N=45\text{kJ/kg}_干$，$d_N=9\text{g/kg}_干$，则由式（2-3）可得

$$q_m=\frac{Q}{h_N-h_O}=\frac{3314\times10^{-3}}{45-35}\text{kg/s}=0.33\text{kg/s}$$

或

$$q_m=\frac{W}{d_N-d_O}=\frac{0.264}{9-8.2}\text{kg/s}=0.33\text{kg/s}$$

6）计算换气次数。由式（2-6）可得

$$n=\frac{q_v}{V}=\frac{q_m}{\rho V}=\frac{0.33\times3600}{1.2\times100}次/\text{h}=9.9\ 次/\text{h}$$

由于换气次数 $n=9.9$ 次/h 大于表2-11规定的5次/h，所以 $q_m=1188\text{kg/h}$ 的送风量满足要求。

此外，本例题在送风温度 t_O 确定后，通过联立解以下三个方程式用计算法也可以分别求出送风状态参数 h_O、d_O 和送风量 q_m。联立方程式如下：

$$\begin{cases}q_m=\dfrac{Q}{h_N-h_O}\\[2mm] q_m=\dfrac{W}{d_N-d_O}\\[2mm] h_O=1.01t_O+(2500+1.84t_O)\dfrac{d_O}{1000}\end{cases}$$

2.4.3　冬季空调房间送风量和送风状态点的确定

当冬季空调房间负荷为热负荷时，说明需要向房间送热风。此时，送风状态空气的温度和焓值均大于室内控制状态的温度和焓值，如要求送风状态空气的含湿量值小于室内控制状

态的含湿量值，则由 $\varepsilon=\Delta h/\Delta d\times10^{-5}$ = （$h_N-h'_O$）/（$d_N-d'_O$） $\times10^{-5}$知，房间的热湿比 ε 为负值。

从人体的一般适应能力来看，耐受吹热风的能力比耐受吹冷风的能力强，因此空调送热风时的温差可比送冷风时的送风温差大，于是冬季送热风时的送风量就可以比夏季小。但送热风时的送风温度也不宜过高，一般应不超过45℃。

冬季减少送风量可以少用电，降低运行费用，尤其是较大的空调系统，减少送风量的经济效益更显著。但是，减少送风量时要注意，送风量不能少于房间最少换气次数要求的送风量。

当然，冬季空调也可以采用与夏季相同的送风量。全年采用固定的送风量运行管理方便，当负荷变化时只需调节送风参数即可。

【例2-2】 仍按例2-1的基本条件，如冬季热负荷 $Q'=-1105$W，湿负荷 W' 与夏季相同仍为0.264g/s，试确定冬季送风状态参数和送风量。

【解】

1）计算热湿比。由式（2-5）可得 $\varepsilon=\dfrac{Q'}{W'}=\dfrac{-1105}{0.264}$kJ/kg $=-4186$kJ/kg ≈-4190kJ/kg

2）定室内空气控制状态点 N，作热湿比线。根据（$t_N=22$℃、$\varphi_N=55\%$），在 h-d 图上（图2-14）确定室内空气控制状态点 N（$h_N=45$kJ/kg$_干$、$d_N=9$g/kg$_干$），通过该点画出 $\varepsilon=-4190$的热湿比线。

3）确定送风状态点。如采用保持全年送风量不变的方案，即冬、夏季送风量相同，由于本例题冬、夏季室内湿负荷相同，故从 $q_m=W/$（d_N-d_O）知，冬季的送风含湿量与夏季的相同，即

$$d_{O'}=d_O=8.2\text{g/kg}_干$$

在 h-d 图找到 $d_{O'}=8.2$g/kg$_干$的等含湿量线和 ε 线的交点 O'，查得冬季送风状态参数：$h_{O'}=48.2$kJ/kg$_干$、$t_{O'}=27$℃，此时送风温差 $\Delta t_{O'}=t_{O'}-t_N=27℃-22℃=5℃$。

4）如希望在冬季充分利用可大温差送风的优点来减少送风量，即采用小于夏季送风量的方案，则可先确定送风温度或送风温差后，再计算送风量。例如取送风温度 $t_{O''}=36$℃（送风温差为14℃），在 h-d 图上找到36℃的等温线和 ε 线的交点 O''，并查得：$h_{O''}=54$kJ/kg$_干$、$d_{O''}=6.8$g/kg$_干$（N 点参数不变，即 $h_N=45$kJ/kg$_干$、$d_N=9$g/kg$_干$），此时送风量

$$q_m=\frac{Q'}{h_N-h_{O''}}=\frac{-1105\times10^{-3}}{45-54}\text{kg/s}=0.12\text{kg/s}$$

或 $$q_m=\frac{W}{d_N-d_{O''}}=\frac{0.264}{9-6.8}\text{kg/s}=0.12\text{kg/s}$$

5）计算换气次数。由式（2-6）可得

$$n=\frac{q_v}{V}=\frac{q_m}{V\rho}=\frac{0.12\times3600}{1.2\times100}次/\text{h}=3.6次/\text{h}$$

由于换气次数 $n=3.6$次/h 小于表2-11规定

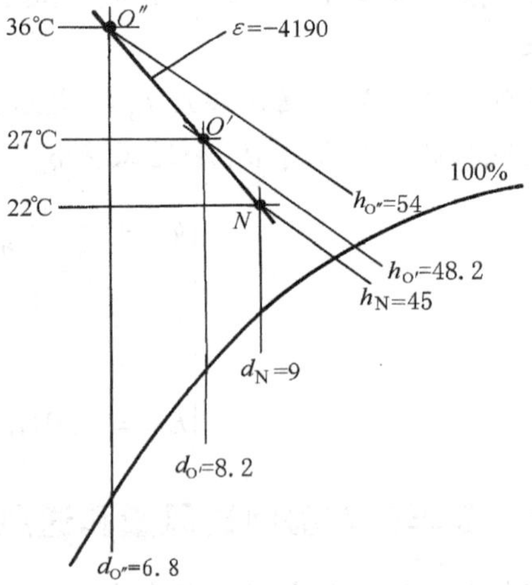

图2-14 例题2-2示意图

的 5 次/h，所以提高送风温度、加大送风温差后算得的送风量（$q_m=432\text{kg/h}$）不满足房间送风量的要求，需要增加送风量。

本章要点

1. 等效温度是描述不同的温湿度组合产生的相同冷热感；舒适区则给出了一般衣着情况下，人感到舒适的温湿度范围。

2. 室内空气的计算参数因空调的用途不同而不同，通常分为舒适性空调室内空气计算参数和工艺性空调室内空气计算参数两大类，前者以满足人的热舒适性为主，后者以满足工艺过程的特殊要求为主，适当考虑人体的热舒适性需要。

3. 室外空气计算参数取什么值，会直接影响室内空气状态的保证程度和设备投资。因此，设计规范中规定的室外空气计算参数值，通常不是取最不利条件时的数值，而是根据全年少数时间不保证室内温、湿度在控制标准范围内的原则确定的数值。

4. 夏季空调房间的得热量与冷负荷是两个既有联系又有区别的量，只有直接散发到空气中的热量才能构成冷负荷。

5. 夏季空调系统的冷负荷，根据系统服务范围内所有空调房间的同时使用情况、空调系统的类型及调节方式的不同，可按各房间逐时冷负荷的综合最大值或各房间冷负荷的累计值确定。此外，还要计入新风冷负荷以及风机、风管、水泵、水管和水箱的附加冷负荷。

6. 空调房间的送风量既要满足消除室内多余的热、湿量或弥补热、湿量不足的要求，又要符合换气次数的要求。

7. 送风温差的大小受到技术和经济两个方面因素的影响，特别是在夏季送冷风时，这种影响最明显，需要综合考虑确定。

思考题与习题

一、思考题

1. 在室内，影响人的热舒适（冷热感）的空气因素和非空气因素各有哪些？
2. 为什么说用 PMV-PPD 指标评价热环境的热舒适状况要比用等效温度法全面？
3. 舒适性空调室内空气计算参数的确定需要综合考虑哪些因素？为什么？取值依据是什么？
4. 工艺性空调室内空气计算参数主要由什么决定？从何处查取或由谁提供？
5. 空调基数和空调精度分别是什么意思？ ±1℃和 ±0.1℃哪个空调精度高？为什么？
6. 与空调设计有关的室外气象参数有哪些？到哪里查取？查不到时怎么办？
7. 空调房间夏季得热量和冷负荷一般包括哪两方面的热量和分为哪八项主要得热因素？
8. 空调房间的得热量与冷负荷在什么情况下不相等？为什么？
9. 夏季空调系统冷负荷由哪几部分组成？
10. 试说明在 ε 一定的条件下，送风量与送风温差是何关系？在夏季是否送风量越小越好？为什么？
11. 规定换气次数的目的是什么？换气次数如何取值？
12. 送风状态点在 h-d 图上由哪两条线决定？送风温差如何取值？
13. 冬季采用与夏季相同的送风量或少于夏季送风量各有什么好处？

二、习题

1. 某会议室大小为长 × 宽 × 高 = 20m × 15m × 3.5m，夏季冷负荷 $Q=41800\text{kJ/h}$，不考虑湿负荷，要求控制室内状态为 $t=28℃$、$\varphi=60\%$，试确定其空调送风状态参数及送风量。

2. 某恒温恒湿空调房间的空气参数，要求全年控制在 $t_N=(23\pm0.5)℃$ 和 $\varphi_N=(50\pm5)\%$ 范围内，当地大气压力为 101325Pa，房间夏季冷负荷为 20kW，湿负荷为 0.2g/s，求送风状态参数和送风量。如果房间冬季热负荷为3kW，其他条件与夏季相同，且采用与夏季相同的送风量时，求冬季的送风状态参数。

3. 某空调房间要求控制的空气参数为：干球温度 $t=26$℃，含湿量 $d=9.4\text{g/kg}_{干}$；计算出的冷负荷 $Q=4500\text{W}$，湿负荷 $W=2.5\text{kg/h}$；当地大气压力 $p_B=101325\text{Pa}$。如果采用7℃的送风温差送风，试求：

1）送风状态点的干球温度 t_0、相对湿度 φ_0 和含湿量 d_0。

2）保持室内要求的空气状态所需要的送风量。

第3章

空气的热湿处理与空调设备

在确定了空调房间的冷热湿负荷、送风状态点和送风量后，接下来的工作就是选择热湿处理装置把拟送入空调房间的空气处理到送风状态。

空气的热湿处理装置名目繁多，构造五花八门，功能有异有同，使用的热湿交换介质也多种多样。为了达到既定的空气处理目标，必须了解空气热湿处理的基本理论、常用热湿处理装置的结构与工作原理，才能选出合适的空气处理方案与处理装置。

本章主要介绍和讨论常用热湿交换介质，空气与水直接接触时的热湿交换原理，各种常用空气热湿处理装置的结构与工作原理，空气热湿处理的途径与方案，两类不同空调设备的构造与功能。

3.1 热湿交换介质与热湿处理装置

对空气进行热湿处理即对空气进行加热、冷却或加湿、除湿。根据能量守恒和质量守恒的基本原理，要达到这些目的就要借助某些能对空气放热、吸热或加入水蒸气、除去水蒸气的介质和装置来实现。

3.1.1 与空气进行热湿交换的介质

在空调工程中，主要使用水、水蒸气、制冷剂作为与空气进行热湿交换的介质。由于水最容易获得，而且价格低廉、热容量大、调节方便，既能直接与空气进行热湿交换，又能间接与空气进行热湿交换，因此是使用最多、最广的介质。

水蒸气如果直接喷入空气中，能起到加湿作用；如果通过换热器间接与空气接触则只能起加热作用。

制冷剂通常借助换热器与空气进行热湿交换，空气发生何种状态变化与制冷剂的状态变化有关：如果制冷剂由液态变为气态，则空气将发生降温或降温减湿变化；如果制冷剂由气态变为液态，则空气将会被加热。

除此之外，在某些特殊场合，还可以利用某些固体或液体吸湿剂（如硅胶、溴化锂等）与空气进行热湿交换。

3.1.2 空气热湿处理装置

在空调工程中，为了实现不同的空气处理方案，需要用到各种空气热湿处理装置，空气热湿处理装置的作用是将上述介质与空气进行充分地热湿交换，使空气的状态发生需要的变化。各种空气热湿处理装置按热湿交换介质与空气的接触方式不同，可分为直接接触式和间接接触式两大类。

（1）直接接触式热湿处理装置　直接接触式热湿处理装置是把水、水蒸气等介质直接喷入空气中，或让热湿交换介质与空气直接接触，使空气状态发生变化，常用的这类装置有喷水室、各种水加湿器和蒸汽加湿器等。

（2）间接接触式热湿处理装置　间接接触式热湿处理装置（又称为表面式或间壁式热湿处理装置）是将水、水蒸气、制冷剂等介质通过金属分隔面与空气进行热湿交换，从而使空气状态发生变化。表冷器、空气加热器、盘管以及蒸发器和冷凝器等都属于此类装置，又统称为表面式换热器。

电加热器利用电热元件来加热空气，其作用原理与上述两类热湿处理装置有所不同，喷水式表冷器则兼有直接接触式和间接接触式两类热湿处理装置的特点。

3.2 喷水室

喷水室（又称为喷淋室、淋水室、喷雾室、洗涤室等）借助喷水装置喷出的高密度小水滴与空气直接接触进行热湿交换，从而使空气状态发生变化。由于水温可以任意调节，因此喷水室可以对空气实现加热、冷却、加湿、除湿等七种处理，而且具有一定的空气净化能力，夏、冬季可以共用，加工制作容易等优点，曾在空调发展历程中得到广泛使用。其主要缺点是对水质要求高、占地面积大、水系统复杂、需配备专用水泵等。目前喷水器主要在纺织厂、卷烟厂等以空气湿度为主要调控对象的工艺性空调系统中采用。

3.2.1 喷水室的构造与种类

不论是何种喷水室，其工作原理都是基本相同的：空气在风机的作用下进入喷水室，与喷嘴喷出的水滴接触进行热湿交换，发生状态变化后流经挡水板，使夹带在空气中的水滴分离出来，然后离开喷水室。

1. 喷水室的结构

图3-1所示为常见卧式、单级、低速喷水室的结构，它主要由喷水排管、挡水板、底池及外壳组成。

（1）喷水排管　喷水排管（又称为喷淋排管）如图3-2所示，根据空气处理的需要，在喷水室中可设置二至四排。

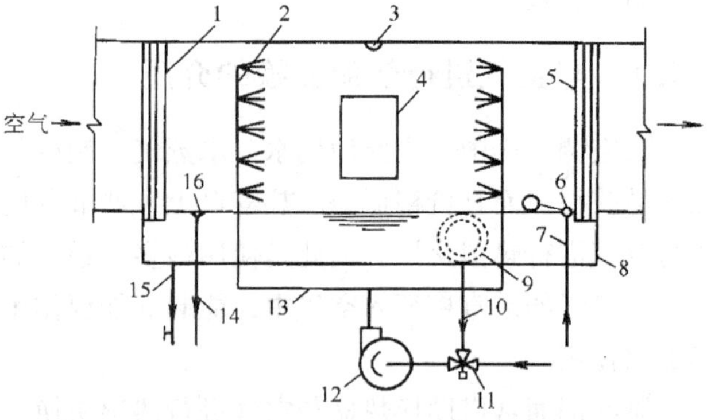

图3-1　常见卧式、单级、低速喷水室的结构
1—前挡水板　2—喷水排管　3—防水灯　4—后挡水板　5—浮球阀　6—底池　7—补水管　8—供水管　9—三通混合阀　10—回水管　11—滤水器　12—水泵　13—溢水管　14—泄水管　15—溢水器　16—检查门

喷嘴的喷水方向相对于空气流动方向可顺喷，也可逆喷，当采用二排喷水排管时均为对喷。

（2）喷嘴　喷嘴安装在喷水排管上，用来将水变成小水滴，扩大空气与水直接接触进行热湿交换的面积。喷嘴喷出的水滴大小、水量多少、喷射角度和喷射距离与喷嘴的结构、喷口孔径以及水压大小有关。图 3-3 所示为常用的一种离心式喷嘴的结构，图 3-4 所示为双螺旋喷嘴的结构。制作喷嘴的材料一般采用黄铜、尼龙、塑料和陶瓷。

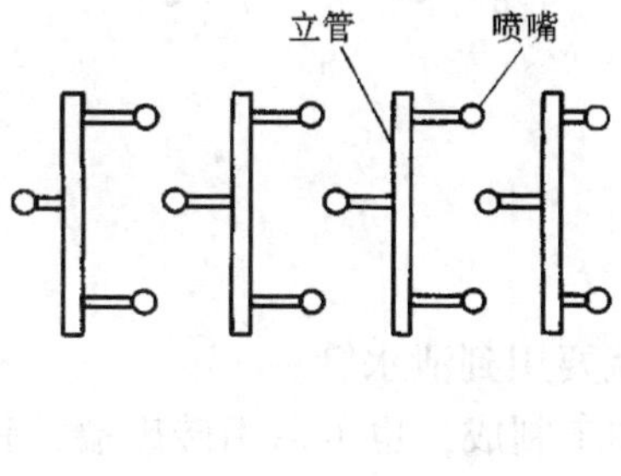

图 3-2　喷水排管

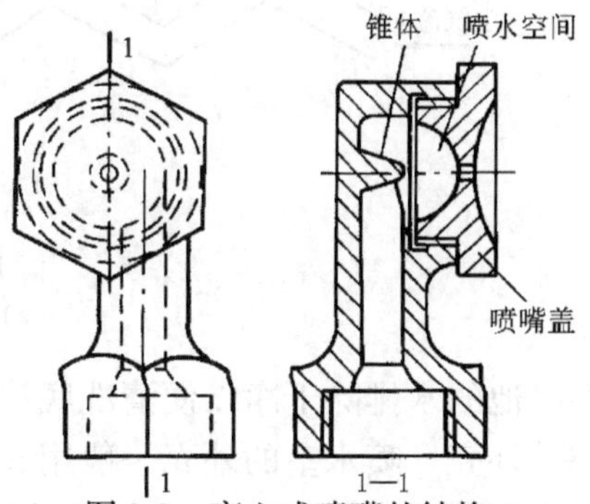

图 3-3　离心式喷嘴的结构

（3）挡水板　挡水板一般用厚度为 0.75 ~ 1.0mm 的镀锌钢板制作，也可以用不锈钢板、铝合金板、玻璃钢、塑料或塑料复合钢板制作。前挡水板的作用有两个：一是挡住水滴不飞溅出喷水室；二是使进入喷水室的空气在整个喷水室横截面上能尽量均匀分布。前挡水板已很少使用，取而代之的是流线型格栅整流器（又称为导流板），参见图 3-5。后挡水板如图 3-6所示，主要有折板形和波纹形两种。当夹带着水滴的空气在挡水板片与片之间的流道曲折通过时，因流动方向的改变而使水滴在惯性作用下与挡水板发生碰撞，将水滴阻留并聚集在板面上，并沿直立板面流到底池。

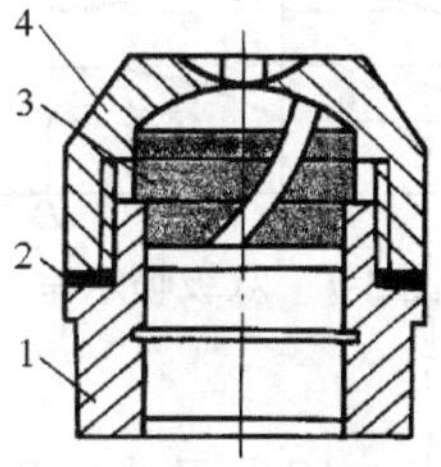

图 3-4　双螺旋喷嘴的结构

1—喷嘴座　2—橡胶垫

3—螺旋体　4—喷嘴帽

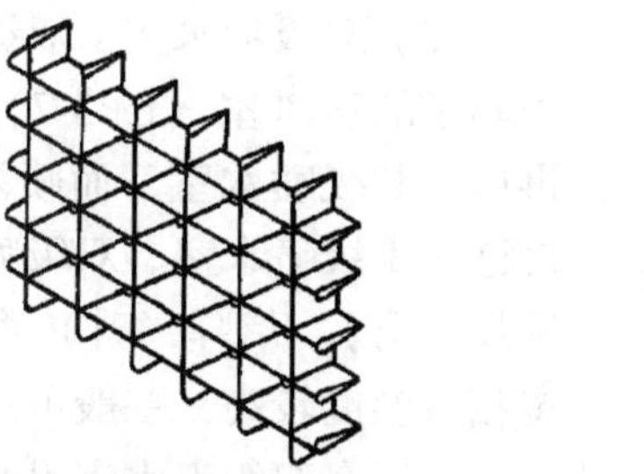

图 3-5　流线型格栅整流器

（4）底池　喷水室的底池用来容纳喷淋用水和喷淋落水，其上接有回水管、溢水管、补水管和泄水管四种管道及其附属装置。当需要使用部分回水调喷水温度和需要对空气进行等焓加湿处理时，就要使用回水管（又称为循环水管）将底池中的水通过滤水器过滤后供给水泵；当夏季对空气进行冷却干燥处理时，底池中的水将增多，为维持底池一定的水位，需借助溢水管通过溢水器将多余的水从底池中排出；当冬季对空气进行喷循环水加湿时，底池中的水将会减少，为维持底池一定的水位，需要通过浮球阀控制补水管向底池自动补水；在

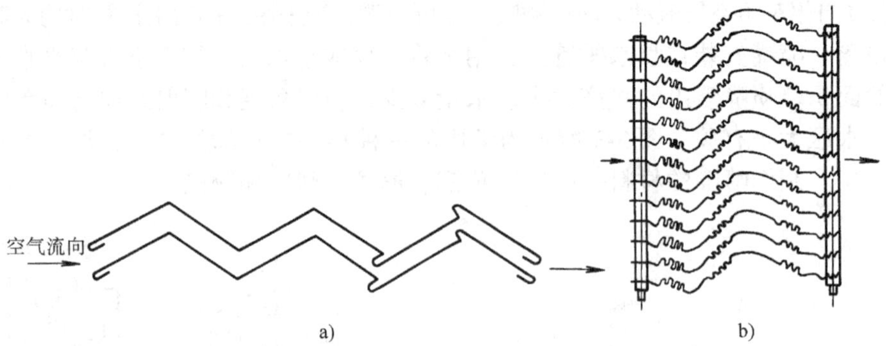

图3-6 后挡水板
a）折板形 b）波纹形

需要将底池的水排除干净以便清洗底池或检修设备时，就要用到泄水管。

（5）外壳 喷水室的外壳一般用2~3mm厚的钢板加工制成，也可以用砖砌墙，钢筋混凝土预制板盖顶或用80~100mm厚的钢筋混凝土整体浇制。

2. 喷水室的种类

喷水室除了有卧式、单级和低速的外，相应的还有立式、双级和高速喷水室，此外还有带旁通的喷水室和带填料层的喷水室等。

（1）立式喷水室 立式喷水室占地面积小，空气自下而上流动，水自上而下喷洒，因而热湿交换效果更好，一般用于处理风量较小或空调机房层高较高的场合。

（2）双级喷水室 双级喷水室是风路及水路都串联起来的喷水室（图3-7），空气先进入Ⅰ级喷水室再进入Ⅱ级喷水室，而喷淋水是先进入Ⅱ级喷水室，再进入Ⅰ级喷水室。双级喷水室的主要特点是空气的温降（升）、焓降（升）都较大，被处理空气的终状态相对湿度较高，一般可达100%。

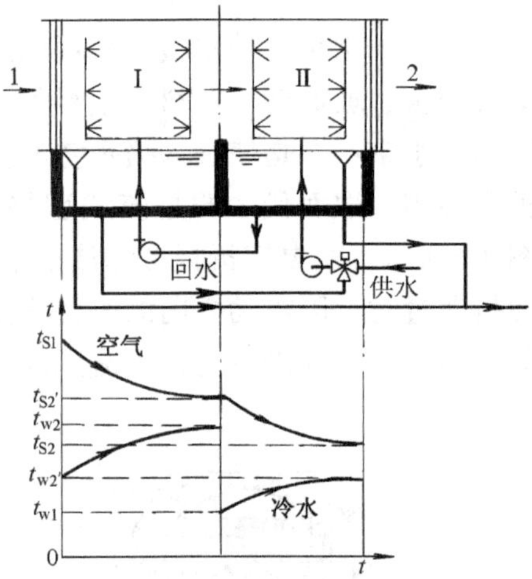

图3-7 双级喷水室

由于在双级喷水室里水被重复使用，所以水的温升（降）大，用水量小。因此，双级喷水室常被用于使用天然冷（热）水的场合。

（3）高速喷水室 一般低速喷水室内空气流速仅为2~3m/s，图3-8所示高速喷水室内的空气流速则为3.5~6.5m/s，这种喷水室在我国纺织行业有广泛的使用。

（4）带旁通的喷水室 与一般的喷水室不同，带旁通的喷水室是在喷水室的侧面或上面增加一条旁通风道（又称为二次风道），它可以使处理的和未处理的空气按一定比例混合而得到要求的空气终参数，通常用于二次回风空调系统。

（5）带填料层的喷水室 带填料层的喷水室是在喷水室内倾斜地排列玻璃纤维填料盒，盒上均匀地喷水（图3-9），空气穿过玻璃纤维层时，与水可以充分接触进行热湿交换，它适用于空气的加湿或蒸发式冷却。

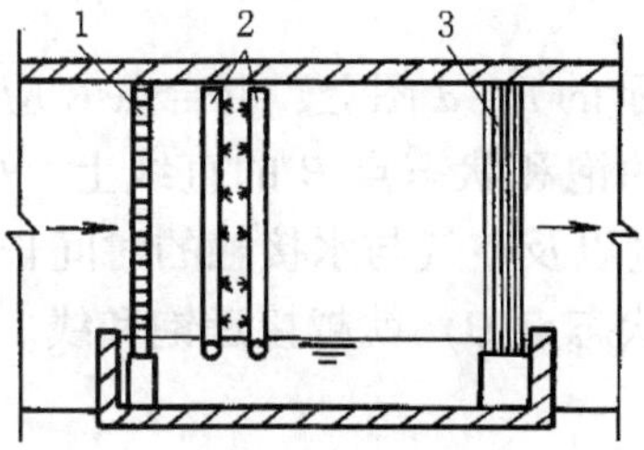

图3-8　高速喷水室

1—整流器　2—喷水排管　3—挡水板

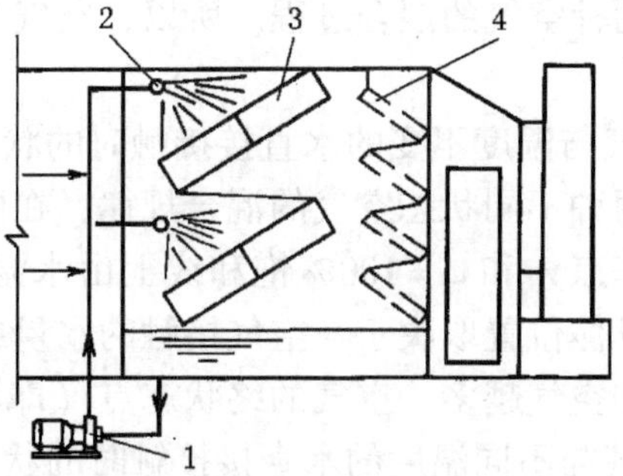

图3-9　带填料层的喷水室

1—水泵　2—喷嘴　3—玻璃纤维填料盒　4—除水器

3.2.2　空气与水直接接触时的热湿交换原理

空气经喷水室处理后为什么会发生状态变化？如何变化？与喷嘴喷出的水滴温度是什么关系？要回答这些问题，必须对空气和水直接接触时的热湿交换原理有所了解。

如图3-10所示，悬浮在未饱和空气中的水滴由于水的自然蒸发作用，会有一部分水由液态转变为气态，但其温度不发生变化，从而在水滴的表面形成一个温度等于水滴表面温度的饱和空气薄层，称为边界层。由热力学知识可知，该边界层的水蒸气分压力（即饱和水蒸气分压力）值的大小取决于水滴表面温度。

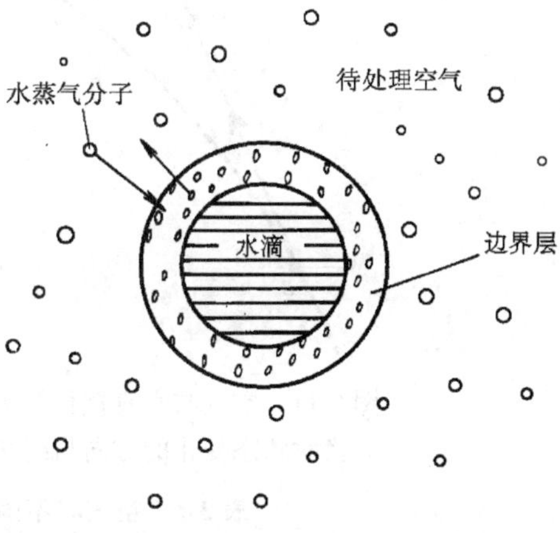

图3-10　悬浮在未饱和空气中的水滴

由于未饱和空气与水滴之间存在一个饱和空气边界层，因此空气与水滴直接接触时的热湿交换实质上是空气与水滴表面饱和空气边界层的热湿交换。如果边界层的温度高于周围空气的温度，则边界层向周围空气传热；反之，周围空气向边界层传热。如果边界层的水蒸气分压力大于周围空气的水蒸气分压力，则水蒸气分子将由边界层向周围空气迁移，此时空气中的水蒸气含量增加，即得到加湿，同时边界层中减少了的水蒸气分子由水滴表面跃出的水分子补充，水滴为蒸发状态；反之，水蒸气分子由周围空气向边界层迁移，空气中的水蒸气含量减少被除湿，此时边界层容纳不了的过多水蒸气分子会回到水滴中，这个迁移过程实质上是空气中水蒸气的凝结过程。由于不论是蒸发还是凝结都有潜热的转移，因此当空气与边界层之间存在水蒸气分压力差时，既有湿交换（又称为质交换），也有热交换。

综上所述，空气与水滴之间的热交换是可能包括显热交换和潜热交换的全热交换，为了全面反映空气与水滴之间的热交换情况，通常用空气初终态的焓差值来表示其热量的变化情况。

由于当未饱和空气流经水滴周围时，会把边界层中的饱和空气带走一部分，而补充的未饱和空气在水的蒸发或水蒸气凝结的自然作用下很快会达到饱和。因此，边界层的饱和空气将不断地与流过水滴周围的那部分未饱和空气混合，从而使空气状态发生变化。这种现象实际上就是两种空气的混合过程。所以，空气与水的热湿交换过程可以按两种空气的混合过程来对待。

1. 空气与温度不变的水直接接触时的状态变化

根据两种不同状态空气的混合规律，在图3-11所示的 $h-d$ 图上，混合点 C 应位于连接空气初状态点 A 和 $\varphi=100\%$ 饱和线上由水温 t_W 决定的饱和状态点 B 的直线上。C 点在 AB 连线上的具体位置取决于与空气接触的水量或水滴数量以及空气与水接触的时间长短，参与混合的饱和空气越多，空气的终状态点（即混合后的状态点 C）就越接近饱和线。

2. 空气与不同温度的水直接接触时的状态变化

从上面的分析可以得知："水"的状态点只能在 $\varphi=100\%$ 的饱和线上，空气与水直接接触时的状态变化方向又受制于这一"点"，由此而决定了空气与水直接接触时的状态变化范围，是由空气初状态点 A 与饱和线的两条切线 AB 和 AC，以及饱和线所围成的曲线三角形 ABC，如图3-12所示。这个范围可以用 $A\rightarrow1$ 至 $A\rightarrow7$ 七种典型空气状态变化过程来代表。表3-1列举了这七种典型过程的特点。

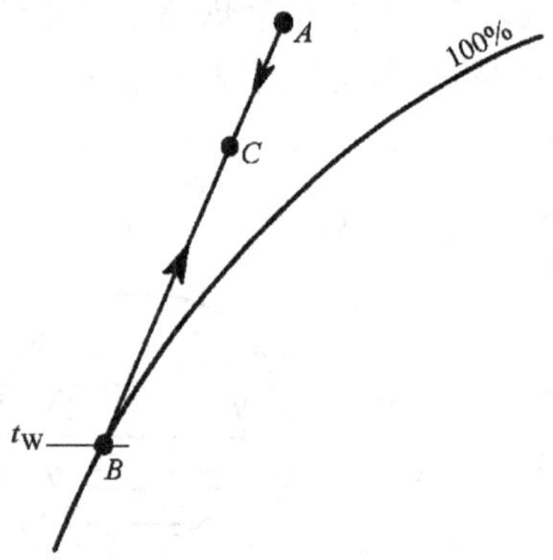

图3-11 空气与水直接接触热湿交换时状态变化的方向与终状态

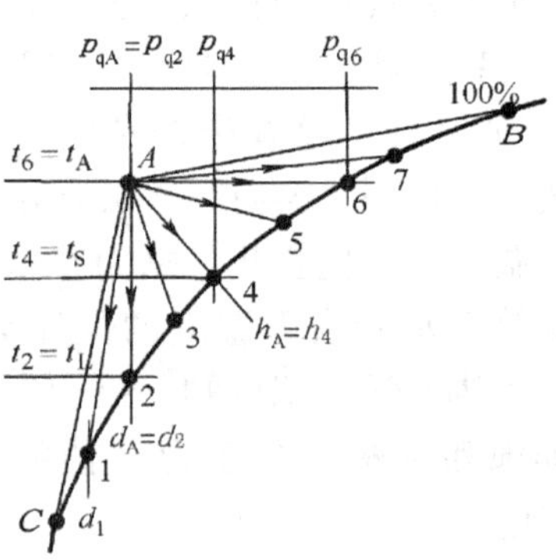

图3-12 空气与水直接接触时的状态变化范围及典型过程

表3-1 空气与不同温度的水直接接触热湿交换过程的特点

过程线	水温特点	温度或显热	含湿量或潜热	焓或总热	过程名称
$A\rightarrow1$	$t_W<t_L$	降低或减少	减少	减小或减少	冷却减湿或冷却干燥
$A\rightarrow2$	$t_W=t_L$	降低或减少	不变	减小或减少	等湿冷却
$A\rightarrow3$	$t_L<t_W<t_S$	降低或减少	增加	减小或减少	减焓加湿或冷却加湿
$A\rightarrow4$	$t_W=t_S$	降低或减少	增加	不变	等焓加湿或绝热加湿
$A\rightarrow5$	$t_S<t_W<t_A$	降低或减少	增加	增大或增加	增焓加湿
$A\rightarrow6$	$t_W=t_A$	不变	增加	增大或增加	等温加湿
$A\rightarrow7$	$t_W>t_A$	升高或增加	增加	增大或增加	升温加湿

从图3-12所示的七种过程中可以看出：d_A（p_{qA}）是空气增湿和减湿的分界线，h_A 是空气增焓和减焓的分界线，而 t_A 是空气升温和降温的分界线。下面用热湿交换理论简要分析这七种过程。

1）当水温 t_W 低于空气露点温度 t_L 时，发生 $A\rightarrow1$ 过程。此时由于 $t_W<t_L<t_A$ 和 $d_1<d_A$（$p_{q1}<p_{qA}$），空气被冷却和干燥。水蒸气凝结时放出的热被水带走。

2）当水温 t_W 等于空气露点温度 t_L 时，发生 $A\to2$ 过程。此时由于 $t_W = t_L < t_A$ 和 $d_2 = d_A$（$p_{q2} = p_{qA}$），空气被冷却但含湿量不变，即没有湿交换和潜热交换。

3）当水温 t_W 高于空气露点温度 t_L 且低于空气湿球温度 t_S 时，发生 $A\to3$ 过程。此时由于 $t_W < t_S < t_A$ 和 $d_3 > d_A$（$p_{q3} > p_{qA}$），空气被冷却和加湿。

4）当水温 t_W 等于空气湿球温度 t_S 时，发生 $A\to4$ 过程。此时由于等湿球温度线与等焓线相近，可以认为空气状态沿等焓线变化而被加湿。在该过程中，由于总热交换量近似为零，而且 $t_W = t_S < t_A$ 和 $d_4 > d_A$（$p_{q4} > p_{qA}$），说明空气的显热量减少、潜热量增加，二者近似相等。实质上是水蒸发所需要的潜热量取自空气降温而贡献出的显热量，而这部分热量又由水蒸气带回到空气中。

5）当水温 t_W 高于空气湿球温度 t_S 而低于空气干球温度 t_A 时，发生 $A\to5$ 过程。此时由于 $t_W < t_A$ 和 $d_5 > d_A$（$p_{q5} > p_{qA}$），空气被冷却和加湿。水蒸发所需要的潜热量部分来自空气，部分来自水。

6）当水温 t_W 等于空气干球温度 t_A 时，发生 $A\to6$ 过程。此时由于 $t_W = t_A$ 和 $d_6 > d_A$（$p_{q6} > p_{qA}$），说明空气温度不变，不发生显热交换，但空气被加湿。水蒸发所需要的潜热量来自水本身。

7）当水温 t_W 高于空气干球温度 t_A 时，发生 $A\to7$ 过程。此时由于 $t_W > t_A$ 和 $d_7 > d_A$（$p_{q7} > p_{qA}$），空气被加热和加湿。水蒸发所需要的潜热量及加热空气的显热量均来自水本身。

掌握上述分析要点，根据喷水室处理空气的喷水温度，借助 h-d 图就可以很容易地判断出空气状态变化过程是加湿还是减湿，是增焓还是减焓，是升温还是降温以及其他状态参数的变化情况。

在空调工程中，温度高于被处理空气初态湿球温度的水一般称为热水；反之，称为冷水；等于该湿球温度的水称为循环水。据此，上述七种过程中，要实现前三种过程需喷冷水，实现后三种过程要喷热水，而中间的第四种过程需要喷循环水才能实现。

3. 用喷水室处理空气的实际过程

前面介绍的用喷水室处理空气可以实现的七种过程，是基于以下两个假设条件：

1）与空气接触的水量无限大（因而水温可始终保持不变，“水”的状态点也不变）。

2）空气与水接触的时间无限长（使与水滴接触的空气可以达到饱和）。

这样才能使全部被处理空气都达到饱和状态，即空气的终状态点在 $\varphi = 100\%$ 的饱和线上，而且空气的终温与喷水温度相等。因此是理想的热湿交换过程。

实际用喷水室处理空气时，由于受到各种客观条件的限制，与空气接触的水量是有限的，空气与水接触的时间也很短。因此，除了用循环水处理空气时水温不会改变外，在其他六种空气处理过程中，水温都将发生变化，从而使得空气状态变化过程不成直线，而是曲线，空气的终状态也很难达到饱和。

现以水的初温低于被处理空气露点温度，水滴与空气的运动方向相同（顺流）和相反（逆流）的情况为例分析喷水室处理空气的实际过程。如图 3-13a 所示，顺流时，由于空气与水滴同向而行，因此在开始阶段状态 A 的空气与具有初温 t_{W1} 的水接触，使一小部分空气达到饱和状态，且温度等于 t_{W1}（即边界层空气温度）。这一小部分空气与其余空气混合达到状态点 1，点 1 位于 A 点与点“t_{W1}”的连线上。在第二阶段，水温已升高到 $t_{W'}$，此时具有点 1 状态的空气与温度为 $t_{W'}$ 的水接触，又有一小部分空气达到饱和。这一小部分空气与其余空气混合达到状态点2，点2位于点1和点“$t_{W'}$”的连线上。如此继续下去，最后可得到一条表示空气状态变化过程的折线$A123\cdots t_{W''}$。间隔划分越细，则所得过程线越接近一条曲线，而且在热湿交换充分完善的条件下空气状态变化的终点将在饱和曲线上，温度将等于水的终温t_{W2}。

逆流时，空气状态和水温的实际变化过程分析和顺流时相同，只是由于空气与水滴的运动方向相反，因此在开始阶段空气首先与终状态温度t_{W2}的水滴接触，然后依次与水温越来越低的不同水滴接触，空气状态变化的过程是折线$A123\cdots t_{W'}$，如图3-13b所示，其弯曲方向与顺流时相反，而且空气如果能达到饱和，其温度将与水的初温t_{W1}相等。

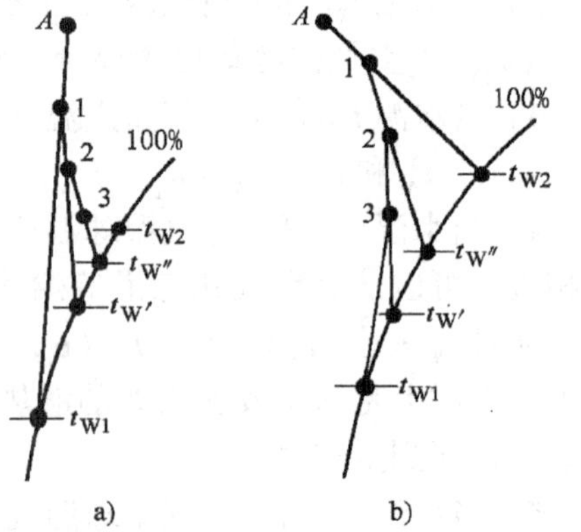

图3-13 用喷水室处理空气的实际过程
a）顺流 b）逆流

需要注意的是，只有在立式喷水室才能实现比较单纯的顺流和逆流；在卧式喷水室中，因水滴从喷嘴喷出的方向和运动时受重力的作用，使得空气与水滴的运动方向既不是顺流，也不是逆流，而是复杂的交叉流。由于在工程实际中关心的只是空气经喷水室处理后的状态，而不是空气状态变化的轨迹，所以在分析计算时就直接采用连接空气初、终状态点的直线来表示喷水室中空气状态的实际变化过程。

此外，用喷水室处理空气时，空气的终状态往往达不到饱和，只能接近饱和，相对湿度一般为90%～95%，但也接近了结露状态，故而常把空气经喷水室处理后接近饱和状态时的终状态点称为“机器露点”。

3.3 表面式换热器

在空调工程中，另一类广泛使用的热湿交换装置是表面式换热器，又称为空气换热器。与喷水室相比，表面式换热器结构简单、体积小、使用灵活、用途广，还可以使用多种热湿交换介质。表面式换热器的“别名”很多：在组合式空调机组和柜式风机盘管中用于空气冷却除湿处理时称为空气冷式器或表面式冷却器，简称表冷器；用来对空气进行加热处理时，称为空气加热器；作为风机盘管的部件使用时，称为盘管；用做各种空调器或空调机的四大件中的换热器时，分别称为蒸发器（或表面式蒸发器、直接蒸发式表冷器）和冷凝器。

3.3.1 表面式换热器的结构与种类

由于表面式换热器是借助换热管内的冷热媒介质（如水、水蒸气、制冷剂）经金属分隔面与空气间接进行热湿交换，而空气侧的对流换热系数一般远小于管内的冷却介质或加热介质的对流换热系数，为了增强表面式换热器的换热效果，降低金属耗量和减小换热器的尺寸，通常采用肋片管来增大空气一侧的传热面积，以达到增强传热的目的。空调工程中使用的表面式换热器主要是各种金属肋片管的组合体。

肋片管由基管和肋片（俗称翅片）构成，制作材料为铜、铝、钢。根据加工方法的不同，肋片管分为绕片管、串片管和轧片管等，如图 3-14 所示。

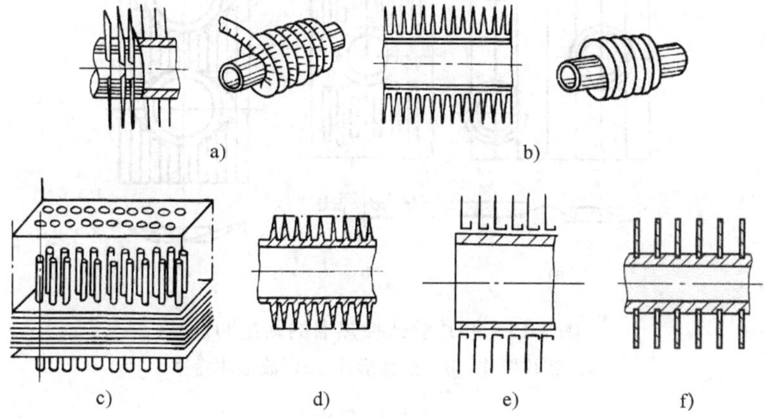

图 3-14　各种肋片管

a）皱褶绕片管　b）光滑绕片管　c）串片管

d）轧片管　e）二次翻边片管　f）镶嵌片管

（1）绕片管　绕片管是用绕片机把铜带或钢带紧紧地缠绕在铜管或钢管上制成的，主要有皱褶式绕片管和光滑绕片管两种。图 3-14a 所示的皱褶绕片既增加了肋片与管子之间的接触面积，又可以使空气流过时的扰动增强，从而提高肋片管的传热系数。但是，皱褶会使空气流过肋片管的阻力增加，而且容易积灰，不便清理。为了消除肋片与管子接触处的间隙，可将这种换热器进行浸镀锌、锡处理，经过浸镀锌、锡处理后还能防止金属生锈。图 3-14b 所示的绕片没有皱褶，称为光滑绕片，它们是用延展性更好的铝带缠绕在钢管上制成的。

（2）串片管　串片管（又称为套片管）是把事先冲好管孔的肋片与管束串在一起，通过胀管处理使管壁与肋片紧密结合（图 3-14c），常用的肋片为铝片，管子则用铜管。

（3）轧片管　轧片管是用轧片机在光滑的铜管或铝管表面轧制出肋片（图 3-14d），由于轧片和管子是一个整体，没有因存在缝隙而产生的接触热阻，所以轧片管的传热性能更好。但是，轧片管的制造成本高，且肋片不能太高，管壁也不能太薄。

（4）二次翻边片管　图 3-14e 所示的二次翻边片由于翻了二次边，既保证了肋片的间距，又增加了肋片与管壁的接触强度，从而增加了肋片管的传热效果。

（5）镶嵌片管　由于该管的肋片是镶嵌在管壁表面开的槽中（图 3-14f），因此管壁与肋片结合紧密，传热性能较好。

（6）新型肋片管　为了进一步提高肋片管的传热性能，新型肋片管的片形多采用波纹形、条缝形和波形冲缝等（图 3-15），以增加气流的扰动性，提高管子外表面的换热系数。此外，新型肋片管的管子也通过采用各种内螺纹管来强化管内侧的换热。

对由传统肋片管构成的表面式换热器的分类、标记和要求等，国家标准《空气冷却器与空气加热器》（GB/T 14296—2008）均有详细规定可查阅。

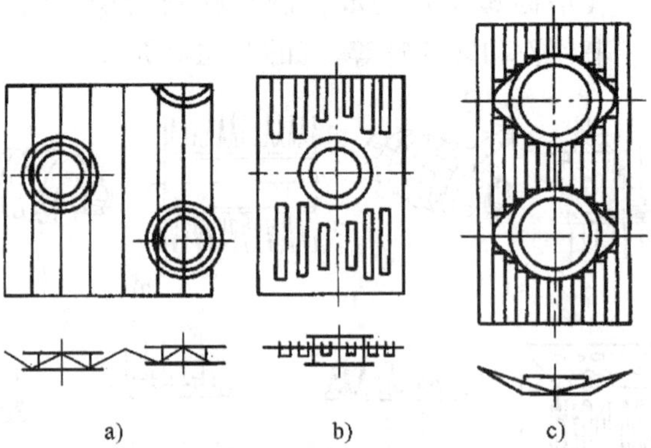

图3-15 肋片管式换热器的新型肋片

a）波纹形片 b）条缝形片 c）波形冲缝片

3.3.2 间接接触式热湿交换原理

和空气与水直接接触时的热湿交换不同，间接接触式（又称为表面式或间壁式）热湿交换是流动空气与金属表面进行热湿交换，热湿交换的结果取决于金属表面的温度。由于空气侧的表面传热系数总是远低于冷、热媒流体侧的表面传热系数，一般情况下，金属表面温度更接近于冷、热媒流体的温度。

当金属表面温度高于空气温度时，空气以对流换热方式为主与金属表面间进行显热交换，而使温度提高，此时并不会发生质量交换，即空气的含湿量不发生变化；当金属表面温度低于空气温度而高于空气露点温度时，空气与金属表面间同样以对流换热方式为主进行热交换，温度被降低，空气的含湿量同样也不会发生任何变化；然而，当金属表面温度低于空气露点温度时，空气中的部分水蒸气将开始在空气侧的金属表面凝结，随着凝结液的不断增多，在金属表面会形成一层流动的水膜。和空气与水直接接触时的热湿交换原理相同，在与空气相邻的水膜一侧，存在一个温度与水膜温度相等的饱和空气边界层（参见图3-16）。此时，空气与金属表面的热交换会因空气与凝结水膜之间存在温差而发生，使空气温度降低；质量交换则因空气与凝结水膜相邻的饱和空气边界层间存在水蒸气分压力差而发生，使空气含湿量减少。

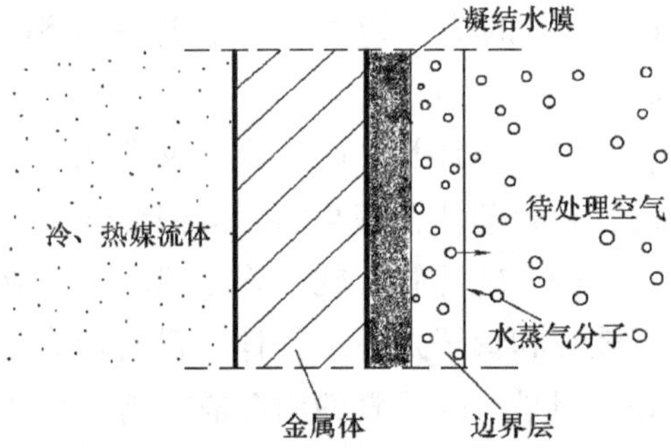

图3-16 金属表面存在凝结水膜时的示意图

3.3.3 用表面式换热器处理空气的过程与特点

由上述间接接触式热湿变换原理可知，与喷水室相比，用表面式换热器处理空气只能实现等湿加热、等湿冷却和减湿冷却（又称为冷却干燥）三种过程，如图3-17所示。

1）当表面式换热器用作加热器处理空气时，由于其表面温度高于被处理空气的温度，因此二者之间只有显热交换，即空气被加热，温度将会升高而含湿量不变，空气状态的

变化过程为 $A \to B$，称为等湿加热过程或简称加热过程。B 点的温度由空气得到的热量多少决定。

2）当表面式换热器作为冷却器处理空气，但其表面温度低于被处理空气的干球温度、高于或等于空气的露点温度时，表面式换热器与被处理空气间只存在显热交换，空气的温度将会降低而含湿量仍然不变，空气的状态变化过程为 $A \to C$，称为等湿冷却过程或干冷过程，此时表冷器的工作状况称为干工况。C 点的温度由空气失去的热量多少决定。

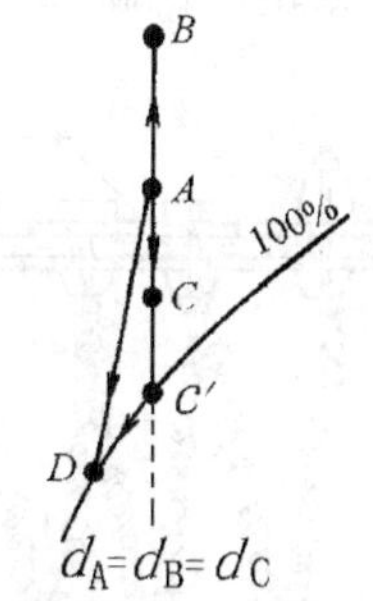

图 3-17　表面式换热器可以实现的空气处理过程

3）当表面式换热器仍作为冷却器处理空气，但其表面温度低于被处理空气的露点温度时，空气首先被等湿降温到饱和线上（达到饱和状态），空气的状态变化过程为 $A \to C \to C'$，然后沿饱和线进一步降温减湿到接近表冷器的表面温度（需维持一定的传热温差），其状态变化过程为 $C' \to D$。这时，空气中将有部分水分凝结出来。由于在实际工程中关心的是空气处理的结果，而不是空气状态变化的轨迹（即过程），所以在 h-d 图上通常用 $A \to D$ 来表示空气经表冷器冷却干燥处理后的状态变化过程。在这个过程中，由于空气不但温度要降低，含湿量也要减少，因此称之为减湿冷却过程或湿冷过程，此时表冷器的工作状况称为湿工况。D 点的温度由空气失去的水蒸气量多少决定。

在对空气进行冷却干燥处理过程中，由于有凝结水析出，并附着在表冷器的壁面上形成一层凝结水膜，因此与水滴表面存在一个饱和空气边界层的原理相同，在表冷器凝结水膜的表面也存在一个饱和空气边界层。此时，表冷器与空气的热湿交换实质上就是这个饱和空气边界层与空气间的热湿交换，它们之间由于不但存在温差，而且还存在水蒸气分压力差，所以二者之间不仅有显热交换，还有伴随着湿交换的潜热交换。由此可知，湿工况下工作的表面式换热器比干工况下工作时有更大的热交换能力。

3.4　其他加热装置

空调工程中通常采用的另一类空气加热装置是电加热器。电加热器是利用电流通过电阻丝发热来加热空气的装置。它具有结构紧凑、加热均匀、热量稳定、控制方便等优点。因此在空调设备和小型空调系统中应用较广。在恒温精度控制要求较高的大型全空气空调系统中，也经常在送风支管上设置电加热器来控制局部区域的加热升温。由于电加热器耗电量较大，在电费较贵、加热量较大的场合不宜采用。

电加热器有两种基本结构形式，一种是裸线式，一种是管式（或称套管式）。

1. 裸线式电加热器

如图 3-18 所示的裸线式电加热器，电阻丝裸露在空气中，空气与灼热的电阻丝直接接触而被加热。根据需要，电阻丝可布置成单排或多排；为方便检修，定型产品常做成抽屉式。

裸线式电加热器结构简单，热惰性小，加热速度快；但在高温下易断丝漏电，安全性差，必须有可靠的接地装置，并要与风机连锁运行；电阻丝表面温度高，粘附其上的杂质经烘烤后会产生异味，影响空气质量。

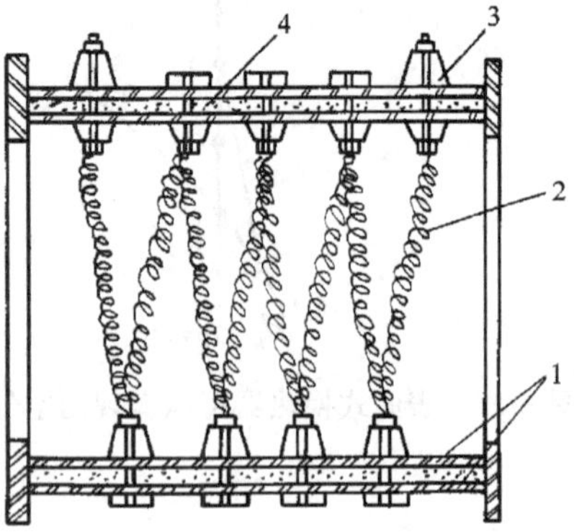

a)

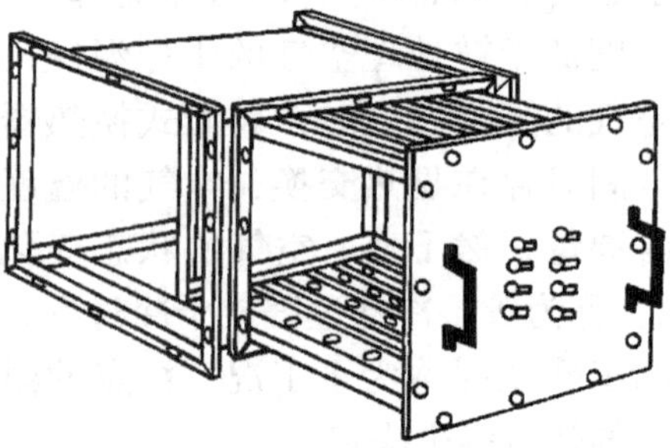

b)

图3-18 裸线式电加热器

a）基本结构 b）抽屉式

1—钢板 2—电阻丝 3—瓷绝缘子 4—隔热层

2. 管式电加热器

管式电加热器的结构如图3-19所示，绕成螺旋形的电阻丝装在特制的金属套管内，套管与电阻丝之间填充导热性能好但不导电的材料（如结晶氧化镁）。管式电加热器的金属套管除了棒形、U形和W形外，为了增加散热面积，还有套管外带螺旋翅片的形式。

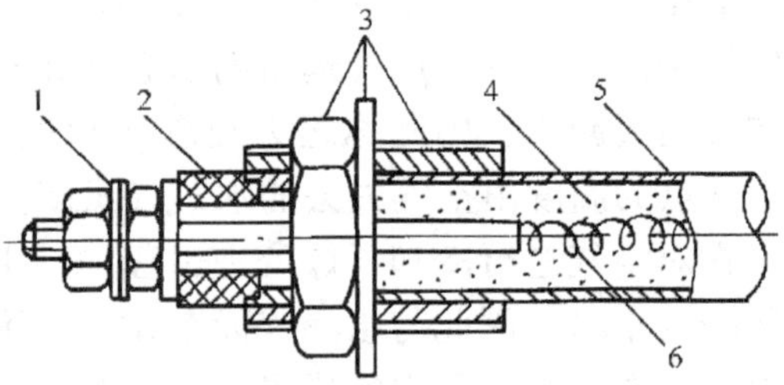

图3-19 管式电加热器的结构

1—接线端子 2—瓷绝缘子 3—紧固装置

4—绝缘材料 5—金属套管 6—电阻丝

管式电加热器的特点是加热均匀、加热量稳定、安全性好，但它的热惰性大，结构比较复杂。

3.5 其他加湿装置

加湿装置是用来增加空气中水蒸气含量（含湿量）和提高空气相对湿度的装置。对空气的加湿既可以在空调设备或送风管道内对送入空调房间的空气集中实施，也可以在空调房间内直接实施。空气加湿装置的种类繁多，按与空气接触的是水还是水蒸气分为水加湿装置和蒸汽加湿装置两大类，按控制方式可分为普通型和自动控制型。空调工程中常用的加湿装置（除喷水室外）见表3-2。

国家标准《加湿器》（GB/T 23332—2009）规定加湿器的使用条件为：

（1）使用环境条件

1）环境温度：10℃～40℃。

2）环境湿度：相对湿度不大于80%（温度为25℃）。

（2）使用水条件 初始工作水温不低于10℃。

表 3-2　常用加湿装置

类型	水加湿装置		蒸汽加湿装置	
种类	强制雾化式	自然蒸发式	蒸汽供给式	蒸汽发生式
名称	1. 压缩空气喷雾器 2. 电动喷雾机 3. 喷雾轴流风机 4. 高压水喷雾加湿器 5. 超声波加湿器	1. 吸水填料加湿器 2. 不吸水填料加湿器	1. 蒸汽喷管 2. 干蒸汽加湿器	1. 电热式加湿器 2. 电极式加湿器 3. PTC 蒸汽加湿器 4. 红外线加湿器

此外，该标准还规定了部分常用加湿器的加湿效率及等级、噪声限制值等。

由本书相关内容可知：用水加湿装置对空气进行加湿处理，空气的状态变化过程为近似等焓加湿过程；用蒸汽加湿装置对空气进行加湿处理，空气的状态变化过程为近似等温加湿过程。

3.5.1　水加湿装置

这类加湿装置都是用液态水来与空气进行热湿交换，空气的状态变化过程工程上按等焓加湿过程对待，因此又称为等焓加湿装置。根据与空气接触的是否为微小水滴，这类加湿装置可以分为强制雾化式和自然蒸发式两种，参见表 3-2。

1. 强制雾化式加湿装置

不论采用什么方法，将水变成无数微小水滴并散发到被处理的空气中，依靠水滴的汽化来给空气加湿是强制雾化式加湿装置的共同特点。强制雾化式加湿装置又称为强化蒸发加湿装置，属于这种加湿装置的主要有压缩空气喷雾器、电动喷雾机、喷雾轴流风机、高压水喷雾加湿器和超声波加湿器。

（1）压缩空气喷雾器　压缩空气喷雾器是利用一定压力的压缩空气通过特制的喷嘴腔时，形成负压区而将供水管提供的无压水吸进喷嘴，两股流体混合后从喷嘴出口高速喷出（图 3-20），达到喷出的是微小水滴的“雾化”效果，因此又称为压缩空气诱导喷雾加湿器或气水混合喷雾加湿器、气水混合加湿器。这种加湿器加湿效率高，雾化效果好，通常安装在空调房间内直接对空气进行加湿，有固定式和移动式两种形式。

针对不同使用环境和用户要求，某些新型压缩空气加湿器设计有单向、双向、三向、四向及八向喷射等不同类型结构，既有一个喷头体上可多个方向喷射的形式，也有一体多喷嘴的形式，并可实现喷嘴自洁和加湿量自动控制，使加湿器的能耗大大降低，还提高了其运行性能和加湿效率。

（2）电动喷雾机　图 3-21 所示的电动喷雾机又称为回转式喷雾机或离心式加湿器，主要由电动机、风扇、甩水盘、集水盘等部件组成。常温自来水通过上水管供给到甩水盘中心，水成膜状随甩水盘高速回转，在离心力的作用下流向甩水盘的四周并甩出，飞脱的水膜块与甩水盘四周的分水牙齿圈发生冲撞，被粉碎成微小的水滴在风扇的气流作用下吹向加湿区域。那些没有被吹出去的较大水滴则落入集水盘中，经排水管排出。

电动喷雾机有固定式和转动式两种形式，转动式可根据旋转角度分为 360°旋转式和 180°摆动式两种。电动喷雾机也是属于安装在空调房间内使用的加湿装置。

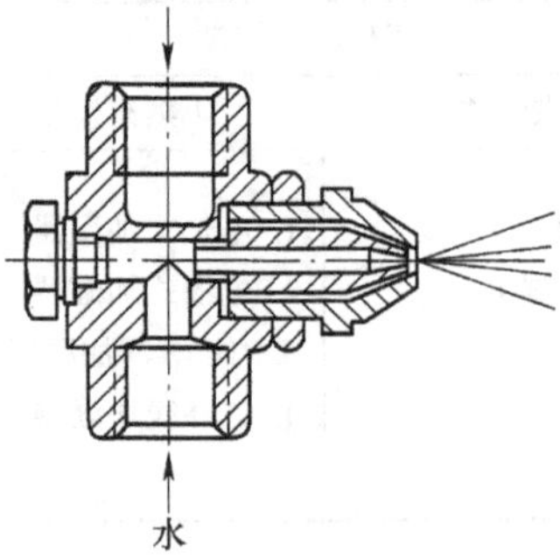

图3-20 压缩空气喷雾器喷嘴

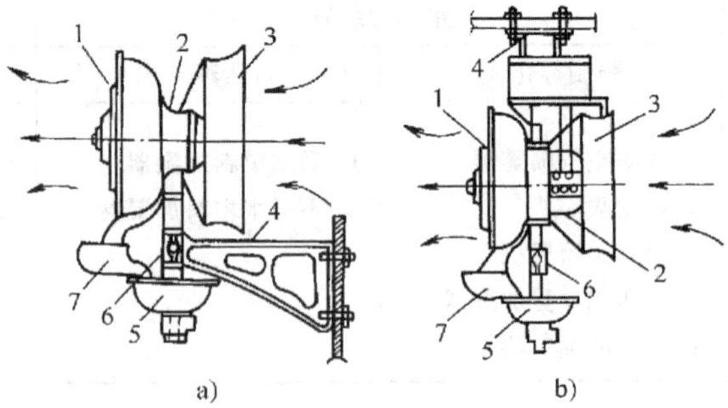

图3-21 电动喷雾机

a）固定式 b）转动式

1—甩水盘 2—电动机 3—风扇 4—固定架

5—集水盘 6—喷水量调节阀

7—回水漏斗

(3) 喷雾轴流风机 20世纪90年代初，我国纺织行业开始部分采用喷雾轴流风机来替代喷水室，从而改变了纺织厂传统空调系统用喷水排管对空气进行热湿处理的唯一方式。这种特制的轴流风机的结构如图3-22所示。在电动机6的带动下，风机叶轮高速旋转，打开进水管道的阀门，水就通过进水管3进入存水套2，并随叶轮作高速旋转运动，在离心力的作用下，通过轮壳上的通孔流入轮毂与挡水盘4组成的流道，并沿着轮毂的切线方向成水膜状甩出。随后与高速旋转的风机叶片1相撞，被叶片击打成微小颗粒，与风机吸入的空气混合形成“雾气”吹出。粗大的水滴则由疏水栅阻流排走。

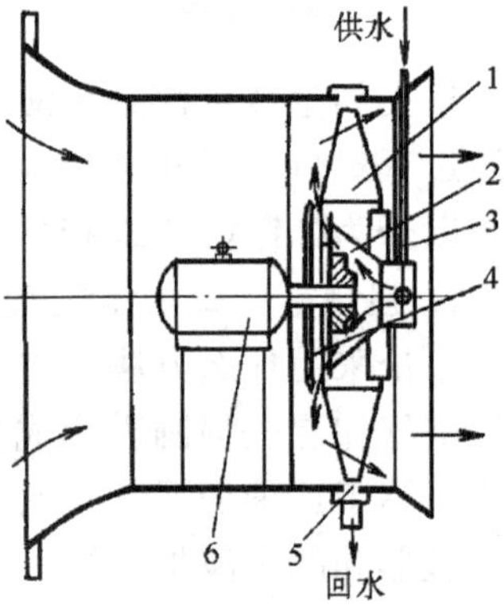

图3-22 喷雾轴流风机的结构

1—风机叶片 2—存水套

3—进水管 4—挡水盘

5—疏水栅 6—电动机

与喷水室相比，采用喷雾轴流风机雾化效果好，水耗用量少；不需加压喷淋和无喷淋水幕的阻力使水泵及风机的能耗降低；无喷水排管及喷嘴，对水质的要求降低，使维护保养更方便。

(4) 高压水喷雾加湿器 高压水喷雾加湿器主要由水泵、喷杆及喷嘴组成，自来水或软化水经水泵加压后通过特制的喷嘴喷出而“雾化”（水滴粒径大约为13~30μm），因此又称为压力或高压喷雾加湿器。这种加湿器具有体积小、耗电少、加湿量大、水滴粒径小、容易汽化等优点，可以与各种空调设备配套使用。配套使用时，若加湿器的箱体放在空调设备箱体外，喷杆及喷嘴则布置在空调设备箱体内。这种加湿器使用的水一定要过滤，否则喷嘴易堵塞。如果直接使用自来水会产生喷嘴结垢堵塞问题，因此最好用软化水。

(5) 超声波加湿器 超声波加湿器（图3-23）利用超声波振子的振动把容器中的水面不断破碎成微小水滴（平均粒径3~5μm），然后扩散到空气中。该装置的主要优点是体积小、加湿强度大、加湿迅速、水滴颗粒小而均匀、控制性能好、水的利用率高、耗电量小（约为电热式加湿器的10%左右），而且即使在低温下也能对空气进行加湿。其主要缺点是价格较昂贵；对超声波振子的维护保养要求较高；必须使用软化水或去离子水，否则一旦振子上结垢，极有可能因负荷过大而烧毁。此外，如果不使用软化水或去离子水，雾化后的微小水滴蒸发后会形成白色粉末附着于风管管壁、室内地面、墙面及物体表面。

超声波加湿器可直接安装在需要加湿的空调房间内，也可安装在空调设备内，还可直接安装在送风管道内。

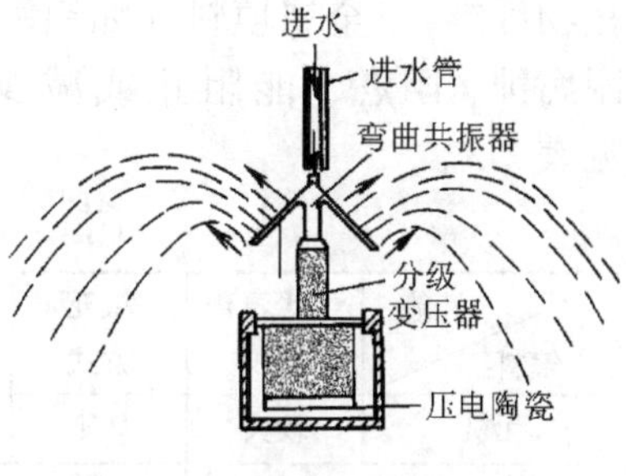

图 3-23　带锥形弯曲共振器的超声波加湿器

2. 自然蒸发式加湿装置

自然蒸发式加湿装置（或称直接蒸发式加湿器、湿膜加湿器）利用空气与含（沾）水的填料直接接触，使水在空气中自然蒸发而实现对空气的加湿。根据填料是否吸水，这种加湿装置分为以下两种基本形式：

1）采用吸水填料（又称为蒸发芯、湿膜、湿帘、透膜、透湿膜等）的自然蒸发式加湿装置。这种加湿装置是利用空气流经用吸水材料制成的填料时，吸收填料所含水自然蒸发的水蒸气来实现对空气的加湿。

按吸水填料在发挥作用时是运动状态还是静止状态，自然蒸发式加湿装置分为运动式和固定式两种。运动式加湿装置使用时，特种吸水纤维织物制作的填料在电动机驱动机构的作用下做回转运动，其下半部分浸在水槽内吸水，以保证其在与空气进行热湿交换时的含水量。固定式加湿装置的吸水填料是固定不动的，而且有一定的厚度或层数，通过另外配置的供水和淋水装置使填料在工作时始终保持一定的含水量（图 3-24）。

2）采用不吸水填料的自然蒸发式加湿器如图 3-25 所示，水分配器将水淋在填料的上部，水在重力的作用下沿填料的曲折流道下流和下滴，当空气通过填料时与分散下流的水膜或水滴直接接触而发生湿交换，使空气得到加湿。此外，为了便于组合、清洗和更换，这种加湿器还有将填料做成块状装在搁架上的形式，用另外配置的供水和淋水装置来保证填料的含水量。

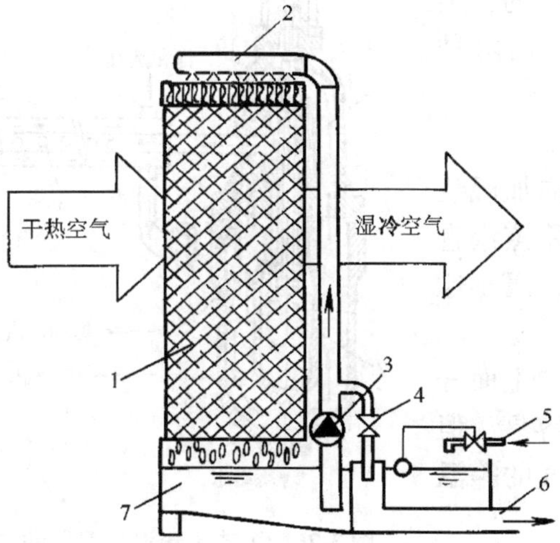

图 3-24　固定式吸水填料加湿器

1—吸水填料　2—布水器　3—水泵　4—排水阀　5—补水管　6—排水管　7—蓄水池

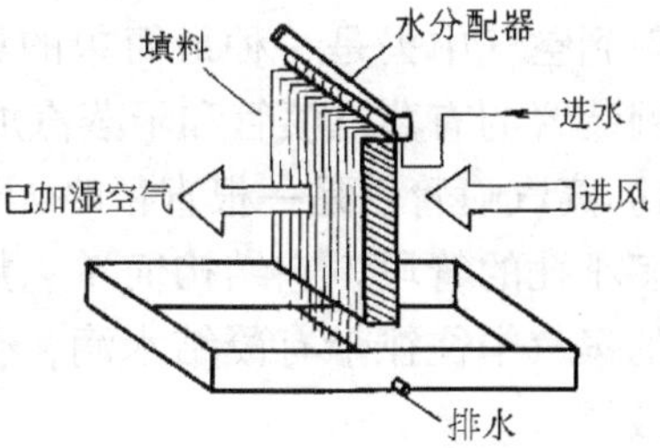

图 3-25　不吸水填料加湿器

自然蒸发式加湿装置常用填料的种类主要有：无机填料（如玻璃纤维）、有机填料（如植物纤维）、金属填料（如铝箔）、木丝填料（如白杨树纤维）和无纺布填料等，一般要求耐腐蚀、阻燃、能阻止或减少微生物（如藻类）在其上滋生。各种填料的性能对比见表3-3。

表3-3 各种填料的性能对比

填料＼性能	比表面积	填充方式	吸湿性能	阻力	热工性能	防腐性能	除尘性能	防火性能	物理性能
无机	较大	规则	好	小	好	好	好	好	好
有机	较大	规则	好	小	好	较好	好	差	较好
金属	较大	规则	差	小	差	好	好	好	好
木丝	大	自由	较好	大	好	较好	较好	差	较差
无纺布	大	自由	较好	大	较好	较好	较好	差	较差

不论填料是否吸水还是运动，自然蒸发式加湿装置一般均使用循环水，消耗的水另外补充。其加湿量与被处理空气的含湿量、流速以及填料的润湿性能有关；空气的流动阻力则与填料结构、厚度和空气流速有关。这类加湿装置结构简单、运行可靠、不需要进行水处理、初投资和运行费用都较低，但由于填料在工作时始终保持湿润状态，因此易产生微生物污染，会对送风的空气质量产生一定影响。

3.5.2 蒸汽加湿装置

蒸汽加湿装置是将水蒸气直接加入空气中的加湿装置，又称为直接加湿式加湿装置。由于往空气中加蒸汽加湿的过程在工程中是当作等温加湿过程对待的，因此蒸汽加湿装置也称为等温加湿装置。根据水蒸气是由其他蒸汽源提供的还是加湿装置产生的，蒸汽加湿装置可分为蒸汽供给式和蒸汽发生式两种类型。

1. 蒸汽供给式加湿装置

蒸汽供给式加湿装置需要另外的蒸汽源向加湿装置提供加湿用的水蒸气，简称蒸汽加湿器。将蒸汽直接喷射到空气中去是一种最简单的加湿方法，属于这种加湿装置的有蒸汽喷管和干蒸汽加湿器。

1）蒸汽喷管仅是一根直径略大于供汽管、上面开有很多小孔的管段。它结构简单、加工制作容易，但喷出的蒸汽中往往带有凝结水滴，会影响空气的等温加湿效果。

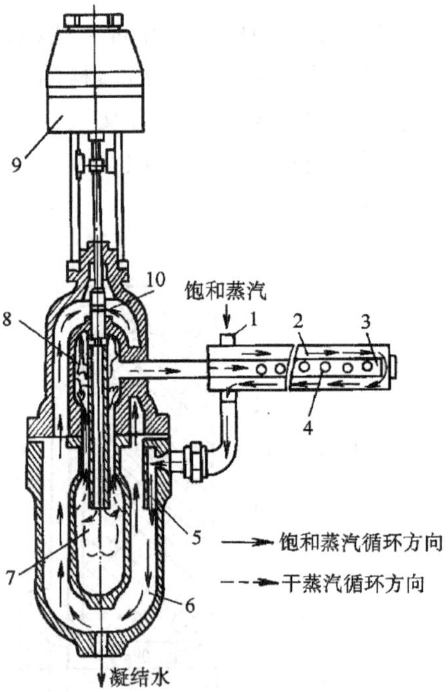

图3-26 卧式干蒸汽加湿器的结构

1—接管 2—套管 3—喷管 4—喷汽孔 5—挡板 6—分离室 7—干燥室 8—消声材料 9—电动或气动执行机构 10—节流阀

2）图3-26所示的卧式干蒸汽加湿器主要由干蒸汽喷管、分离室、干燥室和电动或气动执行机构等部分组成。为了防止蒸汽喷管喷出的蒸汽中夹带凝结水滴而影响等温加湿效果，蒸汽要由接管 1 先进入套管 2，对喷管 3 中的蒸汽加热、保温以防止其冷凝。由于套管的外壁直接与被处理的空气接触，套管内将会产生部分凝结水并随着蒸汽一起进入分离室 6。由于分离室的断面较大，蒸汽的流速会减小，加上惯性作用和挡板 5 的阻挡，凝结水便被分离下来。分离出凝结水的蒸汽经分离室顶部的节流阀 10 减压后进入干燥室 7，使残存在蒸汽中的水滴在干燥室中全部汽化，最后进入喷管从喷汽孔 4 喷出的便是没有凝结水滴的干蒸汽。

为了适应不同场合的使用需要，干蒸汽加湿器除了卧式形式外还有立式的，其结构如图 3-27 所示。干蒸汽加湿器的优点是加湿迅速、均匀、稳定、不带水滴，加湿量易于控制，适宜于对湿度控制要求严格的场所；其缺点主要是结构和制作工艺复杂，价格较高。

尽管蒸汽供给式加湿器具有加湿迅速、加湿精度高、加湿量大、节省电能、布置方便、运行费用低等优点，但其需要有蒸汽源和输汽管网才能发挥作用的缺点限制了它的使用。

2. 蒸汽发生式加湿装置

蒸汽发生式加湿装置是利用电能将水汽化的加湿装置，主要有电热式加湿器、电极式加湿器、PTC 蒸汽加湿器和红外线加湿器。

（1）电热式加湿器　电热式加湿器（又称为电阻式加湿器）是把 U 形、蛇形或螺旋形的电热（阻）元件放在水槽或水箱内，通电后将水加热至沸腾，用产生出的蒸汽来加湿空气的装置。电热式加湿器分为开式和闭式两种。

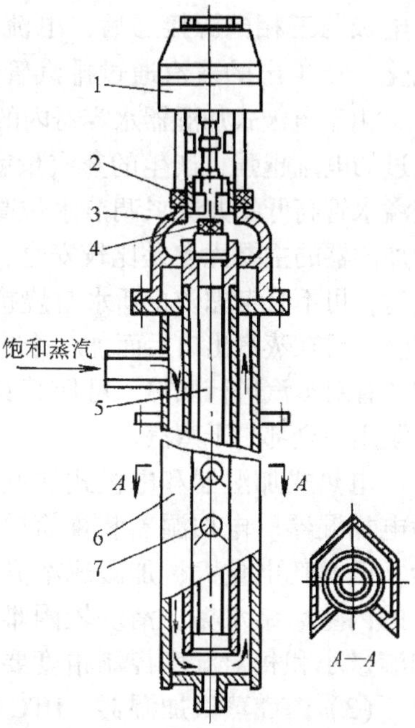

图 3-27　立式干蒸汽加湿器的结构

1—电动执行器　2—阀体　3—上盖　4—阀芯　5—导管　6—套管　7—喷气孔

图 3-28 所示的开式电热加湿器的盛水容器不是密闭的，因此产生的蒸汽压力与大气压力相同。由于开式电热加湿器需要将容器内一定体积的水加热至沸腾才能大量产生蒸汽，显然从开始通电到产生蒸汽需要较长时间，因此开式电热加湿器的热惰性较大，不宜用在湿度控制要求严格的地方。

图 3-29 所示为闭式电热加湿器，其盛水容器不与大气直接相通，因此容器内所产生的

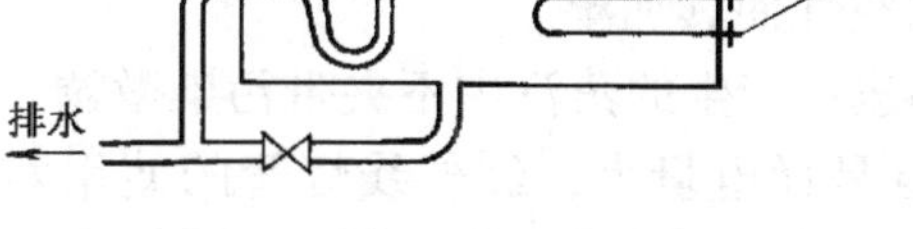

图 3-28　开式电热加湿器

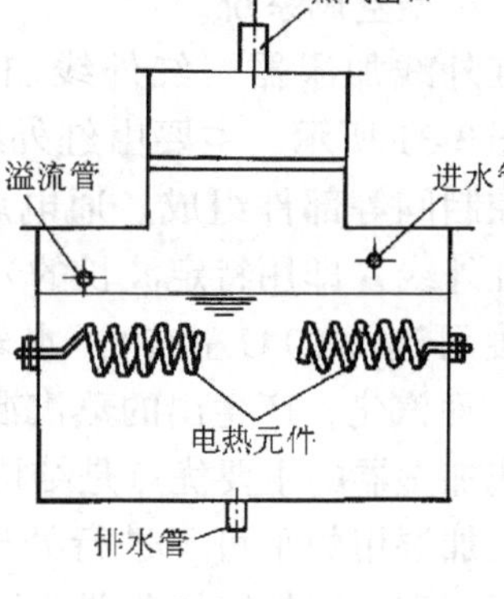

图 3-29　闭式电热加湿器

蒸汽压力可以高于大气压力，而且还可以保持充满 0.01～0.03MPa 的低压蒸汽。当需要对空气进行加湿时，只要将蒸汽管道上的阀门打开即有蒸汽输出。与开式电热加湿器相比，显然闭式电热加湿器的热惰性要小得多，加湿量和空气湿度的调节精度也要高得多。

(2) 电极式加湿器 电极式加湿器的结构如图 3-30 所示。它用三根不锈钢棒或镀铬铜棒作为电极（必要时也可使用两根电极），将其插入盛水的容器中，以水作电阻。当电极与三相电源接通后，电流从水中通过，水被加热而汽化，产生出的蒸汽通过排汽管送到待加湿的空气中。

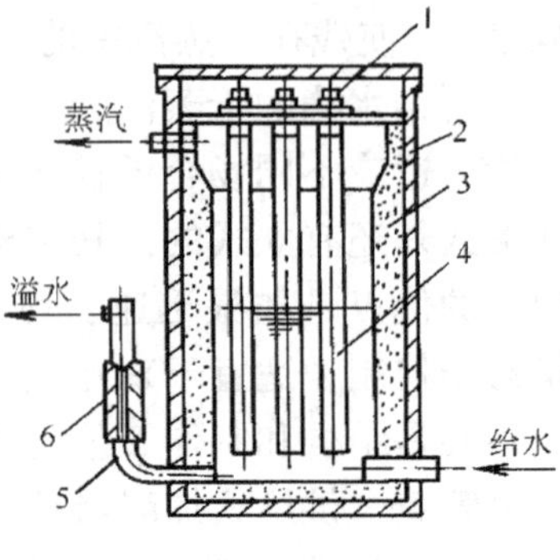

图 3-30 电极式加湿器的结构
1—接线柱 2—外壳 3—保温层 4—电极 5—溢水管 6—橡胶短管

由于电极式加湿器水容器内的水位越高，导电面积越大，通过的电流越强，产生的蒸汽量就越多。因此，可以通过改变溢水管高低的办法来调节水位高度，从而调节加湿量。这种加湿器的主要优点是比较安全，容器中无水时电流就不能通过，可不必考虑防止断水空烧措施。为了避免蒸汽中夹带水滴，可在蒸汽出口后面加一个电热式蒸汽过热器，通过电加热管对蒸汽进行加热，可使其夹带的水滴蒸发，从而保证加湿用的全部是干蒸汽。

电热式加湿器和电极式加湿器直接用电加热水，使之产生出蒸汽来加湿空气，因此统称为电加湿器。电加湿器装置简单、控制方便、无需蒸汽源；产生的蒸汽清洁，不含水垢、粉尘。但其耗电量大，加湿成本高；不使用软化水或蒸馏水时，电热元件和电极上以及盛水容器的内壁易结水垢，清洗较困难，而且易产生腐蚀。因此，电加湿器通常仅用于无蒸汽源、加湿量小和相对湿度控制精度要求较高的场合。

(3) PTC 蒸汽加湿器 PTC 蒸汽加湿器是一种电热式加湿器，它不使用电热元件而是将 PTC 热电变阻器（氧化陶瓷半导体）发热元件直接放入水中，通电后将水加热而产生蒸汽。

在一定电压下，PTC 氧化陶瓷半导体的电阻值随温度升高而变大。加湿器开始运行时，由于水温较低，起动电流为额定电流的 3 倍，但水温上升很快，5s 后即可达到额定电流，并产生蒸汽。

PTC 加湿器由 PTC 发热元件、不锈钢水槽、给水装置、排水装置、防尘罩及控制系统组成。它具有运行安全、加湿迅速、不结露、高绝缘电阻、使用寿命长、维修工作量小等优点，可用于湿度控制要求较严格的中、小型空调系统。

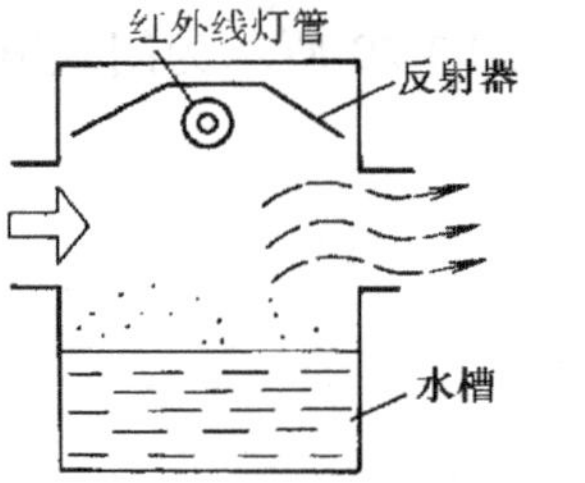

图 3-31 红外线加湿器的结构

(4) 红外线加湿器 红外线加湿器属于光波式加湿器，其结构如图 3-31 所示，主要由红外线灯管、反射器、水槽及水位自动控制阀等部件组成。通电后的红外线灯管对水槽内的水发出红外线（即用特定波长的光波照射水面），形成辐射热（其温度可达 2200℃ 左右），水表面经辐射加热（即吸收光波能量）而汽化，产生出的蒸汽混入流过水面的空气使其加湿。

红外线加湿器的主要优点是结构简单、加湿迅速、产生的蒸汽中不夹带污染微粒，控制性能较好，加湿用的水可不进行处理。其主要缺点是耗电量大，红外线灯管的使用寿命较短，运行费用高。红外线加湿器适用于湿度控制要求严格，加湿量较小的中、小型空调系统及洁净空调系统。

需要特别指出的是，在常温下采用简单的物理方法将水变成微小水滴和蒸汽的过程，水中的杂质也会随水滴和蒸汽进入空气及风管中。久而久之，这些杂质会污染风管、室内地面、墙面和器具。因此，在选用这些加湿方法时应对水质提出特别要求。

3.6　其他除湿装置

某些生产工艺过程、仪器设备使用过程或产品的储存要求空气环境的含湿量很低，为此要不断地排除空气中多余的水蒸气。此时，空气除湿装置就要承担起降低空气中水蒸气含量（含湿量）的任务。对空气进行除湿处理（或称减湿、去湿、降湿处理）的方式除了喷水室除湿和表面式换热器除湿外，还有冷冻除湿、固体（吸湿剂）除湿和液体（吸湿剂）除湿三种方式，空调工程中常用的相应空气除湿装置主要是冷冻除湿机、转轮除湿机和溶液除湿机。

根据国家标准《除湿机》（GB/T 19411—2003）的规定，除湿机按结构形式分为整体式和分体式；按功能分为一般型（包括升温型和降温型）和调温型；按进风温度适用范围分为 18～32℃和 5～32℃等机型。

3.6.1　冷冻除湿机

冷冻除湿机实际上是一个完整的制冷装置，利用其蒸发器将空气温度降低到露点以下，使空气中的水蒸气冷凝而析出来实现对空气的除湿，由于是利用冷冻机作为除湿手段，所以称为冷冻除湿，属于冷凝除湿或冷却除湿范畴。

1. 一般型冷冻除湿机

一般型冷冻除湿机又称为普通型冷冻除湿机，图 3-32 所示为其工作原理。空气经一般型冷冻除湿机处理时的状态变化如图 3-33 所示。

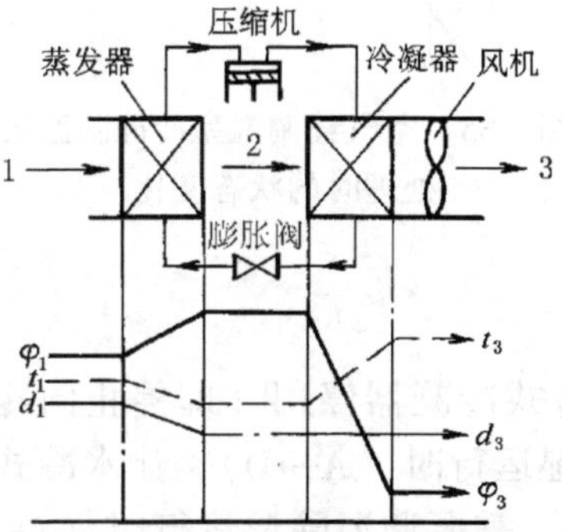

图 3-32　一般型冷冻除湿机工作原理

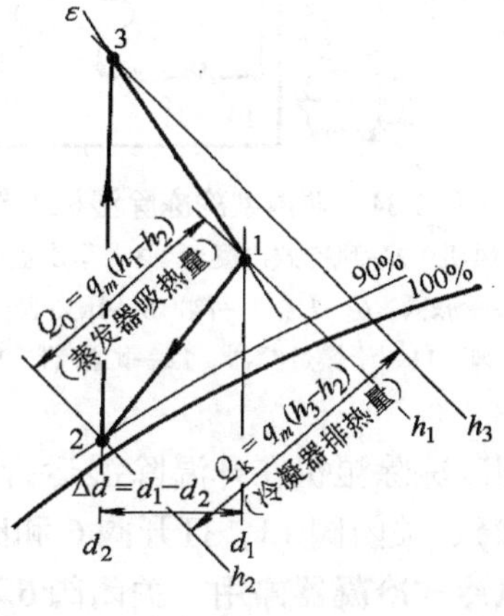

图 3-33　空气经一般型冷冻除湿机处理时的状态变化

两图中，状态 1 为需要除湿的空气，先经过制冷装置的蒸发器，由于蒸发器的表面温度低于空气的露点温度，空气被降温减湿到状态 2；经过冷却干燥后的空气离开蒸发器马上进入冷凝器，吸收热量后温度升高到状态 3。这时，虽然空气的温度比状态 1 时高，但含湿量却比状态 1 时小，达到了除湿的目的。

从上述一般型冷冻除湿机的工作原理可知，冷冻除湿实质上属于表面式换热器除湿，只是空气经一般型冷冻除湿机处理后，含湿量虽然减少了，但温度却提高了，空气状态的变化过程为增焓减湿。因此一般型冷冻除湿机只适用于既要除湿又需要加热的场合。一般型冷冻除湿机的优点是除湿效果可靠，使用方便，能连续工作，主要缺点是除湿后的空气温度会升高。

由图 3-32 可看出，一般型冷冻除湿机的制冷量为

$$Q_0 = q_m(h_1 - h_2) \tag{3-1}$$

除湿量为

$$W = q_m(d_1 - d_2) \tag{3-2}$$

由式(3-1)得风量 $q_m = Q_0/(h_1 - h_2)$，代入式(3-2)可得

$$W = \frac{Q_0(d_1 - d_2)}{h_1 - h_2} = \frac{Q_0}{\varepsilon}$$

上式结果表明，一般型冷冻除湿机的除湿量与其制冷量成正比，与除湿过程的热湿比成反比。

2. 调温型冷冻除湿机

与一般型冷冻除湿机相比，由于调温型冷冻除湿机多了一个水冷式冷凝器，因此不仅有升温除湿的功能，还有降温除湿和调温除湿的功能。调温型冷冻除湿机工作原理如图 3-34 所示。空气经升温除湿、降温除湿和调温除湿处理的状态变化如图 3-35 所示。

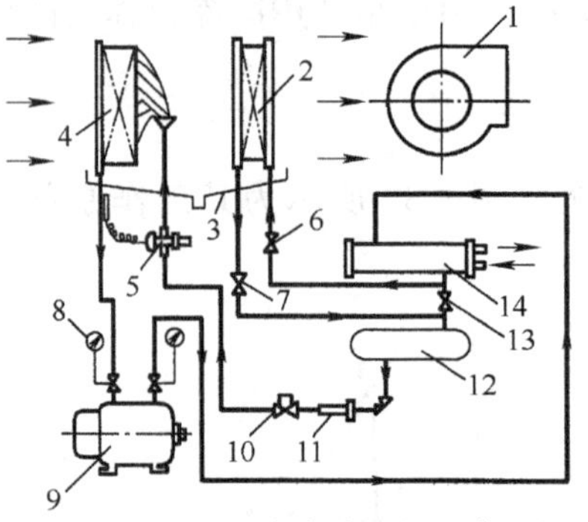

图 3-34 调温型冷冻除湿机工作原理

1—风机 2—风冷式冷凝器 3—集水盘 4—蒸发器 5—膨胀阀 6、7、13—阀 8—压力表 9—压缩机 10—电磁阀 11—干燥过滤器 12—贮液器 14—水冷式冷凝器

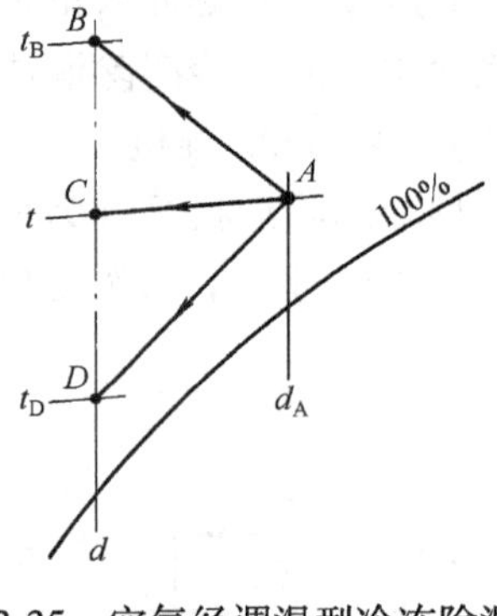

图 3-35 空气经调温型冷冻除湿机处理时的状态变化

调温型冷冻除湿机在升温除湿运行时（A→B），水冷式冷凝器停用（即停止向冷凝器供给冷却水），关闭阀 13，打开阀 6 和阀 7。需要降温除湿运行时（A→D），让水冷式冷凝器工作，风冷式冷凝器停用，关闭阀 6 和阀 7，打开阀 13。需要调温除湿运行时（A→C），让水冷式冷凝器和风冷式冷凝器都工作，通过调节进入风冷式冷凝器的制冷剂蒸气量来调节除湿机出口处的空气温度。

3.6.2 转轮除湿机

相对于喷水室、表面式换热器和冷冻除湿机的湿式除湿，转轮除湿机采用的是干式除湿

方法，即利用固体吸湿剂做成的转轮进行旋转除湿。

某些固体材料对水蒸气有很强的吸附或吸收能力。在空调工程中，常用来做固体吸湿剂（又称为干燥剂）的有硅胶、氯化锂和分子筛等。由于用固体吸湿剂除湿时，空气的状态变化过程是一个等焓减湿升温过程，所以最适用于对空气既需要干燥又需要加热的场合。

1. 固体吸湿剂类别

固体吸湿剂按其吸湿原理可分为以下两类：

（1）吸附式固体吸湿剂　吸附式固体吸湿剂（又称为固体吸附剂）主要有硅胶（SiO_2）、沸石、分子筛等。这类固体吸湿剂的表面有大量细小孔隙形成的毛细孔，由于毛细孔作用使毛细孔表面上的水蒸气分压力低于周围空气中的水蒸气分压力，在这个分压力差的作用下空气中的水蒸气被吸附，即水蒸气向毛细孔的空腔扩散并凝结成水，从而使空气减湿。这类固体吸湿剂吸湿后自身的化学性质不发生变化，其吸湿过程是纯物理过程。

常用的吸附式固体吸湿剂为硅胶。硅胶通常呈半透明颗粒状，无毒、无臭、无腐蚀性，不溶于水。由于硅胶的孔隙率达70%，平均密度约650kg/m^3，比表面积为100～1000m^2/g，因此其吸湿率可达自重的30%，吸湿后可用150～180℃的热风加热，让其吸附的水分蒸发出去（即干燥再生）后就可重复使用。硅胶有原色和变色两种，前者在吸湿过程中不变色，后者吸湿前为蓝色，吸湿后颜色逐渐变为紫红色，最后变为红色。当硅胶呈红色时，说明其已失去吸湿能力。变色硅胶价格较贵，通常将其作为原色硅胶吸湿程度的指示剂。

沸石分为天然沸石和合成沸石（分子筛）两种，后者的价格较高，但其堆积密度比天然沸石大，而且导热性能比较好。沸石是硅铝酸盐的化合物，具有极强的亲水性，其对水的亲和性与所含的Si/Al比例有关，比值越小，亲水性越好。人工合成沸石（分子筛）具有比较均匀的微孔，可以制成不同孔径的产品用作除湿，在非常低的水蒸气分压力下，也能达到饱和吸湿量。此外，人工合成沸石（分子筛）还具有选择性吸附能力，在对空气进行除湿处理时，只能够吸附水分而不吸附其他气体。

（2）吸收式固体吸湿剂　吸收式固体吸湿剂主要有氯化锂（LiCl）、氯化钾（KCl）等，这类固体吸湿剂吸收水分后，本身也变成了含有多个结晶水的水化物，如果继续吸收水分，还会从固态溶解（又称潮解）成液态，因此这类固体吸湿剂的吸湿过程是个物理化学过程，这类吸湿剂又称为固体液化吸收剂。

2. 转轮除湿机

图3-36所示为转轮除湿机的工作原理。这种除湿机由转轮、驱动装置、风机、再生用加热器等组成。转轮由特殊复合耐热材料制成的波纹状介质构成，形成许多密集的蜂窝状小通道，波纹状介质中载有吸湿材料。转轮工作时被分为两个区域：一个是吸湿区，占转轮轴向圆面积的3/4，为270°扇形；另一个是再生区，占剩下的1/4，为90°扇形。当转轮在驱动装置的带动下以每小时几转的速度缓慢旋转时，需要除湿处理的空气由转轮一侧进入吸湿区的蜂窝状通道，其所含水蒸气即被通道中的吸湿材料吸附或吸收，使空气得到干燥。与此同时，经过再生用加热器加热的高温空气（再生空气）由转轮的另一侧进入转轮的再生区，将处于这个区域内蜂窝状通道的吸湿材料所含的水分吸出、带走。尽管吸湿和再生两个过程在不同的区域内同时进行，但由于转轮一直在转动，因此使得吸湿和再生能连续进行。

从上述分析可知，转轮除湿机的吸湿部件是蜂窝状转轮。由于采用的吸湿材料种类不同，常用的转轮可分为氯化锂转轮、硅胶转轮和分子筛转轮三种，其中使用最多的是氯化锂转轮和硅胶转轮。

氯化锂转轮将固体吸湿剂（氯化锂和氯化锰共晶体）和保护加强剂（无机胶料聚合铝）的混合物通过浸渍式涂布均匀地嵌固在吸湿载体（如石棉纸）的表面，而硅胶和分子筛转轮则把硅胶和分子筛以化学反应方式结晶在波纹状介质上。与氯化锂转轮相比，硅胶和分子筛转轮具有强度高、耐酸碱、耐腐蚀、可以清洗、使用寿命长等优点，但是价格较昂贵。

转轮除湿机按结构不同分为整体式和组合式两种。整体式转轮除湿机的所有部件均装在一个金属板制作的箱体内，箱体外壳上只留有处理空气和再生空气的进出口。组合式转轮除湿机除了除湿段外，在除湿段前有过滤段与表冷器段，在除湿段后有表冷器段及风机段(参见图3-37)。前面的表冷器段起辅助冷却除湿作用，后面的表冷器段起降温作用。经过组合式转轮除湿机处理的空气能更好地满足空调房间的温、湿度控制要求。

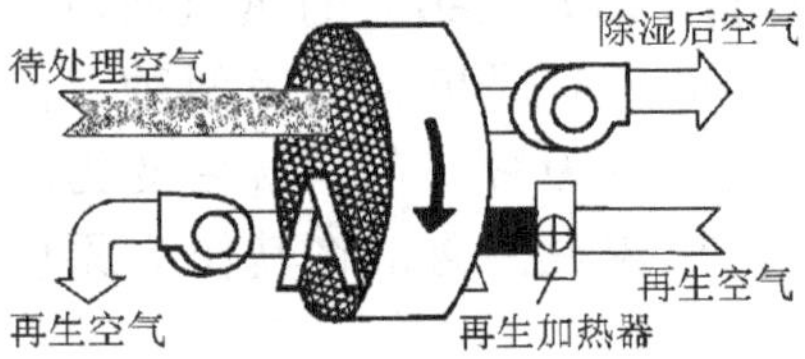

图3-36 转轮除湿机的工作原理

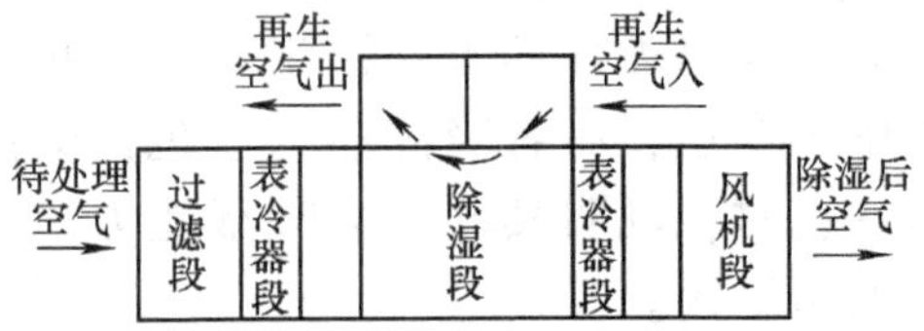

图3-37 组合式转轮除湿机简图

图3-38所示为转筒式硅胶除湿机。该机由箱体、硅胶转筒、电加热器及风机等组成；密闭隔风板将箱体内分成吸湿区和再生区两部分；硅胶转筒由两层金属多孔板（内衬铜丝网）构成，夹层内充满硅胶。除湿机工作时，转筒缓慢转动，潮湿空气由进风口进入吸湿区，穿过硅胶层除湿后，干燥空气由风机7送入房间。吸收了水蒸气的硅胶随转筒慢慢转入再生区，接受经电加热器加热后的高温空气对其除湿再生，吸湿后的高温空气经风机6排出室外。再生了的硅胶随转筒转入吸湿区对湿空气重新进行除湿，如此周而复始地循环。

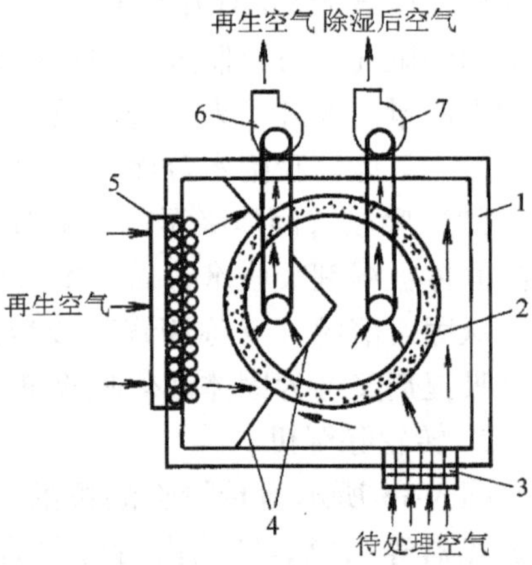

图3-38 转筒式硅胶除湿机
1—箱体 2—硅胶转筒 3—过滤器 4—隔风板 5—电加热器 6、7—风机

转轮除湿机的特点是结构简单、质量小、操作和维护管理方便；转动部件少、转速低、噪声小；转轮性能稳定、运行可靠、使用年限长；除湿量大、再生容易，尤其对低温低湿空气除湿效果显著。

3.6.3 溶液除湿机

某些液体对空气中的水蒸气有强烈的吸收作用，因此在空调工程中也常利用它们来对空气进行除湿处理，并称它们为液体吸湿剂。常用的液体吸湿剂有溴化锂、氯化锂和氯化钙的溶液。这些溶液表面水分子较少，水蒸气分压力较低，而且在一定温度下，溶液浓度越高，水蒸气分压力越低，吸湿能力越强。

1. 常用液体吸湿剂的性质

（1）溴化锂（LiBr） 在常温下是无色晶体，无毒、无臭、有咸苦味，极易溶于水，其溶解度是食盐的 3 倍左右。溴化锂溶液有较强吸收水分的能力，对金属材料也有较强的腐蚀性，浓度在 60%～70% 时，常温下即发生结晶现象。

（2）氯化锂（LiCl） 是一种白色、立方晶体的盐，在水中的溶解度很大，其水溶液无色、透明，无毒、无臭，黏性小，传热性好，化学稳定性好。在通常情况下，氯化锂溶液不分解，不挥发，吸湿能力强。氯化锂溶液的结晶温度随溶液浓度的增大而增大，当浓度大于 40% 时在常温下即发生结晶现象。氯化锂溶液对金属有一定的腐蚀性，但钛和钛合金、含钼的不锈钢、镍铜合金能承受氯化锂溶液的腐蚀。

（3）氯化钙（$CaCl_2$） 为白色、多孔，呈菱形结晶块，略带咸苦味，其价格低廉，来源丰富。与固体氯化钙相比，氯化钙溶液的吸湿量明显减小，且对金属有强烈的腐蚀性。

2. 溶液除湿机

溶液除湿机主要由除湿单元、再生单元、换热器和泵组成，有三种流体参与传热传质过程，分别为空气、溶液和提供冷量或热量的冷媒或热媒，利用液体除湿剂与空气中的水蒸气分压力差来完成二者间的传热传质，除湿单元与再生单元的传热传质性能类似，仅是传递的方向相反。

湿空气在除湿单元中经液体除湿剂的处理后变为干燥空气，而吸收空气水分后的液体除湿剂浓度变稀，除湿能力也随之下降，通过在再生单元中加热再生（浓缩）即变为可重新使用的除湿剂。

空调工程中通常采用溶液除湿机来处理室外新风。图 3-39 所示为热泵式溶液除湿空气处理机组的夏季运行工作原理图。图中带箭头的实线表示溶液循环，带箭头的虚线表示制冷剂循环。机组的下层是除湿单元（也是新风处理通道），上层是再生单元（也是再生空气通道）。

室外新风进入除湿单元除湿至低湿状态（设计送风状态点）。溶液除湿剂在除湿单元吸收了空气中的水分而变稀，吸湿能力下降的溶液被溶液泵送入机组上层的再生模块，加热后与再生空气（室外新风）接触，向新风释放水分，实现溶液的浓缩（再生）；溶液被浓缩后再次送入机组下层的除湿单元，由此完成吸湿溶液的循环过程。

图 3-39 热泵式溶液除湿空气处理机组的夏季运行工作原理

机组中设置的热泵，其蒸发器的冷量用于冷却进入除湿单元喷淋的吸湿溶液（浓溶液），增强其吸湿能力；冷凝器的排热量用于加热进入再生单元喷淋的需再生溶液（稀溶液），提高其脱水能力。在除湿单元和再生单元间循环流动的溶液之间设置的热回收装置（换热器），利用从再生单元流出的高温浓溶液对从除湿单元流出的低温稀溶液进行预热，同时也实现了高温浓溶液在送入除湿单元前的预冷。

显然，热泵式溶液除湿空气处理机组可以同时实现夏季对新风的降温除湿与冬季的加热加湿处理过程。

由于进入除湿单元喷淋的吸湿溶液的温度可以人为控制，因此用液体吸湿剂对空气进行除湿处理可以实现升温减湿、等温减湿和降温减湿三种过程，有此功能的机组称为“溶液调湿”机组。

与固体除湿装置相比，液体除湿装置具有处理空气量大，除湿量大，适用范围广，而且可以吸附空气中的部分悬浮微粒，有些溶液还有杀菌作用等优点，但也有溶液再生系统太复杂，溶液对金属有一定的腐蚀作用等不足之处。

3.7 空气热湿处理的途径与方案

从图3-40所示 h-d 图可以看出，从不同的状态点，经过不同的空气处理途径，都可以到达同一个送风状态点 O。以完全使用室外新风的空调系统为例，假设夏季和冬季室外空气状态点分别为 W 和 W'，则在夏季时，有以下三个处理方案：

1）用表冷器或喷水室把空气从 W 点冷却干燥处理到机器露点 L，然后用加热器等湿加热到送风状态点 O，如图3-40中的 $W \to L \to O$ 过程。

2）用固体吸湿剂把空气从 W 点沿等焓线减湿处理到1点，然后用表冷器等湿冷却到送风状态点 O，如图3-40中的 $W \to 1 \to O$ 过程。

3）用液体吸湿剂直接把空气从 W 点处理到送风状态点 O，如图3-40中的 $W \to O$ 过程。

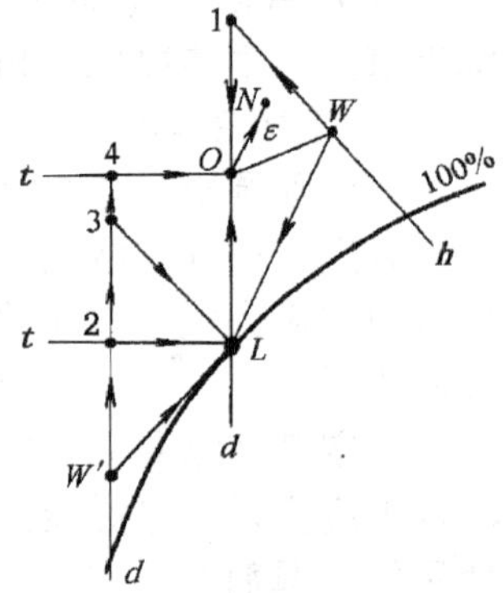

图3-40 空气热湿处理的各种途径

在冬季时，有以下四个处理方案：

1）用加热器把空气从 W' 点等湿加热到2点，然后用蒸汽加湿器等温加湿处理到机器露点 L，接着用加热器等湿加热到送风状态点 O，如图3-40中的 $W' \to 2 \to L \to O$ 过程。

2）用加热器把空气从 W' 点等湿加热到3点，然后用喷水室等焓加湿处理到机器露点 L，接着用加热器等湿加热到送风状态点 O，如图3-40中的 $W' \to 3 \to L \to O$ 过程。

3）用加热器把空气从 W' 点等湿加热到4点，然后用蒸汽加湿器等温加湿处理到送风状态点 O，如图3-40中的 $W' \to 4 \to O$ 过程。

4）用喷水室把空气从 W' 点加热加湿处理到机器露点 L，再用加热器等湿加热到送风状态点 O，如图3-40中的 $W' \to L \to O$ 过程。

以上列举的各种空气热湿处理方案只是些简单的空气处理过程的组合，但从上面的简要分析可以看出，把空气从室外状态点 W 或 W' 处理到送风状态点 O 有许多不同的途径。此外，由于同一种空气处理过程可以使用不同的热湿处理装置来完成，如 $W \to L$ 的处理过程就可以分别用表冷器或喷水室来实现，由此而产生的组合方案会更多。为了确定空气的最佳处理方案，必须对以下几方面的情况进行技术经济的全面比较。

1）空气处理过程实现的难易程度和能耗大小。

2）运行管理的难易程度和费用多少。

3）设备投资的大小和利用程度。

4）设备使用的合适程度与效果。

比较时，还需要对具体情况具体分析，不能盲目照搬、照套别人的方案。需要引起注意的是，在一种情况下或一个地区是最佳的空气处理方案，换到另一种情况下或另一个地区可能不是最好的。

3.8　空调设备

空调设备是具有对空气进行净化、冷却或加热、除湿或加湿等多种处理功能的综合性空气热湿处理设备。空调设备的主要作用是将准备送入空调房间的空气进行净化和热湿处理，使其达到送风要求。常用的空调设备有集中对空气进行热湿处理的柜式风机盘管、组合式空调机组和单元式空调机；有分散在各个房间或区域能就地处理空气的风机盘管、空调器和水源热泵等。按是否能独立完成对空气的热湿处理，空调设备主要分为需与冷热源配套使用的非独立型空调设备和自带制冷装置（热泵）的独立型空调设备两大类。

3.8.1　需与冷热源配套使用的空调设备

需与冷热源配套使用的空调设备属于非独立式空调设备，因为这类空调设备需要另外的冷源（如冷水机组）或热源（如锅炉）提供冷水、热水或低压蒸汽作为热湿交换介质，才能完成对空气的热湿处理。它们是全空气空调系统和空气—水空调系统的主要组成部分及关键设备。根据组成结构的不同，这类空调设备分为两种：一种是整体式的，包括柜式风机盘管和砖砌或钢筋混凝土结构空调室；另一种是组合式的。

1. 柜式风机盘管

柜式风机盘管是柜式风机盘管机组的简称，又称为柜式空调机组、柜式空气处理机组、柜式机组、空调箱或大型风机盘管机组等，俗称风柜，是最常用的中型空调设备。它主要由风机（含电动机及传动装置）、肋片管式换热器（俗称盘管）、加湿器、空气过滤器等组成，并组装在一个箱体内，只要向其供冷、供热和供电就能完成空气的混合、冷却、加热、除湿、加湿、净化等处理过程。相对于组合式空调机组来说，柜式风机盘管又称为整体式空调机组。

根据国家机械行业标准《柜式风机盘管机组》（JB/T 9066—1999）的规定，柜式风机盘管的结构形式有卧式和立式，如图 3-41 所示；安装形式有明装和暗装；送风形式有直吹型和风管型；盘管组成形式除了冷热水共用盘管外，还有冷热水组合盘管和蒸汽与冷水组合盘管；进水（汽）方向分左、右、后三种；加湿形式有蒸汽加湿、电加湿、高压喷雾加湿、湿膜加湿和超声波加湿。柜式风机盘管的箱体由型钢或铝合金的框架与双层保温壁板组装而成，保温壁板的面板有镀锌钢板、喷塑钢板和玻璃钢等种类。

柜式风机盘管的进风和出风方位有多种形式，以适应工程实际的需要。图 3-42 所示为常用的卧式柜式机组进出风方位简图。

属于卧式机组的吊挂式机组（图 3-43）又称为吊顶式机组，因其整体吊挂在房间的顶板下面使用，不占用地面面积而得名。为有效利用吊顶空间，吊挂式柜式机组的高度通常在

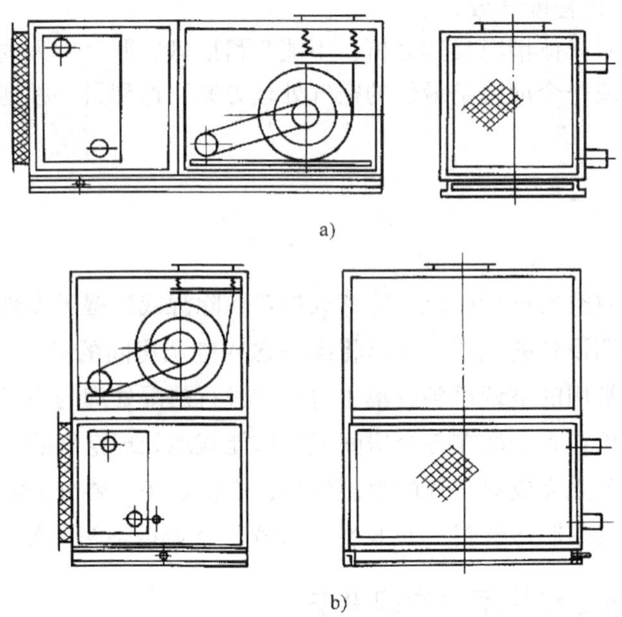

图3-41 柜式风机盘管

a）卧式 b）立式

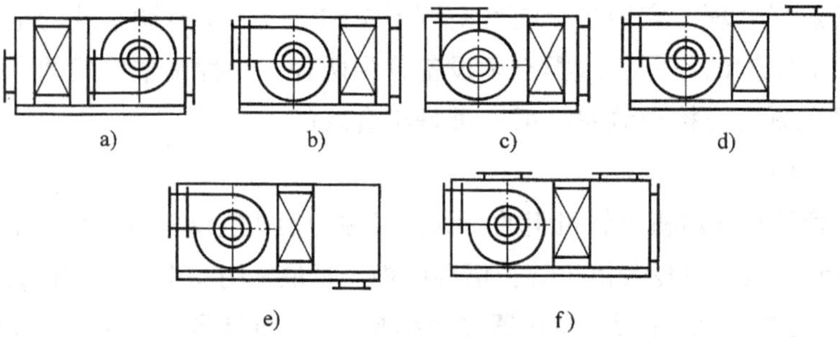

图3-42 常用的卧式柜式机组进出风方位简图

800mm以下。

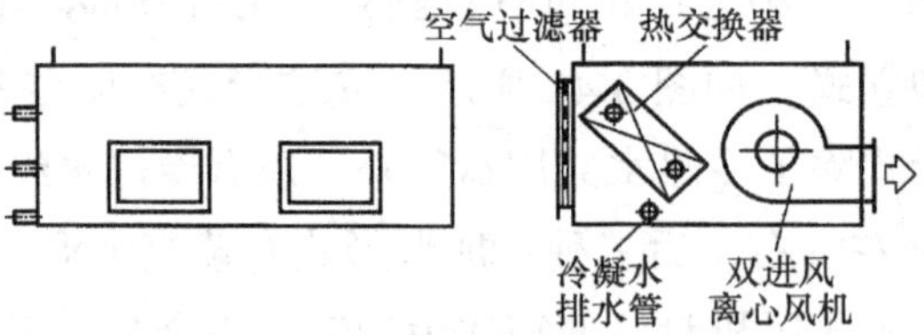

图3-43 吊挂（顶）式柜式风机盘管

柜式风机盘管既可以在全空气空调系统中用来处理新回风混合空气或全新风，也可以在风机盘管加新风系统中用来处理全新风（此时俗称新风机、新风机组或新风柜）。其热交换盘管可以做成4排、6排或8排。一般用于处理室内回风时采用4排的盘管，用于处理室外新风时采用6排或8排的盘管。

2. 砖砌或钢筋混凝土结构空调室

砖砌或钢筋混凝土结构空调室又称为土建式空调室、非金属空调机组，常见形式为卧式，属于大型空调设备，在20世纪70年代以前采用较多。此类空调室的墙体部分一般用砖砌，顶部采用钢筋混凝土预制板，也有用80～100mm的钢筋混凝土整体现场浇制的。空调室内部的各种空气处理装置（如过滤器、换热器、喷水排管、加湿器等）和风机、风量调节阀、辅助装置（如挡水板）等，则根据其对空气处理功能的使用要求，选用现成的专门产品，现场安装。图3-44所示为纺织厂广泛使用的空调室。

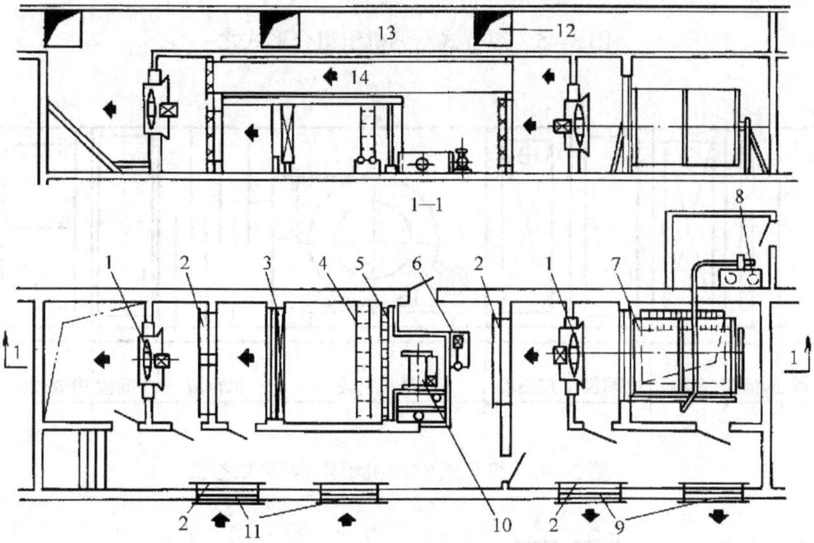

图3-44　纺织厂使用的空调室

1—轴流风机　2—风量调节阀　3—挡水盘　4—喷水排管　5—整流器
6—水泵　7—空气过滤器　8—集尘器　9—排风窗　10—水过滤器
11—新风窗　12—支风道　13—主风道　14—二次回风道

3. 组合式空调机组

组合式空调机组简称组合式空调机，也称为装配式空调机组、装配式空气处理机组、组装式金属空调器、组合式空调箱等。它是由各种空气处理装置（如过滤器、换热器、喷水排管、加湿器等）和风机、风量调节阀、辅助装置（如挡水板）等，以功能段（又称为预制单元）的形式，按需要组装而成的空气热湿处理设备，一般用于风管道阻力大于100Pa的空调系统，属于大型空调设备。

组合式空调机组的功能段可分为空气混合段，均流段，初效、中效、高中效或亚高效过滤段，冷却（表冷器）段，喷水段，一次和二次加热（加热器）段，加湿（加湿器）段，送风机段，回风机段，消声（消声器）段，中间段等。图3-45、图3-46、图3-47所示为三种不同组合形式的组合式空调机组，其中图3-47是一般舒适性空调工程中常用的组合形式。

由于组合式空调机组是以功能段为基本组合单元，因此决定了该机组具有可现场组装，施工简便，维护保养方便，能够根据需要，组合若干个功能段对空气进行混合、冷却、加热、除湿、加湿、净化、消声等处理，使用调节灵活，能满足多功能的使用要求等特点，因此其适用范围要比柜式风机盘管广得多。

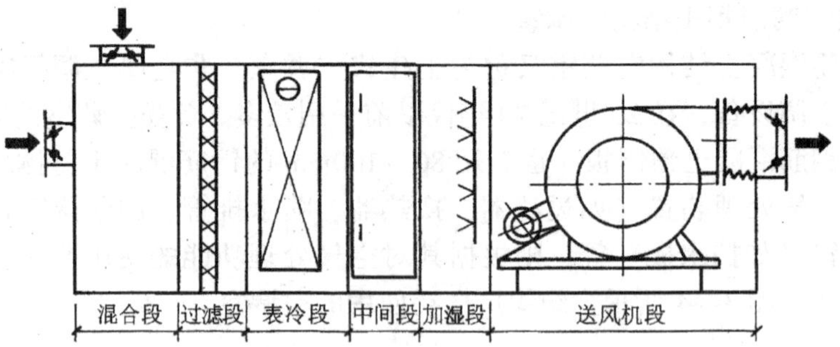

图 3-45 组合式空调机组组合形式之一

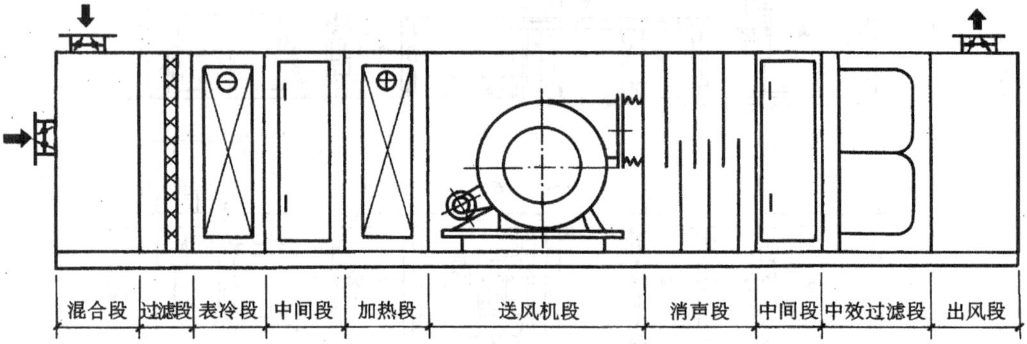

图 3-46 组合式空调机组组合形式之二

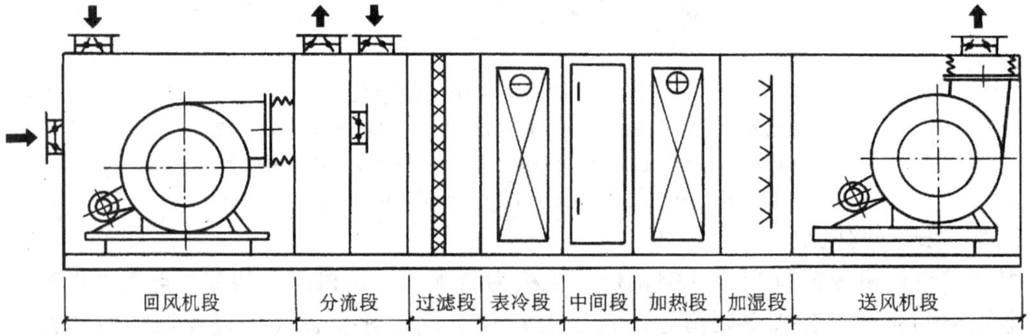

图 3-47 组合式空调机组组合形式之三

根据国家标准《组合式空调机组》（GB/T14294—2008）的规定，组合式空调机组按结构形式分为卧式（即各功能段均为水平方向布置）、立式、吊顶式和其他 4 种；按用途特征分为通用机组、新风机组、净化机组、专用机组（如屋顶机组、烟草用机组、地铁用机组、计算机房专用机组等）4 大类；按额定风量从 2000～200000m^3/h 分为 21 种基本规格。

组合式空调机组的结构形式主要有框板式和板式；箱体内外壁板材料可以是金属的（如镀锌钢板、喷塑钢板、彩色钢板、不锈钢板等），也可以是玻璃钢（玻璃纤维增强塑料）和复合材料的箱体的绝热层和隔声层材料有采用玻璃棉、岩棉的，也有采用聚苯乙烯泡沫塑料和聚氨酯的。

卧式组合式空调机组按照各功能段的排列顺序与被处理空气流动方向间的相互关系分，

有“左式”和“右式”两种。当人站在机组的操作面一侧，面对机组时，空气向左流动者称为“左式”，向右流动者称为“右式”。

组合式空调机组的用途多种多样，除了用作舒适性空调和一般降温性工艺空调的通用（或称普通）机组外，还可以用作新风机组、变风量机组、恒温恒湿机组、净化机组等。

由于舒适性空调一般不需要采用喷水方式来处理空气，因此使用组合式空调机组的很少，只是在送、回风距离特别长，管网阻力比较大，要设置送、回风两台风机或对空气净化要求比较高、处理风量比较大、单台柜式风机盘管机组的容量不能满足要求时才选用。

4. 风机盘管

风机盘管是风机盘管机组的简称。常用的风机盘管主要由风机、肋片管式换热器（俗称盘管）和冷凝水接水盘三部分组成，其名义风量在 2500m^3/h 以下，机外静压小于 50Pa，属于小型空调设备。图 3-48 所示为常用卧式暗装风机盘管的结构示意图，有不带回风箱和带回风箱两种机型。空气通过风机盘管自带的风机被吸入，经与肋片管式换热器（盘管）热（湿）交换后从送风口或送风管送入室内，在此过程中空气会受到什么样的热（湿）处理取决于提供给肋片管式换热器（盘管）的水温情况。

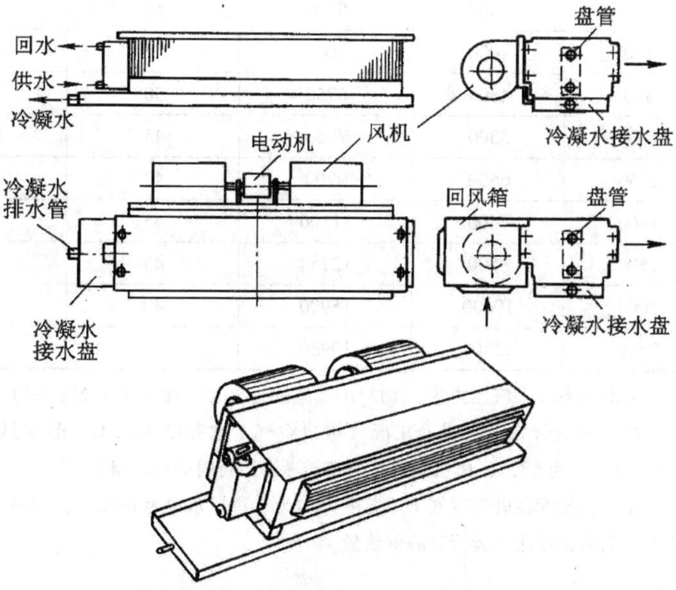

图 3-48　常用卧式暗装风机盘管的结构示意图

风机盘管的风机有离心式和贯流式两种，由单向多速低噪声感应电动机带动，通过调节电动机的输入电压可改变风机的转速，从而达到改变风量的目的。一般将风机的风量分为高、中、低三档，用电器开关控制，每一档风量都有相对应的供冷量和供热量，所以人工手动调节风机转速就能调节风机盘管的供冷量或供热量。

肋片管式换热器（盘管）是一种铜制空气——水热交换器，一般为 3～5 排，冷水或热水在管内流动。冷凝水接水盘在肋片管式换热器（盘管）的下部，用于风机盘管对空气进行冷却降温处理时，接纳从肋片管式换热器（盘管）表面滴下的凝结水。

设置回风箱的好处是在其回风进口处可加装空气过滤网，防止室内回风和吊顶内的粉尘进入机组影响风机性能与盘管的热（湿）交换效率。

根据国家标准《风机盘管机组》（GB/T 19232—2003）的规定，风机盘管的结构形式有卧式、立式、卡式（又称为顶棚式、吸顶式、天花式等）、壁挂式（又称挂壁式）等数种；可以暗装也可以明装；直吹送风的为低静压型（又称为标准型、普通型），可外接风管送风的为高静压型（又称为余压型）；按盘管进水方位的不同，有“左式”和“右式”之分，当人面对风机盘管的出风口时，盘管的供回水接管在左侧的称为“左式”或“左进水”，在右侧的称为“右式”或“右进水”。此外，风机盘管按是否有凝结水接水盘分为湿式和干式，按盘管的数量分为单盘管机组和双盘管机组。风机盘管的基本参数与允许噪声值见表3-4。

表3-4 风机盘管的基本参数与允许噪声值

参数 代号	名义风量 /（m^3/h）	名义供冷量 /W	名义供热量 /W	单位风机功率供冷量/（W/W）	水阻力 /kPa	噪声 /dB（A）
FP-2.5	250	1400	2100	40	15	35
FP-3.5	350	2000	3000	45	20	37
FP-5	500	2800	4200	50	24	39
FP-6.3	630	3500	5250	55	30	40
FP-7.1	710	4000	6000	52	40	42
FP-8	800	4500	6750	50	44	45
FP-10	1000	5300	7950	45	54	47
FP-12.5	1250	6600	9900	47	34	46
FP-14	1400	7400	11100	45	38	48
FP-16	1600	8500	12750	45	40	50
FP-20	2000	10600	15900	40	50	54
FP-25	2500	13300	19950		—	

注：1. 名义风量是指标准状态（大气压力为101325Pa、温度为20℃、密度为1.2kg/m^3）时的风量。

2. 名义供冷量是指风机盘管在名义供冷工况（进口空气干球温度为27℃，湿球温度为19.5℃，进口水温为7℃，进、出口水温差为5℃），风机在最高额定转速下运行时的供冷量。

3. 名义供热量是指风机盘管在进口空气干球温度为21℃、进口水温为60℃，供水量与名义供冷工况时的供水量相同，风机在最高额定转速下运行时的供热量。

风机盘管通常作为空气—水系统的末端装置，分散安装在每一个有空调要求的房间内和局部区域就地处理空气。风机盘管能够根据房间或作用区域范围内的温度变化，通过风量或水量的调节自动或由使用者手动灵活地实现单机调节，以适应房间内和局部区域冷热负荷的变化，保证设定的温度稳定在要求的范围内，但又不会对其他房间和局部区域造成影响，这是其能得到广泛使用的一个重要优点。

图3-49所示为工程中采用最多的卧式暗装风机盘管的各种使用形式。卧式暗装风机盘管安装在吊顶内，不占用房间有效面积，可以根据需要灵活布置，但维护保养和检修较困难，当机组风管接管不合理时，会产生风量不足，冷、热量下降等问题。

图3-50所示为卧式明装风机盘管，有后回风和下回风两种形式，外观简捷，一般安装于吊顶下方。

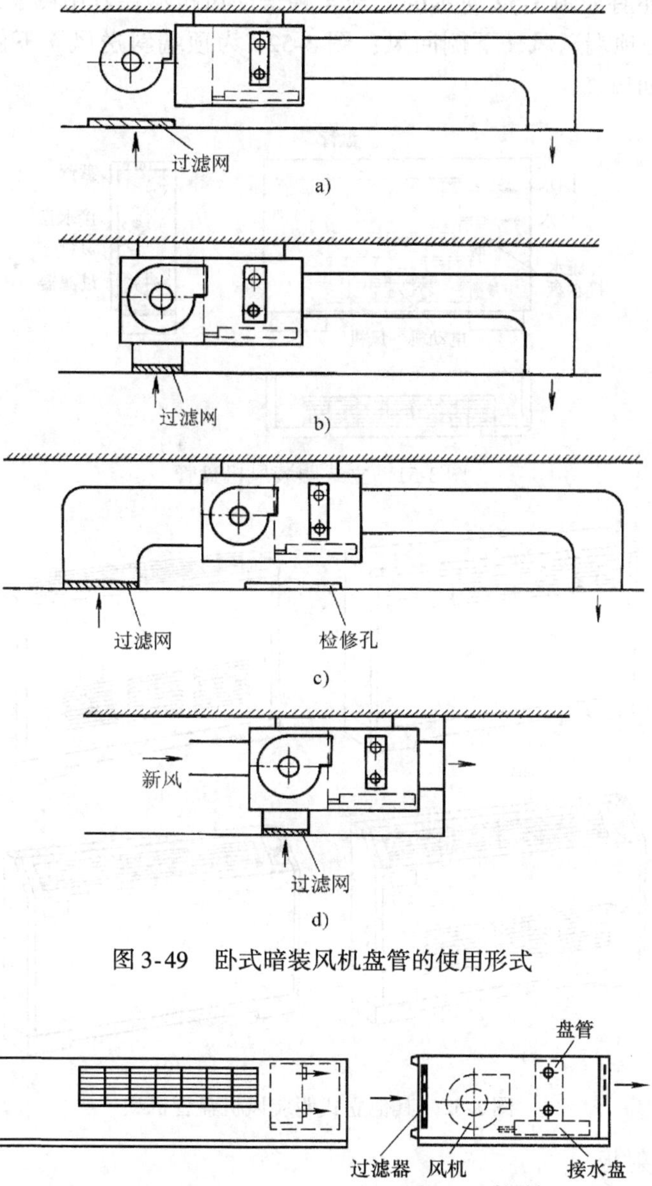

图 3-49　卧式暗装风机盘管的使用形式

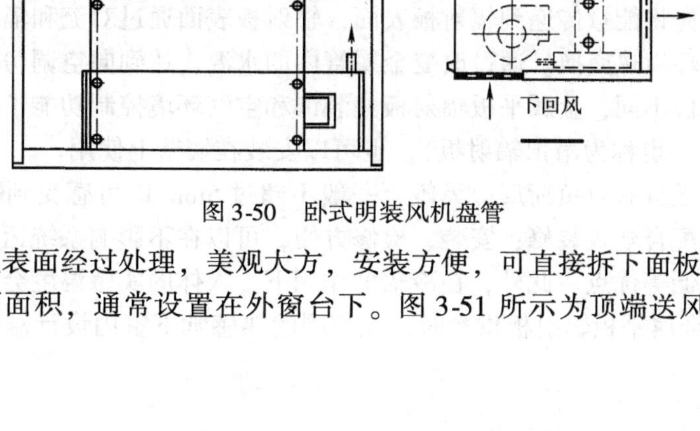

图 3-50　卧式明装风机盘管

立式明装机组表面经过处理，美观大方，安装方便，可直接拆下面板进行维护保养和检修，但需占用地面面积，通常设置在外窗台下。图 3-51 所示为顶端送风、底部回风机型，此外立式明装机组还有如图3-52所示的其他4种送回风机型，其中图3-52a为上侧送风，底部回风；图3-52b为顶端送风，下侧回风；图3-52c为顶端斜送风，下侧回风；图3-52d为顶端斜送风，底部回风。

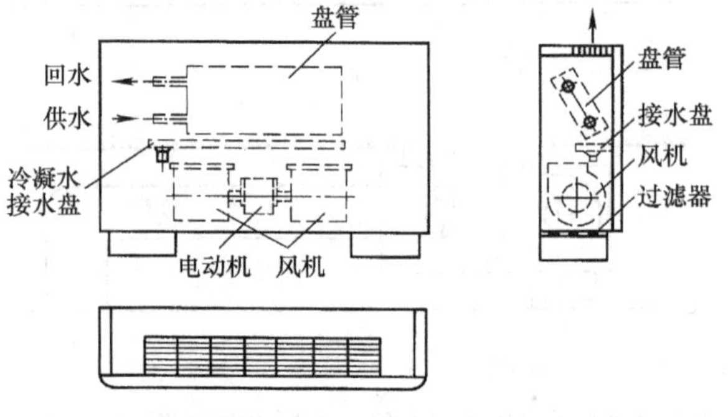

图3-51 立式明装风机盘管

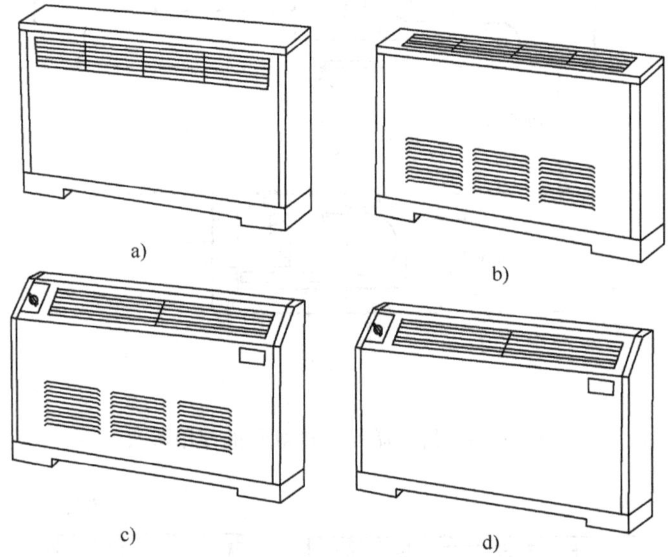

图3-52 其他立式明装风机盘管机型

5. 金属平板辐射板

金属平板辐射板是辐射空调系统两大类末端换热装置之一，主要由金属管（钢管或铜管）和金属面板（一般为铝板）组成，并为模块化产品，图3-53中所示为其常见的3种形式。金属管内的水先将能量传递到辐射板表面，辐射板表面通过对流和辐射，并以辐射为主的方式直接与室内环境热交换。通过改变金属管内的水温，达到向空调房间辐射供冷或供暖的目的。与辐射地板不同，金属平板辐射板集装饰和空气环境控制功能于一体，通常安装在空调房间吊顶部位（也称为吊顶辐射板），也可以安装在墙壁上使用。

金属平板辐射板具有对负荷反应灵敏，一般不超过5min即可感受到降温或升温；占据室内空间小，能够配合建筑装修；安装、检修方便，可以在不影响系统运行的情况下进行局部检修；运行噪声低等优点。此外，在冷辐射作用下，人体的实感温度会比室内空气温度约低2℃，因此采用金属平板辐射板供冷时，在相同的热感觉下室内设计温度可以高一些，从而减少设计冷负荷，取得可观的节能效益。

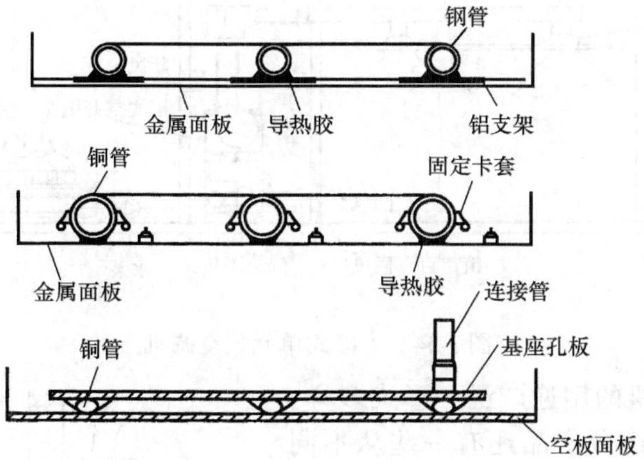

图3-53　常见的3种金属平板辐射板

金属平板辐射板的主要缺点是用于夏季降温时，为防止金属面板表面结露，冷水供水温度要提高到18℃左右，且不能保证在极端情况下金属面板表面不结露；质量大，耗费金属较多，价格偏高；表面温度分布不均匀。

3.8.2　自带制冷装置（热泵）的空调设备

自带制冷装置（热泵）的空调设备属于独立式空调设备，因为它能单独承担创造和保持满足一定要求室内空气环境的任务。这类空调设备又称为局部空调机组或直接蒸发式空调机组，它主要由制冷机或热泵、风机和空气净化装置组成，是一个集冷热源、空气处理和输送装置于一体（即一个箱形整体）或组件形式（分室内机和室外机）的空调设备。由于这类空调设备自带制冷装置或热泵，不需要另外配套冷热源就能独立使用，安装简便，适用范围广，因此在规模较小的建筑或建筑内部的局部区域、单独的房间得到了广泛应用。属于这类空调设备的有单元式空调机、空调器以及水源热泵等。

1. 单元式空调机

单元式空调机是单元式空气调节机的简称，俗称柜式空调机或柜机，是一种向封闭空间、房间或区域直接提供经过处理空气的中型空调设备。由于其自带制冷装置或热泵，集冷热源与空气处理装置于一体，可供选用的容量范围大，结构形式和安装方式多样，占地面积小，安装简便，使用灵活，操作简单，且易于独立计算使用费用，因此得到了广泛应用，并大量用作全空气一次回风空调系统的主机。特别是在商业、餐饮、娱乐、健身、公众服务（如邮局、银行）、证券交易等公共场所，以及无条件设置集中冷热源机房或需要部分房间的空调能随意开停、调节又不影响其他房间正常使用的场合采用较多。面积小的房间一般装一台，面积较大的房间一般分散布置多台。当它外接风管用风口送风时，就形成了所谓“单元式空调机系统”。

根据国家标准《单元式空气调节机》（GB/T 17758—2010）的规定，单元式空调机按功能分为单冷型（又称为冷风型）、热泵型（又称为冷暖型）和恒温恒湿型；按冷凝器的冷却方式分为水冷式（图3-54）和风冷式（图3-55）；按加热方式分为电加热式和热泵制热式；按结构形式分为整体式和分体式；按送风形式分为接风管型和直吹型。此外，按安装方式还分为落地式和吊顶式等。常用的单元式空调机参见表3-5。

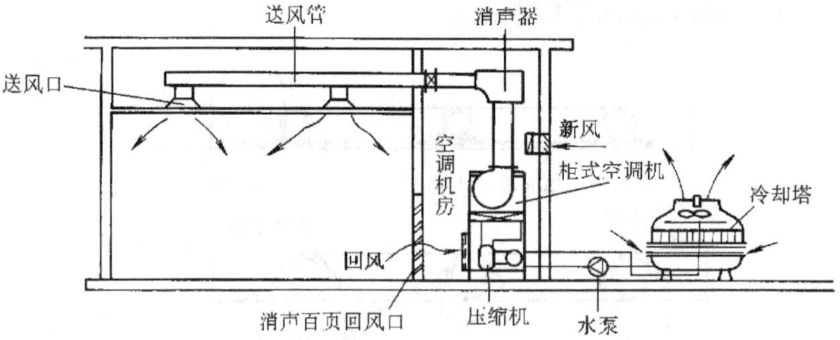

图 3-54 水冷式单元式空调机

由于单元式空调机的用途广泛、形式多样，因此这类空调设备的部分产品还有一些从不同角度命名的称谓，如商用空调机就是指那些在商业场合使用较多的部分型号单元式空调机，对于必须接风管使用的单元式空调机又称为管道型或风管式空调机，详见国家标准《风管送风式空调（热泵）机组》（GB/T 18836—2002）；还有专门用于处理新风的新风（空调）机等。当单元式空调机采用风冷整体式结构，专门设计成适合安装于屋面平台上或室外其他场所时，又称为屋顶式风冷空调（热泵）机组，有关规定可参见国家标准《屋顶式空气调节机组》（GB/T 20738—2006）。

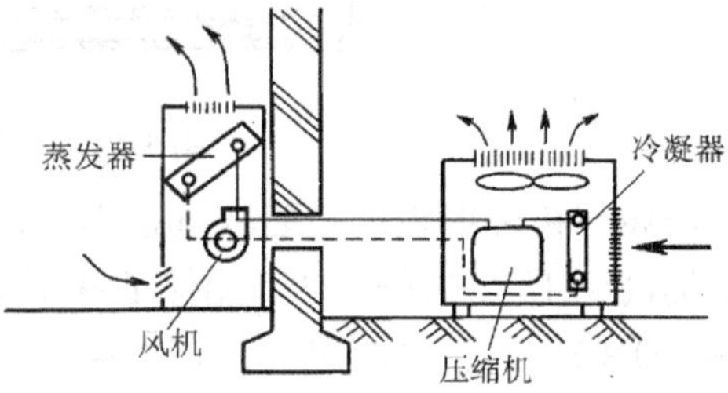

图 3-55 风冷式单元式空调机

表 3-5 常用单元式空调机

俗　称	结构形式	主要特征	功　能	冷却方式	安装方式	送风形式
水冷柜机	整体式	无室外机，有水泵和冷却塔	单冷型	水冷	落地安装	接风管或直吹
风冷柜机	分体式	有室外机，压缩机可在室内机中，也可在室外机中	单冷型和热泵型	风冷	落地安装或吊顶安装	

用于舒适性空调的单元式空调机一般功能比较简单，通常只能对空气进行粗过滤和降温或加热处理，对房间空气参数的控制精度也不高。用于工艺性空调的单元式空调机主要有恒温恒湿空调机和机房专用空调机，它们都有水冷式和风冷式，而且可以接风管送回风也可以直接送回风。

（1）恒温恒湿空调机　恒温恒湿空调机也简称恒温恒湿机，其空气处理功能比较齐全，可对空气进行冷却、除湿、加热和加湿处理，且电气控制系统较完善。可将房间温度控制在20～25℃，控制精度可达到±0.5～1℃；相对湿度可控制在50%～60%，控制精度可达到±5%～10%，能满足大多数工艺性空调房间的要求，如精密机械、电子仪表、光学仪器、食品医药等生产车间及计量室、科学实验室等。

恒温恒湿型空调机是在普通单冷型的单元式空调机基础上，加上加热部分和加湿部分形成的。加热方式有电加热、热水加热、蒸汽加热、蒸汽加热辅助电气加热等，加湿方式有电热加湿、蒸汽加湿和湿膜加湿等。

（2）机房专用空调机　程控交换机和大型计算机在使用中必须及时散热，室内空气要保持一定的温度和洁净度。为此，在程控交换机房和大型计算机房都要安装控制精度高于一般恒温恒湿机的机房专用空调机，其温度控制范围为18～25℃，控制精度为±0.5℃，相对湿度控制范围为40%～50%，控制精度为±5%。此外，机房专用空调机还针对程控交换机房和大型计算机房一般采用地板送风的特点，设计为下部送风、上部回风的形式，并具有满足风量大、焓降小、除湿量小、高显热比、高换气次数（如30～60次/h）、洁净级别不低于10000级，以及可靠性好等要求的性能。

机房专用空调机的配置与恒温恒湿机基本相同，结构上多为一台箱体内有两套独立的制冷系统，可以同时运行或轮换运行，以满足24h不停机的使用要求；其计算机控制系统的功能更完备，既能现场控制，又能联网集中控制或远程控制；除了常见的上送风机型外还有下送风的机型。

2. 空调器

空调器是房间空气调节器的简称，又称为家用空调器或家用空调，是一种向密闭空间、房间或区域直接提供经过处理的空气的小型空调设备。它主要由制冷或热泵系统、空气循环系统和净化装置组成。有被组装在一个箱壳里的整体形式，也有分室内机（组）和室外机（组）的组件形式。

此类空调设备由于容量小，因此均不能外接风管，经过处理的空气是直接吹入空调房间的，这是与单元式空调机最主要的区别。

空调器的形式繁多，分类方式不同名称也不同，国家标准《房间空气调节器》（GB/T 7725—2004）的规定参见表3-6。

表3-6　空调器类型

分类方式	类　别	备　注
按结构形式分	整体式	窗式、穿墙式、移动式
	分体式	室内机（组）形式：挂壁式（壁挂式）、柜式、吊顶式、落地式（座地式）、嵌入式（天花式、吸顶式）
		室外机（组）形式：侧排风式、上排风式
	一拖多	
按主要功能分	冷风型	
	热泵型	含有辅助电热装置
	电热型	
按压缩机控制方式分	定频型	转速一定型（频率、转速、容量不变）
	变频型	转速可控型（频率、转速、容量可变）
	变容型	容量可控型（容量可变）
按使用气候环境（最高温度）分	温带气候	使用气候环境最高温度为43℃
	低温气候	使用气候环境最高温度为35℃
	高温气候	使用气候环境最高温度为52℃
按冷却方式分	空冷式	
	水冷式	

随着分体式空调器在使用方面比整体式空调器显示出更强的优越性，国家标准《多联式空调（热泵）机组》（GB/T 18837－2015）对其做出了专门的规定，如把室内、外机（组）的对应数扩大到多拖多；室内机（组）形式增加了风管式等（详见多联机系统）。

3.8.3 水源热泵

水源热泵是水源热泵机组或水源热泵空调机的简称，是一种采用循环流动于共用管路中的水或在江河湖海、生活污水、工业废水和埋地盘管中循环流动的水为冷（热）源，制取冷（热）风或冷（热）水的小型供冷/供热空调设备。水源热泵主要由使用侧换热器、压缩机、冷（热）源侧换热器组成，具有单制冷或制冷和制热功能。这类空调设备虽然自带制冷装置（热泵），但不能单独承担创造和保持满足一定要求室内空气环境的任务，必须要配套一个水循环管路系统。

根据国家标准《水（地）源热泵机组》（GB/T 19409—2013）的规定，水源热泵的类型参见表3-7。

表3-7 水源热泵类型

分类方式	冷热风型（水/空气型）	冷热水型（水/水型）
按功能分	单冷型、单热型和热泵型	单冷型、单热型和热泵型
按结构形式分	整体型和分体型	整型式和分体型
按送风形式分	直接吹风型和接风管型	—
按冷（热）源类型分	水环式、地下水式、地埋管式、地表水式	水环式、地下水式、地埋管式、地表水式

图3-56所示的水源热泵是空调工程常用的冷热风型水源热泵，它由压缩机、制冷剂/水换热器、制冷剂/空气换热器、节流机构、四通换向阀、风机和空气过滤器等部件组成。其功能与空气/空气型热泵的空调器相同，可以在制冷模式运行时向所控制的环境送冷风，在制热模式运行时送热风，但制冷和制热效率比空气/空气型热泵高，制热时不存在结霜问题，而且运行性能稳定，水源的选择范围也比较广泛，只要冬季水温不低于8℃，水量和水质能满足要求即可正常运行。

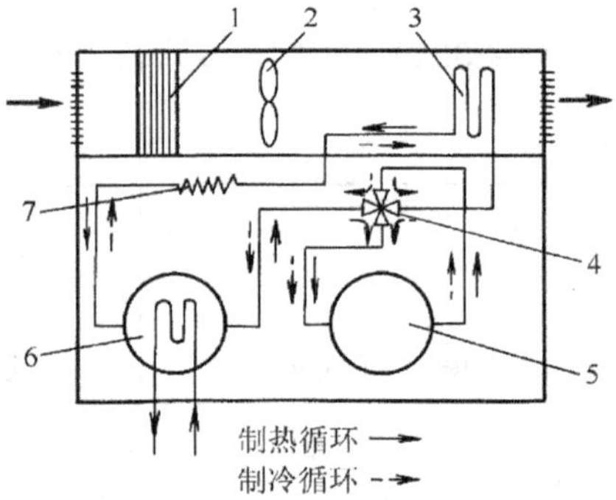

图3-56 整体式冷热风型水源热泵
1—空气过滤器 2—风机 3—空气换热器
4—四通换向阀 5—压缩机
6—水换热器 7—毛细管

整体式冷热风型水源热泵可以明装也可以暗装，常用的有卧式（通常为暗装）、立式、屋顶式等；分体式冷热风型水源热泵分为内机和外机，内机的形式与分体式空调器的室内机相同，外机主要由压缩机和套管式换热器组成。

分体式冷热风型水源热泵与热泵型空调器的安装形式不同：热泵型空调器两个换热器中的一个一定要置于室外空气环境中，与室外空气进行热交换；而冷热风型水源热泵则不需要这样，两个换热器都可以装在室内，只是为了减少噪声的影响或便于内机的布置，通常将外机装在房间或走廊的吊顶层内。此外，两种设备采用的换热器型式稍有不同，热泵型空调器的两个换热器都是肋片管式，冷热风型水源热泵的制冷剂/水换热器则采用了套管式换热器。

水源热泵的这个特点决定了这种空调设备的使用离不开水，但同时使得水源热泵的制冷、制热量的范围可以很大，种类也很多。

本章要点

1. 在空调工程中，要使不符合要求的空气达到既定状态，必须借助热湿处理装置对空气进行必要的热湿处理。这种处理包括对空气的加热、冷却或加湿、除湿，可以是其中的一种处理，也可以是多种处理。

2. 根据能量守恒和质量守恒的基本原理，在空气热湿处理过程中需要有与其进行热湿交换的介质。空调工程中常用的热湿交换介质有水、水蒸气、制冷剂以及一些固体或液体吸湿剂（如硅胶、氯化锂等）。

3. 空气热湿处理装置按热湿交换介质与空气的接触方式可分为直接接触式和间接接触式（又称为表面式）两大类。喷水室及各种加湿器属于前者，各种表面式换热器则均属于后者。

4. 不论空气与水滴、水膜还是水面直接接触发生的热湿交换，实质上都是空气与水（水滴、水膜、水面等）表面饱和空气边界层的热湿交换。边界层空气的状态及参数与水的温度密切相关。

5. 用喷水室处理空气可以实现七种状态变化过程，具体是哪种过程？特点是什么？可以根据喷水温度与被处理空气初态的露点温度、湿球温度以及干球温度的数值比较推得。

6. 用表面式换热器处理空气只能实现三种状态变化过程，除了等湿升温过程外，其他两种过程喷水室也能实现。但喷水室只能使用水这一种介质处理空气，而表面式换热器则可以使用水、水蒸气、制冷剂三种介质来处理空气。

7. 空调工程中使用的表面式换热器均为各种片形的肋片管式换热器。它通常是作为空调设备的一个部件使用，因此“别名”很多，如表冷器、空气加热器、盘管、蒸发器、冷凝器等。

8. 采用喷水室和表面式换热器对空气进行热湿处理都有一定的局限性，如装置的功能不能满足要求、不具备使用条件、装置太大等。因此，在某些情况下还需要配套或单独使用其他一些热湿处理装置。

9. 用电加热器处理空气，空气发生等湿升温变化，这类装置结构简单，使用方便，有裸线式和管式两种基本结构形式。

10. 加湿方式分为水加湿和蒸汽加湿两种，加湿装置也相应地分为水加湿装置和蒸汽加湿装置两大类，对应能实现的空气处理过程工程上分别按等焓加湿过程和等温加湿过程看待。

11. 除湿的方式有五种，相应能实现的空气处理过程分别为：喷水室、表面式换热器——减湿冷却；冷冻除湿——增焓减湿；固体吸湿剂除湿——等焓减湿；液体吸湿剂除湿——升温减湿、等温减湿和降温减湿。

12. 空气热湿处理的途径由所选择的热湿处理装置决定，不同状态的空气经过不同的途径有可能达到同一个状态点；而同一种空气处理过程有可能使用不同的热湿处理装置来完成，这就造成了空气热湿处理方案的多样性和复杂性，需要综合考虑各方面的情况进行技术经济分析后确定出最佳方案。

13. 空调设备与其他空气热湿处理装置的主要区别是有空气净化装置，按是否能独立完成对空气的热湿处理分为需与冷热源配套使用的非独立型空调设备和自带制冷装置（热泵）的独立型空调设备两大类。前者常用的有柜式风机盘管和风机盘管，后者常用的有单元式空调机和空调器。

14. 水源热泵既需要与以水的形式体现的冷热源配套使用，又有自带的热泵装置，严格地讲也属于非独立型空调设备。

思考题与习题

1. 要人为地、能控制地使空气状态发生变化需要借助什么装置？这些装置根据什么分为两大类？
2. 哪些常见介质可用来与空气直接接触进行热湿交换？哪些只能用来与空气间接接触进行热湿交换？哪些两种形式都可以？
3. 喷水室有什么优缺点？主要由哪些构件组成？各起什么作用？
4. 空气与水直接接触进行热湿交换的实质是什么？可以当作什么过程对待？
5. 空气加热器和表冷器有何异同？
6. 用表面式换热器能实现哪三种空气热湿处理过程？要分别使用哪种介质？
7. 能对空气进行加热处理的装置有哪些？工作原理有何不同？空气的状态变化是什么过程？
8. 能对空气进行加湿处理的装置有哪些？工作原理有何不同？空气的状态变化各是什么过程？
9. 对空气进行除湿处理的方式有哪些？试比较有什么不同。
10. 能对空气进行降温减湿处理的装置有哪些？工作原理有何不同？
11. 试比较柜式风机盘管与单元式空调机有何异同？
12. 试比较单元式空调机与空调器有何异同？

第4章

空调冷热源

能为中央空调系统的空气处理装置对空气进行热湿处理提供冷热量的物质和装置，都可以作为空调的冷热源。这样的天然物质（如地表水、地下水、冰以及太阳能等）称为天然冷热源；这样的装置主要是各种冷（热）水机组和锅炉，称为人工冷热源或冷热源设备。

中央空调系统的空气热湿处理装置对冷热源的要求是多方面的，首先是提供的冷热媒温度和冷热量能满足空气处理的要求；其次是获取冷热量的方法要经济可靠，使用方便灵活；第三是本身安全卫生不污染环境，而且运行费用低。天然冷热源与人工冷热源各有其特点，前者投资省、耗能少，运行安全可靠、费用低，管理简单方便；后者则主要是有较大的灵活性和较强的适应性。

本章主要介绍和讨论常用天然冷热源、空调冷源设备和热源设备以及冷热源一体化设备的种类及特点，确定冷热源方案需考虑的因素，常用冷热源（组合）方案及其技术经济分析方法等。

4.1 天然冷热源

天然冷热源是指从自然界获取的、可作为空调冷热源的物质。天然冷热源的利用不仅可以节约常规能源，具有节能效益，还可以减轻因用能造成的环境污染，具有环保效益。

空调工程采用的天然冷热源主要是天然水，天然水又分为地表水和地下水两大类。其中，地下水由于具有水温变化小、不经净水处理即可使用，使用设备少、投资费用省、维护管理简便、运行成本低、供水安全可靠等人工冷热源所不能与之相比的优点，使得在水量、水温、水质和水位的稳定性参数等都能满足要求的情况下，通常被选作冷热源。特别是在地下水资源丰富的地区，更是优先考虑的对象。天然水的不足之处主要表现在一是要有水，才能用；二是其利用是一次性的，不能循环使用，浪费太大；三是对于地下水储量有限的地区，为防止开采过量造成地面下陷，一般要限制使用。理论上虽然可以通过往地下回灌来平衡抽水量，但受地质条件的限制，可行的地区很少。

1. 地表水

地表水是指河流水、湖泊水和海水等。

（1）河流水　我国河流水水质的主要特点是浊度较高（黄土地区河流的浊度更高）和浊度的季节性变化大，含盐量和硬度虽不大，但水温变化幅度大，而且河流水的水位在洪水期和枯水期有明显的差别，有时差别相当大。

(2) 湖泊水　湖泊水一般都很清澈，大湖深处的水质尤其好，不仅物理方面与化学方面的指标好，而且含细菌少。但当刮风起浪时，湖底的淤泥可能被水流带起，使湖水变浑浊。湖水的有机物含量和含盐量都不大，但有时孕育着大量的浮游生物，这就增加了水处理的复杂性和难度。湖水的水位变化比较小，水温变化也不大，深水变化更小。

(3) 海水　海水约占自然界水总储量的96.5%。近年来，沿海地区因地下水使用量受到限制，改用海水作为天然冷热源的工程项目正在逐渐增多。

2. 地下水

地下水是指埋藏和运移在地表以下、基岩以上空隙中的水。就其埋藏特性来分，一般可以归纳成包气带水、喀斯特水、承压水和裂隙水等几类。用作冷热源的地下水有浅井水、溶洞（喀斯特）水和深井水等三种，其中以深井水使用最多。

(1) 地下水的水温　地下水的水温随自然地理环境、地质条件及循环深度不同而变化。近地表处为变温带，变温带的地下水温度受气温影响，并基于所在地区纬度的不同而呈规律性变化：松花江流域一般为3~10℃，黄河下游地区15℃左右，长江中下游地区20℃左右，珠江中下游地区为25~30℃。变温带之下的一定深度为恒温带，不同纬度地区的恒温带深度不同，水温范围为10~22℃。恒温带以下，地下水温度随着深度的增加而升高，升高多少取决于不同地域和不同岩性的地热增温率。地壳平均地热增温率为2.5℃/100m。

(2) 深井水　常用的深井水是第四纪前沉积岩层中的承压水。深井水因所在地区的水文地质条件不同，其补给来源的充沛与否有很大的区别。例如大河的冲积平原潜水层，山间河谷或盆地中的冲积潜水层，大型的自流水盆地以及向斜或凹陷含水构造地区等，因有较强大的地下径流补给，其涌水量和动水位一般比较稳定。小型封闭构造盆地，相对隔离的含水体或含水构造，补给形式复杂的基岩裂隙水，受周期性地表水补给的小型河谷冲积层孔隙水，以及小型岩溶地块中的潜水等的地下径流比较微弱。特别是当抽水量超过了枯水期地下水自然补给量时，就以消耗静储量为主，涌水量与动水位都会不断下降。

(3) 深井水的水质　深井水一般无色透明，硬度较大，含溶解盐较多，通常不含细菌。我国很多地区的深井水含有铁盐。水中的铁质常以二价铁的形式存在。由于二价铁在水中的溶解度较大，所以刚抽上来的含铁地下水虽然清澈透明，但和空气接触一段时间后（尤其是喷淋过程的水气接触），水中的二价铁便被氧化，生成难溶解于水的三价铁氢氧化物，沉淀物由水中析出后使水变浑浊。

我国的含铁地下水分布甚广，比较集中的地区是松花江流域和长江中下游地区。此外，黄河流域、珠江流域等地也都有含铁地下水。含铁地下水都分布在水系的干、支流的河滩地区，其水质因地层条件不同而有很大差异。含铁浓度超过允许范围时要进行除铁处理。

深井水除含有铁盐外，还可能含有锰盐和氟化物。有些深井水中还含有硫化氢，它是由无机硫化物变化而来的。含硫化氢的水除了对金属有侵蚀作用外，还有恶臭。

用地下水作冷热源虽有许多优点，但对地下水资源必须做到合理开发，节约使用和积极保护。如果滥肆开采，则在开采量过大或补给源不足的地方，会出现地下水位不断下降和降落漏斗不断扩大，致使供水井的出水量不断减小和原用水泵扬程不合使用的后果。严重时，甚至发生水流枯竭和水源遭受破坏等严重后果。在某些地区由于过量开采地下水还出现了海水倒灌，水质污染及地面沉降、塌陷等许多不良的水文地质和工程地质问题，对国民经济和人民生活造成极大危害。

3. 天然水的应用

天然水的应用分为直接应用和间接应用两种方式。直接应用是将天然水直接与被处理空气混合进行热湿交换，通常采用水质较好的地下水。间接应用是将水源热泵的一组换热器置于地表水中，向其放热（制冷时）或吸热（制热时）。也可以采用抽取地表水或地下水通过换热器来吸热或放热的应用方式，此时对水质的要求可降低些。

4.2　空调冷源设备

由于中央空调系统常用的载冷剂是水，因此冷水机组是中央空调系统采用最多的冷源设备。冷水机组是将制冷系统中的全部组成部件组装成一个整体设备，可向中央空调系统提供处理空气所需低温水（通常称为冷水或冷冻水）的制冷装置。冷水机组的种类繁多，常用的按制冷原理分主要是两大类：一类是电力驱动的蒸气压缩式冷水机组，另一类是热力驱动的吸收式冷水机组。

4.2.1　蒸气压缩式冷水机组

蒸气压缩式冷水机组主要由压缩机、冷凝器、节流阀、蒸发器四大件组成，由于压缩机是用电动机驱动，因此属于电动式冷水机组。这类冷水机组一般采用氟利昂制冷剂（如R11、R22、R123、R134a 等）。通常将空调冷水系统 12℃的回水降温到 7℃后再送出去使用。根据所采用的制冷压缩机形式不同，常用的蒸气压缩式冷水机组分为离心式、螺杆式、活塞式以及涡旋式。其中，螺杆式、活塞式和涡旋式冷水机组冷凝器的冷却方式还有水冷和风冷之分。

1. 离心式冷水机组

离心式冷水机组的制冷压缩机是利用叶轮旋转产生的离心力作用来对气态制冷剂进行压缩的。由于离心式压缩机转速高、排气量大，使得离心式冷水机组的单机容量大、单位制冷量的能耗低、运行平稳、容量调节方便，可实现多级压缩。常用的是一级和三级压缩的机组（图 4-1）。

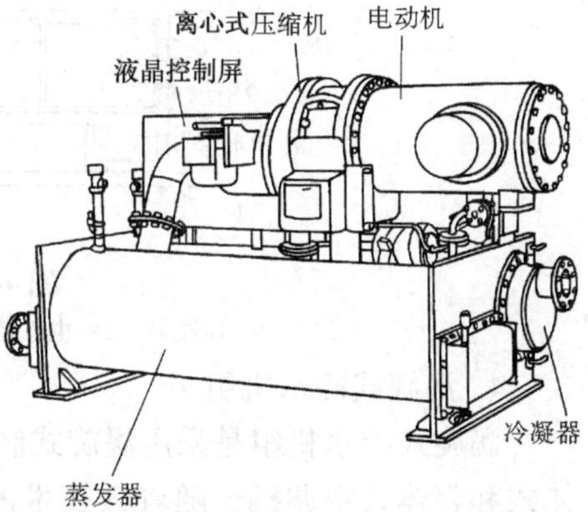

图 4-1　离心式冷水机组

2. 螺杆式冷水机组

常用的卧式双螺杆冷水机组如图 4-2 所示。双螺杆制冷压缩机通过两根螺旋形转子转动时，阳转子的凸齿与阴转子的凹槽之间的相互啮合作用，使工作容积减小来对制冷剂蒸气进行压缩。螺杆式冷水机组使用的制冷压缩机除了卧式的、双螺杆的外还有立式的和单螺杆的。

螺杆式冷水机组的主要优点是结构简单、体积小、质量轻、可对制冷量进行无级调节、在低负荷时效能比较高；但单台压缩机（俗称机头）的制冷量较小，若采用多台压缩机组合，即多机头形式时，单台螺杆式冷水机组的总制冷量可成倍增加。

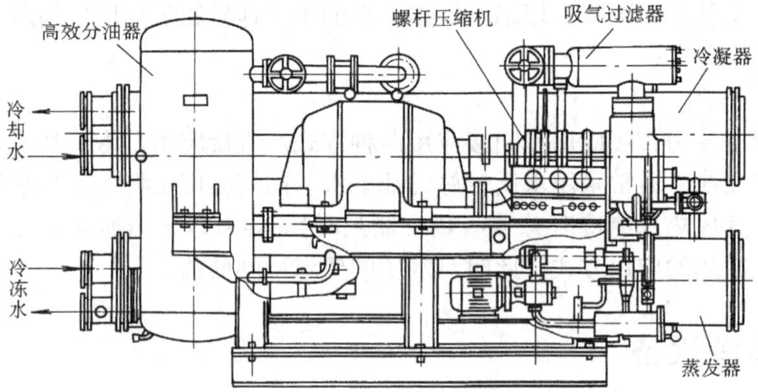

图4-2 卧式双螺杆冷水机组

3. 活塞式冷水机组

活塞式冷水机组又称为往复式冷水机组，其气态制冷剂的压缩是由曲柄连杆带动的活塞在气缸内作往复运动完成的。活塞式冷水机组具有技术成熟、价格低廉、制造简单、运行可靠等优点。常用的是图4-3所示的多台压缩机组合的机型，又称为多机头机组。这种机组使活塞式冷水机组的单机制冷量有了很大提高；而且压缩机的组合台数不同，制冷量也不同，其适应范围也扩大了。此外，配置多台压缩机还有明显的节能效果，因为机组在运行过程中可对各台压缩机进行单台起停控制，能很好地适应负荷变化，使机组在部分负荷时仍能保持较高的效率；而且机组起动时，可以顺序起动各台压缩机，使其对电网的冲击减小，能量损失相应减小。多机头机组的另一个特点是整个机组一般分成两个独立的制冷剂回路，这两个回路可以同时运行，也可以单独运行，这样既起到了互相备用的作用，又提高了机组运行的可靠性。

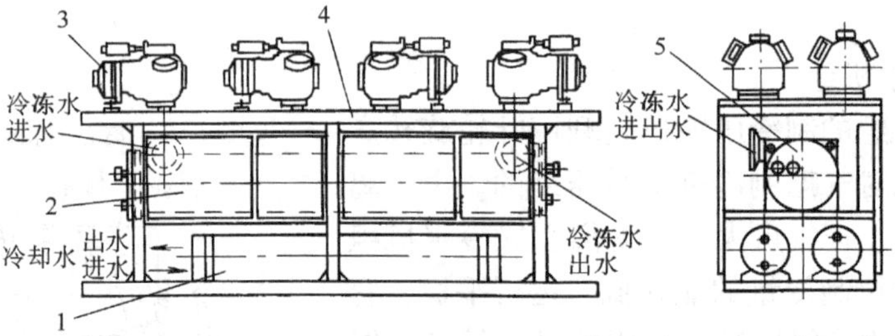

图4-3 多机头活塞式冷水机组

1—冷凝器 2—电气控制箱 3—活塞式压缩机 4—机架 5—蒸发器

4. 涡旋式冷水机组

涡旋式冷水机组是采用涡旋式制冷压缩机的冷水机组。涡旋式制冷压缩机起初多用于分体式和整体式空调机，随着其技术的发展，单机容量的增大，已逐渐在冷水机组上得到应用。这种冷水机组如图4-4所示，大多采用2~4台涡旋转子式制冷压缩机与管壳式换热器组装而成。其主要优点是涡旋式制冷压缩机零部件数量少、运动部件少（仅2个）、运动力矩小、振动小、噪声低、运行可靠性高。

5. 模块化冷水机组

模块化冷水机组虽然也属于蒸气压缩式冷水机组，但与离心式、螺杆式和活塞式冷水机

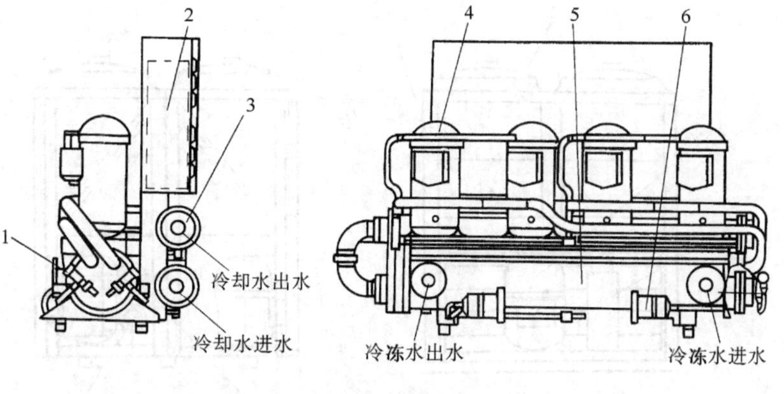

图 4-4　多机头涡旋式冷水机组

1—热力膨胀阀　2—电气控制箱　3—冷凝器　4—涡旋式压缩机

5—蒸发器　6—干燥过滤器

组有很大的不同，不同之处主要体现在四个方面：一是模块化冷水机组采用的是全封闭式压缩机（活塞式、转子式或涡旋式）；二是在整机结构形式上采用标准模块单元组合的方式，每一标准模块单元一般由两台压缩机各带单独的一套制冷循环环路构成，蒸发器和冷凝器均为板式换热器；三是机组输出能量的调节只能以开停压缩机台数的方式进行，压缩机本身一般不能调节；四是模块单元有外围壁板，组合成的机组是外形非常规整的矩形块状体。

模块化冷水机组的优点是结构紧凑，体形规整，占地面积小，对安装场地的承重能力要求低；逐个模块起动，起动电流小，配电设备容量小，对电网的冲击影响小；采用全封闭型压缩机，加上外围壁板内侧均衬有吸音材料，整个机组工作时噪声较低；各模块单元制冷环路各自独立，任何一个模块单元出现故障停机或维修，都不会影响其他模块单元的正常运行；组合式结构，运输方便，一台大容量机组可化整为零，拆成模块单元，通过电梯垂直运输，或通过不大的门洞出入；机组的安装容量可方便地按照用户的需要，增加、减少或分组转移。模块化冷水机组的主要缺点是电耗指标较高，电力增容较大，设备初投资费用较高。

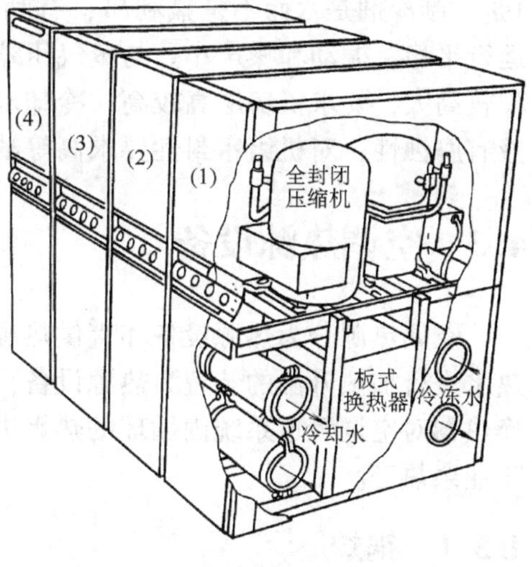

图 4-5　水冷式模块化冷水机组

模块化冷水机组有水冷式和风冷式两种类型。图 4-5 所示为水冷式模块化冷水机组。风冷式模块化冷水机组（图 4-6）一般直接安装在屋顶或室外空地上，不需要专用机房，可节省初投资。

4.2.2　吸收式冷水机组

中央空调系统配套使用的吸收式冷水机组主要是以消耗热能（含工业余热、废热、地热和太阳能）来制取冷水，属于热力式冷水机组。这类机组通常采用溴化锂溶液作为吸收剂，水为制冷剂，以制取高于 0℃的冷水为目的，因此统称为溴化锂吸收式冷水机组。根据加热的热媒形式不同，常用的溴化锂吸收式冷水机组分为蒸汽型和热水型；按热媒在机组内

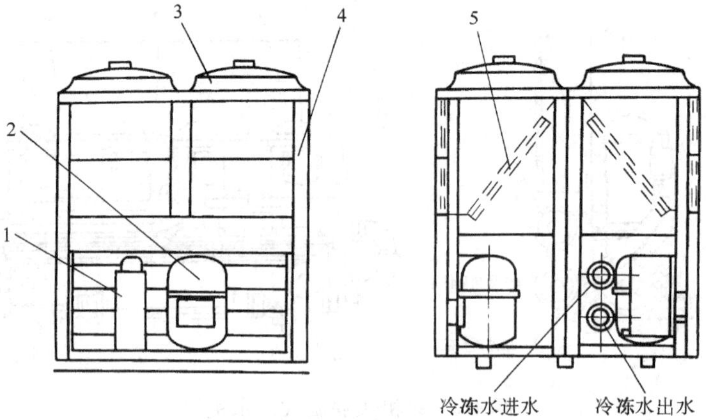

图4-6 风冷式模块化冷水机组

1—蒸发器 2—压缩机 3—风机及保护罩 4—外壳 5—冷凝器

被利用的次数分有单效、双效和三效等机型。

这类机组的制冷原理不同于蒸气压缩式制冷，除了要使用热能，基本不用电外，主要是没有压缩机，起相关功能作用的是由发生器、节流阀、吸收器、溶液泵组成的吸收剂循环系统。

溴化锂吸收式冷水机组的主要优点是耗电非常少，一般为蒸气压缩式冷水机组的3%～4%；制冷剂是水而不是氟利昂，有利于大气臭氧层的保护；除屏蔽泵外无其他运转部件，运行平稳，振动和噪声小。与蒸气压缩式冷水机组相比，溴化锂吸收式冷水机组存在机组体积较高大，要求机房层高较高；冷却水量较大，冷却水系统设备费和运行费较高；溴化锂溶液有腐蚀性，对机组密封性要求高等缺点。

4.3 空调热源设备

空调热源分为热源设备和直供热源两大类，通过消耗其他能量对空调管道系统内循环的热水进行加热升温的装置为热源设备，常用的主要是各种锅炉；直接向空调系统供热或通过换热器对空调管道系统内循环的热水进行加热升温的热源为直供热源，如城市或区域热网、工业余热等。

4.3.1 锅炉

锅炉是利用燃烧释放的热能或其他热能，将水加热到一定温度或使其产生蒸汽的热源设备，是最传统又是在空调工程中应用最广泛的一种人工热源。

锅炉主要由“锅”和“炉”两大部分组成。“锅”是锅炉中盛水或蒸汽的地方，它的作用是吸收“炉”放出的热量，使水的温度上升到一定的温度（热水锅炉）或者转变为一定压力的蒸汽（蒸汽锅炉）。“炉”是锅炉中燃料燃烧的地方，它的作用是提供燃料燃烧的条件，并使燃烧产生的热量供“锅”吸收。“锅”与“炉”，一个吸热一个放热，形成燃料化学能转换为热能输出的统一体。现代的锅炉，“锅”与“炉”已融合为一体，有些已难以把它们明确划分开来。

锅炉的工作包括三个过程：一是燃料的燃烧过程；二是火焰和高温烟气把热量传递给水

的传热过程；三是水在锅内不断循环流动，吸热升温和汽化（热水锅炉达不到沸腾汽化温度）的水循环及汽化过程。

通常将用于为空调、供暖及工业生产提供热水或蒸汽的锅炉称为供热锅炉或工业锅炉，以区别用于动力和发电方面的动力锅炉。供热锅炉按向空调系统提供的热媒不同，分为热水锅炉与蒸汽锅炉两大类，每一类又分为低压锅炉与高压锅炉两种。在热水锅炉中，温度低于115℃的称为低压锅炉，温度高于115℃的称为高压锅炉。空调系统常用的热水供水温度为55～60℃，所以大都采用低压锅炉。此外，按锅筒放置方式不同，锅炉还有立式与卧式之分；按使用的燃料和能源不同，锅炉可分为燃煤锅炉、燃油锅炉、燃气锅炉和电锅炉；按承压情况不同，锅炉可分为承压锅炉、常压锅炉和真空锅炉等。

热水锅炉是最常见的空调热源设备，它在冬季可直接向空调系统提供热水。除此之外，对于冬季同时需要供应蒸汽和热水的建筑，如酒店、宾馆，也有采用蒸汽锅炉的，因为蒸汽锅炉既可以直接向厨房和洗衣房提供蒸汽，又可以通过换热器用蒸汽来加热水，分别满足生活热水和空调用热水的需要，还可以在冬季为空调加湿提供蒸汽。

1. 燃煤锅炉

燃煤锅炉是目前使用最多的一种锅炉，这主要是因为煤是一种资源较为丰富、价格也较低廉的燃料。但燃煤锅炉也有其致命的缺点，如占地面积较大（包括配套的煤场和渣场），排烟对环境污染严重，运行管理不方便，工人劳动强度较大，自动化程度较低等。因此自20世纪90年代以来，在国内一些大城市，燃煤锅炉的使用不断受到限制，有的城市甚至不允许在市区内兴建新的燃煤锅炉房，取而代之的是燃油锅炉或燃气锅炉。图4-7所示为广泛使用的卧式快装燃煤锅炉中的一种——KZLⅡ-4-13型燃煤锅炉简图。

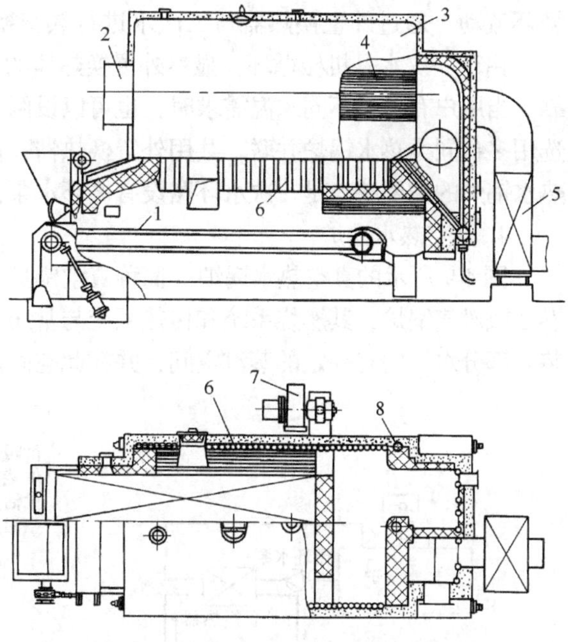

图 4-7　KZLⅡ-4-13 型燃煤锅炉简图

1—链条炉排　2—前烟箱　3—锅筒　4—烟管　5—铸铁省煤器　6—水冷壁管　7—送风机　8—下降管

2. 燃油和燃气锅炉

燃油和燃气热水锅炉的构造基本相同，只是因为使用的燃料不同而燃烧器有所不同。与燃煤锅炉相比，燃油和燃气锅炉尺寸小、占地面积少、燃料运输和储存容易、燃烧转化效率高、自动化程度高（可在无人值班的条件下全自动运行），对大气环境的污染也小，给设计及运行管理都带来了较大的方便。虽然把燃油和燃气锅炉安装在建筑中使用的安全性还是一个正在讨论和研究的问题，但逐渐采用燃油和燃气锅炉代替燃煤锅炉是我国供暖锅炉的一个发展方向。

燃油锅炉一般采用轻柴油为燃料。燃气锅炉的燃料有天然气、人工煤气和液化石油气，其燃烧排放物对空气环境的影响比燃油锅炉的要小一些。一些暂不具备管道供气条件的地区，通常采用燃油燃气两用锅炉，先以油为燃料，待管道供气条件具备后再改烧燃气。

3. 常压热水锅炉

常压热水锅炉又称为中央热水机组、中央热水器以及中央供热机组等，其锅炉本体内装满了水，补水箱与大气相通，因此锅炉在运行时所承受的压力相当于大气压，属于无压容器，符合国家有关部门的“免检”要求。由于这种锅炉是用燃料（一般为燃油或燃气）先加热锅炉本体水（又称为一次水或锅水，水温一般为95℃），再用该水通过专门的换热器对空调水系统的回水（又称为二次水）进行间接加热升温，因此又称为间接式常压热水锅炉。锅炉本体水与空调水有各自的循环体系，使得空调水系统可以按设计要求承受不同压力，不受锅炉本体压力的限制，特别适合在高层建筑空调工程中使用。按换热器设置位置的不同，常压热水锅炉有内置换热器和外置换热器两种类型。

（1）内置换热器常压热水锅炉　内置换热器常压热水锅炉是目前常用的空调热源设备，其换热器设在锅炉本体内的一次水中，结构紧凑、安全可靠，而且安装、使用都很方便。如果用户有两种不同水温需求时（如空调用水和洗浴用水），锅炉内可设置两组内置式换热器来分别满足要求。内置换热器的缺点是换热效率比较低，因为一次水是在自然对流状态下进行传热的，二次水的水温受换热面积和水温差的限制不能太高，一般空调供水的水温为60℃左右。

（2）外置换热器常压热水锅炉　外置换热器常压热水锅炉与内置换热器常压热水锅炉的不同之处在于将换热器设在了锅炉本体外面或设在锅炉本体上部，而且一次水要借助水泵才能循环流动，通过外置换热器与二次水进行热交换。其工作原理如图4-8所示。

由于一次水是机械循环，显然外置换热器的热交换效率比内置换热器的高，而且运行安全可靠。当用户有两种不同水温需求时，也可以设两组外置式换热器，而且在热负荷比较大时还可以选用多台同类热水锅炉并联，共用外置换热器，使得运行调节更加方便、灵活。外置换热器常压热水锅炉的主要缺点是一次水环路设有循环水泵，需要额外耗电和维护，不如换热器内置简单。

4. 真空热水锅炉

图4-9所示的真空热水锅炉（简称真空锅炉，又称为真空热水机组或真空相变锅炉）一般为燃油或燃气锅炉，其燃烧系统和传热系统与常压热水锅炉基本相同，主要不同点是锅炉本体内只装一部分水，留有一定的蒸汽空间，并在此空间内设置内置式换热器用蒸汽加热空调回水。

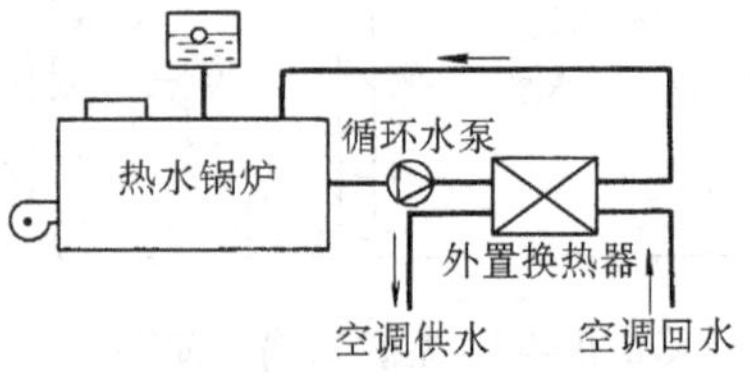

图4-8　外置换热器常压热水锅炉工作原理

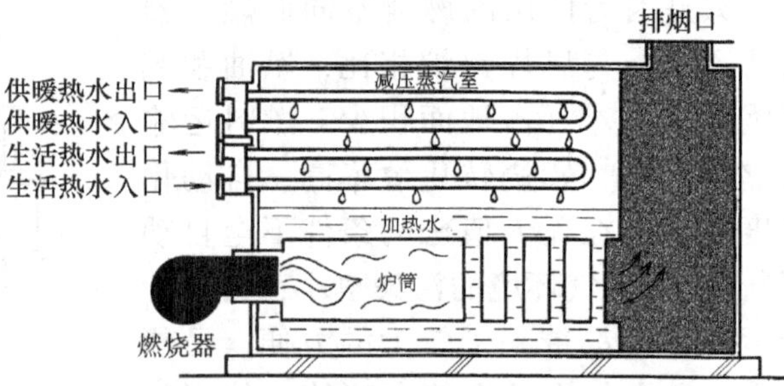

图4-9　真空热水锅炉的结构与工作原理图

真空热水锅炉在运行期间锅炉本体内始终保持一定的真空度，当燃烧机喷出的燃料燃烧时，锅炉本体内的水被加热，并在负压环境中不断汽化成蒸汽，炉内的真空度则随着蒸汽量的增加和蒸汽压力的升高而逐渐下降。锅炉内的真空度一般最高时为1013Pa，最低时为200Pa，可随着蒸汽温度的变化而变化。蒸汽温度在94℃左右时，真空度为200Pa，加热的水温≤85℃。

真空热水锅炉的主要优点是锅炉本体始终在负压状态下运行，不受锅炉及压力容器安全规则限制，运行安全可靠，无爆炸危险；锅炉内的水容积小，热水供应起动速度快；锅水可用软水或纯水，不结垢、无腐蚀；在蒸汽环境下，换热器的传热效率比较高。其主要缺点一是需要设置一套真空装置；二是锅炉内的水容积比较小，相应地其热容量也比较小。

5. 电锅炉

电锅炉又称为电加热锅炉、电热锅炉、电热水器，是直接采用高品位的电能来加热水的设备。它尺寸小、占地面积少、自动化程度高（可在无人值班的条件下全自动运行）、对大气环境无污染。但电锅炉热效率低，运行费用高，用作空调热源是不合适的。在20世纪90年代全国供电紧张时，国家电力局曾发文禁止使用电锅炉。

随着我国电力建设的快速发展、经济结构调整和人民生活质量的提高，各地用电结构发生了很大的变化，高峰用电需求增加，低谷用电大量减少，电网峰谷差加大，负荷逐年下降，电网运行日趋困难，资源利用不合理。为此，国家电力公司发文推广蓄热式电锅炉的应用，一些省市的经贸委、环保局、电力公司也联合发文推广应用电锅炉，鼓励电热消费，并给予优惠，如免收供配电贴费并实行分时电价等政策。由于供电政策及环保等因素，电锅炉的采用正日趋增多。

电锅炉的种类很多：按整体结构分，有立式电锅炉和卧式电锅炉；按向空调系统提供的热媒分，有热水锅炉、蒸汽锅炉和有机载热介质锅炉；按电加热原理和电加热元件分，有电热管电锅炉、电热棒式电锅炉、电极式电锅炉、电热板式电锅炉、感应式电锅炉等。

空调热源选用最多的电锅炉是电阻式电热管电锅炉。电阻式电热管是一种金属电阻式发热元件，它是将Ni、Cr合金电阻丝或Fe、Cr、Al等合金电阻丝放置在碳钢或纯铜、铝以及不锈钢、镍基合金制成的管中，并在管中填充氧化镁粉用以定位、绝缘和导热。电热管可制成直管形、U形和蛇形管状。这种电锅炉的特点是锅水不带电，使用较安全；每根电热管的功率一定，可通过控制实际投入运行的电热管根数来调节锅炉的负荷。

电极式电锅炉是利用水介质自身的电阻导电发热特性，直接将电能转换成热能，不需要借助发热元件发热再将热量传递给水。按电极形状的不同，电极式电锅炉可分为电极板式、电极棒式；按电压高低可分为低电压式（220V和380V）和高电压式（4.16kV、6.4kV、10kV及13.2kV）；按电极相对位置可分为固定电极式和可调位电极式（相应电锅炉功率也可调）。这种电锅炉的特点是起动快，锅炉对负荷变化的适应性好；不会发生干烧现象；与电热管电锅炉相比，构造简单，售价低，日常维修量小，维修费用少。

4.3.2 热网

在城市或区域供热系统中，热电站或区域锅炉房所生产的热能，借助热水或蒸汽等热媒通过热网（即室外热力输配管网）送到各个热用户。当以热水为热媒时，热网的供水温度一般为95～105℃；当以蒸汽为热媒时，蒸汽的参数由热用户的需要和室外管网的长度决定。

热用户的空调水系统与热网的连接方式可分为直接连接和间接连接两种。直接连接方式是将热用户的空调水系统管路直接连接于热力管网上，热网内的热媒（一般为热水）可直接进入空调水系统中。直接连接方式简单，造价低，在小型中央空调系统中广泛采用。

当热网压力过高，超过空调水系统管路与设备的承压能力，或热网提供的热水温度高于空调水系统要求的水温时，可采用间接连接方式。间接连接方式是在热用户的空调水系统与热网连接处设置表面式换热器，将空调水系统与热网隔离成两个独立的系统。热网中的热媒将热能通过表面式换热器传递给空调水系统的循环热水。采用换热器供热还有一个优点就是空调水系统可以不受热网使用何种热媒的影响。其主要缺点是热量经过换热器的传递，不可避免地会有一些损失。此外，间接连接方式还需要在建筑物用户入口处设置有关测量、控制等附属装置，使得间接连接方式的造价要比直接连接方式高得多，而且运行费用也要增加。

我国工矿企业余热资源潜力很大，如化工、建材等企业在生产过程中都会产生大量余热，只要合理利用，也可以成为空调热源。

4.3.3 换热器

空调系统的冬季供水温度一般为45～60℃，而城市或区域性热源提供的一般都是中、高温水或高压蒸汽，因此需要借助换热器的热交换功能，才能满足空调冬季供水水温及压力的要求。此外，高层建筑水系统采用竖向分高、低区，但合用同一冷（热）源方案时，也要用到换热器。

按进行热交换的热媒种类分，换热器可分为汽—水式换热器（以蒸汽为加热热媒）和水—水式换热器（以高温热水为加热热媒）；按热交换方式分，换热器可分为表面式换热器（加热热媒与被加热水彼此不接触，通过金属表面间接进行热交换）和直接式换热器（加热热媒与被加热水直接混合使水温升高，又称为混合式换热器）；按构造分，常用的换热器有管壳式换热器和板式换热器。

1. 管壳式汽—水换热器

管壳式换热器的种类很多。图4-10所示为卧式管壳式汽—水换热器，是由圆筒形壳体和装配在壳体内的带有管板的管束组成的表面式换热器。工作时，管内走水、管外走蒸汽；需加热的水从进水口进入换热器，通过管束被蒸汽加热后从出水口流出；蒸汽从蒸汽入口进入换热器壳体，在管束外放出热量加热管束内的水后凝结成水从凝结水出口排出。

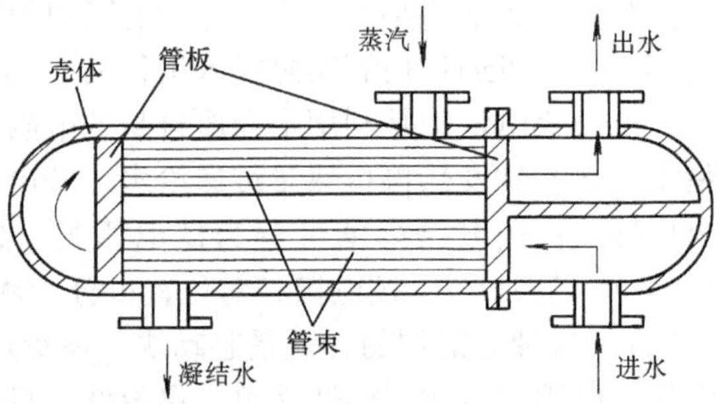

图4-10 卧式管壳式汽—水换热器的结构与工作原理图

常用的卧式管壳式汽—水换热器由于结构的不同，又分为固定管板的、带膨胀节的、U形管的和浮头式的等多种形式。国家标准中给出了系列管壳式汽—水换热器的详细结构。

管壳式换热器结构简单、制作方便、造价低、运行可靠、维修方便，只是需要专门留出清洗传热管的位置，因此所需占地面积较大。

2. 板式换热器

板式换热器是一种将不锈钢板或钛钢板压制成特殊形状，且多片板片组合在一起的高效、紧凑型换热设备。由于板片与板片之间有间隙，形成的通道为波纹状，不同温度的水交错在多层紧密排列的板片间流动，其方向不断改变，在低速下也能形成湍流，强化了传热效果，所以板式换热器的传热效率非常高。一般总传热系数达到2.5～5kW/(m^2·℃)，最高可达 7kW/（m^2·℃），比管壳式换热器高 3～5 倍。

板式换热器主要由板片、密封垫圈、活动压紧板、固定端板及上、下导杆组成（图 4-11）。由于每片板片都是一个热交换面，因此板式换热器体积很小但传热面积却很大。板式换热器的承压和耐温能力因垫圈和板片的种类不同而异。在空调工程实际应用中，最高承压值可达 2.5MPa 左右，温度一般低于100℃。

板式换热器能使两种流体介质在换热后达到较小的温差，这是它的最大优点。用于空调冷水交换的板式换热器，初级进、出水温常为6～11℃，次级水温为7～12℃。次级的出水温度和初级的进水温度之差仅为1℃，有些产品甚至可达到0.5℃，这是任何其他类型换热器做不到的。

板式换热器的主要优点是结构紧凑、体积小，传热效率高，拆装、检修、清洗方便，能在小温差下传热，承压能力高，还可在同一个方位对外接管。

3. 螺旋板式换热器

图 4-12 所示的螺旋板式换热器是由两张平行的钢板（或不锈钢板）卷制而成。钢板之间留有空隙，供换热介质流动。其端部用焊接的方法达到水密性，不需用垫圈。螺旋板式换热器也是依靠壁板两侧介质间的温差进行换热，因此具有换热面积大、效率高的优点；但它无法拆卸，内部清洗较为困难；壁板的厚度比板式换热器厚得多，因此其传热系数要小一些，当水流速度为 1m/s 左右时，传热系数为 1.2～2.5kW/（m^2·℃）。

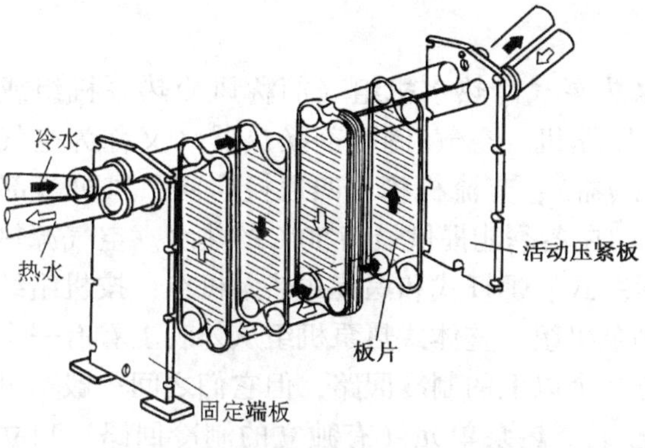

图 4-11　板式换热器的结构及工作原理

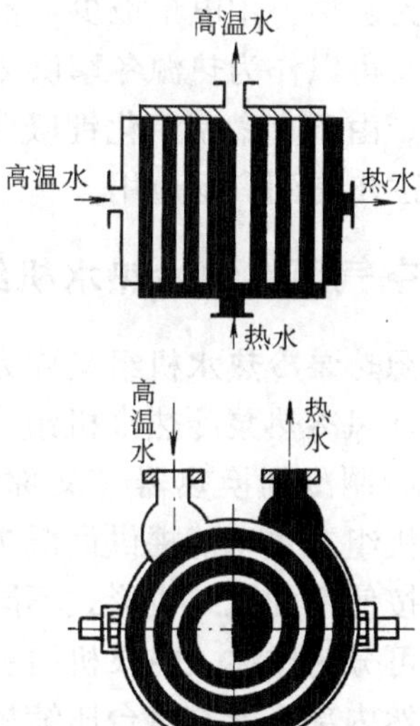

图 4-12　螺旋板式换热器的结构及工作原理

螺旋板式换热器的水阻力损失与水通路的间距有关，当水流速度为 1.2m/s 时，阻力约为 15～70kPa。螺旋板式换热器承压能力和工作温度高（可分别达 2.5MPa 和 400℃），但体积大、质量大，在空调工程中常被用作汽—水或水—水换热设备。

4.4　空调冷热源一体化设备

空调冷热源一体化设备（或称空调冷热源兼用型设备）是指既可作为冷源在夏季向中央空调系统提供处理空气所需冷水，又可作为热源在冬季向中央空调系统提供处理空气所需热水的设备。这类设备的优越性主要体现在可一机两用、节省设备占地面积、节能、维护保养工作量小等方面，使用较多的是直燃型溴化锂吸收式冷热水机组和空气源热泵冷热水机组。

4.4.1 直燃型溴化锂吸收式冷热水机组

直燃型溴化锂吸收式冷热水机组以燃气或燃油等燃料的直接燃烧热为驱动力来进行制冷和制热。其主要组成部件有高低压发生器、高低温换热器、冷凝器、蒸发器、吸收器、冷剂水泵、溶液泵等，结构上与双效溴化锂吸收式冷水机组类似，只不过前者的高压发生器采用的是燃气或燃油直接燃烧加热，而后者则是采用高压蒸汽加热。简单来说，这种机组就是把燃气或燃油锅炉与溴化锂吸收式冷水机组合二为一。按功能它可分为以下两种机型：

（1）冷热水型　这种机型的机组可以同时或单独提供空调用的冷水和热水。冷水供回水温度通常为7℃/12℃，热水供回水温度通常为60℃/55.6℃或65℃/57℃。

（2）三用型　三用型机组又称为多功能型机组，除了能提供空调用冷、热水外，还可以同时提供温度在60℃左右的生活用热水，即在向空调系统提供冷水或热水时还可以同时供应生活热水（供、回水温度通常为60℃/44℃）。

直燃型溴化锂吸收式冷热水机组一般采用燃气（天然气、人工煤气或液化石油气）或轻柴油为燃料，燃烧效率高，燃烧完全，燃烧物中所含的SO_x和NO_x少，对大气的污染小，对臭氧层无破坏，用电量极少，不用配套设置提供蒸汽或热水的锅炉房；既可以作为冷源夏季供冷，又可以作为热源冬季供热，必要时还可以在满足空调供冷或供暖要求的同时提供生活用热水。由于直燃型溴化锂吸收式冷热水机组能一机多用，节省机房占地面积和设备投资，因而逐步得到广泛应用。

4.4.2 空气源热泵冷热水机组

空气源热泵冷热水机组又称为空气—水热泵式冷热水机组（简称风冷热泵机组或风冷热泵，俗称风冷热泵冷热水机组），主要由压缩机、空气/制冷剂换热器（又称为空气侧换热器）、水/制冷剂换热器（又称为水侧换热器）、节流机构、四通换向阀、风机等部件组成。这种机组在夏季能提供最低7℃的冷水，在冬季能提供最高50℃的热水。空气源热泵冷热水机组按使用的压缩机形式不同可分为活塞式、螺杆式和涡旋式热泵机组；按机组结构形式的不同可分为整体式热泵机组和模块式热泵机组。整体式热泵机组从外观上看有一个整体框架，虽然内部可能有多台压缩机，甚至有2个以上的制冷回路，但它们之间一般不可再分解。模块式热泵机组是指一台热泵机组由若干个热泵单元（有独立的制冷回路，独立的蒸发器和冷凝器，独立的框架，甚至有独立的控制板）并联而成，各模块单元增减、组合灵活方便，任何一个模块单元出现故障都不影响其他模块单元的工作。

空气源热泵冷热水机组的优点是安装方便，可以不用机房直接安放在室外（如屋面、阳台上）；运行管理和维护保养简单，冬夏两用，其制冷量与制热量的比例特别适合作为夏热冬冷地区（如长江中下游地区）以及写字楼、银行、证券营业部等以日间使用为主的建筑空调的冷热源设备。

空气源热泵冷热水机组的主要缺点是耗电量较大，价格较高；冬季运行时要经常除霜，影响正常供暖；机组性能随室外气候变化明显，制冷量随室外气温升高而降低，制热量随室外气温降低而减少；机组多数安装在屋面，运行噪声会对周边环境造成影响，尤其是夜间运行时影响更大；机组常年遭受日晒雨淋，对使用寿命有影响；在空调室外计算温度低于 -10℃的地区不宜使用。

4.5 地源热泵系统

地源热泵系统属于空调冷热源一体化系统，主要由地源、热泵冷热水机组及二者的连接管道系统组成，是以岩土体、地下水、地表水为热源或热汇，以水或添加防冻剂的水溶液为传热介质，借助地热能交换系统，采用水/水热泵机组进行供热或供冷的空调冷热源系统。地源热泵系统既可作为冷源在夏季向中央空调系统提供处理空气所需冷水，又可作为热源在冬季向中央空调系统提供处理空气所需的热水。

根据作为热源或热汇的地源种类不同，地源热泵系统分为土壤源地源热泵系统、地下水地源热泵系统和地表水地源热泵系统三大类，后两类统称为水源热泵系统。与空气源热泵系统相比，地源热泵系统的热泵不使用风机，运行噪声小；不需要除霜，从而节省热泵的除霜损失，提高了热泵运行的可靠性；放置地点不受限制。

地源热泵系统利用浅层地热资源来满足空调供冷供热需要，具有良好的节能和环保效益，作为一项建筑节能和可再生能源应用的重要技术，在国内得到了日益广泛的应用。

4.5.1 土壤源地源热泵系统

土壤源地源热泵系统是由传热介质通过竖直或水平土壤换热器与岩土体进行热交换的地源热泵系统。由于地表以下 20m ~ 100m，岩土体的温度比较稳定，而且热容量大，蓄热性能好，所以岩土体是很好的热源和热汇。

利用岩土体作为土壤源热泵的热源或热汇，与利用地下水、地表水为热源或热汇的水源热泵系统相比，适用范围较广，且不受地下水、地表水资源的限制，一般来说只要有足够的埋管空间即可。

4.5.2 地下水地源热泵系统

地下水地源热泵系统是将地下水从地下抽出后直接提供给热泵进行热交换的地源热泵系统。为了使宝贵的地下水资源不浪费，通常将与热泵进行热交换后的地下水回灌到地下继续储存，冬夏轮换使用。由于地下水的温度较恒定，与室外空气相比，在冬季时温度较高，在夏季时则温度较低，而且相对于室外空气来说，水的比热容较大，传热性能好，所以地下水地源热泵系统的效率较高，仅需少量的电量即能获得较多的热量或冷量，通常的比例能达到 1:4 以上。

地下水地源热泵系统适合于地下水资源丰富，水温、水质合适，并且当地资源管理部门允许开采利用地下水的场合。

4.5.3 地表水地源热泵系统

地表水地源热泵系统是既可以直接利用地表水与热泵进行热交换，也可以由传热介质通过换热盘管与地表水进行热交换的地源热泵系统。地表水水源包括江河水、湖泊水、水库水、海水等。根据地表水水源的不同，地表水地源热泵系统可分为淡水源热泵系统和海水源热泵系统。

地表水地源热泵系统分为开式系统和闭式系统两种形式。地表水在循环泵的驱动下，经处理直接流经水源热泵机组或通过中间换热器进行热交换的系统称为开式系统（也称直流式系统）。其中，地表水经处理后直接流经水源热泵机组的称为开式直接连接系统；地表水通过中间换热器进行热交换的系统称为开式间接连接系统。开式直连系统适用于地表水水质较好的工程，并需要进行除沙、除藻、除悬浮物等处理。将封闭的换热盘管按照特定的排列方法放入具有一定深度的地表水体中，传热介质通过换热盘管管壁与地表水进行热交换的系统称为闭式系统。闭式系统省去了额外的地表水水处理过程，但换热管外表面有可能会因地表水水质状况产生不同程度的污垢沉积，而影响换热效率。

相对于空气而言，地表水温度较为稳定，冬季比室外气温高，夏季比室外气温低，虽然也会受到气象条件变化的影响，造成地表水地源热泵的性能系数波动，这一点与空气源热泵类似，只是波动幅度比空气源热泵要小。一定的地表水体能够承担的冷热负荷与其面积、深度和温度特征等多种因素有关，需要根据具体情况进行计算。在我国中部、南部地区，如果建筑物附近有可利用的海、湖、江、河、水库，在考证水源的可靠性并采取适当水处理措施的前提下，地表水是较好的热泵热源和冷源。

污水源热泵系统（也称为再生水源热泵系统）的系统组成和工作原理与地表水相似，只是作为热源或热汇的水源不同，污水源热泵系统可利用的水源包括工业废水、污水处理厂排出的达到国家排放标准的废水、热电厂冷却水以及处理回用的中水等。

与地源热泵系统相比，污水源热泵系统的应用不受任何自然条件的限制，而且还能回收污水中的能量，使废物能得到最大限度的利用。

4.6 蓄冷系统

蓄冷系统主要由制冷机、蓄冷装置、管道系统组成，在空调系统不需要冷量或需冷量很少的时间段（通常是夜间电网低谷时），利用电制冷机将蓄冷介质中的热量移除，进行冷量储存，在空调系统需要的时候再将此冷量用循环水全部或部分调出使用（一般是在白天电网高峰时或在空调负荷高峰时）。常用的蓄冷介质是冰和水，相应的蓄冷系统分别称为冰蓄冷系统和水蓄冷系统。

4.6.1 蓄冷系统的特点和适用场合

与中央空调系统采用最多的蒸气压缩式冷水机组冷源相比，蓄冷系统冷源有以下优点：

1）在冷水机组的使用方面，机组可满负荷连续、稳定运行，效率高，而且白天电网高峰期还可以少开机甚至停机不用，减少运行费用开支。

2）在冷水机组的装机容量方面可减少，不仅降低了制冷设备的投资，还可降低变配电设备的投资。

3）在冷却水系统方面可减少冷却塔、冷却水泵装机容量和减小相应管道尺寸，降低相关投资，减少运行费用。

4）在空调系统使用的可靠性方面具有应急冷源功能，利用建筑物自备电源可不间断空调使用，提高供冷系统的安全性。

蓄冷系统冷源的主要缺点有：

1）在硬件方面多了一套蓄冷装置，如果是冰蓄冷系统，还要增设双工况的冷水机组和板式换热器，初投资要增加。

2）在软件方面蓄冷系统冷源的运行模式更复杂，管理要求更高。

蓄冷系统的应用除了拟使用地区具备执行分时电价且峰谷电价差较大，或有其他用电鼓励政策这个基本条件外，还应具备下列条件之一：

1）空调冷负荷峰值的发生时刻与电力峰值的发生时刻接近，且电网低谷时段的空调冷负荷较小或没有。

2）建筑物的冷负荷具有显著的不均衡性，或逐时冷负荷的峰谷差悬殊，使用常规空调系统会导致装机容量过大，且经常处于部分负荷下运行，低谷电价期间有条件利用闲置设备进行制冷。

3）改造工程，即有冷源设备不能满足新的空调冷负荷的峰值需要时。

4）有避峰限电要求或必须设置应急冷源的场所。

由于蓄冷系统既有制冷设备又有蓄冷装置，既要蓄冷又要放冷，使得其运行模式比较多样，主要有图 4-13 所示的五种运行模式。

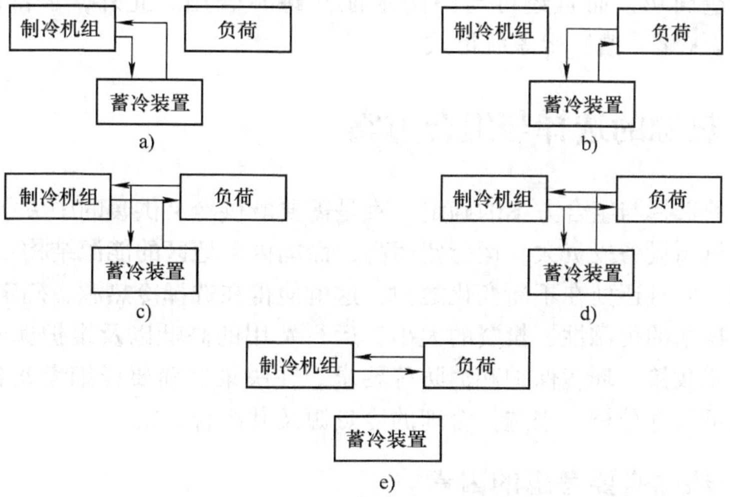

图 4-13　蓄冷系统运行模式

a）蓄冷　b）蓄冷装置供冷　c）制冷机组与蓄冷装置联合供冷
d）制冷机组同时蓄冷、供冷　e）制冷机组供冷

4.6.2　冰蓄冷系统和水蓄冷系统

按照用于蓄冷的介质分，蓄冷系统主要有水蓄冷系统、冰蓄冷系统和其他相变蓄冷材料系统三大类，常用的是前两类。

1. 冰蓄冷系统

冰蓄冷系统是以冰的冻结和融化产生的相变潜热为主蓄存与放出冷量的蓄冷系统。由于向空调系统供应的水温较低（1 ~4℃），通常与冰蓄冷系统配套的中央空调系统为低温送风系统。

冰蓄冷系统的主要优点是蓄冰装置占用空间小，设置位置灵活；供水温度低，管道尺寸小，水泵电耗低；其主要缺点是需要设置双工况的冷水机组、板式换热器和配备蓄冷装置，初投资较大。

根据蓄存冷量的方式不同，冰蓄冷系统的蓄冰装置分为盘管式蓄冰装置（如蛇形盘管、椭圆形盘管、圆形盘管、U形盘管）、封装式蓄冰装置（如冰球、冰板、芯心冰球）、冰晶式蓄冰装置和冰片滑落式蓄冰装置等；冰蓄冷系统的制冰方式分为静态制冰和动态制冰两种，盘管式蓄冰装置和封装式蓄冰装置用于前者，而冰晶式蓄冰装置和冰片滑落式蓄冰装置则用于后者。

2. 水蓄冷系统

水蓄冷系统是通过水温在4～12℃的变化来蓄存和放出显热。由于向空调系统供应的水温与常规中央空调系统的冷源供水温度可一样，因此水蓄冷系统可与各种常规中央空调系统配套。

水蓄冷系统的主要优点是可使用普通冷水机组，不需要设置双工况的冷水机组，并且能使冷水机组保持较高的运行效率；蓄水装置可以利用消防水池、蓄水设施或建筑物的地下室和地下空间，初投资低，维护保养较简单；其主要缺点是蓄水装置占用空间大、蓄冷效率低，保温处理困难；蓄水装置内不同温度的水容易混合，影响其蓄冷效果。

利用水温分层技术的单池（罐、槽）水蓄冷系统是采用最多的系统形式，它的最大特点是蓄水装置构造简单，而且还可与消防水池（罐）合用。此外，水蓄冷系统还有双池（罐、槽）和多池（罐、槽）等系统形式。

4.7 空调冷热源的选择与组合方案

空调冷热源的选择与组合方案的确定一直是需要既供冷又供暖的中央空调系统设计的首要难题。因为冷热源设备投资大，运行费用高，而国内各地区的能源结构、政策导向、环保要求等均不相同，而且还处在不断变化之中，这就使得在选择冷热源、确定冷热源组合方案时，不仅要考虑技术的可靠性、投资的大小、运行费用的高低以及维护保养的难易程度等，还要考虑国家能源政策、环境保护和消防等要求。在决策之前要详细考察各个方面的情况，通过技术经济和可行性分析，来选择合理的冷热源及其组合方案。

4.7.1 选择冷热源需要考虑的因素

中央空调系统的人工冷热源一般采用集中设置的冷热水机组和供热、换热设备。为了获得合理的配置，在选择时应考虑下列因素：

1. 能源情况

能源情况即工程项目所在地区能源结构、政策及价格等情况。了解是多元化能源结构，还是单一能源结构；能源供应的具体情况，如电力供应峰谷情况、价格和差价；城市燃气、燃油的种类、品质、供应参数；热网集中供热的热媒种类及供应参数；余热或废热种类及供应参数等。

2. 设备性能特点

设备的性能特点主要有技术的先进性，产品的质量情况，运行的可靠性，部分负荷时的能耗和效率，安装、操作、维修的方便性，噪声及振动情况，以及设备的自动化程度等。总的来说，电动式冷热水机组在技术上比热力式冷热水机组成熟可靠，在运行维护方面也比热力式冷热水机组简单方便。此外，不论什么设备都要特别关注满足负荷变化规律和调节要求的性能如何。水冷电动式冷水机组的机型可参考国家标准《民用建筑供暖通风与空气调节设计规范》（GB 50736—2012）给出的制冷量范围（表4-1），经过性能价格综合比较后确定。

表 4-1　水冷电动式冷水机组选型范围

单机名义工况制冷量/kW	冷水机组机型
≤116	涡旋式
116～1054	螺杆式
1054～1758	螺杆式
	离心式
≥1758	离心式

3. 能耗与能效

几种常用冷热水机组的能耗与能效的比较参见表 4-2。二次能的能效指标对电动式机组而言是其制冷系数（又称为性能系数 COP、能效比 EER），对热力式机组而言是其热力系数。由于二次能的能效指标仅考虑了各类机组自身的能量消耗，而未计及发电厂效率（39%）和输配电效率（90%），或供热锅炉和热交换器效率（85%）。因此，为便于不同能源形式的机组比较，引出一次能的能效指标。所谓一次能是指各类燃料（如煤炭、重油、煤气、天然气等）的消耗量所换算成的能量（发热量）。

表 4-2　常用冷热水机组能耗与能效指标

<table>
<tr><th colspan="2" rowspan="2">类别</th><th colspan="2" rowspan="2">机型</th><th rowspan="2">容 量/
kW</th><th rowspan="2">能耗指标</th><th colspan="2">能效指标</th></tr>
<tr><th>二次能</th><th>一次能</th></tr>
<tr><td rowspan="6">电动式</td><td rowspan="3">单冷</td><td colspan="2">活塞式</td><td>69.8～139.5</td><td>0.315kW·$(kW)^{-1}$</td><td>3.2</td><td>1.12</td></tr>
<tr><td colspan="2">螺杆式</td><td>348.9～1744.2</td><td>0.307kW·$(kW)^{-1}$</td><td>3.3</td><td>1.16</td></tr>
<tr><td colspan="2">离心式</td><td>697.7～1744.2</td><td>0.281kW·$(kW)^{-1}$</td><td>3.6</td><td>1.26</td></tr>
<tr><td rowspan="3">热泵</td><td colspan="2">离心式（热回收）</td><td>697.7～1744.2</td><td>0.287/0.247kW·$(kW)^{-1}$</td><td>3.5/5.1</td><td>1.2/1.8</td></tr>
<tr><td rowspan="2">空气源</td><td>活塞式</td><td>69.8～139.5</td><td>0.353/0.333kW·$(kW)^{-1}$</td><td>2.84/4.0</td><td>1.0/1.4</td></tr>
<tr><td>螺杆式</td><td>348.9～3489</td><td>0.301/0.533kW·$(kW)^{-1}$</td><td>3.33/3.1</td><td>1.2/1.1</td></tr>
<tr><td colspan="2" rowspan="3">热力式</td><td colspan="2">单效蒸汽型</td><td>348.9～3489</td><td>2.35 kg·$(kW\cdot h)^{-1}$</td><td>0.58</td><td>0.50</td></tr>
<tr><td colspan="2">双效蒸汽型</td><td>348.9～3489</td><td>1.38 kg·$(kW\cdot h)^{-1}$</td><td>1.30</td><td>1.11</td></tr>
<tr><td colspan="2">燃气直燃
冷热水机组</td><td>348.9～3489</td><td>0.18 m^3·$(kW\cdot h)^{-1}$</td><td>0.97</td><td>0.83</td></tr>
</table>

注：1. 冷水温度：电动式为 7～12℃，热力式为 8～13℃；冷却水入口均为 32℃；热泵热水温度为 40～45℃。

2. 热泵动力能耗指标栏和能耗指标栏中数据，分子表示供冷时的数据，分母表示供暖时的数据。

3. 表中能耗指标值均为满载条件下的数据。

4. 环保

选用电动式冷热水机组时，必须注意其使用的制冷剂要符合环保的要求，采用过渡制冷剂时，其使用年限不得超过中国禁用时间表的规定，CFC 类制冷剂的过渡与替代制冷剂及过渡制冷剂在中国的禁用时间见表 4-3；氨及新的制冷剂要慎重考虑使用的可行性。热力式冷热水机组要考虑温室气体 CO_2 的排放问题。此外，为最大限度地减少锅炉烟尘造成的污染，要注意选用合适的燃料。

表 4-3 过渡与替代制冷剂及过渡制冷剂在中国的禁用时间表

机型	原制冷剂		过渡制冷剂		替代制冷剂
	名称	中国禁用时间	名称	中国禁用时间	
活塞式 螺杆式 涡旋式	HCFC-22		HCFC-22	2040 年	
离心式	CFC-11 CFC-12	2010 年 2010 年	HCFC-123	2040 年	HFC-134a

5. 初投资

初投资包括设备费（含主机与辅机）、安装费、电（热）力增容费、机房土建费四项。热力式冷水机组耗电少、电力增容费低，但设备价格比同等制冷量的电动式冷水机组高。

6. 运行费用

运行费用主要包括能源耗用费（如电费、燃油费、燃气费等）、设备维修费和各种折旧费，与初投资构成冷热源方案经济评价的主要内容。

除上述因素外，还应考虑工程项目所在地区的气象条件和特点，空调建筑的规模、数量、分布、用途、同时使用情况、负荷特点及要求等，如满负荷与部分负荷的时段分布、大小及持续时间；供冷（暖）的时间、部位及要求等。

由于不同的空调冷热源具有不同的性能特点，都有一定的适用条件要求，因此还要特别注意其选择的条件：

1）在电力充足、供电政策优惠、电价便宜的地区，应优先选择电动式冷水机组；在电动式冷水机组中，空调冷负荷大的工程应优先选择离心式冷水机组。

2）在电力紧张或有廉价燃气、燃油、余热、废热等资源的地区，热力式冷水机组可作为冷源设备的优先选择。

3）发展城市热源是我国城市供热的基本政策，因此在具有城市或区域供热条件时，应优先选择城市或区域供热。当有工业余热可利用时，也应将其作为首选热源。

4）当环保要求高、地价昂贵、电力增容费较高、除了夏季要供冷外冬季还需供暖时，可优先考虑采用直燃式冷热水机组。

5）具有城市燃气供应的地区，可采用燃气锅炉和燃气热水机供暖，或燃气直燃式冷热水机组供冷、供暖。

6）有丰富的地表水、工业废水或城市污水等资源可供利用时，可采用水源热泵系统供冷、供暖。

7）夏热冬冷地区或干旱缺水地区的中、小型建筑和以日间使用空调为主的建筑，可采用空气源热泵冷热水机组或土壤源地源热泵系统供冷、供暖。

8）高层建筑有特殊使用要求的顶部房间可采用空气源热泵冷热水机组供冷、供暖。

9）对实行分时电价、峰谷电价政策且价差合适的地区，空调系统在低谷电价时段蓄冷（热）能明显节电及节省投资时，可采用蓄冷（热）系统供冷（热）。

10）全年进行空调，且各房间或区域负荷特性相差较大，需要长时间同时供冷和供暖时，可采用水环热泵系统供冷、供暖。

11）具有多种能源的地区的大型建筑，可采用复合式能源供冷、供暖。

4.7.2　常用空调冷热源组合方案

以下针对既要供冷又要供暖的中央空调系统，介绍常用的采用人工冷热源的方案，主要有电动式和热力式两类冷水机组与锅炉和热网的组合方案，直燃型溴化锂吸收式冷热水机组和空气源热泵冷热水机组各自单独使用的方案，以及离心式冷水机组与锅炉、吸收式冷水机组的组合方案等。

1. 电动式冷水机组供冷和锅炉供暖方案

电动式冷水机组和锅炉的组合形式是使用最多，也是最传统的组合方案。在电力供应有保证的地区，较普遍采用电动式冷水机组供冷，因为采用电动式冷水机组初投资和能耗费较低，设备质量可靠，使用寿命长。

这种方案可供选用的锅炉种类较多：燃煤锅炉虽然采用的历史悠久，运行费用较低，但由于其污染大，许多大城市开始或已经禁止在市区使用；随着我国西气东输工程的实施，燃气的使用更方便、更广泛，城市燃气管道化的快速发展，促使燃气锅炉的采用越来越多；在没有城市气源或气源不充足的地区则一般使用燃油锅炉；电锅炉通常只是在电力充足、供电政策和价格十分优惠，系统的供暖热负荷较小，无城市或区域热源，不允许或没有条件采用燃料锅炉的场合使用。

这种方案的缺点是夏季与冬季设备电力负荷相差悬殊，构成全年季节性严重不平衡。如果锅炉只在冬季使用，且燃料又是城市燃气，则除了电力负荷的季节性失衡外，还会导致城市燃气负荷的严重季节性失衡。基于对空调能源供应结构全年均衡化的考虑，我国有些城市近年来针对这一现象已明文规定：对于空调能源，不允许冬季采用燃气而夏季使用电力。

2. 电动式冷水机组供冷和热网供暖方案

热网供暖最经济、节能，是应优先采用的供暖方案，但必须有热网，而且冬季供暖有保障，空调建筑物在热网的供热范围内。

3. 热力式冷水机组供冷和锅炉供暖方案

本方案在有充足且低廉的锅炉燃料供应的地区采用最合适。另外，在一些大型企业，特别是在我国北方的一些企业、事业单位，基于生产工艺要求或集中供暖与生活用供热要求，已都有一定容量的供热锅炉。这些供热锅炉在全年各个季节里的运行负荷并不均衡，只有在冬季才会满负荷运行，夏季时锅炉容量会有一些闲置。在这种情况下，如果这些单位需要增加空调用的冷源设备，且锅炉的富裕容量能满足要求，则热力式冷水机组会是最佳选择。由于可充分利用已有供热锅炉的潜在能力，在既不需要扩建锅炉房又无需对供电设备进行扩容的情况下，妥善地解决了冷源设备的能源问题，无疑是一个经济实惠的方案。

与此相类似的情况，当某些企业，如钢铁企业、化工企业，夏季有大量余热或废热（低压蒸汽或热水）产生而未获利用时，如果需要增加空调用的、合适的冷源设备，则利用废热锅炉（必要时）结合采用热力式冷水机组，均可取得较好的经济、节能效果。

4. 热力式冷水机组供冷和热网供暖方案

采用本方案的基本条件是夏季电力供应没有保证，而热网却一年四季都能保证供热。此外，在有集中供热的热网地区，即使是电力供应条件齐备，如果考虑到冬夏季供热负荷的平衡，采用热力式冷水机组也是一种十分合理的选择。

5. 直燃型溴化锂吸收式冷热水机组夏季供冷、冬季供暖方案

在电力供应紧张，又没有热网，但油、气燃料能够保证供应的情况下，通常采用本方案。

6. 空气源热泵冷热水机组夏季供冷、冬季供暖方案

在夏热冬冷地区，不方便或无处设置冷却塔、无热网供热，以日间使用为主的中央空调系统，通常选择空气源热泵冷热水机组作为冷热源。对缺水地区一般也可考虑采用本方案。

需要指出的是，空气源热泵冷热水机组的节能主要表现在它的冬季供暖工况运行。在夏季供冷工况运行时，由于它采用的是风冷冷却方式，其制冷的性能系数比较低。

在评价空气源热泵机组时，必须全面地考核其全年运行的能耗特性。而其全年运行的能耗状况，也并非是其固有属性能决定的，因为既然涉及其运行，便离不开其运行所在地区的气候条件。如同样一台空气源热泵机组，在一个全年气温较高、按供冷工况运行时间较长的地区使用，其全年的综合运行能耗指标必然会远低于夏季短、冬季长的地区。

冷热源设备全年能源需求最为平衡的，当首推冷热源一体化设备。因为这类设备不仅在用能的品种上，而且在耗能的量值上，冬、夏季基本上都是一致和平衡的。除了能源需求平衡的好处外，冷热源一体化设备还具有一机冬夏两用，设备利用率高，节省机房面积等一系列优点。所以，很多情况下，在新建、改建或扩建工程中，特别是同时需要设置或增加冷源和热源设备时，这类设备往往成为设计人员和业主的首选目标。

7. 离心式冷水机组与锅炉、吸收式冷水机组组合方案

对于大型建筑和建筑群空调需要配置的大容量冷热源设备，现在有一种采用多能源设备的趋势。其中采用多台离心式冷水机组，与燃气或燃油锅炉配置多台蒸汽溴化锂吸收式冷水机组的组合比较常见。这样的组合可以有多种好处：

1）可降低站房的用电容量，降低变电站电压等级，减少变配电扩容费用。

2）由于冷源设备所用能源既有燃料，又有电力，其供冷的可靠性将大为提高。

3）由于各种能源价格的变动难以避免，而且其相对价格比的改变又无法预料，采用多能源结构的冷热源在日常运行中，能源的经济性选择和适应方面具有较大的灵活性。特别是随着我国各地夏季昼夜用电的分时计价逐步推行以后，白天可以优先考虑利用吸收式冷水机组运行，而夜晚电价较低时，优先利用离心式冷水机组运行。

4.7.3 冷热源组合方案经济分析方法

一般在进行经济分析时，通常是将候选方案列表比较，主要比较项目有：主机和辅机购置费、安装费，电（热）力增容费，机房土建费，总造价，年运行成本等。由于各个地区的气候条件、电价、电力增容费、燃料价格以及相关政策有差异，因此应根据工程项目具体情况具体分析。如果运用计算机辅助方案选择，在设计初期就要对方案予以评估。显然，最优化的冷热源可以减少投资、降低运行费用。

【例4-1】 北京地区某一面积为 $18000m^2$ 的办公楼，其夏季设计空调冷负荷为1716.3kW，冬季设计空调热负荷为1644.2 kW。要求主机（冷水机组、直燃型冷热水机组、锅炉或换热器）各设2台，冷冻水泵、冷却水泵和热水泵各设3台，均为两用一备，冷热水系统为一级泵变水量系统。试对可采用的空调冷热源方案进行经济比较。

根据北京地区的情况以及办公楼的特点和冷热负荷量，拟选用表4-4所列三类六种冷热源，首先分别进行初投资的计算，然后用得到的数据计算出六个冷热源组合方案的总造价（参见表4-5），再按表4-6的格式计算出这三类六种冷热源供冷供暖的全年能耗与各项费用，并据此按表4-5所列冷热源组合方案计算出对应投资回收期的年运行成本（见表4-7）。

表4-4 初投资比较

比较项目	冷源（电动式冷水机组）		热源		直燃型冷热水机组	
	螺杆机组	活塞机组	锅 炉	热 网	燃 油	燃 气
主机购置费/万元	175.0	88.8	66.48	6.52	250.0	264.0
辅机购置费/万元	21.34	21.34	18.26	1.64	26.88	26.88
主辅机安装费/万元	14.09	15.16	1.37	0.66	18.03	18.03
电（热）力增容费/万元 总电耗/kW	244.5（电） 489.0	275.5（电） 551.0	11.5（电） 23.0	49.49（热） 7.5（电） 15.0	101.9（电） 203.8	101.9（电） 125.3（煤气） 203.8
机房土建费/万元 机房面积/m^2	21.0 210	21.0 210	15.0 150	3.0 30	26.0 260	26.0 260
合计（初投资）/万元	475.93	421.80	112.61	68.81	422.81	562.11

注：1. 辅机包括与冷水机组配套的冷冻水泵、冷却水泵、冷却塔，与锅炉配套的鼓风机、补水泵、热水泵等。

2. 锅炉选用燃油锅炉。

3. 电力增容费5000元/kW，热力增容费8.4万元/MJ，日用量煤气气源费600元/m^3（按机组每天运行10h计）。

表4-5 冷热源组合方案的总造价比较 （单位：万元）

组合方案	螺杆冷水机组		活塞冷水机组		燃油直燃冷热水机组	燃气直燃冷热水机组
	锅 炉	热 网	锅 炉	热 网		
总造价	588.54	544.74	534.41	490.61	422.81	562.11
排序	6	4	3	2	1	5

表4-6 全年能耗与费用比较

比较项目		螺杆冷水机组		活塞冷水机组		锅 炉		热网	燃油直燃冷热水机组		燃气直燃冷热水机组	
		主机	辅机	主机	辅机	主机	辅机		主机	辅机	主机	辅机
供冷	耗电量/10^4kW·h	26.85	21.08	38.96	21.08				2.50	26.56	2.50	26.56
	电费/万元	10.74	8.43	15.58	8.43				1.0	10.62	1.0	10.62
	耗油量/t								121.84			
	耗气量/10^4m^3										35.78	
	燃料费/万元								36.55		53.67	
供热	耗油量/t					334.86			334.86			
	耗气量/10^4m^3										90.76	
	燃料费/万元					100.46		34.20	100.46		136.15	
机房折旧费/万元		0.676		0.676		0.483		0.097	0.837		0.837	
设备折旧费/万元		15.00	2.60	8.14	2.60	7.27	1.98	0.95	28.42	3.25	29.92	3.25
设备维修费/万元		4.38	0.53	2.22	0.53	1.66	0.46	0.20	6.25	0.67	6.60	0.67

（续）

比较项目	螺杆冷水机组		活塞冷水机组		锅 炉		热网	燃油直燃冷热水机组		燃气直燃冷热水机组	
	主机	辅机	主机	辅机	主机	辅机		主机	辅机	主机	辅机
电（热）力增容费折旧/万元	7.88		8.87		0.37		1.84	3.28		7.32	
合计（年运行成本）/万元	50.24		47.05		112.68		37.29	191.34		250.04	

注：1. 表中各项资源费取值为：电费0.40元/kW·h；煤气1.50元/m³；轻柴油3000元/t；热网供热费19元/m²。

2. 在供冷季，辅机耗电量以冷负荷率50%为界，负荷率小于等于50%时，单套辅机运行；负荷率大于50%时，两套辅机运行。

3. 供冷季主机耗电量或耗燃料量根据冷负荷率及相应的机组效率计算得出。

4. 供暖季总耗热量 Q_r 近似按下式求出：

$$Q_r = 24DKF \quad (kJ)$$

式中 D——北京供暖度日数，单位为℃·d；

KF——全楼单位温差热负荷，21.92×10^4 kJ/（℃·h）。

5. 直燃机及燃油燃气锅炉效率在部分负荷时变化很小，因此忽略其效率的影响，效率均按90%计。

6. 对上述各种系统，供暖季热水循环泵运行电耗相同，不计入表中。

7. 机房按使用寿命50a折旧；电动式冷水机组按使用寿命20a折旧；直燃型冷热水机组按使用寿命15a折旧；锅炉、换热器及辅机均按使用寿命15a折旧；电（热）力增容费按50a折旧。

8. 所有折旧费项取决于投资回收期和贷款利率。上表按投资回收期5a、贷款年利率10%计算。

表4-7 年运行成本比较 （单位：万元）

组合方案 / 回收年限	螺杆冷水机组		活塞冷水机组		燃油直燃冷热水机组	燃气直燃冷热水机组
	锅炉	热网	锅炉	热网		
投资回收期5a	162.92	87.53	159.73	84.34	191.34	250.04
投资回收期8a	174.89	97.11	169.78	92.00	203.17	263.70
投资回收期15a	220.67	133.77	208.19	121.29	248.36	315.88
排序	4	2	3	1	5	6

从表4-5和表4-7的排序栏数字综合来看，螺杆冷水机组与燃油锅炉的组合方案以及只使用燃气直燃冷热水机组的方案总造价和年运行成本都偏高，而活塞冷水机组与热网的组合方案是最经济的。

本章要点

1. 空调工程采用最多的天然冷热源是天然水，包括地表水和地下水两大类。前者主要有河流水、湖泊水和海水；后者主要有浅井水、溶洞（喀斯特）水和深井水。

2. 冷水机组是中央空调系统采用最多的冷源设备，按制冷方法主要分为电力驱动的蒸气压缩式冷水机组和热力驱动的溴化锂吸收式冷水机组两大类。

3. 常用的蒸气压缩式冷水机组主要是离心式、螺杆式和活塞式三种，各自都可演变出相同或不同的多种机组形式，如水冷式和风冷式，多机头和模块化，单级或多级等。

4. 常用的溴化锂吸收式冷水机组主要有蒸汽型和热水型，单效、双效和三效等机型，以热能为驱动力，电能耗用很少，而且能使用各种低位热媒和废热，有利于热媒的综合利用。

5. 空调热源分为热源设备和直供热源两大类，前者主要是各种锅炉，后者主要是热网。锅炉是常用的空调热源设备，一般是以燃料燃烧放出的热能来加热水或生产蒸汽，其中燃油和燃气的常压热水锅炉是使用最多的锅炉。中央空调系统以热网做热源最经济、方便，通常要借助换热器来加热空调循环水；管壳式换热器通常用来进行汽—水间换热，水—水间换热则一般使用板式换热器。

6. 直燃型溴化锂吸收式冷热水机组和空气源热泵冷热水机组是工作原理完全不同的两种空调冷热源一体化设备，后者的制冷、制热效率受室外气象条件的影响很大，但体积小，可在室外放置，不用机房。

7. 地源热泵系统包括土壤源地源热泵系统、地下水地源热泵系统和地表水地源热泵系统三大类，此类系统可以从土壤和水中提取能量，以解决空调供冷供热需要，具有良好的节能和环保效益。

8. 常用的蓄冷系统主要是冰蓄冷系统和水蓄冷系统，前者供给空调系统用的水温较低，通常与低温送风系统配套，后者则可与各种常规中央空调系统配套。

9. 选择冷热源需要考虑的诸因素主要是针对人工冷热源的，而且主要是技术方面的因素，经济方面的分析比较体现在初投资、总造价、全年能耗与费用以及年运行成本等四个方面。

10. 各种人工冷热源的（组合）方案都有一定的适用条件，应该引起注意的是，本章给出的组合方案均为冷热源设备的大类组合，如电动式冷水机组和锅炉，由于冷热源设备各自还有很多种机型，因此其具体的排列组合方案形式可多达数十种。

11. 冷热源组合方案的经济分析是以每一种冷源或热源单独计算出的初投资和年运行成本费用为基础进行的，因此在做分析计算时要全面、准确地掌握全部相关资料和数据。

思考题与习题

1. 空调冷热源分为哪两大类？各自的主要特点是什么？中央空调系统的空气热湿处理装置对冷热源有哪些基本要求？
2. 空调冷源设备主要有哪两大类冷水机组？各包含哪些常用机组形式？
3. 多机头冷水机组与模块化冷水机组有何异同？
4. 使用燃料的锅炉依靠什么把热量传给水而使水温升高？锅炉可采用哪几种形式把该热能输出？
5. 生产热水的常压锅炉与真空锅炉的主要区别是什么？加热的最高水温有何差异？
6. 热网的供热热媒有哪两种？一般通过什么方式加热空调用热水？
7. 管壳式换热器与板式换热器都属于何种换热器？两者有何不同？
8. 试比较直燃型溴化锂吸收式冷热水机组与空气源热泵冷热水机组有何异同？
9. 简述地源热泵系统的使用有何局限性。
10. 用简要的文字分别说明图 4-13 所示的 5 种蓄冷系统运行模式。
11. 冷热源（组合）方案的经济分析方法是以什么数据为基础？包括哪几方面的比较内容？

第5章

空调系统

当大型公共建筑（如影剧院、商场、体育馆、酒店、写字楼等）和某些特殊行业（如纺织、印刷、制药、微电子、生物制品等）工业建筑的大空间或众多房间需要使用空调技术来控制室内空气环境时，通常都是采用效率高、能耗低、效果好的空调系统来给予保证。

空调系统的类型有很多种，各有其最佳的适用场合，只有全面、深入地了解各种空调系统的构成与特点，掌握有关设计方法，才能为需要空调技术控制室内空气环境的建筑或房间选定和设计出最合适的空调系统。

本章主要介绍和讨论常用空调系统的类型和主要特征，全空气系统的分析与计算，新风量的确定方法，风机盘管加新风系统的分析与计算，低温送风系统、水环热泵系统、家用中央空调系统的特点，以及空调系统的选择原则等。

5.1 空调系统及类型

空调系统是空气调节系统的简称，是以空气调节为目的，对空气进行处理、输送、分配并控制其参数的所有设备、装置、管道及管件、仪器仪表的总集合。空调系统是实现空调目的的“硬件”保证，由于系统的主要组成部件不同，或负担室内热湿负荷所用的介质种类不同，使得空调系统的类型很多，按不同的分类方式可以分成10多种类型，各种类型的不同组合又可派生出更多的组合类型。常用的空调系统主要是以下两种分类方式的系统：

1. 按空调设备的设置情况分类

（1）集中式系统　集中式系统的基本特征是空气经非独立型空调设备（如柜式风机盘管机组或组合式空调机组）集中处理后，由风管道分送到各个空调房间或区域。

（2）半集中式系统　半集中式系统的基本特征是除了设有集中处理新风的空调设备外，在各个空调房间或区域还分散设有以处理室内循环空气为主的空调设备，称为末端装置（如风机盘管、辐射板）。

集中式和半集中式空调系统通常统称为中央空调系统。

（3）分散式系统　分散式系统又称为局部机组系统，其基本特征是各个空调房间或区域的空气处理，均由设在各个房间内的自带制冷机或热泵装置的空调设备（如各种房间空调器或单元式空调机）直接承担。

2. 按负担室内热湿负荷所用的介质种类分类

（1）全空气系统　全空气系统是空调房间或区域的热湿负荷全部由经过处理的空气来负担的空调系统。

在全空气系统中，经空调设备处理过的空气在风机的作用下借助送风管道和送风口送入各个空调房间或区域，吸热吸湿或放热放湿后通常通过回风口和回风管道部分返回空调设备再处理使用。

由于空气的比热容较小，需要向空调房间或区域送入较多的空气才能达到控制温、湿度的目的。因此全空气系统的风管道具有较大断面。

（2）全水系统　在这种系统中，空调房间或区域的热湿负荷全部由经过处理后的水来负担。由于水的比热容比空气大得多，在相同负荷情况下只需要较少的水量即可满足要求。因此，全水系统的水管管网所占建筑空间要比全空气系统的风管管网小得多。但是，由于这种系统是靠水来负担空调房间或区域的热湿负荷，显然解决不了通风换气问题，因此室内空气质量没有保障，通常不单独采用。

（3）空气—水系统　空气—水系统实际上是前两种系统的组合，显然，空调房间或区域的热湿负荷由经过处理的空气和水共同负担。

广泛采用的空气—水系统是风机盘管加新风系统。在这种系统中，冷热源提供的冷水或热水由水管分送到设在各个空调房间或区域的风机盘管，通过盘管与吸入风机盘管的循环空气就地进行热湿交换，从而达到控制风机盘管所在房间或作用区域温、湿度的目的。与此同时，冷热源提供的冷水或热水也送到专门的新风机组中去处理室外空气。经过新风机组处理后的室外空气通过新风管网分送到各个空调房间或区域，以满足人体生理等需要。

（4）制冷剂系统　制冷剂系统又简称为冷剂系统。这种系统主要由室内机、室外机和制冷管道系统组成，室内机即制冷或热泵装置的蒸发器（冷凝器）直接放在室内，由制冷剂来负担空调房间或区域的热湿负荷。多联机系统就是典型的这种系统。

除了上面列举的两种最主要的分类方式外，空调系统另外还有一些分类方式，如：

根据系统的用途不同，可分为舒适性空调系统和工艺性空调系统。

根据系统的控制要求不同，可分为一般性空调系统和恒温恒湿空调系统。

根据系统的送风量是否能自动调节，可分为定风量空调系统和变风量空调系统。

根据系统使用的时间段不同，可分为全年性空调系统和季节性空调系统。

根据采用的冷热源不同，可分为冰蓄冷空调系统、水蓄冷空调系统、空气源热泵空调系统、地源热泵空调系统、土壤源地源热泵空调系统、地下水地源热泵空调系统、地表水地源热泵空调系统、污水源热泵空调系统。

根据空调设备只配备了送风机，还是既有送风机也有回风机，可分为单风机空调系统和双风机空调系统。

根据送风口设在空调房间的上部还是下部，可分为上（顶部）送风空调系统和下送风空调系统。

根据采用的末端装置不同，可分为风机盘管空调系统和辐射吊顶空调系统。

根据风管道内空气流速的高低，可分为低速风管空调系统（$v<8m/s$）和高速风管空调系统（$v=20\sim30m/s$）等。

5.2 全空气系统

全空气系统是出现最早，至今仍在广泛使用的集中式空调系统。该系统主要由空调设备、风管道系统和送风口、回风口组成。其主要优点是空调设备集中设置在专门的空调机房内，能满足对空气的各种处理要求，且便于集中调节和维护保养；室内空气质量容易得到保证和控制；消声隔振比较容易，且效果较好；使用寿命长，初投资和运行费用比较小；新风量调节方便，春秋季节可实现全新风送风，节约能源，降低运行费用。

全空气系统的主要缺点是风管道占用建筑空间过大，相应要求建筑层高较高；一般一个空调系统（使用一台空调设备）只能处理一种送风状态的空气，不能同时满足有较大温、湿度控制差别的房间或区域的需要；系统作用范围内不同房间或区域负荷有变化或不需要空调送风时，不便于自动调节相适应或不送风，难以满足不同房间或区域的控制要求并造成能量的浪费；各房间之间有风管道连通，不利于防火防烟。

全空气系统适用于面积较大，空间较高，人员较多，室内温度、湿度要求较高、噪声要求较严格的房间，是大空间公共建筑舒适性空调和要求较高的工艺性空调使用最多的空调系统。

按空调设备处理的空气来源不同，常用的全空气系统还可分为直流式系统和混合式系统。直流式系统空调设备处理的空气全部为室外空气，这种系统在夏、冬季处理室外空气时要消耗较多的能量。混合式系统空调设备处理的空气一部分为室外空气（又称为新风），另一部分为空调房间或区域的循环空气（又称为回风）。根据回风在空调设备中的使用次数不同，混合式系统又分为一次回风系统和二次回风系统两种系统形式。

5.2.1 直流式系统的分析与计算

直流式系统是任何时候都百分之百使用新风的系统，因此又称为全新风系统。直流式系统的系统形式简单，送风空气质量好，但能耗大、不经济，主要用于室内散发有毒、有爆炸危险气体的房间，以及医院的灼伤病房和传染病房、酒店的厨房等。图5-1所示为直流式系统示意图，图5-2所示为直流式系统夏季空调过程在 h-d 图上的表示。

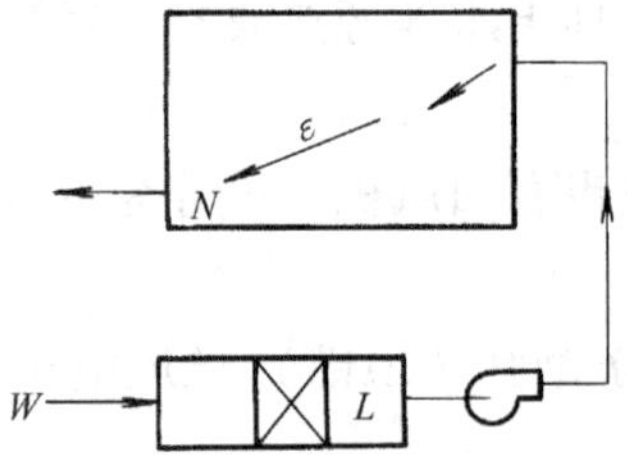

图5-1 直流式系统示意图

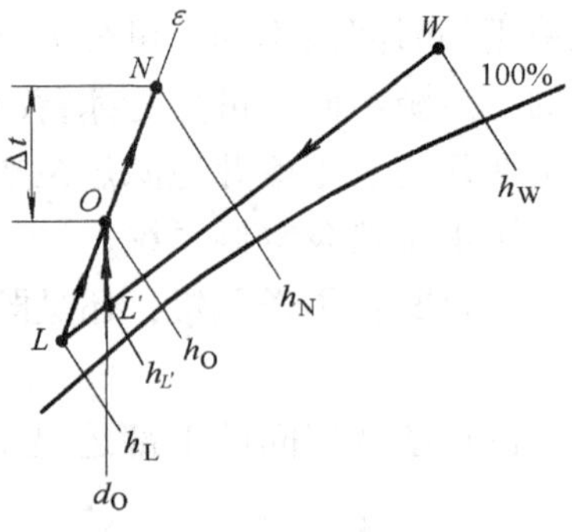

图5-2 直流式系统夏季空调过程

在 h-d 图中，W 表示夏季室外空气状态点，N 表示室内空气状态点，L 为室外空气经空调设备处理后的状态点，又称为机器露点（在夏季，空气经空调设备冷却去湿处理后的状态通常接近饱和状态，即将结露）。在夏季，直流式系统通常采用的空气处理方案是：将室外空气用空调设备冷却去湿处理到机器露点状态（机器露点一般位于 90% ~95% 的相对湿度线上)，然后送入室内，经吸收余热、余湿后变化到室内状态排出室外。整个空气变化流程为

$$W \xrightarrow{\text{冷却去湿}} L \overset{\varepsilon}{\rightsquigarrow} N \xrightarrow{\text{排出}}$$

此时，直流式系统对空气进行热湿处理所需要的冷量 Q_0 为

$$Q_0 = q_m(h_W - h_L) \tag{5-1}$$

式中　q_m——空调设备处理的空气量，单位为 kg/s；

h_W——室外空气（新风）的焓值，单位为 $kJ/kg_{干}$；

h_L——机器露点状态空气的焓值，单位为 $kJ/kg_{干}$。

采用上述空气处理方案时，空调送风量 q_m 为

$$q_m = \frac{Q}{h_N - h_L} \tag{5-2}$$

式中　Q——房间空调负荷，单位为 kW；

h_N——室内空气状态的焓值，单位为 $kJ/kg_{干}$；

h_L——机器露点状态空气的焓值，单位为 $kJ/kg_{干}$。

采用机器露点送风（又称为最大送风温差送风）通常适用于对送风温差无严格限制的空调系统。对于送风温差有严格限制，且要求送风温差小于最大送风温差的空调系统，夏季送风状态点 O 由送风温差 Δt 决定，空气处理过程要相应发生变化，其处理方案为：先将室外空气从 W 点处理到 L'点，再用加热器加热到 O 点，然后才送入室内。整个空气变化流程变为

$$W \xrightarrow{\text{冷却去湿}} L' \xrightarrow{\text{加热}} O \overset{\varepsilon}{\rightsquigarrow} N \xrightarrow{\text{排出}}$$

该方案对空气进行热湿处理所需要的冷量 Q_0'为

$$Q_0' = q_m'(h_W - h_{L'}) \tag{5-3}$$

式中，各项符号意义同前。

夏季所需要的加热量 Q 为

$$Q = q_m'(h_O - h_{L'}) \tag{5-4}$$

式中　h_O——送风状态空气的焓值，单位为 $kJ/kg_{干}$，其他各项符号意义同前。

空调送风量 q_m'为

$$q_m' = \frac{Q}{h_N - h_O} \tag{5-5}$$

对比式（5-2）和式（5-5）可知，由于焓差变小，第二种方案的空调送风量要大于第一种方案的空调送风量。此外，该方案由于对空气先是降温处理，后又加热，造成了一定的冷热抵消作用，增加了能耗和运行费用，因此不是特殊需要，一般不采用第二种方案。

5.2.2　一次回风系统的分析与计算

一次回风系统是一次回风全空气空调系统的简称，其系统简图如图 5-3 所示。

与直流式系统相比，一次回风系统的优点是夏冬季节可使用部分回风，春秋（过渡）季节能充分利用室外空气的自然调节能力，甚至全部使用室外新风而不用回风（即作为直

流式系统运行），减少人工冷热源的运行时间，有利于节能、降低运行费用。该系统通常用于空调房间面积大，单位面积人员密度大，新风量要求高，室内空气控制参数要求较严格的场所，如商场、影剧院、体育馆、机场候机厅、火车站和长途汽车站候车厅、大型展览馆等。

一次回风系统的夏季空调过程在 h-d 图上的表示如图 5-4 所示。从图中可看出，在夏季，空调设备（如柜式风机盘管）先将室外新风（W）和部分室内回风（N）混合后的空气（C）处理（冷却去湿）到机器露点（L），然后由风机提供动力，将其通过送风管道和送风口送入空调房间，吸收余热余湿后变为室内状态（N），再从回风口排出室外，其中一部分通过回风管道返回到空调设备重复处理使用。整个空气变化的流程为：

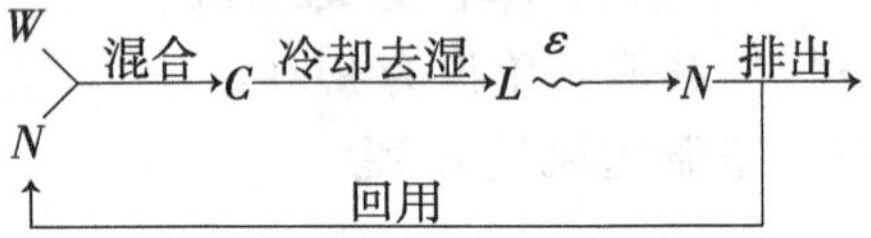

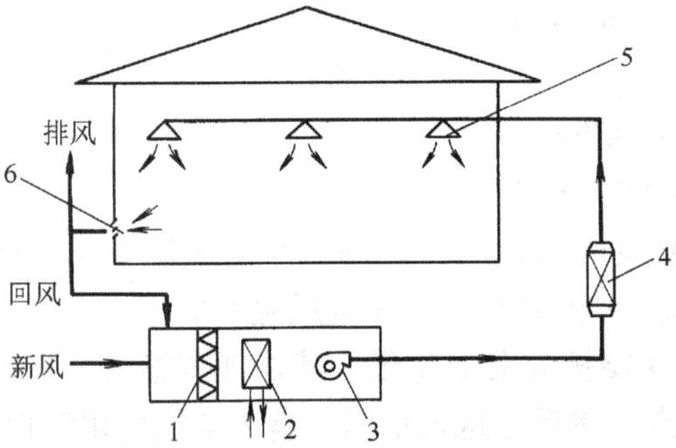

图 5-3 一次回风系统简图

1—过滤器 2—换热器 3—风机

4—消声器 5—送风口 6—回风口

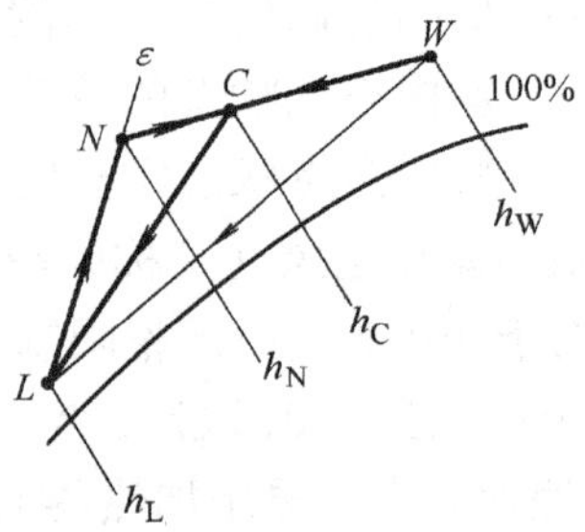

图 5-4 一次回风系统夏季空调过程

1. 一次回风系统夏季处理空气需要的冷量

从图 5-4 可看出，为了把 $q_m$kg/s 的空气从 C 点降温、减湿、减焓处理到 L 点，空调设备所需耗用的冷量为

$$Q_0 = q_m(h_C - h_L) \tag{5-6}$$

式中 h_C——新回风混合空气的焓值，单位为 $kJ/kg_{干}$；

其他各项符号意义同前。

在室内外状态参数、室内热湿负荷和送风量相同的条件下，比较直流式（全新风）系统和一次回风系统处理空气所需要的冷量（图 5-4）可知，由于空气的热湿处理过程分别为 W 到 L 和 C 到 L，而 $h_W > h_C$，因此直流式（全新风）系统处理空气所需要的冷量要多于一次回风系统。

由两种不同状态空气混合规律知，在空调设备处理风量相同的条件下，混合点 C 越接近室内状态点 N，说明室内回风量越大，新风量越小；同时从图 5-4 中可看出，h_C 值相应减小，由式（5-6）知处理空气需要的冷量 Q_0 也越少；耗用的冷量越少，运行费用也越少。

一次回风系统新风的使用量通常用新风比 m 来表示，新风比为新风量占空调送风量

（也就是空调设备处理风量）的百分比：

$$m = \frac{q_{mW}}{q_m} = \frac{\overline{CN}}{\overline{WN}} = \frac{h_C - h_N}{h_W - h_N} \times 100\% \tag{5-7}$$

2. 一次回风系统夏季空调过程各风量的计算

1）消除余热所需要的送风量

$$q_m = \frac{Q}{h_N - h_L} \tag{5-8}$$

2）消除余湿所需要的送风量（应与消除余热所需要的送风量相等）

$$q_m = \frac{W}{d_N - d_L} \tag{5-9}$$

3）新风量

$$q_{mW} = mq_m \tag{5-10}$$

4）（一次）回风量

$$q_{mN} = q_m - q_{mW} \tag{5-11}$$

3. 一次回风系统冬季空调过程

设冬季室内状态点为 N'，热湿比 ε' 因房间有热损失而减小（也可能成为负值），采用一次回风系统向室内供暖的空调过程在 h-d 图上的表示如图 5-5 所示。与夏季空调过程相同，室内外空气首先按一定比例混合到 C' 点，然后经空调设备的空气加热器加热到 O' 点，再通过风机送入空调房间，放热后变为室内状态 N'。在系统运行过程中，室内空气有一部分要排出室外，一部分要回到空调设备开始新的循环。整个空气变化的流程为：

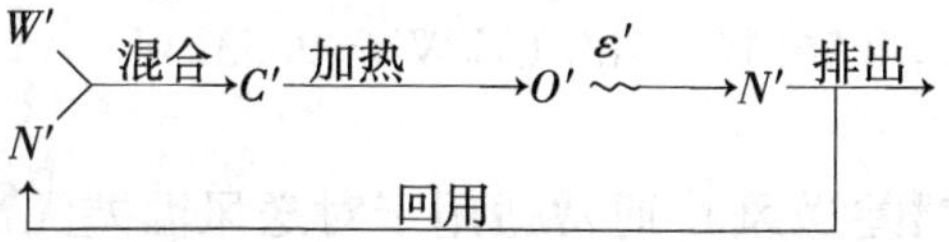

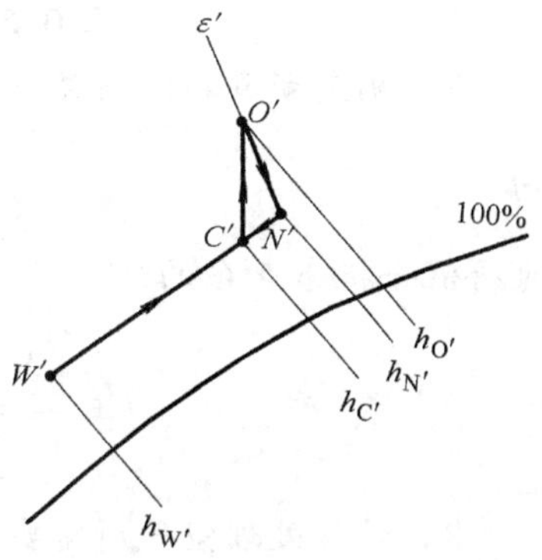

图 5-5　一次回风系统冬季空调过程

【例 5-1】　某空调房间夏季冷负荷 $Q = 4.89\text{kW}$，由于只有人体散热，故湿负荷忽略不计，室内设计参数 $t_N = 23℃$，$\varphi_N = 60\%$，$h_N = 49.8\text{kJ/kg}_{干}$。已知当地夏季空调室外计算参数 $t_W = 35℃$，$h_W = 92.2\text{kJ/kg}_{干}$，大气压力 $p_B = 101325\text{Pa}$。若采用一次回风系统，取新风比为 15%，试求各风量和处理空气所需要的冷量。

【解】

1）根据题给条件和题意，首先在 h-d 图上确定室内状态点 N 和室外状态点 W，并作 NW 的连线。

2）计算热湿比：

$$\varepsilon = \frac{Q}{W} = \frac{4.89}{0} = \infty$$

在 h-d 图上过 N 点作 $\varepsilon = \infty$ 的热湿比线。

3）确定机器露点（送风状态点）。取 $\varepsilon = \infty$ 的热湿比线与 $\varphi = 90\%$ 的等相对湿度线的交点 L 为机器露点，由 $p_B = 101325\text{Pa}$ 的 h-d 图可查得

$$t_L = 16.4℃ \quad h_L = 43.1\text{kJ/kg}_{干}$$

拟以最大送风温差送风，即以 L 点为送风状态点，校核送风温差是否符合要求。

因为 $\Delta t = t_N - t_L = 23℃ - 16.4℃ = 6.6℃ < 8℃$，符合要求。所以，可直接从 L 点送风。于是画出空调过程的 h-d 图如图5-6所示。

4）计算消除余热所需要的送风量：

$$q_m = \frac{Q}{h_N - h_L} = \frac{4.89}{49.8 - 43.1}\text{kg/s} = 0.73\text{kg/s}\ (2628\text{kg/h})$$

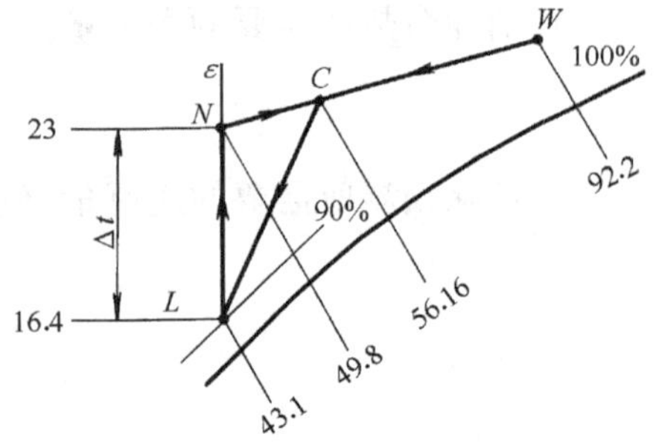

图5-6 例5-1题图

5）计算新风量：

$$\begin{aligned} q_{mW} &= mq_m \\ &= 0.15 \times 0.73\text{kg/s} \\ &= 0.11\text{kg/s}(396\text{kg/h}) \end{aligned}$$

6）计算回风量：

$$\begin{aligned} q_{mN} &= q_m - q_{mW} \\ &= (0.73 - 0.11)\text{kg/s} \\ &= 0.62\text{kg/s}(2232\text{kg/h}) \end{aligned}$$

7）确定新风和回风混合状态点的焓：

由
$$m = 15\% = \frac{q_{mW}}{q_m} = \frac{h_C - h_N}{h_W - h_N}$$

可得混合状态点 C 的焓为

$$\begin{aligned} h_C &= h_N + 15\%(h_W - h_N) \\ &= [49.8 + 0.15 \times (92.2 - 49.8)]\text{kJ/kg}_{干} \\ &= 56.16\text{kJ/kg}_{干} \end{aligned}$$

8）计算处理空气所需要的冷量：

$$Q_0 = q_m(h_C - h_L) = 0.73 \times (56.16 - 43.1)\text{kW} = 9.53\text{kW}$$

4. 关于二次回风系统

采用机器露点送风（又称为最大送风温差送风）通常适用于对送风温差无严格限制的一次回风系统。对于送风温差有严格限制，且送风温差小于最大送风温差的一次回风系统，夏季送风状态点 O 就要由送风温差决定。此时，空气处理过程要相应发生变化，可以有两种方案：一是将室内外混合空气从 C' 点处理到 L' 点，再用加热器加热到 O 点，然后送入室内，如图5-7所示。这种方案存在冷热抵消问题，不经济。二是在保持新风和回风比例不变的情况下，把回风分两次使用：先将室内外空气混合（一次混合）到 C 点，将 C 点空气处理到 L 点后，将 L 点的空气与室内 N 点状态的空气混合（二次混合）到 O 点，然后送入室内。按这种方案工作的系统称为二次回风系统，如图5-8所示。其空气变化流程为

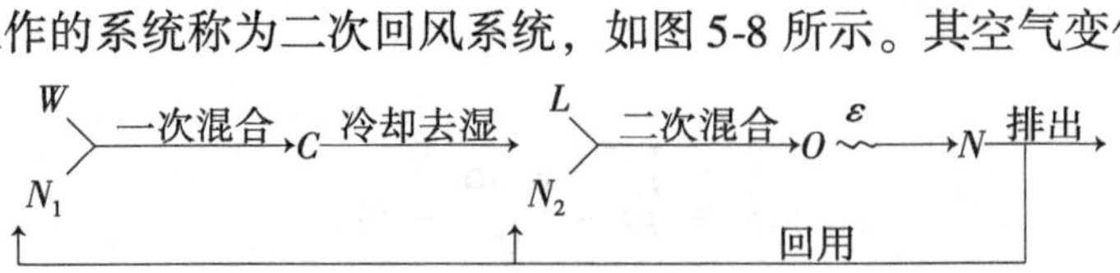

二次回风系统夏季空调过程的送风量、新风量和一次回风量的计算方法与一次回风系统相同，此处不再重复列出。二次回风量 q_{mN2} 由 $\frac{q_{mN2}}{q_m} = \frac{h_O - h_L}{h_N - h_L}$ 可得

$$q_{mN2} = q_m \frac{h_O - h_L}{h_N - h_L} \tag{5-12}$$

或

$$q_{mN2} = q_m - q_{mL} = q_m - (q_{mN1} + q_{mW}) \tag{5-13}$$

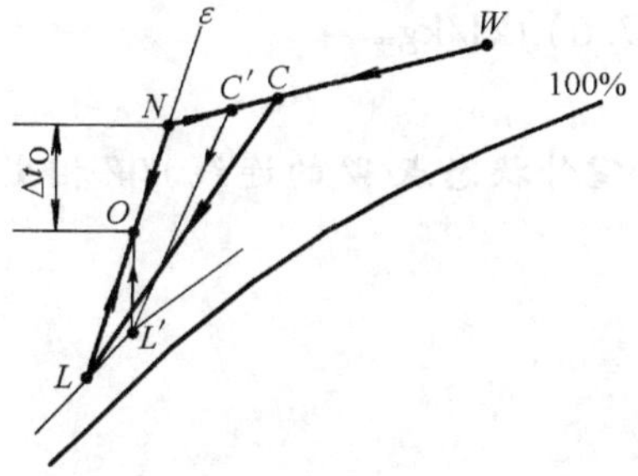

图5-7　夏季空调过程的两种方案

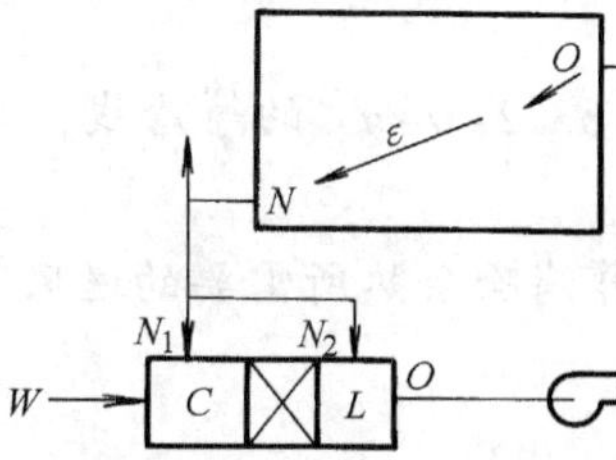

图5-8　二次回风系统示意图

【例5-2】　已知某地大气压力 $p_B = 101325\text{Pa}$，空调室外计算参数为 $t_W = 35℃$，$t_{WS} = 27℃$，室内冷负荷 $Q = 11.3\text{kW}$，湿负荷 $W = 0.0011\text{kg/s}$。工艺要求的室内空气控制参数为 $t_N = (23 \pm 1)℃$，$\varphi_N = 55\%$，新风比为15%。试分别按一次回风方式和二次回风方式确定空调系统夏季空气处理过程与设计工况下所需冷量。

【解】

1. 按一次回风方式（见图5-9a）

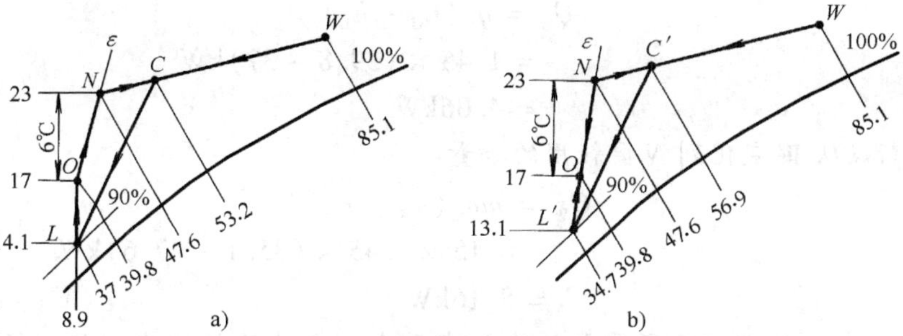

图5-9　例5-2题图

a）一次回风方式　b）二次回风方式

1）根据题给条件，首先在大气压力 $p_B = 101325\text{Pa}$ 的 h-d 图上确定室内状态点 N 和室外状态点 W，并作 NW 的连线。

2）计算热湿比：

$$\varepsilon = \frac{Q}{W} = \frac{11.3}{0.0011} = 10272 \approx 10300$$

3）确定送风状态点 O。根据室温允许波动范围，查表2-9确定送风温差 $\Delta t_0 = 6℃$，则送风温度 $t_0 = 23℃ - 6℃ = 17℃$。继续在 h-d 图上，通过 N 点作 $\varepsilon = 10300$ 的直线，与 $t = 17℃$ 的等温线相交，其交点即送风状态点 O，查 h-d 图得 $h_0 = 39.8\text{kJ/kg}_{干}$，$d_0 = 8.9\text{g/kg}_{干}$。

4）确定机器露点 L。过 O 点作 $d_0 = 8.9\text{g/kg}_{干}$ 的等含湿量线，与 $\varphi = 90\%$ 的等相对湿度线相交得 L 点，查 h-d 图得 $t_L = 14.1℃$，$h_L = 37\text{kJ/kg}_{干}$。

5）确定一次混合状态点 C。查 h-d 图得 $h_W = 85.1\text{kJ/kg}_{干}$，$h_N = 47.6\text{kJ/kg}_{干}$

由
$$m = 15\% = \frac{q_{mW}}{q_m} = \frac{h_C - h_N}{h_W - h_N}$$

可得混合状态点 C 的焓为

$$\begin{aligned} h_C &= h_N + 0.15(h_W - h_N) \\ &= [47.6 + 0.15 \times (85.1 - 47.6)]\mathrm{kJ/kg_{干}} \\ &= 53.2\mathrm{kJ/kg_{干}} \end{aligned}$$

作 $h_C = 53.2\mathrm{kJ/kg_{干}}$ 的等焓线，与室内状态点 N 和室外状态点 W 的连线 NW 相交即得混合状态点 C。

6）计算消除余热所需要的送风量：

$$\begin{aligned} q_m &= \frac{Q}{h_N - h_O} \\ &= \frac{11.3}{47.6 - 39.8}\mathrm{kg/s} \\ &= 1.45\mathrm{kg/s}\ (5220\mathrm{kg/h}) \end{aligned}$$

7）计算处理空气所需要的冷量：

$$\begin{aligned} Q_0 &= q_m(h_C - h_L) \\ &= 1.45 \times (53.2 - 37)\mathrm{kW} \\ &= 23.5\mathrm{kW} \end{aligned}$$

8）计算将空气从 L 点加热到 O 点所需要的加热量：

$$\begin{aligned} Q_Z &= q_m(h_O - h_L) \\ &= 1.45 \times (39.8 - 37)\mathrm{kW} \\ &= 4.06\mathrm{kW} \end{aligned}$$

9）室外新风从 W 变化到 N 要耗用的冷量：

$$\begin{aligned} Q_W &= mq_m(h_W - h_N) \\ &= 0.15 \times 1.45 \times (85.1 - 47.6)\mathrm{kW} \\ &= 8.16\mathrm{kW} \end{aligned}$$

10）冷量分析。处理空气所需要的冷量实质上为要消除的室内余热、抵消将空气从 L 点加热到 O 点所需的加热量，以及室外新风从 W 变化到 N 要耗用的冷量之和，即

$$\begin{aligned} Q_0 &= Q + Q_Z + Q_W \\ &= (11.3 + 4.06 + 8.16)\mathrm{kW} \\ &= 23.5\mathrm{kW} \end{aligned}$$

2. 按二次回风方式（见图5-9b）

1）、2）、3）与一次回风方式相同。

4）确定机器露点。作 $\varepsilon = 10300$ 线与 $\varphi = 90\%$ 的等相对湿度线相交于 L' 点，L' 点即二次回风方式的机器露点，它比一次回风方式的 L 点温度低，查 h-d 图得 $h_{L'} = 34.7\mathrm{kJ/kg_{干}}$。

5）确定空调设备处理的空气量 $q_{mL'}$。

① 根据二次混合的比例关系可得

$$q_{mL'} = q_m \frac{h_N - h_O}{h_N - h_{L'}}$$

$$= 1.45 \times \frac{47.6 - 39.8}{47.6 - 34.7} \text{kg/s}$$

$$= 0.876\text{kg/s}\ (3154\text{kg/h})$$

② 按从机器露点送风可得（此时送风量也就是空调设备处理的空气量）

$$q_{mL'} = \frac{Q}{h_N - h_{L'}}$$

$$= \frac{11.3}{47.6 - 34.7} \text{kg/s}$$

$$= 0.876\text{kg/s}\ (3154\text{kg/h})$$

6）计算二次回风量 q_{mN2}：

$$q_{mN2} = q_m - q_{mL'}$$

$$= 1.45 - 0.876\text{kg/s}$$

$$= 0.574\text{kg/s}\ (2066\text{kg/h})$$

7）计算新风量 q_{mW}：

$$q_{mW} = mq_m = 0.15 \times 1.45 = 0.218\text{kg/s}\ (785\text{kg/h})$$

8）计算一次回风量 q_{mN1}：

$$q_{mN1} = q_{mL'} - q_{mW}$$

$$= 0.876 - 0.218\text{kg/s}$$

$$= 0.658\text{kg/s}\ (2369\text{kg/h})$$

9）计算一次混合状态点 C' 的焓：

$$h_{C'} = \frac{q_{mN1} h_N + q_{mW} h_W}{q_{mN1} + q_{mW}}$$

$$= \frac{0.658 \times 47.6 + 0.218 \times 85.1}{0.658 + 0.218} \text{kJ/kg}_{干}$$

$$= 56.9\text{kJ/kg}_{干}$$

10）计算处理空气所需要的冷量：

$$Q_0' = q_{mL'}(h_{C'} - h_{L'}) = 0.876 \times (56.9 - 34.7)\text{kW} = 19.44\text{kW}$$

11）冷量分析。

由于 $$Q_0 - Q_0' = 23.5\text{kW} - 19.44\text{kW} = 4.06\text{kW} = Q_Z$$

说明二次回风系统与一次回风系统相比，其处理空气少用的冷量就是一次回风系统的加热量。同时上式也证明了使用二次回风可代替对空气的再热处理。

5.2.3 新风量的确定

空调系统的新风量是指夏冬季设计工况下应向空调房间供给的室外新鲜空气量，也是空调系统运行期间的最小新风供给量。向空调房间供给新风量是保证良好室内空气环境的基本要求，也是衡量空调系统是否达到健康空调标准的基本条件。

在夏季，室外空气的焓值一般都比较高，新风的处理需要消耗较多的能量，因此供给新风量的多少既与室内空气质量有关，也与空调系统的能量消耗有很大关系，而且二者是相互对立的：多供新风则室内空气质量好，但空调系统处理新风的能量消耗大，运行费用高；少供新风则室内空气质量不能保证，但空调系统处理新风的能量消耗少，运行费用低。因此，在确定新风量取值时要二者兼顾，但卫生要求是基础，通常是取满足人员要求所需新风量、补偿局部排风和保持室内正压所需新风量三方面要求的最小新风量为空调系统的新风量。

1. 人员所需新风量

无论是民用建筑还是工业建筑，人员所需新风量都应根据室内空气的卫生要求、人员的活动和工作性质，以及在室内的停留时间等因素确定。在人员停留时间较长的空调房间里，新风量供应的多少对人的健康有直接影响，因为人体生理供氧量和冲淡室内有害气体及异味的任务都要由新风来承担。卫生要求的最小新风量，民用建筑主要是对 CO_2 的含量要求。《民用建筑供暖通风与空气调节设计规范》（GB 50736—2012）分别规定了公共建筑主要房间人员所需最小新风量（表5-1）和高密人群建筑与房间每人所需最小新风量（表5-2）。

表5-1 公共建筑主要房间人员所需最小新风量

房间类型	新风量/（$m^3/h\cdot$人）
写字楼的办公室	30
酒店的客房	30
酒店的大堂、四季厅	10

表5-2 高密人群建筑与房间每人所需最小新风量 （单位：$m^3/h\cdot$人）

建筑类型与房间用途	人员密度 P_F（人/m^2）		
	$P_F\leqslant0.4$	$0.4<P_F\leqslant0.1$	$P_F>0.1$
影剧院、音乐厅、大会厅、多功能厅、会议室	14	12	11
商场、超市	19	16	15
博物馆、展览厅	19	16	15
公共交通等候室	19	16	15
歌厅	23	20	19
酒吧、咖啡厅、宴会厅、餐厅	30	25	23
游艺厅、保龄球室	30	25	23
体育馆	19	16	15
健身房	40	38	37
教室	28	24	22
图书馆	20	17	16
幼儿园	30	25	23

2. 补偿局部排风所需新风量

当空调房间有排除有害气体或异味的局部排风时（如旅馆客房的卫生间排风），为了不使房间内产生负压，需要利用空调系统供应相应量的新风来补偿排风量。

3. 保持室内正压所需新风量

为防止外界未经处理的空气渗入空调房间，干扰室内控制参数，需要使房间内的压力高于室外的压力，一般舒适性空调室内、外压差值宜取5～10Pa，不应大于50Pa；工艺性空调按工艺要求确定。过大的压差不但没有必要，而且还会使门的开关发生困难，并降低系统运行的经济性。

空调房间内正压的维持是靠送风量大于回风量来实现的。送、回风量的差值由空调系统提供的新风量来保证，并在正压作用下由房间门、窗缝隙等不严密处渗透出去。这部分渗透空气量的大小由室内外压差大小、窗户结构形成的缝隙状况（缝隙的面积和阻力系数）等决定。

在实际工程设计中，空调房间的最小新风量要取满足人员要求、补偿局部排风和保持房间正压各自所需新风量中的最大者。当以上条件不具备时，也可按不少于房间总送风量的10%来估算新风量，即新风比（新风量与房间总送风量之比）$m \geqslant 10\%$。

4. 新风的获取方式

新风有两种获取方式，一种是在空调机房设新风窗直接从室外吸取，显然这种新风获取方式必须是空调机房设在建筑的外区才能实现。当空调机房设在建筑的内区时，则通常采用竖风道（对于高层建筑）或新风管道，将室外空气输送至各层或各处的空调机房。

5.2.4 变风量系统

通常全空气系统的设计送风量是根据室内最大（设计）热湿负荷与送风焓差确定的，参见式（5-2）和式（5-8）。在系统实际使用过程中，由于房间热湿负荷在全年的大部分时间里为部分负荷而不是最大值（设计负荷），而且经常变化，为保证室内温湿度在规定范围内，系统必须进行相应的调节，以适应热湿负荷的变化，不致产生过冷或过热现象。

从送风量的计算式和空调过程的h-d图上可看出，当室内冷热负荷发生变化而要使室内温度保持不变时，可使房间送风量保持不变，而改变送风温度来相适应；也可将送风温度固定不变，通过改变送风量来相适应。保持全年送风量不变，靠改变送风温度来适应空调负荷变化的全空气系统称为定风量（Constant Air Volume 英文缩写 CAV）系统；而保持送风温度或参数不变，靠改变送风量来适应空调负荷变化的系统称为变风量（Variable Air Volume 英文缩写 VAV）系统。显然，变风量系统在部分负荷时，送风量相应减少，不仅可以降低风机能耗，也能降低空气处理的能耗，同时还可以减少空调系统的运行费用。

与定风量系统的再热调节送风温度方式相比，变风量系统对室内相对湿度的控制质量要差一些，但对于一般民用建筑的舒适性标准来说，变风量系统对相对湿度的控制已完全可以满足要求。

1. 变风量系统形式

根据是否有变风量末端装置，变风量系统可分为两种：一种是只能改变系统总送风量，送风末端为普通送风口的系统；另一种是不仅系统总送风量可以改变，而且各送风末端还加装有变风量末端装置的系统。

（1）只能改变系统总送风量的变风量系统　对系统总送风量进行调节以适应房间负荷变化的变风量系统主要是用于有同一温、湿度控制要求的大型空调房间，如影剧院、候机（车、船）厅、展览馆、生产车间等。

对于系统总送风量的调节，可采用风机电动机调速、调传动装置（如更换带轮、调液力偶合器）等方法来实现，其中以电动机变频无级调速方法在技术经济方面的综合效能最高，应用也最广泛。

（2）加装变风量末端装置的变风量系统　对于服务多个空调房间或区域，且有可调节性差异控制要求的全空气系统，通常采用加装变风量末端装置的变风量系统。利用分设在各个空调房间或区域的变风量末端装置，来适应相应房间或区域热湿负荷的变化，保证其温、湿度在要求的范围内。

与只能改变系统总送风量的变风量系统相比，加装变风量末端装置的变风量系统有如下优点：

1）系统的负荷、设备容量和管道尺寸可减小。由于末端装置可以随所服务房间或区域实际负荷的变化而改变送风量，因此整个空调系统的供冷（热）量可以在各个空调房间或区域之间自动合理分配，并能转移。充分利用在同一时刻，各个空调房间或区域在朝向、位置、功能和使用时间上的不一致，负荷参差不齐这一特点，化不利条件为有利因素，减少了整个系统的负荷总量（包括总送风量和处理空气所需的总冷热量），从而使设备的装机容量减小，设备、管道尺寸减小，机房占用面积也相应减少，初投资也可以减少。

2）运行费用可减少。空调设备和冷热源设备只按实际需要运行，能耗降低，运行费用可减少。

3）各空调房间温度可独立控制。每个空调房间或区域的送风量调节，直接受装在室内的恒温器控制，故可实现单个房间或区域的温度自动控制，也可以独立地选择自己要求的控制温度。

4）适合于设计时空调房间分割不确定的工程。例如大型民用建筑的裙房部分，其用途和布置隔断经常发生变化，只要在系统设备容量范围之内，一般都不需要对系统作太大的改动，甚至只需要重调设定值即可。

由于这种变风量系统增加了变风量末端装置及相应的系统静压、室内最大送风量和最小送风量、室外新风量取值等控制环节，也存在设计、调试较复杂，风量调节时各空调房间新风量分配可能会不均匀，末端装置内置的风机和调节阀运行时可能会产生噪声，末端装置出风量较小时室内气流组织情况较差，系统维护保养工作量大，对管理人员要求高等缺点，同时整个系统的造价会有所提高。但由于系统的设备总装机容量和管道尺寸可以减小，综合性初投资则不一定增加。

2. 变风量末端装置

变风量末端装置又称为变风量箱（VAV BOX），是加装变风量末端装置变风量系统的关键装置之一，需要通过它来调节送入房间的风量，补偿变化的室内负荷，维持室温。加装变风量末端装置的变风量系统运行效果如何，在很大程度上取决于选用的变风量末端装置性能的好坏。变风量末端装置的种类很多，构造各异，有的还和送风散流器连成一体，但都具有以下基本功能：

1）接受房间温控器的指令，根据室温的高低，自动调节送风量。

2）当房间负荷增大时，能自动维持房间送风量不超过设计最大值。

3）当房间负荷减小时，能保证最小送风量，以满足最小新风量和室内气流组织的要求。

4）不使用时，能完全关闭不出风。

常用的变风量末端装置主要有以下三种：

（1）单风管型　单风管型（又称为单风道型）变风量末端装置的结构如图5-10所示。它由进风管1、蝶形风阀2、风阀执行器及其联动装置3、箱体4以及与控制配套的电气元件和测量元件（如风量、温度传感器及控制器等）组成。它通过改变进风管的空气流通截面积来达到调节送风量的目的，是一种节流型变风量末端装置。其结构简单，工作可靠，控制也较为容易，因此是应用较多的一种变风量末端装置。

在夏季，当室温升高时，说明其需冷量增大，通过温控器的作用使风阀执行机构将风阀由小开大，增加送入室内的冷风量；当室温降低时，则温控器使风阀关小，减少冷风的送风量。

由于温控器具有冬夏反向作用的功能，因此冬季变风量末端装置的工作情况与夏季正好相反。即在冬季，室温过高时关小风阀，室温过低时开大风阀。

（2）单风管再热型　单风管再热型变风量末端装置也是常用的一种变风量末端装置形式，通常用于建筑的外区部分。其结构如图5-11所示。

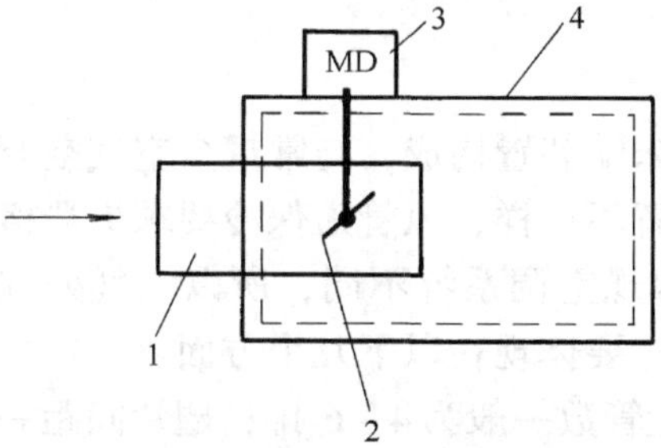

图5-10　单风管型变风量末端装置的结构

1—进风管　2—蝶形风阀　3—风阀执行器及其联动装置　4—箱体

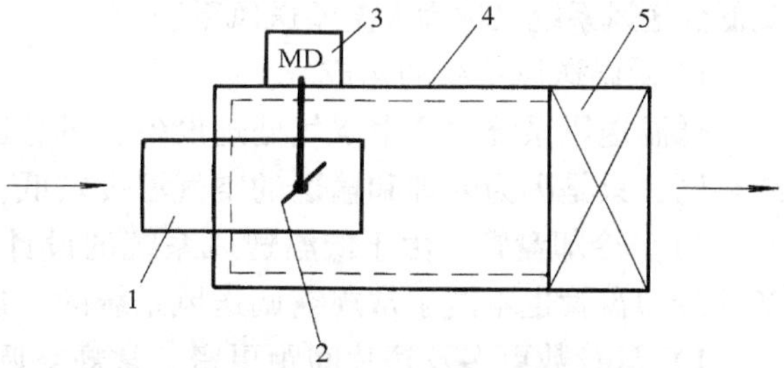

图5-11　单风管再热型变风量末端装置的结构

1—进风管　2—蝶形风阀　3—风阀执行器及其联动装置　4—箱体　5—空气加热器

与普通单风管型装置相比，再热型装置增加了一个空气加热器5，该加热器既可以是热盘管，也可以是电加热器。因此，对所服务的房间而言，它提供了一个独立的加热功能，可以使每个变风量末端装置能就地独立地加热空气而不受整个风系统空气参数变化的影响。显然，这种形式的变风量末端装置适用范围和控制精度均超过普通单风管型，对使用者来说是更加具有灵活性和方便性的产品，但因此也增加了再热器的费用。

单风管再热型变风量末端装置在夏季时的控制方式与普通单风管型相同，但冬季则要求既控制风阀又控制加热器来实现对室温的控制。通常是优先控制风量，在送风量不能满足室温要求时再调节加热量。

（3）风机动力型　风机动力型（又称为风机加压型）变风量末端装置的结构如图5-12所示。从图中可以看出，此种变风量末端装置与单风管型变风量末端装置相比，箱体内多了个离心风机，箱体上多开了个回风口。

风机动力型变风量末端装置由温控器根据室内负荷情况控制风阀的开启度，以调节由风管系统供给的、经过处理的风量。与单风管型变风量末端装置不同的是，风管系统供给的空气（一次风）与室内回用空气（二次风）混合后由风机加压送入室内。这种变风量末端装置的主要特点是送风量可保持不变，可确保室内气流组织的稳定，非常适用于低温送风场合。此外，由于这种末端装置增加了风机，可使系统的送风机压头有所降低，可靠性得以提高。

变风量末端装置除了上述三种外，还有诱导型等其他多种类型，以及上述这三种基本类型的多种组合。

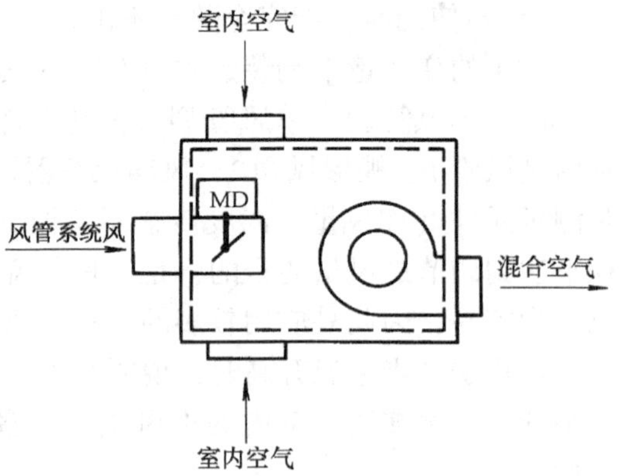

图5-12 风机动力型变风量末端装置的结构

5.2.5 低温送风系统

低温送风系统是送风温度不高于10℃的全空气空调系统，“低温送风”是相对于常规全空气空调系统14～18℃的送风温度而言的，通常与其配套的冷源为冰蓄冷系统。由于送风温度降低，与常规全空气系统相比加大了送风温差，因此低温送风系统又称为大温差送风系统。

1. 低温送风系统的构成

低温送风系统主要由空气处理设备、风管道和送风末端装置构成，与常规全空气空调系统相同，只是因为处理和输送的空气温度较低，有些装置不一样，风管道保冷要求更严格。

（1）冷却盘管 由于低温送风系统的设计参数与常规空调系统不同，所以空气处理设备的冷却盘管也不同于常规空调送风系统的，这种不同主要体现在以下几个方面：

1）盘管数更多及翅片间距更密。常规空调系统的盘管数一般为4～6排，翅片间距一般为2.1～3.1mm，低温送风系统的盘管数一般采用8～12排，要增加1倍，翅片间距一般为1.8～2.1mm。

2）铜管更细。采用更多更密的铜管是为了使流经盘管的空气温度降得更低，更接近于盘管中的冷水温度。但增加盘管排数，势必会使空气侧的阻力增加。同时采用更密的翅片间距必然会使空气带水的可能性增加。因此采用细一些的铜管可以改善以上两方面的不足，同时使盘管的造价更低。

3）迎面风速较低。常规空调系统盘管的迎面风速一般为2.3～2.8m/s，而低温送风系统则采用1.5～2.3m/s的风速，采用较低的迎面风速可使空气与盘管的换热更充分，同时也可减少凝结水被空气带出盘管的可能性。

（2）送风末端装置 由于低温送风系统采用的送风温度过低，直接送风会造成局部区域温度过低；加上送风量较小，还会导致工作区空气流速过低，室内温湿度分布不均匀，使人感觉不舒适；当送风温度低于室内空气露点温度时，还会产生结露现象，造成风口滴水或送风气流呈“雾”状（带水滴）。上述问题的解决，通常是在送风末端装置处采取措施，来达到既保留经空气处理设备处理后的低温空气仍送到送风口处，又避免室内出现上述问题的目的。

1）在送风末端加设混合箱或诱导箱。使经空气处理设备集中处理的低温空气（一次风），与部分室内空气（二次风）在混合箱或诱导箱内混合至常规送风状态后，再通过常规送风口送入室内。常用的装置主要有带风机的串联式混合箱和并联式混合箱，以及不带风机的诱导型混合箱三种。

带风机串联式混合箱的工作原理如图5-13所示，低温空气与室内空气同时在混合箱里吸入风机并混合，然后送至风口，送风温度通过房间温控器控制一次风阀的开启度来调节。这种混合箱的优点是不论低温空气量如何变化，送至风口的风量均不受影响，即只要风机连续运转就可保持用恒定不变的风量送风。其缺点是每个混合箱要配一个风机，小功率电动机效率不高，耗电量大，运行噪声较大，维护保养的工作量也较大。

带风机并联式混合箱的工作原理如图5-14所示，低温空气与风机吸取的室内空气在混合箱内混合后送至风口，送风温度通过房间温控器控制一次风阀的开启度来调节。这种混合箱的优点一是风机可间歇运行（一般仅在低温空气量较小时运行），因而混合箱的送风量是可变的；二是由于风机只吸取室内空气，因此风机的功率比串联式混合箱的小，耗电量和噪声相应较小。其缺点与串联式混合箱相似。

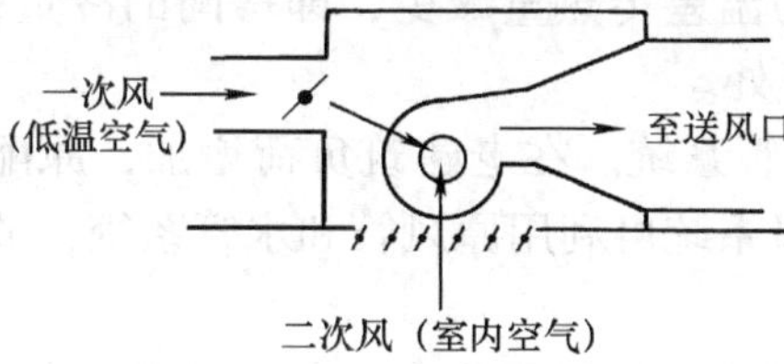

图5-13　带风机串联式混合箱示意图

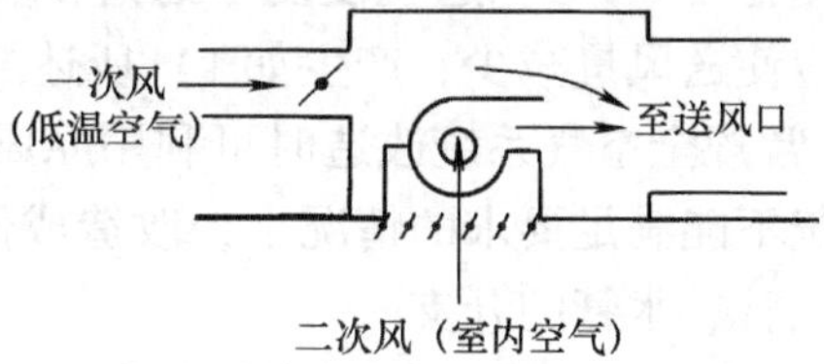

图5-14　带风机并联式混合箱示意图

无风机诱导型混合箱是利用低温空气在混合箱内的流动速度，诱导室内空气进入混合箱与其混合后再送至风口，送风量和送风温度通过房间温控器控制一次风阀和诱导风阀的开启度来调节，其工作原理如图5-15所示。诱导型混合箱的优点是不用风机等额外动力即可工作，避免了由其带来的一系列问题。其缺点是对一次风的静压要求较高，使得系统风机的容量加大，设备费用和用电量均要加大。

2）采用低温送风专用风口或扩散性能好的送风口。目的是使低温空气从风口送出后首先在风口附近极短的距离内与室内空气迅速混合，一方面升高温度，另一方面增强室内空气的扰动。低温送风专用的喷嘴型散流器如图5-16所示。低温空气（一次风）从散流器内部喷射核四周均布的小喷口喷出，产生高速一次气流，诱导室内空气与其混合后再扩散到室内。

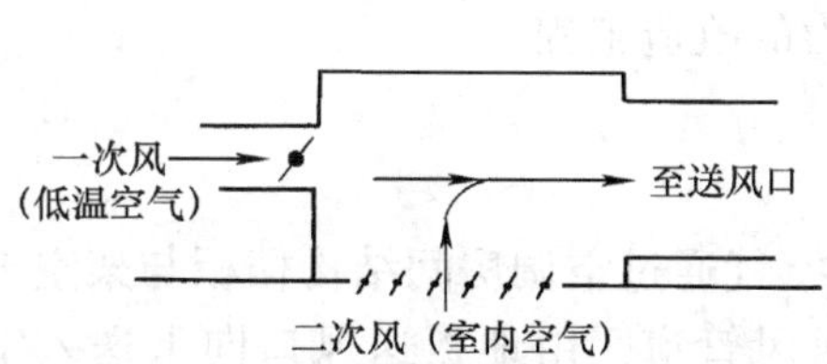

图5-15　无风机诱导型混合箱示意图

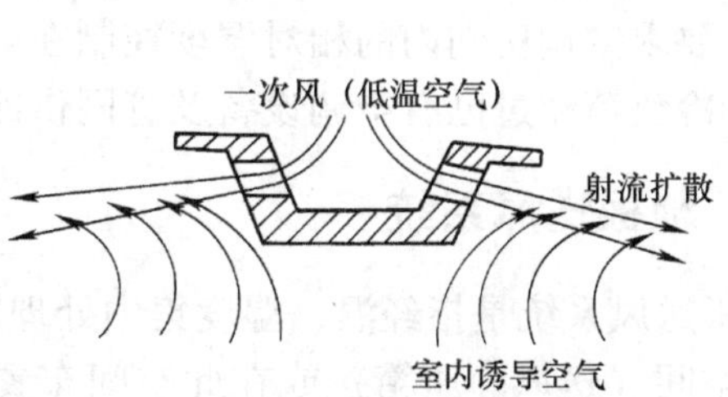

图5-16　喷嘴型散流器

（3）风管道保冷　由于低温送风系统风管道输送的空气温度较低，风管道表面更易结露，既造成冷量损失，产生的凝结水还会带来其他问题。为此，需要在加强保冷和防凝结水方面采取措施：

1）合理选用保冷材料，计算确定相应的保冷层厚度，使风管保冷材料外表面温度高于周围空气的露点温度。

2）保冷层的施工要特别注意其严密性，还要解决好隔汽、防潮问题。

2. 低温送风系统的特点

国外的经验及国内已有工程的实践表明，采用低温送风系统与采用常规全空气系统相比，具有以下优点：

1）减少系统设备投资、节省建筑空间、降低设备能耗和运行费用。低温送风系统处理空气的水温低和处理后的空气温度低，使得循环水量和输送风量减小，相应地空气处理设备和风管、水管的尺寸，风机、水泵的规格和容量等也减小，可减少设备与管道等初投资，节省机房面积和管道所占空间，降低建筑层高和造价，减少电力增容费和空调设备运行电费的开支。

2）提高热舒适性。在维持同样的室温条件下，低温送风系统有较强的除湿能力，可降低相对湿度，从而提高热舒适性。如果保持原舒适条件，则在相对湿度降低的情况下，可适当提高室温1～2℃，这就使夏季通过围护结构的温差传热量减少，即房间的冷负荷减少，从而相应使送风量减少，产生如1）所述的各种好处。

3）常规全空气系统改造时可利用原风管和水管系统。在老建筑负荷增加，原配常规全空气系统不能满足要求的情况下，改造成低温送风系统可利用原风管和水管系统，节省更换或添加风管、水管的开支。

4）与冰蓄冷系统配合使用效果更好。低温送风系统是随着蓄冷技术，特别是冰蓄冷技术的发展而兴起的，采用冰蓄冷系统作为空调冷源需要较高的初投资，但与低温送风系统相结合，则可有效地降低整个冰蓄冷空调系统的初投资，且更能够发挥出其运行费用较低的特点。

低温送风系统的运行方式与常规全空气系统的运行方式基本相同，但低温送风系统对运行和控制的要求更高。特别是系统启动时，为避免送风口和送风产生结露现象，必须进行软启动，即在系统刚起动时，由于房间露点温度较高，为避免产生结露现象，应使经空气处理设备处理后的空气温度逐渐降低，可通过逐步降低空气处理设备的供水温度来实现。由此就造成低温送风系统从启动到正常供冷时间过长。

3. 低温送风系统的适用场合

1）有≤4℃的低温水可供利用。

2）要求显著降低建筑高度，降低投资。

3）要求空调房间内的相对湿度控制在40%左右。

4）冷负荷超过已有空调设备及管网供冷能力的改造工程。

5.2.6 地板送风系统

地板送风系统是指经温、湿度集中处理后的空气通过空调房间结构楼板与架空地板之间形成的空间（送风静压箱）或在此空间布置的送风管道，由地板送风口向上送入室内，在诱导作用下与室内空气混合，进行热湿交换后再从房间上部排出的空调送风系统，属于全空气、下送风空调系统的形式之一。

1. 地板送风系统的送风方式

地板送风系统与传统的上送风系统相比，冷热源、空气集中处理设备和主风管等均相同，所不同的只是往各空调房间送风的方式、送风口以及供冷时的送风温度。按照地板下的设置情况，地板送风系统在空调房间的送风方式主要分为以下三种类型：

1）地板下为静压箱的送风方式（图5-17）。这种系统的构造简单，初投资费用低，各送风口的送风量均匀，但送风启动时间长。常用的送风口有旋流型风口和可变面积风口。

2）地板下设混风箱和风机的送风方式（图 5-18）。这种系统可就地部分使用回风，使集中进行温湿度处理的空调设备容量和空气输送管道的尺寸减小，还可根据需要调节风口送风量和送风温度，但将混风箱和风机设在地下，地板下装置复杂，维护保养和检修工作量大且不方便；大多数用于低温送风系统的送风末端装置，也可用于地板送风系统，只是末端装置的外形尺寸必须与架空地板的模数尺寸相适应。

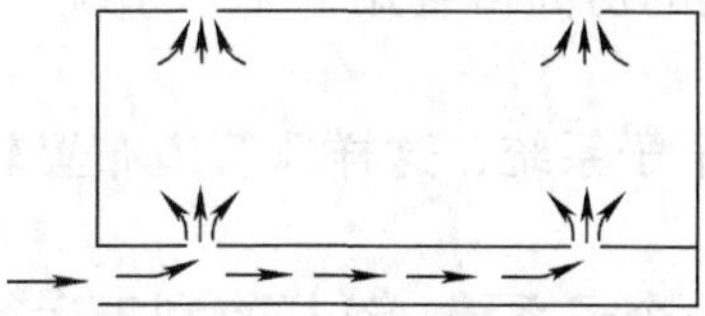

图 5-17　地板下为静压箱的送风方式

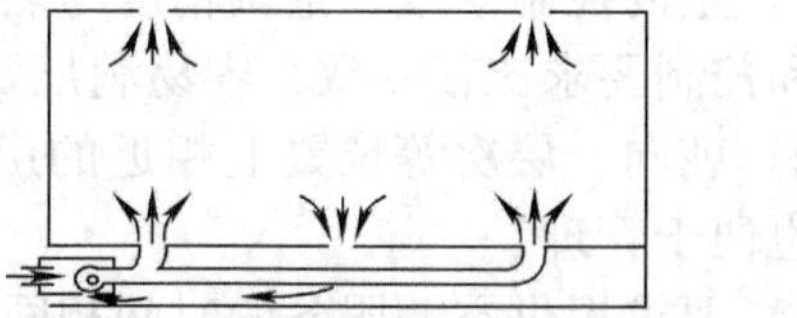

图 5-18　地板下设混风箱和风机的送风方式

3）地板下设风管的送风方式（图 5-19）。这种系统的送风量控制可靠，启动时间短，但送风口位置固定、灵活性差，系统造价高。常用的送风口为旋流型风口和线型风口。

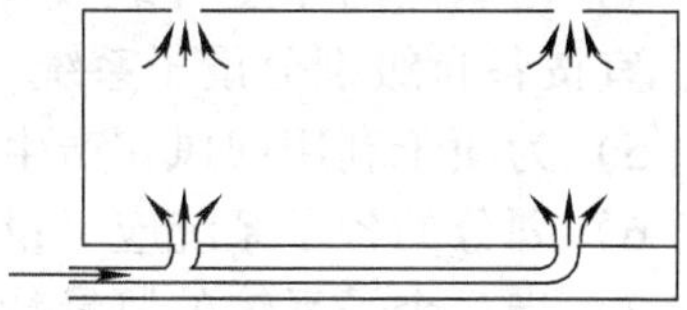

图 5-19　地板下设风管的送风方式

2. 地板送风系统的特点

相对于传统的上送风系统，地板送风系统具有以下优点：

1）可满足个人的热舒适要求。地板送风系统的送风口可设置在离人的工作位置很近的地板面，可以方便地调节送风量及出风方向，通过控制自己的局部热环境，充分满足个人的热舒适要求。

2）可提高热舒适水平。由于从下部送风，地板温度可明显受送风温度的影响，使地板表面温度夏季低、冬季高，其冷（热）辐射效果可提高人的舒适性。

3）可改善人员活动区空气品质。下部送风形成的下送上回气流，使新鲜空气首先进入人的呼吸区，可改善人员活动区空气品质。

4）可减少设备能耗，降低运行费用。从下部送风只需考虑人员活动区（通常又是工作区）的热湿负荷，也只需控制该区域的温、湿度，因此夏季热湿负荷减小，相应送风量减少，可使风机耗电量以及运行费用均降低；由于人可接受的直接吹风温度决定了下部送风温度要提高（一般不低于 16～18℃），夏季处理空气所需要的冷水供水温度也可相应提高，可使制冷机能耗减少，运行费用降低，而且过渡季节还可延长使用室外新风的时间，减少制冷机的使用时间，减少运行费用。

当然，地板送风系统也有一些缺点，如由于地板送风口离人体较近，处理不当会有吹风感，夏季送冷风时，直接吹到腿部有可能会造成不良后果；因风从下向上吹，会引起地面扬尘；送风量大时，风口数量多，受地面上放置物品、家具、设备等限制，难以布置或因被覆盖而失去作用等。

3. 地板送风系统的适用场合

地板送风系统比较适合层高较高，主要热源在下部，且与污染物相关的空调房间，如：计算机房、电信机房、网络机房、电子设备用房、纺织厂房、敞开式大空间办公室、展览厅、图书馆、博物馆、电梯大厅等。

5.2.7 空调子系统划分原则与空调设备的确定

在工程实际中，虽然同一幢建筑物都采用全空气系统，但由于服务对象的要求不同，风管道断面尺寸的限制等种种原因，往往需要将建筑分区，设置若干个空调子系统来共同实现对整幢建筑物的空气调节。为此，可参考以下原则进行子系统划分：

1）室内控制参数、空调精度与热湿比相同和相近的房间可合用一个子系统，这样空气处理和控制要求比较一致，容易满足要求。

2）朝向、层次等位置上相近的房间宜组合成一个子系统，这样风管道布置较为合理，同时也便于管理。

3）要求提供空调服务的时间相同的房间采用同一个子系统，这样有利于运行和管理。对于个别要求24h运行或间歇运行的房间，可单独配置单元式空调机或房间空调器。

4）对室内洁净度等级或噪声级别要求不同的房间，由于采取的过滤和消声措施也不同，宜按各自级别分设子系统，这对节约投资和经济运行都有好处。

5）为便于利用回风，产生有害气体的房间不宜和一般房间合用一个子系统。

6）划分的各子系统应尽量与建筑防火分区相对应，以满足防火要求。

7）当一个子系统的风量特别大时，为了减少风管道与所占建筑空间的矛盾，应根据实际情况将其分解成两个或多个子系统。

在划分子系统的同时，还应考虑空调设备的确定与选择问题。首先是根据服务对象要求和有无机房提供确定采用组合式空调机组、柜式风机盘管还是单元式空调机；采用单元式空调机时，是选用水冷型的还是风冷型的，放置在空调机房、屋面、技术夹层里还是就地安装在空调房间内，是吊顶安装还是落地安装等。其次是根据冷热负荷及送风量选择空调设备的型号和台数，校核机外余压是否能克服整个管道系统的阻力，如机外余压不足，应考虑另外选择风机。第三是注意设备样本中给出的性能参数适用范围，如果与实际的运行工况不同，则要考虑修正。

5.3 风机盘管加新风系统

风机盘管加新风系统是典型的空气—水系统，由风机盘管子系统和新风子系统组合而成。其中风机盘管子系统由众多风机盘管与水管系统组成；新风子系统则由新风机（与风机盘管共用水系统）与风管系统组成。

图5-20所示的风机盘管加新风系统采用的是应用最多的两管制水系统，可夏季供冷、冬季供暖。经冷源（如冷水机组）降温或热源（如锅炉）加热的冷（热）水，通过水管管网分别进入风机盘管和新风机，对室内、外空气进行热湿处理：风机盘管主要就地处理空调房间或区域内的循环空气；新风机则全部处理室外空气，并通过新风管网送至各空调房间或区域。在风机盘管和新风机内完成了热湿交换任务的冷热水通过水管管网回到冷热源，重新被降温或加热。

与一次回风系统相比，风机盘管加新风系统由于主要使用水管，新风管断面积很小，因此既解决了全空气系统的风管道占用建筑空间较多的问题，又可向空调房间提供一定量的新风，保证空调房间的空气质量。此外，风机盘管机型种类多，安装和布置形式灵活多样，能与室内装修很好地配合，而且每个风机盘管都能单独使用，调节简便，不用时还可停机，因而这种系统的运行费用较低。

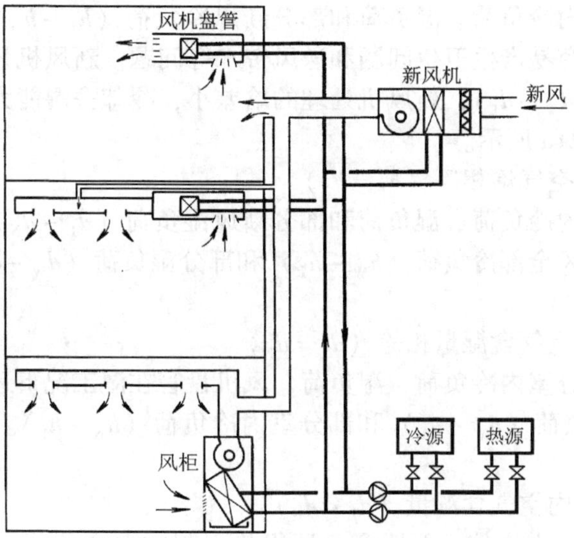

图 5-20 风机盘管加新风系统示意图

除了上述主要优点外，风机盘管加新风系统的缺点也很突出：一是由于风机盘管数量多，且一般多为暗装，维护保养工作量大，而且不方便；二是受新风送风管断面积的限制，春秋过渡季节不能采用全新风送风方式来满足室内空调要求，在这方面达不到节能要求；三是没有加湿功能，难以满足有湿度控制要求的场合；四是风机盘管在高速档运行时，噪声较大；五是凝结水接水盘易滋生微生物等。因此，该系统主要适用于房间多，且各房间的空调要求能单独控制；或建筑层高较低，且房间温、湿度控制要求不高以及房间面积较大但敷设风管有困难的场所，如写字楼、酒店等。

5.3.1 夏季空调过程的分析

当新风系统向空调房间供给新风时，通常需要先将新风处理到一定状态（这个状态用 L 表示，其相对湿度通常为 90% ~95%），然后送入室内，与风机盘管处理过的室内循环空气共同维持室内的温湿度。在 *h-d* 图上，夏季新风机的空气处理过程为 $W \rightarrow L$，风机盘管的空气处理过程为 $N \rightarrow M$。虽然新风和回风是分别处理的，且终状态参数不同，但在送入室内时，通常希望二者能先混合。为此，新风送风口一般都是紧靠风机盘管的出风口并联布置或接入风机盘管的送风管道。于是，在 *h-d* 图上就用 L 与 M 混合到 O 再送入室内的过程来表示。空气变化流程为

$$\left.\begin{array}{l} W \longrightarrow L \\ N \longrightarrow M \end{array}\right\rangle \xrightarrow{\text{混合}} O \longrightarrow N$$

由于风机盘管加新风系统要用到新风机和风机盘管两种空气处理设备，而且对新风和室内循环空气都是单独处理，但又共同承担空调房间空气环境的控制任务，使得风机盘管加新风系统的夏季空调过程有多种形式。具体来说可将新风处理到与室内空气干球温度相等、焓相等、含湿量相等以及低于室内空气含湿量等四种状态，于是相应可得到四种不同的夏季空调过程方案。需要引起注意的是由于新风处理后的终状态不同，风机盘管与新风机的负担也各不相同。

1. 新风处理到与室内空气干球温度相等（$t_L = t_N$）

此时风机盘管承担室内冷负荷、湿负荷和部分新风冷负荷（$h_L - h_N$），风机盘管负荷较大，且在湿工况下运行，容易产生卫生问题和送风带水等问题。新风机只承担部分新风冷负荷（$h_W - h_L$）和湿负荷（$d_W - d_L$），新风机处理的焓差小，冷却去湿能力不能充分发挥。这种方案的空调过程如图5-21a所示。

2. 新风处理到与室内空气焓相等（$h_L = h_N$）

此时风机盘管承担室内冷负荷、湿负荷和部分新风湿负荷（$d_L - d_N$），风机盘管在湿工况下运行。新风机承担新风全部冷负荷（$h_W - h_L$）和部分湿负荷（$d_W - d_L$）。这种方案的空调过程如图5-21b所示。

3. 新风处理到与室内空气含湿量相等（$d_L = d_N$）

此时风机盘管承担部分室内冷负荷、湿负荷，风机盘管在湿工况下运行。新风机承担新风冷负荷（$h_W - h_L$）、湿负荷（$d_W - d_L$）和部分室内冷负荷（$h_N - h_L$）。这种方案的空调过程如图5-21c所示。

4. 新风处理到低于室内空气含湿量（$d_L < d_N$）

此时风机盘管只承担室内人体、照明和日照得热引起的瞬变负荷，风机盘管的负荷较小，要求的冷水温度较高，盘管在干工况下运行，卫生条件较好。新风机则除了承担新风冷、湿负荷外还要承担室内湿负荷（$d_N - d_0$），因此要求的冷水温度较低，新风处理的焓差较大（$\Delta h \geqslant 40\text{kJ/kg}_{干}$），要6~8排盘管，一般的新风机表冷器难以达到，因而这种方案适用于室内湿负荷不大的场合，其空调过程如图5-21d所示。

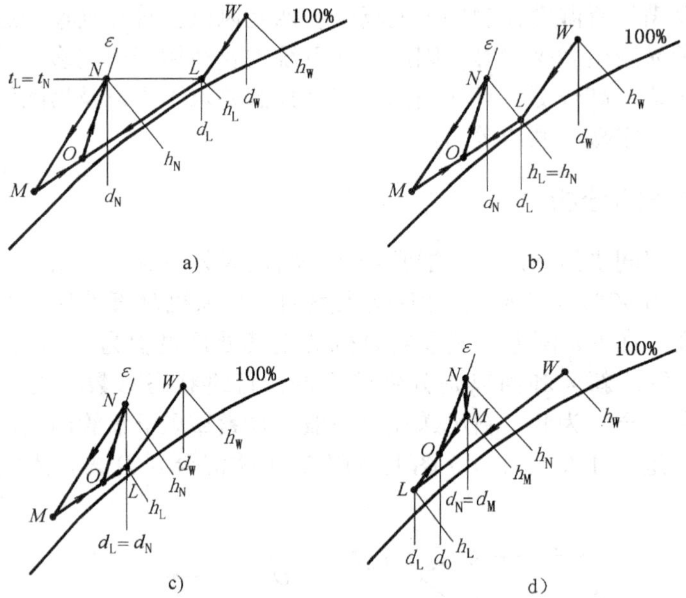

图5-21 风机盘管加新风系统夏季空调过程

5.3.2 夏季新风处理到室内焓值的空调方案

如图5-21b所示，在夏季，将新风处理到与室内空气焓值相等，然后与经过风机盘管处理后的室内循环空气同时送入室内（可以认为两股送风首先混合至 O 点，再送入室内）。这个方案是采用最多的方案，整个空气变化流程可表示为

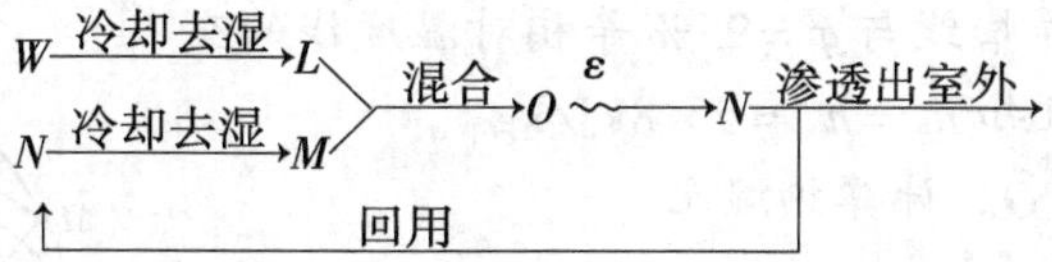

该空调方案的设计和计算要点如下：

（1）确定新风处理后的状态点 L　过室内控制状态点 N 的等焓线与 $\varphi=90\%\sim95\%$ 的等相对湿度线的交点即为新风机处理后的终状态点 L。

（2）确定送风状态点 O　因为风机盘管加新风系统大多用于舒适性空调，一般不受送风温差的限制，可用最大送风温差送风，故以 $\varphi=90\%\sim95\%$ 为确定 O 点的条件之一。过 N 点作 ε 线与 $\varphi=90\%\sim95\%$ 等相对湿度线相交，交点即为送风状态点 O。

（3）计算房间总送风量

$$q_m=\frac{Q}{h_{\mathrm{N}}-h_{\mathrm{O}}} \tag{5-14}$$

（4）计算风机盘管处理风量

$$q_{m\mathrm{F}}=(q_m-q_{m\mathrm{W}}) \tag{5-15}$$

（5）确定经风机盘管处理后的空气状态点 M

由混合规律可知

$$\frac{q_{m\mathrm{W}}}{q_{m\mathrm{F}}}=\frac{h_{\mathrm{O}}-h_{\mathrm{M}}}{h_{\mathrm{L}}-h_{\mathrm{O}}}$$

$$\frac{q_{m\mathrm{W}}}{q_{m\mathrm{F}}}=\frac{d_{\mathrm{O}}-d_{\mathrm{M}}}{d_{\mathrm{L}}-d_{\mathrm{O}}}$$

则

$$h_{\mathrm{M}}=\left[h_{\mathrm{O}}-\frac{q_{m\mathrm{W}}}{q_{m\mathrm{F}}}(h_{\mathrm{L}}-h_{\mathrm{O}})\right]\mathrm{kJ/kg_{干}} \tag{5-16}$$

$$d_{\mathrm{M}}=\left[d_{\mathrm{O}}-\frac{q_{m\mathrm{W}}}{q_{m\mathrm{F}}}(d_{\mathrm{L}}-d_{\mathrm{O}})\right]\mathrm{g/kg_{干}} \tag{5-17}$$

（6）计算风机盘管处理室内循环空气（回风）所需冷量

$$Q_{\mathrm{F}}=q_{m\mathrm{F}}(h_{\mathrm{N}}-h_{\mathrm{M}})\mathrm{kW} \tag{5-18}$$

（7）计算新风机处理室外空气（新风）所需冷量

$$Q_{\mathrm{W}}=q_{m\mathrm{W}}(h_{\mathrm{W}}-h_{\mathrm{L}})\mathrm{kW} \tag{5-19}$$

【例 5-3】　北京地区某空调房间采用风机盘管加新风系统，夏季空调室内计算参数为 $t_{\mathrm{N}}=25℃$，$\varphi_N=60\%$。夏季空调室内冷负荷 $Q=1.1\mathrm{kW}$，湿负荷 $W=204\mathrm{g/h}$，室内设计新风量 $q_{mW}=72\mathrm{kg/h}$，试进行该空调房间夏季空调设计计算。

【解】　采用新风处理到与室内焓值相等，并直接送入室内，与风机盘管出风混合后用最大送风温差送风的空调方案，空调过程如图 5-22 所示。

1）由表 2-8 查得北京地区夏季空调室外计算参数 $t_{\mathrm{W}}=33.5℃$，$t_{\mathrm{S}}=26.4℃$，据此及室内设计条件在 h-d 图上确定室内外状态点 N 和 M，并查得

$h_N = 55.8\text{kJ/kg}_{干}$ $h_W = 85.5\text{kJ/kg}_{干}$

2）确定新风处理后的状态点 L。根据拟定的空调方案，选定过室内状态点 N 的等焓线与 $\varphi=95\%$ 等相对湿度线的交点即为机器露点 L 点，且知 $h_L=h_N=55.8\text{kJ/kg}_{干}$。

3）确定送风状态点 O。计算热湿比

$$\varepsilon = \frac{Q}{W} = \frac{1.1}{\frac{204}{1000\times3600}}\text{kJ/kg} = 19411\text{kJ/kg} \approx 19400\text{kJ/kg}$$

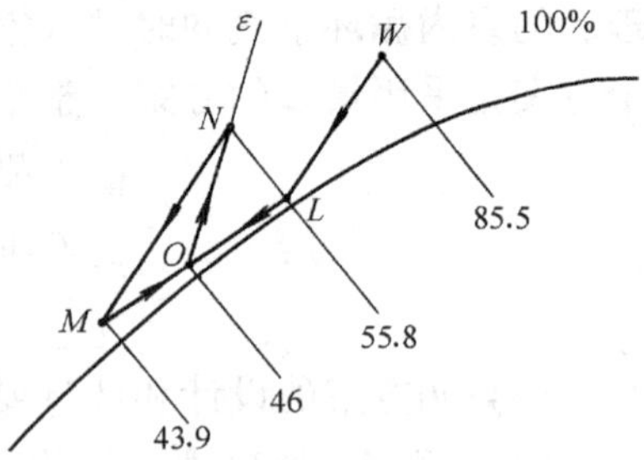

图 5-22 例 5-3 题图

过室内状态点 N 作 $\varepsilon=19400$ 的热湿比线，选定该线与 $\varphi=95\%$ 的等相对湿度线的交点为 O 点，查 h-d 图得该点的焓为 $h_O=46\text{kJ/kg}_{干}$。

4）计算房间总送风量。根据式（5-14）可得

$$\begin{aligned} q_m &= \frac{Q}{h_N - h_O} \\ &= \frac{1.1}{55.8-46}\text{kg/s} \\ &= 0.112\text{kg/s}\ (403\text{kg/h}) \end{aligned}$$

5）计算风机盘管处理风量。根据式（5-15）可得

$$\begin{aligned} q_{mF} &= q_m - q_{mW} \\ &= (403-72)\text{kg/h} \\ &= 331\text{kg/h} \end{aligned}$$

6）计算经风机盘管处理后的空气状态点 M 的焓。根据式 5-16 可得

$$\begin{aligned} h_M &= h_O - \frac{q_{mW}}{q_{mF}}(h_L - h_O) \\ &= \left[46 - \frac{72}{331}(55.8-46)\right]\text{kJ/kg}_{干} \\ &= 43.9\text{kJ/kg}_{干} \end{aligned}$$

7）计算风机盘管处理室内循环空气（回风）所需冷量。根据式（5-18）可得

$$\begin{aligned} Q_F &= q_{mF}(h_N - h_M) \\ &= \frac{331}{3600}(55.8-43.9)\text{kW} \\ &= 1.094\text{kW} \end{aligned}$$

8）计算新风机处理室外空气（新风）所需冷量。根据式（5－19）可得

$$\begin{aligned} Q_W &= q_{mW}(h_W - h_L) \\ &= \frac{72}{3600}(85.5-55.8)\text{kW} \\ &= 0.594\text{kW} \end{aligned}$$

5.3.3 风机盘管与新风机的选择

1. 风机盘管的选择

首先，通过设计计算求出风机盘管的处理风量和处理空气所需冷量；其次，明确风机盘

管的进风参数，确定进水温度，并根据风机盘管设置的地点，结合室内装饰要求确定风机盘管的结构形式（卧式、顶棚式、挂壁式等）和安装形式（明装或暗装）；第三，根据风机盘管是采用直接送风方式还是外接风管送风方式，确定选用标准型或高静压型；第四，根据风机盘管与供、回水管的接管方位确定左式或右式。在以上条件均清楚后，查相应风机盘管的产品样本，按中挡（速）选择一个接近的型号即可。

2. 新风机的选择

由于风机盘管加新风系统的新风都是集中处理后分送至各个空调房间或区域的，因此新风机处理的总新风量和所需总冷（热）量，应不小于其作用范围内各个空调房间或区域供给的新风量及处理这些新风量所需冷（热）量之和。新风机所需机外余压，应不小于新风送风系统最不利环路的总阻力。根据这三个参数及设计确定的进风参数、进水温度、新风机的结构形式（立式、卧式或吊顶式）等条件，查新风机的产品样本，选择一个接近的型号即可。

5.3.4 系统划分与搭配

由于风机盘管加新风系统是将风机盘管系统与新风系统搭配使用来达到空调目的的，这两种系统各有各的特点，因此在进行系统划分时既要充分发挥风机盘管系统与新风系统各自的优点，又要注意二者配合使用时的综合最佳效果，使系统的划分与搭配在技术经济方面达到最合理。

1. 风机盘管系统的划分

当建筑物的规模较大时，综合考虑管道布置、施工安装、调节控制及维护维修等方面情况，可按楼层水平分区或朝向垂直分区的原则划分风机盘管子系统。

按楼层水平分区时，视一层楼空调规模的大小，可将整个一层楼作为一个区，形成一个风机盘管子系统；或将一层楼分为几个区，形成几个风机盘管子系统。不论是一层楼一个风机盘管子系统，还是一层楼几个风机盘管子系统，每一个区的水管系统的供、回水干管都是水平布置的，并与竖向的供、回水总管相连接。

按朝向垂直分区时，每一个区的水管系统的供、回水干管是竖向布置的，并与水平的供、回水总管相连接。高层建筑的层数较多，往往每隔约20层有一个设备层，这时常以相邻两设备层之间的楼层（或设备层上、下各10层）为一段，按朝向垂直分区。每一段的供、回水总管水平布置在设备层中。

此外，对于需要独立计量空调使用的部分，以及管道阻力相差较大的部分也应划分成单独的风机盘管子系统。

2. 新风系统的形式

新风系统的形式一般分为水平式、垂直式和区域性三种。

（1）水平式新风系统　水平式新风系统是按楼层分别设置新风系统。新风可由新风机通过每个楼层外墙上开设的新风口（窗）从室外直接吸取，也可以设一个总新风竖风道，各楼层新风系统的新风机从竖风道取风。前一种取新风的方式在每个楼层的外墙上都要开设新风口（窗），对建筑的立面美观有一定影响，但可使新风系统简单，使用也方便、灵活。后一种取新风的方式由于是集中取新风（如把新风采集口设在屋顶上），因此不需要在建筑外墙上开洞（窗），特别适用于全玻璃幕墙的建筑。

（2）垂直式新风系统　垂直式新风系统的新风机一般设置在屋顶，将室外空气就地集中处理，然后通过竖风道和水平风管分送至各楼层空调房间或区域。这种系统形式对于每层空调面积很小或建筑层高较低，采用水平式新风系统有困难的情况下比较适用。

（3）区域性新风系统　区域性新风系统是将建筑物划分为若干个区域，每个区域设置一个新风系统。区域性新风系统一般比较大，通常采用组合式空调机组作为新风机，从而使新风处理质量比较好，管理、维修方便，有利于热回收设计。但由于系统比较大，灵活性相对较差，而且新风送风口数量较多，风量调节比较困难，投资相对比较高。

对于高层建筑，如果新风竖风道要跨越防火分区，则每个楼层与竖风道相连接的新风机吸入口风管上均需加设防火阀。

3. 风机盘管系统与新风系统的搭配

如果各个空调分区的室内空气控制参数要求不同或每个分区的面积较大时，新风系统宜与风机盘管系统对应，即一个风机盘管子系统对应配一个新风子系统。如果各个空调分区的室内空气控制参数要求相同，使用时间也相同，每个分区的面积又较小时，只要能选择到有足够风量、冷热量和机外余压的新风机，且管道布置没有困难，也可几个风机盘管子系统配用一个新风系统。

5.4 多联机系统

多联机系统是多联机空调系统的简称，又称为多联式空调（热泵）系统，属于制冷剂系统。此类系统是由一台（组）空气（水）源制冷或热泵机组（室外机）配置几十台室内机，通过改变压缩机的制冷剂循环量和进入室内机换热器的制冷剂流量来适应各房间负荷变化的空调系统。

5.4.1 多联机系统的类型

多联机系统的分类方式有很多种，一般的分类方式如下：

1）根据与室外机进行热交换的介质不同，分为空气源多联机系统和水源多联机系统。

2）根据多联机系统的功能不同，分为单冷型、热泵型和热回收型（同时供冷供热）三大类。其中，热回收型多联机根据室外机与室内机之间的制冷剂输配管数量，分为三管制和二管制两种形式。

3）根据室外机组的构成方式不同，分为单模块型多联机系统和多模块组合型多联机系统。

4）根据采用的制冷剂种类不同，分为R22、R410A和R407C型多联机系统。

5）根据压缩机的变容调节方式不同，分为变速多联机系统和变容多联机系统。其中，变速多联机系统包括直流调速和交流变频两种形式。

6）根据一个多联机模块中是否全部采用变速或变容压缩机，分为全变速（变容）型多联机系统和部分变速（变容）型多联机系统。常用的多联机系统一般为部分变速（变容）型，就是在一个模块中采用一台变速（变容）压缩机和多台定速压缩机，通过定速压缩机的启停和改变变速（变容）压缩机的容量来实现多联机的容量控制。

5.4.2　空气源多联机系统

空气源多联机系统俗称风冷多联机系统，也简称 VRV 系统。该系统的工作原理与常规风冷直接蒸发式空调装置（如房间空调器）类似，主要由室外机、室内机、制冷剂管道系统三部分组成（图 5-23）；通过调节室外机中压缩机的制冷剂循环量和进入室内机换热器的制冷剂流量，来满足空调房间的温度控制要求。

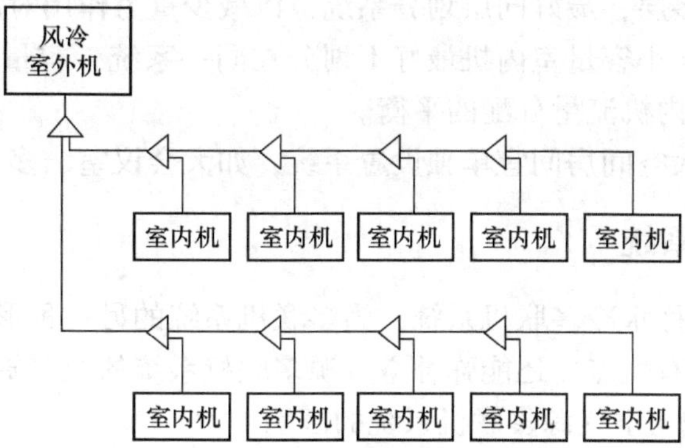

图 5-23　空气源多联机系统

1. 空气源多联机系统的优缺点

空气源多联机系统相对于其他中央空调系统而言，具有以下独特优点：

1）室外机可以分散或集中放置于屋面、阳台、挑台、地面上及设备层内，不需要专用机房，节省机房建筑投资。

2）直接相变传热，减少了传热环节和能量输配系统的能耗，有利于提高系统的整体性能。

3）依靠相变制冷剂携带和输配能量，其传送的热量约为 200 kJ/kg，大致是水的 8 倍、空气的 16 倍，故制冷剂管径小，占用空间小，节约楼层空间高度。

4）系统运行时间不受限制，使用方便。

空气源多联机系统的缺点主要有：

1）多联机系统属于结构复杂、系统庞大、内部参数耦合、边界条件多样的复杂制冷系统，其安装、调试技术要求很高。

2）多联机系统是直接蒸发制冷系统，一套系统的容量、平面覆盖范围和安装高度受到一定限制。通常室外机与室内机间的连接管路在 100m 左右，室内机和室外机之间的落差在 50m 左右，室内机之间的落差在 15m 左右。

3）系统的制冷剂充注量大，一旦泄露不仅影响整套系统的运行和性能，而且泄露点难以查找，补充制冷剂的费用较高。

4）当室外机只能放在建筑物内时，室外机的放置与建筑外立面美观的矛盾不易处理好。

2. 空气源多联机系统的适用范围

在地域适用性方面，空气源多联机系统适用于夏热冬冷、夏热冬暖和温和地区；在空调负荷适用性方面，适用于各空调房间负荷变化较为一致、室内机同时开启率高的建筑；在建筑规模适用性方面，适用于中小型建筑，但是只要有合适的分散设置室外机的位置，且满足多联机系统的作用域要求，也可以用于大型建筑和高层建筑。

3. 空气源多联机系统的划分

根据建筑物的特点，结合各空调房间的使用功能，可按以下要求进行系统划分：

1）系统容量不宜过大，最长管路不宜过长；同一个系统室内机的额定容量和不宜超过60kW。

2）不同朝向或使用时间有差异的房间宜划分为一个系统，以确保个别房间实际负荷超过计算负荷时各室内机的出力。

3）系统不宜跨越多层，最好同层划分系统，以减少重力作用对制冷剂分配的影响。

4）大容量室内机与小容量室内机最好不划分在同一系统，容量相近的室内机宜划分为同一系统，以利于各室内机流量分配的平衡。

5）使用不频繁的大空间房间宜单独设置系统，如大会议室、多功能厅等。

5.4.3 水源多联机系统

水源多联机系统俗称水冷多联机系统，为多联机系统的另一种形式。该系统不仅继承了空气源多联机系统的所有优点，还能弥补空气源多联机系统的众多缺陷。

1. 水源多联机系统与空气源多联机系统的区别

两种系统的室内机与室外机间的制冷（热）循环原理完全相同，主要区别有：

1）室外机对外的换热介质不同。空气源多联机系统室外机对外的换热介质为空气，而水源多联机系统室外机（一般称为主机）对外换热的介质是水。

2）室外机的换热器结构形式不同。空气源多联机系统室外机采用的是强迫对流风冷换热器，而水源多联机系统室外机采用的是套管式水冷换热器。

3）室外机的体积不同。由于水冷换热器的换热系数远大于风冷换热器，交换相同的热量，水冷换热器换热面积大大减小。因此，水源多联机系统的室外机体积相对较小。

4）室外机的安装位置不同。水冷多联机系统的室外机可方便地安装在建筑物内的任何地方，而空气源多联机系统的室外机必须安装在非常开阔的室外，或与外界通风良好的室内。

最关键的区别是水源多联机系统比空气源多联机系统多了一套“水冷系统”（图5-24），按照“水冷系统”的构成不同，水源多联机系统可以分为水环式水源多联机系统和地源式水源多联机系统。前者以冷却塔、锅炉组成的水环路与室外机进行换热，后者以地表水或地下水或土壤直接或间接与室外机进行换热。

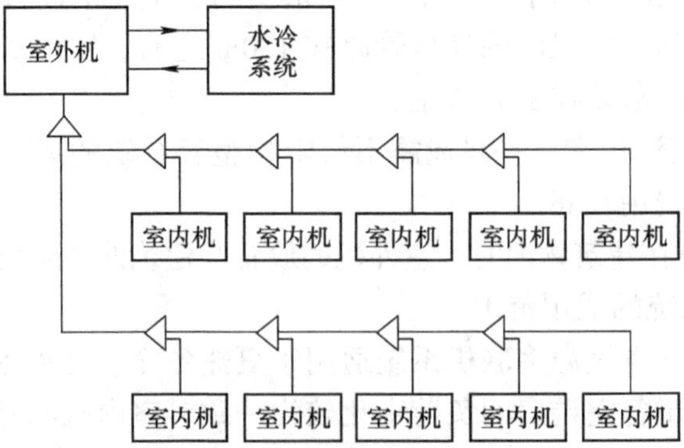

图5-24 水源多联机系统

2. 水源多联机系统的特点

由于“水冷系统”的引入，使得水源多联机系统比空气源多联机系统的系统构成相对复杂，但拓宽了多联机系统应用范围，可节省内外机连接铜管，减少制冷剂充注量，更加高效节能，而且还可以减少压缩冷凝单元的占地面积，降低运行噪声，回收建筑物余热。

1）空气源多联机系统由于受连管长度的限制，无法应用到高落差、大面积的建筑物。而水源多联机系统则可以随意安置主机，通过水冷系统来延伸多联机系统的作用范围。

2）多联机系统的主机不必集中放置在楼顶，而可以放在每一层楼的小房间里（或吊顶内），这就大大降低了制冷剂环路的长度，节省了昂贵的铜管使用量，对系统能效比影响小，同时减小制冷剂充注量。

3）根据负荷变化，在改变制冷剂流量的同时，制冷机组还可以改变冷却水流量，使满负荷能效比和部分负荷能效比大大超过空气源多联机系统。

4）水源多联机系统的压缩冷凝单元（主机）体积小、结构紧凑，集中安装比空气源多联机系统的室外机减少约50%占地面积，而且运行噪声低。

5）对于餐厅、娱乐室、机房等场所，冬季或过渡季，即使室外温度较低，但室内仍然需要供冷，采用水环式水冷系统可以回收建筑物内部的余热，将内部热量转移到需要制热的周边区域，从而降低冬季辅助加热费用。

5.5　水环热泵系统

水环热泵系统是水环热泵空调系统的简称。该系统如图5-25所示，采用双管闭式水循环管道系统，将分散布置的水源热泵的水侧换热器连接成并联环路，采用辅助加热设备（如锅炉）和排热设备（如冷却塔）分别供给系统运行时不足的热量或排除多余的热量。

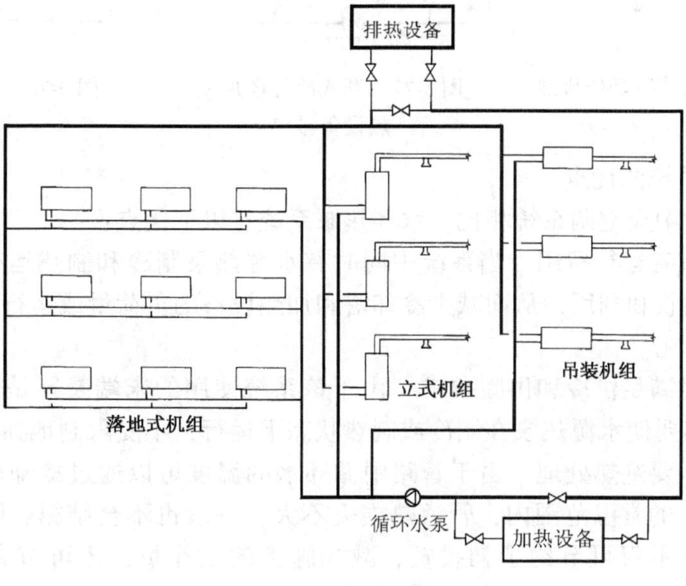

图5-25　水环热泵系统示意图

1. 水环热泵系统的组成

典型的水环热泵系统包括室内水源热泵（水/空气热泵）、水循环管道系统、排热设备

（通常采用密闭蒸发式冷却塔）、加热设备（通常采用各种加热器或锅炉）。该系统最大的优点是不需要设集中冷源，并且可以同时使分散的水源热泵有的供冷运行，有的供暖运行，从而产生节能效果。

水环热泵系统管路中循环流动的水温一般控制在15~35℃，对于每台水源热泵来说，将其连接在一起的水循环管路中的水既是排热源，又是热源。当水源热泵均制冷运行而向循环水中放热，使环路中的循环水温升高超过35℃时，排热设备（如冷却塔）起动，把循环水中的热量放给大气，保证循环水温不超过35℃。反之，当水源热泵均制热运行而从循环水中吸热，使环路中的循环水温降低至15℃以下时，加热设备（如锅炉）起动，对循环水进行加热，保证循环水温不低于15℃。如果在同一时间内，有的水源热泵制冷，有的水源热泵制热，则管路中的循环水既得热又失热，那么，在15~35℃的范围内系统既可以不起动排热设备，也可以不运行加热设备。

水环热泵系统常用的排热设备有三种（组）：一是密闭蒸发式冷却塔，如图5-26所示；二是开式冷却塔加换热设备，如图5-27所示；三是天然冷源加换热设备，如图5-28所示。常用的加热设备是燃油、燃气、燃煤锅炉或电锅炉。此外，也可以不单设排热设备和加热设备，采用空气源热泵冷热水机组或地源热泵系统同时承担水环热泵系统的排热和加热任务。

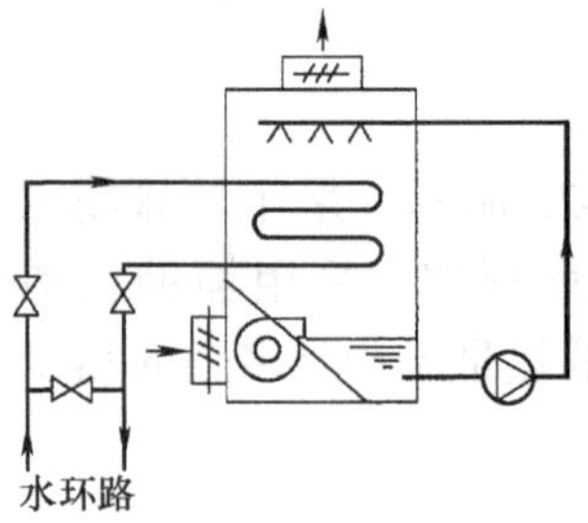

图5-26 密闭蒸发式冷却塔排热

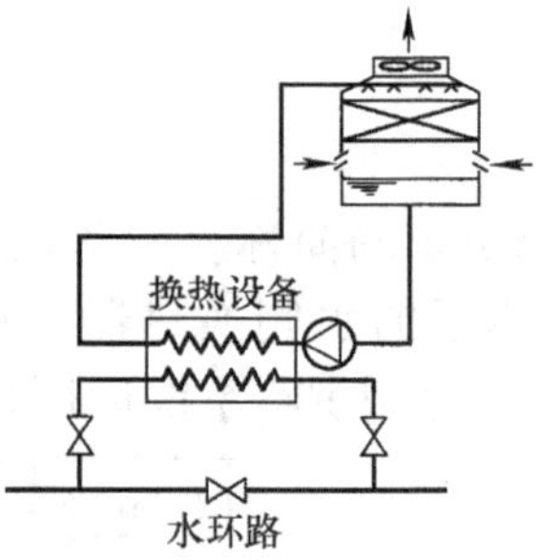

图5-27 开式冷却塔加换热设备排热

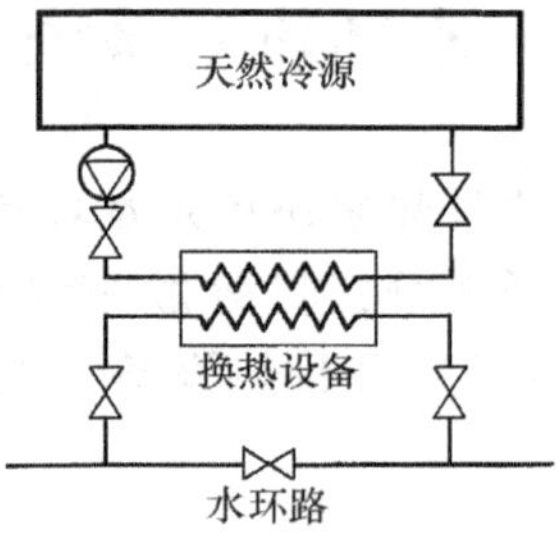

图5-28 天然冷源加换热设备排热

2. 水环热泵系统的优点

与其他类型的中央空调系统相比，水环热泵系统有以下优点：

（1）节能并节省运行费用 当系统中同时有水源热泵制冷和制热运行时，可以实现系统内部的冷热量回收和利用，从而减少冷却塔和加热设备的负荷量或运行时间，既可以节能又可以节约运行费用。

（2）可以同时满足供冷和供暖要求 由于该系统使用的末端装置是热泵，因此，用户可以按照自己的需要使水源热泵在制冷或制热状态下运行，不受限制地独立进行调节。

（3）管道不需要绝热处理 由于管路中循环水的温度可以通过冷却塔或加热设备的使用控制在15~35℃的常温范围内，管道热损失不大，一般也不会结露，因此管道不需要采取绝热措施。这样不仅可节约了初投资，减少施工的工作量，还可节省管道所占的空间（如在建筑结构中直埋布管），减少维护保养的工作量及相关费用。

（4）机房占用面积小 由于不用冷水机组和冷水泵，仅仅是循环水泵和加热设备所需要的机房面积要小得多，因此可提高建筑物的有效利用率。

（5）收费公平，管理方便　由于可以按用户安装的水源热泵用电情况来单独计量收费，其保养费和维修费便于独立核算，循环水泵和冷却塔及加热设备的用电也可以平摊进去，因此有较公平收费的基础。同时，也可以促使用户养成节约用电的习惯，可避免按空调面积收费带来的一系列问题。

3. 水环热泵系统的不足之处

尽管水环热泵系统存在上述诸多优点，但在实际使用中，也存在一些不足之处。

（1）制冷效率低，电气安装容量大　由于每一台水源热泵都是一台小型制冷机，与中央空调系统的大型冷水机组相比，其制冷效率较低，因此电气安装容量要增加，可能在电力增容费上要增加一定费用。

（2）需要另配新风系统　不论是系统还是水源热泵，都不具备新风供给功能，需要另配新风系统，且在春秋季节不能实现全新风运行模式。

（3）维护保养要求高，工作量大　水源热泵构造较复杂，使用数量一般较多，且多为吊顶暗装，因此不仅对维护保养人员的技术水平要求高，而且维护保养工作量大。

（4）需采用闭式冷却塔　为保证管路中循环水的水质，且使系统简单，水环热泵系统一般采用闭式冷却塔，此种冷却塔价格较高（是开式冷却塔的 2～3 倍）、质量较大（是开式冷却塔的 4 倍左右）。

（5）噪声影响较难消除　水源热泵通常就近安装在空调房间或区域内，其运行时的噪声影响较大，而且较难消除。

4. 水环热泵系统的适用范围

（1）公寓　对于一般标准的普通式公寓，由于造价原因，这一系统的应用受到一定的限制。但对于空调要求较高的高级公寓，这一系统是比较适合的，此时它主要可利用的优点是：计费方便，以每户独立电表计费；各房间温度均可独立控制；可以在房屋出租（或出售）后再安装机组。

（2）旅馆、酒店　该系统用于旅馆、酒店时，可充分发挥其能同时满足各房间有的要供冷、有的要供暖，且能单独控制的优点，以满足不同客人的使用要求，提高旅馆、酒店的档次和标准。

（3）用于出租的写字楼或商业建筑　这是该系统最适合的一类建筑。由于这类建筑具有较为稳定的内部热源，因此，其运行的能耗相当节省；系统的投资可分步到位，有利于开发商缩短投资回收年限；各用户可根据需要就地进行独立控制；便于对各租户进行收费。

对于只需要供冷的建筑物，也可采用与水环热泵系统相似的集中冷却分散机组系统。该系统采用双管水循环管路，将分散布置的水冷式空调机组的水侧换热器连接成并联环路，并与冷却塔相连，由水泵驱动冷却水循环流动，如图 5-29 所示。该系统除了没有节能方面的优点外，其他优缺点与水环热泵系统的基本相同。

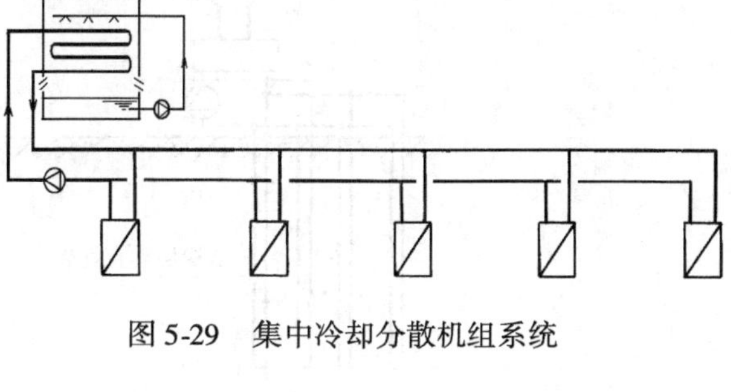

图 5-29　集中冷却分散机组系统

5.6 热泵系统

热泵系统一般指由热泵冷热水机组作为冷热源与风机盘管组成的空调系统。本部分介绍的热泵系统与上述水环热泵系统的主要区别是安装在空调房间内的末端装置不同，前者是各种形式的风机盘管，后者则是小型水源热泵的室内机。

按热泵与外界热交换的介质分，热泵系统分为空气源热泵系统和地源热泵空调系统两大类，后者不省略“空调”两个字是为了与作为冷热源的地源热泵系统相区别。

1. 空气源热泵系统

空气源热泵系统俗称风冷热泵系统或风冷热泵冷热水系统，该系统主要由空气源（空气/水）热泵冷热水机组、风机盘管、水循环管道系统及水泵组成（图5-30），系统构成简单，适用范围与多联机相同，但工程造价比其低，管道系统的施工技术要求也较低。

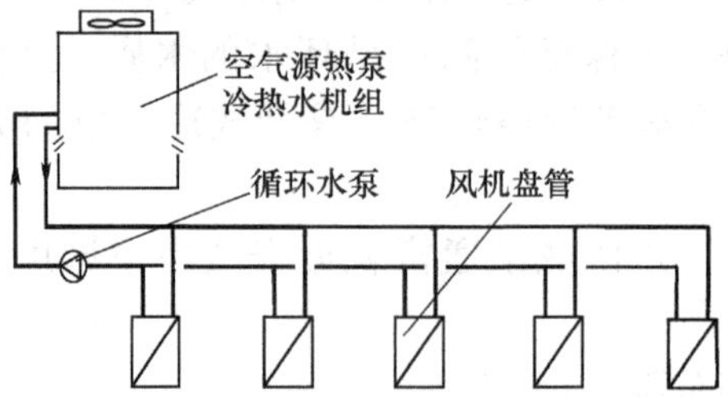

图5-30 空气源热泵系统

2. 地源热泵空调系统

地源热泵空调系统由地源热泵系统、风机盘管、空调水管系统及水泵组成，根据地源种类的不同，地源热泵空调系统可分为土壤源地源热泵空调系统、地下水地源热泵空调系统和地表水地源热泵空调系统三大类。与空气源热泵系统不同的是，地源热泵空调系统采用的热泵冷热水机组是水/水热泵冷热水机组。图5-31、图5-32、图5-33分别为土壤源地源热泵空调系统、地下水地源热泵空调系统和地表水地源热泵空调系统示意图。显然，地源热泵空调系统的适用范围主要取决于地源热泵系统。

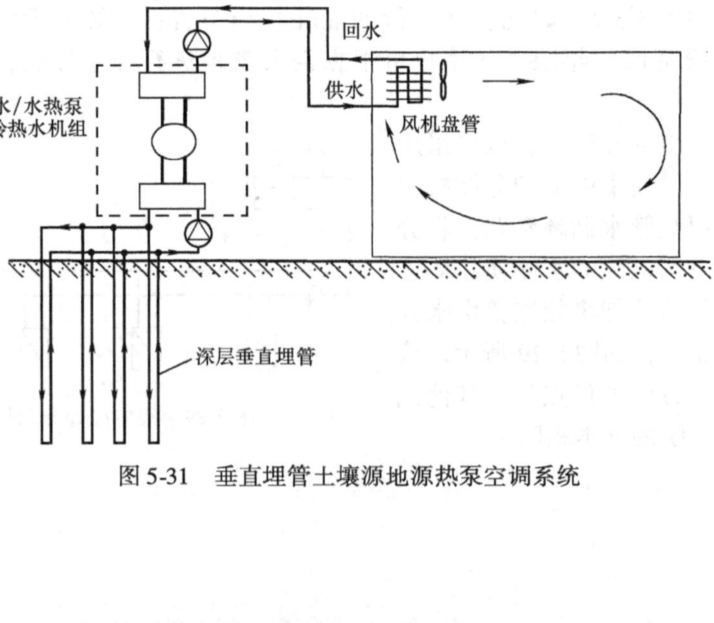

图5-31 垂直埋管土壤源地源热泵空调系统

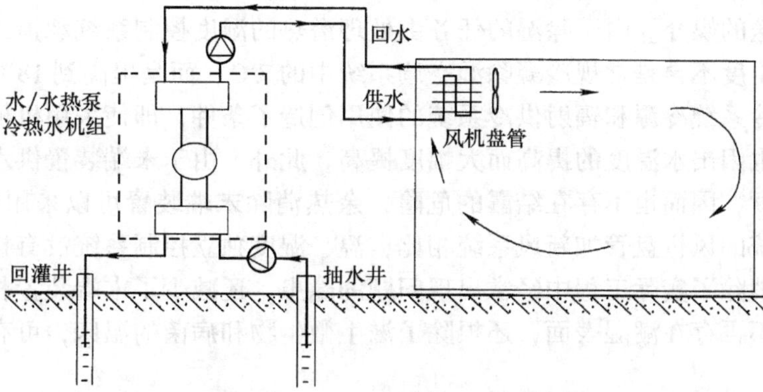

图 5-32　地下水地源热泵空调系统

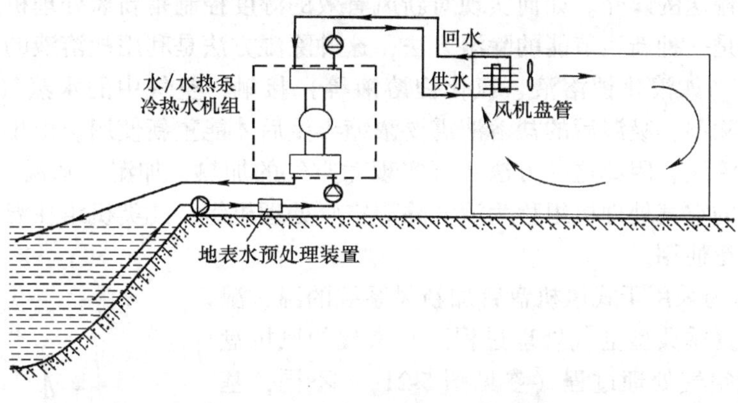

图 5-33　地表水地源热泵空调系统

5.7　温、湿度独立控制系统

温、湿度独立控制系统是由相互独立的两套系统分别控制空调房间温度和湿度的空调系统，空调房间的全部显热负荷由干工况室内末端装置承担，全部散湿量则由经除湿处理的干空气（新风）承担。

温、湿度独立控制系统的基本组成为：处理显热的温度控制系统与处理潜热的湿度控制系统，两个系统独立调节并分别控制空调房间的温度和湿度（参见图 5-34）。

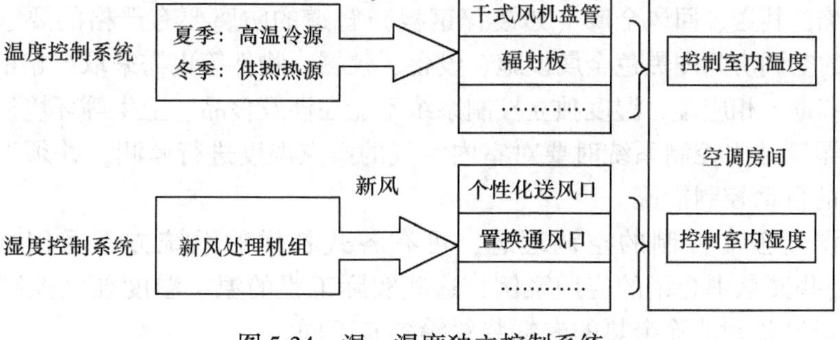

图 5-34　温、湿度独立控制系统

处理显热的温度控制系统包括：高温冷源、供回水管道和余热消除末端装置。该系统采用水作为能量输送的媒介。由于除湿的任务由处理潜热的湿度控制系统承担，因此温度控制系统的冷水供水温度不再是常规冷凝除湿空调系统中的7℃，而是提高到18℃左右，从而为天然冷源、水蓄冷系统冷源和辐射供冷系统的使用创造了条件，即使采用机械制冷方式，制冷机的性能系数也因出水温度的提高而大幅度提高。此外，由于末端装置供水的温度高于室内空气的露点温度，因而也不存在结露的危险，余热消除末端装置可以采用干式风机盘管、辐射板等。与传统的风机盘管加新风系统相比，温、湿度独立控制系统没有接水盘和凝结水排除系统，彻底消除了实际工程中经常出现问题的隐患，还减少了末端装置相应地清洁工作量。同时，由于不再存在潮湿表面，还根除了滋生微生物和病菌的温床，可有效改善室内空气品质。

处理潜热的湿度控制系统由新风处理机组、送（回）风管道和送风末端装置组成，采用新风作为能量输送的媒介。如何实现对新风有效的湿度控制是新风处理机组所面临的关键问题，溶液除湿是一种新型节能的除湿方法，这种除湿方法是利用盐溶液的吸湿特性，将空气直接与盐溶液（如溴化锂溶液、氯化锂溶液等）接触，空气中的水蒸气被盐溶液吸收，从而实现空气的除湿，吸湿后的盐溶液需要浓缩再生后才能重新使用。由于可以改变溶液的浓度、温度和气液比，因此这一方法还可实现对空气的加热、加湿、降温等各种处理过程。采用该原理设计的空气处理机组称为溶液除湿空气处理机组，此类机组在温、湿度独立控制系统中得到了广泛使用。

图5-35所示为采用干式风机盘管加新风系统的温、湿度独立控制系统夏季典型空气处理过程。与常规的风机盘管加新风系统的空气处理过程（参见图5-21c）不同，基于温、湿度独立控制的理念，室外新风被处理到可以承担室内湿负荷的含湿量状态后送入室内，实现湿度控制；风机盘管只用来处理室内显热负荷，承担温度控制任务。

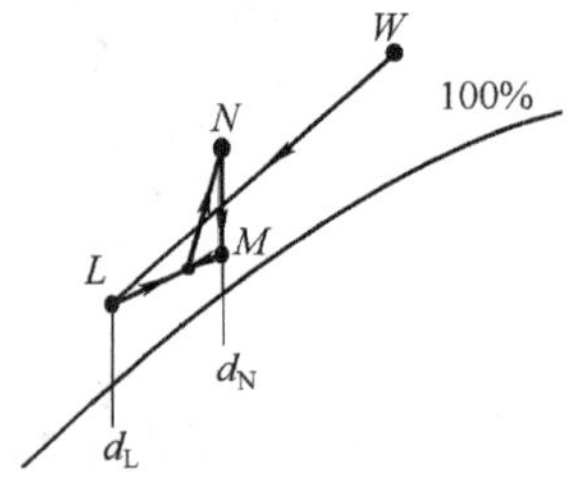

图5-35 采用干式风机盘管加新风系统的温、湿度独立控制系统夏季典型空气处理过程

由于温、湿度独立控制系统可使室内相对湿度一直维持在60%以下，因此在较高的室温（如26℃）情况下就可以达到热舒适要求。这就避免了在相对湿度太高时，只能通过把室温降低（甚至降到20℃）的办法来满足舒适要求的问题。显然，与传统的中央空调系统相比，采用温、湿度独立控制系统既可以降低运行能耗，还可以减少由于室内、外温差过大造成的热冲击对人的健康危害。

由于卤素盐极易对金属构件产生腐蚀作用，所以对于采用溴化锂的溶液除湿空气处理机组的湿度控制系统，其送、回风金属（如镀锌钢板）管道的防腐要有严格的要求，同时对于此类系统所服务的空调房间内黑色金属设施、设备、仪器、物件等也需采取严格的防腐措施。此外，因卤素盐有毒，相应温、湿度独立控制系统不能在涉及食品、卫生等环境使用。

采用温、湿度独立控制系统时要对室内空气的露点温度进行监测，并须采取确保末端设备表面不结露的自动控制措施。

基于温、湿度独立控制的空调理念，可有各式各样的系统方案及组成设备和装置。表5-3给出了一些文献中介绍的应用案例，这些实际工程的温、湿度独立控制空系统中高温冷源、新风处理设备和消除余热的末端装置等各有不同。

表 5-3　温、湿度独立控制空调系统夏季应用案例

建筑类型	地点	建筑面积/m^2	温度控制系统		湿度控制系统	
			高温冷源	余热消除末端装置	低温冷源	新风机组
办公	北京	9.4 万	离心式冷水机组提供高温冷水	干式风机盘管	离心式冷水机组提供低温冷水	冷凝除湿新风机组
办公	深圳	2.1 万	离心式冷水机组提供高温冷水（17.5℃）	干式风机盘管 + 辐射板		热泵驱动的溶液调湿新风机组
办公	北京	2 万	溴化锂吸收式冷水机组提供高温冷水（16℃）	辐射吊顶 + 地板送风	溴化锂吸收式冷水机组提供低温冷水（5℃）	冷凝除湿新风机组
医院	河南	4.8 万	地下水源热泵提供高温冷水（15℃）	干式风机盘管		热泵驱动的溶液调湿新风机组
航站楼	西安	4.7 万	冷站统一制取高温冷水	辐射地板		带有预冷的热泵驱动式溶液调湿新风机组
展馆	上海	3470	回风与处理后的新风混合后再由冷水降温	全空气系统送风口		转轮全热回收 + 预冷 + 转轮除湿新风处理
文物存储	四川	3600	地下水（18℃）直接作为高温冷源	全空气系统送风口	地下水源热泵制取低温冷水	冷凝除湿新风机组

5.8　空调系统的选择

为了在满足使用要求的前提下使空调系统一次投资省、运行经济、能耗少，应根据建筑物的用途、规模、使用特点、负荷变化情况、控制参数要求、所在地区气象条件以及能源供应状况和能源政策等，通过技术经济比较后，确定合适的空调系统。

1）对于空间较大、人员较多的单一房间（如影剧院、体育馆、候车室、候机楼），多房间热湿负荷变化情况相似，采用集中控制时各房间的温、湿度波动可不超过允许范围，以及房间温、湿度允许波动范围小、噪声和洁净度要求较高的工艺性空调系统，均宜采用全空气定风量系统。因为全空气定风量系统易于保证新风量的供应（必要时还能实现全新风送风），气流组织稳定，消除噪声和对空气进行净化处理的效果好。

2）当房间允许采用较大送风温差或室内散湿量较大时，应采用具有一次回风的全空气定风量系统。因为定风量系统多采用改变冷热水水量或水温的方法来控制送风温度，系统简单，易于控制。

3）空调房间较多，各个房间又要求能单独调节，且建筑层高较低的建筑物宜采用风机盘管加新风系统。经过处理的新风宜直接送入室内。不能将新风出口与风机盘管吸入口相接（串联形式），因为当风机盘管风机停止转到时，新风有可能从带有过滤器的回风口吹出，将过滤器滤积的粉尘又吹入室内。

4）对空气质量和空调精度要求较高的房间不宜采用风机型管加新风系统。因为该形式的空调系统不能严格地控制室内温、湿度，而且在供冷期间接水盘中因有积水等易滋生微生物和病菌，会对室内空气环境有所影响。

5）当多个房间合用一个空调风系统，且各个房间负荷变化较大，低负荷运行时间较长，需要分别调节室内温度，尤其是需要全年供冷的内区空调房间，在技术经济条件允许时，宜采用全空气变风量系统。

6）由于变风量系统的风量变化范围有一定的限制，且湿度不易控制，因此在温、湿度控制要求高的工艺性空调房间不易采用变风量系统；由于变风量系统末端装置的测量需要较高的风速和风压，以及末端阀门的节流、有的还设有小风机等，都会产生较高的噪声，因此不适用于噪声要求严格的房间。

7）采用变风量系统时应满足下列要求：

① 风机应能变速调节。

② 有保证最小新风量要求的措施。

③ 当采用变风量的送风末端装置时，送风口的基本性能在风量改变时仍不变。

8）全空气系统中仅有送风机的单风机系统简单、占地少、一次投资省、运行耗电量少，因此是采用最广泛的系统。但在需要改变新风量、回风量和排风量的大小时，单风机系统存在调节困难的缺点。此外，在系统阻力较大时，采用单风机使风机风压高、耗电量大、噪声也大。此时宜加设回风机，即采用双风机系统。需分别改变送、回风量的变风量系统也宜采用双风机系统。

9）当采用冰蓄冷冷源或有低温冷媒可利用时，宜采用低温送风系统；对要求保持较高空气湿度或需要较大送风量的空调房间，不宜采用低温送风系统。

10）全年进行空调，且各房间负荷特性相差较大，长时间同时需分别供暖和供冷的建筑，经技术、经济比较后，可采用水环热泵系统。冬季不需供暖或供暖量很小的地区，不宜采用该系统。

5.9 家用中央空调系统

随着我国每户100m^2建筑面积以上的多居室住宅、复式住宅以及别墅大量兴建，租用100～500m^2建筑面积营业的小型商业和服务型企业迅速发展，一种与之需求配套的、介于“中央空调系统”和“房间空调器”之间的小型空调系统应运而生。这类空调系统还被称为户用中央空调、户式中央空调、别墅空调等。其基本特征是有一台室外主机，通过管道输送承担室内冷热负荷的介质至室内末端装置。

根据管道输送的介质不同，这类空调系统通常分为风管系统、水管系统和制冷剂系统三种基本形式。

1. 风管系统

风管系统（又称为空气式系统）是以空气为输送介质，室外主机实际上是一台单元式空调机，末端装置为各种送风口。主机与送风口之间用风管连接，其工作原理与全空气一次回风系统的工作原理基本相同。该系统利用室外主机集中产生的冷（热）量，将室内回风（或回风和新风的混合风）进行冷却或加热处理后，再通过风管经送风口送入各个房间。

风管系统初投资较小，能方便地引入新风，使室内空气质量能得到充分保证。但风管系统的空气输配管道占用建筑空间较大，一般要求房间有足够的层高才能采用，而且不能有建筑构造梁。由于该系统采用统一送回风的方式，风口的送、回风量不能根据房间的负荷情况自动调节，难以满足不同房间不同空调负荷的要求，以及有些房间不使用而不需要开空调，有些房间在使用又需要开空调的差别要求。若加设变风量末端将会使整个空调系统的初投资大大增加。

2. 水管系统

水管系统（又称为冷热水系统）是以水为输送介质，室外主机实际上是一台风冷冷水机组或空气源热泵机组，末端装置则是各种风机盘管。主机与各风机盘管之间用水管相连，其工作原理与风机盘管系统的工作原理基本相同。该系统将经过室外主机降温或加热后的循环冷（热）水，通过水管输送到布置在各个房间里的风机盘管，再利用风机盘管与室内空气进行热湿交换，使房间内的空气参数达到控制要求。

由于可以通过调节风机盘管的风机转速改变送风量，或调节旁通阀改变经过盘管的水量来达到调节室内空气温、湿度的目的，因此该系统可以适应每个空调房间都能单独调节的要求，满足各个房间不同的空调需要，包括根据需要关机不用。因此其使用的灵活性和节能性比较好。此外，由于该系统室外主机与室内各风机盘管相连的输配管道为水管，占用建筑空间很小，又有水泵驱动水循环流动，因此一般不受房间层高的限制，受室内建筑构造梁的影响也不大。这种系统存在的主要缺点：一是不能引进新风，对于通常密闭的空调房间而言，其舒适性较差，因此需另配新风供应系统；二是水管施工安装麻烦，费时费工。

3. 制冷剂系统

该系统是由一台风冷室外机通过制冷剂管道，连接数台不同或相同形式、容量的直接蒸发式室内机构成的单一制冷循环系统，是一般空调器类型中的一拖多分体空调器的扩展形式。该系统以制冷剂为输送介质，室外主机由换热器、压缩机、散热风扇和其他制冷附件组成，类似分体空调器的室外机；室内机由直接蒸发式换热器和风机组成，与分体空调器的室内机相同。为了满足各个房间不同的温、湿度控制要求，该系统可以采用变频技术和电子膨胀阀控制压缩机的制冷剂循环量及进入各室内机换热器的制冷剂流量。此外，该系统根据使用要求的不同，还可以采用单冷系统或热泵系统。

制冷剂系统具有运转平稳、节能等优点，而且各个房间可以独立调节，能满足不同房间不同空调负荷的需求；一台室外机通过制冷剂管道拖带的室内机可多达几十台；室外机与室内机间的高度差和水平距离可从几十米至上百米；压缩机可变频运行从而适应制冷剂流量的变化。但该系统控制系统复杂，对控制器件、现场焊接安装等方面的要求非常高，且其初投资较高。此外，这种系统也不能直接引进新风，因此对于通常密闭的空调房间而言，其舒适性较差。

家用中央空调系统除了上述三种基本系统形式外，在其基础上还互相交叉、搭配衍生出一些新的系统形式。如将水管系统的风机盘管或制冷剂系统的室内机接上风管，改室内机直接吹风和吸风为利用风管上的风口送回风；将一台风机盘管或直接蒸发式室内机作为新风处理机使用，向室内专供新风等。

本章要点

1. 通常按突出反映系统某一方面的特征来进行空调系统分类，因此造成空调系统的名称繁多，一个空调系统往往会有几个不同的名称。掌握这一特点，有利于深刻了解各种空调系统的形式。

2. 全空气系统是历史最悠久，至今仍在广泛使用的集中式空调系统。能满足对空气的各种处理要求，能全新风运行和能对室内空气质量进行全面控制是其最突出的三大优点。全空气系统常用的有直流式（全新风）系统、一次回风系统和二次回风系统三种系统形式。

3. 由于一次回风系统比直流式系统节能，比二次回风系统简单，因此是集中式全空气系统中使用最广泛的系统形式。

4. 空调系统的新风量是指系统运行期间的最小新风供给量，它的多少与室内空气质量和空调系统的能量消耗有很大关系，而且二者是相互对立的。因此，其取值要适当，通常是取满足卫生要求、补偿排风和保持房间正压三方面要求的最小新风量作为空调系统的新风量。

5. 保持送风温度或参数不变，靠改变送风量来适应负荷变化的系统称为变风量系统。变风量系统可分为两种：一种是只能改变系统总送风量，送风末端为普通送风口的系统；另一种是不仅系统总送风量可以改变，而且各送风末端还加装有变风量末端装置的系统。由于两种系统配置有差别，因此适用范围也不同。

6. 低温送风系统是采用1~4℃的低温冷水，将空气处理到4~10℃送风的全空气系统，又称为大温差送风系统，通常与冰蓄冷系统配合使用。在使用中，重点要注意解决送至工作区的空气温度不能过低，保证风管、风口及送风气流不结露问题。

7. 地板送风系统属于全空气、下送风空调系统的形式之一，夏季供冷节能效果明显，比较适合层高较高，主要热源在下部，人很少且不是固定在某一位置工作的空调房间。

8. 按建筑分区设置空调子系统，不仅能有效地满足各种性质、用途不同的房间的使用要求，而且有利于节约空调能耗，便于维护管理。

9. 风机盘管加新风系统是典型的空气—水系统，由风机盘管子系统和新风子系统组成，其中风机盘管子系统由众多风机盘管与水管系统组成；而新风子系统则由新风机（与风机盘管共用水系统）与风管系统组成。

10. 多联机系统是典型的制冷剂系统，但与房间空调器类的一拖多产品相比，一套多联机系统的室内机可达几十台，作用范围要大得多；与传统的中央空调系统相比，可省去冷热源机房，节省机房建筑投资。

11. 水环热泵系统是采用双管水循环管路，将分散布置的水源热泵的水侧换热器连接成并联环路，以辅助加热设备和排热设备，分别供给系统运行时不足的热量或排除多余的热量的空调系统。该系统最大的优点是不需要设集中冷源，并且可以同时有的机组供冷运行，有的供暖运行，从而产生节能效果。

12. 热泵系统分为空气源热泵系统和地源热泵空调系统两大类别，前者系统构成简单，适用范围与多联机相同，但采用的是空气/水热泵冷热水机组；后者可分为土壤源地源热泵空调系统、地下水地源热泵空调系统和地表水地源热泵空调系统三种类型，系统构成复杂，但采用的均为水/水热泵冷热水机组。

13. 温、湿度独立控制系统由处理显热的温度控制系统与处理潜热的湿度控制系统组成，两个系统独立调节并分别控制空调房间的温度和湿度；与传统的中央空调系统相比，不仅室内相对湿度可以得到很好地控制，容易达到舒适要求，而且可以降低运行能耗，减少由于室内、外温差过大造成的热冲击对人的健康危害。

14. 合适的空调系统应根据建筑物的用途、规模、使用特点、负荷变化情况、控制参数要求、所在地区气象条件以及能源供应状况，通过技术经济比较后确定，并使其在满足使用要求的前提下一次投资省、能耗少、运行经济、维护管理方便。

15. 相对于大型中央空调系统而言，家用中央空调系统属于小型空调系统。根据连接室外主机和室内末端装置的管道及输送的介质不同，这类空调系统可分为风管系统、水管系统和制冷剂系统三种基本形式，各有其优缺点。

思考题与习题

一、思考题

1. 一次回风系统和风机盘管加新风系统按不同的分类方法，分别还可以称为什么系统？
2. 试说明全空气系统与空气—水系统有什么不同？
3. 全空气系统的主要优缺点有哪些？包括哪三种常用系统形式？
4. 一次回风系统主要由哪几部分组成？适用于何种场所？其新风使用量是否越少越经济？为什么？
5. 确定最小新风量需考虑哪几个因素？取其平均值、最大值还是最小值？
6. 什么是变风量系统？变风量系统的形式有哪些？
7. 什么是低温送风系统？其特点是什么？通常要与什么系统配合使用？
8. 风机盘管加新风系统主要由哪几部分组成？各部分的作用是什么？该系统适用于何种场所？
9. 水环热泵系统主要由哪几部分组成？各部分的作用是什么？
10. 家用中央空调系统基本特征是什么？有哪几种基本形式？区别是什么？

二、习题

1. 某空调房间夏季冷负荷 $Q = 23260\text{W}$，余湿量 $W = 0$。室内空气计算参数 $t_N = 23℃ \pm 1℃$，$\varphi_N = 60\% \pm 10\%$。已知夏季空调室外空气计算参数 $t_W = 35℃$，$t_{WS} = 27.4℃$，所在地区的大气压力 $p_B = 101325\text{Pa}$。拟采用一次回风系统，新风比 $m = 10\%$，求各风量和所需要的冷量，写出空调流程，并画出相应的 $h-d$ 简图。

2. 广州地区某空调客房采用风机盘管加新风系统，夏季室内空气计算参数为 $t_N = 24℃$，$\varphi_N = 60\%$。夏季空调冷负荷 $Q = 1.26\text{kW}$，湿负荷 $W = 192\text{g/h}$，室内设计新风量 $q_{mW} = 60\text{kg/h}$，试进行该空调房间夏季空调设计计算。

第 6 章

空调风管道系统及设计

风管道系统是全空气空调系统和风机盘管加新风空调系统的主要组成部分，它把空调设备和送回风口连成一个整体，承担着空气的输送与分配任务，使经过处理的空气能够源源不断地合理分配到各个空调房间或区域，满足有关参数的控制要求。空调风管道系统设计的任务是在保证使用效果的前提下，使工程初投资和运行费用最省，风管道占用建筑空间最小。

本章主要介绍和讨论空调风管道的种类、形状与规格，空调风管道系统设计的原则、步骤与阻力计算方法，均匀送风管的送风原理与设计、计算方法，空调风管道系统的防火防烟等。

6.1 空调风管道

空调风管道是空调风管与空调风道的统称，空调风管是采用金属或非金属薄板（如薄钢板、铝板、硬聚氯乙烯板和玻璃钢等材料）制作的风管道；空调风道则是用砖、混凝土或钢筋混凝土等建筑材料构筑而成的风管道。由于空调工程中采用的绝大多数是风管，因此本章内容除特别说明外均以空调风管为主介绍。

6.1.1 空调风管道的种类

空调风管道的种类很多，按风管道的制作材料分，主要有金属风管、非金属风管（道）和复合材料风管；按风管道的断面几何形状分，有矩形、圆形和椭圆形风管道；按风管道的连接对象分，有主（总）风管（道）和支风管（道）；按风管能否任意弯曲和伸展分，有柔性风管（软管）和刚性风管等。

1. 金属风管

由于风管道担负着输送空气的任务，从各方面考虑，对其与空气接触部分的制作材料要求内表面光滑、摩擦阻力小、不吸湿、耐腐蚀、强度高、质量小、气密性好、不积尘、易清洁等，金属材料一般均能满足这些要求。

空调工程中大量使用的金属材料风管是镀锌钢板风管，因为镀锌钢板具有良好的加工性能和结构强度；空气流动阻力小；钢板表面镀锌具有良好的防锈性能，使用寿命较长；风管制作快速方便，可以在工厂预制，也可以在施工现场临时制作；防火性能良好等诸多优点，但采用人工加工方式时，存在敲打工作强度大和敲打时会产生有害噪声等缺点。

还有一种在普通薄钢板表面喷上一层0.2～0.4mm厚塑料层的塑料复合钢板风管，常用于防尘要求较高的空调系统。

2. 非金属风管道

空调工程中常用的非金属材料制作的风管道主要是建筑风道和无机玻璃钢风管两种。

（1）建筑风道　建筑风道（又称为土建式风道或土建风道）是传统的非金属材料风管道，主要有两种：一种是钢筋混凝土现浇或预制而成的，作为送风或回风风道的建筑空间；另一种是采用砖砌体与钢筋混凝土预制板搭建而成的，作为送风或回风风道的建筑空间。建筑风道结构简单，节省钢材，经久耐用，能与土建施工同时进行制作或安装，与风管的连接方式也比较灵活，因此在许多建筑中都有使用的例子，尤其是在我国早期的一些大型公共建筑（如体育馆、影剧院等）和工业建筑（如纺织厂等）中，采用较为广泛。

建筑风道的主要缺点：一是风道内表面粗糙，尤其是砖砌风道，尽管土建施工图中都要求内表面抹平（随砌随抹），但当尺寸较小时事实上绝大多数这类风道在施工时都未能严格执行这一要求，带来的直接后果就是空气流动阻力大，对风机的风压要求高，风机的电耗上升；二是砖砌风道要求施工非常仔细，当施工质量不好时，漏风情况极为严重；三是当施工管理不善时，施工杂质（如木块、纸屑甚至水泥块等）在风道内大量积存，严重时造成风道的堵塞；四是风道不易保温或施工困难。

建筑风道在民用建筑中使用较多的是作为高层建筑空调系统的新风竖井。当风管道截面很大或截面形状受到土建布置限制较为特殊、采用其他风管道加工有困难的场所往往也采用建筑风道。

（2）无机玻璃钢风管　无机玻璃钢风管（简称玻璃钢风管）是以中碱或无碱玻璃纤维布作为增强材料，无机胶凝材料为胶结材料，通过一定的成形工艺制成的风管；具有抗弯和抗冲击强度高、不燃、耐腐蚀、耐高温、导热系数较小、表面光洁、无毒等特性。

保温玻璃钢风管将管壁制成夹层，夹层中填充聚苯乙烯泡沫塑料、聚氨酯泡沫塑料、蜂窝纸等绝热材料。

玻璃钢风管的不足之处是风管和管件（如弯头、三通等）都要在工厂制作，这对于现场施工来说很不方便，特别是在施工过程中要对原设计的风管进行修改（这种情况几乎每个工程都会发生）或要求非标准尺寸的管件时，因无法及时在现场制作而容易影响施工工期。因此，采用玻璃钢风管时，通常同时以钢板制风管作为其补充来使用。

3. 复合风管

在我国，以镀锌钢板为基材的风管＋绝热层＋防潮层＋保护层和风管＋绝热层（如发泡橡胶）＋保护层的空调风管结构是常见的两种传统结构形式。而采用不燃材料面层复合绝热材料板，运用特定技术工艺制成的新型风管称为复合材料风管，简称复合风管。根据建筑行业标准《非金属及复合风管》（JGT258－2009）规定，按制作材料分类，空调工程常用的复合风管有玻纤复合风管、聚氨酯复合风管和酚醛复合风管。

（1）玻纤复合风管　玻纤复合风管又称为玻璃纤维复合风管，简称玻纤风管、复合玻璃棉风管，其制作材料为由三层玻璃纤维布和玻璃棉组合而成的复合玻纤板。复合玻纤板的外层为玻璃纤维布复合铝箔层或双层复合玻璃纤维布层，中间层为一定厚度的超细或离心玻璃棉板层，内层为用特种胶喷涂处理的玻璃纤维布层，各层以专用的防火、防水、抗老化、粘结性能优良的粘合剂加压粘合在一起。根据工程设计要求，可将玻纤板切割、粘接、加固制成玻纤风管和各种类型的异形管件。管段间可采用阴、阳榫插接，T形框架插接，法兰联接等方式。

与传统的以镀锌钢板为基材的绝热风管相比，玻纤风管有以下优点：

1）消声性能好。由于超细玻璃棉是一种良好的多孔性吸声材料，因此玻纤风管具有管式消声器的消声功能，不需另装消声器即可对中、高频噪声产生较好的消声效果。

2）漏风量极低。由于玻纤风管段间的连接多采用阴、阳榫或加T形内框架的对接方式，风管及管件由板材按设计要求切割成型材后，结合面均用粘合剂粘接并用铝箔胶带密封，因此连接部位漏风的可能性很小。与通常用法兰联接的镀锌钢板风管系统相比，玻纤风管系统的漏风率一般不超过2%。

3）重量轻。玻纤风管的质量是采用铝箔玻璃棉绝热的镀锌钢板风管质量的1/3，因此不仅可以大大降低楼体的负荷，还可以减少风管支吊架的各种材料用量。

4）无绝热层脱落问题。采用玻璃棉或岩棉绝热的镀锌钢板风管，一般用保温钉固定绝热层，外观既不平整又不美观，而且在保温钉使用数量不足、粘接不牢时，很容易发生绝热层脱落现象。而玻纤风管的三层复合层通过专用粘合剂的作用，形成了一个整体，且绝热层在中间，因此不会出现绝热层脱落问题。

玻纤风管的主要缺点是摩擦阻力较大。由于玻纤风管的内表面为玻璃纤维布，其表面粗糙度为0.2mm，略大于钢板风管的表面粗糙度。因此，玻纤风管的摩擦阻力比镀锌钢板风管的稍大。但在一般情况下，风管中摩擦阻力占整个风管系统总阻力的比例较小，因而玻纤风管增加的摩擦阻力对整个风管系统的总阻力影响不明显。

（2）聚氨酯复合风管　聚氨酯复合风管简称聚氨酯风管，这种新型空调风管的制作材料为聚氨酯泡沫塑料与铝箔或金属薄板的复合夹心板材。复合夹心板材为成形板材，由硬质发泡阻燃聚氨酯泡沫塑料与两面覆盖的铝箔或金属薄板组成，也是三层复合层结构，它同时具备传统空调风管组成材料的全部功能。

该风管与玻纤风管的制作方法相同，只需先按要求在板材上画线，切割后再进行粘接即可得到所需要的管段或各种局部管件。专门配件可以很方便地将管段和管件按常规法兰联接方法进行连接，也可以方便地进行各种风口与管道的连接。

用这种复合材料制作空调风管有以下特点：一是制作简单，可在施工现场直接下料粘接完成；二是质量轻，其质量仅为相同断面面积和长度的镀锌钢板加铝箔玻璃棉绝热层风管的1/4；三是绝热层两面均受到坚硬的铝箔或金属薄板保护层保护，不易损坏；四是风管内表面平整、光滑，外观亮丽，特别适合于明装。

（3）聚苯乙烯复合风管和酚醛复合风管　属于三层复合层结构的复合材料风管还有聚苯乙烯复合风管和酚醛复合风管，前者也称为挤塑复合风管，这种风管的制作材料是聚苯乙烯树脂及其他添加剂挤压成型的板材与铝箔或金属薄板复合的夹心板材；后者的制作材料是以酚醛发泡树脂、固化剂、发泡剂及无机物经化学反应形成酚醛泡沫芯材，再与铝箔或金属薄板复合的夹心板材。这类复合风管的外表面材料除了采用铝箔外，还可采用镀锌钢板、压花铝箔、彩色钢板、不锈钢板和布基铝箔，风管的内表面材料可采用铝箔或彩色钢板，因此具有高抗压、不吸水、防潮、不透气、使用寿命长、导热系数低、保温隔热性持久、不需要预留施工空间等特性。

酚醛泡沫材料还具有阻燃性能好，遇明火不燃烧、不熔化、无烟、无毒、无腐蚀、无滴落，吸声性能优良等优越特性，且不用氟利昂发泡，无环境污染，低温环境下不收缩、不脆化的特点。由于酚醛具有苯环结构，所以尺寸稳定，变化率 <1%。且化学成分稳定，防腐抗老化，特别是能耐有机溶液、强酸、弱碱腐蚀。

（4）双壁螺旋风管　双壁螺旋风管的内壁为穿孔金属板，外壁为镀锌钢板，均是机器绕制而成。炭化玻璃棉填充在两壁之间，组成了集绝热与消声功能为一体的机制圆形风管。

4. 软管

软管是软风管的简称，又称为伸缩软管、柔性风管，它重量轻，易弯曲，具有施工简单、使用灵活、布管方便等特点，并有减振和消声作用。但其风阻力较大，对施工管理要求较高，主要用作连接主风管与送回风口的支风管。按材质不同，软管主要有铝箔伸缩软管、铝制波纹形半软管和玻纤软管。

（1）铝箔伸缩软管　铝箔伸缩软管简称铝箔软管，是以高弹性螺旋形镀铜（或镀锌）强韧钢丝为骨架，以复合铝箔膜为风管壁料，利用粘贴、缠绕或咬合（接）加工成形的风管。这种风管的断面形状有圆形和方（矩）形，如图 6-1 所示。它具有以下优点：

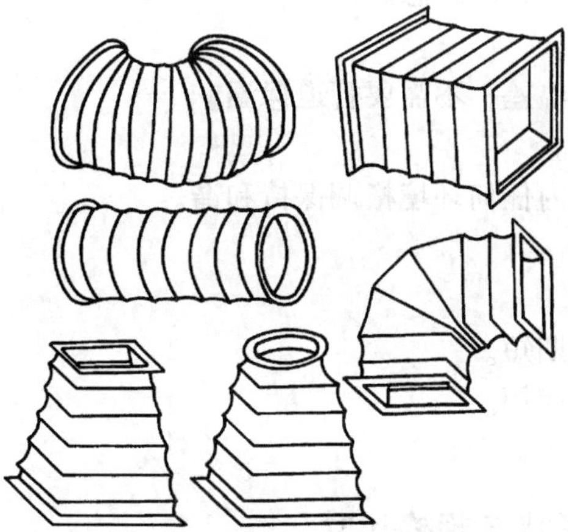

图 6-1　铝箔伸缩软管

1）重量轻，柔性好，可任意弯曲、伸缩，安装方便。

2）接头少，长度长，每根软管的伸展长度可达 10m，压缩后单层管每根不到 1m，保温管不超过 2m，运输方便。

3）易切割、连接，易于和其他管件或设备组配。

铝箔伸缩软管的缺点是强度较低，施工现场的尖锐物（如钢筋、铁钉等）很容易将其划破。因此采用它时要求有较好的施工组织和管理作保证。

铝箔伸缩软管有普通型、保温型和消声保温型三种。保温型伸缩软管是以普通型伸缩软管为芯，外包一定厚度的玻璃纤维绝热层，再外覆既能防潮又能防火的加强铝箔制成；消声保温型伸缩软管是用有许多小孔的普通型伸缩软管为芯，外包玻璃纤维绝热层及玻纤布铝箔制成，集消声与保温于一体。

（2）铝制波纹形半软管　铝制波纹形半软管属于金属柔性风管，这种风管是用薄铝板带借助专用机械缠绕成螺旋形咬口的圆形管（图6-2），它具有强度较高的优点，安装完后其形状基本可保持不变（铝箔软管在风压作用下或支承不良时会变形）。其缺点是柔性和伸缩性相对较差；由于较脆，不能多次来回弯曲，否则易造成波纹处裂口。与铝箔伸缩软管一样，铝制波纹形半软管也有普通型、保温型和消声保温型三种，结构形式也相似。

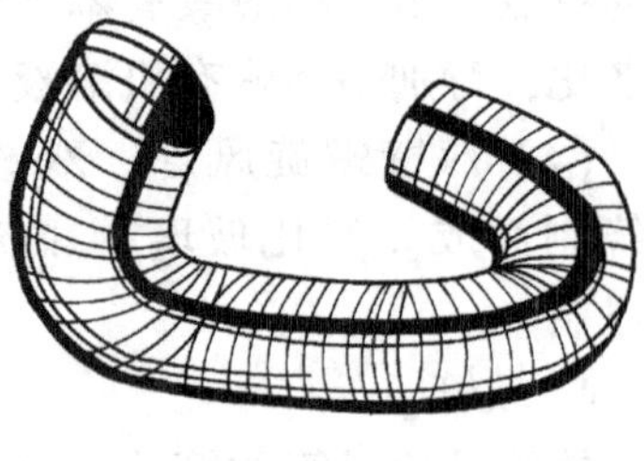

图6-2 铝制波纹形半软管

（3）玻纤软管 玻纤软管的强度和柔韧性都较高，不易划破，耐腐蚀和伸缩性能也较好。此外，由于它可以做成不同的截面形状（如圆形、椭圆形或矩形），因此对室内装饰设计和与主风管或设备的连接较为有利。其缺点是空气的摩擦阻力比上述几种软管稍大，但内覆铝箔的玻纤软管有很大改进。

5. 纤维布风管

纤维布风管又称为布风管、布袋风管、布质风管或纤维织物空气分布系统。这种风管由特殊纤维织成，主要靠纤维渗透和喷孔射流的出风模式均匀送风，通常作为室内末端系统使用。其特点如下：

1）面式出风，风量大，无吹风感。
2）整体送风均匀分布。
3）管壁内、外几乎无温差，不需要管道保温。
4）管道易擦拭、清洗。
5）多种颜色，可与室内任何环境格调保持和谐。
6）重量极轻。
7）系统运行安静。
8）安装简单，施工周期短。
9）安装灵活，可重复使用。
10）性价比高。

6.1.2 空调风管道的形状与规格尺寸

空调风管道采用什么样的断面形状，需要综合考虑建筑层高或安装空间高度、室内装饰要求以及制作、安装的难易和费用等因素。为了设计标准化，制作工厂化，安装方便，国家标准《通风与空调工程施工质量验收规范》（GB 50243—2002）对空调风管道的规格尺寸作了明确规定。

1. 空调风管道的形状

空调工程广泛采用的风管道断面形状主要有矩形和圆形，其他还有椭圆形。

（1）矩形风管道 空调工程中大多采用矩形风管道，其原因是矩形风管道容易和建筑结构、室内装饰相配合，不受建筑层高或安装空间高度的限制，而且加工制作较容易。但在断面积与圆形风管相等时，矩形风管的周长较长，耗费材料较多；由于矩形风管四个角存在局部涡流，因此其摩擦阻力比圆形风管的大。当矩形风管的两相邻边长比为1.0~3.5时，它与流通面积相等的圆形风管相比，制作管道的材料要多用13%~36%，摩擦阻力要大16%~45%。

（2）圆形风管 空调工程中使用的圆形风管多为螺旋形圆形风管，简称螺旋圆风管

（图 6-3）。这种风管用镀锌钢板带料经专用的螺旋咬口制管机绕制而成，其主要优点是内表面光滑，无涡流区，摩擦损失和噪声小；锁缝严密，气密性高；螺旋式锁缝具有加强肋的作用，因而风管强度高，刚性好；有较长的连续长度，接头少，减少了渗漏，而且降低了安装费用。此外，圆形风管的绝热层施工方便。圆形风管的主要缺点是受建筑层高或安装空间高度的限制，不能现场加工制作，风管配件、部件的安装难度较大。

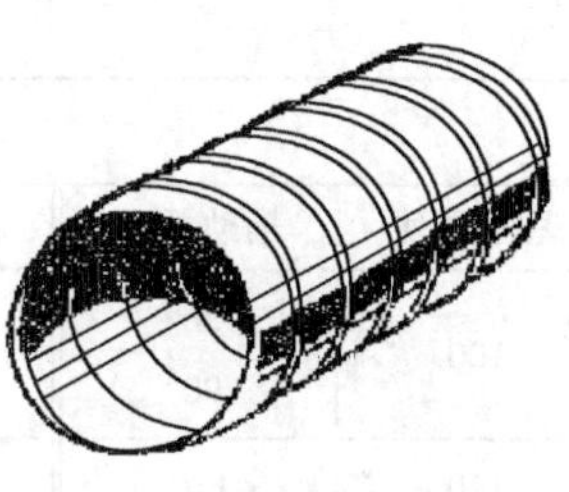

图 6-3 螺纹圆风管

（3）椭圆形风管 椭圆形风管简称扁管或扁圆风管，是将螺旋圆风管压制成的风管，其外形如图 6-4 所示。

椭圆形风管除了具有螺旋圆风管的基本优点外，还具有矩形风管占用空间高度可以很小，适应建筑层高或安装空间高度较低场合需要的特点；同时也有不能在现场加工制作，风管配件和部件安装难度较大等缺点。

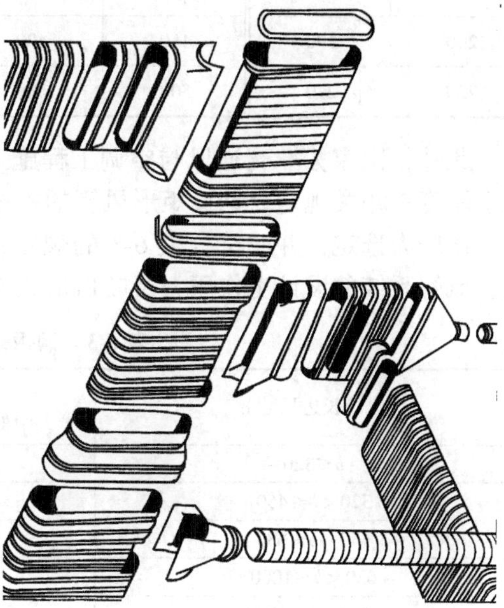

图 6-4 椭圆形风管

2. 空调风管道的规格尺寸

国家标准《通风与空调工程施工质量验收规范》（GB 50243—2002）对空调风管道的规格即风管道断面尺寸的明确规定参见表 6-1 和表 6-2。表中数据对风管来说是外边长或外径，对风道来说则是内边长；非规则椭圆形风管参照矩形风管道，并以长径平面边长及短径尺寸为准。圆形风管道应优先采用基本系列。

规定空调风管道规格尺寸的目的一是基于我国生产的镀锌钢板的规格尺寸，最大限度地利用原材料；二是有利于风管及其配、部件制作的标准化、机械化和工厂化，提高制作效率；三是便于风管道的设计和安装。采用非规定的尺寸就意味着长度锌钢板不能充分利用，浪费大；风管及其配件、部件的制作效率要降低；设计和安装都会带来诸多不便（如不能使用标准图和标准件等）。

当采用矩形风管道时，其长边与短边之比通常最高可达 8:1，但从 1:1 增至 8:1，风管道表面积要增加 60%。为了在满足工程需要的前提下既方便制作或建造，又减少材料的浪费和材料的使用量，设计风管道时除特殊情况外，矩形风管道的长边与短边之比不宜大于 4:1，越接近 1 越好，任何时候都不要大于 10，这样不仅可以节省制作或建造费用，还可以减少运行动力消耗和运行费用。

表 6-1 矩形风管道规格 （单位：mm）

风管道边长								
120	200	320	500	800	1250	2000	3000	4000
160	250	400	630	1000	1600	2500	3500	

表6-2 圆形风管规格 （单位：mm）

风管道直径 D							
基本系列	辅助系列	基本系列	辅助系列	基本系列	辅助系列	基本系列	辅助系列
100	80 90	250	240	560	530	1120	1060
120	110	280	260	630	600	1250	1180
140	130	320	300	700	670	1400	1320
160	150	360	340	800	750	1600	1500
180	170	400	380	900	850	1800	1700
200	190	450	420	1000	950	2000	1900
220	210	500	480				

此外，国家标准《通风与空调工程施工规范》（GB 50738—2011）还对钢板风管板材的最小厚度有相关规定。钢板矩形风管的板材最小厚度应按风管断面长边尺寸和风管系统的设计工作压力选定，并应符合表6-3的规定；钢板圆形风管的板材最小厚度应按风管断面直径、风管系统的设计工作压力及咬口形式选定，并应符合表6-4的规定。

表6-3 钢板矩形风管板材最小厚度 （单位：mm）

风管长边尺寸b	低压系统（$p \leqslant 500$Pa） 中低压系统（500Pa $< p \leqslant$ 1500Pa）	高压系统（$p > 1500$Pa）
$b \leqslant 320$	0.5	0.75
$320 < b \leqslant 450$	0.6	0.75
$450 < b \leqslant 630$	0.6	0.75
$630 < b \leqslant 1000$	0.75	1.0
$1000 < b \leqslant 1250$	1.0	1.0
$1250 < b \leqslant 2000$	1.0	1.2
$2000 < b \leqslant 4000$	1.2	按设计

表6-4 钢板圆形风管板材最小厚度 （单位：mm）

风管直径 D	低压系统（$p \leqslant 500$Pa）		中压系统（500Pa $< p \leqslant$ 1500Pa）		高压系统（$p > 1500$Pa）	
	螺旋咬口	纵向咬口	螺旋咬口	纵向咬口	螺旋咬口	纵向咬口
$D \leqslant 320$	0.5					
$320 < D \leqslant 450$	0.5	0.6	0.5	0.7	0.6	0.7
$450 < D \leqslant 1000$	0.6	0.75	0.6	0.7	0.6	0.7
$1000 < D \leqslant 1250$	0.7（0.8）	1.0	1.0	1.0	1.0	
$1250 < D \leqslant 2000$	1.0	1.2	1.2		1.2	
>2000	1.2	按设计				

注：对于螺旋风管，表中直径是指其最大直径。

6.1.3　空调风管道系统的阻力与减阻措施

空调风管道系统的阻力包括摩擦阻力和局部阻力两部分，其中局部阻力占系统总阻力的比例较大，有时甚至高达 80%。因此进行风管道系统设计时，应尽量采取措施来减少局部阻力，以减少风机的能耗和设备（风机）的初投资。

1. 摩擦阻力

摩擦阻力（又称为沿程阻力）是由于空气本身的黏滞性及在风管道中流动时与管壁摩擦产生的，它与风速、管壁的粗糙度以及管道尺寸等因素有关。当风速和管道尺寸一定时（通常由设计人员确定），尽可能采用表面光滑的材料制作风管，就可降低摩擦阻力值。

2. 局部阻力

局部阻力是空气流过风管道中的配件（如弯头、三通、变径管）和部件（如风口、阀门）等管件时，空气的流向、流量和流过断面等发生变化及某些管件的阻碍作用而产生的阻力。显然，它除了上述摩擦阻力产生的因素外，还与管件的形式密切相关。在设计时，通常采取以下一些措施来减小局部阻力：

1）弯头的曲率半径 R 不宜过小，最常用的是 $R/b=1.0\sim2.0$（b 是矩形风管道的宽度或圆形风管的直径），在 R/b 小于 1.0 时，要加装导流叶片，使空气流动阻力减小。

2）三通的局部阻力大小，取决于三通断面的形状、分支管道中心夹角、支管道与主管道的截面积比、支管道与主管道的流量比（或流速比）以及三通的使用情况（用作分流还是合流）。分支管道中心夹角宜取得小一些，一般不超过 30°，只是在受现场条件限制或者为了阻力平衡需要的情况下，才采用较大的夹角。三通支管道常采用一定的曲率半径。

支管道与主管道的连接一般应设在渐扩管部位。当有几根支管道汇合于同一主管道时，汇合点最好不要在同一个断面上。此外，还应避免 90°垂直连接，通常支管道应在顺气流方向上做一定的导流曲线或三角形切割角。

三通的局部阻力不仅取决于它的几何参数，还和流量比（两根支管道的流量分别与主管道流量之比）有关，为了减小三通的阻力（包括消除合流时可能出现的引射作用），应使两根支管道与主管道的气流速度接近，或者相等（这时两支管道断面积之和与主管道断面积相等）。

3）尽量避免风管道断面的突然变化，用渐缩管或渐扩管代替突然缩小或突然扩大，渐缩管每边收缩角度不宜大于 30°，渐扩管每边扩展角度不宜大于 15°。

4）有条件时，风管道上的各个管件在布置时尽量相隔一定的距离，以避免管件之间的相互影响。在两个管件距离很近或者直接连接时，由于互相干扰，其局部阻力往往发生大幅度变化，可能比两个单独的局部阻力之和大，也可能小。这一阻力变化的程度不仅取决于管件的类型，还和管件之间的相对距离 l/d（这里 l 是两管件的相对距离，d 是管径）有关。因此在设计风管道时，如果在各个管件之间留有大于三倍管径的直管距离，可以不计相互干扰的影响。

6.2　空调风管道系统设计

风管道系统设计应在满足空调方面要求的同时，解决好风管道所占的空间体积、制作或建造风管道的材料消耗量、风机所耗功率、风管道绝热的用料等问题。

6.2.1 空调风管道系统的设计原则

一个好的空调风管道系统设计应该布置合理，占用空间少，风机能耗小，噪声水平低，总体造价低。为此，在进行空调风管道系统设计时应把握以下几个原则：

（1）子系统的划分要科学合理　子系统的划分要考虑到室内空气控制参数、空调使用时间等因素，以及防火分区要求。

（2）管路系统要简洁　风管道长度要尽可能短，分支管和管件要尽可能少，避免使用复杂的管件，要便于安装、调节与维修。

（3）风管道的断面形状要因建筑空间制宜　充分利用建筑空间布置风管道。风管道的断面形状要与建筑结构和室内装饰相配合，使其达到完美与统一。

（4）风管道断面尺寸要国标化　为了最大限度地利用板材，使风管道设计简便，制作标准化、机械化和工厂化，风管道的断面尺寸（直径或边长）应采用国家标准《通风与空调工程施工质量验收规范》（GB 50243—2002）规定的数据。

（5）风管道内风速要选用正确　选用风速时，要综合考虑建筑空间、风机能耗、噪声以及初投资和运行费用等因素。如果风速选得高，虽然风管道断面小，管材耗用少，制作或建造费用低，占用建筑空间小，但是空气流动阻力大，风机能耗高，运行费用增加，而且风机噪声、气流噪声、振动噪声也会增大。如果风速选得低，虽然运行费用低，各种噪声也低，但风管道断面大，管材耗用多，制作或建造费用高，占用建筑空间也大。因此，必须通过全面的技术经济比较来确定管道内风速的数值。有消声要求的空调系统消声装置后的风管道内风速应按表6-5给出的数据选用，也可参考表6-6选用。

表6-5　风管道内风速　（单位：m/s）

室内允许噪声级　dB（A）	主管道风速	支管道风速
25～35	3～4	≤2
35～50	4～7	2～3
50～65	6～9	3～5
65～85	8～12	5～8

注：风机与消声装置之间的风管道，其风速可采用8～10m/s。

表6-6　主管道内的最大风速

管道位置	设计标准（NR）	方形管道/（m/s）	圆形管道/（m/s）
竖井内或硬质顶棚上部	45	17.8	25.4
	35	12.7	17.8
	25	8.6	12.7
悬挂的吸声顶棚上部	45	12.7	22.9
	35	8.9	15.2
	25	6.1	10.2
位于人员活动空间内的管道	45	10.2	19.8
	35	7.4	13.2
	25	4.8	8.6

注：1. 支管道内的风速应小于或等于上述值的80%。

2. 送风口颈部风速应小于或等于上述值的50%。

（6）风机的风压与风量要有适当的裕量　风机的风压值宜在风管道系统总阻力的基础上增加 10% ~15%；风机的风量大小则宜在系统总风量的基础上增加 10%。

6.2.2　空调风管道系统的设计步骤

空调风管道系统设计的一般步骤为：

1）根据各个房间或区域空调负荷计算出的送、回风量，结合气流组织的需要确定送、回风口的形式、设置位置及数量。

2）根据工程实际确定空调机房或空调设备的位置，选定热湿处理及净化设备的形式，划分其作用范围，明确子系统的个数。

3）布置以每个空调机房或空调设备为核心的子系统送、回风管道的走向和连接方式，绘制出系统轴侧简图。

4）确定每个子系统的风管道断面形状和制作（或建造）材料。

5）对每个子系统进行阻力计算（含选择风机）。

6）进行绝热材料的选择与绝热层厚度的计算。

7）绘制工程图。

6.2.3　空调风管道系统的阻力计算

空调风管道系统阻力计算（又称为水力计算）的目的一是确定风管道各管段的断面尺寸和阻力，二是对各并联风管道支路进行阻力设计平衡，三是计算出选风机所需要的风压。

1. 空调风管道系统的阻力计算方法

空调风管道系统的阻力计算方法较多，主要有假定流速法、压损平均法和静压复得法。

（1）假定流速法　假定流速法也称为流速控制法，其特点是先按技术经济要求选定管段的流速，再根据管段的风量确定其断面尺寸和阻力。

（2）压损平均法　压损平均法也称为当量阻力法，是以单位长度风管道具有相等的阻力为前提的，这种方法的特点是在已知总风压的情况下将总风压按干管长度平均分配给每一管段，再根据每一管段的风量和分配到的风压计算风管道断面尺寸。在风管道系统所用的风机风压已定时，采用该方法比较方便。

（3）静压复得法　当流体的全压一定时，流速降低则静压增加。静压复得法就是利用这种管段内静压和动压的相互转换，由风管道每一分支处复得的静压来克服下游管段的阻力，并据此来确定风管道的断面尺寸。下面将对这一方法作简要介绍。

在图 6-5 所示的风管中，由于每根支管都要分流一部分风量，因此在每个分流三通之后，直管中的风量必然减少。如果三通的前、后断面变化不大，风速将会降低，即断面 1-1 的流速 v_1 大于断面 2-2 的流速 v_2。如果保证两断面的全压相等，即 $p_{q1} = p_{q2}$，那么静压将存在下面关系：$p_{j2} > p_{j1}$，即断面 2-2 的静压大于断面 1-1 的静压，称为“静压复得”。利用这部分“复得”的静压，可以克服下一管段（AB）的阻力。

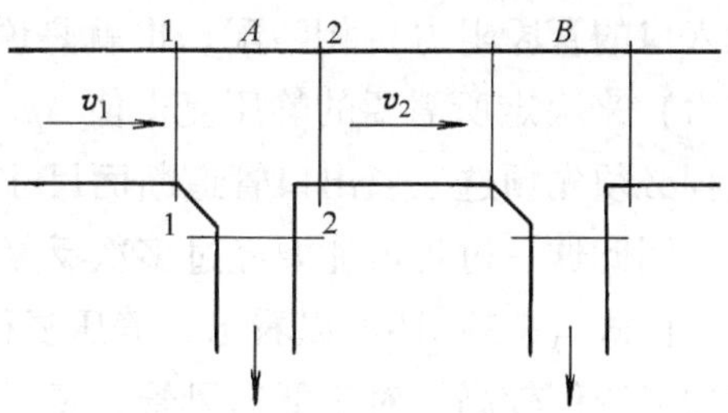

图 6-5　有分流三通的风管

对三通前、后两断面 1-1 和 2-2 列出能量方程式：

$$p_{j1}+\frac{\rho v_1^2}{2}=p_{j2}+\frac{\rho v_2^2}{2}+z_{1-2} \tag{6-1}$$

式中 z_{1-2}——三通直管部分的局部阻力，单位为 Pa，且

$$z_{1-2}=\zeta_{1-2}\frac{\rho v_2^2}{2}$$

式中 ζ_{1-2}——对应于三通直管流速的局部阻力系数。

式（6-1）可以改写为

$$p_{j1}+\frac{\rho v_1^2}{2}=p_{j2}+\frac{\rho v_2^2}{2}+\zeta_{1-2}\frac{\rho v_2^2}{2}$$

静压复得值：

$$\Delta p_j=p_{j2}-p_{j1}=\frac{\rho v_1^2}{2}-\frac{\rho v_2^2}{2}-\zeta_{1-2}\frac{\rho v_2^2}{2}$$

即

$$\Delta p_j=\frac{\rho v_1^2}{2}-(1+\zeta_{1-2})\frac{\rho v_2^2}{2}\quad \text{Pa} \tag{6-2}$$

式（6-2）可改写为

$$\Delta p_j=K\left(\frac{\rho v_1^2}{2}-\frac{\rho v_2^2}{2}\right)\quad \text{Pa} \tag{6-3}$$

式中 K——静压复得系数，通常小于1。

因为三通本身有局部阻力，要消耗一部分静压，所以使动压的减少不可能完全转化为静压的增值。

由式（6-2）和式（6-3）可以得到如下关系式：

$$K=\frac{v_1^2-(1+\zeta_{1-2})v_2^2}{v_1^2-v_2^2} \tag{6-4}$$

式（6-4）表明，静压复得系数 K 与速度 v_1、v_2 及三通局部阻力系数 ζ_{1-2} 有关。由于 ζ_{1-2} 与 v_1、v_2 也有关，因此可近似认为 K 值是 v_1 和 v_2 的函数。K 值与三通的制作工艺也有关系，设计制作特别精细的三通，$K>0.5$；而设计制作较粗糙的三通，$K\leqslant 0.5$。

总之，影响 K 值的因素比较复杂，考虑工程实际计算的方便，可以近似认为 K 是常数，且 $K=0.75$。

由式（6-3）可以看出，主管风速 v_1 越大，静压复得值就越大。当然，静压复得值在设计中并不要求一味地提高，而是要与三通后的管段阻力（即从计算的三通出口至下一个三通入口的管段阻力）相匹配。也就是说，必须根据后一管段的阻力（包括摩擦阻力和局部阻力）来决定所需要的静压复得值 Δp_j，这就是静压复得法计算风管的基本原则。由于这一过程必须先预选三通出口管道断面尺寸，才能计算 Δp_j 和后一管段的阻力，并对二者进行校核，因此这一过程可能要经过多次反复计算和调整才能完成。

由式（6-3）还可以看出，静压复得值与风速平方的变化值成正比。对于高速风管，复得的静压值较高；对于低速风管，复得的静压值较低。因此，静压复得法仅适用于高速风管空调系统的阻力计算。

2. 空调风管道系统阻力计算的步骤和方法

工程上应用最多的是假定流速法，下面介绍用这种方法进行空调风管系统阻力计算的步骤和方法。

1）在系统轴测图上以风量不变为准则划分管段，标注各管段风量和长度。管段长度一般按两管件间中心线长度计算，不扣除管件（如三通）本身的长度。

2）选定最不利环路（一般以风机为基点，选长度最长或管件最多的组合管路），先对其组成管段从离风机最远的一段开始，由远而近顺序编号，再对与最不利环路并联的分支管路或管段由远而近进行编号。编号数字标注在各管段的起始节点处。

3）根据室内噪声控制要求和管段性质（主管还是支管），查表 6-4 选择空气流速。表中所列风速有一个范围，当风量较大时，可取表中高限。根据管段风量和选定的流速，计算风管断面面积并按表 6-1 或表 6-2 规定的规格确定断面尺寸 ab 或管径 d，然后用规格化了的断面尺寸和管段风量计算出风管内的实际流速 v 和流速当量直径 D_v。

4）根据实际流速和流速当量直径查图 6-6 求单位长度管道的摩擦阻力 R_m，计算管段的摩擦阻力 $\Delta p_m = lR_m$。由附录 B 查得各管件局部阻力系数 ζ，计算各管件局部阻力 $Z = \xi \frac{\rho v^2}{2}$。管段总阻力 $\Delta p = \Delta p_m + \Sigma z$。

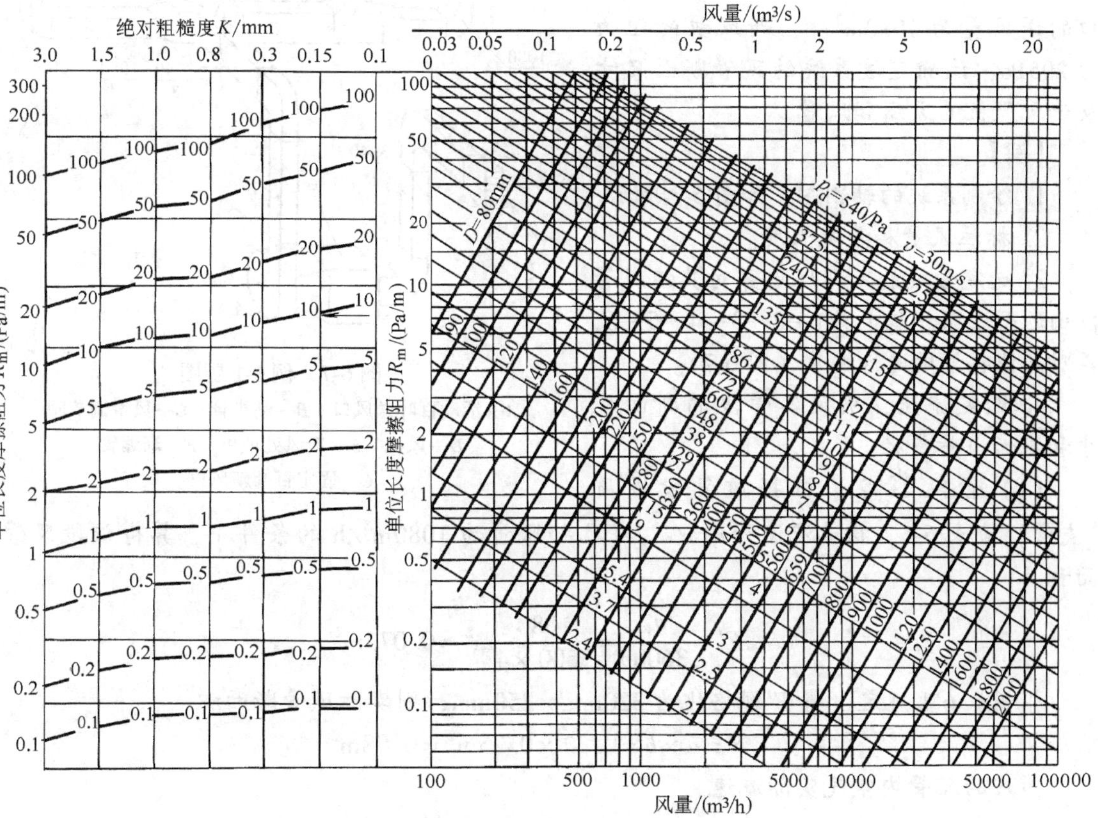

图 6-6　风管单位长度摩擦阻力线解图

阻力计算应从选定的最不利环路最远端管段开始，逐个管段进行，然后计算各并联管路或管段的阻力。

5）检验各并联管路的阻力平衡情况。一般希望并联管路之间的阻力不平衡偏差值不大于15%。如果大于15%，可采用调整其中一个管路管道的断面尺寸，改变其断面面积的方法使并联管路的阻力平衡或基本平衡。因为在风量不变的情况下，改变管道的断面面积会使空气的流速改变，从而使管道的摩擦阻力发生变化。对圆形管来说，调整后的管径按下式计算：

$$D' = D\left(\frac{\Delta p}{\Delta p'}\right)^{0.225}$$

式中 D、D'——调整前、后的管径，单位为mm；

Δp、$\Delta p'$——调整前、后的管道阻力，单位为Pa。

需要注意的是，在采用上述方法时，不宜改变三通的支管管径，可在三通支管上先增设一节渐扩（缩）管，以免引起三通局部阻力的变化。如果通过调整管道尺寸不能达到小于15%的要求，则必须设调节阀门以保证风量按设计要求分配。

6）计算最不利环路的阻力。该环路的阻力即为系统总阻力，据此考虑一定的安全因数以作为选择风机所需要的风压。

【例6-1】 某写字楼有一个与风机盘管系统配套的新风系统，风管全部用镀锌钢板（$K = 0.15$mm）制作，每个送风口的送风量为1080m³/h，新风机的阻力为295Pa，试确定该系统的风管断面尺寸及选配风机的风压和风量。

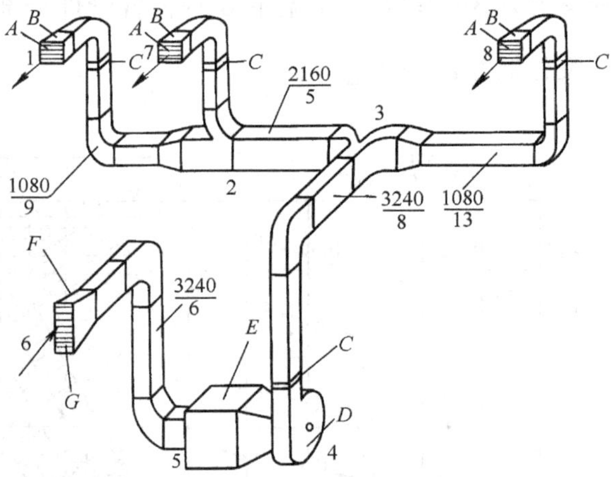

图6-7 例6-1题图

A—活动百叶送风口 *B*—渐扩管 *C*—风量调节阀 *D*—风机 *E*—新风处理机 *F*—渐缩管 *G*—固定百叶新风口

【解】

1. 绘制系统的轴测图，如图6-7所示。

2. 标注风量和管段长度。

3. 选定管段最不利环路并对其组成管段由远而近顺序编号为1—2—3—4—5—6，再对其他各管段进行编号（图6-7）。

4. 选定流速，确定各管段的断面尺寸和流速当量直径。

（1）管段1—2 根据该管段性质（支管）查表6-5，初选流速为4m/s，在已知风量为1080m³/h的条件下，算得该段风管断面积

$$F' = \frac{q_V}{3600v} = \frac{1080}{3600 \times 4}\text{m}^2 = 0.075\text{m}^2$$

根据表6-1规定，将F'规格化为320mm×250mm，则实际风管断面积

$$F = a \times b = 0.32 \times 0.25\text{m}^2 = 0.08\text{m}^2$$

对应的风管内空气实际流速

$$v = \frac{q_V}{3600F} = \frac{1080}{3600 \times 0.08}\text{m/s} = 3.75\text{m/s}$$

流速当量直径

$$D=\frac{2ab}{a+b}=\frac{2\times320\times250}{320+250}\text{mm}=281\text{mm}$$

（2）管段2—3 同上述各步骤，初选流速为4m/s，在风量为2160m^3/h的条件下，算得风管的断面积$F'=0.15m^2$，相应规格化后的风管断面尺寸为500mm×320mm，则风管实际流速$v=3.75m/s$，流速当量直径$D=390mm$。

（3）管段3—4 按主管查表6-5，初选流速为5.5m/s，在风量为3240m^3/h的条件下，算得风管的断面积$F'=0.163m^2$，规格化后的风管断面尺寸为500mm×320mm，则风管实际流速$v=5.6m/s$，流速当量直径$D=390mm$。

（4）管段5—6 全部参数与管段3—4相同。

（5）管段7—2 全部参数与管段1—2相同。

（6）管段8—3 全部参数与管段1—2相同。

5. 计算各管段摩擦阻力、局部阻力和总阻力

（1）管段1—2（管长为9m）

1）摩擦阻力部分：根据该管段实际流速3.75m/s和流速当量直径281mm，查图6-6得单位长度的摩擦阻力$R_m=0.71Pa/m$，则管段1—2的摩擦阻力

$$\Delta p_{m1-2}=lR_m=9\times0.71\text{Pa}=6.39\text{Pa}$$

2）局部阻力部分：

① 活动百叶送风口：在风口送风量为1080m^3/h的条件下，取风口的有效面积利用系数为0.8，根据8.3.2给出的送风口出口风速宜采用2~5m/s的推荐值范围，选活动百叶送风口的出流速度为3m/s，则活动百叶风口面积

$$F=\frac{q_V}{3600v\times0.8}=\frac{1080}{3600\times3\times0.8}\text{m}^2=0.125\text{m}^2$$

取其外形尺寸为500mm×250mm，则风管内风速

$$v=\frac{q_V}{3600ab}=\frac{1080}{3600\times0.5\times0.25}\text{m/s}=2.4\text{m/s}$$

查附录B序号7，得活动百叶送风口的局部阻力系数$\zeta=3.5$，则活动百叶送风口的局部阻力

$$z_1=\zeta\frac{\rho v^2}{2}=3.5\times\frac{1.2\times2.4^2}{2}\text{Pa}=12.1\text{Pa}$$

② 渐扩管：渐扩管沿气流方向由断面320mm×250mm变为500mm×250mm，则$F_1/F_2=320\times250/500\times250=0.64$，查附录B序号11，按扩散角30°考虑，插值得局部阻力系数$\zeta=0.76$（对应小断面的流速，该断面流速即管段1—2的实际流速3.75m/s）。

③ 90°弯头：根据$b/h=250/320=0.78$，取$R/b=1$，查附录B序号27，插值得$\zeta=0.28$。

④ 风量调节阀：根据四叶片及0°全开查附录B序号16，得$\zeta=0.83$。

⑤ 90°弯头：根据$b/h=320/250=1.28$，取$R/b=1$，查附录B序号27，插值得$\zeta=0.3$。

⑥ 渐缩管：沿气流方向由断面500mm×320mm变为250mm×320mm，采用双面缩小，查附录B序号23，得$\zeta=0.1$（$\alpha\leqslant45°$，对应大断面的流速$v=\frac{1080}{3600\times0.5\times0.32}\text{m/s}=1.88\text{m/s}$），则渐缩管的局部阻力

$$z_6=\zeta\frac{\rho v^2}{2}=0.1\times\frac{1.2\times1.88^2}{2}\text{Pa}=0.21\text{Pa}$$

⑦ 分流三通直通管：根据三通旁通管风量与主管风量之比 $q_{V2}/q_V=1080/2160=0.5$，三通旁通管断面积与主管断面积之比 $F_2/F=320\times250/500\times320=0.5$，查附录B序号34，插值得 $\zeta=0.12$（对应主管流速，而主管流速为3.75m/s）。

管段1－2的局部阻力

$$z_{1-2}=z_1+z_6+\sum\zeta\frac{\rho v^2}{2}$$

$$=\left[12.1+0.21+(0.76+0.28+0.83+0.3+0.12)\frac{1.2\times3.75^2}{2}\right]\text{Pa}$$

$$=31.63\text{Pa}$$

管段1－2的总阻力

$$\Delta p_{1-2}=\Delta p_{m1-2}+z_{1-2}=(6.39+31.63)\ \text{Pa}=38.02\text{Pa}$$

（2）管段2—3（管长为5m）

1）摩擦阻力部分：根据该管段实际流速3.75m/s和流速当量直径390mm，查图6-6得单位长度的摩擦阻力 $R_m=0.49\text{Pa/m}$，则其摩擦阻力

$$\Delta p_{m2-3}=lR_m=5\times0.49\text{Pa}=2.45\text{Pa}$$

2）局部阻力部分：矩形分叉三通根据分支管与主管断面之比 $F_1/F=500\times320/500\times320=1$，查附录B序号35得 $\zeta=0.247$（对应主管流速，而主管流速为5.6m/s），则该管段局部阻力

$$z_{2-3}=\zeta\frac{\rho v^2}{2}=0.247\times\frac{1.2\times5.6^2}{2}\text{Pa}=4.65\text{Pa}$$

管段2－3的总阻力

$$\Delta p_{2-3}=\Delta p_{m2-3}+z_{2-3}=(2.45+4.65)\ \text{Pa}=7.1\text{Pa}$$

（3）管段3—4（管长为8m）

1）摩擦阻力部分：根据该管段实际流速5.6m/s和流速当量直径390mm，查图6-6得单位长度的摩擦阻力 $R_m=1\text{Pa/m}$，则其摩擦阻力 $\Delta p_{m3-4}=8\times1\text{Pa}=8\text{Pa}$。

2）局部阻力部分：

① 90°弯头：根据 $b/h=500/320=1.56$，取 $R/b=1$，查附录B序号27，插值得 $\zeta=0.31$。

② 风量调节阀：根据四叶片及0°全开查附录B序号16，得 $\zeta=0.83$。

管段3－4局部阻力

$$z_{3-4}=(0.31+0.83)\ \frac{1.2\times5.6^2}{2}\text{Pa}=21.45\text{Pa}$$

管段3－4的总阻力

$$\Delta p_{3-4}=(8+21.45)\ \text{Pa}=29.45\text{Pa}$$

（4）管段4—5　新风处理机及其出口渐缩管合为一个局部阻力，即 $\Delta p_{4-5}=295\text{Pa}$（题给条件）。

（5）管段5—6（管长为6m）

1）摩擦阻力部分：根据 $v=5.6\text{m/s}$ 和 $D=390\text{mm}$，查图6-6得 $R_m=1\text{Pa/m}$，则 $\Delta p_{m5-6}=$

$6\times1=6\text{Pa}$。

2）局部阻力部分：

① 固定百叶新风口：在要求进风量为$3240\text{m}^3/\text{h}$的条件下，取风口的有效面积利用系数为0.8，即$F_0/F_1=0.8$，选新风口的进风速度为2.5m/s，则采用固定斜百叶风口时其面积

$$F=\frac{q_V}{3600v\times0.8}=\frac{3240}{3600\times2.5\times0.8}\text{m}^2=0.45\text{m}^2$$

取其外形尺寸为500mm×900mm，则风管内风速

$$v=\frac{q_V}{3600ab}=\frac{3240}{3600\times0.5\times0.9}\text{m/s}=2\text{m/s}$$

查附录B序号6，得固定斜百叶风口的局部阻力系数$\zeta=0.9$，则其局部阻力

$$z_1=0.9\times\frac{1.2\times2^2}{2}\text{Pa}=2.16\text{Pa}$$

② 渐缩管：沿气流方向由固定斜百叶风口断面500mm×900mm变为风管断面500mm×320mm，采用双面缩小，查附录B序号23得$\zeta=0.1$（$\alpha\leqslant45°$，对应大断面的流速，即管段5—6的实际流速5.6m/s）。

③ 两个90°弯头：第一个弯头，$b/h=500/320=1.56$，取$R/b=1$，据此查附录B序号27，插值得$\zeta_1=0.31$；第二个弯头，$b/h=320/500=0.64$，取$R/b=1$，同理查附录B序号27，插值得$\zeta_2=0.27$，则$\Sigma\zeta=0.58$。

④ 突扩（新风处理机进口）：新风引入管与新风处理机断面积之比设为f/F，取其值为0.5，查附录B序号20得$\zeta=0.25$（对应小断面的流速，即管段5—6的实际流速5.6m/s）。

管段5-6的局部阻力

$$z_{5-6}=\left[2.16+(0.1+0.58+0.25)\frac{1.2\times5.6^2}{2}\right]\text{Pa}=19.66\text{Pa}$$

管段5-6的总阻力

$$\Delta p_{5-6}=(6+19.66)\text{ Pa}=25.66\text{Pa}$$

（6）管段7—2（管长为3m）

1）摩擦阻力部分：条件同管段1—2，即$v=3.75\text{m/s}$，$D=281\text{mm}$，$R_\text{m}=0.71\text{Pa/m}$，则其摩擦阻力$\Delta p_{\text{m}7-2}=3\times0.71=2.13\text{Pa}$

2）局部阻力部分：以下①、②、③、④四项与管段1—2相同：

① 活动百叶风口：$z_1=12.1\text{Pa}$。

② 渐扩管：$\zeta=0.76$（对应小断面的流速3.75m/s）。

③ 90°弯头：$\zeta=0.28$。

④ 风量调节阀：$\zeta=0.83$。

⑤ 分流三通旁通管：根据三通旁通管风量与主管风量之比$q_{V2}/q_V=1080/2160=0.5$，三通旁通管断面积与总管断面积之比$F_2/F=320\times250/500\times320=0.5$，查附录B序号34得$\zeta=0.5$（对应主管流速，而主管流速也为3.75m/s）。

管段7-2的局部阻力

$$z_{7-2}=\left[12.1+(0.76+0.28+0.83+0.5)\frac{1.2\times3.75^2}{2}\right]\text{Pa}=32.1\text{Pa}$$

管段7-2的总阻力

$$\Delta p_{7-2}=(2.13+32.1)\ \mathrm{Pa}=34.23\mathrm{Pa}$$

(7) 管段8—3（管长为13m）

1) 摩擦阻力部分：条件同管段1—2，即 $v=3.75\mathrm{m/s}$，$D=281\mathrm{mm}$，$R_m=0.71\mathrm{Pa/m}$，则其摩擦阻力 $\Delta p_{m8-3}=13\mathrm{m}\times0.71\mathrm{Pa/m}=9.23\mathrm{Pa}$。

2) 局部阻力部分：以下①、②、③、④、⑤、⑥六项与管段1—2相同：

① 活动百叶风口：$z_1=12.1\mathrm{Pa}$。

② 渐扩管：$\zeta=0.76$（对应小断面的流速3.75m/s）。

③ 90°弯头：$\zeta=0.28$。

④ 风量调节阀：$\zeta=0.83$。

⑤ 90°弯头：$\zeta=0.3$。

⑥ 渐缩管：$z_6=0.21\mathrm{Pa}$。

⑦ 矩形分叉三通：与管段2—3相同，$z_7=4.65\mathrm{Pa}$。

管段8-3的局部阻力

$$z_{8-3}=z_1+z_6+z_7+\sum\zeta\frac{\rho v^2}{2}$$

$$=\left[12.1+0.21+4.65+(0.76+0.83+0.28+0.3)\frac{1.2\times3.75^2}{2}\right]\mathrm{Pa}$$

$$=35.27\mathrm{Pa}$$

管段8-3的总阻力

$$\Delta p_{8-3}=(9.23+35.27)\ \mathrm{Pa}=44.5\mathrm{Pa}$$

上述各管段的阻力计算过程和结果也可以分别用类似表6-7和表6-8的表格形式来表示。

表6-7 风管系统阻力计算表

管段	风量 q_V/($\mathrm{m^3/h}$)	管长 l/m	初选流速 v'/(m/s)	计算面积 $F'=\frac{q_V}{3600v'}$ /$\mathrm{m^2}$	规格化尺寸 $a\times b$ /mm	实际流速 $v=\frac{q_V}{3600ab}$ /(m/s)	当量直径 D $=\frac{2ab}{a+b}$ /mm	单位长度摩擦阻力 R_m/(Pa/m)	摩擦阻力 $\Delta p_m=lR_m$/Pa	局部阻力 Σz/Pa	管段总阻力 $\Delta p=\Delta p_m+\Sigma z$ /Pa
1	2	3	4	5	6	7	8	9	10	11	12
1-2	1080	9	4	0.075	320×250	3.75	281	0.71	6.39	31.63	38.02
2-3	2160	5	4	0.15	500×320	3.75	390	0.49	2.45	4.65	7.1
3-4	3240	8	5.5	0.163	500×320	5.6	390	1	8	21.45	29.45
4-5	3240									295	295
5-6	3240	6	5.5	0.163	500×320	5.6	390	1	6	19.66	25.66
7-2	3240	3	4	0.075	320×250	3.75	281	0.71	2.13	32.1	34.23
8-3	1080	13	4	0.075	320×250	3.75	281	0.71	9.23	35.27	44.5

注：1. 先分管段按本表的栏目序号分别从第1栏做到第10栏，然后按表6-8的格式求解出各管段的局部阻力，再完成本表的最后两栏数据的填写与计算。

2. 第6栏规格化尺寸 $a\times b$ 的数据要根据计算面积 F' “凑”出来，并要符合表6-1的规定要求。

表 6-8 风管系统局部阻力计算表

管段	管件名称	管件特征	查表序号	ζ值	对应流速	局部阻力	
1－2	活动百叶送风口	取风口有效面积利用系数为 0.8，选风口出流速度为 3m/s，取其外形尺寸为 500mm × 250mm	7	3.5	2.4	12.1	31.63
	渐扩管	F_1/F_2 = 320 × 250/500 × 250 = 0.64，扩散角取 30°	11	0.76	3.75（小断面）	6.41	
	90°弯头	b/h = 250/320 = 0.78，取 R/b = 1	27	0.28	3.75	2.36	
	风量调节阀	四叶片，0°全开	16	0.83	3.75	7	
	90°弯头	b/h = 320/250 = 1.28，取 R/b = 1	27	0.3	3.75	2.53	
	渐缩管	$\alpha \leqslant 45°$	23	0.1	1.88（大断面）	0.21	
	分流三通直通管	L_2/L = 1080/2160 = 0.5，F_2/F = 320 × 250/500 × 320 = 0.5	34	0.12	3.75	1.01	
2－3	矩形分叉三通	F_1/F = 500 × 320/500 × 320 = 1	35	0.247	5.6	4.65	4.65
3－4	90°弯头	b/h = 500/320 = 1.56，取 R/b = 1	27	0.31	5.6	5.83	21.45
	风量调节阀	四叶片，0°全开	16	0.83	5.6	15.62	
4－5	新风处理机						295
5－6	固定百叶新风口	取风口的有效面积利用系数为 0.8，即 F_0/F_1 = 0.8，选风口的进风速度为 2.5m/s，采用固定斜百叶风口，取其外形尺寸为 500mm × 900mm	6	0.9	2	2.16	19.66
	渐缩管	$\alpha \leqslant 45°$	23	0.1	5.6（大断面）	1.88	
	90°弯头	第一个：b/h = 500/320 = 1.56，取 R/b = 1	27	0.31	5.6	5.38	
		第二个：b/h = 320/500 = 0.64，取 R/b = 1	27	0.27	5.6	5.08	
	突扩	取 f/F = 0.5	20	0.25	5.6（小断面）	4.7	
7－2	活动百叶送风口	同管段 1－2				12.1	32.09
	渐扩管					6.41	
	90°弯头					2.36	
	风量调节阀					7	
	分流三通旁通管	q_{V2}/q_V = 1080/2160 = 0.5，F_2/F = 320 × 250/500 × 320 = 0.5	34	0.5	3.75（主管）	4.22	
8－3	活动百叶送风口	同管段 1－2				12.1	35.26
	渐扩管					6.41	
	90°弯头					2.36	
	风量调节阀					7	
	90°弯头					2.53	
	渐缩管					0.21	
	矩形分叉三通	同管段 2－3				4.65	

6. 校验各并联管路的阻力平衡

(1) 管路1—2的总阻力 $\Delta p_{1-2}=38.02\text{Pa}$

管路7—2的总阻力 $\Delta p_{7-2}=34.23\text{Pa}$，两者的不平衡率

$$\frac{38.02-34.23}{38.02}\times100\%=9.97\%<15\% \quad 符合要求$$

两并联管路的阻力平衡差值已在容许范围内，如果还要减小阻力平衡差值，可以使管段7—2的阻力增加，最简便的方法是调整其风量调节阀的开启度。

(2) 管路1—2—3的总阻力 $\Delta p_{1-2-3}=38.02+7.1=45.12\text{Pa}$

管路8—3的总阻力 $\Delta p_{8-3}=44.5\text{Pa}$，两者的不平衡率

$$\frac{45.12-44.05}{45.12}\times100\%=2.37\%<15\% \quad 符合要求$$

7. 计算选择风机所需要的风压和风量

系统总阻力即最不利环路1—2—3—4—5—6的总阻力为

$$\begin{aligned}\Delta p_{1-6}&=\Delta p_{1-2}+\Delta p_{2-3}+\Delta p_{3-4}+\Delta p_{4-5}+\Delta p_{5-6}\\&=(38.02+7.1+29.45+295+25.66)\ \text{Pa}\\&=395.23\text{Pa}\end{aligned}$$

考虑到安全因素，增加15%的风压，则选风机所需要参考的风压值为

$$p=\Delta p_{1-6}(1+15\%)=395.23\times(1+15\%)\ \text{Pa}=454.51\text{Pa}$$

要求配套新风系统的总送风量为3240m³/h，考虑到系统可能漏风，增加10%的风量，则选风机所需要的参考风量值为

$$q_V=3240\times(1+10\%)\ \text{m}^3/\text{h}=3564\text{m}^3/\text{h}$$

6.2.4 空调风管道系统设计中应注意的几个问题

1. 风管道的布置

风管道的布置影响空调系统的总体布局，同时对实现系统的最优设计有重要意义。风管道布置应与建筑构造、内部装饰装修、生产工艺密切配合，同时还要考虑尽量缩短管线，避免复杂的局部管件，减少分支管线，以节省材料和减小空气的流动阻力。此外，还应便于施工安装、运行调节、维护保养和阻力平衡。

在图6-8所示的两种风管布置方式中，左边的布置方式不仅节省管材，而且便于阻力平衡。图6-9所示为一个风管系统为相同面积的多个房间和单一房间服务时的不同系统形式。

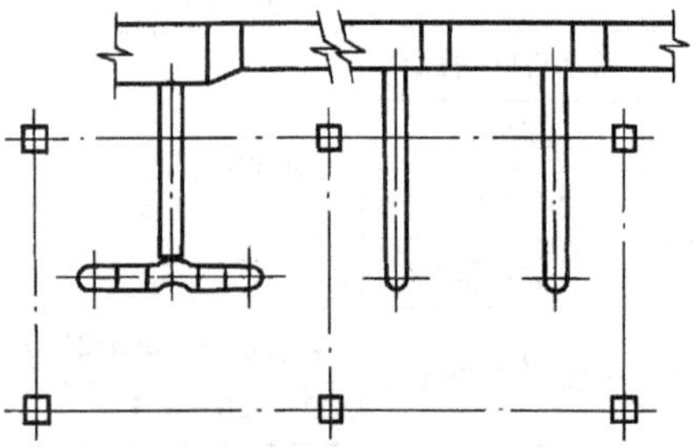

图6-8 风管布置方式比较

2. 风机进、出口处连接管的处理

风机进、出口处的动压很大，要正确处理风机进、出口处的连接管，否则会引起很大的压力损失。例如，在风机的进、出口处加装导流叶片，在出口处最好有长度为出口边长1.5~2.5倍的直管段，以减少涡流。如果受空间的限制，风机的出口处不能满足上述要求时，出口管的转弯方向应顺着风机叶轮转动的方向；当需要逆风机叶轮转向或旁接弯管时，

在弯管中应加装导流叶片。风机叶轮轴线应与空气处理室断面的中心对准，以免气流偏心造成风速不均匀。风机出口调节风阀应装在软接头的后面，以免风机振动使阀门产生附加噪声。

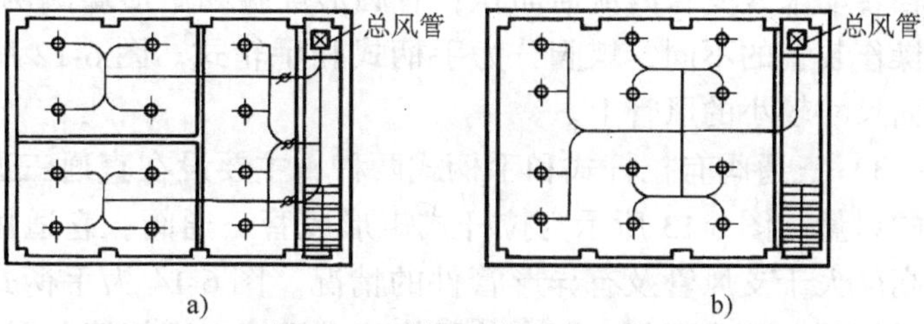

图 6-9　风管系统形式比较

a）向三个不同使用要求的房间送风　b）向没有内间隔的房间送风

3. 风管道阀门的选用

风管道阀门是风管道系统调节风量和关闭管道的配件，又称为风量调节阀，简称风阀。其种类很多，要根据需要合理地选用。按用途不同，风管道阀门可分为一次性调节阀、经常开关调节阀、自动调节阀和防火（防烟）阀四种。

1）一次性调节阀是为了达到所需风量而设在送（回）风口处、各分支风管道上及组合式空调机组（或整体式空调机组）送风出口处的风阀。供进行空调风系统风量测定和调整时用。一旦风量调试完毕、达到设计要求后，将风阀的手柄位置予以固定，以后不再动它。可采用蝶阀、多叶阀和三通阀等。

2）经常开关的调节阀主要有新风阀、一次和二次回风阀、排风阀等，要求其调节方便、灵活，还要严密。新风阀和排风阀在系统停止运行时要关闭，以防止夏季热湿空气侵入，造成金属表面和墙面结露，也防止冬季时冷风侵入，使加热器冻结和室温降低。新风阀和排风阀最好采用电动多叶阀，并与送风机连锁，以防误操作。

3）自动调节阀主要用于新风、一次回风和二次回风的自动调节，除了要符合经常开关的调节阀的要求外，还要有良好的调节特性，常用的是密闭对开多叶调节阀和顺开（平行）多叶调节阀。

4）防火（防烟）阀应坚固、开关灵活，并应采用当地防火部门认可的产品，其形式和设置位置参见 6. 4. 3 部分内容。

常用的风阀有多叶阀、蝶阀和三通阀。

1）多叶阀有平行式多叶阀和对开式多叶阀两种，前者是由平行叶片组成的按同一方向旋转的多叶联动风阀，后者是相邻叶片按相反方向旋转的多叶联动风阀，叶片有板式和菱形（图 6-10）。多叶阀主要用于断面尺寸大的矩形风管上。按操作方式不同，多叶阀有手动和电动两种。图 6-11 所示为手动对开式多叶阀的一种，转动手轮带动调节杆使相邻叶片按相反方向旋转，实现对开。阀体外设有开启角度指针，指针位置转到 90°为全开，0°为全闭。

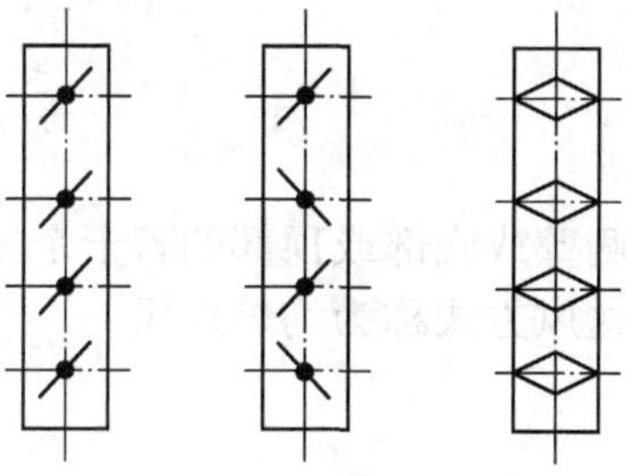

图 6-10　多叶阀的形式

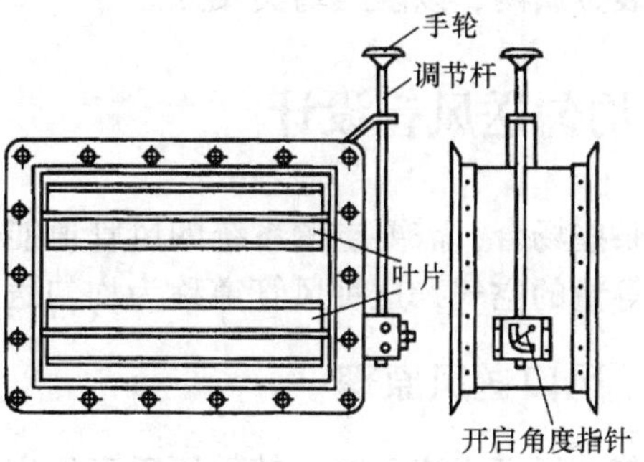

图 6-11　手动对开式多叶阀

2）蝶阀又称为单叶阀，通过阀板（圆形或矩形叶片）在阀体内绕垂直于管道轴线的固定轴转动来改变管内流通面积；有圆形蝶阀和矩形蝶阀两种，分别用于圆形和矩形风管上。按操作装置的不同，蝶阀分为手柄式和手轮式。图6-12所示为手柄式圆形蝶阀，通常用于断面尺寸较小的风管上。

3）三通阀有拉杆式和手柄式两种，主要设在直通三通管的分支节点上，用来调节支风管的风量。图6-13所示为拉杆式矩形风管三通阀，它适用于总风管高度等于支风管、总风管高度大于支风管及有异形管件的情况。图6-14为手柄式矩形风管三通阀，调节手柄安装在风管的上部或下部，图中总风管与支风管高度相等，同样适用于总风管高度大于支风管或有异形管件的情况。

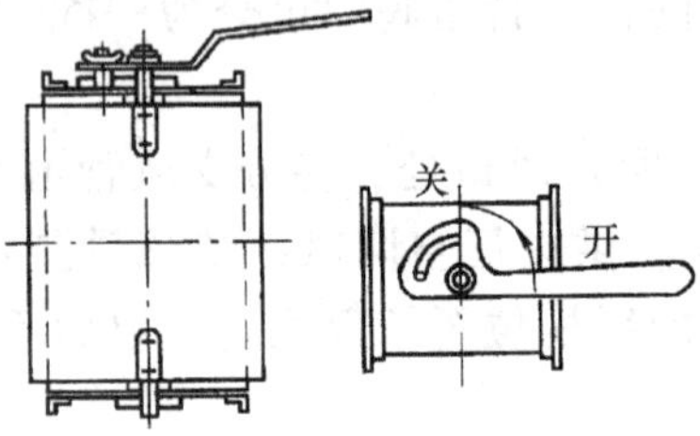

图6-12 手柄式圆形蝶阀

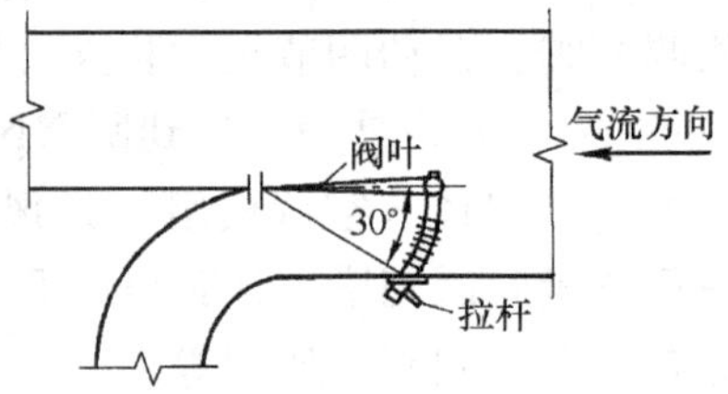

图6-13 拉杆式矩形风管三通阀

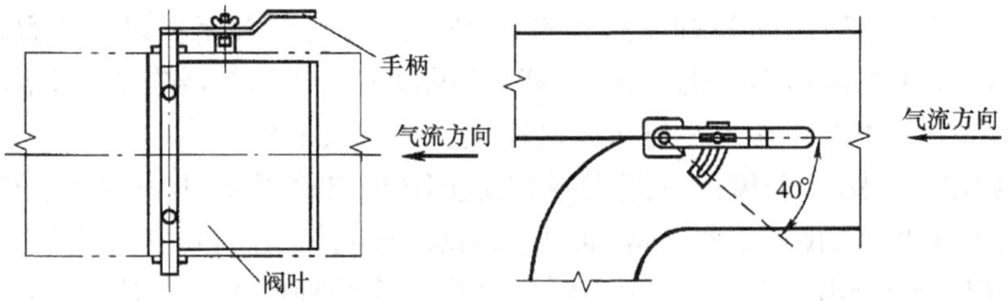

图6-14 手柄式矩形风管三通阀

4. 新风采集口设置的要求

空调风管道系统一般都需要供给新风，对新风采集口的设置应满足以下要求：一是应选择在室外较洁净的地点；二是尽量远离排风口，并应设在排风口的上风侧，而且新风口应低于排风口；三是为避免吸入室外地面灰尘，新风口底部距室外地坪不应低于2m，布置在绿化带时，也不能低于1m；四是为使夏季吸入室外空气的温度低一些，新风口尽可能布置在背阴处，避免设在屋顶和西面；五是为防止雨水倒灌，新风口应设固定的百叶窗，并在百叶窗上加装金属网，以阻挡鸟类飞入。

6.3 均匀送风管设计

在某些场合，需要空调系统的风管道能通过设在其侧壁或底部或顶部的若干个风口或短管送出等量的空气，这种风管道称为均匀送风管，这种送风方式称为均匀送风。

6.3.1 风口送风原理

空气在风管内流动时，其静压垂直作用于管壁，如果在风管的管壁上开孔，当风管内的静压大于管外大气压时，风管内的空气将从孔口流出。

1. 孔口出流的速度

风管内静压大于管外大气压造成的空气出流速度为

$$v_j = \sqrt{\frac{2p_j}{\rho}} \tag{6-5}$$

式中　p_j——风管内空气的静压（p_j 为表压值），单位为 Pa。

空气在风管内的流速为

$$v_d = \sqrt{\frac{2p_d}{\rho}} \tag{6-6}$$

式中　p_d——风管内空气的动压，单位为 Pa。

空气从管壁孔口出流时，其实际速度的大小和方向不仅取决于管内静压造成的垂直于管壁的流速大小和方向，而且还受到空气在风管内轴向流动的速度影响，使孔口出流方向发生偏斜，如图 6-15 所示。因此空气从孔口出流的实际速度为合成速度：

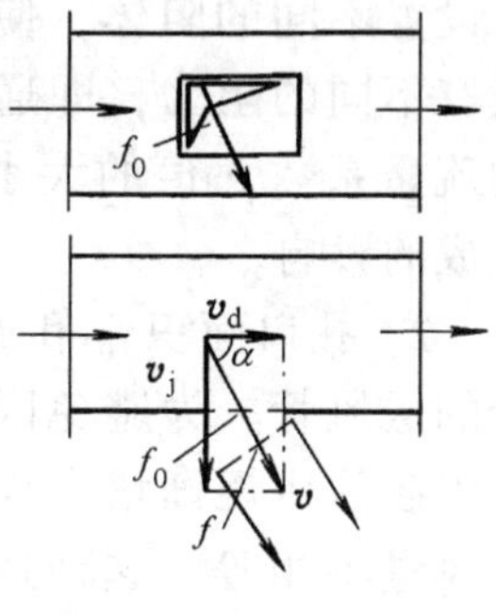

图 6-15　孔口出流示意图

$$v = \sqrt{v_j^2 + v_d^2} \tag{6-7}$$

2. 孔口出流的方向

设孔口出流实际速度方向与风管轴线之间的夹角为 α（称为出流角），则该角的正切与正弦分别为

$$\tan\alpha = \frac{v_j}{v_d} = \sqrt{\frac{p_j}{p_d}} \tag{6-8}$$

$$\sin\alpha = \frac{v_j}{v} \tag{6-9}$$

3. 孔口出流的风量

孔口出流的风量 q_{V0} 由下式确定：

$$q_{V0} = \mu f v \tag{6-10}$$

式中　μ——孔口流量系数；

f——孔口在气流垂直方向上的投影面积，即孔口送出倾斜气流的有效面积，单位为 m^2。

从图 6-15 可以看出，孔口的投影面积 f 可以由下式确定：

$$f = f_0 \sin\alpha = f_0 \frac{v_j}{v} \tag{6-11}$$

式中　f_0——孔口面积，单位为 m^2。

将式（6-11）代入式（6-10）中可得

$$q_{V0} = \mu f_0 v_j = \mu f_0 \sqrt{\frac{2p_j}{\rho}} \tag{6-12}$$

式（6-12）表明，在孔口面积一定的情况下，孔口出流的风量主要与流量系数和风管内的静压有关，而流量系数 μ 与孔口形状、出流角 α 以及孔口出流的风量 q_{V0} 与分流前风量 q_V 之比 τ_0 有关。当 $\alpha \geqslant 60°$，$\tau_0 = 0.1 \sim 0.5$ 时，对于锐边孔口可近似认为 $\mu = 0.6$。如空气在 f_0

上的平均流速 $v_0=\mu v_j$，则 $v_0=q_{V0}/f_0$。

6.3.2 实现均匀送风的基本条件

分析式（6-12）可以看出，影响均匀送风（即每个孔口出风量 q_{V0} 相等）的参数为孔口流量系数 μ、孔口面积 f_0 和风管内静压 p_j。因此，在不同的情况下，要实现均匀送风，需要具备不同的基本条件，常见的主要是以下三种均匀送风管：

1）风管断面积 F 和各个孔口面积 f_0 保持不变的送风管。由于这种送风管沿管道轴线方向空气的流量逐渐减少，从而导致流速逐渐降低，使得其动压也相应减小，管内静压逐渐增大，使孔口的出流风量也逐个增大。此时，为实现均匀送风，可根据静压的变化，在各个孔口设置不同的阻体，使不同位置的孔口具有不同的阻力，即通过改变每个孔口的流量系数 μ 值的大小来抵消静压增大造成的影响。

2）孔口面积 f_0 和流量系数 μ 保持不变的送风管。为避免因空气流速逐渐降低引起静压逐渐增大而造成各个孔口出流风量不相等，这种送风管将风管断面积逐渐减小来适应空气流量的逐渐减少（图6-16），以保持风管内空气流速不变，从而相应保证静压不变。

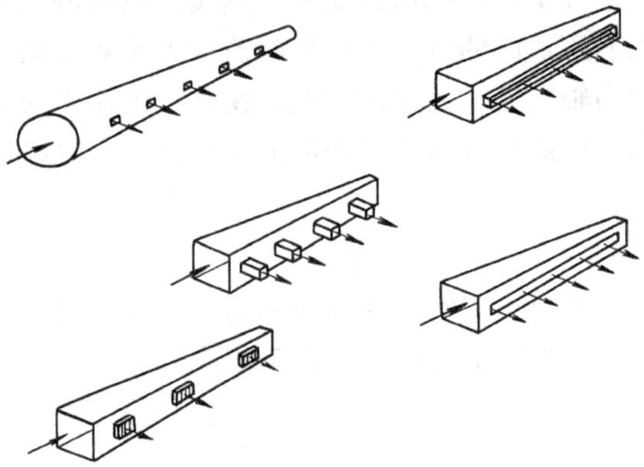

图6-16 静压不变的均匀送风管结构类型

3）风管断面积 F 和孔口流量系数 μ 保持不变的送风管。这种送风管根据管内静压的变化相应改变孔口面积 f_0 或条缝高度来保证送风量的一致（图6-17）。

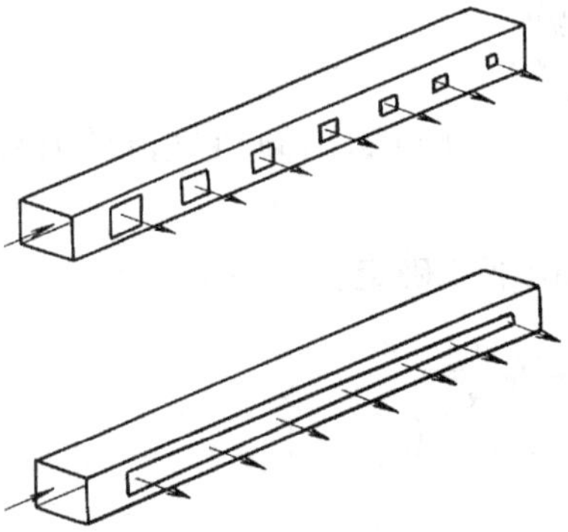

图6-17 静压变化的均匀送风管结构类型

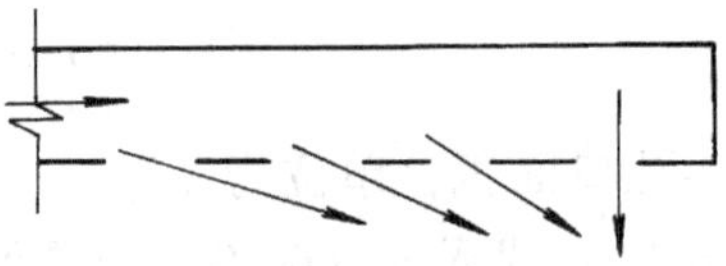

图6-18 不同出流角的空气出流方向

此外，为了保证均匀送风能产生较好的效果，出流角为90°时（即气流垂直于风管轴线）吹出最好。当出流角小于90°时，出流气流会向风管的末端偏斜，如图6-18所示。由式（6-8）可知，如果 $\alpha=90°$，则 $\frac{v_j}{v_d}=\infty$，这是不可能的，所以只能使出流角尽可能地大，

一般取 $\alpha \geqslant 60°$（则 $\tan\alpha \geqslant 1.73$ 或 $\frac{p_j}{p_d} \geqslant 3$）。为了使出流方向尽可能垂直于风管轴线，在工程上常采用在孔口处设置垂直于管壁的挡板、导向叶片或送风格栅，或者把孔口外接一截短管。

6.3.3 均匀送风管的设计与计算

不论送风口是设在侧面、底部还是顶部的均匀送风管，常用的主要是两种形式。一种是风管断面积沿长度方向变化，而风口（或短管）、条缝的几何尺寸不变。这种均匀送风管各出风口的速度是相同的，如图 6-16 所示。设计时如果能使第一个风口的出流角 $\alpha \geqslant 60°$，则能获得较好的均匀送风效果。另一种是风管断面尺寸保持不变，风口（或短管）、条缝的几何尺寸沿管道长度方向逐渐减小，如图 6-17 所示。显然，这种均匀送风管各风口的送风速度是变化的。

在选定了均匀送风管的形式后，针对实际情况确定风管的长度，并确定风口个数、风口间的距离及每个风口的送风量。接下来的任务是计算风口面积、风管断面尺寸和管道的阻力，具体计算步骤如下：

1）根据推荐的数据选定风口的平均出流速度 v_0，计算风口面积 f_0、静压速度 v_j 和风口应有静压 p_1。

2）按 $v_j/v_d \geqslant 1.73$ 的原则确定 v_{d1}，求出第一个风口所在处风管断面的尺寸及全压 p_{q1}。

3）计算管段 1－2 的阻力 Δp_{1-2}，求出断面 2 处的全压 p_{q2}。

4）根据 p_{q2} 求出 p_{d2}，计算出断面 2（即第二个风口所在处风管断面）的尺寸。

5）重复上述 3）、4）步骤，继续计算出其他风口所在处风管断面的尺寸。

【例 6-2】 总风量为 $8000m^3/h$ 的圆形渐缩镀锌钢板均匀送风支管如图 6-19 所示，采用 8 个等面积的侧送风口，风口的间距为 1.5m，试确定风口的面积、风管的断面尺寸和总阻力（孔口流量系数 μ 取 0.6）。

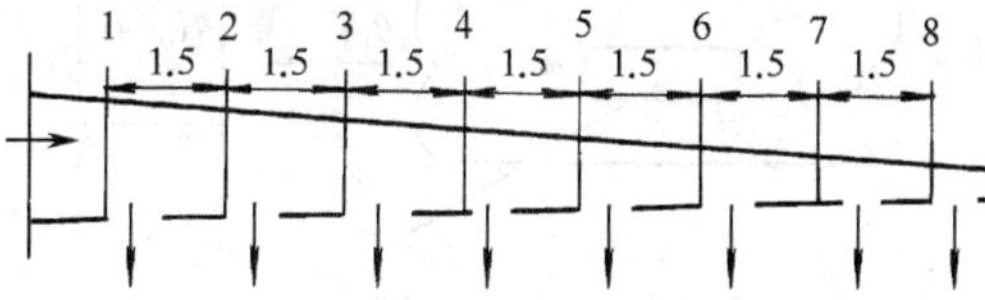

图 6-19 例 6-2 题图

【解】

1）根据推荐的数据范围，取风口的送风速度为 4.5m/s，则每个风口的面积

$$f_0 = \frac{q_{V0}}{3600nv_0} = \frac{8000}{3600 \times 8 \times 4.5} m^2 = 0.062m^2$$

静压速度

$$v_j = \frac{v_0}{\mu} = \frac{4.5}{0.6} m/s = 7.5m/s$$

风口应有静压即风口所在风管断面处的静压

$$p_j = \frac{\rho v_j^2}{2} = \frac{1.2 \times 7.5^2}{2} Pa = 33.75Pa$$

2）由 $v_j/v_d \geqslant 1.73$，得

$$v_d \leqslant \frac{v_j}{1.73} = \frac{7.5}{1.73} m/s = 4.34m/s$$

查表6-5，按室内允许噪声级50～65db（A）对应的支管流速，取断面1的风速$v_{d1}=4m/s$，则其动压

$$p_{d1}=\frac{\rho v_{d1}^2}{2}=\frac{1.2\times4^2}{2}Pa=9.6Pa$$

断面1的直径

$$D_1=\sqrt{\frac{q_V}{3600\times v_{d1}\times\frac{\pi}{4}}}=\sqrt{\frac{8000}{3600\times4\times\frac{3.14}{4}}}m=0.84m=840mm$$

断面1的全压

$$p_{q1}=p_{j1}+p_{d1}=(33.75+9.6)Pa=43.35Pa$$

3）管段1—2的阻力计算。

①摩擦阻力：根据风量$q_{V1\text{-}2}=7000m^3/h$，管径$D_1=840mm$（精确计算应取$D_1$和$D_2$的平均值，因$D_2$尚未知，故将管段1—2当成直管段而不是渐缩管段对待），查图6-5得$R_{m1\text{-}2}=0.17Pa/m$，则摩擦阻力

$$\Delta p_{m1\text{-}2}=lR_{m1\text{-}2}=1.5\times0.17Pa=0.26Pa$$

②局部阻力：根据$\frac{q_{V0}}{q_V}=\frac{1000}{8000}=0.125$，查表6-9，插值得$\xi_1=0.04$，则空气流过侧送风口直管部分的局部阻力为

$$z_1=\zeta_1\frac{\rho v_{d1}}{2}=0.04\frac{1.2\times4^2}{2}Pa=0.38Pa$$

表6-9 空气流过侧孔直通部分的局部阻力系数

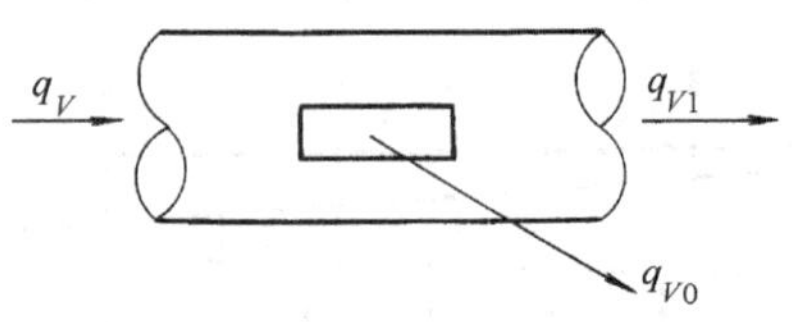

q_{V0}/q_V	0	0.1	0.2	0.3	0.4	0.5	0.6	0.7	0.8	0.9	1.0
ξ	0.15	0.05	0.02	0.01	0.03	0.07	0.12	0.17	0.23	0.29	0.35

管段1—2的总阻力

$$\Delta p_{1\text{-}2}=\Delta p_{m1\text{-}2}+z_1=(0.26+0.38)Pa=0.64Pa$$

断面2的全压

$$p_{q2}=p_{d1}-\Delta p_{1\text{-}2}=(43.35-0.64)Pa=42.71Pa$$

4）依题意，因为采用渐缩均匀送风管，所以各风口的静压相等，于是断面2的动压

$$p_{d2}=p_{q2}-p_j=(42.71-33.75)Pa=8.96Pa$$

则断面2的流速

$$v_{d2}=\sqrt{\frac{2p_{d2}}{\rho}}=\sqrt{\frac{2\times8.96}{1.2}}m/s=3.86m/s$$

校核：$\frac{v_j}{v_{d2}}=\frac{7.5}{3.86}=1.94>1.73$，说明断面2处的风口$\alpha>60°$。

断面2的直径

$$D_2 = \sqrt{\frac{q_V - q_{V0}}{3600 v_{d1} \frac{\pi}{4}}} = \sqrt{\frac{8000 - 1000}{3600 \times 3.86 \times \frac{3.14}{4}}} \text{m} = 0.8\text{m}$$

以后各管段的计算重复上述 3)、4) 步骤，先求出两风口间的管段阻力（包括摩擦阻力和局部阻力），然后依次计算后面风口所在风管断面的全压、动压、流速和直径。为了使计算简便、结果直观，各管段的 3)、4) 步骤也可列表完成。

该圆形渐缩均匀送风管的总阻力即断面 1 的全压，其值为 43.35Pa。

需要指出的是，在均匀送风管道的计算中，为了简化计算，通常把每一管段起始断面的动压作为该管段的平均动压，把风口流量系数当作常数对待。

在实际工程中，为了加工制作方便，断面尺寸变化的均匀送风管道并不是图 6-9 所示的锥形，而是图 6-20 所示的“竹节”形，每一节的断面尺寸不变，一般设有若干个风口。

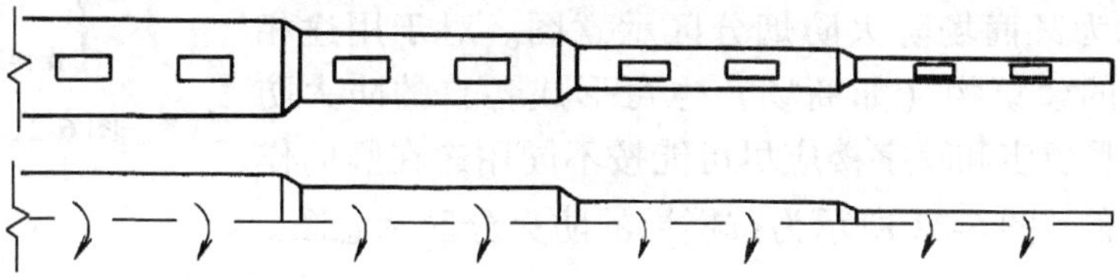

图 6-20　实际工程中断面尺寸变化的均匀送风管

6.4　空调风管道系统的防火防烟

当建筑物发生火灾时，很容易造成人员伤亡，特别是设置有空调风管系统的公共建筑。这类建筑通常体形高大、人员集中，一旦失火消防扑救和人员疏散非常困难，而且需要的时间较长，因此往往造成严重的人员伤亡和财产损失，这其中以烟气对人员造成的窒息或中毒危害为主。空调风管道系统在设计时如果不充分考虑防火防烟问题，采取积极的防火防烟措施，就会留下危险的隐患，使风管道有可能成为火灾及烟气蔓延的通道。因此，国家标准《建筑设计防火规范》（GB50016—2014）规定空调风管道系统应采取防火措施

6.4.1　建筑设计的防火和防烟分区

建筑设计时进行防火、防烟分区是为了防止火灾和烟气的扩散，控制火灾和烟气的蔓延。

1. 防火分区

根据房间用途和性质的不同，借助防火墙、防火门、防火卷帘、楼板等具有一定耐火能力的分隔设施，在建筑物内形成可隔绝火灾蔓延的屏障进行防火分区。在建筑设计中通常规定楼梯间、通风竖井、风管道空间、电梯井、自动扶梯升降通路等形成“竖井”的部分都要作为防火分区。

2. 防烟分区

烟气的流动比火灾的蔓延要快得多，其主要原因有两个：一是在火灾房间及其附近，烟气由于燃烧而产生热膨胀和浮力促使其流动；二是外部风力或在固有的热压作用下形成的比较强烈的对流气流，对着火后产生出的烟气有吹动作用。

建筑物一旦起火，通常采取的措施主要是采用一切手段灭火，由于灭火需要一定时间，

燃烧产生出的烟气会很快扩散，不仅会造成人员伤亡（特别是高分子化合物燃烧产生的有毒烟气致人死亡的威胁最大），而且由于烟气遮挡视线，会使人们在疏散时产生心理上的恐慌，给人员疏散和消防扑救工作带来很大困难。因此防止烟气的扩散从某种意义上来讲要比防止火灾的扩散更重要。

防烟分区是对防火分区的细分化，防烟分区内不能防止火灾的扩大，仅能控制燃烧产生的烟气流动。通常在有发生火灾危险的房间和用作疏散通路的走廊间加设防烟隔断；在楼梯间设置前室并设自动关闭门作为防火防烟的分界；对特殊的竖井（如商场中部的自动扶梯处）应设置用烟感器控制的隔烟防火卷帘。防烟分区的分隔还可用隔墙，也可用挡烟垂壁（从顶棚下突出约500mm，用不燃材料制作），如图6-21所示。当火灾发生时由人工放下，也可用透明材料制作，并固定安装。

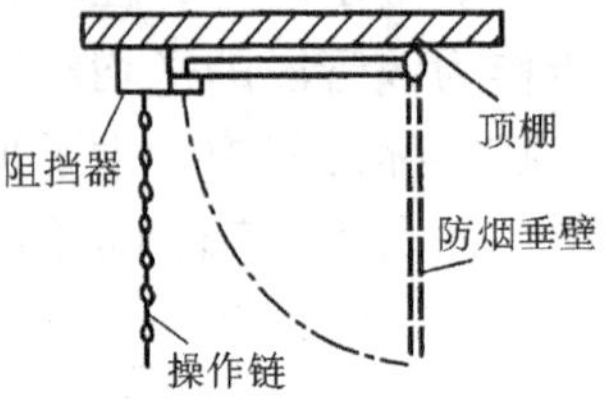

图6-21 挡烟垂壁

图6-22所示为某商场防火防烟分区示意图。对于用途相同，但楼层不同的建筑物（如商场）也可形成各自的防火防烟分区。实践证明酒店和写字楼应尽可能按不同用途在竖向作楼层分区更为可靠。图6-23所示为按楼层的防火分区示意图。

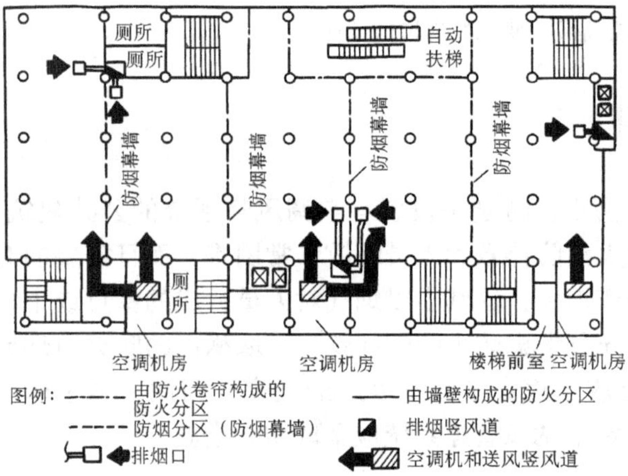

图6-22 某商场的防火防烟分区示意图

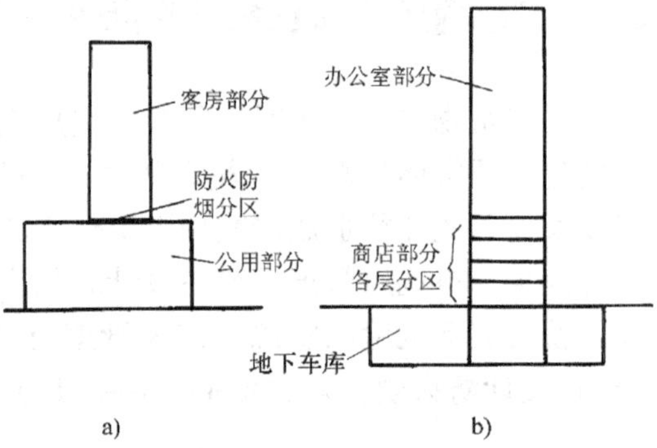

图6-23 按楼层的防火分区示意图
a）酒店 b）写字楼

6.4.2 空调风管道系统的防火防烟措施

由于一个空调风管道系统的作用范围可达几百甚至上千平方米，可能会跨几个防火防烟分区（如商场），也可能涉及很多房间（如写字楼），风管道及其绝热结构的材料和风管道的结构形式与送回风口的组合很容易成为火灾蔓延的途径、烟气扩散的通道，因此空调风管系统的防火防烟问题不容轻视。在进行空调风管道设计时，应从系统的布置，管道材料的选用，防火（烟）阀的设置等方面，结合建筑上的防火防烟分区情况综合考虑防火防烟问题。

1. 合理设置系统

空调风管道系统在水平方向应尽可能按每个防火分区单独设置，竖直方向最好分层设置，若需多层设置时不宜超过5层，且风管道不穿越防火分区。在难以做到时，要在靠近防火墙的管段装设防火阀，如图 6-24 所示。防火墙与防火阀之间的风管用大于或等于 1.5mm 的厚钢板制作，以防受热变形。

2. 严格选用材料

1）风管道应采用不燃材料制作或建造，但接触腐蚀性介质的风管和柔性接头可采用难燃材料制作，体育馆、展览馆、候机（车、船）建筑（厅）等高大空间建筑的风管道，当不跨越防火分区且在穿越房间隔墙处设置防火阀时也可采用难燃材料制作。

2）风管的绝热结构各组成材料和粘结剂以及消声器各组成材料均应采用不燃或难燃的材料。设计中应首选不燃材料，若采用难燃材料，应选用不燃材料做外护层。

3. 重点部位设置防火阀

空调风管道在下列位置应设动作温度为 70℃ 的防火阀：

1）穿越防火分区处。

2）穿越空调机房的隔墙或楼板处。

3）竖向风管道与每层水平风管道交接位置的水平风管道处。

4）穿越重要的或火灾危险性较大的房间隔墙或楼板处。

5）穿越防火分隔处的变形缝（在变形缝两侧，如图 6-25 所示）。

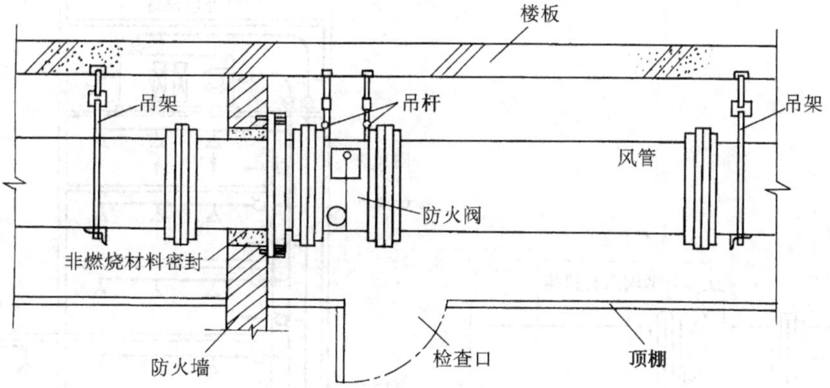

图 6-24　防火墙处的防火阀

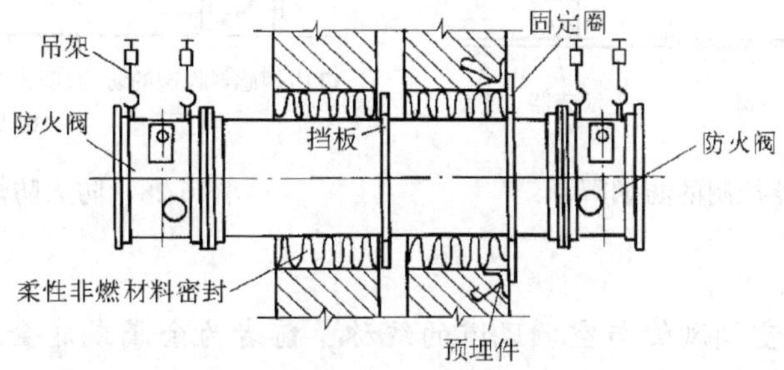

图 6-25　变形缝处的防火阀

6.4.3　防火阀与防烟阀

防火阀主要由外壳、阀板（或叶片）、阀板（或叶片）联动机构以及执行机构组成，平时常开，当风管道内的气流温度达到 70℃ 时，执行机构的关键部件温度熔断器的金属易熔片熔断，阀板或叶片在重力或弹簧拉力的作用下自动关闭，从而防止火势沿风管道蔓延。

防火阀有许多种类型，按关闭阀门的作用力不同有重力式（又称为自重翻板式，如图6-26所示）和拉（扭）簧式；按外形不同有矩形、圆形和扁圆形；按阀板（或叶片）复位的方式不同有手动复位和自动复位的。

当防火阀与风量调节阀结合使用时，可兼起风量调节作用，该阀称为防火调节阀。防火调节阀可在0°~90°范围内手动改变阀门叶片的开启角度。

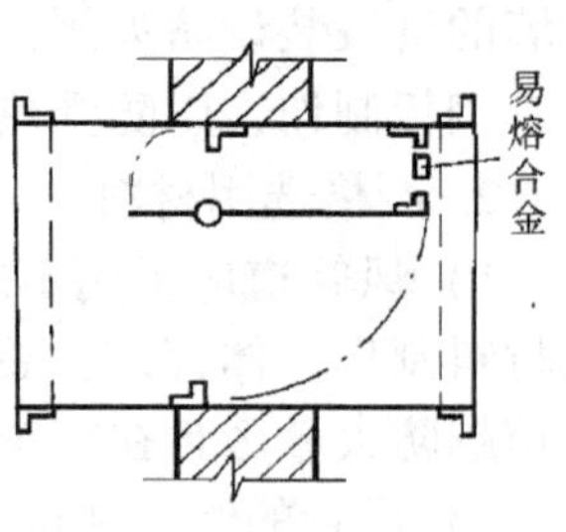

图6-26 重力式防火阀

防烟阀通常是与烟感器联动的阀门，平时常开，一般通过能够探知火灾发生初期所产生烟气的烟感器发出的动作信号，由电动机或电磁机构驱动阀门自动关闭，防止烟气沿风管扩散。这种阀门如图6-27所示。如果在防烟阀上加装温度熔断器等装置，则可使其兼有防火的作用，这种阀门又称为防烟防火阀。

把防火、防烟和风量调节三种功能合为一体的阀门称为防火防烟调节阀，它既受温度熔断器的控制，又与烟感器通过电信号联动，还可通过手动使阀门瞬时严密关闭。温度熔断器更换后可手动复位。

图6-28所示是在空调风管道系统上设置防火防烟阀的实例。

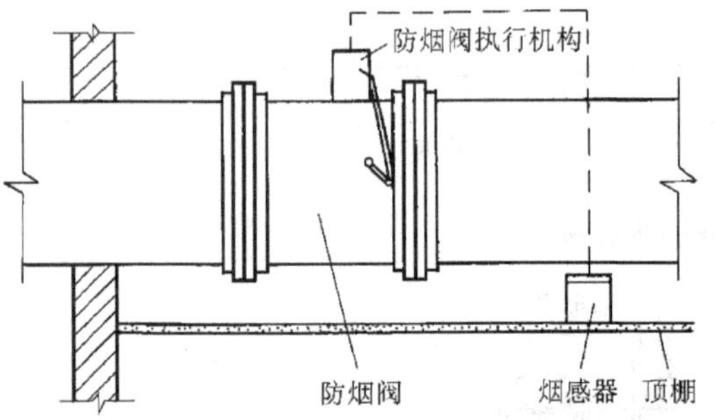

图6-27 烟感器控制的防烟阀

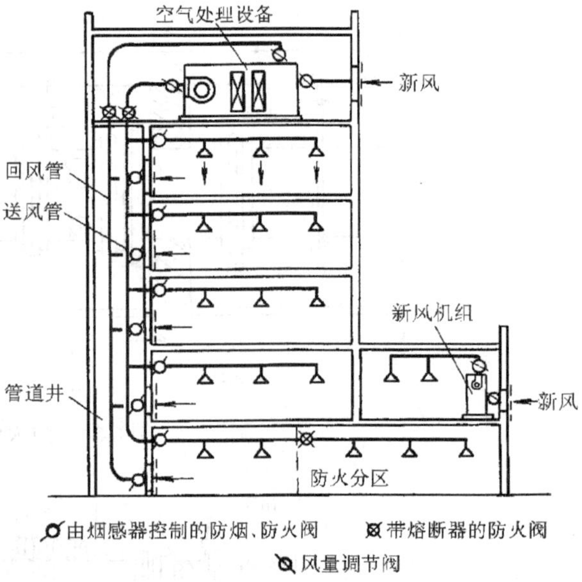

图6-28 防火防烟阀应用实例

本章要点

1. 空调风管道是空调风管与空调风道的统称，前者为金属或非金属薄板制作的风管道，后者为建筑材料构筑而成的风管道。

2. 空调工程中大量使用的是以镀锌钢板为基材的矩形风管，各种复合材料风管和软风管由于具有不同于镀锌钢板风管的独特优点，而得到越来越多的使用。

3. 选定空调风管形状时，要综合考虑建筑层高或安装空间高度、室内装饰要求以及风管制作、安装的难易和费用等因素。

4. 空调风管的规格由于涉及到原材料的充分利用，风管及管件制作的标准化、机械化与工厂化，风管系统的设计与安装是否方便等因素，一般应按国家标准《通风与空调工程施工质量验收规范》（GB 50243—2002）的规定选用。

5. 在空调风管道系统中，局部阻力占系统总阻力的比例大于摩擦阻力，因此在进行风管道系统设计时，应采取各种措施减小局部的阻力。

6. 风管道内的风速与管道尺寸及占用建筑空间、管材耗用、空气流动阻力、风机能耗、噪声、初投资以及运行费用等因素有关，必须通过全面的技术、经济比较来确定，一般按国家标准《民用建筑供暖通风与空气调节设计规范》（GB 50736—2012）或《工业建筑供暖通风与空气调节设计规范》（GB 50019—2015）的相关规定选用。

7. 工程上常用的空调风管道阻力计算方法是假定流速法，即在选定的管段流速基础上，分别确定出管段的断面尺寸并计算出阻力。

8. 在进行空调风管道系统设计时，应重点注意风管道的布置、管件和风口的选用，风管形状与尺寸的确定，以及风机进出口的连接等问题。

9. 均匀送风管是能通过其侧壁、底部或顶部开的多个孔口或外接的短管送出等量空气的风管。有风管断面变化，各风口面积或条缝尺寸不变；风管断面不变，各风口或条缝尺寸变化；风管断面和各风口面积或条缝尺寸均变化三种基本形式。

10. 送风管道内的静压（表压）大小主要决定孔口出流速度的大小，而空气在管道内的流速大小主要影响孔口出流的方向。

11. 孔口流量系数、孔口面积和风管内静压是影响均匀送风的三个主要因素，其中风管内静压与风管断面积有关，由此而决定了均匀送风管有多种形式。

12. 空调风管道系统要与建筑设计的防火防烟分区相适应，最好能按每个防火分区单独设置。风管道应采用不燃材料制作或建造；绝热结构的各组成材料应采用不燃或难燃材料；防火防烟阀的设置位置要符合一定的要求。

思考题与习题

1. 空调风管道按制作材料分为哪些主要种类？分别使用什么材料？

2. 以镀锌钢板为基材的传统空调风管有什么独特优点？

3. 试说明复合风管是些什么样的风管。

4. 空调风管道按断面的几何形状分为哪几类？各有何主要优缺点？

5. 空调风管道的断面尺寸（直径或边长）为什么宜按国家标准规定的尺寸选用，一般不要随便采用其他尺寸？

6. 减小空调风管道阻力的措施有哪些？试分析各自的减阻原理。

7. 在设计时，空调风管道内的空气流速为什么不能随便选用，而要在规定的数值范围内选用？

8. 风管道系统的阻力计算要达到哪几个目的？

9. 需要具备什么条件才能进行风管道系统的阻力计算？

10. 采用假定流速法进行阻力计算时，根据什么在阻力计算前初定系统的最不利环路？

11. 采用假定流速法进行阻力计算时，为什么要进行并联管路的阻力平衡校核？平衡的基本标准是什么？校核不平衡怎么办？

12. 调整支管道断面尺寸和调节阀门而使并联管路阻力平衡的方法，实质上是分别改变什么参数使管道什么阻力发生什么改变？分别适合于什么情况下使用？

13. 系统总阻力如何计算？选风机的风压与系统总阻力是什么关系？

14. 送风管道内的静压与动压对风口送风各起什么主要作用？

15. 均匀送风管是一种什么样的风管道？有哪几种形式？

16. 空调风管道系统应如何满足防火防烟要求？

17. 设防火阀的作用是什么？空调风管上是否一定要设置防火阀？

第 7 章

空调水系统及设计

空调工程除采用空气作为热传递的介质外，还常采用水作为热传递的介质，通过水管路系统将冷热源产生的冷热量输送给各种空调设备，并最终将这些冷热量提供给空调房间。空调水系统设计是否合理将会影响到空调的效果以及空调系统的能耗、运行费用和初投资等。

本章主要介绍和讨论空调水系统的基本工艺流程，各种常用空调水系统的形式、特点和使用场合，空调水系统设计的原则、步骤和管路计算，冷凝水排放系统的设计，空调管道和设备绝热层厚度的确定及绝热材料的选择等。

有关冷却水系统的系统形式、设计方法等请参阅空调用制冷技术方面的教材。

7.1 空调水系统

空调水系统一般指主要由冷热源（如冷水机组和锅炉）、水泵、冷热水管道和空调设备组成的水循环回路系统，对于无供热功能的此类系统，通常称为冷水系统或冷冻水系统。主要由水冷冷水机组、冷却水管道，冷却水泵和冷却塔组成的水循环回路系统称为冷却水系统。

7.1.1 空调水系统和冷却水系统的工艺流程

空调水系统与冷却水系统示意图如图 7-1 所示。

夏季供冷时：冷水机组 1 制出的 7℃冷冻水，在冷冻水泵 3 的作用下被送至分水器 7，然后由分水器通过各供水支管分别送至各空调房间或区域的空调设备 10。在空调设备中，冷冻水与空气经热湿交换后，水温升至 12℃又分别由各回水支管流回至集水器 8，最后返回至冷水机组 1 再被降温处理至 7℃，如此反复循环。

冬季供暖时：锅炉 2 制出的 60℃热水，在热水泵 4 的作用下被送至分水器 7，然后按夏季供水路线流动，最后返回至锅炉被重新加热处理。

夏季供冷和冬季供暖的转换，通过冷水机组和锅炉进出水管上的阀门启闭实现。

空调设备 10（如风机盘管）的进水支管上一般都装有温控电动二通阀或三通阀，根据房间温度或回风温度自动控制空调设备的运行状态。如果夏季室温低于设定值或冬季室温高于设定值，电动阀就会关闭或关小，使空调设备的供水量发生变化。另外，电动阀与空调设备的风机电源一般是连锁的，当空调设备停止使用时，电动阀随之关闭停止供水。空调设备起动使用时，阀门联锁开启。

当系统中部分空调设备不使用时，水流量减少，水系统阻力将增大。为了保持系统内压力稳定，在分水器与集水器之间设置有带压差控制阀 9 的旁通管，当分水器和集水器间压差超过压差控制阀的设定值时，阀门开启，部分水量由分水器直接流入集水器，然后返回至冷水机组或锅炉，如此循环流动以保证冷水机组或锅炉的定流量运行。另外，对于间断使用的空调水系统（如写字楼的空调水系统），当早晨冷水机组和水泵提前运行时，往往空调房间内的风机盘管还未起动，此时，循环水量也可通过压差旁通管回流。

膨胀水箱 12 的主要作用是收集因水被加热时体积膨胀而多出的水量，防止系统损坏造成漏水。另外，膨胀水箱还可起到补水和定压作用。由于膨胀水箱与管路的连接处为定压点，因此，膨胀水箱接于系统的不同位置，水系统内的压力分布也不同，这对高层建筑水系统的压力分布分析十分重要。

水系统中管道的高处容易积聚空气。当管道内存有空气时，会形成所谓“气堵”，影响水的流动。因此，图中自动排气阀 11 是为随时排除系统内的空气而设置的。

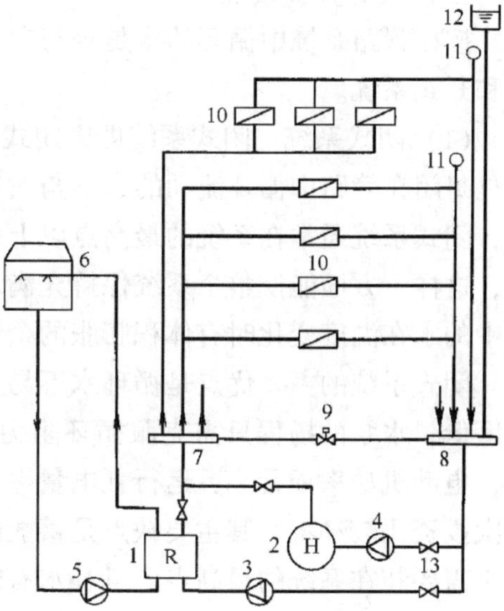

图 7-1　空调水系统与冷却水系统示意图
1—水冷冷水机组　2—锅炉　3—冷冻水泵
4—热水泵　5—冷却水泵　6—冷却塔
7—分水器　8—集水器　9—压差控制阀
10—空调设备　11—自动排气阀
12—膨胀水箱　13—阀门

水系统中设置的阀门 13 一般有两个作用：一是起调节作用，调节管道中的水流量；二是起关断作用，中止水的流动。例如季节变换时冷、热源间的转换；设备检修时，用阀门截止水流动等。

另外，为了对空调系统的运行情况进行监测和保护冷热源设备与空调设备，水系统中还要设置以下一些必要的仪表和装置：

1）在冷热源设备和空调设备的进、出水口设置测温装置，检测设备与水的换热效果。

2）在主要设备进、出水口设置测压装置，以便了解设备的水流阻力情况。

3）在水系统安装过程中，水管内会留下一些泥沙之类的脏、杂物，水系统在长期运行中也会不断产生一些锈、垢之类的污物。为了防止这些脏、杂、污物堵塞冷热源设备和空调设备的传热管，在冷水机组、锅炉等重要设备水流入口处，通常要设置水过滤装置，如“Y”形过滤器。

7.1.2　空调水系统的形式

空调水系统的功能是输送冷热量，以满足空调设备处理空气的需要。空调水系统的形式由于分类方式不一样，有诸多类型，常见的类型主要有闭式系统和开式系统；两管制系统和四管制系统；同程式系统和异程式系统；定流量系统和变流量系统；一级泵系统、二级泵系统和混合式系统等。

1. 闭式和开式系统

按在管路系统中循环的水是否与空气直接接触进行热湿交换，空调水系统可分为闭式系统和开式系统。

（1）闭式系统　闭式系统即密闭式管路水循环系统的简称。如图7-2所示，该系统中的水是封闭在管路中循环流动的，不与大气接触，不论水泵是否运行，管道中都充满了水。为此，闭式系统通常在系统的最高点以上设有开式膨胀水箱，或在循环水泵入口接膨胀定压水罐，这样一方面能使整个系统保持充满水的状态，并保持一定的系统压力，另一方面能使系统中的水在温度变化时有体积膨胀的余地。

闭式系统的主要优点是循环水不易受污染；管路系统中不易产生污垢；管道和设备腐蚀程度低；水泵的扬程只需克服循环阻力，而不用考虑克服系统的静水压力，从而水泵扬程小，电动机功率配置小，运行耗电量少；不用贮水池，回水不需另设水泵，因此系统简单，一次投资比较经济。其主要缺点是蓄能能力小，低负荷时，冷热源设备也需经常开动；膨胀水箱需要装在系统的最高点，且补水有时需另加加压水泵；膨胀定压水罐的安装高度虽然不受限制，但必须配加压水泵。

（2）开式系统　开式系统即开放式管路水循环系统的简称，通常为用喷水室处理空气的空调系统或设置回水（蓄冷）水池的空调系统。如图7-3所示，该系统不是封闭的，有喷水室或回水（蓄冷）水池与空（大）气相通，水在系统中循环流动时，要与被处理的空气或大气接触，并会引起水量变化。

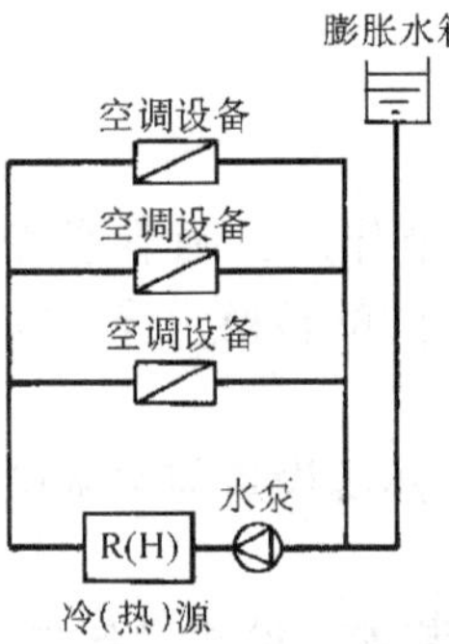

图7-2　闭式系统

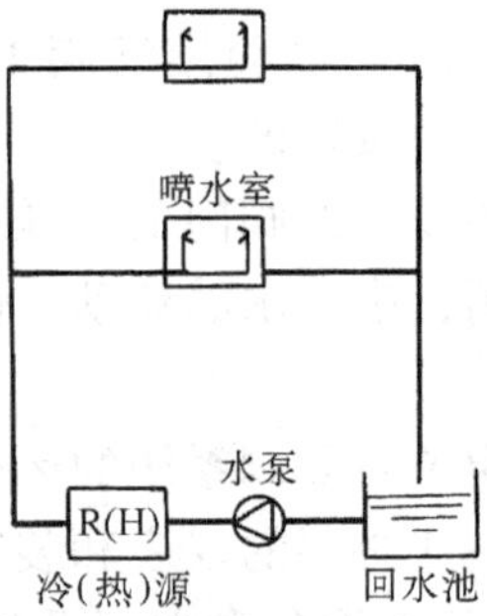

图7-3　开式系统

开式系统的主要优点是用喷水室处理空气时适应范围比较大，采用回水（蓄冷）水池时可利用其蓄冷能力，减少冷热源设备的运行时间，削减用电负荷峰值，达到部分节能或减小冷热源设备装机容量的目的。其主要缺点是循环水易受污染，产生水垢而影响热交换；与空气接触过的水含氧量高，管道和设备易腐蚀，降低其使用寿命；换热的末端装置与制冷机房或锅炉房高度差较大时，水泵需克服高度差造成的静水压力，使水泵扬程增大，电动机功率配置大，运行耗电量多；当回水不能自流回到制冷机房或锅炉房时需增加回水泵。

2. 两管制和四管制系统

按连接空调设备的冷热水供、回水管道由几根组成，空调水系统可分为两管制系统和四管制系统。

（1）两管制系统　如图 7-4 所示，两管制系统（又称为双水管系统）中的空调设备仅接有一根供水管和一根回水管，是使用最广泛的水系统形式。对于全年运行的空调水系统，如要求按季节进行供冷和供暖转换时，通常都采用两管制系统，此时夏季供、回水管路中循环流动的是冷水，在冬季则是热水。对于仅有夏季供冷要求的空调水系统则都是采用两管制系统。该系统的优点是系统简单，管路占用空间少，初投资小。

（2）四管制系统　四管制系统（又称为四水管系统）的冷水和热水供、回水管路全部分设，但供水方式有两种：一种是空调设备只有一个换热器（俗称单盘管）时，在换热器的进、出水管处均设置由室内温控器控制的三通阀，根据室温控制需要使冷水或热水进、出空调设备（不同时进、出）。另一种是空调设备有两个换热器（俗称双盘管），分别接冷水管路系统和热水管路系统（图 7-5），使冷、热两个水系统完全独立。这种系统既可以同时满足各个房间不同的供冷和供暖要求，还可以满足同一房间供冷和供暖能随时转换的要求，且室温的调节效果好。

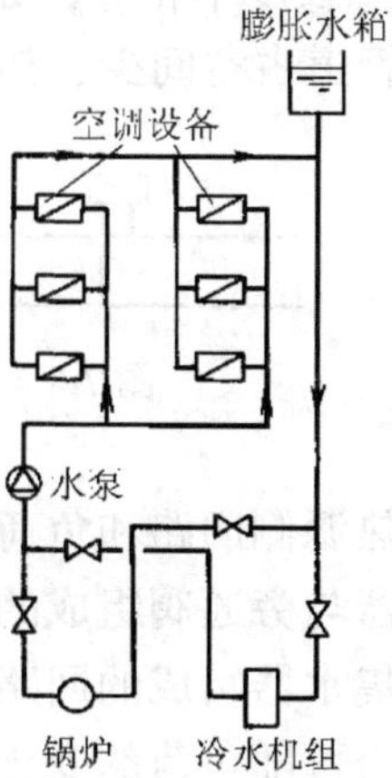

图 7-4　两管制系统

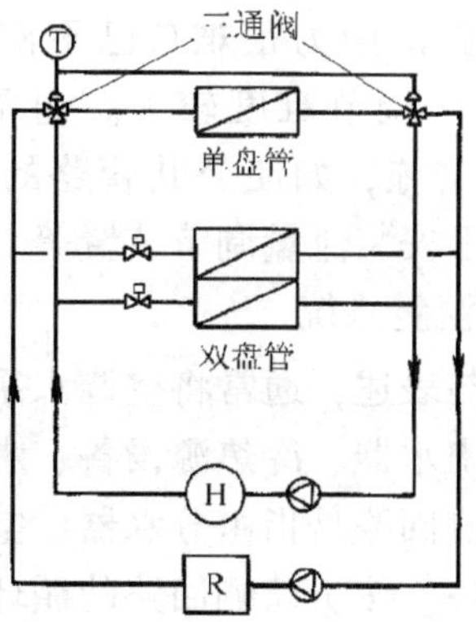

图 7-5　四管制系统

四管制系统因管道多，占用空间大，水管线路复杂，初投资较大等缺点制约了其使用范围，通常只是在一些供冷和供暖转换频繁或同一时间有的房间要供冷、有的房间要供暖的要求很高且投资允许的高级宾馆或酒店才有少量使用。

（3）分区两管制系统　某些建筑既有按季节交替进行供冷和供暖的区域，也有需全年供冷的区域，如建筑的外区和内区，此时可采用分区两管制系统，如图 7-6 所示，可避免采用四管制系统而增加投资。

3. 同程式和异程式系统

按同一并联环路中，各空调设备的供、回水管路的管道总长是否大致相等，空调水系统可分为同程式系统和异程式系统。

（1）同程式系统　同程式系统即各并联环路的管道总长度基本相等的水系统。由于该系统中有一根同程管，使得并联的各环路水阻力相等或大致相等，并联管路间不需要怎么调节即可实现阻力平衡，因此系统的水力稳定性好，流量分配均匀。图 7-7a、b 所示分别为垂直同程系统和水平同程系统示意图。

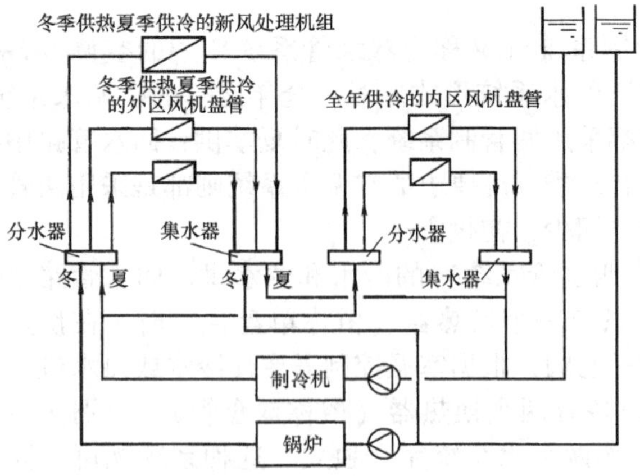

图7-6 分区两管制系统

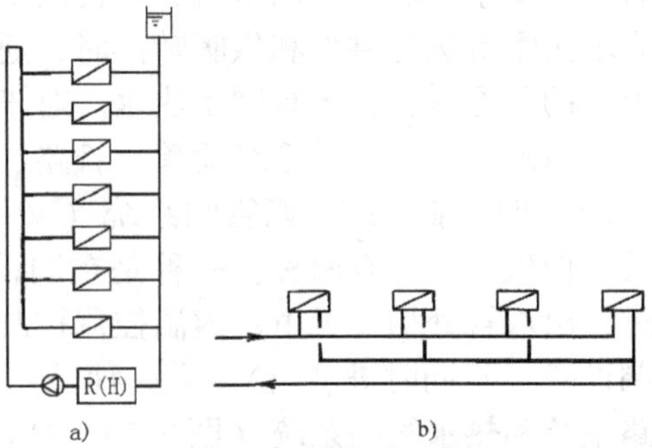

图7-7 同程式系统

a）垂直同程系统 b）水平同程系统

（2）异程式系统 异程式系统的各并联环路管道总长度不相等，如图7-8所示。因为不需设同程管，所以异程式系统管路简单、节省管材，管道占空间少、初投资费用较低。但异程式系统各并联管路间阻力很难自己平衡，从而导致流量分配不均匀，调节难度较大。通常在设计、安装时要采取适当措施，如使公共管路的管径大一些，在各并联支管上安装流量调节装置等。

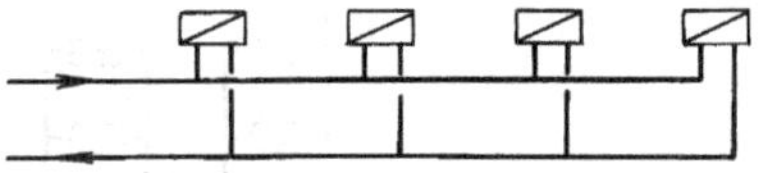

图7-8 异程式系统

4. 定流量和变流量系统

为了方便分析与表述，通常将空调水系统分为冷热源侧回路和负荷侧回路两个部分。冷热源侧回路是指由集水器、冷热源设备、水泵、分水器与旁通阀组成的回路，该回路负责冷热水的制备；负荷侧回路是指由分水器、空调设备、集水器组成的回路，该回路负责冷热水的分配、使用和收集。按负荷侧回路的循环水流量是否可随负荷的变化进行调节，空调水系统可分为定流量系统和变流量系统。

（1）定流量系统 定流量（或称定水量）系统中负荷侧回路循环的水量为定值，当系统负荷发生变化时，通过改变供回水温度来适应。这种系统简单，操作方便，一般适用于只有一台冷热源设备和一台水泵的系统。当采用多台冷热源设备和多台水泵时，在负荷减小的情况下，有的冷热源设备就要停止运行。此时，为了保证定流量，水泵不能停机，而是要全部运行，这样不仅增大了水泵能耗，而且在负荷侧的末端空调设备未装受室温调节器控制的电动三通阀的情况下，易造成区域性过冷或过热，在夏季还会使空调设备的除湿能力下降，造成室内相对湿度偏高。

定流量系统简单、操作方便，不需要复杂的自控设备，但是输水量是按照最大空调冷负荷确定的，因此水泵的输送能耗处于最大值，特别是空调系统处于部分负荷时运行费用较高。该系统一般适用于间歇性使用建筑（例如体育馆、展览馆、影剧院、大型会议厅等）的空调系统，以及空调面积小，只有一台冷水机组和一台循环水泵的系统。

（2）变流量系统 保持供回水温度为定值，通过改变负荷侧回路的循环水流量来适应系统负荷变化的水系统称为变流量系统或变水量系统。该系统适用于有2台或2台以上冷热源设备和水泵分别并联且全年运行的场合（图7-9）。

变流量系统中的空调设备通常采用电动二通阀来控制是否供水，当系统负荷减小时，即表示有部分空调设备不需要供水，系统循环水量可减少。此时冷热源设备可部分停止运行，相应水泵的运行台数也可以减少，从而可减少运行能耗，降低运行费用。但由于要采用供、回水压差来控制水泵运行台数及旁通流量，使得自控系统较复杂。

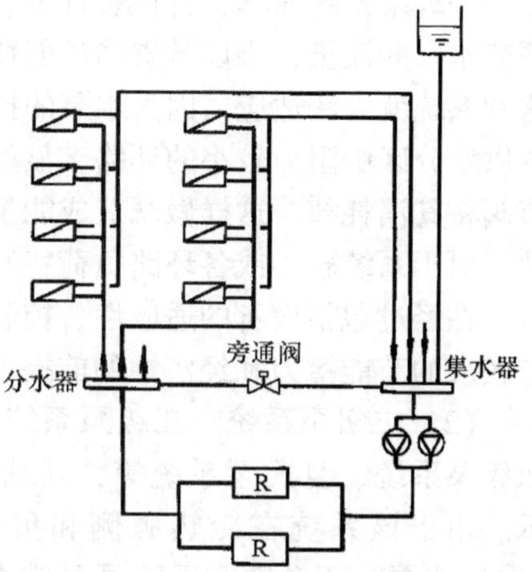

图 7-9　变流量系统

5. 一级泵和二级泵系统

按负荷侧是否设置一组（台）水泵，空调水系统可分为一级泵系统和二级泵系统。

（1）一级泵系统　一级泵系统又称为一次泵系统、单级泵系统、单式泵系统等。这种系统的冷热源侧和负荷侧共用一组（台）水泵（图 7-10），水泵流量的调节受冷热源设备最小流量要求的限制。为了适应系统负荷变化的调节需要，通常在集水器和分水器之间安装一根压差旁通管，通过压差传感器来自动控制旁通管上的旁通阀门开启度，使供、回水干管间的压差在允许范围内，从而解决冷热源设备要求最小流量（如冷水机组蒸发器的定流量）运行与用户负荷变化要求变流量运行的矛盾。

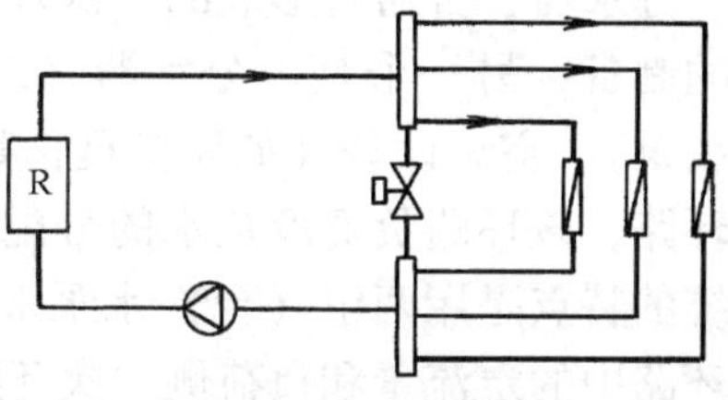

图 7-10　一级泵系统

当系统负荷减少时（如部分风机盘管停用，其二通阀关闭），系统需要的水流量也减少，此时供水干管中的压力会大于回水干管中的压力（即供回水干管间的压差增大），为了防止流过冷水机组蒸发器的水流量过少而造成冻裂事故，或造成冷水机组工作不稳定，降低传热效率，在分水器与集水器两者间的压差超过规定压差时，旁通管上的阀门就自动开启，使分水器中的部分水通过旁通管进入集水器，从而保证通过冷水机组蒸发器的水流量是稳定的，而负荷侧的水流量仍随负荷的变化而变化。

需要指出的是，利用旁通管只解决了负荷侧要求变流量与冷热源设备要求定流量的矛盾，不能节省水泵的耗电量，因为不论系统负荷有无变化，水泵提供的流量和扬程是不变的，其耗功率为

$$P_1 = \frac{q_{V1}(\Delta p_1 + \Delta p_2)\rho g}{\eta} \tag{7-1}$$

式中　P_1——水泵的耗功率，单位为 kW；

q_{V1}——水泵流量，单位为 m^3/s；

Δp_1——冷热源侧的阻力，单位为 m；

Δp_2——用户侧的阻力，单位为 m；

ρ——水的密度，单位为 kg/m^3；

g——重力加速度，单位为 m/s^2；

η——水泵效率。

不过，当多台冷水机组与水泵分别并联运行时，采用台数调节的方法可以节省一定的能量。

一级泵系统简单、自控装置少、初投资较小、管理方便，因而应用广泛。但是，它不能调节水泵的流量，难以节省输送能耗，特别是当各供水分区彼此间的阻力相差较为悬殊时，这种系统就无法适应。因为水泵的扬程是按照克服负荷侧最不利环路的阻力确定的，相对于各供水分区中阻力较小的环路，显然供水压头有较大富余，只能借助于分水器上该支路的调节阀将其消耗掉，这样做既造成能量的浪费，同时也给系统的水力平衡带来一定的难度。因此，对于系统较小或各环路负荷特性或阻力相差不大的中小型工程，宜采用一级泵系统。

在经过包括设备的适应性、控制系统方案等技术论证后，在确保系统运行安全可靠且具有较大的节能潜力和经济性的前提下，一级泵系统的水泵可采用变速调节方式。

（2）二级泵系统　二级泵系统又称为二次泵系统、双级泵系统、复式泵系统等，其基本形式如图7-11所示。由于该系统在冷热源侧和负荷侧各设置了一组（台）水泵，于是整个系统可看成由两个环路组成：一个是由集水器、一级泵（又称一次泵、初级泵）、冷热源、分水器、旁通管形成的一次环路，该环路负责冷热水的制备；另一个是由分水器、二级泵（又称二次泵、次级泵）、空调设备（如风机盘管等）、集水器组成的二次环路，该环路负责冷热水的分配、使用和收集。这种系统的特点是用两组（台）水泵来分别保持冷热源侧一次环路中的定流量和负荷侧二次环路中的变流量要求。而且可通过使用不同的二级泵来适应各用户环路不同的流量和扬程要求，节省水泵的输送能耗。

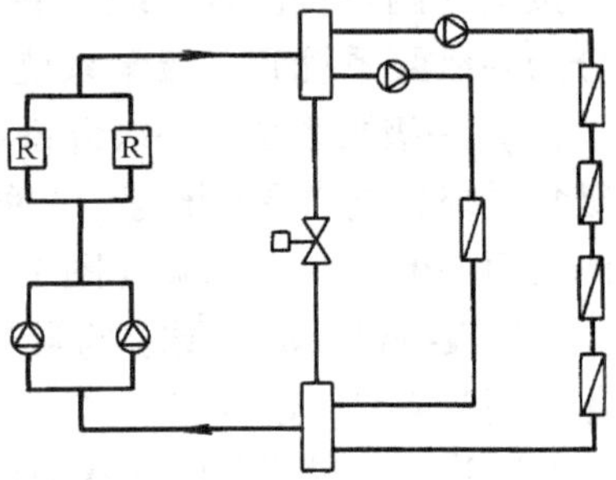

图7-11　二级泵系统

二级泵的供水有多种形式，一是选用多台水泵并联供水；二是每个二级环路配一台流量、扬程相匹配的水泵供水；三是根据各二级环路负荷特性与阻力情况，将部分二级环路并联且用多台水泵并联供水，部分二级环路采用一对一的方式，由专配水泵供水，如图7-12所示。

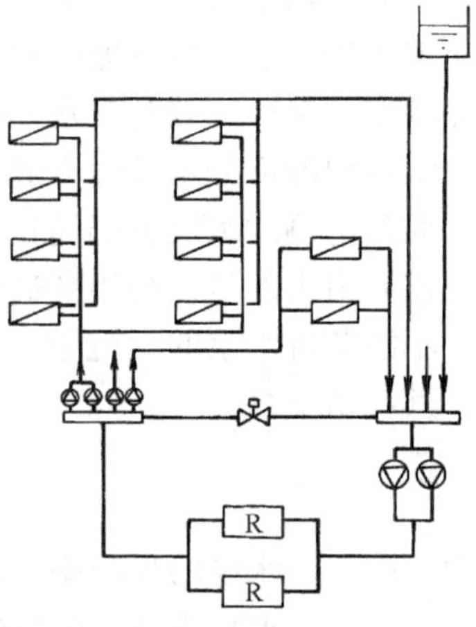

图7-12　二级泵系统的变流量调节

二级泵系统变流量调节主要是调节二级泵，其方法一般有以下三种：

1）台数调节。根据用户侧供回水管压差改变多台并联二级泵（定速泵）的运行台数，增泵还是减泵，通常按一台泵的设计流量来确定，当定出二次环路设计流量下的压力值后，即可定出加载与卸载上、下压差限定值。

2）转速调节。根据用户侧供回水管压差改变二级泵的转速。水泵转速的调节方法分为有级调速和无级调速两大类。使用双速或多速电动机、机械变速等方法为有级调速；使用直流电动机、变频器、液力偶合器等为无级调速，而使用最多的无级调速是变频调速。显然，此方法用于一台泵管一个用户环路时效果最好。

3）组合调节。将二级泵组用定速泵与变速泵并联组合，这样既可以进行台数控制以适应大负荷的变化，又可以进行转速调节以适应小负荷的变化。

与一级泵系统相比，二级泵系统较复杂，但在运行期间能显著地节省水泵的耗电量，降低运行费用。如果一级环路的阻力为 Δp_1，流量为 q_{V1}，二级环路的阻力为 Δp_2，流量为 q_{V2}，则一级泵的耗功率为

$$P_{2,1}=\frac{q_{V1}\Delta p_1\rho g}{\eta}$$

二级泵的耗功率为

$$P_{2,2}=\frac{q_{V2}\Delta p_2\rho g}{\eta}$$

一、二级泵的总耗功率为

$$P_2=P_{2,1}+P_{2,2}=\frac{q_{V1}\left(\Delta p_1+\Delta p_2\dfrac{q_{V2}}{q_{V1}}\right)\rho g}{\eta} \tag{7-2}$$

由于空调系统日常负荷在大多数时间里是小于设计负荷的，因此二级环路的流量 q_{V2} 经常小于一级环路的流量 q_{V1}，即 $q_{V2}/q_{V1}<1$。比较式（7-1）与式（7-2）可知：$P_2<P_1$，因此二级泵系统比一级泵系统节能。

与一级泵系统相比，二级泵系统有以下主要优点：

1）当各二次环路负荷特性（如不同时使用或负荷高峰出现的时间不同）或阻力相差较大时（100kPa 以上），由于二级泵系统是按不同区域、不同环路各自的阻力来选择二级泵，所以它比一级泵系统一律按最大阻力环路来选择水泵要节约水泵的初投资和运行费用。

2）一次环路主要保证冷热源设备在额定流量下工作，一级泵的扬程可减小很多，同时二次环路的流量可以随负荷变化，从而可节省整个系统的水泵能耗。

3）二级泵对不同用户（压力、距离不同）有较大的适应性，甚至可以增加新的二次环路而一级环路仍不改变。

4）当一级泵为压入泵时，由于整个冷冻水系统的阻力由二级泵来克服，所以冷水机组蒸发器侧承受的压力降低。

二级泵系统的主要缺点是系统设备数量要增加、电动机装机容量要增大、管路和机房也要增加，自控程度要求较高，所以工程的初投资比较大。

凡系统作用半径较大、各环路负荷特性（如不同时使用或负荷高峰出现的时间不同）相差较大，或阻力相差悬殊（100kPa 以上），或环路之间使用功能有重大区别时，应采用二级泵系统。

6. 混合式系统

在很多情况下，各个二次环路之间的阻力相差很大，如高层建筑多为综合性建筑，一般由裙房和塔楼（主楼）两部分组成，功能复杂，房间用途各异，负荷特点和使用规律差别很大。裙房部分一般比较接近冷热源机房，管路较短，阻力较小；而塔楼的高区则管路较长，阻力较大。此时，阻力小的二次环路就有可能直接由一级泵供水，而阻力大的二次环路则由二级泵供水，这样就组成了既有一级泵直接向用户供水，又有通过二级泵向用户供水的同时具备一级泵系统和二级泵系统特点的混合式系统，如图 7-13 所示。

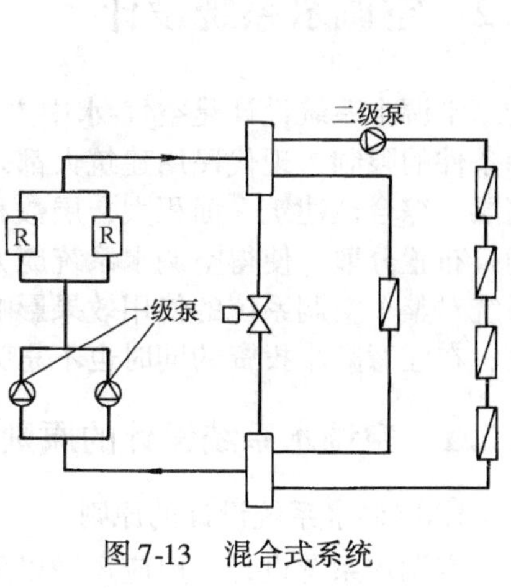

图 7-13　混合式系统

7.1.3 空调冷热水供回水温度

空调冷热水供水温度和供回水温差应通过技术经济比较后确定，并宜采用以下数值：

1）采用冷水机组直接供冷的空调冷冻水供水温度：5～9℃，一般采用7℃。因为根据空调冷水机组蒸发温度的要求，空调冷冻水供水温度不得低于5℃，故从安全考虑一般采用7℃；另外考虑到高层建筑竖向分区采用板式换热器等情况，二次水温会比一次水温高1～2℃，因此空调冷冻水的最高供水温度定为9℃。

2）采用冷水机组直接供冷的空调冷冻水供回水温差：5～10℃，一般采用5℃。如果供水温度采用7℃，则回水温度就是12℃，这也是常见的冷冻水回水温度。

3）空调热水供水温度：40～65℃，一般采用60℃。热水的最低供水温度是考虑用热泵机组供热水时，其所产热水温度一般为45℃左右，加上换热器的换热温差，故从安全考虑定为40℃。水温在60℃左右已经达到结垢温度，而且直接与高温热源换热器接触的水温会更高，结垢危险更大，因此限定65℃为热水供水的最高温度。

4）空调热水供回水温差：10～15℃，一般夏热冬冷地区采用10℃，严寒和寒冷地区不宜小于15℃。

5）采用直燃式冷（温）水机组、空气源热泵、地源热泵系统等作为热源时，空调热水供回水温度和温差应按设备要求和具体情况确定，并应使设备具有较高的供热性能系数。

空调热水供回水温度与空调设备使用的性质及工作地点有一定关系：就地使用的、通常只承担局部区域热负荷而不承担新风负荷的风机盘管，因其结构紧凑，散热能力有限，水温过高时，机组内部温度有可能过高，会对内部元器件（如电动机）等产生一定的影响，因此一般采用较低的热水供回水温度，如60℃/50℃。用于全空气系统的空调设备（如组合式空调机组），通常能耐较高的热水温度，因此也可以采用较高的热水供回水温度，如95℃/70℃，但此时要使用软化水或加强水质处理。

空调冷热水供回水温差一般分别采用5℃和10℃，是考虑到我国目前制冷空调设备常用冷热量的名义工况。其他国家和地区常采用较大的设计温差，并应用到了国内一些工程中。如空调冷冻水设计温差取6～9℃，区域供冷取8～10℃，空调热水设计温差取15℃等。大温差设计可以减小水泵耗电量和管道的管径，但冷水机组效率会有所下降，所以应综合考虑各种因素后确定。

7.2 空调水系统设计

空调水系统设计是空气-水中央空调系统设计的主要内容之一。由于受到建筑空间和使用条件的限制，现代民用建筑大都采用风机盘管加新风的系统形式。特别是写字楼、酒店等高层、综合性建筑，面积大，层数和房间多，功能复杂，使用的空调设备数量和品种也多，而且布置分散，使得空调水系统庞大而复杂，造成管路系统和设备投资大，水泵能耗大，水系统对整个空调系统的使用效果影响也大。因此，在进行空调水系统设计时，应尽量考虑周全，在注意减小投资的同时也不忘为方便日后的运行管理和减少水泵的能耗创造条件。

7.2.1 空调水系统设计的原则和步骤

1. 空调水系统设计的原则

空调水系统设计一般应遵循以下原则：

1）系统应具备足够的输送能力，同时又能满足部分负荷运行时的调节要求。

2）管道的布置要尽可能选用同程式系统，虽然初投资略有增加，但易于保持环路的水力稳定性。若采用异程式系统，设计中应注意各并联管路间的压力平衡问题。

3）确定系统的管径时，应保证能输送设计流量并使水流阻力和噪声小，以获得经济合理的效果。

4）设计中，应进行严格的水力计算，以确保各个环路之间符合水力平衡要求，使空调水系统在实际运行中有良好的水力工况和热力工况。

5）设计中要尽可能多地采用节能技术措施。

6）管路系统选用的管材、配件要符合有关规范要求。

2. 空调水系统设计的步骤

空调水系统设计的一般步骤如下：

1）根据各个空调房间的使用功能和特点，确定用水供冷或供暖的空调设备形式。

2）根据工程实际进行水系统形式选择与分区。

3）进行供回水管线布置，画出系统轴测图或管道布置简图。

4）确定每台空调设备的布置位置和作用范围，然后计算出由作用范围的空调负荷决定的供水量，并选定空调设备的型号和规格。

5）进行管路计算（含水泵的选择）。

6）进行绝热材料与绝热层厚度的选择与计算。

7）进行冷凝水系统设计。

8）绘制工程图。

7.2.2 空调水系统的管路计算

空调水系统的管路计算（又称为水力计算、阻力计算）是在已知水流量和选定流速下确定水系统各管段的管径及水流阻力，计算出选水泵所需要的系统总阻力。

1. 确定管径

1）连接各空调设备的供回水支管管径，宜与空调设备的进、出水接管管径一致，可由相关设备样本查得。

2）供、回水干管的管径（内径）d 根据各管段中水的体积流量和选定的流速由下式计算出：

$$d=\sqrt{\frac{4q_V}{\pi v}} \tag{7-3}$$

式中 q_V——水的体积流量，单位为 m^3/s；

v——水流速度，单位为 m/s。

在水流量一定的情况下，管内水流速的高低既影响水管管径的大小，又涉及水流阻力的大小，还分别与投资费用和运行费用有关，过低或过高都不经济。一般水系统中管内水流速按表7-1中的推荐值选用。

表7-1 管内水流速推荐值

管道种类	水泵吸水管	水泵出水管	主干管	立管	一般管道
流速/（m/s）	1.2～2.1	2.4～3.6	1.2～4.5	1.0～3.0	1.5～3.0

显然，由式（7-3）求出的管径为计算管径，不是符合管道规格的管径，还需以此管径值为依据按管道的规格选定相近管径的管道型号。空调水系统的管道通常使用钢管，主要是镀锌钢管和无缝钢管，当管径≤DN125 时可采用镀锌钢管，当管径＞DN125 时要采用无缝钢管。

2. 计算水流阻力

空调水系统的水流阻力一般由设备阻力、直管段阻力以及管道部件和配件（统称管件）阻力三部分组成。由于设备阻力通常可以在设备生产厂家提供的产品样本上查到，因此进行空调水系统水流阻力计算的主要内容是进行直管段的阻力（摩擦阻力）计算及管道部件（如阀门、水过滤器等）与配件（如弯头、三通等）的阻力（局部阻力）计算。

由流体力学知识可知，空调水系统的管道水流阻力 Δp 的基本计算式为

$$\Delta p = \Delta p_{\mathrm{m}} + z = \left(lR + \zeta \frac{v^2\rho}{2}\right) \tag{7-4}$$

式中 Δp_{m}——摩擦阻力（或称沿程阻力），单位为 Pa；

z——局部阻力，单位为 Pa；

l——管道长度，单位为 m；

R——比摩阻（单位长度管道的摩擦阻力，又称压力降），单位为 Pa/m；

ζ——局部阻力系数；

v——水流速度，单位为 m/s；

ρ——水的密度，一般取 1000kg/m^3。

比摩阻 R 可根据水流速和流量查表 7-2 确定。管路中各种管件的局部阻力系数 ζ 见表 7-3 和表 7-4。水流经各设备的阻力可由所选产品的样本查取，当缺乏这方面的资料时，可按表 7-5 的参考值进行近似估算。

表 7-2 水管摩擦阻力计算表

（R_1、R_2分别为绝对粗糙度 K=0.2mm、K=0.5mm 时的比摩阻值）

水流速 v /（m/s）	动压 p_d /Pa		公称管径 DN/mm q_V—流量（$L/s=10^{-3}m^3/s$） R_1—闭式系统取用值，R_2—开式系统取用值															
			15	20	25	32	40	50	65	80	100	125	150	200	250	300	350	400
0.2	20	q_V	0.04	0.07	0.11	0.20	0.26	0.44	0.73	1.03	1.57	2.45	3.53	6.72	10.5	15.0	21.2	26.1
		R_1	68	45	33	23	19	14	10	8	6	5	4	2	2	1	1	1
		R_2	85	56	40	27	23	16	11	9	7	5	4	3	2	2	1	1
0.3	45	q_V	0.03	0.11	0.17	0.30	0.40	0.66	1.09	1.54	2.35	3.68	5.29	10.1	15.8	22.5	31.9	39.2
		R_1	143	95	69	48	40	29	21	17	13	10	8	5	4	3	3	2
		R_2	183	120	86	59	49	35	25	20	15	11	9	6	4	4	3	3
0.4	80	q_V	0.03	0.14	0.23	0.40	0.53	0.88	1.45	2.06	3.14	4.90	7.06	13.4	21.0	29.9	42.5	52.2
		R_1	244	163	111	82	63	49	36	28	22	16	13	9	7	5	4	4
		R_2	319	209	150	102	85	60	43	34	26	20	15	10	8	6	5	4
0.5	125	q_V	0.10	0.18	0.29	0.50	0.66	1.10	1.81	2.57	3.92	6.13	8.82	16.8	26.3	37.4	53.1	65.3
		R_1	371	248	180	125	101	75	54	43	33	25	20	13	10	8	7	6
		R_2	492	323	231	158	131	93	67	53	40	30	24	16	12	10	8	7

（续）

水流速 v /（m/s）	动压 p_d /Pa		公称管径 DN/mm q_V—流量（$L/s = 10^{-3} m^3/s$） R_1—闭式系统取用值，R_2—开式系统取用值															
			15	20	25	32	40	50	65	80	100	125	150	200	250	300	350	400
0.6	180	q_V	0.12	0.21	0.34	0.60	0.79	1.32	2.18	3.09	4.70	7.35	10.6	20.2	31.6	44.9	63.7	78.3
		R_1	525	351	255	176	147	106	77	61	47	35	28	19	14	11	9	8
		R_2	702	460	330	225	187	132	95	76	57	43	34	22	17	14	11	10
0.7	245	q_V	0.14	0.25	0.40	0.70	0.92	1.54	2.54	3.60	5.49	8.58	12.4	23.5	36.8	52.4	74.3	91.4
		R_1	705	471	343	237	193	142	103	82	63	48	38	25	19	15	12	11
		R_2	948	622	446	304	253	179	129	102	73	58	46	30	23	18	15	13
0.8	320	q_V	0.16	0.28	0.45	0.80	1.05	1.76	2.90	4.12	6.27	9.80	14.1	26.9	42.1	59.9	84.9	104.4
		R_1	911	609	443	306	256	183	133	106	81	61	49	33	25	20	16	14
		R_2	1232	808	580	395	328	233	167	133	101	75	60	40	30	24	19	17
0.9	405	q_V	0.18	0.32	0.51	0.90	1.19	1.98	3.26	4.63	7.06	11.0	15.9	30.2	47.3	67.4	95.6	117
		R_1	1142	764	555	384	321	230	167	134	102	77	61	41	31	25	20	18
		R_2	1553	1019	731	498	414	293	210	167	127	95	75	50	37	30	24	21
1.0	500	q_V	0.19	0.35	0.57	1.00	1.32	2.20	3.63	5.14	7.84	12.3	17.6	33.6	52.6	74.9	106	131
		R_1	1400	936	681	471	394	282	205	164	125	95	75	50	38	31	25	22
		R_2	1912	1254	900	613	509	361	259	206	156	117	92	61	46	37	30	26
1.1	605	q_V	0.21	0.39	0.63	1.10	1.45	2.42	3.99	5.66	8.62	13.5	19.4	37.0	57.9	82.3	117	144
		R_1	1685	1126	819	566	473	339	246	197	151	114	90	61	46	37	30	26
		R_2	2307	1513	1086	739	614	435	313	248	188	141	112	74	56	44	36	31
1.2	720	q_V	0.23	0.42	0.69	1.20	1.53	2.64	4.35	6.17	9.41	14.7	21.2	40.3	63.1	89.8	127	157
		R_1	1995	1334	970	671	561	402	292	233	179	135	107	72	54	44	35	31
		R_2	2739	1797	1289	878	729	517	371	295	224	163	132	88	66	953	42	37
1.3	845	q_V	0.25	0.46	0.74	1.30	1.71	2.86	4.71	6.69	10.2	15.9	22.9	43.7	68.4	97.3	138	170
		R_1	2331	1559	1134	784	655	470	341	273	209	157	125	84	63	51	41	36
		R_2	3208	2105	1510	1029	854	605	435	345	262	196	155	103	77	62	50	44
1.4	980	q_V	0.27	0.50	0.80	1.40	1.85	3.08	5.08	7.20	11.0	17.2	24.7	47.0	73.6	105	149	183
		R_1	2693	1801	1310	906	757	543	394	315	241	182	145	97	73	59	48	42
		R_2	3714	2437	1748	1191	989	701	503	400	304	227	180	119	90	72	58	51
1.5	1125	q_V	0.29	0.53	0.86	1.50	1.98	3.30	5.44	7.72	11.8	18.4	26.5	50.4	78.9	112	159	196
		R_1	3082	2061	1499	1036	867	621	451	361	276	208	166	111	84	67	54	48
		R_2	4258	2793	2004	1365	1134	803	577	458	348	260	206	136	103	82	66	58
1.6	1280	q_V	0.31	0.57	0.91	1.60	2.11	3.52	5.80	8.23	12.5	19.6	28.2	53.8	84.2	120	170	209
		R_1	3496	2338	1701	1176	983	705	512	409	313	236	188	126	95	77	62	54
		R_2	4838	3174	2277	1551	1289	913	656	521	395	296	234	155	117	93	75	66

（续）

水流速 v /(m/s)	动压 p_d /Pa		公称管径 DN/mm q_V—流量（$L/s=10^{-3}m^3/s$） R_1—闭式系统取用值，R_2—开式系统取用值															
			15	20	25	32	40	50	65	80	100	125	150	200	250	300	350	400
1.7	1445	q_V	0.33	0.60	0.97	1.70	2.24	3.74	6.16	3.74	13.3	20.8	30.0	57.1	89.4	127	180	222
		R_1	3937	2633	1915	1324	1107	794	576	461	353	266	212	142	107	86	70	61
		R_2	5436	3579	2568	1749	1453	1029	730	587	446	334	264	175	132	105	85	74
1.8	1620	q_V	0.35	0.64	1.03	1.80	2.37	3.96	6.53	9.26	14.1	22.1	31.8	60.5	94.7	135	191	235
		R_1	4404	2945	2142	1481	1238	888	644	515	394	298	237	158	120	96	78	69
		R_2	6110	4009	2876	1959	1627	1153	828	658	499	374	295	196	147	118	95	83
1.9	1805	q_V	0.37	0.67	1.09	1.90	2.50	4.18	6.89	9.77	14.9	23.3	33.5	63.8	99.9	142	201	248
		R_1	4896	3274	2382	1647	1377	987	717	573	439	331	263	176	133	107	87	76
		R_2	6802	4462	3202	2181	1812	1284	922	732	556	416	329	218	164	131	105	93
2.0	2000	q_V	0.39	0.71	1.14	2.00	2.64	4.40	7.25	10.3	15.7	24.5	35.3	67.2	105	150	212	261
		R_1	5415	3621	2634	1821	1523	1092	793	634	485	366	291	195	148	119	96	84
		R_2	7531	4940	3545	2415	2006	1421	1021	811	615	461	364	241	182	145	117	103
2.1	2205	q_V	0.41	0.74	1.202	2.10	2.77	4.62	7.61	10.8	16.5	25.7	37.0	70.6	110	157	223	274
		R_1	5960	3985	899	2004	1676	1202	872	698	534	403	320	214	162	131	105	93
		R_2	8297	5443	3905	2660	2210	1566	1124	893	678	508	401	266	200	160	129	113
2.2	2420	q_V	0.43	0.78	1.26	2.20	2.90	4.85	7.98	11.3	17.3	27.0	38.8	73.9	116	165	234	287
		R_1	6531	4367	3177	2196	1837	1317	956	765	585	441	351	235	178	143	115	102
		R_2	9099	5969	4283	2918	2423	1717	1233	979	744	557	440	292	219	176	141	124
2.3	2645	q_V	0.45	0.81	1.31	2.30	3.03	5.07	8.34	11.8	18.0	28.2	40.6	77.3	121	172	244	300
		R_1	7128	4766	3468	2397	2005	1437	1043	835	639	482	383	256	194	156	126	111
		R_2	9939	6520	4678	3187	2647	1875	1347	1070	812	608	481	318	240	192	154	135
2.4	2880	q_V	0.47	0.85	1.37	2.40	3.16	5.29	8.70	12.4	18.8	29.4	42.3	80.6	126	180	255	313
		R_1	7751	5183	3771	2607	2180	1563	1135	907	694	524	417	279	211	170	137	121
		R_2	10816	7096	5091	3468	2881	2041	1466	1164	884	662	523	347	261	209	168	147
2.5	3125	q_V	0.49	0.89	1.43	2.51	3.29	5.51	9.06	12.9	19.6	30.6	44.1	84.0	131	187	265	326
		R_1	8400	5617	4087	2825	2363	1694	1230	984	753	568	452	302	229	184	149	131
		R_2	11730	7696	5522	3761	3124	2214	1590	1263	959	718	567	376	283	226	182	160
2.6	3380	q_V	0.51	0.92	1.49	2.61	3.43	5.73	9.43	13.4	20.4	31.9	45.9	87.3	137	195	276	339
		R_1	9075	6069	4415	3052	2553	1830	1329	1063	813	614	488	327	247	199	161	141
		R_2	12681	8319	5969	4066	3377	2393	1719	1365	1036	776	613	406	306	245	196	173
2.7	3645	q_V	0.53	0.96	1.54	2.71	3.56	5.95	9.79	13.9	21.2	33.1	47.6	90.7	142	202	287	352
		R_1	9776	6538	4756	3288	2750	1972	1431	1145	876	661	526	352	266	214	173	152
		R_2	13669	8968	6434	4383	3641	2580	1853	1471	1117	836	661	438	330	264	212	186

（续）

水流速 v /（m/s）	动压 p_d /Pa		公称管径 DN/mm　q_V—流量（$L/s=10^{-3}m^3/s$）　R_1—闭式系统取用值，R_2—开式系统取用值															
			15	20	25	32	40	50	65	80	100	125	150	200	250	300	350	400
2.8	3920	q_V	0.54	0.99	1.60	2.81	3.69	6.17	10.2	14.4	22.0	34.3	49.4	94.1	147	210	297	365
		R_1	10504	7024	5110	3533	2955	2118	1538	1230	941	710	565	378	286	230	186	164
		R_2	14695	9640	6917	4712	3914	2773	1992	1582	1201	899	711	471	354	284	228	200
2.9	4205	q_V	0.56	1.03	1.66	2.91	3.82	6.39	10.5	14.9	22.7	35.5	51.2	97.4	153	217	308	378
		R_1	11257	7528	5477	3786	3167	2270	1648	1318	1009	761	605	405	307	247	199	175
		R_2	15757	1033	7417	5052	4197	2973	2136	1696	1288	964	762	505	380	304	244	215
3.0	4500	q_V	0.58	1.06	1.71	3.01	3.95	6.61	10.9	15.4	23.5	36.8	52.9	101	158	225	319	392
		R_1	12037	8049	5856	4049	3386	2428	1762	1409	1079	814	647	433	328	264	213	188
		R_2	16856	11058	7934	5405	4489	3181	2285	1815	1378	1031	815	540	406	325	261	230

表 7-3　水管管件的局部阻力系数

序号	名称		局部阻力系数 ζ							
1	截止阀	普通阀	4.3~6.1							
		斜柄型	2.5							
		直通型	0.6							
2	止回阀	升降式	7.5							
		旋启式	DN/mm	150	200	250	300			
			ζ	6.5	5.5	4.5	3.5			
3	蝶阀		0.1~0.3							
4	闸阀		DN/mm	15	20~50	80	100	150	200~250	300~450
			ζ	1.5	0.5	0.4	0.2	0.1	0.08	0.07
5	旋塞阀		0.05							
6	变径管	缩小	0.10							
		扩大	0.30							
7	普通弯头	90°	0.30							
		45°	0.15							
8	焊接弯头		DN/mm	80	100	150	200	250		
		90°	ζ	0.51	0.63	0.72	0.72	0.87		
		45°	ζ	0.26	0.32	0.36	0.36	0.44		
9	弯管（煨弯）90°（d—管径；R—曲率半径）		d/R	0.5	1.0	1.5	2.0	3.0	4.0	5.0
			ζ	1.2	0.8	0.6	0.48	0.36	0.30	0.29

（续）

序号	名称		局部阻力系数ζ								
10	水箱接管	进水口	1.0								
		出水口	0.5								
11	滤水网	有底阀	*DN*/mm	40	50	80	100	150	200	250	300
			ζ	12	10	8.5	7.0	6.0	5.2	4.4	3.7
		无底阀	2~3								
12	水泵入口		1.0								

表7-4 水管三通的局部阻力系数

序号	形式简图	流向	局部阻力系数ζ
1	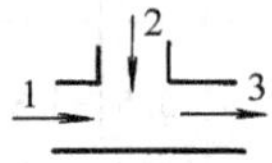	2→3	1.5
2	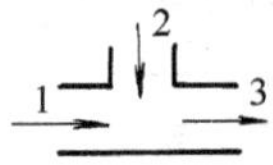	1→3	0.1
3	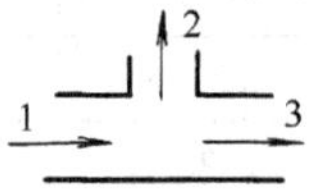	1→2	1.5
4	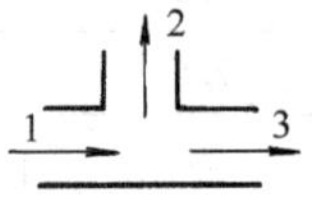	1→3	0.1
5	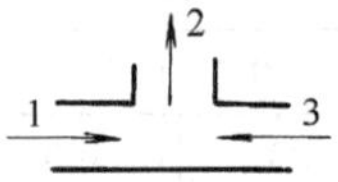	1、3→2	3.0
6	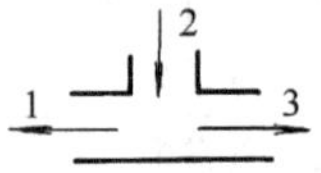	2→1、3	1.5
7	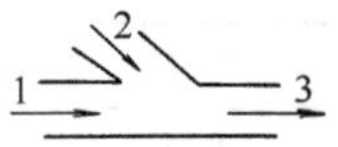	2→3	0.5
8	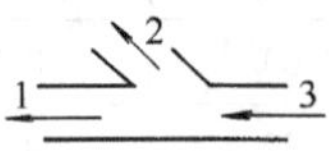	3→2	1.0
9	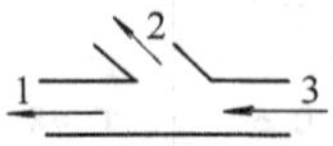	3→1	0.1

表 7-5　设备的阻力　（单位：kPa）

设备名称	阻力	备　注
离心式冷水机组蒸发器	30～80	
离心式冷水机组冷凝器	50～80	
吸收式制冷机蒸发器	40～100	
吸收式制冷机冷凝器	50～140	
冷热水盘管	20～50	流速 v=0.8～1.5m/s
换热器	20～50	
风机盘管	10～20	风机盘管容量越大，阻力越大
自动控制阀	30～50	

3. 空调水系统管路计算的步骤

空调水系统管路计算的步骤与空调风管系统阻力计算的步骤相似，以闭式两管制一级泵系统为例介绍如下：

1）划分管段。在系统轴测图或简图上以冷热负荷不变为准则划分管段，标注各管段长度和冷热负荷。

2）选定最不利环路，对整个管路进行编号。一般选组合管段长度最长的管路为最不利环路，先对其组成管段从离分水器最近的一段开始，逐段由近至远（最后到集水器）顺序编号，再对与最不利环路并联的各分支管路或管段由远而近进行编号。编号数字标注在各管段或设备的起始节点处。

3）计算管段流量。根据管段的冷热负荷，按下式求出管段的流量：

$$q_V = \frac{Q}{c\rho(t_h - t_g)} \tag{7-5}$$

式中　q_V——管段的体积流量，单位为 m^3/s；

Q——管段的冷热负荷，单位为 kW；

c——水的比热容，一般取 4.19kJ/（kg·K）；

ρ——水的密度，一般取 1000kg/m^3；

t_h——回水温度，单位为℃；

t_g——供水温度，单位为℃。

从本步骤开始，可参考表 7-6 的形式列表计算，从选定的最不利环路最靠近分水器端管段开始，逐个管段顺序计算，然后计算各并联管路或管段。

4）选流速，确定管径。根据管段性质（主管、立管还是一般管道），查表 7-1 选定水的流速范围。然后根据管段流量和该流速范围查表 7-2，选择最接近管段流量，且流速值在选定流速范围内的对应管径（公称直径），查出相应的比摩阻值 R 和动压值 p_d。

5）计算管段的摩擦阻力 $\Delta p_m = lR$。

6）计算管段的局部阻力。根据管段的实际情况，由表 7-3 和表 7-4 可查得各种管件的局部阻力系数 ζ（可参考表 7-7 的形式列出），然后计算各管段的局部阻力 $z = \Sigma\zeta p_d$。

7）计算管段总阻力 $\Delta p = \Delta p_m + z$。

8）检验各并联管路的阻力平衡情况。并联管路之间的阻力不平衡偏差值应不大于 15%，如果大于 15% 则可采取调整其中一个管路的管径，改变其断面面积的方法使阻力尽量接近平衡。

9）计算最不利环路的阻力。该环路的阻力即为系统总阻力 H，考虑一定的安全因数（一般为1.1～1.2）后就可以作为选择水泵所需要的扬程（H'）依据。

【例7-1】 已知图7-14所示的空调水系统中，每台柜式风机盘管的供冷量均为50kW，阻力为5m水柱（5×9.8kPa），各管段长度参见表7-6。求各管段管径和系统总阻力。

【解】

1）划分管段，标注各管段长度和冷热负荷，如图7-14所示。

2）确定最不利环路，给各节点编号。

3）计算管段流量。设冷冻水供水温度为7℃，回水温度为12℃，则流经每台柜式风机盘管的冷冻水流量由式（7-6）计算得

$$q_V=\frac{Q}{c\rho\ (t_h-t_g)}=\frac{50}{4.19\times1000\times\ (12-7)}\text{m}^3/\text{s}$$
$$=2.39\times10^{-3}\text{m}^3/\text{s}$$

据此可得各管段流量。

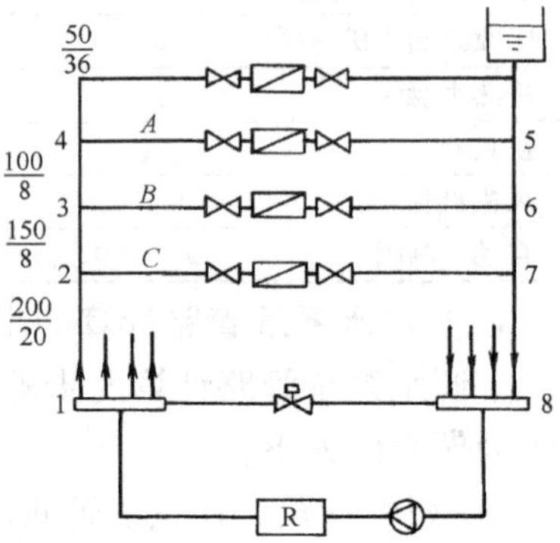

图7-14 例7-1图示

4）从管段1—2开始，分管段根据管段的性质（主管、立管还是一般管道），查表7-1选定水的流速范围。然后根据管段流量和该流速范围查表7-2，选择最接近管段流量，且流速值在选定流速范围内的对应管径（公称直径），查出相应的比摩阻值 R 和动压值 p_d。

5）计算各管段的摩擦阻力 $\Delta p_m=lR$。

6）根据各管段的实际情况，从表7-3和表7-4查得管道附件或管件的阻力系数 ζ，然后计算各管段的局部阻力 $z=\Sigma\zeta p_d$。

7）计算各管段总阻力 $\Delta p=\Delta p_m+z$。

上述计算结果和查表所得数据参见表7-6和表7-7。

表7-6 水管系统水力计算表

管段	管长 l/m	冷（热）负荷 Q/kW	流量 q_V/（m³/s）	流速范围 v'/（m/s）	实际流速 v/（m/s）	公称直径 DN/mm	比摩阻 R/（Pa/m）
1	2	3	4	5	6	7	8
1—2	20	4×50	9.52×10^{-3}	1.2～4.5	1.2	100	179
2—3	8	3×50	7.17×10^{-3}	1.0～3.0	1.4	80	315
3—4	8	2×50	4.78×10^{-3}	1.0～3.0	1.3	65	341
4—5	36	50	2.39×10^{-3}	1.5～3.0	1.1	50	339
5—6	8	2×50	4.78×10^{-3}	1.0～3.0	1.3	65	341
6—7	8	3×50	7.17×10^{-3}	1.0～3.0	1.4	80	315
7—8	20	4×50	9.52×10^{-3}	1.2～4.5	1.2	100	179
A	20	50	2.39×10^{-3}	1.5～3.0	1.1	50	339
B	20	50	2.39×10^{-3}	1.5～3.0	1.1	50	339
C	20	50	2.39×10^{-3}	1.5～3.0	1.1	50	339
					1.8	40	1238

（续）

管段	摩擦阻力 $\Delta p_m = lR$ /Pa	动压 p_d/Pa	局部阻力系数 $\Sigma\zeta$	局部阻力 $z=\Sigma\zeta p_d$ /Pa	管段总阻力 $\Delta p = \Delta p_m + z$ /Pa	备注
1	9	10	11	12	13	14
1—2	3580	720	0.3	216	3796	
2—3	2520	980	0.1	98	2618	
3—4	2728	845	0.1	84.5	2812.5	
4—5	12204	605	11.1	6715.5	67919.5	Δp 包括机组阻力 49000Pa
5—6	2728	845	0.1	84.5	2812.5	
6—7	2520	980	0.1	98	2618	
7—8	3580	720	0.2	144	3724	
A	6780	605	13.4	8107	63887	Δp 包括机组阻力 49000Pa
B	6780	605	13.4	8107	63887	Δp 包括机组阻力 49000Pa
C	6780	605	13.4	8107	63887	Δp 包括机组阻力 49000Pa
	24760	1620	13.4	21708	95468	管段 *C* 调整后数据

表7-7 水管系统局部阻力计算表

管段	管道部件和配件	表号	序号	ζ	个数	$\Sigma\zeta$
1—2	*DN*100 闸阀	表7-3	4	0.2	1	0.3
	分流直流三通	表7-4	4	0.1	1	
2—3	分流直流三通	表7-4	4	0.1	1	0.1
3—4	分流直流三通	表7-4	4	0.1	1	0.1
4—5	90°普通弯头	表7-3	7	0.3	2	11.1
	*DN*50 普通型截止阀	表7-3	1	取5.2	2	
	合流直流三通	表7-4	2	0.1	1	
5—6	合流直流三通	表7-4	2	0.1	1	0.1
6—7	合流直流三通	表7-4	2	0.1	1	0.1
7—8	*DN*100 闸阀	表7-3	4	0.2	1	0.2
A	分流旁流三通	表7-4	3	1.5	1	13.4
	合流旁流三通	表7-4	1	1.5	1	
	*DN*50 普通型截止阀	表7-3	1	取5.2	2	
B	同管段 *A*					13.4
C	同管段 *A*					13.4

8）校验各并联管路的阻力平衡。

① 管路4—5与管路 *A*：管路4—5的总阻力 $\Delta p_{4-5} = 67919.5\text{Pa}$，管路 *A* 的总阻力 $\Delta p_A = 63887\text{Pa}$，两者的不平衡率为

$$\frac{\Delta p_{4-5}-\Delta p_{A}}{\Delta p_{4-5}}\times 100\% =\frac{67919.5-63887}{67919.5}\times 100\%$$
$$=5.9\% <15\% \quad 符合要求$$

② 管路3—6与管路B：管路3—6的总阻力$\Delta p_{3-6}=\Delta p_{3-4}+\Delta p_{4-5}+\Delta p_{5-6}=(2812.5+67919.5+2812.5)\text{ Pa}=73544.5\text{Pa}$，管路$B$的总阻力$\Delta p_{B}=63887\text{Pa}$，两者的不平衡率为

$$\frac{73544.5-63887}{73544.5}\times 100\% =13.1\% <15\% \quad 符合要求$$

③ 管路2—7与管路C：管路2—7的总阻力$\Delta p_{2-7}=\Delta p_{2-3}+\Delta p_{3-6}+\Delta p_{6-7}=(2618+73544.5+2618)\text{ Pa}=78780.5\text{Pa}$，管路$C$的总阻力$\Delta p_{C}=63887\text{Pa}$，两者的不平衡率为

$$\frac{78780.5-63887}{78780.5}\times 100\% =18.9\% >15\% \quad 不符合要求，需调整$$

将管路C的管径由50mm减小到40mm，查表7-2可知水的流速将由1.1m/s提高到1.8m/s，相应的比摩阻值R和动压值p_d均提高，使管路C的总阻力增大到了95468Pa（见表7-6最后一行），此时管路C与管路2—7的不平衡率为

$$\frac{95468-78780.5}{95468}\times 100\% =17.5\% >15\% \quad 不符合要求$$

说明管路C的管径减小一个规格其阻力增大太多，还是不能满足要求。可使管路C仍保持DN50的管径，采用关小其管路上进水端的阀门增大阻力的方法来与管路2—7取得平衡。

9）计算系统总阻力 。系统总阻力H即最不利环路1—2—3—4—5—6—7—8的总阻力，其值为

$$\begin{aligned}H&=\Delta p_{1-8}=\Delta p_{1-2}+\Delta p_{2-3}+\Delta p_{3-4}+\Delta p_{4-5}+\Delta p_{5-6}+\Delta p_{6-7}+\Delta p_{7-8}\\&=(3796+2618+2812.5+67919.5+2812.5+2618+3724)\text{ Pa}\\&=86300.5\text{Pa}\end{aligned}$$

4. 冷热源侧管径的确定方法

冷热源侧各设备间的管道管径确定方法与负荷侧的相同，只是管道内的流量要采用冷热源设备的额定流量。

5. 管道的坡度与坡向

由于各种原因，水系统中会存在空气，如果不排除就可能在管道内形成“气塞”，影响水的流动；如果进入换热器，会降低其换热效率。为了便于排出空气，空调水系统的管道在进行平面敷设时要有一定的坡度，通常为0.003，一般不小于0.002，坡向是沿水流方向由低到高，使气泡与水同向流动，利用水流并借助气泡的浮升作用将气泡推送到设在系统最高点的自动排气装置排除。

在实际工程中，空调水系统的供回水管道通常布置在吊顶内，受吊顶高度的限制，设置坡度很难实现，管道只能无坡度敷设，此时就须使管内水流速度不小于0.25m/s，以便把水系统中的气泡裹携走，使之不能浮升。

6. 管道的管材

空调水系统常用的水管有焊接钢管、无缝钢管和镀锌钢管。

焊接钢管的管壁纵向有一条焊缝，根据管壁的厚度不同，可分为普通管（适用公称压力小于1.0MPa）和加厚管（适用公称压力小于1.6MPa）。焊接钢管的管长一般为4～9m，

其最大规格为 *DN* 150mm。焊接钢管造价便宜，但其承压能力相对较低，一般常用于工作压力不大于 1.6MPa 的水系统中。

无缝钢管根据制造方法不同分为冷拔管和热轧管。冷拔管的最大规格为 *DN* 200mm，长度为 1.5 ~ 7m；热轧管的最大规格为 *DN* 600mm，长度为 4 ~ 12.5m。外径小于 57mm 时常用冷拔管，大于 57mm 时常用热轧管。无缝钢管价格略贵于焊接钢管，其承压较高，可采用不同厚度来满足水系统对工作压力的要求。

镀锌钢管的特点是不易生锈，但因其价格较高，大量使用在经济上不合理。

7.2.3　空调水系统分区

空调水系统有按压力分区、按使用时间分区和按空调负荷性质分区三种分区方式。

1. 按压力分区

由于机械制造和使用材料的原因，空调水系统采用的各种设备、管件及管道的工作压力是有一定限制的。设备的压力等级一般有 0.8MPa、1.2MPa、1.6MPa、2.0MPa、2.5MPa 五个等级，国产部件如阀门等的压力等级一般有 0.6MPa、1.0MPa、2.5MPa、4.0MPa 四个等级。从部件的制造来看，当工作压力达到 2.5MPa 以上时，其造价将成倍上升。设备的工作压力达到 2.0MPa 以上时，也会出现类似情况。

为了减少投资，空调水系统通常以 1.6MPa 作为工作压力划分的界限，即在设计时，使水系统内所有设备、部件、配件及管道的压力都处于 1.6MPa 以下。考虑到水泵扬程大约 40m（相当于 0.4MPa）左右，因此水系统的静压应在 120m（相当于 1.2MPa）以下，这相当于室外高度 100m 左右的建筑（地下室 -10m 左右）。当建筑高度较高，使得水静压大于 1.2MPa 时，水系统宜按竖向进行分区以减少系统内的设备、部件、配件及管道承压。在 100m 以上超高层建筑中，通常采用以下两种竖向分区的方法：

1）不同分区水系统合用同一冷热源，用换热器作为分界设备。在建筑物的地下室设冷热源机房，在中间设备层设置水—水换热器（中间换热器），将空调水系统竖向分割成低区和高区两个水系统（图 7-15），这样高、低两区的空调水系统实际上就分成了两个相对独立的水循环系统。在低区循环的水称为一次水，在高区循环的水称为二次水。整个系统运行时，从冷热源机房出来的冷热水（一次水）只需供给低区水系统和设在中间设备层的换热器，而高区水系统则由高区循环泵驱动二次水在水—水换热器和空调设备间循环。

这种系统最大的优点是高低两区共用一个集中的冷热源机房，形式简单，仍保持闭式循环，运行费用较低。其缺点是与低区相比，高区在供冷时冷水温度要高几度；在供暖时热水温度要低几度，因此同样条件下，高区选用的空调设备规格要比低区的稍大。

2）不同分区各自设冷热源，自成独立水系统。将建筑物按高度或层数竖向划分成若干个相对独立的空调系统，相应的冷热源机房分设于地下室、技术夹层（又称设备层）或防火避难层中，或将空气源热泵机组设在楼顶屋面上，如图 7-16 所示。各区自成独立水系统和空调系统的优点是各区可以独立管理，使用方便，调节灵活，不用时可关停，从而最大限度地节省能源和运行费用，而且设备可全部选用普通型的，空气源热泵机组设在楼顶屋面上还可节省建筑面积。但也存在设备多、单台容量小、效率低、能耗大、管理成本较高，对技术夹层在结构、层高、消声、隔振等方面的要求较高等缺点。

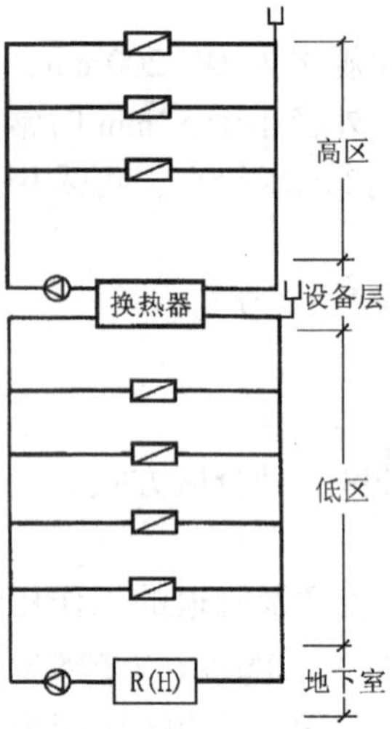

图 7-15 用换热器分区的高层水系统

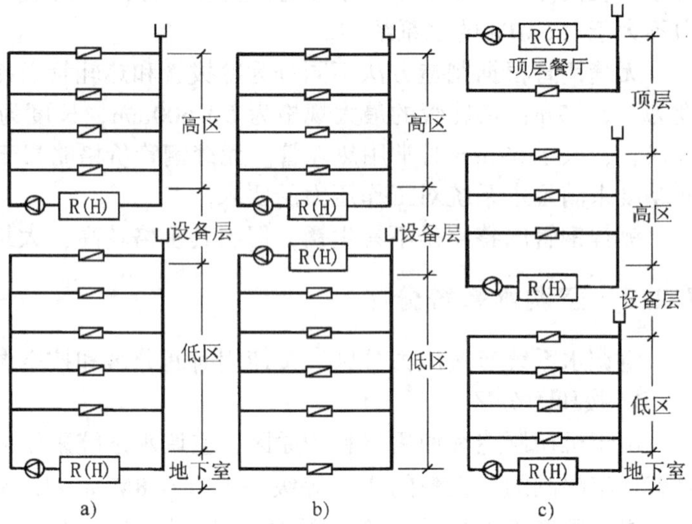

图 7-16 自带冷热源的高层分区水系统

2. 按使用时间分区

在综合性建筑中，不同房间或区域的空调使用时间通常有较大的差别。如酒店建筑中的客房部分与公共部分，办公建筑（写字楼）中的办公室部分与公共部分等。而公共部分本身（如餐饮、商场、银行等）在使用时间上也存在一定的差别。

一般来说，对于上部为客房或办公室，下部为公共区域的高层酒店或写字楼而言，至少要分为上、下两个区。公共区域是否再分若干个区则要视其使用者的情况确定。

3. 按空调负荷性质分区

空调负荷的性质与房间使用性质（如是用于办公还是用于举行会议或宴会）以及房间或区域所处的位置（如房间的朝向、建筑的内区和外区等）有一定关系。

从房间使用性质来看，用于办公的房间通常只是白天使用，而且一周5天朝九晚五连续使用。用于举行会议或宴会的房间则是不定时的间歇使用。

从朝向上来说，南北朝向的房间由于日照不同，在过渡季节时的要求有可能不一致；东西朝向的房间由于出现负荷最大值的时间不一致，在同一时刻也会有不同的要求。

从内、外区来看，建筑外区负荷随室外气候的变化而变化，有时需要供冷，有时需要供暖；建筑内区的负荷则相对比较稳定，全年以供冷的时间较多。

综上所述，水系统设计时应充分考虑不同的情况，进行合理的分区。在某些建筑中，采用既有竖向分区，又有水平分区的空调水系统属正常现象。

此外，空调水系统的分区还应注意与空调风系统的划分相结合，统筹考虑。

7.2.4 空调水系统水泵的设置与连接

1. 水泵的设置

空调水系统水泵的设置包括水泵的数量、流量、扬程的确定以及是否设备用水泵等内容，应符合以下要求：

1）由于夏冬季空调水系统流量及系统阻力相差很大，两管制系统宜分别设置冷冻水泵和热水泵。如夏冬季合用水泵，一般按系统的供冷运行工况选择水泵，则供暖时系统和水泵工况不吻合，往往水泵不在高效率区运行，或系统为小温差大流量运行等，造成电能浪费。当用电量较小的小型系统必须采用夏冬季合用水泵的方案时，需校核供暖工况时水泵的工作特性是否在高效率区，并确定水泵合适的冬季运行台数。四管制系统的冷热水为独立的系统，所以水泵必然分别设置。

2）为保证流经冷水机组蒸发器的水量恒定，并随冷水机组的台数向用户提供适应负荷变化的空调冷冻水流量，一级泵系统的水泵应与冷水机组的台数及蒸发器的额定流量相对应，并宜与冷水机组的管道一对一连接，一般不要求设备用水泵。

3）二级泵系统中水泵的选择。

①在一次环路中，一级泵的台数配置一般是一泵对一机（冷水机组或锅炉）。而一级泵的流量应等于对应的冷冻水机组蒸发器的额定流量，以保证蒸发器的传热效率和避免蒸发器水管缺水冻裂。一级泵的扬程只需满足克服一次环路的阻力，包括冷水机组的蒸发器、管路（含旁通管路）及阀门、过滤器等的阻力，其中阻力最大的是蒸发器，一般离心式冷水机组的蒸发器阻力约为0.08～0.10MPa，螺杆式或活塞式冷水机组的阻力约为0.05MPa。所以，一次环路的总阻力大约只有0.13MPa，因此一级泵的扬程一般小于0.15MPa就能满足要求。

②二级泵的总台数取决于二次环路的个数和每个二次环路采用的变流量调节方法（台数调节或变速调节）。考虑到在小流量运行时，水泵可轮流检修，即使是流量较小的系统，也不宜少于2台水泵，一般工程可不设备用水泵。

③每个二次环路的最大循环水量 q_{v2} 应由其所作用的那一部分区域夏季最大计算冷负荷 ΣQ 决定，即

$$q_{v2}=\frac{3600\Sigma Q}{\Delta t c\rho} \tag{7-6}$$

式中　q_{v2}——每个二次环路的最大循环水量，单位为 m^3/h；

ΣQ——每个二次环路作用区域夏季最大计算冷负荷，单位为kW；

Δt——冷冻水供回水温差，一般取5℃；

c——水的质量比热（比热容），一般取4.19kJ/（kg·K）；

ρ——水的密度，一般取 $1000kg/m^3$。

④二级泵的扬程应按所属二次环路中最不利环路进行水力计算后确定。对于100m左右高度的高层建筑，如采用闭式系统，则二级泵的扬程一般为0.2～0.3MPa；如果管路中装有自动阀门，则每一个阀门还需另考虑0.05MPa左右的阻力。

4）空调热水泵的设置原则与二级泵相似，由于水系统多数时间在小于设计流量状态下运行，只要水泵不少于2台，即可做到轮流检修。考虑到严寒及寒冷地区对供暖的可靠性要求较高，且设备管道等有冻结的危险，当水泵设置台数不超过3台时，其中一台宜设置为备用水泵，以免水泵检修时流量减少过多。

2. 水泵与冷水机组的连接

选择水泵与冷水机组的连接方式时，应充分考虑冷水机组的承压能力、控制方式、管路连接的繁简，以及两类设备运行的安全性、各自多台并联时互为备用等因数。设计中常见的有水泵与冷水机组一对一连接（图7-17冷水机组在水泵压出侧、图7-18冷水机组在水泵吸

入侧)、水泵与冷水机组分别并联连接（图7-19冷水机组在水泵压出侧、图7-20冷水机组在水泵吸入侧）等连接方式。

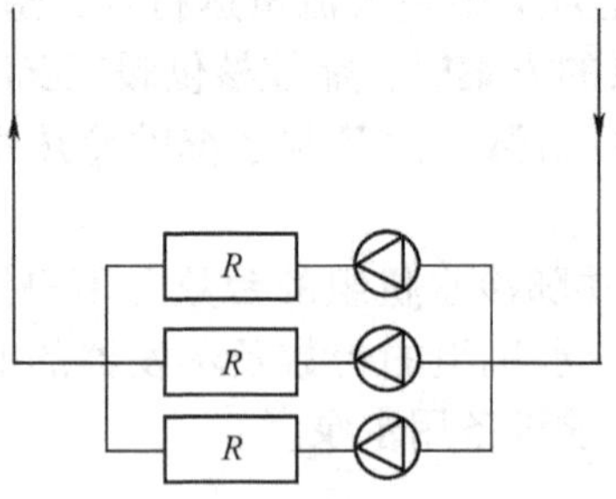

图7-17　水泵与冷水机组一对一连接（冷水机组在水泵压出侧）

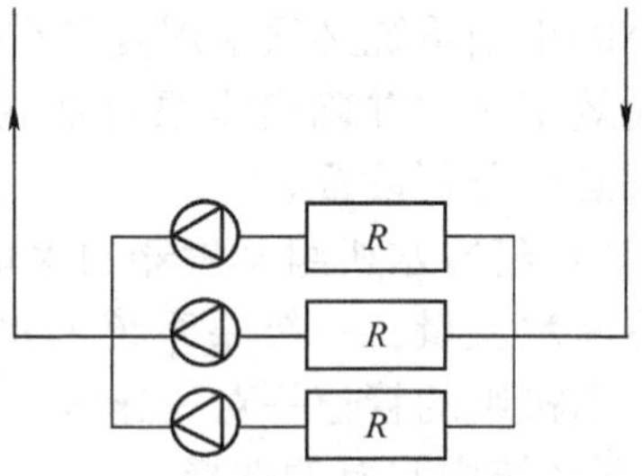

图7-18　水泵与冷水机组一对一连接（冷水机组在水泵吸入侧）

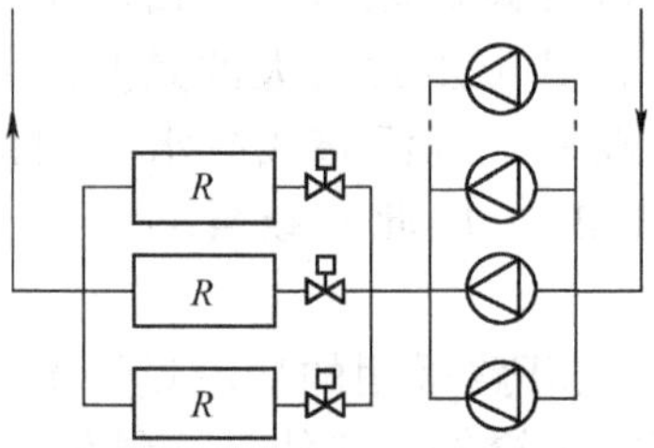

图7-19　水泵与冷水机组分别并联连接（冷水机组在水泵压出侧）

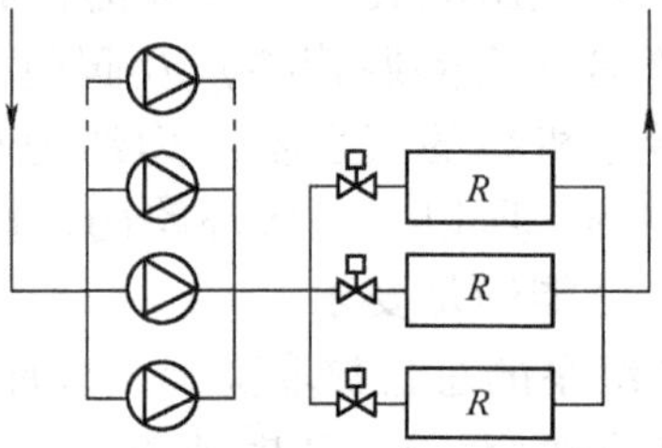

图7-20　水泵与冷水机组分别并联连接（冷水机组在水泵吸入侧）

7.2.5 空调水系统其他装置的设置

为了保证空调水系统能安全、有效地运行，同时方便监控、调节和维护保养，空调水系统还需要设置阀门、自动排气装置、膨胀水箱、管道补偿器、水过滤器、温度计、压力表等装置。

1. 阀门

空调水系统中使用数量最多的装置是用来开闭管路、调节和控制输送介质参数（温度、压力和流量）的各种阀门。根据主要使用功能，阀门可分为关断阀、止回阀、调节阀、平衡阀等。

(1) 关断阀　这类阀门主要起开闭作用，一般在下列地点设置：

1) 系统的总入口、总出口水管上，各分支环路的入口和出口水管上。

2) 冷热源、水泵等设备的进、出水管上。

3) 热交换器（表冷器、加热器)、水过滤器等装置的进、出水管上。

4) 自动控制阀二通阀的两端、三通阀的三端。

5) 设备和管路放水及放气管上。

6) 压力表的接管上。

常用的关断阀有蝶阀、闸阀、截止阀和球阀等。

蝶阀（图7-21）是一种旋转阀，其启闭件（阀芯）为圆形阀板，将其绕垂直于通路的轴线旋转，当阀板平面与通道轴线一致时，为全开；当阀板平面与通道轴线垂直时，为全闭。蝶阀一般用在公称直径大于100mm，以开关为目的的管路上。蝶阀阀体长度小，受场地的限制较小；操作方便，既可用手轮或蜗杆传动方式，也可用手柄式。其缺点是关闭严密性较差。

闸阀又称为闸板阀，有明杆和暗杆、单闸板和双闸板、楔式闸板和平行式闸板等种类，图7-22所示为暗杆楔式单闸板闸阀的结构示意图。闸阀是通过启闭件（闸板）在阀杆的带动下沿阀座（密封面）作升降运动，而实现管路的开启和关断，一般用在公称直径大于50mm的管路上，只能作为全开或全关使用，不可用来调节流量。闸阀沿水流方向阀体尺寸小，流动阻力小，启闭较省力。但其关闭的严密性不好，大直径闸阀开启困难；操作行程大，启闭时间长；开启高度较大，所需安装的空间亦较大。

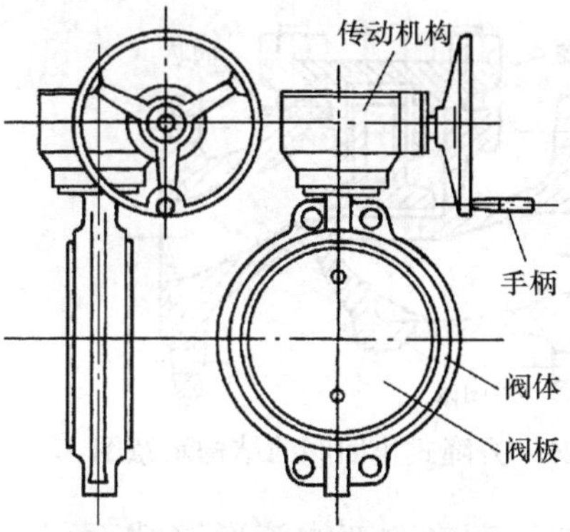

图7-21　蝶阀的结构示意图

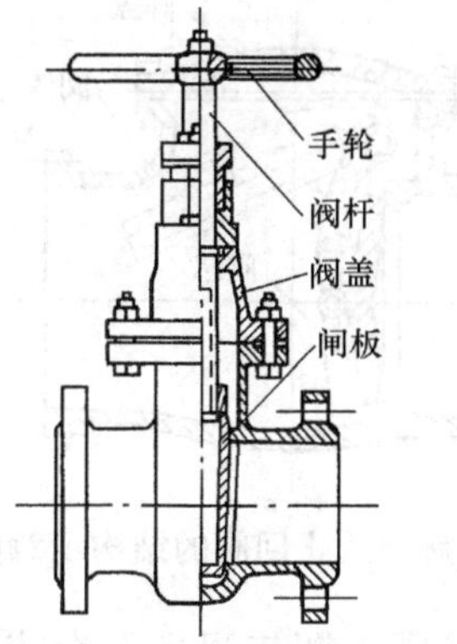

图7-22　暗杆楔式单闸板闸阀的结构示意图

截止阀按介质流向分为直通式、直角式和直流式三种，有明杆和暗杆之分，其关闭件（阀芯）在阀杆的带动下作升降运动，实现管路的开启和关断，一般用在公称直径小于50mm、以控制流量为主要目的而开闭为次要目的的管路上。截止阀的关闭严密性较好，但阀体较长，流动阻力大。图7-23所示为常用直通式截止阀的结构示意图。

球阀（图7-24）又称为球型阀，也是一种旋转阀，其启闭件（阀芯）为开孔的圆球体，将其绕垂直于通路的轴线旋转，使球体开孔正对管道轴线时为全开，转90°为全闭，一般用在公称直径较小的管路上。球阀关闭较严密，有一定的调节性能。与其结构和工作原理相类似的阀门还有旋塞阀（俗称转心阀），与球阀不同的是旋塞阀的阀芯为开孔的截锥体。

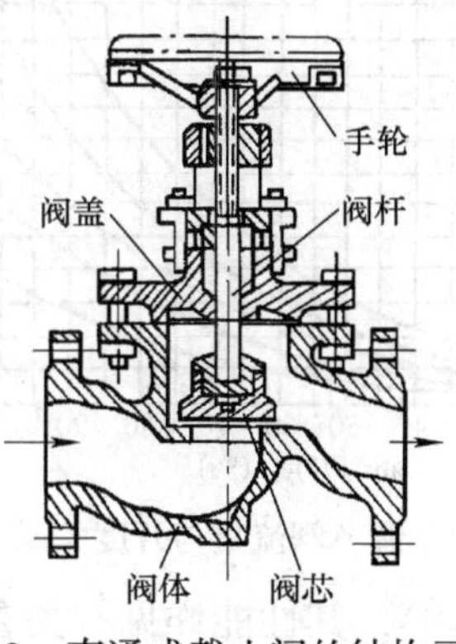

图7-23　直通式截止阀的结构示意图

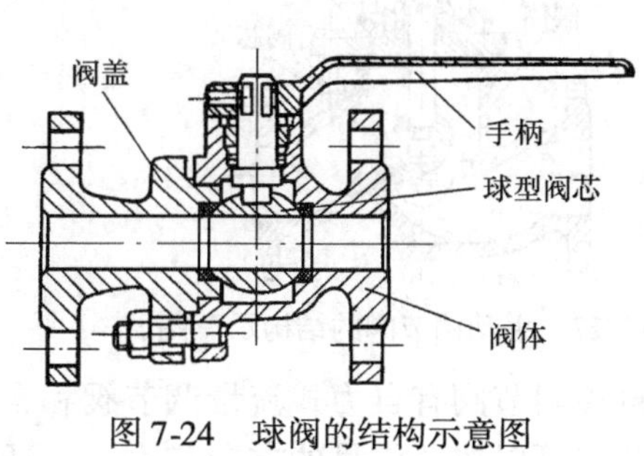

图7-24　球阀的结构示意图

（2）止回阀　止回阀又称为逆止阀、单向阀，这类阀门主要用于单向流动的管道上，防止水倒流，保护设备，能利用水流的动能自行开启，反向流动时自动关闭，常设于水泵出口以及其他不允许水流反向流动的地方。常用的止回阀主要有旋启式和升降式两种。

图7-25所示为旋启式止回阀（又称为摇板式止回阀）结构示意图。这种阀门的阀芯可绕轴旋转。水流从左向右流动时，推动阀芯绕轴向右上方旋转，通路打开；水反向流动时，阀芯在自身重力和水流的推动下落回垂直状态，阀芯被压紧在阀座上而通路被截断。图7-26所示为升降式止回阀（又称为活塞式止回阀）结构示意图。这种阀门的阀芯上部连有导杆，导杆可沿着阀盖上的导向套筒上下移动。流体从左向右流动时，阀芯被水流抬起，形成通路；反向流动时，阀芯在重力作用下落下，并被压紧在阀座上而通路被截断。

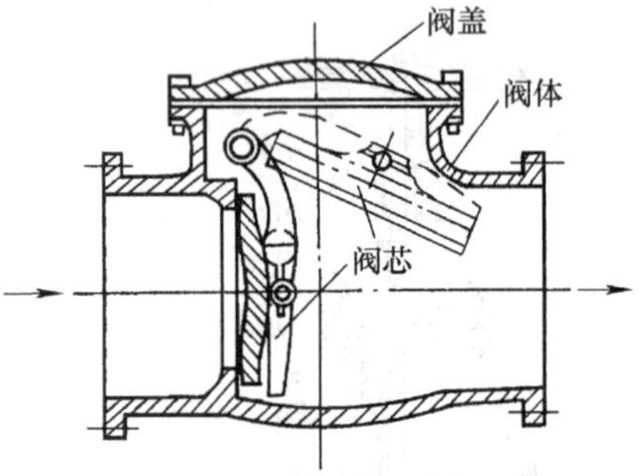

图7-25　旋启式止回阀的结构示意图

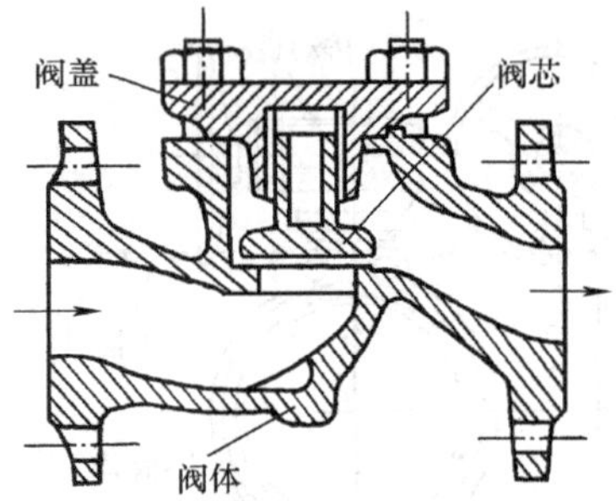

图7-26　升降式止回阀的结构示意图

（3）调节阀　调节阀又称为节流阀，通过其阀芯的运动来改变水流通路截面积，从而调节水流量，分为手动和自动两大类。

图7-27所示为某种常用手动调节阀的结构示意图。从外形和结构上看与截止阀基本相同，不同的是阀芯，截止阀的阀芯端部是平的，调节阀的阀芯端部则是锥形的。图7-28为某种手动调节阀流量与开度关系的流量特性曲线。从图上可见，在阀前、阀后压差一定时，随开度变化，通过调节阀的流量逐渐变化，而截止阀的开度在较大范围内变化时，其流量变化不大；而到某一开度时，流量急剧变化，即调节性能不佳，这是调节阀与截止阀特性的主要区别。

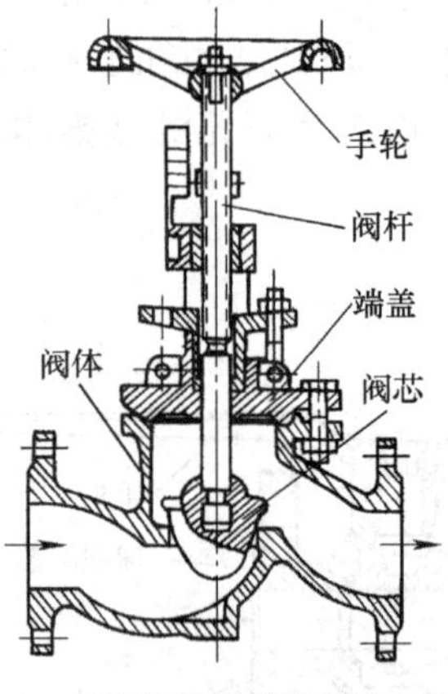

图7-27　手动调节阀的结构示意图

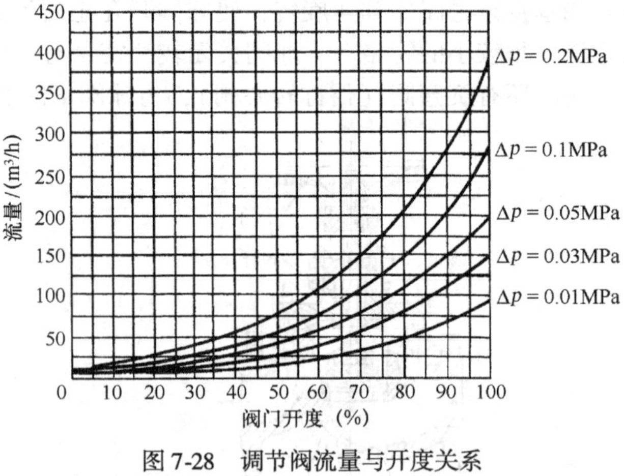

图7-28　调节阀流量与开度关系

自动调节阀有自力式流量调节阀和自力式压差调节阀等，其性能详见有关参考文献。自动调节阀可以按照信号的方向和大小，通过改变阀芯行程来改变阀门的阻力数，从而达到调节流量的目的。

（4）平衡阀　工程中常用设置平衡阀来解决空调水系统的水力平衡问题，特别是对于那些阻力先天不平衡的支管环路。常用的手动平衡阀的结构如图 7-29 所示，主要由阀体、阀芯、手轮和测压接口等部分组成。平衡阀的功能主要有：

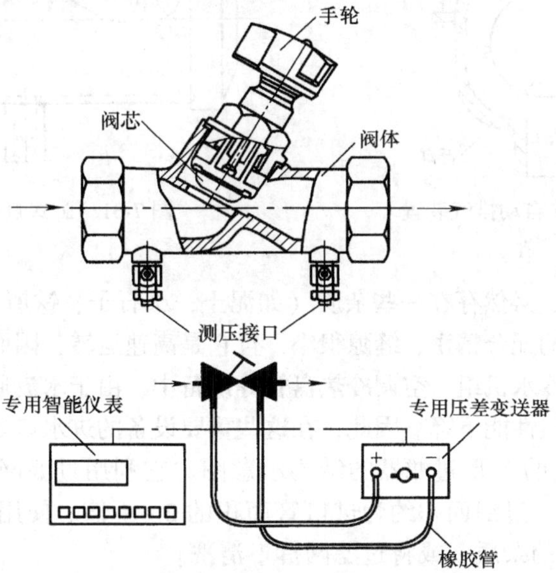

图 7-29　手动平衡阀的结构及流量测量示意图

1）调节流量。通过旋转手轮，可调节流量并读出阀门的开度值。一旦设定阀门的开度后还可以加以锁定。

2）测量流量。通过测压接口测得水流经平衡阀时的压力差，将压差信号通过专用的压差变送器传递给专用智能仪表，可读出被测的流量值。

3）隔断。阀门处于全关位置时，可以完全截断水流，相当于一个截止阀。

为了确保系统中各个分区能分配到设计规定的水流量，对于规模较大的水系统，有条件时，宜在各个分支管路处安装平衡阀。

在空调水系统中设置平衡阀时应注意，一是平衡阀尽可能设在回水管上，以保证供水压力不致降低；二是为使流经阀门前后的水流稳定，保证测量精度，平衡阀应尽可能安装在直管段上，满足阀前为 $5d$、阀后为 $2d$ 的要求（d 为管道公称直径）。当阀前为水泵时，直管段长度应加大至 $10d$。

2. 自动排气装置

为了便于排出水系统中的空气，在每个坡顶和每根立管顶端均须设置自动排气装置，以消除“气塞”，保证水流正常流动。自动排气装置分立式（图 7-30）和卧式（图 7-31）两种，都是利用装置内的浮体随水位升降自动关闭和打开排气口而达到排气的目的。

在立式自动排气装置中，当水面上方积聚大量空气时，水位降低，浮球下降，与之相连的导杆也下降，排气口打开，空气从排气口排出。随着空气的减少，浮球上升，并使导杆尖端堵住排气口，防止水流出（导向套筒的作用是防止浮球导杆歪斜）。卧式自动排气装置则是靠浮筒的升降产生的杠杆力来开闭排气口。自动排气装置占地方小，不需人工操作，但质量不好时容易漏水。为了拆装检修方便，在排气装置的接管上应加装一个阀门；为避免排气装置排气管漏水造成不良后果，其排气管最好接管并引至水池或室外。

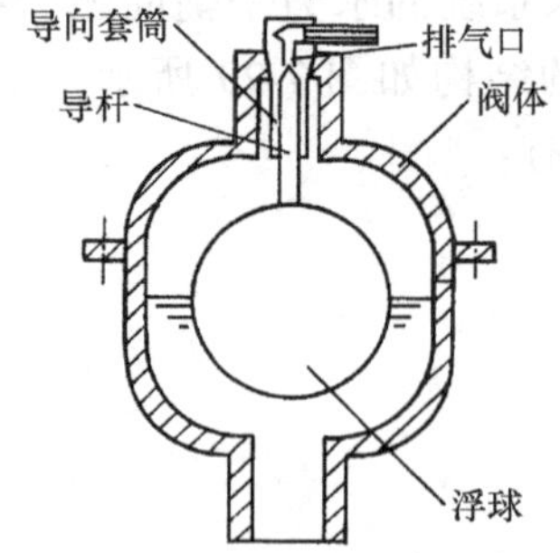

图 7-30 立式自动排气装置

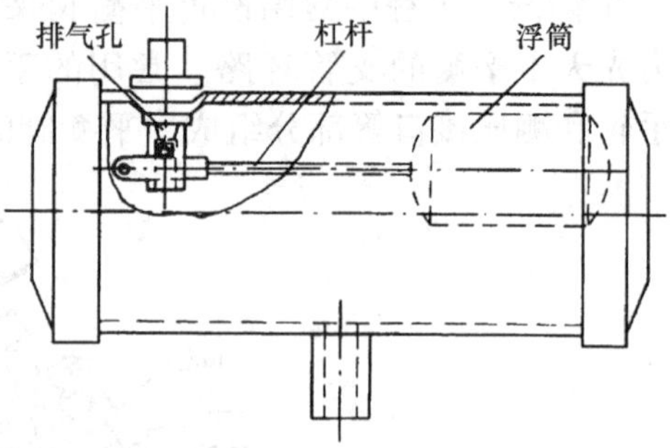

图 7-31 卧式自动排气装置

3. 水过滤器

系统在施工过程中，必然存在一些杂质（如泥土、小石子、铁屑及焊渣等）。对于水泵来说，由于叶轮与泵内腔的配合精密、缝隙很小，且它是高速运转，因而水中稍有杂质就有可能对泵产生严重的破坏。冷水机组、空调冷热盘管等设备中，由于水流通截面积较小，杂质多会引起堵塞，造成设备传热性能下降。因此，在这些重要设备的进水口处均要装设水过滤器。

图 7-32 所示为常用的 Y 形过滤器的结构示意图。它利用过滤网阻留水中的杂质。过滤网一般为不锈钢金属网，过滤面积约为进口管面积的 2 ~ 4 倍。使用时，可定期将端盖上的排污螺栓拆下清除阻留的杂质，或将过滤网拆下清洗。

4. 膨胀水箱

闭式系统必须设置膨胀水箱（图 7-33），其作用除了容纳水系统膨胀的水量外还可起到系统定压和补水作用。膨胀水箱的底部应至少高出系统最高点 1m，与系统连接的管道（称为膨胀管）通常连接在水泵的入口处。为避免因误操作造成系统超压事故发生，膨胀管上不能设任何阀门。当膨胀水箱距水泵入口较远时，可将膨胀水箱连接在集水器上和回水总管上，此时也要注意不能在连接管上设阀门，以免造成危害。

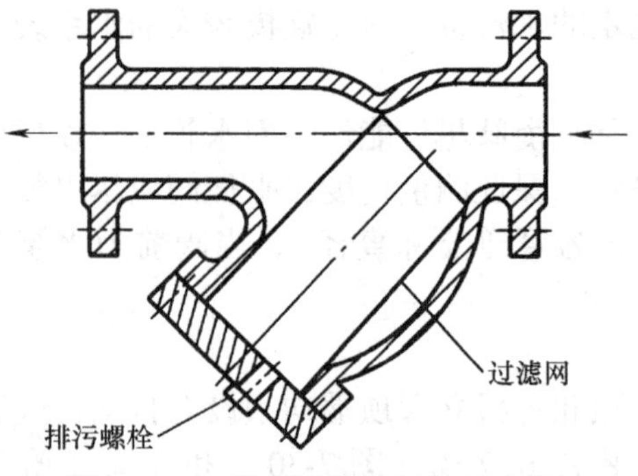

图 7-32 Y 形过滤器的结构示意图

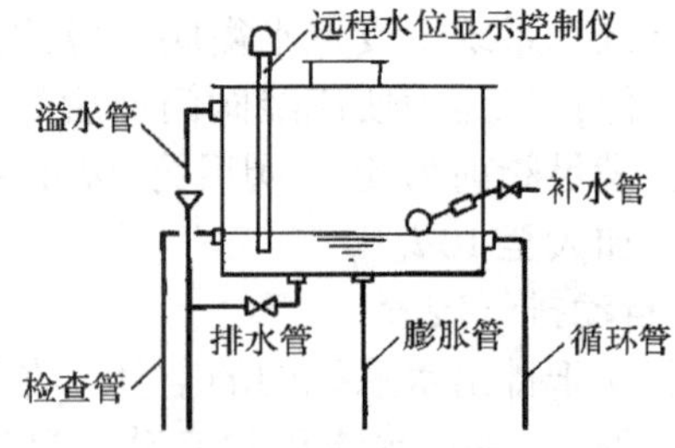

图 7-33 膨胀水箱配管图

膨胀水箱上有下列配管：

（1）膨胀管 连接膨胀水箱和水系统。

（2）溢水管 膨胀水箱超容量溢水用，可接至附近下水道或雨水道。

（3）排水管 放空膨胀水箱水用，与溢水管接在一起。

（4）循环管 为防止膨胀水箱中的水结冰用，与距膨胀水箱底部 2m 左右之处的膨胀管接在一起。仅为夏季供冷或不可能结冰的膨胀水箱可不设此管。

（5）检查管　检查膨胀水箱内是否有水用，一般接至底层洗手盆或冷（热）源机房内。当采用自动观察仪表并自动发出电讯号时，可不设此管。

（6）补水管　当有合适的水质、水压，可直接向膨胀水箱补水时，要设带浮球阀的自动补水管。

膨胀水箱有方形和圆形两种，其型号规格可在确定了膨胀水箱的容积后从采暖通风标准图集 T905（一）、（二）中选用。

5. 泄水装置

为了能在水系统或设备检修时把水放干净，水系统最低点、每根立管和需要单独放水的设备（如表冷器、水加热器等）的下部应设置带阀门的放水管，并应接入地漏。

6. 管道补偿器

在水系统中，管道的热胀冷缩现象是比较明显的，应尽量利用管道本身转向与弯曲的自然补偿作用来消除由此产生的管道应力。当无弯可利用（如高层建筑的供、回水立管），或管道布置在狭小的管道井里，或自然补偿不能满足要求时，就需设置管道补偿器。常用的管道补偿器主要有方形补偿器、套筒补偿器和波纹管补偿器。

方形补偿器实际上是一段做成“U”字形的水管道，其加工简单，造价低廉，补偿量大，可根据不同情况做成各种尺寸，因而是一种较好的补偿器形式。

图 7-34 所示为套筒补偿器结构示意图。当管道温度变化时，芯管可在外壳管内移动进行热补偿。套筒补偿器补偿量大，加工制造容易，造价低，对各种管道均有较好的适应能力，推力也比较小。其主要缺点是密封困难，漏水现象时有发生，因而使用得并不普遍。

图 7-35 所示的波纹管补偿器又称为波纹管伸缩器，简称波形或波纹补偿器，是用不锈钢制成的、有多个波纹的补偿器。当管道温度变化时，靠改变波纹的形状来起补偿作用。为了减小流动阻力和防止在波纹内沉积污物，波纹管补偿器内常设有光滑的内衬管。波纹管补偿器安装方便，运行可靠，不占用过大的空间，是采用最多的一种补偿器；但其推力较大，造价较高。

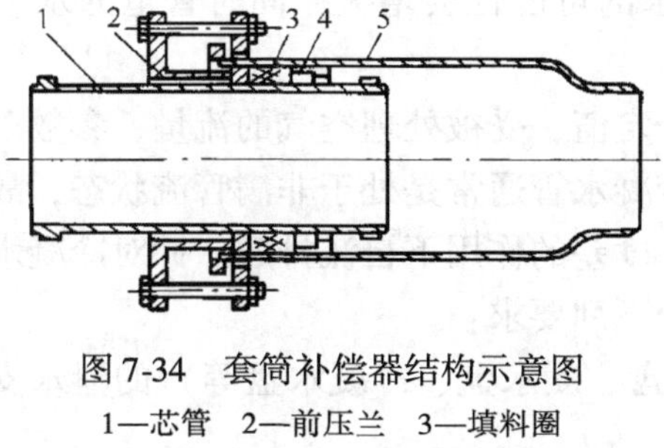

图 7-34　套筒补偿器结构示意图

1—芯管　2—前压兰　3—填料圈
4—后压兰　5—外壳管

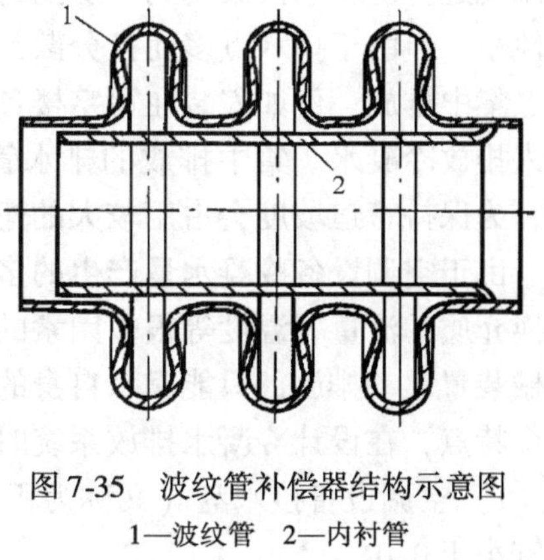

图 7-35　波纹管补偿器结构示意图

1—波纹管　2—内衬管

7. 温度计和压力表

为了掌握空调设备的工作状况，大型空调设备（如组合式空调机组、柜式风机盘管）的进、出水口均应设置温度计和压力表。此外，分水器和集水器上也要设置温度计和压力表，换热器的进、出口水管上要设置温度计，水泵进、出口水管上要设置压力表。

常用的温度计多采用带金属保护套管的水银温度计，压力表多为Y形圆盘式压力表，为了使观察更为清晰，根据其使用条件，在合理的测量范围内应尽可能选择刻度间距较大（读数的精度较高）的。

8. 分水器和集水器

在集中供水系统中，通常都要设置分水器（又称为分水缸、供水集管）和集水器（又称为集水缸、回水集管），其目的是对各空调环路（分区）所需水流量进行分配和汇集，便于对各空调环路的水流量进行调节和需要时的关断，参见图7-36。分水器和集水器之间还要设置由压差控制器控制的电动两通阀。

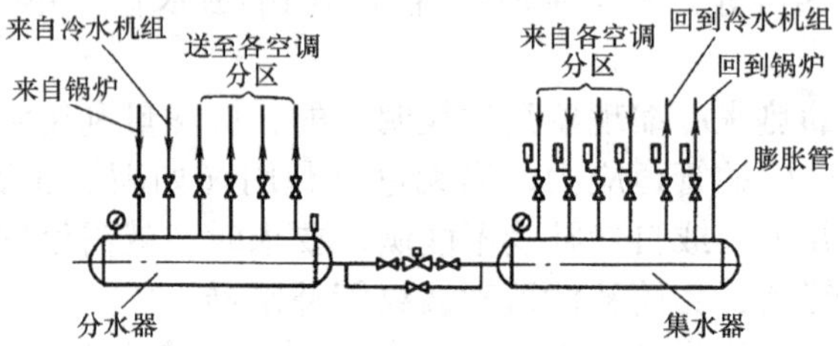

图7-36 分水器和集水器接管示意图

7.3 冷凝水排放系统设计

各种空调设备（如风机盘管、柜式风机盘管、组合式空调机组等）在湿工况下运行时都会不断产生出冷凝水，需要及时排放。因此，在进行空调水系统设计时，也要进行冷凝水排放系统的设计。

冷凝水排放方式主要有两种：一是就地排放。例如安装在酒店客房内使用的风机盘管，可以就近将冷凝水排放到同一房间的卫生间里。就地排放的排水管道短，管道系统漏水的可能性小，但由于排水点多而且分散，有可能影响使用和美观。二是借助管道系统汇集到某一地点集中排放。例如安装在写字楼各个房间内使用的风机盘管就需要有专门的冷凝水管道系统来排放冷凝水。集中排放的排水管道长，漏水的可能性会增大，同时管道的水平距离过长，为保持管道坡度会占用较大的建筑空间。

由于空调设备冷凝水量产生的多少不是一个定值，受被处理空气的流量、参数以及热湿交换介质的流量、温度等很多因素的影响，且冷凝水管通常是处于非满管流状态，故不能用机械装置驱动排放，只能靠水自身的重力，在高度差的作用下自流排放。针对冷凝水排放的这个特点，在设计冷凝水排放系统时应注意符合下列要求：

1）空调设备接水盘（又称为积水盘、集水盘、凝水盘、冷凝水盘等）的泄水支管坡度不宜小于0.01。

2）排水的水平干管不宜过长，其坡度不应小于0.003，且不允许有积水部位。

3）当接水盘位于空调设备内的负压区段时，为了防止冷凝水排不出，接水盘的出水口处应设置水封。当接水盘位于空调设备内的正压区段时，为了防止漏风，接水盘的出水口处也应设置水封。水封的高度应大于接水盘处的负压或正压值（相当于水柱高度），水封的出口应与大气相通。

4）冷凝水排放系统为开式系统，受外界污染的可能性大，加上经常处于干、湿交替状态，容易产生一些粘状物质，造成排水管堵塞。为此，在水平干管的始端和转弯处应设置清洁口，以便定期冲洗和清理赃物。

5）由于冷凝水管经常处于干、湿交替状态，对普通钢管容易产生腐蚀，因此宜采用塑料管或镀锌钢管，不宜采用无防锈功能的焊接钢管。采用塑料管时，一般可以不加防二次结露的绝热层；采用镀锌钢管等金属管时，应设置绝热层。

6）冷凝水立管的顶部应设计通向大气的透气管，便于排放空气，使立管排水通畅。

7）冷凝水排入污水系统时应有空气隔断措施，以防臭味通过空调设备扩散到空调房间内。

8）冷凝水管不得与室内的水系统直接连接，避免雨水通过空调设备接水盘外溢造成水淹（淋）事故。

9）冷凝水排水管的管径确定：直接与空调设备接水盘连接的冷凝水排水支管的管径，应与接水盘排水口管径一致；冷凝水排水干管的管径可根据冷凝水的流量和管道的坡度确定，一般情况下，每1kW冷负荷的空调设备每小时约产生0.4～0.8kg的冷凝水，在此范围内管道最小坡度为0.003时的冷凝水排水管管径可按表7-8的数据进行估算。

表7-8　冷凝水排水管管径选择表

冷负荷/kW	≤42	43～230	231～400	401～1100	1101～2000	2001～3500	3501～15000	>15000
管道公称直径 *DN*/mm	25	32	40	50	80	100	125	150

7.4　空调管道和设备绝热

绝热是利用一些具有特殊性能的工程材料构成的绝热结构，来防止或减少其结构内、外因温差形成的热流传递的技术措施，对管道（包括管件）和设备来说就是在其外表面采取的隔热包覆措施。当空调系统运行时，由于管道和设备中的介质温度与周围环境温度不同，必然会发生热量的传递现象，为了防止或减少这种热量的传递，避免不必要的冷热损失和节约能源，通常要采取绝热措施。

绝热是保冷和保温的统称，按管道和设备的表面温度划分，当管道和设备的表面温度低于环境温度时，一般需要保冷，高于环境温度时则需要保温。

空调管道和设备在下列情况下需要绝热：

1）由于有冷、热量损耗，使管道或设备内介质温度发生变化而达不到要求时。

2）冷、热量损耗大，不经济时。

3）管道或设备的冷表面可能结露时。

4）当管道通过室内空气参数要求严格控制的房间，因管道散出的冷、热量会对室内控制参数产生不利影响时。

一般情况下，需要绝热的空调管道和设备有：空调风管系统所有的送、回风管及其管件，可能在外表面结露的新风管和空调设备，设在空调设备外面的送、回风机；空调水管系统所有的冷（热）水供、回水管及其管件，以及冷（热）水供、回水泵。

国家标准《设备及管道绝热设计导则》（GB/T 8175—2008）和《工业设备及管道绝热工程设计规范》（GB 50264—2013），对绝热层厚度的计算方法和绝热层材料的主要技术性能要求都给出了明确规定。

7.4.1 绝热层厚度的计算

绝热层即由绝热材料及其制品构成的保温层或保冷层。对于为减少散热损失的保温，保温层的厚度应按经济厚度法计算；对于为减少冷量损失并防止外表面结露的保冷，保冷层的厚度除了按经济厚度法计算外，还应采用表面温度法计算保冷（防结露）层的厚度，然后取经济厚度和防结露厚度两者中的较大值作为管道或设备的保冷层厚度。

矩形管道及公称直径大于1000mm的圆形管道和外径大于1000 mm的圆筒形设备，可按平面型绝热计算公式计算其绝热层厚度；其余均按圆筒型绝热计算公式计算其绝热层厚度。

1. 绝热层经济厚度的计算（经济厚度法）

在绝热层的寿命期内有一个“年总费用”，它是投资的年分摊费与冷（热）损失费之和。绝热材料的投资年分摊费用随绝热层厚度的增加而增加，其冷（热）损失费用随绝热层厚度的增加而减少，同时考虑这两个因素使年总费用最小的绝热层厚度即为绝热层的经济厚度。

平面型单一绝热层经济厚度的计算公式为

$$\delta = 1.897 \times 10^{-3}\sqrt{\frac{f_n \lambda \tau |\Delta t|}{p_i S}} - \frac{\lambda}{\alpha_s} \tag{7-7}$$

圆筒型单一绝热层经济厚度的计算公式为

$$(2\delta + D_0)\ \ln\left(\frac{2\delta + D_0}{D_0}\right) = 3.795 \times 10^{-3}\sqrt{\frac{f_n \lambda \tau |\Delta t|}{p_i S}} - \frac{2\lambda}{\alpha_s} \tag{7-8}$$

上两式中 δ——绝热层经济厚度，单位为m；

f_n——冷媒或热媒的单价，单位为元/10^6kJ，按不同地区的具体情况确定；

λ——绝热材料的导热系数，单位为W/（m·K）；

τ——年运行时间，单位为h，常年运行按8000h计，间歇或季节性运行按设计或实际规定的天数计；

$|\Delta t|$——设备和管道壁外表面温度（无衬里金属设备或管道，取其正常运行时的内部介质温度）与环境温度（常年运行者，取累年年平均温度的平均值；季节性运行者，取累年运行期间日平均温度的平均值；设备或管道在室内的取20℃）的差值，单位为℃；

p_i——绝热结构的单位价格，单位为元/m^3；

S——绝热工程投资贷款年分摊率，按复利计算：$S = \frac{i\ (1+i)^n}{(1+i)^n - 1}$,%；

i——贷款的年利率,%（复利，取10%）；

n——还贷的年限，单位为年，保冷一般取4~6年，保温取5~10年；

α_s——绝热结构外表面对周围空气的换热系数，单位为W/（m^2·K）。保冷一般取 α_s = 8.14 W/（m^2·K），保温一般取 α_s = 11.63 W/（m^2·K）；

D_0——管道或设备外径，单位为m。

通常采用较计算结果大一些的整数值作为实际的绝热层厚度，如20mm、25mm、30mm、40mm、50mm、60mm等。

2. 防止结露的绝热层厚度计算（表面温度法）

防止空调冷管道和设备绝热层外表面结露是指空调冷管道和设备在使用的绝大多数时间内，其绝热层外表面不结露。如果要求与空气有良好接触的房间内的冷管道或设备，在相对湿度达到95%以上，且气温较高时其绝热层外表面仍然不结露，则绝热层势必非常厚，在技术上虽然可以做到，但经济上不合理，也是没有必要的。

平面型单一绝热层防止结露厚度的计算公式为

$$\delta=\frac{\lambda}{\alpha_s}\left(\frac{t_j-t}{t_a-t_j}\right) \tag{7-9}$$

圆筒型单一绝热层防止结露厚度的计算公式为

$$(2\delta+D_0)\ \ln\left(\frac{2\delta+D_0}{D_0}\right)=\frac{2\lambda}{\alpha_s}\left(\frac{t_j-t}{t_a-t_j}\right) \tag{7-10a}$$

上两式中 δ——防止结露的绝热层厚度，单位为m；

t_j——绝热层外表面温度，单位为℃，取 $t_j=t_L+(1\sim3)$℃，t_L为环境空气的露点温度，按t_a和累年室外最热月月平均相对湿度确定；

t——无衬里金属设备或管道壁的外表面温度，单位为℃，取其正常运行时的内部介质温度；

t_a——环境空气温度，单位为℃，取累年夏季空调室外干球计算温度。

其余符号及说明同前。

由于式（6-16a）是一个超越方程，不能用普通四则运算求解，只能用近似计算方法，如迭代法、牛顿法等方法求解，这些方法比较复杂，不便于计算。实际工程中，可以采用以下简化公式计算：

$$\delta=3.72D_0\,x^{0.913}\quad (x<2.3) \tag{7-10b}$$

$$\delta=(0.317+0.211x)\,D_0\quad (x\geqslant2.3) \tag{7-10c}$$

式中

$$x=\frac{2\lambda\ (t_j-t)}{\alpha_s D_0\ (t_a-t_j)}$$

【例7-2】 已知管外环境空气温度 $t_a=30$℃，相对湿度 $\varphi_a=85\%$，露点温度 $t_L=26.4$℃；风管内空气温度为18℃，水管内冷水温度为7℃，如果选用相同的绝热材料，其导热系数 $\lambda=0.04$ W/(m·K)，取 $\alpha_s=8.14$ W/(m²·K)。求矩形风管防止结露的绝热层厚度和管外径 $D_0=108$mm 的水管绝热层外表面不结露所需要的绝热层厚度。

【解】

1）矩形风管防止结露的绝热层厚度按式（7-9）计算得

$$\delta=\frac{\lambda}{\alpha_s}\left(\frac{t_j-t}{t_a-t_js}\right)=\frac{0.04}{8.14}\left[\frac{(26.4+1)\ -18}{30-\ (26.4+1)}\right]\text{m}=0.018\text{m}$$

取实际绝热层厚度为0.02m即20mm。

2）水管绝热层外表面不结露所需要的绝热层厚度按圆管简化式（7-10b）、式（7-10c）计算

因为 $$x=\frac{2\lambda\ (t_j-t)}{\alpha_s D_0\ (t_a-t_j)}=\frac{2\times0.04\times[\ (26.4+1)\ -7]}{8.14\times0.108\times[30-\ (26.4+1)]}=0.71<2.3$$

所以按式（7-10b）计算得：

$\delta=0.372D_0x^{0.913}=0.372\times0.108\times0.71^{0.913}\text{m}=0.029\text{m}=29\text{mm}$ 取实际绝热层厚度为 0.03m 即 30 mm。

空调管道的保冷绝热层厚度除了可用式（7-7）～式（7-10）计算确定外，亦可参照表7-9、表7-10和表7-11选用。表中的Ⅰ类地区为较干燥地区，包括：北京、天津、重庆、武汉、西安、杭州、郑州、长沙、南昌、沈阳、大连、长春、哈尔滨、济南、石家庄、贵阳、昆明、台北；Ⅱ类地区为较潮湿地区，包括：上海、南京、福州、厦门、广州及广东沿海城市，成都、南宁、香港、澳门。未包括在这两类地区内的城市和地区，可参照在这两类地区内的邻近城市选用。表中的保冷绝热层厚度均大于空调水、风系统冬季供暖时所需的保温绝热层厚度。

表7-9 空调水管最小保冷绝热层厚度（水温≥5℃） （单位：mm）

保冷位置	绝热层材料							
	柔性泡沫橡塑管壳、板				玻璃棉管壳			
	Ⅰ类地区		Ⅱ类地区		Ⅰ类地区		Ⅱ类地区	
	管径	厚度	管径	厚度	管径	厚度	管径	厚度
房间吊顶内	DN15～25	13	DN15～25	19	DN15～40	20	DN15～40	20
	DN32～80	15	DN32～80	22	≥DN50	25	DN50～150	25
	≥DN100	19	≥DN100	25			≥DN200	30
地下室机房	DN15～50	19	DN15～40	25	DN15～40	25	DN15～40	25
	DN65～80	22	DN50～80	28	≥DN50	30	DN50～150	30
	≥DN100	25	≥DN100	32			≥DN200	35
室外	DN15～25	25	DN15～32	32	DN15～40	30	DN15～40	30
	DN32～80	28	DN40～80	36	≥DN50	35	DN50～150	35
	≥DN100	32	≥DN100	40			≥DN200	40

表7-10 空调风管最小保冷绝热层厚度 （单位：mm）

保冷位置		绝热层材料			
		玻璃棉板、毡		柔性泡沫橡塑板	
		Ⅰ类地区	Ⅱ类地区	Ⅰ类地区	Ⅱ类地区
常规空调（空气温度≥14℃）	在非空调房间内	30	40	13	19
	在空调房间吊顶内	20	30	9	13
低温送风（空气温度≥4℃）	在非空调房间内	40	50	19	25
	在空调房间吊顶内	30	40	15	21

表7-11 空调凝结水管防结露最小保冷绝热层厚度 （单位：mm）

保冷位置	绝热层材料			
	柔性泡沫橡塑管壳		玻璃棉管壳	
	Ⅰ类地区	Ⅱ类地区	Ⅰ类地区	Ⅱ类地区
在空调房间吊顶内	9	9	10	10
在非空调房间内	9	13	10	15

7.4.2　绝热材料及选择

在工程上，通常把室温下导热系数低于0.2 W/（m·K）的材料称为绝热材料。对于管道及设备的绝热，相关国家标准提出了更严格的限定：当用于保温时，绝热材料及制品在平均温度为25℃时，导热系数值应不大于0.08W/（m·K）；当用于保冷时，绝热塑料及其制品25℃时的导热和数值应不大于0.044W/（m·K），绝热橡塑制品0℃时的导热系数值应不大于0.036W/（m·K）绝热玻璃及其制品25℃时的导热系数值应不大于0.064W/（m·K）。

绝热材料品种繁多，按材料基础原料分，有无机类和有机类；按结构分，有纤维类、颗粒类和发泡类；按产品形态分，有板、块、管壳、毡、毯、棉、带、绳以及散料等；按密度分，有特轻类（ρ = 60 ~80kg/m^3）和轻质类（ρ = 80 ~350kg/m^3）；按压缩性分，有硬质、半硬质和软质等。

1. 绝热材料的基本性能

绝热材料的基本性能主要有热工性能、结构性能、力学性能、燃烧性能、化学性能等。绝热对象不同，对绝热材料性能的要求也不同，但一般都以导热系数小、密度小、机械强度大、化学稳定性好、能长期承受工作温度为其必须具备的性能。其中，导热系数是绝热材料最重要的性能指标。

（1）热工性能　绝热材料的热工性能主要由导热系数和线膨胀（收缩）系数体现。

1）导热系数：导热系数是判定绝热材料优劣的一个重要参数。它与材料的其他一些物性如密度和含水率密切相关，与热量传递时的条件如温度范围和温差的大小密切相关，还与材料内部结构形式和气孔率有关。

2）线膨胀（收缩）系数：绝热材料受热（冷）时的膨胀（收缩）特性，用线膨胀（收缩）系数表示。线膨胀（收缩）系数是材料被加热（冷却）、温度变化1℃时其线性尺寸的相对增加（减少）值。

在绝热工程实际中，设备及管道外壁通常为金属材料，因此必须考虑金属材料与绝热材料在使用中的膨胀（收缩）差异。

（2）结构性能　绝热材料的结构性能主要有密度、气孔率、吸水率和吸湿率。

1）密度：密度是指单位体积绝热材料的质量。一般规定绝热材料的密度指材料试样在110℃时经烘干后单位体积的质量。具有固定几何形状的制品，可由其几何尺寸计算体积值。

2）气孔率：绝热材料一般为多孔性材料。用来衡量材料体积被气体充实程度的指标称为气孔率或孔隙率。绝热材料的气孔有不同形状和大小，气孔分连通的开口气孔、不连通的开口气孔、闭口气孔三种。

绝热材料气孔率的范围为50% ~98%，它与气孔的形状、大小、分布以及材料生产工艺有很大关系。气孔率是与密度密切相关的指标，气孔率增大时材料密度减小。通常，材料的闭口气孔多且分布均匀时，导热系数低。若是连通的开口气孔，空气会在孔内形成对流，使材料绝热性能大大降低。不规则形状的气孔会形成应力集中，使材料从气孔处破裂，从而降低材料强度。

3）吸水率、吸湿率：吸水率是材料在水中吸收水分的百分数。材料的吸水率可以根据材料在饱和吸水状态下与干燥状态下的质量差计算。

吸湿率是材料在大气环境中的吸湿能力，可分为质量吸湿率和体积吸湿率。质量吸湿率是指材料吸收的水蒸气质量占干材料质量的百分数。体积吸湿率指材料试样中水分所占体积与试样体积之比。

绝热材料的吸水率、吸湿率对材料的密度、导热系数、机械强度影响很大。材料吸附水分后，材料内的空气间隙减少，而常温下水的导热系数是空气的24倍，且水在蒸发时要吸收大量热量，使材料导热系数大大增加。有些材料吸水后密度增加，强度下降，严重时导致材料在水中软化分解，甚至会冰冻，失去绝热能力。

（3）力学性能　抗压强度和抗折强度是绝热材料的主要力学性能。

1）抗压强度：抗压强度指材料在受压缩力作用下破坏过程中所承受的最大压力。

抗压强度一般只针对硬质材料，并与硬质材料加工工艺、材料气孔率有密切关系。若材料气孔率大、存在较多裂纹时，抗压强度会降低。对于软质、半硬质及松散绝热材料，一般在压缩力作用下不会损坏，因此不规定抗压强度。

2）抗折强度：抗折强度是指垂直于试件轴线的载荷作用下材料的断裂强度，即材料在单位面积上所承受的最大弯曲应力。很明显，该项指标只是对硬质材料而言，对软质材料则无此规定。

（4）燃烧性能　绝热材料的燃烧性能等级与划分在有关保冷、保温的国家标准中没有明文规定，参照《建筑内部装修设计防火规范》（GB 50222—2001年修订版）对装修材料的规定，绝热材料按燃烧性能可分为不燃类材料（A级）和可燃类材料（B级），其中可燃类材料细分为难燃性材料（B_1级）、可燃性材料（B_2级）和易燃性材料（B_3级）。

（5）化学性能　绝热材料应具有良好的化学稳定性，对管道及设备无腐蚀作用，采用不同有机胶粘贴时不会变质、变形，在高温情况下不会产生有毒气体。

2. 空调工程常用绝热材料

能够起绝热作用的材料很多，但能在空调工程中使用且技术经济性皆优的材料并不多。常用的绝热材料主要有矿（岩）棉、玻璃棉、泡沫橡塑、发泡橡胶以及橡塑复合材料。

（1）矿（岩）棉　矿（岩）棉即矿渣棉和岩棉。矿渣棉是以工业矿渣（如高炉矿渣、粉煤灰等）为主原料，经过重熔、纤维化而制成的一种无机纤维。岩棉是以天然岩石（如玄武岩、辉绿岩等）为主原料，经熔化、纤维化而制成的一种无机纤维。它们用同一种方法生产，有同一类产品性能和产品标准。差异在岩棉的使用温度可高出矿渣棉100～150℃，而且岩棉纤维长，化学耐久性和耐水性能较好。

我国生产矿（岩）棉及其制品广泛采用冲天炉熔化、四辊离心机成纤的工艺，其产品形态有棉、板、带、毡、管壳等。

矿（岩）棉的优点是导热系数小，防火性能好（不燃），适用温度范围大，价格便宜，因此其应用较为广泛。但是，矿（岩）棉具有吸水率高的特点，对于冷管道和冷设备来说，如果保护层不严密，或保护层在施工和使用过程中造成机械损伤，将会造成矿（岩）岩棉大量吸水而使其保冷性能下降。另外，矿（岩）棉纤维对人体有一定的危害。

（2）玻璃棉　玻璃棉是采用天然矿石（如石英砂、石灰石等），配以其他化工原料（如纯碱、硼酸等粉状玻璃原料），在熔炉内经高温熔化，然后借助离心力或火焰喷吹的作用，使熔融玻璃纤维化，形成棉状材料，因此又称为离心玻璃棉。

玻璃棉的化学成分属于玻璃类，是一种无机纤维，具有体积密度小，热导系数小，绝热和吸声性能好，不燃、耐热、抗冻、耐腐蚀、化学稳定性好等良好的特性。其产品形态有棉、板、带、毡、管壳等。

玻璃棉的纤维对人体有一定危害。它的吸水率取决于生产质量，通常比矿（岩）棉低得多。在空调工程中，采用玻璃棉的情况比较多。

（3）硬质聚氨酯泡沫塑料和聚苯乙烯泡沫塑料　硬质聚氨酯泡沫塑料是用聚醚或聚酯多元醇与多异氰酸酯为主要原料，再加胺类和有机锡催化剂、有机硅油类泡沫稳定剂、低沸点氟烃类发泡剂等，经混合、搅拌产生化学反应而形成发泡体。其产品形态主要为板。对一些异型构件或难以使用成品的部位，也可以通过现场发泡浇注成型或充填，因而施工方便，质量也可得到保证。

聚苯乙烯泡沫塑料由可发性聚苯乙烯树脂（EPS）经预发泡、熟化、热压发泡成形，形成与模具形状相同的泡沫塑料制品。它是由表皮层和中心层构成的蜂窝状结构，表皮层不含气孔，而中心层内有大量封闭气孔。其产品形态主要为板和管壳。

硬质聚氨酯泡沫塑料和聚苯乙烯泡沫塑料在热工性能上差不多，导热系数小，绝热性能较好，吸水率较低。它们的共同缺点是防火性能较差（只能达到难燃B_2级）。另外，现场发泡的聚氨酯造价较高，且使用温度不大于80℃。由于这些缺点，它们已很少作为绝热材料在空调工程中使用。

（4）聚乙烯泡沫塑料　聚乙烯泡沫塑料是以低密度高压聚乙烯树脂（LDPF）为主要原料，加入偶氮二甲酰胺发泡剂、过氧化二异丙苯交联剂、氧化锌催化剂以及十溴二苯醚等阻燃剂配制，经混炼、精炼，在压力机中成形，再进入发泡机内发泡、冷却，并经后处理机处理后，加工成制品。其产品形态主要为板和管壳。

聚乙烯泡沫塑料的内部为闭孔结构，密度小、导热系数小、吸水率低、柔性好、富有弹性、耐老化，且化学稳定性较好，能耐一般酸、碱和溶剂侵蚀，仅对汽油、甲苯、庚烷类有轻微溶胀。

由于聚乙烯泡沫塑料适用温度范围大，防火性能为难燃B_1级，因此用于空调工程中的各种管道及设备的绝热都合适。

（5）发泡橡胶　发泡橡胶通常指具有多孔状结构的橡胶，也称为泡沫橡胶、微孔橡胶、海绵橡胶或多孔橡胶。发泡橡胶大多数以天然橡胶（NR）、合成橡胶为主要原料，加入发泡剂、硫化剂、促进剂、填充剂等辅料。对于胶乳类，经胶乳去氨，配合胶乳熟成，起泡、匀泡和胶凝，注模和硫化，水洗和干燥而成。对于干胶类，经塑炼、混炼、热炼、硫化发泡、停放收缩而成。其产品形态主要为板和管壳。

发泡橡胶的性能与所用的胶种、橡胶形态、泡孔结构、发泡倍率等因素有关。它具有良好的隔热、隔声、缓冲和减震性能，相对密度小，特殊情况下根据需要也可制得满足阻燃、耐油要求的制品。

发泡橡胶的绝热性能与聚乙烯泡沫塑料相似，由于在防止水蒸气渗透方面优于聚乙烯泡沫塑料，因此其总体热工性能优于聚乙烯泡沫塑料。在防火性能上，发泡橡胶属于难燃B_1级，燃烧后成粉末状。

（6）橡塑复合材料　橡塑复合材料是最新的高性能绝热材料，主要有两种：一种是以丁腈橡胶和聚氯乙烯（PVC）为主体材料，另一种的主要原料为三元乙丙橡胶和聚乙烯。这两种橡塑复合材料的防火性能均满足难燃B_1级的要求。由于橡塑复合材料由橡胶和塑料组合并经特殊工艺发泡而成，因此除了保持有橡塑类材料的微小闭泡结构特点外，在柔软性和强度方面分别汲取了橡胶和塑料的特点，使该材料在施工过程中既不易损伤，又柔软易粘贴。三元乙丙橡胶和聚乙烯组成的橡塑复合材料中由于不含聚氯乙烯成分，燃烧产生的气体无氰化物和氯化物等毒性气体，显然要比丁腈橡胶和聚氯乙烯组成的橡塑复合材料使用更安全。

已有对橡塑复合材料再采用永久性铝箔复合技术处理的产品，橡塑复合材料绝热层经外贴高强度不燃铝箔的保护层后，其抗水蒸气渗透性、抗老化性、耐酸碱性、使用寿命以及防火性能有了进一步的提高。

(7) 酚醛泡沫塑料　酚醛泡沫塑料是用酚醛树脂为主要原料，加低沸点液体发泡剂、磺酸类催化剂以及保持泡沫稳定和均匀的各类表面活性剂，经混合、搅拌产生化学反应而发泡，并固化成型。其产品形态主要为板和管壳。

酚醛泡沫塑料各方面性能与聚乙烯泡沫塑料的相近，但抗压强度要高得多，在燃烧性能方面属难燃材料，火焰一离开即自熄，在发生火灾的情况下不会熔融，无滴落物，因此不会使火灾事故扩大和加剧。

(8) 膨胀珍珠岩制品　膨胀珍珠岩是一种多孔的粒状物料，是以珍珠岩矿石为原料，经过破碎、分级、预热、高温焙烧、瞬时急剧加热膨胀而成一种轻质、多功能绝热材料。

膨胀珍珠岩绝热制品有水玻璃膨胀珍珠岩制品、水泥膨胀珍珠岩制品、憎水膨胀珍珠岩制品等。水玻璃膨胀珍珠岩制品是以水玻璃为粘结剂，与膨胀珍珠岩混合、成型、烧制而成的一种膨胀珍珠岩绝热制品；水泥膨胀珍珠岩制品是采用密度为80 ~ 120kg/m^{3}的膨胀珍珠岩为骨料，400~500号硅酸盐水泥为胶结剂，按10:1的体积配比混合，加水搅拌，再加压成型后，自然养护或蒸汽养护而成。憎水膨胀珍珠岩制品是选用密度为50 ~ 80kg/m^{3}的优质膨胀珍珠岩为骨料，普通水玻璃作粘结剂，Na_2SiF_6作促凝剂，加改进有机硅类憎水剂及微量表面活性剂等原料，混合配制而成。

(9) 膨胀蛭石制品　蛭石是一种复杂的铁、镁含水硅铝酸盐类矿物，是水铝云母类矿物中的一种矿石，其矿物组成及化学成分均极其复杂，而且很不固定。蛭石在膨胀时很像水蛭蠕动，故名蛭石。膨胀蛭石由蛭石经过晾干、破碎、筛选、煅烧、膨胀而成，并可用水泥、水玻璃、沥青等作粘结剂，制成板、砖、管等制品。

(10) 硅酸钙制品　硅酸钙绝热制品是以石英砂粉、硅藻土等氧化硅，消石灰、电石渣等氧化钙，及石棉、玻璃纤维等增强纤维为主要原料，经过搅拌、加热、凝胶、成型、蒸压硬化、干燥等工序制成的一种高强、轻质的硬质绝热材料，其制品有平板、弧形板和管壳三种形式。

(11) 泡沫玻璃　泡沫玻璃是以玻璃为主要原料，添加发泡剂、改性剂和促进剂，经粉碎、混合后放入耐热模具中，通过预热、熔融、发泡、退火等工艺制成的多孔硬质绝热材料，其制品密度约为120 kg/m^3，有平板和管壳等形式。泡沫玻璃的气孔是直径为0.1 ~ 3mm的密闭气孔，其体积占总体积的80% ~95%。泡沫玻璃绝热制品具有防水、不燃、防啮、防蛀、不老化、机械强度好、尺寸稳定性好等优点，主要缺点是价格较高。

3. 绝热材料的选择

绝热材料应根据因地制宜、就地取材的原则，选择来源广泛、价格低廉、绝热性能好、易于施工、经久耐用的材料。具体有以下要求：

1) 导热系数小，价格低。空调工程中使用的绝热材料，其导热系数的范围应为0.025 ~ 0.15W/(m·K)，并尽量选用导热系数值小的材料。同时，考虑导热系数和价格时，二者的乘积最小的材料较经济，在二者的乘积相差不大时，导热系数小的更经济些。

2）吸水率和吸热率低且耐水性能好。此外，还要求材料即使吸收水分后，其机械强度也不降低，且不出现松散或腐烂现象。

3）抗水蒸气渗透性能好。如果绝热材料为封闭微孔型的，绝热材料表面应致密、光滑。

4）具有一定的机械强度。在外力作用下（如在运输、施工过程中）不易变形或破损。

5）防火性能好。不仅不燃或难燃，而且在高温情况下不会产生有毒气体。

6）发泡类材料应具有一定的抗化学性能和耐老化性（以便采用不同的有机胶粘贴时不会变质或变形），也不易因老化而失去发泡体的机能。

7）密度小。

8）便于施工，对人体无害。

9）用于夏季要供冷、冬季要供暖的管道绝热时，适用温度范围较大，线涨系数较小。

10）不会产生虫蛀、腐烂、生菌、引鼠等问题。

7.4.3　绝热结构

绝热结构按绝热目的是保冷还是保温，可分为保冷结构和保温结构两大类。保冷结构由内至外主要由保冷层、防潮层和保护层组成；保温结构由内至外主要由保温层和保护层组成。绝热结构除了起绝热作用外还应有一定的机械强度，不能因受自重或偶然外力作用而破损。

保冷层和保温层所涉及的绝热材料前面已作了全面介绍，这里不再赘述。

1. 防潮层材料

防潮层又称为隔气层，是设在保冷层外，为了阻止外部环境中的水蒸气渗入保冷层内结露，防止保冷材料受潮后降低保冷功效，乃至破坏保冷功能的专门材料层。对防潮层的基本要求是具有抗水蒸气渗透性能、防水性能和防潮性能，不燃或阻燃，粘接性能好，抗拉强度高，抗老化，加工方便。

常用的防潮层材料为复合铝箔，如铝箔牛皮纸、铝箔玻璃布、铝箔纤维毡等，使用最多的是阻燃夹筋铝箔。它由经过纯化处理的纯铝箔为表层，中间采用玻璃纤维网络增强层与经阻燃处理的牛皮纸进行三层复合而成。为了加强复合铝箔的防潮性能，有些产品在铝箔与牛皮纸中另加合成橡胶防潮层，使复合铝箔既即便是弄皱了也能保持其防潮效能。

2. 保护层结构和材料

设在绝热层或防潮层外的是保护层（又称为外护层），其作用是保护绝热层和防潮层免受环境和外力的破坏，并使经过绝热处理后的管道和设备外形平整、严密、美观。对保护层的基本要求是耐压、抗拉强度高，不燃或阻燃，施工方便，使用寿命长，能使绝热材料外形美观、整齐。

根据保护层使用的材料或结构不同，空调工程中常用的保护层分为复合制品保护层、涂抹型保护层、金属保护层以及玻璃布保护层四类。

1）复合制品保护层又分为硬质和软质两种，硬质复合制品保护层有玻璃钢和铝箔玻璃钢，软质复合制品保护层主要是各种复合铝箔。

2）涂抹型保护层由于比较坚硬，通常用于制冷机房和锅炉房内的管道与设备，用来保护松散形绝热材料的绝热层。一般是把一定厚度的矿棉、岩棉或玻璃棉外加铝箔将管道包扎好后再紧箍一层金属网，然后涂抹一层20mm左右厚的水泥砂浆。

3）在一些特殊场合，如人行或机械、车辆容易碰伤绝热层的地方，也常使用由镀锌薄钢板、铝合金薄板、防锈薄铝板或不锈钢板制作的金属保护层。

4）玻璃布保护层是传统的保护层，因外观难看，时间长了易松散，已很少使用。

3. 保冷结构

根据所采用的材料不同，保冷结构的组成也有所不同，大致可分为以下两种结构形式：

1）防潮层和保护层合一的保冷结构。当采用矿棉、岩棉和玻璃棉等松散形绝热材料作为保冷层时，与其制品配套的通常为融防潮层和保护层于一体的复合铝箔类护层。此类护层主要有3种：一是铝箔与牛皮纸复合而成的普通铝箔；二是铝箔、玻璃纤维网络增强层与牛皮纸三层复合的加筋铝箔；三是在加筋铝箔中加一层合成橡胶防潮层的高效能防潮铝箔。

2）无保护层的保冷结构。随着各种泡沫塑料、发泡橡胶以及橡塑复合材料等柔性泡沫橡塑绝热制品的出现，传统的保冷结构有了新的变化。由于各种泡沫塑料、发泡橡胶和橡塑复合材料一般为微小闭泡结构，具有很强的防水和防水蒸气渗透能力以及抗拉和抗压能力，再加上其外表面不论是板材还是管壳都可以加工得很光滑，符合绝热结构外表面平整、严密、美观的要求。此外，这类绝热材料即使是在施工中局部出现轻度损伤，也不会影响材料整体的保冷和防水性能。因此，除了特别需要而增加外贴复合铝箔保护层外，泡沫塑料、发泡橡胶和橡塑复合材料均能兼做保冷层和防潮层，一般不再另加保护层，从而使仅用胶水进行粘贴和粘接的保冷结构施工过程更加简单、快捷。

4. 保温结构

保温结构除了有与上述保冷结构相同的两种结构形式外，还有一种硬质保温材料加玻璃布的结构形式，即保温层使用膨胀珍珠岩等硬质保温材料制品（如管壳），保温层外则包缠玻璃布作为保护层，并刷上防腐油漆。

不论是保冷结构还是保温结构，涂抹型保护层和金属保护层既可以单独作为保护层使用，也可以用来对复合铝箔和玻璃布进行再“保护”，形成两层保护层结构。

为了装饰、识别或防腐，在绝热结构的最外层表面根据需要可涂刷不同颜色的涂料或油漆。如安装在空调房间上部空间的管道和设备，在无吊顶遮掩或为金属网吊顶时，为了装饰的需要，通常将空调管道和设备涂成与建筑顶棚相同的颜色；又如在制冷机房和锅炉房内，为区别各种水管道，通常将管道涂成不同的颜色。

本章要点

1. 空调水系统的形式多种多样，但其优缺点决定了各自最佳的适用范围，在选用时要根据实际工程对象，充分考虑技术和经济两方面的因素后再确定。不盲目追求多管制、变流量、二级泵系统。

2. 空调冷热水的供、回水温度和温差都有相应的规定范围，取用时要注意。

3. 空调水系统的管路计算即水力计算，主要是确定各管段的管径和计算水流动的阻力。有关内容包括：确定最不利环路，给各节点编号，列表分管段确定管径、计算阻力，进行各并联管路的平衡计算，计算最不利环路总阻力（即系统总阻力）。

4. 高层建筑的“高”使水系统的分区形式多种多样，但不论哪种形式都是为了更好地解决由“高”带来的静压过大而引起的问题。

5. 对于工程实际中使用最多的闭式系统，要注意供、回水管道水平布置时的坡度、自动排气装置的设置位置、膨胀水箱与系统的连接点以及管道补偿器的设置等问题。

6. 冷凝水是无动力自流排放，因此管道水平布置时的坡度很重要，同时影响到管道的水平距离不能太长。

7. 绝热包括保冷和保温两种情况。当空调管道或设备需要防结露、减少冷热损失、保证管道内或设备内介质温度不超出规定范围以及不能对室内空气参数造成影响时，均要进行绝热处理。

8. 绝热层的厚度除了考虑经济性外，冷热管道或设备还要分别考虑不同的因素，特别是冷管道或设备，还要另外计算防止外表面结露的最小绝热层厚度。

9. 空调工程使用的绝热材料主要要求绝热性能好、吸湿率低、不燃或难燃，常用的有玻璃棉、岩棉、聚乙烯、发泡橡胶和橡塑复合材料。

思考题与习题

1. 空调水系统包括哪些基本系统形式？各种系统形式的基本特征是什么？有什么优缺点？
2. 使用喷水室和表面式换热器处理空气的系统是开式系统还是闭式系统？为什么？
3. 闭式系统为什么要设置膨胀水箱？为什么一定要设在系统的最高点以上？
4. 同程式系统和异程式系统的主要差别是什么？
5. 定流量还是变流量是相对谁而言的？流量的变化范围是否不受任何限制？
6. 空调水系统通常以什么装置为共同界限分为两个作用完全不同的什么环路？
7. 试分别说明一级泵系统和二级泵系统的系统流量调节方法有哪些？
8. 从运行调节方便和节能降耗的角度考虑，什么情况下采用二级泵系统比采用一级泵系统有利？
9. 二级泵系统与一、二级泵混合式系统的主要区别是什么？
10. 空调水系统管路的管径如何确定？阻力如何计算？
11. 空调水系统的水平管道为什么要有坡度？稍高的应是哪一端？为什么？
12. 百米以上高层建筑的空调水系统分区形式有哪些？各有何优缺点？
13. 风机盘管水系统的水平供回水管道的坡度与水平凝结水管道的坡度有何不同？为什么？
14. 冷管道的绝热层厚度如何确定？
15. 常用绝热材料中，哪些在使用时不需要另设防潮层？为什么？
16. 冷管道的绝热结构应由几层组成？由什么决定？试举例说明。

第 8 章

空调房间的气流组织

空调的目的是使空调房间的空气温度、湿度、流动速度等参数处于控制范围内，同时还要形成均匀、稳定的温度场、湿度场和速度场。为此，要在空调房间内合理地布置送风口和回风口，使经过净化和热湿处理的空气由送风口送入室内后，在扩散和与室内空气混合并进行热湿交换的过程中，均匀地消除室内热湿量，使空调区域内的空气参数达到舒适条件或工艺要求。与此同时，从回风口排出部分室内空气，这样就在空调房间内形成了有组织的气流流动。显然，气流组织的好坏，将直接影响房间的空调效果，因此需要根据房间用途对温湿度、风速、噪声、空气分布特性的要求，结合房间特点、内部装修、工艺设备或家具布置等情况进行认真、合理的设计。而良好的气流组织还需要通过合理的送、回风方式以及送、回风口的正确选型和布置来实现。

本章主要介绍和讨论送、回风气流的基本流动规律，常用送、回风口的形式和特点，气流组织的形式，送风方式及送风口的选择，回风口的布置原则等。

8.1　送、回风气流的基本流动规律

空调房间内气流的速度场是其他场（如温度场、湿度场等）存在的基础和前提，而速度场的形成与送风口的送风气流流动规律和回风口的回风气流流动规律密切相关，因此要合理组织气流，必须首先对送、回风气流的基本流动规律加深认识。

8.1.1　送风气流的基本流动规律

由流体力学知识可知，空气从送风口吹出属于空气射流。由于射流对室内气流组织的影响最大，因此在进行空调房间气流组织设计时，应首先加深对射流运动规律的认识。根据射流流动过程中是否受周界表面的限制，射流可分为自由射流和受限射流；根据射流与周围空气的温度是否有差异，射流还可分为等温射流和非等温射流。空调工程中常遇到的送风气流为非等温受限射流。

1. 受限射流

由于在射流运动过程中，受室内壁面、顶棚以及空间的限制，使得受限射流的运动规律不同于自由射流。图 8-1 所示为在有限空间内非贴附与贴附两种受限射流的运动情况。

由图可见，受限射流的几何形状与送风口安装位置有关。假设房高为 H，送风口安装高

度为 h，则当送风口处于房间高度的一半（$h = 0.5H$）位置时，射流上下对称，呈橄榄形，称为对称射流，回流在射流区的四周。当送风口位于房间的上部即 $h \geqslant 0.7H$ 时，由于射流上部与顶棚之间距离减小，卷吸的空气量少，因而流速大，静压小；而射流下部则正好相反，是流速小，静压大。在上、下压力差的作用下，射流被上举，造成气流贴附于顶棚流动，这种射流又称为贴附射流，它相当于完整射流的一半。由于贴附射流仅有一边卷吸周围空气，因此射流速度衰减慢，射程比非贴附射流的射程长。但当非等温贴附射流为冷射流（射流的温度低于周围空气的温度）时，在重力作用下射流会很快下弯，使射程缩短，即贴附长度变小。

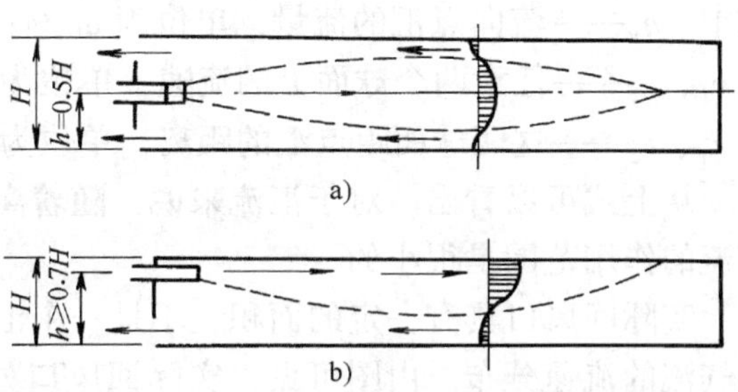

图 8-1　有限空间射流

a）对称射流　b）贴附射流

2. 旋转射流

当空气通过有旋流作用的风口向外送出时，所形成的气流本身一边旋转，一边向静止介质中扩散，一边前进，这种射流称为旋转射流。

由于射流的旋转，使得射流介质获得向四周扩散的离心力，因此与一般射流相比，旋转射流的扩散角要大得多，射程要短得多，并且在射流内部形成了一个回流区。正因为旋转射流有如此特点，所以它对于要求快速混合的场合是最合适的。

3. 平行射流的叠加

当两股平行射流距离比较近时，射流的发展会互相影响。在汇合之前，每股射流独立发展。汇合之后，射流边界相交，互相干扰并重叠，逐渐形成一股总射流（见图 8-2）。总射流的轴心速度逐渐增大，直至最大，然后逐渐衰减直至趋近于零。

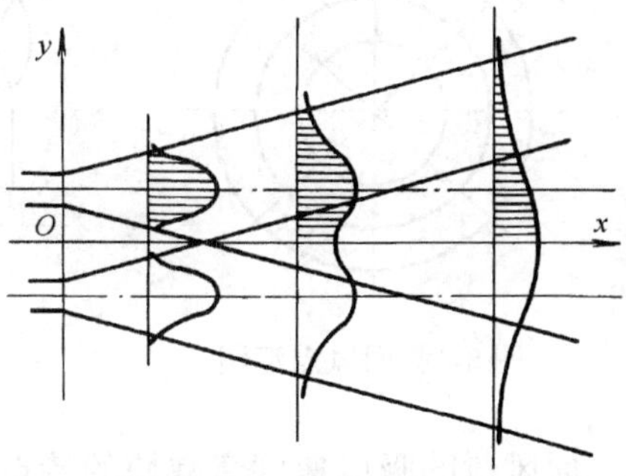

图 8-2　平行射流的叠加

不同类型的射流一般都有反映其流形特点的名称，如圆形、方形和矩形风口送风气流形成的射流一般称为集中式射流（或紧凑式射流）；由边长比大于 10 的扁长风口送风气流形成的射流称为扁射流（或平面流）等。

8.1.2　回风气流的基本流动规律

回风口吸风气流的流动规律近似于流体力学中所述的汇流，与送风口送风气流的流动规律完全不同，送风射流的扩散角度较小，故其断面是逐渐扩展的；而回风汇流是从四面八方向回风口汇集，其作用范围较大，因此回风口周围气流的速度比同距离的射流速度衰减快。

对于一个点汇，其流场中的等速面是以汇点为中心的等球面，如图 8-3 所示。由于通过各个球面的流量都相等，故有

$$\frac{v_1}{v_2} = \frac{q_V/4\pi r_1^2}{q_V/\pi r_2^2} = \left(\frac{r_2}{r_1}\right)^2$$

式中 q_V——流向点汇的流量，单位为 m^3/s；

v_1、v_2——任意两个球面上的流速，单位为 m/s；

r_1、r_2——这两球面距点汇的距离，单位为 m。

从上式可以看出，对于汇流来说，随着离开汇点的距离增加，流速呈二次方衰减，说明汇流的作用范围是很小的。

实际回风口具有一定的面积，不是一个汇点。图 8-4 所示为一直径为 d 的圆形回风口吸风气流的流速分布。由图可见，实际回风口处的等速面已不是球形，图 8-4a 是椭球形。如果回风口紧贴壁面，则空气只能由一侧空间吸入，此时其等速面为半球形，如图 8-4b 所示。图中所注百分数为无因次距离 x/d 处 v_x/v_0 值（v_x 和 v_0 分别为距回风口 x 米处风速及回风口风速）。由图中 $v_x/v_0=7.5\%$ 的等速面可查得正对回风口处的无因次距离 $x/d=1$。可见，回风口的速度衰减极快。即使回风口的实际安装条件是受限的，如与壁面平齐，其作用范围为半球面等，上述规律性仍然是存在的。

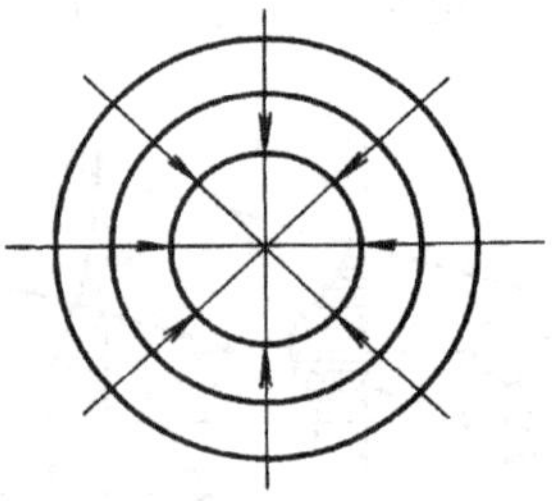

图 8-3 回风点汇图

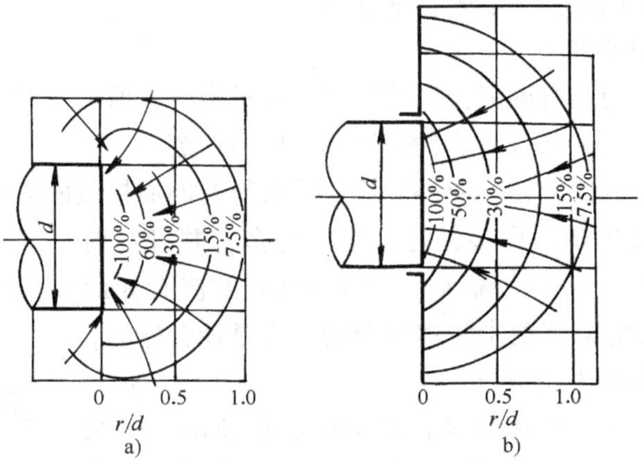

图 8-4 回风口的吸风速度分布图

回风口的吸风速度衰减快的特点，决定了回风口在气流组织中的作用是有限的。因此在进行空调房间的气流组织设计时，应主要考虑送风口的送风射流作用，同时考虑回风口的合理位置，以实现预定的气流的合理分布模式。

8.2 空调风口

空调风口包括送风口和回风口。空调房间不论是供冷还是供暖，使用最多的还是通过送风口把经过空调设备处理过的冷（热）风送至室内，经吸热、吸湿或放热、放湿后通过回风口返回（或部分返回）到空调设备再处理。显然，空调风口的形式对空调房间内气流及温度、湿度等空气参数的分布情况有很大影响。

此外，对于空调房间的使用者来说，通常空调风口是整个空调系统惟一可看见的装置，因此空调系统所选用的空调风口不但应当很好地实现对其功能的要求，而且外观还要与室内装饰相协调，并得到使用者的认可。

综上所述，全面了解空调风口的形式和特点对选用合适的送回风口十分重要。

8.2.1　送风口

送风口又称为空气分布器。由于送风口的送风气流形成的气流流形、射程对空调房间的气流组织和空气参数控制影响最大，送风口通常设置在顶棚或侧墙等目力所及的显著位置，而且外观还应达到与室内装饰的艺术配合要求，因此使得送风口的形式种类繁多。

根据国家建筑工业行业标准《通风空调风口》（JG/T 14—2010）的规定，风口按形式分类有百叶风口、散流器、喷口、条缝风口、旋流风口、孔板风口、网板风口、格栅风口和专用风口（如座椅风口、灯具风口、地板风口等）。

按送出气流的形式送风口可分为四种类型：一是送出气流形式呈辐射状向四周扩散的扩散型送风口，如散流器，这类送风口具有较大地诱导室内空气的作用，送风温度衰减快，射程短；二是气流沿送风口轴线方向送出的轴向型送风口，如喷口，这类送风口诱导室内空气的作用小，送风速度衰减慢，射程远；三是气流从狭长的线状风口送出的线形送风口，如长宽比很大的条缝型送风口；四是气流从大面积的平面上均匀送出的面形送风口，如孔板送风口，这类送风口的送风速度和温度分布均匀，衰减快。

按安装位置送风口可分为顶棚送风口、侧墙送风口及地面送风口等。若按送风方向分则相应分为下送风口、侧送风口和上送风口。

1. 百叶风口

空调工程中使用最多的是百叶风口，其外形主要为方形和矩形。百叶风口作为送风口使用时，其百叶通常为活动可调的，既能调送风方向，又能调送风量大小。此外，百叶风口既可安装于空调房间墙壁或暴露风管侧面作为侧送风口使用，也可以安装在空调房间的顶棚（吊顶）或暴露风管的底部作为下送风口使用。常用的百叶送风口有单层百叶风口和双层百叶风口。

（1）单层百叶风口　单层百叶风口是单层活动百叶风口的简称，有叶片为横向的和竖向的两种形式，如图 8-5 所示。由于单层百叶风口的叶片角度可 0°～90°任意调节，因此可根据房间气流组织的要求进行两个方向（上下或左右）送风角度的调整和送风距离的调整。此外，通过对称调整相邻两叶片的角度还可对送风量的大小进行调整。

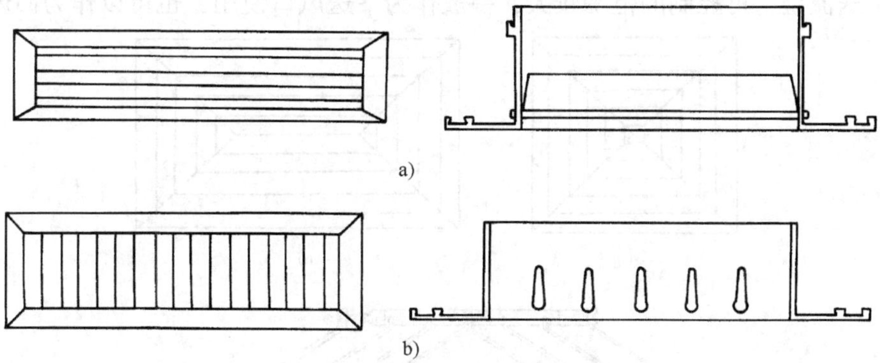

图 8-5　单层百叶风口

a）叶片平行于风口长边　b）叶片垂直于风口长边

（2）双层百叶风口　双层百叶风口是双层活动百叶风口的简称，其结构如图 8-6 所示。它有两组相互垂直的活动可调叶片，每组叶片均可0°～90°任意调节。由于两组叶片调整出风的方向不同，故可在四个方向调整送风角度，显然这种风口同样能调整送风量的大小。

按外层叶片是横向还是竖向的，双层百叶风口也有两种形式，其安装使用位置与单层百叶风口相同。

2. 散流器

散流器是一种通常装在空调房间的顶棚或暴露风管的底部作为下送风口使用的风口。其造型美观，易与房间装饰要求配合，是使用最广泛的送风口之一。散流器按外形分有圆形、方形和矩形；按气流扩散方向分有单向的（一面送风）和多向的（两面、三面和四面送风）；按送风气流流型分有下送型和平送型；按叶片结构可分为流线型、直（斜）片式和圆环式。

（1）圆形散流器 圆形散流器有多层同心的平行导向叶片（也称为扩散圈），该叶片一般为流线型，叶片下部有一个小翻边，因此又称为流线型散流器，其结构如图8-7所示。这种散流器的送风气流为下送流型。

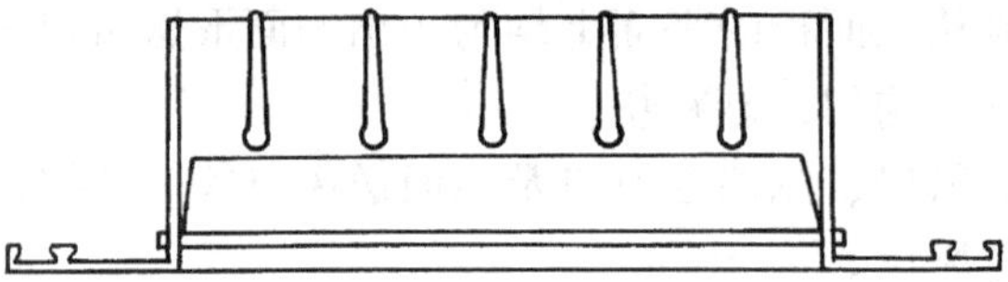

a)

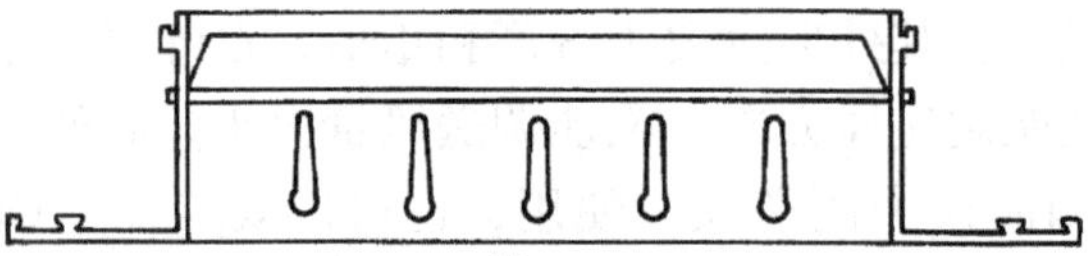

b)

图8-6 双层百叶风口

a）外层叶片平行于风口长边 b）外层叶片垂直于风口长边

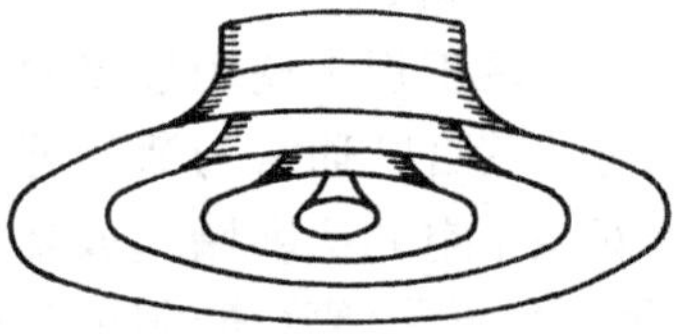

图8-7 圆形散流器

（2）方形和矩形散流器 方形和矩形散流器的叶片是平板型，且有一定倾斜角度（图8-8），因此又称为直线式或斜片式散流器。空气从这种散流器送出后是贴附于顶棚流动的，属于平送流型，可控制的范围较大，一般作为下送风口使用，也可以作为回风口使用。

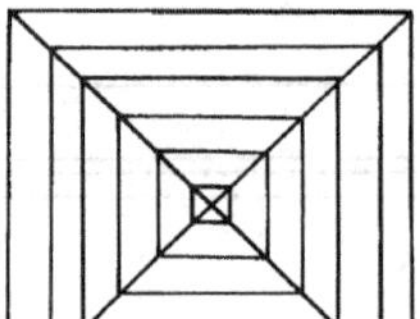

a)

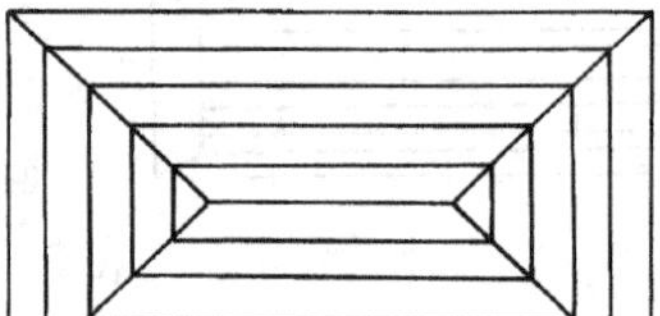

b)

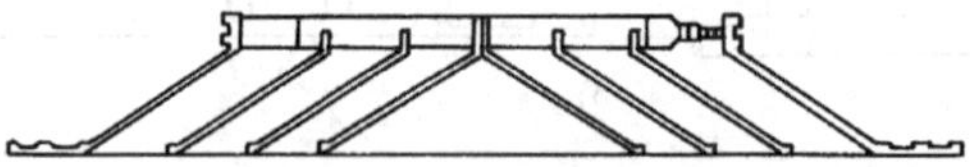

c)

图8-8 方形和矩形散流器

a）方形散流器外形 b）矩形散流器外形 c）方形和矩形散流器结构

方形散流器一般为四面送风，矩形散流器则由于叶片的组合形式不同，从而可相应形成1~4个不同的送风方向。图8-9为矩形散流器的各种叶片组合形式及送风方向示意图，其中，图8-9a为沿长边方向单面送风；图8-9b为沿短边方向单面送风；图8-9c为沿长边方向两面送风；图8-9d为沿短边方向两面送风；图8-9e为呈90°的两面送风；图8-9f、g为不同方式的三面送风；图8-9h为四面送风。

方形和矩形散流器的叶片组与外框通常采用分离式结构，这样既有利于安装，又有利于在需要时能方便地卸下叶片组、调整风口的阀门开度或清洁管道。

(3) 圆环式散流器　圆环式散流器的叶片为圆环形，由一根金属杆穿连在一起，圆环形叶片可绕穿连杆转动，如图8-10所示。其送风气流流型与喷口相类似，较小的尺寸即可提供较大的风量且风阻力较低。这种散流器比较适合要求射程较长的大空间（如高度较高或水平距离较大的场合），既可以在水平面上安装，也可以在垂直面上安装，分别作为下送风口和侧送风口使用。这种散流器的圆环形叶片数量与风口尺寸有关，但最少有两组（两个环），既可以固定送风，也可以整体偏离风口中轴线一定角度送风。显然，此种风口的送风方向由穿连杆的方位决定，即只能在垂直于穿连杆的一定范围内调整送风方向的形式。

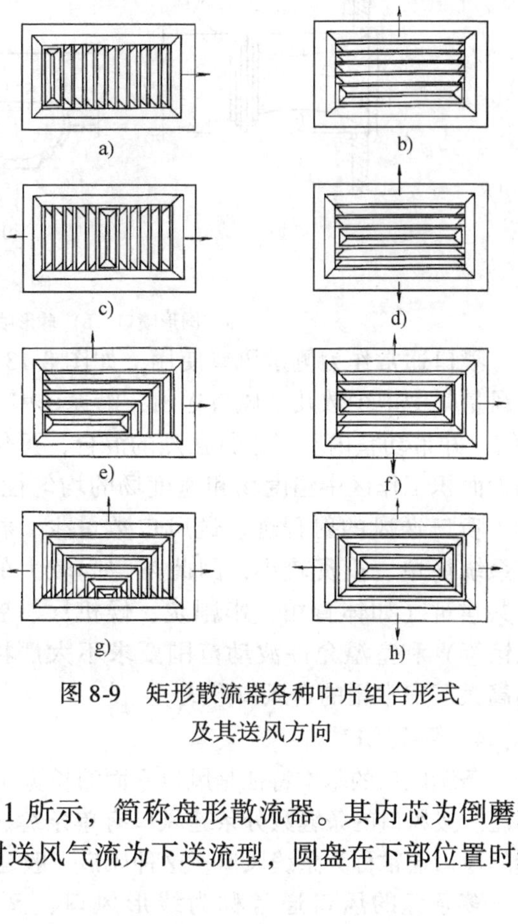

图8-9　矩形散流器各种叶片组合形式及其送风方向

(4) 圆盘形散流器　圆盘形散流器如图8-11所示，简称盘形散流器。其内芯为倒蘑菇形的圆盘，圆盘可上下调节，圆盘在上部位置时送风气流为下送流型，圆盘在下部位置时送风气流为平送贴附流型。

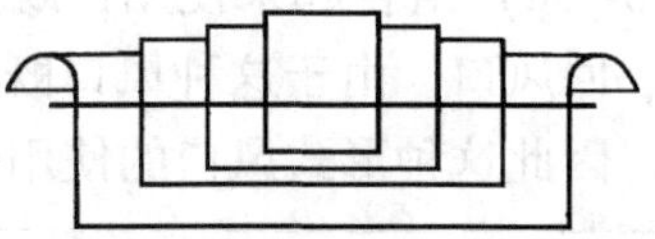

图8-10　圆环式散流器

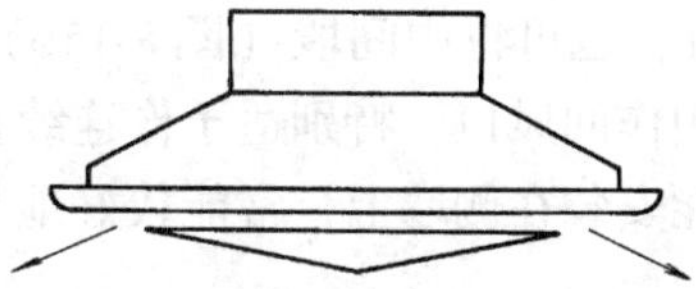

图8-11　圆盘形散流器

3. 喷口

喷口是喷射式送风口的简称，用于远距离送风，其主要形式有圆形和球形两种。图8-12a所示为圆形喷口，该喷口有较小的收缩角度，并且无叶片遮挡，因此送风时噪声低、紊流系数小。

图8-12b所示的球形喷口又称为球形旋转式喷口，该风口的球形壳体上带有圆形可调送风量的短喷嘴，转动风口的球形壳体，可使喷嘴位置在一定范围内上下左右变动，从而很方

便地改变气流送出方向；改变喷嘴处的阀片位置，还可调节送风量的大小。因此，该风口既能调节送风方向又能调节送风量大小，大大提高了喷口的使用灵活性。

图8-12c为带长喷嘴的球形喷口，由于喷嘴长度较长（180～350mm），使得该风口的送风射程比球形喷口更远。

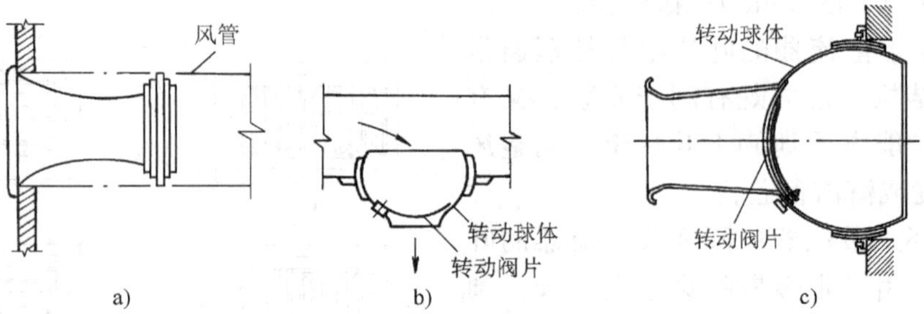

图8-12 喷口

a）圆形喷口 b）球形喷口 c）带长喷嘴的球形喷口

喷口通常作为侧送风口使用，如图8-13所示。喷口送风是将空气以较高的速度、较大的风量集中由少数几个风口送出，沿途诱引大量室内空气，致使射流流量增至送风量的3～5倍，并带动室内空气进行强烈的混合，可保证大面积工作区中温度场和速度场的均匀性。由于喷口送风的射程远、送风口数量少、相应系统简单、投资较小，因此是空间较大的公共建筑（如体育馆、影剧院、候机厅、展览馆等）和室温允许波动范围要求不太严格的高大厂房常用的送风口形式。

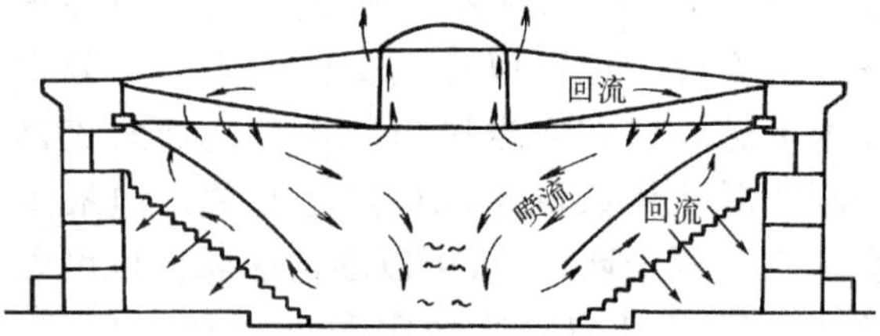

图8-13 喷口送风

4. 条缝风口

条缝风口的基本特征是风口平面的长宽比值很大，使出风口形成条缝状，送风气流为扁平射流。按风口的条缝数分条缝风口有单条缝、双条缝和多条缝等形式。如图8-14所示的单条缝的风口通常称为条缝风口，这种风口一般是单独地水平或垂直安装作为侧送风口使用。

多条缝的风口通常称为线形风口，又称为线形散流器或条形散流器，可单独使用（图8-15a），也可将中间段（图8-15b）和端头段（图8-15c）组合起来使用；既可用作送风口，也可用作回风口，特别适于作连续长条形布置的送、回风口。由于这种风口既能安装于吊顶上，又能安装在侧墙上，常能较好地与室内装饰协调，因此这种形式风口的使用越来越多。

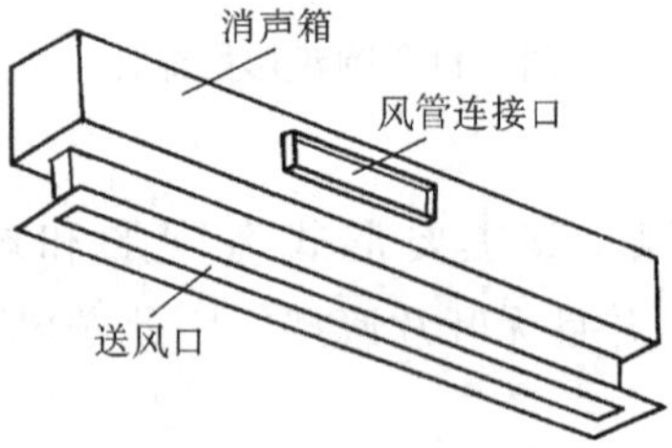

图8-14 单条缝风口

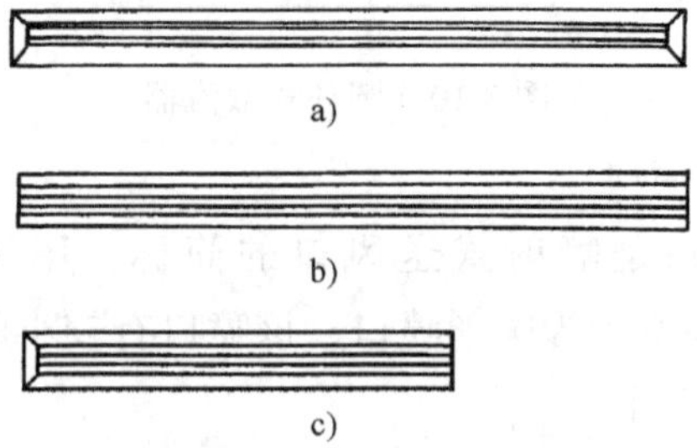

图8-15 线形风口的类别

a）整体形 b）中间段 c）端头段

舒适性空调常用的线形风口的叶片是固定的，其形状有三种，分别为直片式、单向倾斜式和双向倾斜式，如图 8-16 所示。

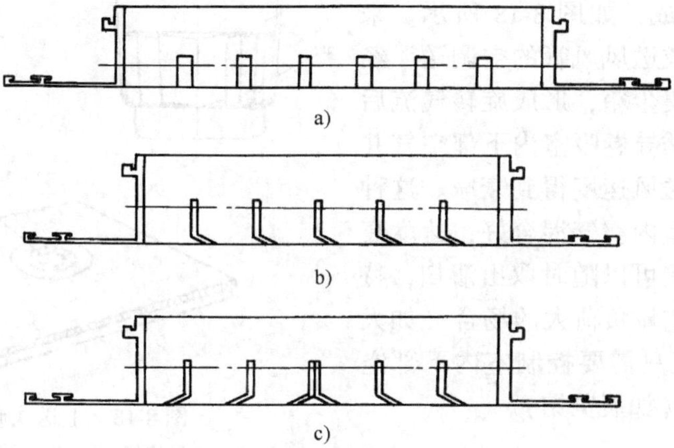

图 8-16　线形风口的结构形式

a）直片式　b）单向倾斜式　c）双向倾斜式

5. 旋流风口

旋流风口依靠起旋器或旋流叶片等部件使轴向气流起旋形成旋转射流。由于旋转射流的中心处于负压区，它能诱导周围大量空气与之混合，然后送至工作区。

旋流风口有下送式和上送式两种。图 8-17a 所示为常见的无芯管下送式旋流风口，该风口由起旋器和圆壳体组成，主要用于高大空调房间（如体育馆、展览馆等）的下送风。由于其单个送风量大，因此与散流器相比，可减少 30% ~50% 的送风口数量，相应地可简化送风系统，降低系统造价。

图 8-17b 所示为适用于层高为 2.6 ~4.0m 的固定导流叶片旋流风口。该风口由固定式径向排列的导流片面板、静压箱和进风短管组成，一般与室内吊顶平齐安装，面板可以是方形的，也可以是圆形的，颜色也可以多种多样，能够起到很好的装饰作用。

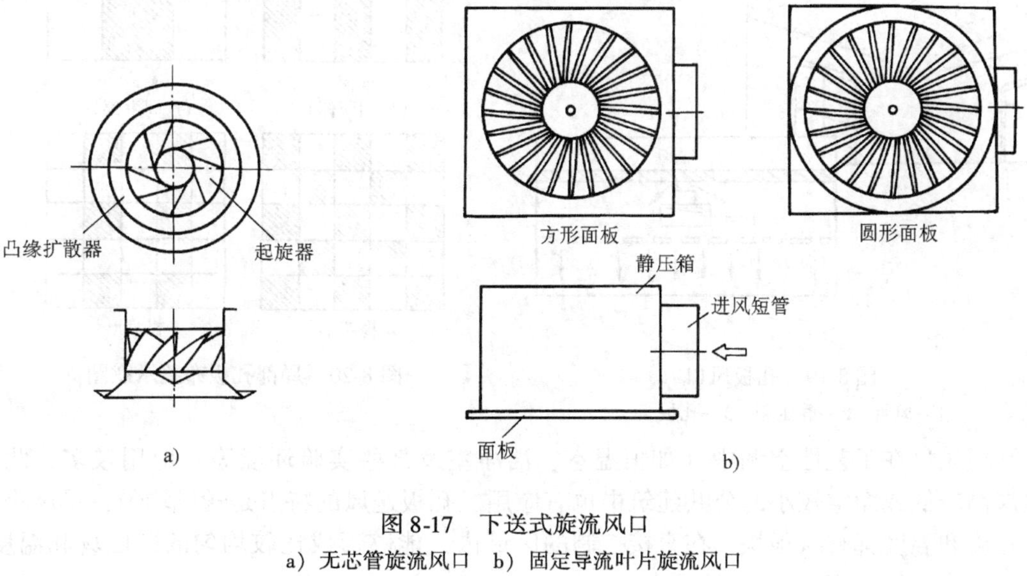

图 8-17　下送式旋流风口

a）无芯管旋流风口　b）固定导流叶片旋流风口

上送式旋流风口又称为地面旋流风口（属于地板送风口的一种），由出风格栅、集尘箱和旋流叶片组成，如图8-18所示。来自地板下面静压箱或送风风管的空调送风经旋流叶片切向进入集尘箱，形成旋转气流后由出风格栅送出，诱导卷吸室内下部空气并迅速与之混合，使送风速度得到衰减。这种风口的送风气流与室内空气混合好，速度衰减快，格栅和集尘箱可以随时取出清扫，特别适用于室内下部空调负荷大的场合（如大型计算机房），以及只需要控制室内下部空气环境的高大房间（如展览馆）。

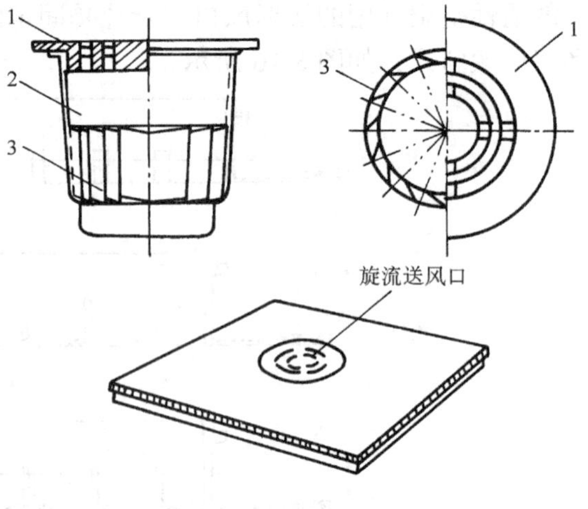

图8-18 上送式旋流风口

1—出风格栅 2—集尘箱 3—旋流叶片

6. 孔板风口

孔板风口实际上是一块开有大量小孔（孔径一般为6~8mm）的平板，材料为镀锌钢板、硬质塑料板、铝板、铝合金板或不锈钢板，通常与空调房间的顶棚合为一体，既是送风口，又是顶棚。经过处理的空气由风管送入楼板与开孔顶棚之间的空间（通常称为稳压层或静压箱），在静压的作用下通过大面积分布的众多小孔进入室内。根据孔板在顶棚上的布置形式不同，孔板风口可分为全面孔板和局部孔板两种形式。前者是指在空调房间的整个顶棚上（除照明灯具所占面积外），均匀布置孔板（图8-19）；后者是指在顶棚的一个局部位置或多个局部位置，成带形、梅花形、棋盘形或其他形式布置孔板，如图8-20所示。

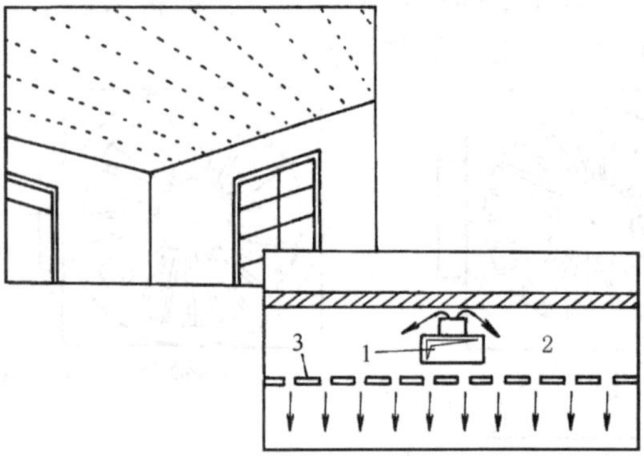

图8-19 孔板风口

1—风管 2—静压箱 3—孔板

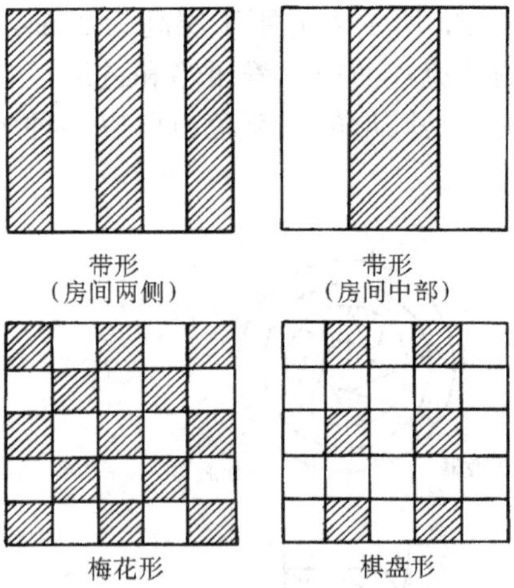

图8-20 局部孔板布置示意图

孔板风口在工艺性空调中（如恒温室、洁净室及某些实验环境等）应用较多，此外在某些层高较低或净空较小的公共建筑中也有应用。孔板送风的特点是送风均匀，噪声小，射流的速度和温度都衰减很快，在直接控制的区域内，能够形成比较均匀的速度场和温度场，区域温差小，可达到±0.1℃的要求。

孔板送风的气流流型主要有以下三种：

（1）全面孔板直流流型（图 8-21a）　当全面孔板的孔口送风速度 $v_0>3\text{m/s}$、送风温差（送冷风）$\Delta t_0\geqslant 3℃$、单位面积送风量 $>60\text{m}^3/(\text{m}^2\cdot\text{h})$ 时，一般会在孔板下方形成直流。如果配合地板下回风，则所形成的气流流型更为理想。全面孔板直流流型可以防止灰尘的飞扬，主要用于有较高净化要求的空调房间。

（2）全面孔板不稳定流型（图 8-21b）　在全面孔板的孔口送风速度 v_0 和送风温差 Δt_0 均较小时，孔板下方将会形成不稳定流，即速度场中各点处的气流流向不稳定。由于不稳定流能使送风气流与室内气流充分混合，造成工作区内区域温差很小，因此适用于空调精度要求较高、工作区风速要求较小的空调房间。

（3）局部孔板不稳定流型（图 8-21c）　局部孔板的下方一般为不稳定流，而其两旁则形成回旋气流。这种流型适用于工艺布置分布在部分区域内或有局部热源的空调房间，以及仅在局部区域要求较高空调精度和较小气流速度的空调房间。

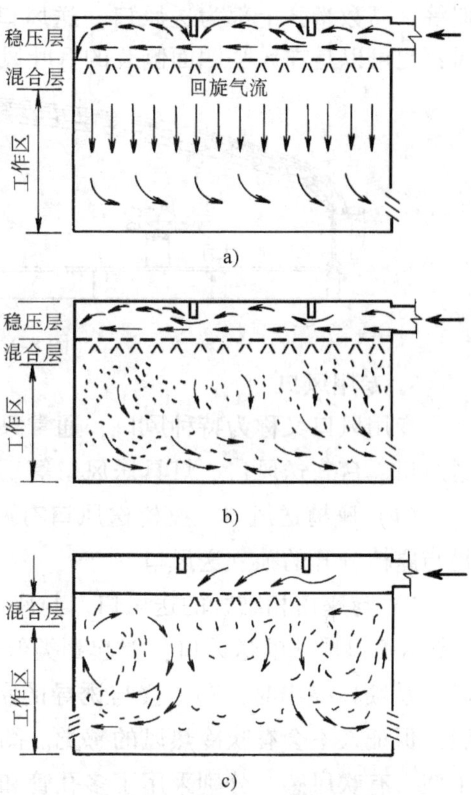

图 8-21　孔板送风气流流型
a）全面孔板下送直流　b）全面孔板不稳定流　c）局部孔板不稳定流

孔板送风需设置吊顶或技术夹层形成稳压层，稳压层的作用是使孔板上部保持稳定且较高的静压，其净高度一般不小于 0.3m。当房间面积不大时（如不大于 25m^2），稳压层内可不设空气分布风管，但为保持稳压层内的静压恒定，可沿气流流动方向逐渐降低稳压层的高度，如图 8-22a 所示。当房间面积较大，且室温允许波动范围要求较严时，应在稳压层内设图 8-22b 所示的空气分布风管，此时气流应从风管顶部向上送出，避免气流直接吹向孔板。

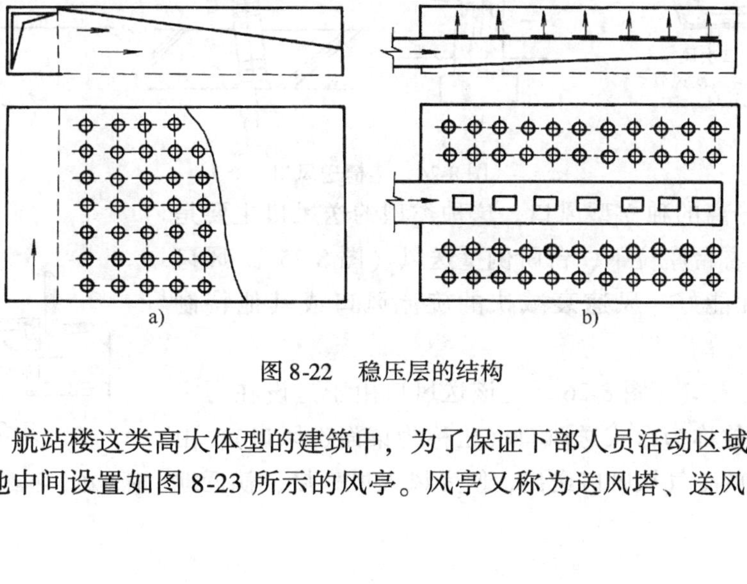

图 8-22　稳压层的结构

7. 风亭

在展览馆、航站楼这类高大体型的建筑中，为了保证下部人员活动区域的空调效果，也有在大面积场地中间设置如图 8-23 所示的风亭。风亭又称为送风塔、送风柱、风柱、空调树等，高数米，上部为送风口。送风口可以是直筒圆口，通过倒锥形的顶来使其向四周送风；也可以是在风亭四面侧装的百叶风口、喷口等。

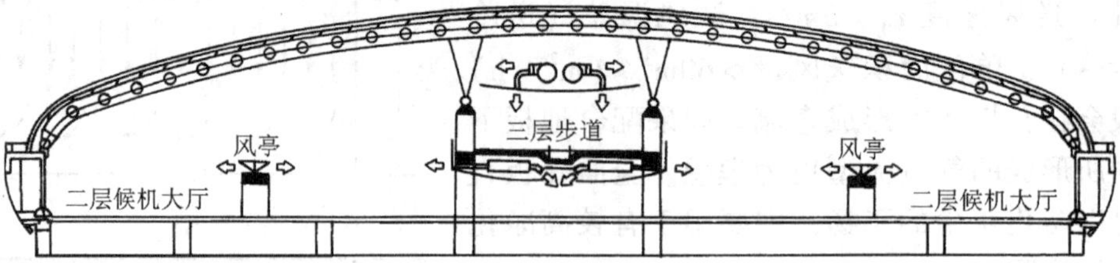

图 8-23 高大空间的风亭风口

8. 专用风口

专用风口又称为特种风口，通常只能与某些物件配套使用而成为独特的风口，例如座椅送风口、台式送风口、灯具送风口等。

（1）座椅送风口 座椅送风口有两种类型，一是与座椅结合为一体的送风口，另一类是与座椅分开的独立送风口。

1）与座椅相结合的送风口。与座椅相结合的送风口一般设在座椅下面，对于图 8-24a、b 所示喷口形式的送风口，能起到类似于诱导器的作用。当由地下送风管提供的空气（一次风）从喷口喷出时，马上会与诱导的室内空气（二次风）充分混合，使送风温度接近于室温，保证人不会有吹冷热风的感觉。图 8-24c、d 所示的孔口型送风口，为了降低送风速度，不使人有吹风感，分别采用了多孔管和孔板送风。座椅送风口多用于影剧院、音乐厅、会堂的座椅，由于属于上送风，且直接、就近地对人送风，因此能取得较好的节能效果。

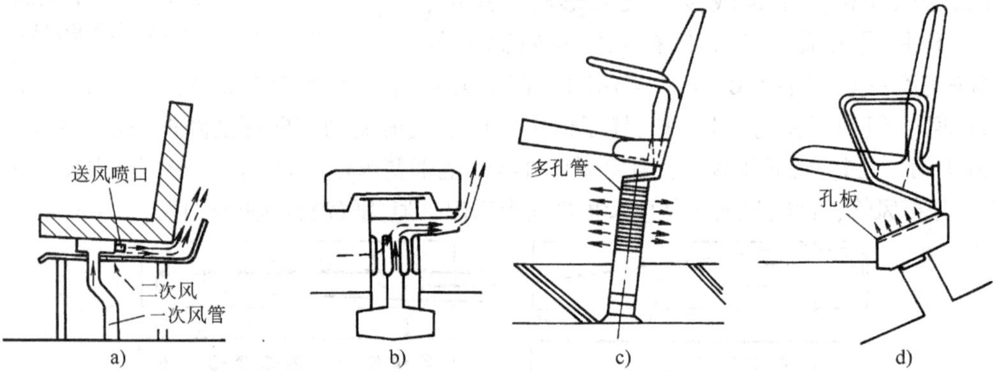

图 8-24 座椅送风口

2）与座椅分离的独立型风口。这种类型的送风口主要是设在体育馆观众看台座位下、台阶侧壁送风（图 8-25）。风口一般选用扩散性能好，风速衰减快的旋流风口或其他特制风口。

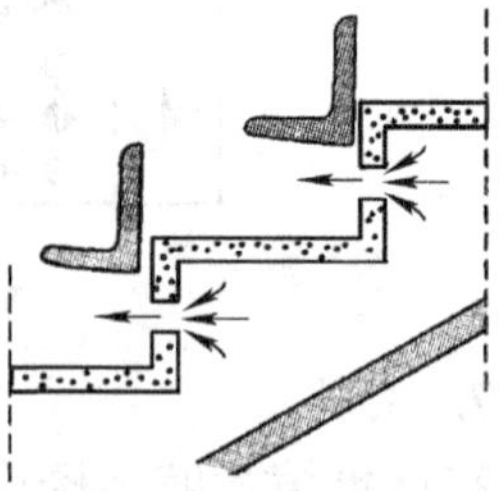

图 8-25 座椅下台阶侧壁送风

（2）台式送风口（图 8-26） 该送风口由于是设在写字台的台面前缘，故称为台式送风口（也称为桌面送风口）。由地下送风管提供的空气从风口送出，使受风人可直接、就近地吸入来自射流核心，未与室内污染空气相混合的清洁、新鲜、温湿度适宜的空气，能有效地保证人体周围及呼吸区的空气质量，改善办公环境条件，提高工作质量和效率，更有利于人的健康和心理上对室内空气环境满意度的评价。

（3）灯具送风口（图 8-27）　该风口是将条缝送风口与照明器具组合在一起的一种送风口。

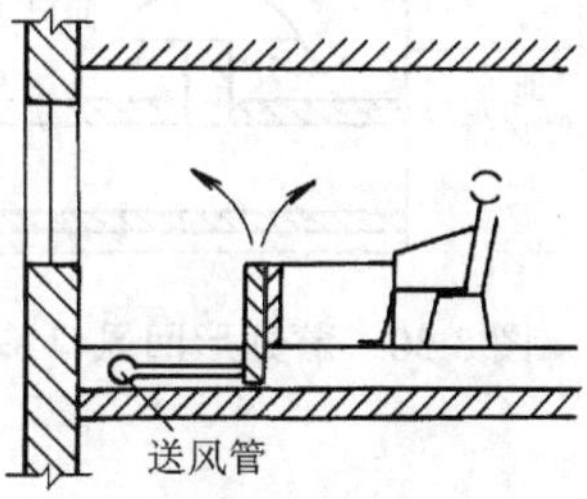

图 8-26　台式送风口

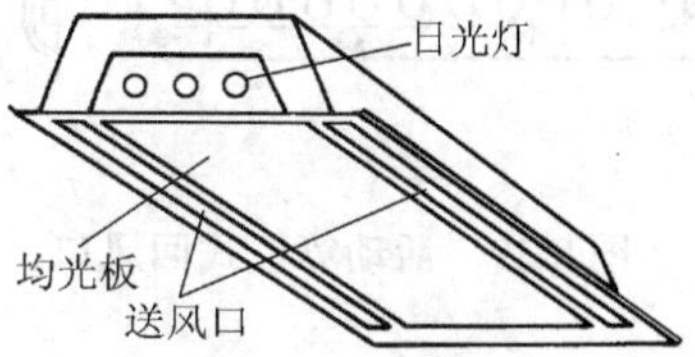

图 8-27　灯具送风口

8.2.2　回风口

由 8.1.2 的分析可知，回风口外的气流速度衰减很快，因此回风对室内气流组织影响不大。此外，回风口的安装位置通常比较隐蔽，对回风功能要求很低，外观对室内环境美化作用影响不大的特点决定了其形式很少，构造也简单。常用的回风口有百叶式回风口、活动箅板式回风口和蘑菇形回风口。

1. 百叶式回风口

用作回风口的百叶风口，其叶片通常固定为某一角度，如图 8-28 所示。这种风口既可在空调房间的侧墙或风管的侧面垂直安装，也可在空调房间的顶棚或风管的底面水平安装。当回风量有调节要求时，也可采用活动叶片的百叶风口。对于直接接风管且需要设过滤器的百叶风口，为了能方便地清洁过滤器，通常采用门铰式百叶风口（又称为可开式百叶风口）。该风口比固定百叶风口多一个边框，使百叶部分成为可脱离边框的“活门”，在“活门”后面加装能抽插的过滤器，即实现了过滤器随便取出、清洁或更换的目的。

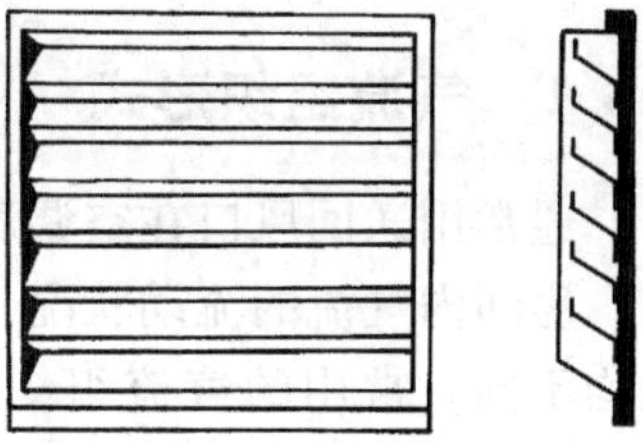

图 8-28　固定百叶式回风口

2. 活动箅板式回风口

图 8-29 所示的活动箅板式回风口由两层箅板叠合而成，两块箅板均开有相同的长条形孔洞，移动调节螺栓可使内层箅板左右移动，从而改变开口面积，达到调节回风量的目的。

3. 蘑菇形回风口

蘑菇形回风口（图 8-30）是一种安装在地面上的回风口，主要用于影剧院，通常布置在座椅下，直接插入地面的预留洞与地下回风管相接。蘑菇形的外罩起防止杂物直接进入回风口的作用，其离地面的高度一般可以通过支撑螺杆调节，使回风口的空气吸入面积发生改变，从而达到调节回风量的目的。

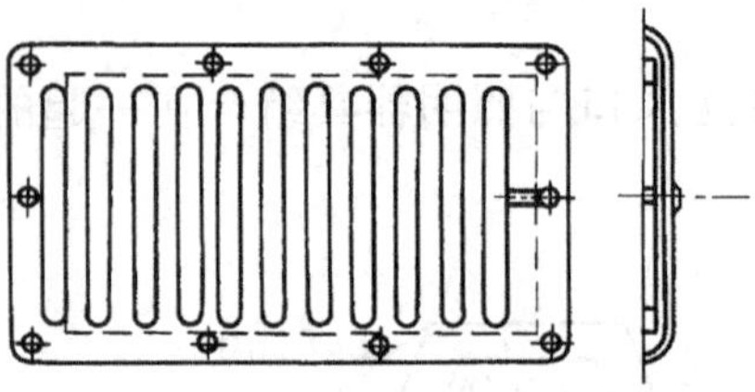

图 8-29 活动箅板式回风口

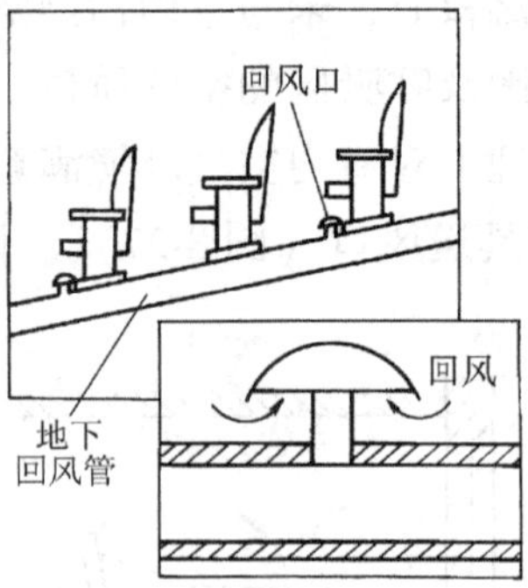

图 8-30 蘑菇形回风口

8.3 气流组织

气流组织（又称为空气分布）是指室内空气的流动形态和分布，它直接影响空调房间或区域内空气的温度、湿度、流动速度、洁净度、区域温差和人的舒适感等能否满足舒适条件或工艺要求。

影响室内气流组织的因素很多，不仅送风口的形式、位置、数量、大小及回风口的位置、数量与气流组织的效果有关，而且房间的形状和大小，散热及散湿源的位置、分布和性质，送风参数以及室内工艺设备的布置等也都与气流组织的效果有关。其中，送回风口设置的位置和形式，以及送风参数是主要影响因素。

8.3.1 气流组织形式

通常用送回风口在空调房间内设置的相对位置来表示气流组织形式，气流组织的形式不同，房间内气流的流动状况，流速的分布状况，乃至空气的温度、湿度、含尘浓度的分布状况均不同。常用的气流组织形式主要有上送下回、上送上回、下送上回和中送下回四种形式。

1. 上送下回

上送下回是最常用的气流组织形式。这种气流组织形式如图 8-31 所示。其送风口设在空调房间或区域的上部（如顶棚、侧墙、风管道底面或侧壁），回风口设于空调房间或区域的下部（如侧墙或地板），气流从上部送出，由下部排出，有侧送侧回、顶送侧回、顶送底回等三种基本形式。

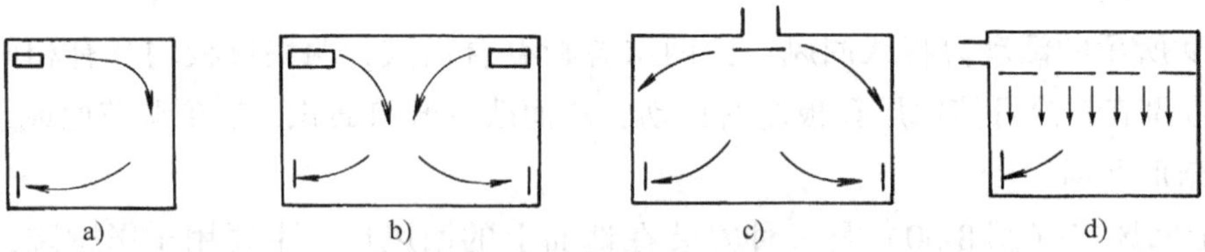

图 8-31 上送下回气流组织形式

上送下回气流组织形式的主要优点是送风气流在进入工作区之前就与房间空气进行了比较充分的混合，易形成均匀、稳定的温湿度场和速度场，能保证工作区气流速度和温湿度的均匀性。此外，若是侧送侧回则送风射流射程比较长，射流来得及充分衰减，故可采用较大的送风温差和较小的送风量。上送下回气流组织形式的缺点主要表现在回风方面，如采用回风口接风管回风，则风管布置较困难；如采用集中回风口直接回风，则机房噪声的影响难以避免等。

这种气流组织形式适用于有恒温要求和洁净度要求的工艺性空调，以及以冬季送热风为主且空调房间层高较高的舒适性空调。

2. 上送上回

把送回风管及送回风口均设在空调房间或区域的上部时，气流从上部送风口送出，进入工作区后再从上部回风口排出即形成上送上回的气流组织形式。其基本形式有顶送顶回（图 8-32a）和侧送顶回（图 8-32b）之分。

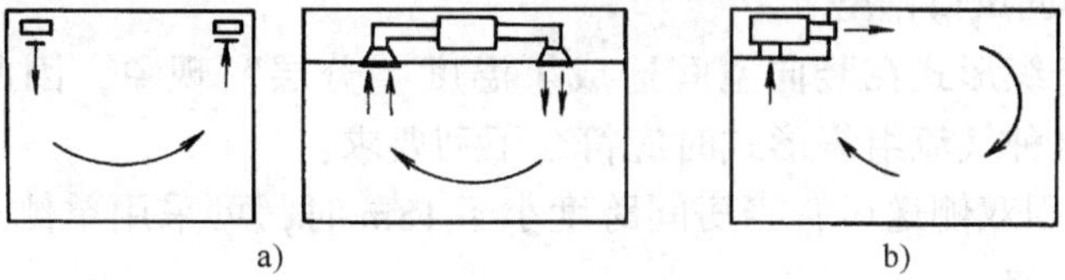

图 8-32　上送上回气流组织形式

上送上回气流组织形式的主要优点是送、回风管均设在房间的上部或隐藏在顶棚内，不占用房间的使用面积，容易与室内装修协调。当回风管不与回风口相连而使上部房间空间也成为回风通道时（俗称吊顶回风或顶棚回风），吊顶内由房间照明装置散发的部分发热量可由回风气流带走，在夏季可减少工作区的冷负荷量，从而可在送风量不变的情况下减小送风温差，使房间的舒适度提高；或在送风温差不变的情况下减小送风量，使风机能耗降低。这种气流组织形式的主要缺点是部分工作区处于射流区，部分工作区处于回流区，不易形成均匀的温湿度场和速度场；而且如果风口布置不当，很容易造成送回风气流短路，影响空调质量。

上送上回气流组织形式主要适用于以夏季降温为主且房间层高较低的舒适性空调，当房间下部无法布置回风口时，通常采用这种气流组织形式。

3. 下送上回

图 8-33 为地面均匀送风、房间上部集中回风的下送上回气流组织形式。由图可见，这种气流组织形式的送风口设在空调房间或区域的下部，回风口设于上部，气流从下部送风口送出，经工作区后从上部回风口排出。

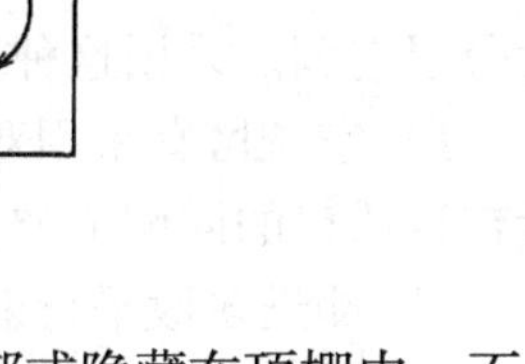

图 8-33　下送上回气流组织形式

由于这种气流组织形式的送风是直接进入工作区，为满足人的舒适要求和生产的工艺要求，在相同条件下下送形式的送风温差必然要小于上送形式的。同时考虑到人的舒适条件，送风速度也不能大，这就必须要增大送风口的面积或数量，会给风口的布置带来困难。此外，地面容易积聚脏物，将会影响送风的清洁度。但从房间下部送风能使新鲜空气首先通过工作区，有利于改善工作区的空气质量；送冷风时，空气吸热后会自然上升，可减少回风机的动力消耗；由于上部回风，还能使房间上部余热（照明装置散热、上部围护结构的得热等）可以不进入工作区就被直接排出室外，故具有一定的节能效果。

下送上回气流组织形式主要适用于空调房间或区域的下部工作区有大量余热要带走的工

艺性空调，以及人员密集且房间层高很高的影剧院等公共建筑的舒适性空调。

4. 中送下回

在某些高大的空调房间内，若实际工作区在房间下部，则不需要将整个空间都作为控制调节的对象，采用如图8-34所示的中送下回的气流组织形式，只对位于房间下部的空调区域进行控制，房间上部的非空调区域可另外采用通风排热（见图8-34a），这样既能满足工作区空调的要求，又能节省不必要的能耗。显然，中送下回气流组织形式的送风口是设在空调房间的中部，回风口设于下部，气流从中部送风口送出，经工作区后再从下部回风口排出。

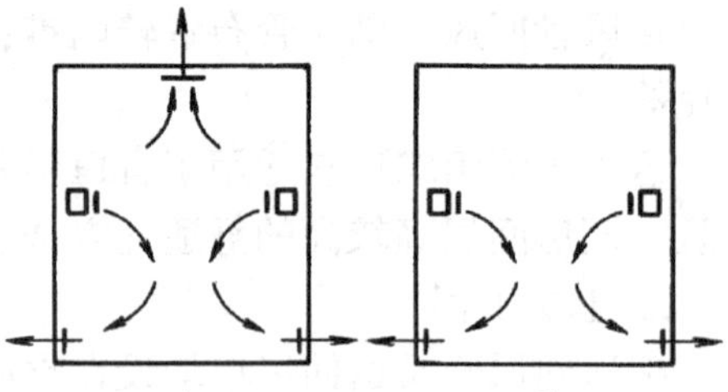

图8-34 中送下回气流组织形式

由于这种气流组织形式在竖向空间造成了温度“分层”现象，因此这种空调方式又称为分层空调。采用这种气流组织形式时应符合下列要求：

1）空调区宜采用双侧送风；当房间跨度小于18m时，可采用单侧送风，其回风口宜布置在送风口的同侧下方。

2）侧送多股平行射流应互相搭接；采用双侧相对送风时，两侧相向气流应在人员活动区以上搭接，以便形成覆盖，实现分层，即形成空调区和非空调区。

3）应尽量减少非空调区向空调区的热转移，必要时应在非空调区设置送排风装置。

气流组织的形式应根据空调房间的温湿度控制范围或精度、允许风速、噪声标准和空气质量要求，结合房间特点、装修要求、工艺布置以及设备散热情况等因素综合考虑确定，并要特别注意风口的形式和布置与室内装饰效果的协调性问题。

8.3.2 送风方式与送风口的选择

通常用送风气流流向送风空间的方向来描述送风方式，可分为三大类：一是由侧面横向送风，简称侧送风或侧送；二是由上向下送风，简称下送风或下送；三是由下向上送风，简称上送风或上送。送风口的形式前已述及有八大类，送风方式与送风口在选用时应遵循以下原则：

1）一般采用百叶风口或条缝风口侧送风，有条件时侧送气流宜贴附顶棚，以增加送风的射程，使气流混合均匀，并使工作区处于回流区。侧送风口安装位置距顶棚越近，越容易贴附。当送风口上缘离顶棚距离较大时，为了达到贴附的目的，应选用外层叶片为水平可调的百叶风口，并使叶片向上倾斜10°~20°。当风口在冬季需送热风时，也应选用外层叶片为水平可调的百叶风口，以便在需要时使叶片向下倾斜，克服热气流上浮的影响。

一般层高的小面积房间宜采用单侧送风；当采用单侧送风的射程或区域温差不能满足要求时，可采用双侧送风。

2）圆形、方形、矩形散流器平送风均能形成贴附射流，即空气呈辐射状向四周送出，贴附顶棚扩散，能与室内空气充分混合，使空调区处于回流区，保证空调房间有稳定而均匀的温度场和风速场。对室内高度较低的房间，既能满足使用要求，又比较美观。因此，当有吊顶可利用或房间内有设置吊顶的可能性时，应根据房间高度及使用场所对气流的要求，分别采用圆形、方形或矩形散流器送风。对于室内高度较高的房间（如影剧院等），以及室内散热量较大的生产房间，当采用散流器时，应选择向下送风，但布置风口时，应考虑气流的均布性。

散流器的设置数量应根据房间大小决定，多个散流器宜对称均布或梅花形布置。布置散流器时，散流器之间的距离以及散流器离墙的距离选择，一方面要考虑使射流有足够的射程，另一方面又要使射流扩散好。通常散流器之间的距离在 3m 左右（与房间层高成正比）；圆形或方形散流器相应送风面积的长宽比一般控制在 1:1.5 以内。散流器中心线与侧墙间的距离，一般不小于 1m。

3）当单位面积送风量较大，且人员活动区内要求风速较小或区域温差要求严格时，应采用孔板风口下送风。采用孔板送风时，孔板上部稳压层的净高不应小于 0.2m；向稳压层内送风的速度宜采用 3～5m/s；除送风射流较长的以外，稳压层内可不设送风分布支管；在送风口处，宜装设防止送风气流直接吹向孔板的导流片或挡板。

4）对于空间较大的公共建筑和室温允许波动范围大于或等于 ±1℃的高大厂房，宜采用喷口或旋流风口送风。此外也可采用地板风口上送风。

采用喷口侧送风时，人员活动区宜处于回流区。喷口的安装高度应根据房间高度和回流区的分布位置等因素确定，但不宜低于房间高度的一半。若喷口安装高度太低，射流易直接进入人员活动区；若太高，则使回流区厚度增加，回流速度过小，两者均影响舒适感。对于兼作热风供暖的喷口，为防止热射流上翘，应选用能改变射流角度的喷口；对于工作区有一定斜度的房间（如影剧院），喷口需与水平面保持一个向下的倾角 β，送冷风时 $\beta=0°\sim12°$，送热风时 $\beta>15°$。

5）当房间内的污染源与热源伴生时，可采用地板风口上送风，排风口置于顶棚附近。送入室内的空气先在地板上均匀分布，然后被热源（人员、设备等）加热的空气以热烟羽的形式形成向上的气流，将余热和污染物排出人员活动区。

送风口的出口风速（指出口有效断面风速）应根据送风量、射程、送风方式、送风口类型、安装高度、室内允许风速和噪声标准等因素确定。消声要求较高时，宜采用 2～5m/s，喷口送风可采用 4～10m/s。

8.3.3 回风口的设置及吸风速度

虽然回风口对气流组织和区域温差影响较小，但对回风口所在局部区域仍有较大影响，因此对其设置问题也不能马虎对待，需要符合下列要求：

1）回风口宜邻近室内冷、热、湿源，不应设在射流区内和人员长时间或经常停留的地点，还应注意尽量避免造成射流短路和产生“死区”等现象。

2）采用侧送风时，回风口宜设在送风口的同侧；采用散流器和孔板下送风时，回风口宜设在房间下部。回风口设在房间下部时，其下边缘离地面应不小于 0.15m。

3）如果冬季要送热风，回风口不能设在房间上部。

4）条件允许时，可采用集中回风或走廊回风。对于室温允许波动范围≥1℃，且室内控制参数相同或相近的多房间共用空调系统，可采用如图 8-35 所示的走廊回风，此时各房间与走廊的隔墙或门的下部，应开设百叶回风口。走廊断面风速应小于 0.25m/s，且应保持走廊与非空调区之间的密封性。走廊通向室外的门也应有一定的严密性。

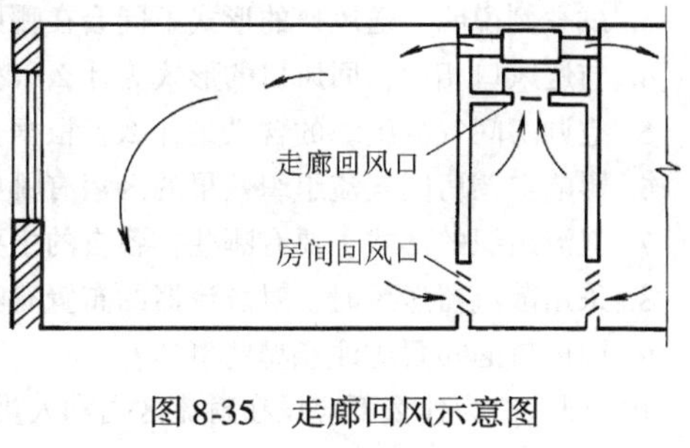

图 8-35　走廊回风示意图

确定回风口的吸风速度时，要考虑三个因素：一是避免靠近回风口处的风速过大，以防对回风口附近经常停留的人员造成不舒适的感觉；二是不要因为风速过大而扬起灰尘和增加噪声；三是尽可能缩小风口面积，以节约投资。综合考虑上述三个因素后的回风口吸风速度可参照表8-1选用。

表8-1 回风口的吸风速度

回风口位置		吸风速度/（m/s）
房间上部		≤4.0
房间下部	不靠近人经常停留的地点时	≤3.0
	靠近人经常停留的地点时	≤1.5

本章要点

1. 侧送风时，在风口形式、风口面积、送风量和送风初速度均相同的条件下，贴附射流比非贴附射流的射程远，回流区域大，送风效果好。

2. 回风口类似于一个汇点，由于其吸风气流的流速与离风口的距离，由近至远呈二次方衰减，因此回风口的形式及设置位置对室内气流组织的影响，相对于送风口来说要小得多。

3. 送风口的形式不同，其功能特点、安装位置、使用方式、适用场合等或多或少有些不同，就是同种送风口由于外形不同，结构有区别而使得功能有的相同，有的不相同。

4. 气流组织的任务是根据空调房间或区域的实际情况和空气参数的控制要求，选择合适的气流组织形式。采用相适应的送回风口，并将其布置在恰当的位置，使气流有组织地、合理地流动并形成均匀、稳定的温度场、湿度场和速度场，从而使空调房间或区域的空气参数满足舒适性条件或工艺要求。

5. 常用的四种气流组织形式是以送回风口在空调房间内设置的相对位置来描述的，气流组织的形式不同，气流的流动状况、流速及温度、湿度等空气参数的分布情况也不同。在实际使用中，应根据人的舒适要求、工艺过程对空气环境的要求、工艺特点和空调房间或区域条件等进行选择。

6. 选择送风方式时要与送风口形式的选用同时考虑，并注意回风口的设置位置要合适。

思考题与习题

1. 贴附射流属于何种射流形式？采用侧送风方式时，如果是贴附射流有何好处？
2. 按送风口的送风方向分，送风口可分为下送风口、侧送风口和上送风口，相应的常用风口形式有哪些？
3. 试举例说明，送风口的形式不同会在哪些方面造成影响？
4. 与送风口相比，回风口的形式为什么很少而且结构简单？
5. 空调房间气流组织的含义是什么？根据什么判断气流组织是否合理？
6. 影响空调房间气流组织效果的因素有哪些？起主要作用的是哪些因素？为什么？
7. 气流组织的形式主要有哪些？各自的主要特点是什么？分别有哪几种具体形式？
8. 采用散流器送风时，对散流器的布置有哪些基本要求？
9. 回风口的布置应注意哪些事项？
10. 回风口为什么不应设在射流区内和人员长期停留的地点？

第 9 章

室内空气质量与空气净化处理

空调房间的空气中若含有悬浮微粒等固态污染物、有害气体等气态污染物，以及细菌等微生物，会对人的正常工作和生活产生不利影响，严重时会对人的身体健康造成极大危害。在一些生产过程中，空气中的上述污染物会影响产品的质量、精度、纯度和成品合格率及产品优良品等级率。因此，需采取有效的技术措施，清除或尽量减少空调房间空气中的污染物，以满足空调房间的空气环境除温湿度、流动速度和新风量以外的控制要求。

绪论中已述及，空调的基本方法是以空气为介质，使送、排风参数不同来达到控制特定空间内空气环境的目的。通常往空调房间送的风是室外空气（新风）和室内再循环空气（回风）的混合空气，由于室外环境存在各种污染源，会产生悬浮微粒、有害气体、臭味、细菌等固态、气态和微生物等污染物；室内环境也会因人及活动、家具、陈设、装饰装修、设备装置使用等产生类似污染物。因此，必须对取自室外的新风和室内的回风，在送入空调房间前先进行除去其所含污染物的净化处理，然后用此洁净空气来置换或稀释空调房间内的空气，从而使空调房间的空气质量满足要求。

描述室内空气质量的客观性质由物理性、化学性、生物性和放射性四方面参数组成，其中室内空气温度、相对湿度、流动速度、新风量等物理性参数对人体热舒适性及工艺过程的影响已分别在第 2 章和第 5 章介绍和讨论过，这里不再赘述。

本章主要介绍和讨论影响非工业建筑空调房间空气质量的因素，提高和改善这类空调房间空气质量的措施，室内空气质量标准，空气中固态污染物的净化处理，空气过滤器的滤尘机理、性能及类型，净化空调系统的送风方式与气流组织形式，气态污染物和微生物的净化处理等。

9.1 空调房间的空气质量

随着我国经济的快速发展和工业化、城市化水平的不断提高，人们的工作、生活和居住条件也相应得到了大幅度的改善和提高。与此同时，由于建筑物、室内装饰装修、家具、现化办公设备及人自身都会产生化学性、生物性和放射性污染物，使得室内空气质量不断恶化，对人的健康造成危害，或使人感觉不适造成工作效率降低，或对生产和产品造成不利影响等。为此，需要全面了解有关情况，掌握空气质量标准，采取有效措施，避免上述后果的产生。

室内空气质量又称为室内空气品质，英文缩写为IAQ（Indoor Air Quality）。人的一生大约有70%～90%的时间是在室内度过的，而且，一个人每天呼吸的空气量约为12～14kg，是所吃食物量的3～5倍。因此在一定意义上室内空气环境对人们的生活、工作质量和身体健康的影响远远超过室外大气环境。

9.1.1 影响空调房间空气质量的因素

空调房间内的空气质量除了与室内空气温度、相对温度、流动速度和新风供应量有关外，还与室内空气污染情况密切相关。研究结果表明，影响空调房间空气质量的因素可分为两个方面，一个与空调房间内空气污染物的来源有关，另一个与空调系统或装置的状态和使用效果有关。

1. 室内空气污染和污染物

室内空气污染是指在室内空气正常成分之外增加了新成分或原有的成分增加（其数量、浓度和持续时间超过了室内空气的自净能力）而使空气质量发生恶化，对人的健康和精神状态、生活、工作等产生影响的现象。空调房间内的空气污染通常包括化学性污染（含放射性污染）和生物性污染。化学性污染是指因化学物质，如甲醛、苯系物、氨气、氡和悬浮颗粒物等引起的污染。生物性污染是指因生物污染因子，主要包括细菌、真菌（含真菌孢子）、花粉、病毒、生物体有机成分等引起的污染。室内空气污染主要是人为污染，其中又以化学性污染最为突出。尽管化学污染物的浓度较低，但多种污染物共同存在于室内，长时间联合作用于人体（如通过呼吸道、消化道、皮肤等途径进入机体），涉及面广，接触人多，对健康危害显著，特别是老弱病幼等敏感人群更易受到伤害。

室内空气污染物种类很多，一般按其存在状态可分为固态污染物和气态污染物两大类。前者是指悬浮在空气中的固体粒子和液体粒子，包括无机和有机颗粒物、微生物及生物溶胶等；后者是以分子状态存在的污染物，包括无机化合物、有机化合物和放射性物质等，主要有：

（1）甲醛　具有刺激性气味，密度比空气略大，存在于板材粘合剂、劣质胶、化纤地毯、地板革、油漆、涂料、贴墙布和贴墙纸中。采用了粘合剂的木地板、木质家具中甲醛含量最高。甲醛的释放速率除与家具等物品中甲醛的含量有关外，还与室内空气温度有关，气温越高，甲醛释放越快。

甲醛对皮肤和粘膜有强烈的刺激作用，当浓度为1mg/m^{3}时，可被人嗅到。甲醛对人的健康的影响主要表现在嗅觉异常、刺激、过敏、肺功能异常、肝功能异常及免疫功能异常，特别是对视网膜有较强的损害作用。

（2）苯　具有特殊芳香气味，存在于油漆的添加剂和稀释剂中，还被用作粘合剂的溶剂。苯于1993年被世界卫生组织（WHO）确定为致癌物。长期接触低浓度苯蒸气会引起神经衰弱、白细胞减少，严重时可发生再生障碍性贫血。

（3）甲苯和二甲苯　甲苯有类似苯的气味，有毒、有麻醉性，对皮肤有刺激性和脱脂作用。二甲苯有芳香气味，有毒，但毒性比苯和甲苯小。甲苯和二甲苯常被用作建筑材料、装饰材料及人造板家具的粘合剂。

（4）氨　具有强烈刺激性臭味，存在于建筑施工中使用的含氨防冻剂和家具涂饰时所有的添加剂及增白剂中。低浓度氨气对眼睛和上呼吸道粘膜有刺激作用，引起流泪、流涕、咽喉充血并疼痛。

(5) 臭氧　有特殊臭味，复印机、计算机等办公设备及负离子发生器在使用过程中都会产生臭氧。臭氧主要是对呼吸系统造成强烈刺激或损伤，急性症状表现为咽喉干燥、咳嗽、呼吸异常、呼吸道发炎。

(6) 氡　氡是由镭衰变产生的自然界唯一的天然放射性气体，它没有颜色，也没有任何气味。氡主要含在石头、砖、沙、水泥、石膏等建筑装饰材料和陶瓷制品中。氡很容易被呼吸系统截留，并在局部区域不断积累，长期吸入高含量氡最终可诱发肺癌。专家研究表明，氡是除吸烟以外引起肺癌的第二大因素。

(7) 总挥发性有机化合物　总挥发性有机化合物对人体健康的影响主要表现在感观效应和超敏感效应方面。室内总挥发性有机化合物的主要来源有以下几个方面：

1) 有机溶液，如油漆、含水涂料、粘合剂、化妆品、洗涤剂、捻缝胶等。

2) 建筑材料，如人造板、泡沫隔热材料、塑料板材等。

3) 室内装饰材料，如壁纸、其他装饰品等。

4) 纤维材料，如地毯、挂毯、化纤窗帘等。

5) 办公用品及设备，如油墨、复印机、打印机等。

6) 来自室外的工业废气、汽车尾气、光化学烟雾等。

2. 空调房间空气污染物的来源及影响

空调房间的空气污染物来源于室内、室外和空调系统或装置本身。

(1) 室内污染源　非工业建筑的一般房间室内空气污染源与室内装饰装修、建筑材料、家具、办公设备及人体有关，吸烟产生的烟雾也不能忽视。

1) 装饰装修材料。随着经济的发展和人们生活水平的提高，高档装饰装修在公共建筑和居住建筑中大量出现。调查结果显示，装饰装修材料是主要的室内空气污染源，装饰装修用的胶合板、刨花板、粘合剂、防水剂、油漆和内墙涂料及其添加剂等一般均含有甲醛、苯、甲苯和二甲苯等有机化合物。

2) 建筑材料。在建筑施工中，为了加快混凝土的凝固速度和冬季施工防冻，通常加入高碱混凝土膨胀剂和含尿素的混凝土防冻剂。建筑物投入使用后，随着环境因素的变化，特别是夏季的气温升高，从墙体中缓慢释放出的氨气将造成室内空气中氨含量严重超标。如果建筑中使用的石材、砌块、地砖等陶瓷建材和水泥中的放射性物质超标，会造成室内放射性污染。

3) 人造板家具。现代家具大多用人造板制造，因为人造板家具外观漂亮、质量轻、价格便宜，但人造板家具在生产过程中要大量使用粘合剂、油漆和涂料，而粘合剂中往往含有甲醇。此外，粘合剂、油漆和涂料中一般还含有苯、甲苯和二甲苯，家具涂饰所用的添加剂和增白剂大部分还含氨水，这些挥发性有机污染物都会在家具的使用过程中缓慢释放到室内空气中。

4) 办公设备。随着科学技术的进步和办公效率及质量的要求不断提高，现代化办公设备的使用越来越普及，某些办公设备和用品在使用时会产生一些有害气体，如计算机在使用时会产生臭氧、苯酚、甲苯、二甲苯、乙苯等，复印机和打印机在使用时会产生臭氧、甲醇、乙醇等。此外，复印机和喷墨打印机在使用时还会产生固态污染物——

墨粉。

5）人体。人新陈代谢产生的污染物主要是呼出气体中包含的二氧化碳、苯、甲苯、苯乙烯、氯仿等外源性污染物。此外，人体感染的各种致病微生物，如流感病毒、结核杆菌、链环菌等会通过咳嗽、打喷嚏等喷出，对室内空气形成生物性污染。

（2）室外污染源　室外自然环境的空气中一般都含有各种悬浮微粒、工业废气和汽车尾气等污染物，这些污染物会通过房间开启的门窗直接进入室内，也可以粘附或吸附在人体的毛发、皮肤以及衣物上，由人从室外带入室内。此外，在压力分布不当时，厨房、餐厅、吸烟区、地下停车场等处产生的污染物也会进入空调房间内。

（3）空调系统或装置　自20世纪60年代以来，高层建筑发展迅速，在基本封闭的建筑空间内普遍采用空调系统或装置来解决内部空气环境的控制问题，以创造最佳的舒适环境，获得最佳的工作效率。但现实情况与人们努力的愿望相反，大量工作或生活在这些现代化空调建筑内的人，往往有不适感，出现了一些非特异性症状，最普遍的症状是头昏、喉干、胸闷、易疲劳、皮肤过敏等。20世纪70年代首次报道这种现象，随后由于这些症状的普遍性及严重性，引起了世界卫生组织的关注和重视。1983年，在进行了大量的调研后，确认这些症状存在，并把这一系列症状命名为“病态建筑综合征”，英文缩写SBS（Sick Building Syndrome），也译为“致病建筑综合征”“建筑病综合征”“建筑物综合征”“不良建筑物综合征”等。

世界卫生组织发布的“病态建筑综合症”主要有以下八种临床表现：

1）眼睛（尤其是结膜）、鼻粘膜及喉粘膜有刺激症状。

2）嘴唇等皮肤干燥。

3）皮肤易出现红斑，易患荨麻疹、湿疹等疾病。

4）容易疲劳。

5）容易引起头疼和出现呼吸道感染。

6）经常有胸闷、窒息样的感觉。

7）经常产生原因不明的过敏症。

8）经常有眩晕、恶心等感觉，或出现呕吐症状。

研究表明，除了上述室内外污染物的影响外，空调方面存在的问题也是产生“病态建筑综合征”的主要原因。这些问题主要有：

1）室外新鲜空气量供应不足。20世纪70年代出现的“能源危机”引起了对减少能源消耗的普遍重视。为了降低空调能耗，通常增加建筑的密闭性并降低新风量标准，从设计时就造成新鲜空气量供应不足。更有甚者，为减少运行费用，甚至关闭新风采集口。

2）空气净化不佳。一般民用建筑空调系统大部分都缺少有效的净化手段，虽然许多空调系统装有初效过滤器，但仅能捕集悬浮微粒，且过滤效率不高。对气态污染物则缺少净化处理措施。

3）空调设计有缺陷。如没有进行合理的气流组织，造成工作区二次污染或室内空气污染物不能及时就近排除；新风采集口位置设置不当，造成新风质量不高；采用新、回风混合方式时，回风在混合前未经净化处理，造成新风未送入工作区就已被污染；室内没有形成正压，使得室外未经处理的空气以及周边房间或区域（如厨房、吸烟区）产生的污染物很容易由门窗进入空调房间；回风口位置设置不当，使回风含污染物过多等。

4）空调系统或装置维护保养不到位。空调系统或装置维护管理不善，没有进行定期清洁，设备、管道肮脏，特别是凝结水盘污染严重，使其成为细菌、霉菌等微生物的良好滋生地，变成污染源。

由此可以看出，空调系统或装置既可以用来控制室内空气环境，也可能对室内空气环境造成不利影响。

9.1.2　提高和改善空调房间空气质量的措施

针对影响空调房间空气质量的诸因素，提高和改善空调房间空气质量主要应在控制室内污染源，提高新风效应，合理进行空调设计，加强空调系统或装置的维护管理等方面做好相关工作，具体措施有：

1. 控制室内污染源

从源头上控制室内空气污染是提高和改善室内空气质量的根本。

建筑及装饰装修材料是室内最主要的污染源，应特别慎重地选用，尽量选用无污染或低污染的产品，以减少污染物的散发。必须使用污染物含量较高的建筑及装饰装修材料时，应对该材料进行预处理，以减少污染物的散发量。如封闭混凝土结构和石材表面的缝隙，能有效地阻止氨气和氡气的散发。

不采用有污染物散发的家具、地毯、洁具等。

对产生污染物的房间（如复印机室、有吸烟的房间等），应有隔离或排风设施，防止污浊空气通过回风口吸入，再经空调系统送至其他空调房间产生交叉污染。

2. 提高新风效应

室内污染源是很难被完全控制的，在室内空气已被污染的环境条件下，加强排风，增大新风供应量，保证新风质量，是改善室内空气质量的重要措施。

必要的新风量是稀释污染物，提高和改善室内空气质量的重要保证。民用建筑满足卫生要求的最小新风量，主要是针对 CO_2 的含量提出的。研究表明，其他有害气体对人体健康造成的危害要比 CO_2 严重得多，如果对有可能受这些有害气体污染的空气环境仍按 CO_2 的控制标准来确定新风量，室内空气质量肯定会达不到要求。因此，还要根据由于室内装修装饰、使用板式家具和办公设备，甚至考虑吸烟等情况产生的污染物浓度，增加用于稀释的新风量。

此外，不能忽视新风的质量，要注意新风的采集和过滤质量，确保向空调房间提供清洁的新鲜空气。

3. 保持室内正压

要使送入空调房间的风量达到保持室内为正压的程度。

4. 合理组织室内气流

不同的气流组织形式形成的气流流型和分布特性不同，其控制和转移污染物的能力也不同。合理的气流组织除了应保证新风不被室内污染物污染后送到工作区，还应保证送风气流能吹送到所需的任何区域，不出现死角、死片、涡旋、重叠和短路。出现死角、死片、涡旋的原因是送风口布置得不均匀或送风口个数太少；气流重叠的原因是送风口数量太多；气流短路的原因是送风口与回风口的位置太近或送风速度太小。至于不同工况（如冬、夏工况)、不同参数的气流变形则主要是因为冬、夏工况空调系统的送风量不同或送风温度不同等原因造成的。要解决以上问题，首先要认真计算，合理确定主风管风速，送风口的个数、位置、出口风速；其次要精心选择送风口、回风口的形式；第三要将按夏季工况设计的气流组织作冬季工况校核等。

5. 加强空气净化和杀菌处理

提高空气净化级别，加强过滤和吸附空气中的悬浮微粒、生物气溶胶及其他一些过敏因子。增设紫外线灯，加强对空气中微生物的杀灭作用。

6. 采用能改变新风比的系统

采用能改变新风比的系统，一方面可根据不同的季节和不同的气候条件，在保证最小新风量的条件下，通过改变新风比来调节冷热源设备的运行负荷，更重要的是在过渡季节可采用全新风运行。尽量利用室外新风供冷，既可以节能，又改善了室内空气质量，特别适合于影剧院、商场、体育馆、公共娱乐场所等人员密度大的场合。

7. 加强空调系统或装置的维护和管理

定期清洁或更换空气过滤器，定期清洁空调系统或装置的其他易污染部件，如换热器、风管道等，防止污染物沉积。对产生凝结水的设备，应使接水盘保持一定的倾斜度，以便能及时排除冷凝水，保持干燥，防止滋生微生物；也可同时在接水盘中投放杀灭微生物的药剂。加强冷却水塔的清洁，减少病菌的滋生。

9.1.3 空调房间空气质量的评价

早期研究把室内空气质量问题局限在控制室内空气环境的化学成分（如甲醛、氨、苯及其他挥发性有机物），认为只要控制污染物浓度不超过允许浓度，室内空气质量就能达到要求。因此，各种污染物浓度指标就成了衡量室内空气质量的客观指标。

但后期研究发现，在一些为数众多的非工业建筑内，单一污染物浓度通常都低于允许浓度，甚至小到仪器难以测量的程度，但各种低浓度污染物的综合作用仍然会对人的嗅觉和感觉产生影响，使人感到不适或出现不良反应。不同群体或个人，对这种影响的感受是不完全一样的，因此不能忽视这种人对室内空气质量的主观反应。

研究表明，空调房间的空气质量不仅要用客观尺度（量化指标）来判断，而且还要用主观尺度（满意率）来判断，才能使空调房间空气质量的评价更全面，更接近实际情况。

1. 客观评价

客观评价是对室内空气质量参数直接进行测量，然后对比标准值，进行客观的定量分析和评价。室内空气污染物种类达上百种之多，不可能全部测量，通常选择存在期长、对人体影响显著，较稳定、易测得的具有代表性的污染物来作为评价指标。

为了客观、科学地评价室内空气的质量，在保证一定的热舒适性和满足节能要求的同时能有效控制室内空气污染，减轻室内空气污染对人体健康造成的危害，国家标准《室内空气质量标准》（GB/T 18883—2002）提出了“室内空气应无毒、无害、无异常嗅味”的基本要求。此外，该标准还给出了由室内空气温度、相对湿度、流动速度、新风量等物理性指标和部分室内空气污染物最大允许浓度指标构成的室内空气质量标准值（详见表 9-1）。相应各参数的检测方法参见表 9-2。《室内空气质量标准》的适用范围为住宅和办公建筑，但其他室内环境可参照执行。

表 9-1　室内空气质量标准

序号	参数类别	参　　数	单位	标准值	备　　注
1	物理性	温度	℃	22～28	夏季空调
				16～24	冬季采暖
2		相对湿度	%	40～80	夏季空调
				30～60	冬季采暖
3		空气流速	m/s	0.3	夏季空调
				0.2	冬季采暖
4		新风量	m^3/（h·人）	30	
5	化学性	二氧化硫（SO_2）	mg/m^3	0.50	1h 均值
6		二氧化氮（NO_2）	mg/m^3	0.24	1h 均值
7		一氧化碳（CO）	mg/m^3	10	1h 均值
8		二氧化碳（CO_2）	%	0.10	日平均值
9		氨（NH_3）	mg/m^3	0.20	1h 均值
10		臭氧（O_3）	mg/m^3	0.16	1h 均值
11		甲醛（HCHO）	mg/m^3	0.10	1h 均值
12		苯（C_6H_6）	mg/m^3	0.11	1h 均值
13		甲苯（C_7H_8）	mg/m^3	0.20	1h 均值
14		二甲苯（C_8H_{10}）	mg/m^3	0.20	1h 均值
15		苯并［a］芘［B（a）P］	ng/m^3	1.0	日平均值
16		可吸入颗粒物（PM10）	mg/m^3	0.15	日平均值
17		总挥发性有机化合物（TVOC）	mg/m^3	0.60	8h 均值
18	生物性	菌落总数	cfu/m^3	2500	依据仪器定
19	放射性	氡（^{222}Rn）	Bq/m^3	400	年平均值（行动水平）

注：1. 新风量要求不小于标准值，除温度、相对湿度外的其他参数要求不大于标准值。

2. 行动水平即达到此水平建议采取干预行动以降低室内氡浓度。

表 9-2　室内空气各种参数的检测方法

序号	参数类别	参　　数	检测方法	来　　源
1	物理性	温度	玻璃液体温度计法、数显式温度计法	GB/T 18204.1—2013
2		相对湿度	干湿球法、氯化锂露点法、电阻电容法	
3		空气流速	电风速计法	
4		新风量	示踪气体法、风管法	

（续）

序号	参数类别	参　数	检测方法	来源
5	化学性	二氧化硫	（1）甲醛溶液吸收—盐酸副玫瑰苯胺分光光度法（方法1） （2）甲醛溶液吸收—盐酸副玫瑰苯胺分光光度法（方法2）	（1）GB/T 16128—1995 （2）GB/T 15262—1994
6		二氧化氮	（1）改进的 Seltzman 法 （2）Seltzman 法	（1）GB/T 12372—1990 （2）GB/T 15435—1995
7		一氧化碳	（1）不分光红外分析法、气相色谱法 （2）非分散红外法	（1）GB/T 18204. 2—2014 （2）GB/T 9801—1988
8		二氧化碳	不分光红外分析法、气相色谱法、容量滴定法	GB/T 18204. 2—2014
9		氨	（1）靛酚蓝分光光度法、钠氏试剂分光光度法 （2）离子选择电极法 （3）次氯酸钠—水杨酸分光光度法	（1）GB/T 18204. 2—2014 （2）GB/T 14669—1993 （3）GB/T 14679—1993
10		臭氧	（1）紫外光度法 （2）靛蓝二磺酸钠分光光度法	（1）GB/T 15438—1995 （2）GB/T 18204. 2—2014
11		甲醛	（1）AHMT 分光光度法 （2）酚试剂分光光度法、气相色谱法、光电电度法、电化学传感器法 （3）乙酰丙酮分光光度法	（1）GB/T 16129—1995 （2）GB/T 18204. 2—2014 （3）GB/T 15516—1995
12		苯	（1）毛细管气相色谱法 （2）热解析/毛细管气相色谱法 （3）便携式气相色谱法	（1）GB/T 18883—2002 附录 B （2）GB/T 18883—2002 附录 C （3）GB/T 18204. 2—2014
13		甲苯、二甲苯	（1）气相色谱法 （2）热解析/毛细管气相色谱法 （3）便携式气相色谱法	（1）GB/T 18883—2002 附录 A （2）GB/T 18883—2002 附录 C （3）GB/T 18204. 2—2014
14		苯并［a］芘	高效液相色谱法	GB/T 15439—1995
15		可吸入颗粒物（PM10）	滤膜称重法、光散射法	GB/T 18204. 2—2014
16		总挥发性有机化合物	热解析/毛细管气相色谱法	GB/T 18883—2002 附录 C
17	生物性	菌落总数	撞击法	GB/T 18883—2002 附录 D
18	放射性	氡	（1）闪烁瓶法 （2）径迹蚀刻法、活性炭盒法、双滤膜法	（1）GB/T 16147—1995 （2）GB/T 14582—1993

国家标准《民用建筑工程室内环境污染控制规范》（GB 50325—2010）规定，新建、扩建和改建的民用建筑工程验收时，必须进行室内环境污染物浓度检测，其限量应符合表9-3的规定。

表9-3　民用建筑工程室内环境污染物浓度限量

污染物	单位	Ⅰ类民用建筑工程	Ⅱ类民用建筑工程
氡	Bq/m^3	≤200	≤400
甲醛	mg/m^3	≤0. 08	≤0. 1
苯	mg/m^3	≤0. 09	≤0. 09

（续）

污染物	单位	Ⅰ类民用建筑工程	Ⅱ类民用建筑工程
氨	mg/m^3	≤0.2	≤0.2
总挥发性有机化合物	mg/m^3	≤0.5	≤0.6

注：Ⅰ类民用建筑工程：住宅、医院、老年建筑、幼儿园、学校教室等。
Ⅱ类民用建筑工程；办公楼、商店、旅馆、文化娱乐场所、书店、图书馆、展览馆、体育馆、公共交通等候室、餐厅、理发店等。

2. 主观评价

主观评价是利用人的感觉器官对室内空气质量进行描述和评价。通过对大量人群的问卷调查，采用数理统计的方法，将人们对室内空气质量的主观感受进行整理和分析，并建立起评价体系。

主观评价包括两方面的工作，一方面是表达对环境因素的感觉；另一方面是表达环境对健康的影响。室内人员对室内环境接受的程度属于评判性评价，对空气质量感受的程度则属于描述性评价。

调查对象可分为两部分，一部分是对室内的人员（在室者）进行的“定群”调查，另一部分是对从室外进入室内的人员（外来者）进行的“对比”调查。在室者与外来者对室内空气质量的感受程度通常是不一样的，这是由于两者的感觉器官的适应性不同及对同一种污染物的耐受性不同的缘故。由于是以人的主观感觉为测量手段，误差是不可避免的，因此需要对调查数据进行分门别类地筛选，采用加权平均等方法，排除明显错误和不合理的数据，尽可能获取正确的信息。

为了保证获取正确的评价数据，主观评价的调查还应进行排他性分析，应排除热环境、视觉环境、听觉环境及人体工效活动环境等因素的干扰，例如照明、噪声或操作电脑等都有可能引起在室者头痛、眼角干燥等，只有排除这些因素，并得到本人的认可，才能确定是由室内空气质量所引起的不适。

美国供热制冷空调工程师学会（American Society of Heating，Refrigerating and Air - conditioning Engineers 缩写 ASHRAE）颁布的标准修订版 ASHRAE62—1989R 中，提出了“可接受的室内空气质量”（Acceptable indoor air quality）和“感受到的可接受的室内空气质量”（Acceptable perceived indoor air quality）等概念。“可接受的室内空气质量”定义为：空调房间中绝大多数人对室内空气表示满意，并且空气中没有已知的污染物达到了可能对人体健康产生严重威胁的程度。“感受到的可接受的室内空气质量”定义为：空调房间中绝大多数人没有因为气味或刺激性而表示不满。这两个概念对室内空气质量的描述涵盖了客观指标和人的主观感受两个方面的内容，相对比较科学和全面。因此，尽管各国学者对室内空气质量的定义仍存在偏差，但基本认同 ASHRAE62—1989R 给出的上述定义。

9.2　空气中固态污染物的净化处理

对空气中固态污染物的净化处理是空气净化处理最基本、也是最广泛的要求，为此而采用的技术措施主要是过滤。即利用过滤装置，将拟送入洁净空间的空气（包括室外新风和室内回风）中的悬浮微粒去除，一方面保证进入洁净空间的空气达到要求的洁净度，另一方面防止换热器表面积尘后影响其热湿交换性能。

9.2.1 空气中悬浮微粒的类型

空气中悬浮微粒的分类方式不同，其类型也不同，主要有：

1. 按微粒的形成方式分类

(1) 分散性微粒　固体或液体在分裂、破碎、气流、振荡等作用下，变成悬浮状态而形成。其中固态分散性微粒是形状完全不规则的粒子，或是由集结不紧、凝并松散的粒子组合而又形成球形的粒子。

(2) 凝集性微粒　通过燃烧、升华和蒸气凝结以及气体反应而形成。其中固态凝集性微粒一般是由数目很多的有着规则结晶形状或者球状的原生粒子结成的松散集合体组成；液态凝集性微粒是比液态分散性微粒小得多、分散性也小的粒子。

2. 按微粒的性质分类

(1) 无机性微粒　如矿物尘粒、建材尘粒和金属尘粒等。

(2) 有机性微粒　如植物纤维，动物的毛、发、角质、皮屑，化学染料和塑料等。

(3) 有生命微粒　如单细胞藻类、菌类、原生动物、细菌和病毒等。

3. 按微粒的大小分类

(1) 可见微粒　肉眼可见，微粒直径大于 10μm。

(2) 显微微粒　在普通显微镜下可以看见，微粒直径为 0.25 ~ 10μm。

(3) 超显微微粒　在超显微镜或电子显微镜下可以看见，微粒直径小于 0.25μm。

4. 微粒的通俗分类

(1) 灰尘　包括所有固态分散性微粒。这类微粒在空气中的运动受到重力、扩散等多种因素的作用，是空气洁净技术中接触最多的一种微粒，也称为粉尘。

(2) 烟　包括所有固态凝集性微粒，以及液态粒子和固态粒子因凝集作用而产生的微粒，还有从液态粒子过渡到结晶态粒子而产生的微粒。

(3) 雾　包括所有液态分散性微粒和液态凝集性微粒。

(4) 烟雾　包括液态和固态，既含有分散性微粒又含有凝集性微粒。微粒的大小从十分之几微米到几十微米，例如工业区空气中由煤粉尘、二氧化硫、一氧化碳和水蒸气所形成的结合体就是这种烟雾型微粒，与雾略有差异。

图 9-1 给出了微粒的大小和范围。

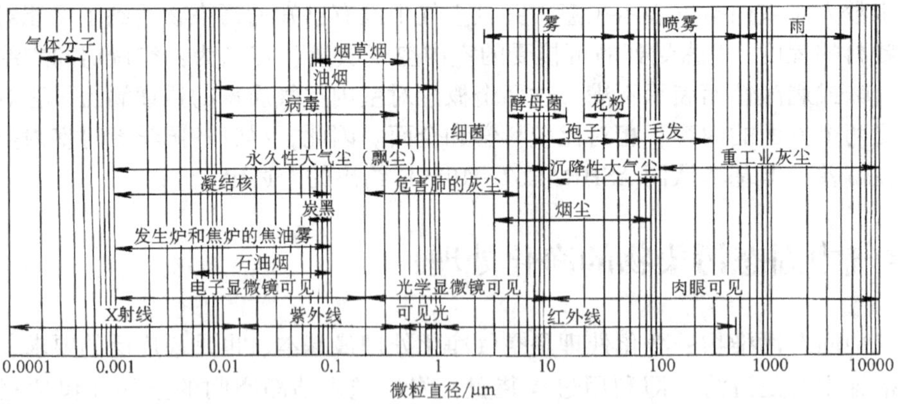

图 9-1　微粒的大小和范围

9.2.2　大气尘的组成、粒径分布和浓度

对于空调系统来说，一般都要引进新风（即室外空气），因此不可避免地要遇到并解决大气尘的问题。大气尘是指大气中的悬浮微粒，是空气净化的直接处理对象之一。大气中悬浮微粒的组成成分、分布特性和浓度与空气净化效果有密切关系，对选用合理的过滤方式和装置有重要影响。

1. 大气尘的组成

大气尘的组成成分和数量因季节、地点等不同而差别很大，特别是工业城市及其近郊，情况要复杂得多。一般来说，大气尘主要含有以下种类的微粒：

（1）无机性非金属微粒　如矿物（包括砂土）的碎屑、煤粉和炭黑等。

（2）金属微粒　大气尘中金属微粒成分与当地工业企业的性质有很大关系。表 9-4 列出了我国几个大城市 20 世纪某个时期大气尘中的金属微粒含量数据。

表 9-4　几个大城市大气尘中的金属微粒含量　（单位：$\mu g/m^3$）

金　属	上海	北京	天津	重庆	兰州（冬）
Ni（镍）	0.0457	0.0097	0.0238	—	—
Mn（锰）	0.5614	0.1468	0.1994	0.135	0.3696
Fe（铁）	8.7309	4.3008	7.1549	3.51	7.9685
Pb（铅）	0.4772	0.2429	0.2436	0.36	0.4731
Cd（镉）	0.0159	0.0043	0.0045	—	—
Cr（铬）	0.0319	0.1524	0.0259	—	—
Cu（铜）	0.2056	0.0295	0.0895	0.075	0.1645
Zn（锌）	3.3140	0.3585	0.7098	0.36	1.0168
Na（钠）	2.7262	0.6408	0.9964	4.85	—
Al（铝）	4.4316	8.5446	—	9.6	8.6862
V（钒）	0.0188	0.0665	—	—	0.0284

（3）有机性微粒　有机性微粒分为自然产生的有机性微粒和人为制造的有机性微粒。属于自然产生的有机性微粒主要有植物花粉和纤维，动物的毛、皮屑和排泄物等；属于人为制造的有机性微粒主要有各类燃料燃烧过程排放出的污染物，以及生产或加工过程排放出的橡胶、塑料等粉粒。

（4）有生命微粒　在大气尘中还有一部分极少的有生命微粒（即微生物），包括原生动物、单细胞藻类、菌类、细菌、立克次氏体和病毒。

城市和城市附近大气尘组成的趋势见表 9-5。

表 9-5　城市和城市附近大气尘的一般组成

组　成	含有率（%）
矿物碎片、燃烧物渣滓	10 ~ 90
烟、花粉	0 ~ 20
棉等植物纤维	5 ~ 40
煤、炭、水泥、混凝土等细粉	0 ~ 40
腐败植物、皮屑	0 ~ 10
金属	0 ~ 0.5
微生物	极微

2. 大气尘的粒径分布特性

大气尘的粒径分布具有表9-6所示的分布规律。从表中数据可看出，在所分组的粒径区间内，大颗粒微粒按质量计在微粒总量中所占比例很大；按个数计则所占比例很小。如1μm以下的微粒所占质量百分数极低（约3%）；而其计数百分比却很高（达98%），这就是净化工程中重视计数浓度的原因之一。

表9-6 大气尘的粒径分布

粒径区间/μm	平均粒径/μm	数量（%）		质量（%）	
		全部	0.5μm以上为100	全部	0.5μm以上为100
0~0.5	0.25	91.68	—	1	—
0.5~1	0.75	6.78	81.49	2	2.02
1~3	2	1.07	12.86	6	6.06
3~5	4	0.25	3	11	11.11
5~10	7.4	0.17	2	52	52.53
10~30	20	0.05	0.65	28	28.28

3. 大气尘的浓度

空气净化技术中所涉及的空气含尘浓度，是指空气中尘粒直径一般在10μm以下的浮游尘埃（飘尘）的浓度。大于1μm的粒子不仅数量少，且易于捕集。

大气的含尘浓度随地区、时间、气象条件及局部污染状况不同而有很大的差异。确定大气含尘浓度比确定温湿度等气象条件要困难得多。即使在同一地点，一天内的含尘浓度就有可能相差十几倍。表9-7给出了大气尘计数浓度和质量浓度的大致数据，可供参考。对于高效空气净化系统，大气含尘浓度在10^3粒/L以下变化时，对室内含尘浓度的影响可以忽略不计；对于中效空气净化系统，室内含尘浓度的变化与大气含尘浓度的变化成正比。

表9-7 大气中含尘浓度

浓度	工业城市（污染地区）	工业城市郊区（中间地区）	非工业区或农村（清洁地区）
计数浓度/（粒/L）	$\leqslant 3\times10^5$	$\leqslant 2\times10^5$	$\leqslant 10^5$
质量浓度/（mg/m^3）	0.3~1.0	0.1~0.3	<0.1

9.2.3 空气中悬浮微粒的净化标准

空气中悬浮微粒净化的标准通常用空气洁净度等级来衡量。空气洁净度是洁净空气环境中空气含悬浮微粒量多少的程度。单位体积空气中所含有的悬浮微粒量称为空气含尘浓度，空气含尘浓度高则其洁净度低，含尘浓度低则空气洁净度高。

悬浮微粒这类污染物的浓度通常采用以下三种表示方法：

（1）计重浓度　又称质量浓度，是以单位体积空气中含有悬浮微粒的质量表示，记做mg/m^3。

（2）计数浓度　单位体积空气中含有各种粒径悬浮微粒的总数，记做粒/m^3或粒/L。

（3）粒径计数浓度　单位体积空气中含有某一粒径范围内的悬浮微粒的颗粒数（粒/m^3或粒/L）。

以悬浮微粒控制为主的室内空气净化标准，均采用计重浓度；而洁净室则多采用粒径计数浓度。

根据空调房间的用途不同，空气中悬浮微粒的净化要求可分为以下三类：

（1）一般净化　对室内空气中的悬浮微粒没有具体要求时采用，即送入空调房间的空气只需进行一般的净化处理。大多数以温湿度控制为主的舒适性空调房间，均属于没有空气洁净度等级要求，但又有一定洁净度要求的房间，因此通常只设初效过滤器对拟送入空调房间的空气进行一般的净化处理。

（2）中等净化　对室内空气中悬浮微粒的计重浓度有一定要求时采用，一般使用二级过滤（在初效过滤器的下游再设一个中效过滤器），适用于配备有空调系统的大型公共建筑。

（3）超净净化　对室内空气中悬浮微粒的大小和数量均有严格要求时采用。通常是洁净室才有此要求，一般要使用初效、中效、高效三种过滤器对拟送入洁净室的空气进行三级过滤。所谓洁净室是指对空气的洁净度、温度、湿度、静压等参数，根据需要进行控制的密闭房间，而且该房间的空气洁净度要达到一定等级。

空气洁净度等级是评价空气洁净环境的核心指标，国家标准《洁净厂房设计规范》（GB 50073—2013）把洁净室（区）划分为表 9-8 列出的九个洁净度等级。从表中可看出，空气洁净度主要控制两个对象：一是可能造成损害的空气中最小微粒直径；二是可能造成损害的空气中的微粒数量。

表 9-8　洁净室（区）空气洁净度等级

空气洁净度等级（N）	大于或等于表中粒径的最大浓度限值/（粒/m^3）					
	0.1μm	0.2μm	0.3μm	0.5μm	1.0μm	5.0μm
1	10	2				
2	100	24	10	4		
3	1000	237	102	35	8	
4	10000	2370	1020	352	83	
5	100000	23700	10200	3520	832	29
6	1000000	237000	102000	35200	8320	293
7				352000	83200	2930
8				3520000	832000	29300
9				35200000	8320000	293000

此外，要求无菌的生物洁净室还需要对空气中的微生物含量进行严格控制，如国家药品监督管理局发布的《药品生产质量管理规范》（英文缩写 GMP，2010 年修订），对无菌药品生产洁净区的空气洁净度等级的划分就增加了微生物指标（表 9-9）。

室内空气环境洁净度等级应从保证生产过程和产品质量的可靠性及对人体的安全性出发，经过实验研究或长期的统计分析或根据经验确定。虽然空气中悬浮微粒数越少，对保证加工精度和产品质量越有利，但同时初投资与运行费用却要大大提高。因此，洁净度等级的选择需要综合考虑多种因素。

表9-9 洁净区微生物监测的动态标准

洁净度级别	浮游菌 cfu/m^3	沉降菌（ϕ 90mm）cfu/4小时	表面微生物	
			接触（ϕ55mm）cfu/碟	5指手套 cfu/手套
A级	<1	<1	<1	<1
B级	10	5	5	5
C级	100	50	25	—
D级	200	100	50	—

9.3 空气过滤器

空气过滤器是空调工程中广泛使用的、对空气进行净化处理的主要装置，也是创造室内优质空气环境不可缺少的重要装置。通常所说的空气过滤器是指空气尘粒过滤器（也称粒子过滤器），其主要作用是捕捉空气中的悬浮微粒，属于除尘式空气净化处理设备。清除空气中气态污染物的过滤器称为化学过滤器，属于除气式空气净化处理设备。

9.3.1 悬浮微粒的捕捉机理

要把悬浮微粒从空气中清除出去，一般可采用过滤分离、离心分离、重力分离、电力分离和洗涤分离五种方法。相对于工业除尘来说，空调工程中需净化的空气中所含悬浮微粒的粒径小，质量小，因此主要是采用过滤分离（又称为筛滤）的方法来清除空气中的悬浮微粒。

在对空气进行过滤时，利用滤料孔隙将大于孔隙尺寸的微粒阻留下来的现象称为过滤作用或筛滤作用。由于滤料的孔隙往往比微粒的粒径大得多，大部分的悬浮微粒是不能通过过滤去除掉的，可见过滤作用在空气过滤中是很有限的。实际上，空气过滤器捕捉悬浮微粒的作用是比较复杂的，不是仅有上述筛滤作用（又称拦截作用）一种，而是至少还有以下四种：

（1）惯性作用　当气流在滤料中穿行时，要不时地拐弯，随气流运动的微粒因受惯性力的作用，来不及拐弯而脱离流线仍直线前行，就会与滤料碰撞并沉附其上。惯性作用随微粒粒径和滤速增大而增强。

（2）扩散作用　当微粒随气体分子作布朗运动时，会脱离流线与滤料碰撞并沉附其上。微粒越小、滤速越低、扩散作用越显著。

（3）重力作用　微粒通过滤料时，在重力作用下发生脱离流线的位移，即因重力沉降而沉积在滤料上。由于气流通过纤维过滤器特别是过滤纸过滤器的时间远远小于1s，因而对于粒径小于0.5μm的微粒，当它还没有沉降到纤维上时已通过了纤维层，所以重力沉降作用对于小于0.5μm的微粒可以忽略。

（4）静电作用　由于气流摩擦和其他原因，滤料和微粒都可能带上电荷，若滤料和微粒所带电荷相反，微粒就会吸附在滤料上。

上述各种微粒捕捉作用，对某一微粒来说并非同时有效，起主导作用的往往只是其中的某一种或某二、三种作用。

9.3.2　空气过滤器的主要性能指标

空气过滤器有四个方面的特性指标，即面速或滤速、效率、阻力和容尘量。空气过滤器这些性能指标的优劣直接影响到送风的净化效果及空调房间内空气的含尘浓度或洁净度等级。

1. 面速和滤速

衡量空气过滤器通过风量的能力可用面速或滤速来表示。

（1）面速　指过滤器断面上通过气流的速度，一般用 u 表示，单位为 m/s，有

$$u = \frac{q_V}{3600F} \tag{9-1}$$

式中　q_V——通过过滤器的风量，单位为 m^3/h；

F——过滤器断面积即迎风面面积，单位为 m^2。

面速反映过滤器的通过能力和安装面积，面速越大，过滤器的占地面积越小。

（2）滤速　指滤料面积上通过气流的速度，一般用 v 表示，单位为 cm/s，有

$$v = \frac{10^2 q_V}{3600f} \tag{9-2}$$

式中　f——滤料净面积，即除去粘结等占去的面积，单位为 m^2。

滤速反映滤料的通过能力，特别是反映滤料的过滤性能。采用的滤速越低，将获得较高的效率；而过滤器允许的滤速越低，则说明其滤料阻力越大。

2. 效率和透过率

空气过滤器的过滤效果有效率和透过率两种表示方法。

（1）效率 η　通常用额定风量下，经过滤器捕集的微粒量与过滤器进口处空气含尘量的比值的百分比表示，即

$$\eta = \frac{c_0 - c_1}{c_0} \times 100\% = \left(1 - \frac{c_1}{c_0}\right) \times 100\% \tag{9-3}$$

式中　c_0、c_1——过滤器进、出口气流中微粒的质量，单位为 mg/h。

该效率称为计重效率，即采用计重法检测得的过滤器效率，其他常用的空气过滤器效率检测方法还有：

1）比色法。在过滤器前、后分别用滤纸或滤膜采样，采样后将滤纸或滤膜放在一定的光源下照射，用光电管比色计（光电光密度计）测出过滤器前后采样滤纸或滤膜的透光度（透光量的大小），利用光密度与积尘量成反比的关系算出过滤效率。该法适用于中效空气过滤器的检测。

2）钠焰法。尘源为氯化钠固体粒子。氯化钠固体粒子在氢焰中燃烧时产生一种橙黄色的火焰，通过钠焰光度计测得氯化钠粒子的浓度，根据过滤器前、后采样的浓度求得过滤器的效率。钠焰法适用于中高效空气过滤器的效率测定。

3）计数法。使用凝结核粒子计数器或光学粒子计数器检测滤料上下游的计数浓度，然后求出计数效率。计数法适用于超高效空气过滤器的效率测定。

在净化要求较高的空气净化系统中，通常需要将不同类型的空气过滤器串联使用。

图9-2所示的过滤装置由初效和中效两级空气过滤器串联组成，其单个过滤器的过滤效率分别为 η_1 和 η_2，空气过滤流程中的含尘浓度分别为 c_0、c_1 和 c_2。根据效率的定义，两个过滤器的总效率为

$$\eta_z = \frac{c_0 - c_2}{c_0}$$

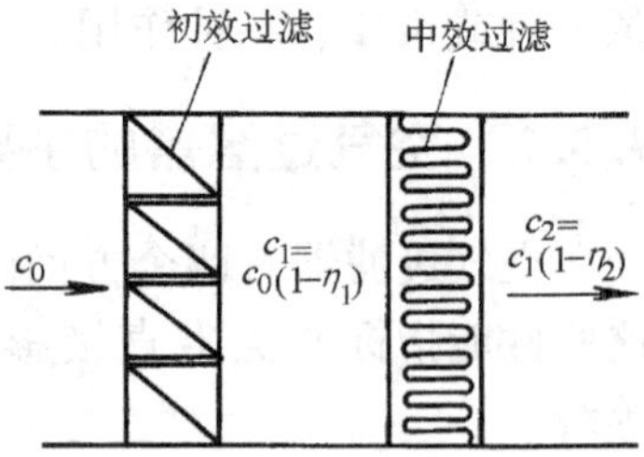

图9-2 多级过滤器串联的效率分析

由式（9-3）可得

$$c_1 = c_0(1 - \eta_1), c_2 = c_1(1 - \eta_2)$$

所以

$$\eta_z = \frac{c_0 - c_2}{c_0} = \frac{c_0 - c_0(1 - \eta_1)(1 - \eta_2)}{c_0} = 1 - (1 - \eta_1)(1 - \eta_2)$$

同理可得由 n 个过滤器串联组成的 n 级过滤装置，其总的过滤效率为

$$\eta_z = 1 - (1 - \eta_1)(1 - \eta_2)\cdots(1 - \eta_n) \tag{9-4}$$

式中 η_1、η_2、…、η_n——第一级、第二级、……、第 n 级过滤器的过滤效率。

（2）透过率 K 从过滤器中穿透过去的微粒的多少即为透过率 K，又称为穿透率，其表达式为

$$K = \frac{c_1}{c_0} \times 100\% = (1 - \eta) \times 100\% \tag{9-5}$$

透过率可反映经过过滤后的空气含尘量的相对大小，而过滤效率反映的是被过滤器捕捉到的微粒量的相对大小。对于效率较高的过滤器，过滤效率相差不大，但其透过率有可能相差几倍，故对于高效过滤器常用透过率来评价其性能。

3. 阻力

气流通过空气过滤器的阻力称为过滤器阻力或全阻力，包括滤料的阻力和过滤器结构（如框架、分隔片、保护面层等）的阻力。

过滤器的阻力 Δp 可表示为

$$\Delta p = Av + Bu^m \tag{9-6}$$

式中 A——滤料结构系数；

B——过滤器结构阻力系数；

m——实验系数。

式（9-6）中第一项表示滤料阻力，第二项表示过滤器结构阻力。对于中、高效过滤器，其阻力主要是由滤料造成的。

此外，若以滤速 v 来统一表示，过滤器阻力还可写成以下形式

$$\Delta p = Cv^n \tag{9-7}$$

式中 C——经验系数，国产过滤器约为3～10；

n——经验系数，$n=1.1\sim1.36$。

气流速度会影响过滤器的过滤效率和系统的正常运行。当气流速度和过滤面积确定后，过滤风量也就确定了。由生产厂家根据过滤器类型和规格，选择适宜的气流速度和过滤面积所确定的过滤风量，称为过滤器的额定风量。

空气过滤器的阻力与其积尘量的多少成正比。在额定风量下，尚未积尘的新过滤器的阻

力称为初阻力。初阻力的大小由实验得出。随着过滤器使用时间的增加，非自动清理过滤器的积尘会越来越多，过滤器阻力会逐渐增大。过滤器上的积尘量达到一定值时的阻力称为终阻力。为了保证空气净化系统在要求的风量范围经济、正常地运行，一般将终阻力定为初阻力的两倍（过高的终阻力会导致系统风量锐减），并将此值作为过滤器的阻力来计算系统的总阻力。当过滤器的阻力达到终阻力时，就需要清洁或更换。

4. 容尘量

空气过滤器的容尘量是与其使用期限（或清洁、更换周期）有直接关系的指标。通常将在额定风量下运行时，过滤器的阻力达到终阻力或过滤器的效率下降到初始效率的 85% 以下时，过滤器所容纳的积尘量作为该过滤器的标准容尘量，简称容尘量，也就是该过滤器允许的最大积尘量。由于滤料性质的不同，尘粒的组成、形状、粒径、密度、黏滞性及浓度不同，使得过滤器的容尘量也有较大的差别。

9.3.3　空气过滤器的滤料

空气过滤器采用的过滤材料简称滤料，又称为滤材，对其基本要求是滤尘效率高、阻力小、强度好、容尘量大，主要有金属丝网、纤维织物、滤纸、无纺布和泡沫塑料，其中纤维织物、滤纸和无纺布是使用最多的。

1）金属丝网通常由铝、不锈钢等金属丝编织而成，有单层或多层。

2）纤维织物可以分为三大类，一类是天然纤维织物，如羊毛和棉织物；另一类是化学纤维织物，即用化学方法改变原材料的性质，并制成纤维织物，纤维的化学性质与原材料的化学性质完全不同，如锦纶、聚丙烯和丙纶织物；第三类是人造纤维织物，即用物理方法使原材料成型为纤维，纤维制成前后的化学性质不发生改变，如把玻璃熔融后喷丝制成的玻璃纤维编织成织物。

3）作为高级过滤器过滤材料的滤纸有玻璃纤维滤纸、聚四氟乙烯纤维滤纸和聚丙烯纤维滤纸。

4）无纺布又称为不织造布或不织布，作为滤料使用的无纺布通常是采用针刺喷粘法和热熔法工艺制成的一种毡状纤维层，这种纤维层的厚度可以从不到一毫米到几十毫米，有从初效到接近亚高效的很宽的效率范围。常用的有涤纶无纺布和聚丙烯无纺布。

5）用做滤料的泡沫塑料必须有许多通孔，泡沫塑料有较好的柔性、弹性、耐油性和弱酸碱性，可以在较宽的温度范围内使用。

9.3.4　影响空气过滤器过滤效果的因素

下列因素对空气过滤器过滤效果有着直接影响：

1）微粒粒径。大粒径微粒惯性作用大，过滤效率高；小粒径微粒受布朗运动影响较大，其扩散作用强，虽不及大粒径微粒惯性作用大，但可用适合于该特性的滤料来净化小粒径的粉尘。

2）滤料纤维的粗细。惯性和扩散作用均要求滤料纤维细微，高效过滤器的纤维直径只有几微米。但因气流通过滤料的阻力与纤维直径的平方成反比，故除特殊要求外，一般不宜采用过细的纤维滤料。

3）过滤风速。较高的过滤风速，对提高惯性作用从而增强过滤效率是有利的。但过滤风速过高，不仅增加了气流阻力，多耗电能，而且还有可能将已经沉附于滤料上的微粒再次吹起，又削弱了过滤效率；对于高效过滤器，为了尽量发挥扩散作用，需要延长含尘气流通过滤料的时间，故要求较低的过滤风速，通常为每秒几厘米。

4）密实度。滤料纤维层的密实度大，拦截和惯性作用增强，扩散作用下降，过滤器总效率得到提高，但过滤器的阻力也相应增大。

5）容尘量。对于非自动清洁的过滤器，使用较长时间后，滤料表面积存的微粒逐渐增多，虽可提高过滤效率，但同时也加大了气流阻力。阻力过大时，会影响整个净化系统的运行，还可能使滤料被积尘挤破而失去过滤能力，所以过滤器要定期清洁或更换。

9.3.5 空气过滤器的类型

国家标准《空气过滤器》（GB/T 14295—2008）将空气过滤器按性能分为初效过滤器、中效过滤器、高中效过滤器和亚高效过滤器四种，其效率和阻力参数见表9-10。

表9-10 空气过滤器额定风量下的效率和阻力

性能类别＼性能指标	迎面风速/（m/s）	额定风量下的效率（%）		额定风量下的初阻力/Pa	额定风量下的终阻力/Pa
亚高效	1.0	粒径≥0.5μm	99.9 > η≥95	≤120	240
高中效	1.5		95 > η≥70	≤100	200
中效1	2.0		70 > η≥60	≤80	160
中效2			60 > η≥40		
中效3			40 > η≥20		
初效1	2.5	粒径≥2.0μm	η≥50	≤50	100
初效2			50 > η≥20		
初效3		标准人工尘计重效率	η≥50		
初效4			50 > η≥10		

此外，根据结构形式的不同，空气过滤器可分为平板式过滤器、折褶式过滤器、袋式过滤器、卷绕式过滤器、筒式过滤器和静电式过滤器等；按滤料更换方式的不同，可分为可清洗式过滤器、可更换式过滤器与一次性使用式过滤器；按使用的滤料不同可分为滤纸过滤器、纤维（层）过滤器、无纺布过滤器、泡沫材料过滤器等。

国家标准《高效空气过滤器》（GB 13554—2008）将高效过滤器按效率高低和阻力大小细分为高效过滤器和超高效过滤器，并各有三类，其性能参见表9-11和表9-12。按过滤器的滤芯结构有无隔板，高效过滤器分为有隔板过滤器和无隔板过滤器两类。

表9-11 高效空气过滤器性能

类　别	额定风量下的钠焰法效率（%）	20%额定风量下的钠焰法效率（%）	额定风量下的初阻力/Pa
A	99.99 > η≥99.9	无要求	≤190
B	99.999 > η≥99.99	≥99.99	≤220
C	η≥99.999	≥99.999	≤250

表 9-12　超高效空气过滤器性能

类　　别	额定风量下的计数法效率（%）	额定风量下的初阻力/Pa	备　　注
D	99.999	≤250	扫描检漏
E	99.9999	≤250	扫描检漏
F	99.99999	≤250	扫描检漏

1. 初效过滤器

初效过滤器又称为粗效过滤器，主要用于过滤 5μm 以上的大微粒及各种异物，在空气净化系统中作为对含尘空气的第一级过滤，同时也作为中效过滤器前的预过滤，对后级过滤器起到一定的保护作用。

初效过滤器常用的滤料多为易于清洗和更换的金属丝网、玻璃纤维布（玻璃纤维直径 20μm 左右）、无纺布、锦纶等人造纤维织物和粗、中孔聚氨酯泡沫塑料等，结构形式主要为板式和折叠式。

为了便于安装，初效过滤器大多做成 500mm × 500mm × 50mm 的扁块状，如图 9-3 所示，并布置成“人”字形排列或倾斜安装，以加大过滤面积，如图 9-4 所示。

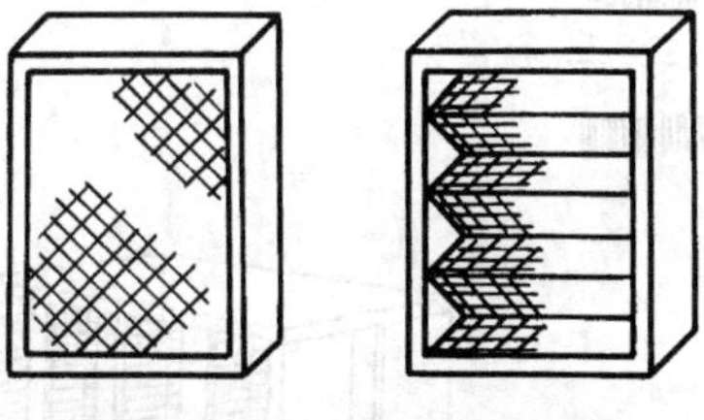

图 9-3　金属网式初效过滤器

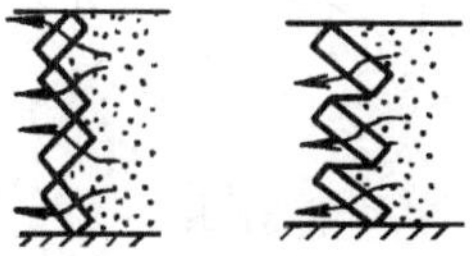

图 9-4　初效过滤器的安装方式

2. 中效过滤器

中效过滤器（包括高中效过滤器和亚高效过滤器）主要用于过滤 1μm 以上的微粒，在空气净化系统中用作高效过滤器的前级预过滤，对高效过滤器起到保护作用，也在一些要求较高的空调系统中单独使用，以提高空气的清洁度。

中效过滤器使用的滤料主要有玻璃纤维布（比初效过滤器采用的玻璃纤维直径小，约 10μm 左右）、无纺布和中细孔聚乙烯泡沫塑料等。结构形式有袋式、抽屉式、管式和折叠式等（图 9-5、图 9-6、图 9-7、图 9-8），成组地安装于空调设备内的支架上。无纺布和泡沫塑料滤料使用到一定程度可清洁后再用，玻璃纤维布和无纺布滤料则需要更换。

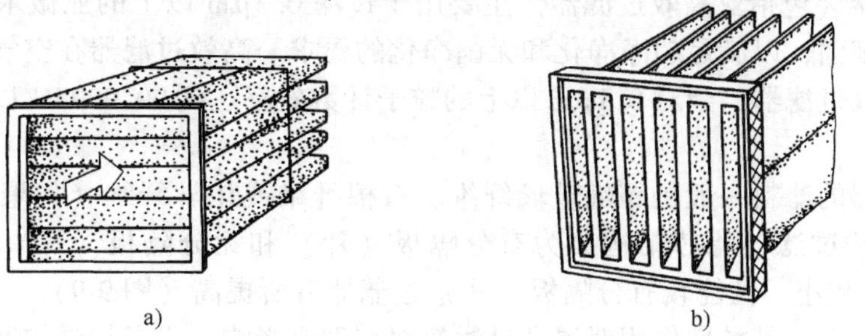

a)　　　　b)

图 9-5　袋式过滤器

a）泡沫塑料　b）无纺布

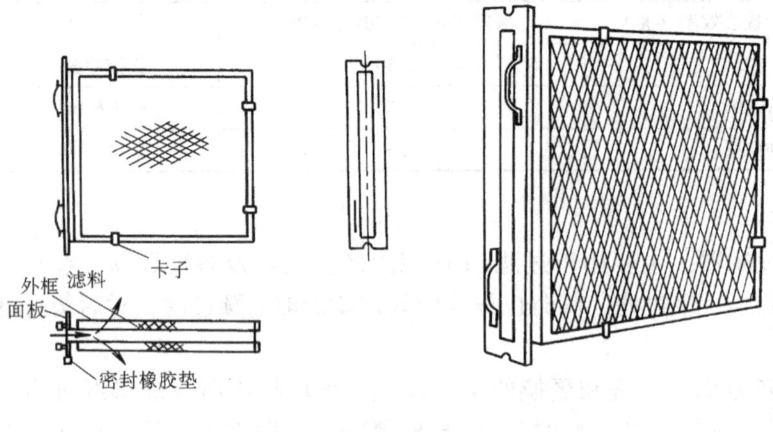

图 9-6 抽屉式过滤器

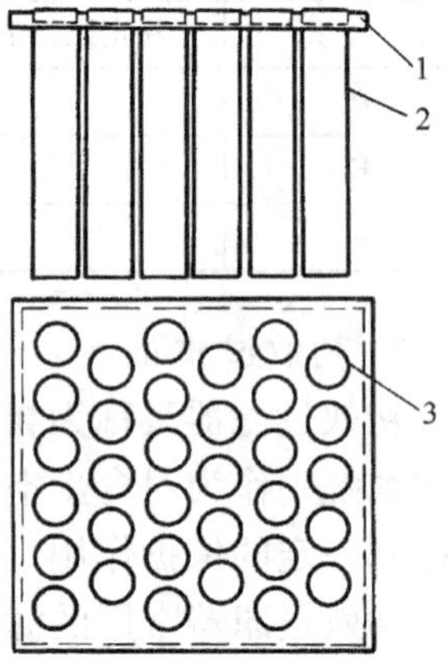

图 9-7 管式高中效过滤器

1—面板 2—滤管 3—塑料套管

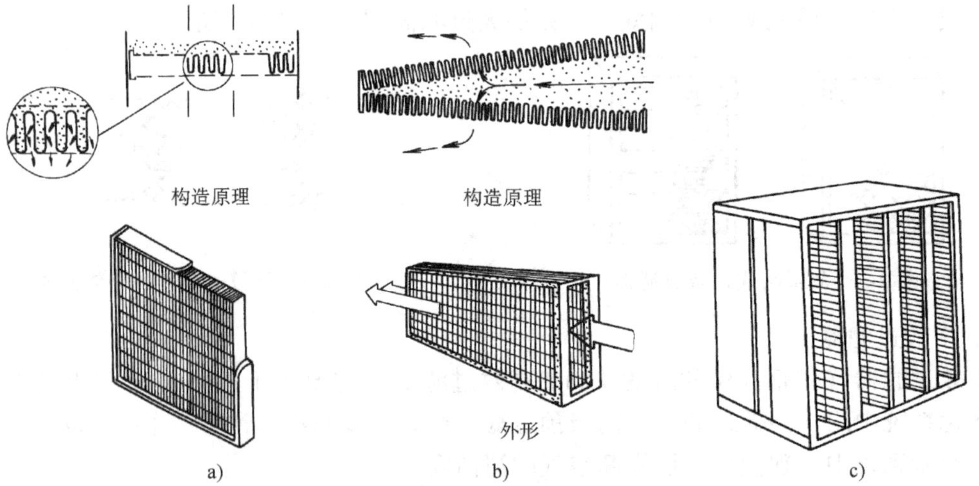

图 9-8 折叠式过滤器

a）平板形 b）V 形 c）多 V 形

3. 高效过滤器

高效过滤器（包括亚高效过滤器）主要用于过滤 0.3μm 以上的亚微米级微粒，同时还能有效地滤除细菌，以满足超净净化和无菌净化的要求。高效过滤器在空气净化系统中作为三级过滤的末级过滤器，当对 0.1μm 以上的粒子计数效率达到 99.9995% 以上时，亦称超高效过滤器。

高效过滤器的滤料一般是超细玻璃纤维、石棉纤维或化学纤维（如聚丙烯纤维）加工而成的滤纸。按过滤器滤芯结构分为有分隔板（片）和无分隔板（片）两类；无分隔板（片）过滤器体积小，性能较有分隔板（片）过滤器有所提高（图 9-9）。

对于超细微粒，其扩散作用对提高过滤效率有重要影响。为了加强扩散作用，提高高效过滤器过滤效率，需要延长含尘气流通过滤料的时间，即采用低滤速（通常为每秒几厘米），需大大增加滤纸的面积。故高效过滤器的滤纸需经多次折叠，使其过滤面积达迎风面积的 50 ~ 60 倍。

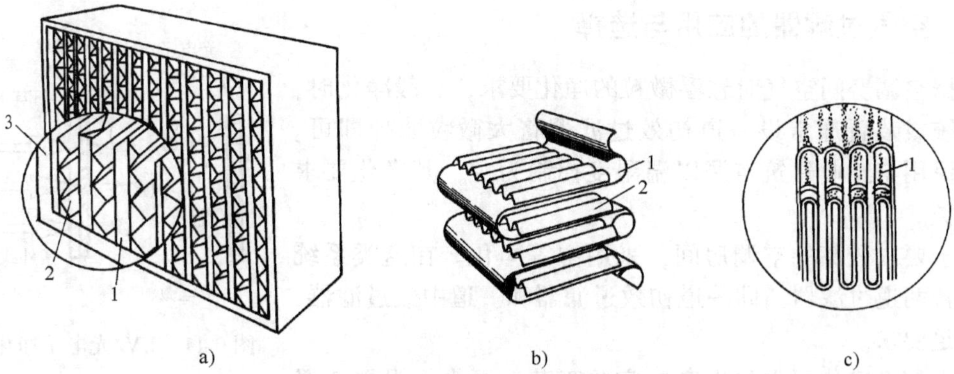

图 9-9　高效过滤器

a）过滤器外形　b）带分隔板（片）多折式结构　c）无分隔板（片）多折式结构

1—滤料　2—分隔板（片）　3—外框

高效过滤器送风口是净化空调系统的末端净化装置，它由内装高效过滤器的箱体、接管、扩散孔板组成，如图 9-10 所示。高效过滤器送风口与净化空调系统的风管可以顶接也可以侧接，箱体可以是不保温的，也可以是保温的。

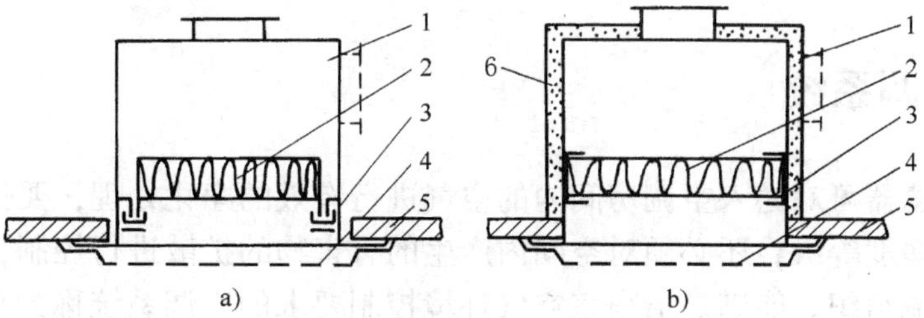

图 9-10　高效过滤器送风口

a）非保温型　b）保温型

1—箱体　2—高效过滤器　3—密封装置　4—扩散孔板　5—吊顶板　6—保温材料

4. 非筛滤过滤的过滤器

除上述各种筛滤过滤器外，在空调工程的空气净化中还偶尔有采用湿式过滤器、静电过滤器等其他类型的过滤装置，它们的滤尘机理与筛滤过滤器完全不相同。

湿式过滤器依靠向滤料装置上喷淋水来除去空气中的尘粒，同时还能除去大气中的亚硫酸气体等，其过滤效率与中效或高中效空气过滤器相当。湿式过滤器为了避免水质污染，需经常补充和更换喷淋水。

静电过滤器利用电源产生的高电压，使空气电离而形成数量相等的正、负离子，通过过滤器的正、负电极将带电尘粒吸引并将其除去。静电过滤器的特点是对不同粒径的尘粒均可有效捕集，滤尘效率高，一般属于高中效或亚高效过滤器。由于静电过滤器积尘增加到一定程度会产生逆电离现象，或某种原因过滤器断电而系统仍在运行，都会使沉积的灰尘再次返回到气流中。因此，静电过滤器一般仅作为中间过滤器使用。

另外，UV/光电子净化也是采用静电过滤的原理实现对超细微粒的过滤（图 9-11）。这种方法与普通静电过滤器不同，它是利用紫外线照射在金属膜层上产生光电效应，在空气中产生电子和负离子，使流经的超细微粒荷电而被集尘极捕集。

9.3.6 空气过滤器的应用与选择

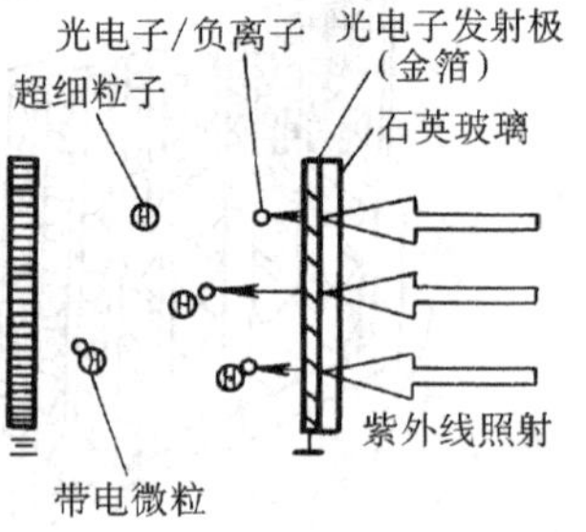

图 9-11 UV/光电子净化原理

根据空调房间空气对悬浮微粒的净化要求，一般净化时，空调系统或装置通常设一道初效过滤器将大微粒滤掉即可。大多数民用与工业建筑空调以温湿度控制为主，其净化要求均属此类。

对于要求较高的空调房间，采用中等净化。在这类系统中可设置两道过滤器，即一道初效过滤器和一道中效过滤器，便可满足要求。

对有超净净化要求的生产或实验工艺，至少需设置3级过滤，1、2级为初、中效过滤器，用作预过滤，第3级设高效过滤器。为防止空调送风系统对处理过的空气造成再污染，高效过滤器应设置在送风系统的末端，经其处理后的洁净空气直接送入洁净区内。

在确定了过滤器的净化级别后，根据系统所需处理的风量和过滤器产品的额定风量，选择所需过滤器的个数。实际使用中，为了延长初效过滤器的更换周期，常按小于额定风量选用。过滤器的阻力一般按终阻力计算。

9.4 净化空调系统

利用空气过滤器可对送入空调房间内的空气进行有效的净化处理，要保证在洁净空间内达到所要求的洁净度等级，还必须对空间内产生的有害物的扩散进行控制，需要有足够的通风量和合理的气流组织。能满足洁净室空气环境控制要求的空调系统称为净化空调系统。

9.4.1 洁净室空气净化方式与洁净室形式

洁净室空气净化的方式按作用范围分主要有以下三种：

1）全面净化。通过空气净化及其他综合措施，使室内整个工作区成为具有相同洁净度的环境。这种方式适合于工艺设备高大、数量很多，且室内要求相同洁净度的场所。全面净化投资大、运行管理复杂，建设周期长。

2）局部净化。利用局部净化设备或净化系统局部送风的方式，在一般空调环境中造成局部区域具有一定洁净度等级的环境。这种方式适合于生产批量较小或利用原有厂房进行技术改造的场所。

3）局部净化与全面净化相结合。在低洁净度的洁净室内，对局部区域实现较高洁净度的空气净化。

在满足工艺要求的条件下，应尽量采用局部净化方式，只有局部净化方式不能满足工艺要求时，才采用局部净化与全面净化相结合的方式或采用全面净化方式。

洁净室的形式按构造分有以下三种：

1）整体式（或称土建式）。由土建结构构成的空间，采用集中送风、全面净化或全面净化与局部净化相结合的洁净室。其优点是坚固耐久，密封性好，适用于大型洁净室；其缺点是施工周期长，运行费用高。

2）装配式。由风机和过滤器机组、洁净工作台、空气自净器、照明灯具等设备中的一部分或全部，与拼装式板壁、顶棚、地面等预制件，在现场拼装成形。当配置有温、湿度处理装置时，就构成装配式空调洁净室。这种形式洁净室的优点是安装周期短，对安装现场的建筑装修要求不高，拆装方便；缺点是密封性差、噪声大，造价相对较高。这种形式仅在洁净度要求较高和急需的情况下采用。

3）局部净化式。在空调房间内，对局部空间实行净化，其做法有多种：如用轻型结构围成小室，用单独的净化系统作为小室的送、回风；安装装配式洁净室；采用各种形式的局部净化设备（如洁净工作台、空气自净器、洁净层流罩等）。这种形式洁净室的优点是洁净度易达到要求，简化人身和物料的净化设施，安装周期短，易于适应工艺或实验过程的变动，造价低；缺点是使用有局限性，噪声大（有集中机房的除外），产品离开局部净化区易受污染。

除此之外，按用途洁净室可分为以无生命微粒为控制对象的工业洁净室和以有生命微粒为控制对象的生物洁净室两种。

9.4.2　净化空调与一般空调的差别

净化空调与一般空调的设计原理和方法相同，只是在以下方面有些不同之处，需要引起注意。

1）净化空调系统所控制的参数除空气的温、湿度之外，还特别要求严格控制房间空气的洁净度和压力等参数。对于生物洁净室，还需要严格控制菌含量。

2）净化空调系统的空气处理过程除了热湿处理外，还特别要严格进行空气的净化（过滤）处理。净化空调系统的送风要经过初效、中效和高效过滤器的三级过滤，或初效、中效和亚高效过滤器的三级过滤，且大多数高效空气过滤器是设在送风系统的末端，即送风口处。

3）净化空调系统的送风量在一般情况下远远大于一般空调系统的送风量。

4）净化空调系统的气流分布是使送风气流尽量覆盖工作区，即使洁净的送风气流不受污染、以最短的距离直接送到工作区；而一般空调系统为使温湿度均匀，尽量使工作区处在送风气流的回流区。

5）净化空调系统要使洁净室按要求维持一定的正压或负压，以保证洁净室不受外界污染或不污染外界；而一般空调房间对室内正压或负压没有严格要求。

9.4.3　净化空调系统的送风方式与气流组织形式

净化空调系统常用的送风方式为集中式送风和分散式送风两种。

1）集中式送风就是空气处理装置（如加热器、冷却器、加湿器、中效及初效过滤器等）和风机均集中设置在空调机房内，高效过滤器布置在系统的末端，用集中的送、回风管道把空气处理装置和洁净房间相连接的送风方式。

2）分散式送风就是在一般的空调环境或低等级净化环境中，设置净化单元、自净器、层流罩、净化台等局部净化设备的送风方式。

在新建的洁净室工程中要根据洁净室的面积、层高以及对温湿度、洁净度、振动和噪声等参数的要求，进行综合比较后确定用哪种送风方式。一般情况下，面积大，层高允许，位置相对集中，温度、湿度、洁净度、噪声、振动等参数要求严格时采用集中式送风方式比较好。

对于改建工程，若原有建筑中设置有集中送风的一般空调系统，则可以将一般空调系统改造成集中送风的净化空调系统；也可以在空调房间内增设局部净化设备，构成分散送风的净化空调系统。若原有建筑中没有集中送风的空调系统，可重新改造成集中送风的净化空调系统，还可以增设小型空调器和局部净化设备组成分散送风式净化空调系统。

净化空调通常采用的气流组织形式有单向流和乱流两种。

1）单向流，又称为层流和平行流。气流以均匀的截面速度沿着平行流线以单一方向在整个室内（平行或垂直）截面上通过。单向流洁净室是靠送风气流“活塞”般的作用，把室内随时产生的污染物挤压至下风侧，然后通过排（回）风口排出。空气全部置换是单向流的净化原理，这种气流流型又称为“活塞流”。

2）乱流，即非单向流。它的特点是气流以不均匀的速度呈不平行流动，并伴有回流或涡流。乱流洁净室靠送风的干净气流不断稀释室内空气，同时使室内污染源所产生的污染物均匀扩散，再通过排（回）风口排出，从而达到净化的目的。

9.5 空气中气态污染物和微生物的净化处理

空气中除了悬浮微粒外，还含有种类繁多的气态污染物和微生物。虽然这两类污染物在空气中的含量较少，但往往导致空气质量恶化，从而影响人们的正常工作和生活，严重时还会对人的健康造成危害。因此，对空气中的各种气态污染物和微生物进行处理也是空气净化处理的重要任务。

9.5.1 空气中气态污染物的净化处理

空气中的气态污染物（如甲醛、一氧化碳、二氧化碳、苯等）均可采用吸收、吸附等方式进行净化处理，空调系统常采用的气态污染物净化处理方式有以下几种：

1. 洗涤吸收

洗涤吸收是依靠水溶剂对可溶性气体的溶解作用，吸收并除去空气中的有害气体。如喷水室及前述的湿式过滤器等，都能对空气中的亲水性有害气体起到净化作用。特别是湿式过滤器，对亚硫酸和硫化氢等可溶性气体具有较高的过滤效率。

2. 活性炭吸附

活性炭是最常用的吸附剂，由某些有机物（如木材、硬果壳等）经炭化、活化等过程加工而成，分为颗粒炭、纤维炭和粉炭三种。加工后的活性炭内部形成许多极细小的非封闭孔隙，大大增加了与空气接触的表面面积，具有很强的吸附能力。活性炭过滤器属于化学过滤器的一种，可用于除去空气中的某些有毒、有臭味的气体，故又称为除臭过滤器。在一个标准大气压、温度为20 °C的条件下，活性炭对一些有害气体或有味气体的吸附性能见表9-13。

在正常条件下，活性炭的吸附量可达本身质量的15% ~20%。当接近和达到吸附保持量时，其吸附能力下降直至失效。对失效的活性炭需要更换或进行再生，再生的方法有水蒸气蒸熏、阳光曝晒等。表9-14提供了不同用途时活性炭的使用量及其使用寿命。

表 9-13　活性炭的吸附性能

物质名称	吸附保持量（%）	物质名称	吸附保持量（%）
二氧化硫（SO_2）	10	一氧化碳（CO）	少量
氯气（Cl_2）	15	氨（NH_3）	少量
二硫化碳（CS_2）	15	吡啶（C_5H_5N）（烟草燃烧产生）	25
苯（C_6H_6）	24	丁基酸（$C_5H_{10}O_2$）（汗、体臭）	35
臭氧（O_3）	能还原为 O_2	烹调味	约30
二氧化碳（CO_2）	少量	浴厕味	约30

表 9-14　活性炭使用量及使用寿命

用　途	$1000m^3/h$ 风量所需活性炭量/kg	平均使用寿命
居住建筑	10	≥2年
商业建筑	10～12	1.0～1.5年
工业建筑	16	0.5～1.0年

活性炭过滤器的前、后均应设置尘粒过滤器：前置尘粒过滤器作保护，防止粉尘堵塞活性炭的微孔结构；后置尘粒过滤器做防护，防止活性炭粉末可能的泄漏而污染过滤后的空气。

3. 光触媒吸附

光触媒是经过光敏剂严格处理的活性炭。光触媒吸附就是利用涂敷了光敏剂的活性炭微孔来吸附（包括物理变化和化学变化）有害气体，能有限吸附空气中的氨、甲醛、苯和 H_2S 等有害气体。光触媒一般可连续使用0.5～1a，达到一定饱和后，只需将其放在太阳光下暴晒6～8h，或者在室外晾晒8～16h，就可利用大气中的紫外线通过光敏剂将被吸附的有害气体进行催化和分解，成为无毒和无味的气体。也可将光触媒置于人工紫外线光源下，照射4～6h，达到同样的效果，使其功能得到再生。光触媒除臭和除去有害成分的性能均大大超过单纯的活性炭，而且通常能够再生而重复使用6～7次。

4. 化学吸收

利用化学药品与某些有害气体发生化学反应，可以除去某些气态污染物。如利用硫酸二铁、氧化铁等能够吸收空气中的臭气，起到除臭的目的。

臭氧也有除臭作用，特别是对一些气态有机化合物有显著效果。但过量的臭氧对人体有害，且对金属管道有强烈的腐蚀作用，故臭氧质量浓度必须小于 $1.0mg/m^3$。

此外，还可将清洁、无臭的空气送入室内冲淡或置换室内含有害气体或有臭味的空气，降低气态污染物的浓度。

9.5.2　空气中微生物的净化处理

用于生物洁净室和医院手术室的净化空调系统，以及在发生流行病疫情时，有可能通过空调系统传染扩散的一般舒适性空调系统，对其送风还需要进行微生物的净化处理，常用的处理方式有过滤除菌处理和紫外线辐照灭菌处理。

1. 过滤除菌

由于细菌、立克次体、病毒这些微生物在空气中是不能单独存在的，总是附着在灰尘上，而且也不是以单体形式存在，而是以菌团或孢子的形式存在，因此可利用中效、亚高效和高效过滤器对悬浮微粒进行过滤的同时捕捉微生物，即可大量减少空气中细菌等微生物的含量。传统的空气过滤器只能滤除微生物，但不能杀灭它，使微生物有可能穿透过滤器，造成二次污染，要杀灭还需另外配备相关装置。为解决此问题，可采用抗菌滤料。

2. 紫外线辐照灭菌

紫外线辐照灭菌属于电磁辐射灭菌方法，其灭菌原理主要是通过电磁波破坏细菌、病毒等微生物细胞内的蛋白质、脱氧核糖核酸（DNA）以及吸收电磁波后的热效应。

通常将C波段的无臭氧紫外线灯安装在空调设备的回风口处，让空气有组织地流过紫外线灯的有效照射区，且不让紫外线外泄伤人，使其达到不关机（灯）使用的条件即可。

本章要点

1. 现代人因生活条件的提高和工作方式的改变，待在室内环境中的时间日益趋长，室内空气质量如何，对人的身体健康和工作效率影响极大。从某种意义上讲，室内空气质量对人的健康危害要甚于室外空气污染。

2. 室内空气质量的基本要求是无毒、无害、无异常嗅味，因此空气净化不能局限于去除尘粒、菌粒等悬浮微粒，还应包括气态污染物的处理。室内空气质量的标准根据有关国家标准规定由物理性、化学性、生物性和放射性四方面参数19个指标组成，是我国室内空气质量的客观评价标准。此外，评价室内空气质量还有主观指标。

3. 对于使用空调的建筑物或房间，其室内空气质量的优劣除与建筑材料、装饰装修材料、家具、人体等因素有关外，还与空调系统或装置的设计、使用和维护保养情况密切相关。调查研究结果证明，病态建筑综合征多半是由于空调系统或装置在设计、使用、维护保养方面存在严重问题而产生的。因此要改善和提高空调房间的空气质量，必须在空调系统或装置的设计、使用和维护保养方面下功夫。

4. 空气中的污染物主要是三大类，一是悬浮微粒，二是气态污染物（含臭味），三是微生物，因此空气的净化处理对象也应是这三大类物质。悬浮微粒主要采用过滤的方式滤除，气态污染物主要采用吸收和吸附方式消除，微生物则主要采用过滤和紫外线辐照方式去除和杀灭。

5. 衡量空气过滤器的性能指标主要是面速或滤速、效率或透过率、阻力及容尘量。国家标准将空气过滤器按过滤效率分为初效、中效、高中效、亚高效、高效和超高效六种，其形式主要有板式、袋式、抽屉式、折叠式、管式以及有隔板与无隔板的（仅限于高效和超高效过滤器）。

6. 净化空调系统与一般舒适性空调系统的基本工作原理和设计方法相同，只是对洁净度和压力等参数的控制要求很高，对室内气流组织有特别要求，由此而产生了一些与一般舒适性空调系统的不同之处。

思考题与习题

1. 空调房间内的空气除了温度等“四度”外，还有什么会影响其“质量”，进而影响人的健康？
2. 非工业建筑的室内空气主要污染源有哪些？分别散发何种污染物？
3. 提高和改善空调房间空气质量的措施有哪些？
4. 对空调房间空气质量的评价有哪几种？客观评价的量化指标主要有哪些？

5. 为什么对送入空调房间的空气除了要进行热湿处理外，还要进行净化处理？

6. 空气的含尘浓度有哪几种表示方法？其主要区别是什么？

7. 对空气中悬浮微粒的净化要求分为哪几类？分别对应哪种室内空气含尘浓度要求下采用？分别使用什么过滤器来净化空气？

8. 筛滤过滤器捕捉悬浮微粒的机理有哪些？试说明。

9. 空气过滤器的主要性能指标有哪些？如何用其判断空气过滤器的优劣？

10. 空气过滤器按其过滤效率的高低可分为哪几种类型？各适用于什么场合？

11. 空气过滤器通常使用哪些材料制作滤料？这些滤料有何共同特点？

12. 空气中气态污染物的处理及除臭有哪些常用方式？

13. 空气中微生物的净化处理有哪些常用方式？

第 10 章

空调系统的消声与隔振

对于安装了空调系统等建筑设备的现代建筑，都可能受到空调、通风、给排水、电气等设备在运行时产生的噪声和振动影响，其中又以空调系统产生的噪声和振动影响最大，是使人烦躁、影响人的健康和室内环境舒适性，甚至威胁建筑物安全的因素之一。空调系统的消声与隔振是空调设计的一个重要内容，对减小空调系统产生的噪声和振动影响，提高人的舒适感和工作效率，延长建筑物的使用年限有着极其重要的意义。

本章主要介绍和讨论噪声及其物理量度，室内噪声标准，空调系统中噪声与振动的来源、传播途径及控制方法，消声器和隔振装置的种类、特点及选用。

10.1 空调系统的消声

空调系统的消声即噪声控制，主要应从降低噪声源的噪声、控制噪声的传播和防止噪声的扩散等方面着手，为此需要对噪声的基本概念和噪声控制的基本原理有所了解。

10.1.1 噪声及其物理量度

从物理学的观点看，凡是由各种不同频率和声强的声音杂乱无章地组合在一起的声音就称为噪声，而各种不同频率和声强的声音有规律的组合则称为乐声；从心理学和生理学的角度看，凡使人感到烦躁不安、刺耳和影响人们工作、学习、休息和娱乐的声音都称为噪声。有时即使是一首优美的乐曲，对于一个正在思考问题的人来说，同样是噪声。由此可知噪声不只是由声音的物理性质决定，还与人的心理和生理状态有关。

1. 声音（噪声）的基本概念

声音是由声源、声波及听觉器官的感知三个环节组成的。物体振动使其周围介质分子交替产生密集稀疏状向外传播而形成的波动，称为声波。显然，声波在气体、液体和固体中都可以传播。

声波在介质中的传播速度称为声速 c（m/s），又称音速，它与介质的性质（如密度）和状态（如温度）有关。常温下，空气中的声速为 340m/s；橡胶中的声速为 40 ~ 50m/s，水中的声速为 1500m/s；钢铁中的声速为 5000m/s；而真空中的声速为 0。

声源每秒振动的次数称为频率 f（Hz）。两个相邻密集或相邻稀疏状之间的距离称为波长 λ（m）。声速 c、波长 λ 和频率 f 是描述声波物理性质的三个基本物理量，三者之间的关

系是 $c=\lambda f$。

人耳产生听觉的声音频率范围为 20～20000Hz。低于 20Hz 的称为次声，高于 20000Hz 的称为超声。一般 20～500Hz 的声音称为低频声；500～1000Hz 的声音称为中频声；1000Hz 以上的声音称为高频声。低频声低沉，高频声尖锐。人耳最敏感的频率为 1000Hz。

固体介质的密度 ρ 和声速 c 的乘积，称为介质的声阻率，它反映了介质材料的隔声性能。介质材料越密实，声阻率越大，隔声性能越好。

声音分为单音（纯音）和复音。噪声是复音，因此噪声具有声音的一切特性。

2. 声音（噪声）的物理量度

描述声音性质、特点的物理量有声压、声强和声功率，以及声压级、声强级和声功率级。

（1）声压、声强和声功率　这三个物理量分别从压力、单位面积的能量和总能量方面描述声音的特点。

1）声压：物体振动使空气中产生交变压力，单位面积上所承受的声音压力称为声压，单位为 N/m^2（Pa）。在空气中，当声频为 1000Hz 时，人耳可感觉的最小声压称为听阈声压，用 p_0 表示，p_0 等于 2×10^{-5}Pa，一般把 p_0 作为比较的标准声压，也称为基准声压；人耳可忍受的最大声压称为痛阈声压，为 20Pa。声压表示声音的强弱，可以用仪器直接测量。

2）声强：声波在介质中的传播过程实质上就是能量的传递过程。在垂直于声波传播方向的单位面积上，单位时间通过的声能，称为声强，单位为 W/m^2。相应于基准声压的声强称为基准声强，用 I_0 表示，I_0 等于 $10^{-12}W/m^2$；相应于痛阈声压的声强称为痛阈声强，为 $1W/m^2$，即人耳可忍受的最大声强为 $1W/m^2$。

3）声功率：单位时间内声源以声波形式辐射的总能量称为声功率，单位为 W，基准声功率 W_0 为 10^{-12}W。

（2）声压级、声强级和声功率级　从听阈声压（2×10^{-5}Pa）到痛阈声压（20Pa），两者绝对值相差一百万倍（10^6），这说明人耳的可听范围是很宽的。由于此范围内的声压、声强和声功率变化很大，在测量和计算时很不方便；而且人耳对声压变化的感觉还具有相对性，例如声压从 0.01Pa 变化到 0.1Pa 与从 1Pa 变化到 10Pa 相比，虽然两者声压变化的绝对值不同，但其变化的倍数相同，人耳对这两种声音变化的实际感觉却是相同的。因此，为了便于表达，声音的量度采用对数标度，即以相对于基准量的比值的对数来表示，从而相应得到声压级、声强级和声功率级，其单位均为 B（贝尔）。为了更便于实际应用，采用 B 的十分之一，即 dB（分贝）作为常用单位。

1）声压级：声压与基准声压之比，其常用对数的 20 倍称为声压级 L_p，即

$$L_p = 20\lg\frac{p}{p_0}\ \text{dB} \tag{10-1}$$

式中　p——声压，单位为 Pa；

p_0——基准声压，$p_0=2\times10^{-5}$Pa。

声压级是表示声场特性的，其大小与测点距声源的距离有关。由式（10-1）可得

听阈声压级　$$L_p = 20\lg\frac{p}{p_0} = 20\lg\frac{2\times10^{-5}}{2\times10^{-5}}\text{dB} = 0\text{dB}$$

痛阈声压级　$$L_p = 20\lg\frac{p}{p_0} = 20\lg\frac{20}{2\times10^{-5}}\text{dB} = 120\text{dB}$$

以上结果表明：从听阈到痛阈，由一百万倍的声压变化范围缩小到了0dB到120dB的声压级变化范围，从而简化了声压的量度。

2）声强级：声强与基准声强之比，其常用对数的10倍称为声强级L_I，即

$$L_I = 10\lg\frac{I}{I_0}\ \text{dB} \tag{10-2}$$

式中 I——声强，单位为W/m^2；

I_0——基准声强，$I_0 = 10^{-12}W/m^2$。

由于声强与声压有如下关系：

$$I = \frac{p^2}{\rho c} \quad (\rho\text{ 为空气密度}, c\text{ 为声速})$$

故

$$L_I = 10\lg\frac{I}{I_0} = 10\lg\frac{p^2}{p_0^2} = 20\lg\frac{p}{p_0} = L_p$$

由此可见，声音的声强级和声压级的分贝值相等。

3）声功率级：声功率与基准声功率之比，其常用对数的10倍称为声功率级L_W，即

$$L_W = 10\lg\frac{W}{W_0}\ \text{dB} \tag{10-3}$$

式中 W——声功率，单位为W；

W_0——基准声功率，$W_0 = 10^{-12}W$。

声功率级是表示声源性质的，它直接表示声源发射能量的大小。

(3) 声波的叠加 各种声波的单位既然是对数单位，因此当有两个声源同时产生噪声时，其合成的声级就不能按自然数运算，而必须按对数法则进行运算。

当几个不同的声压级叠加时，总声压级为

$$\sum L_p = 10\lg\left(10^{0.1L_{p1}} + 10^{0.1L_{p2}} + \cdots + 10^{0.1L_{pn}}\right)\ \text{dB} \tag{10-4}$$

式中 $\sum L_p$——各声压级叠加的总声压级，单位为dB；

L_{p1}、L_{p2}、…、L_{pn}——声源1、2、…、n的声压级，单位为dB。

如果两个声源的声压级不同，并以D表示二者之差，即$D = L_{p1} - L_{p2}$，则由式（10-4）可得叠加后的总声压级为

$$\sum L_p = L_{p1} + 10\lg\left(1 + 10^{-0.1D}\right)\ \text{dB} \tag{10-5}$$

把式（10-5）等号右面的第二项作为附加值，并画成图10-1所示的线算图，计算时可直接查用。

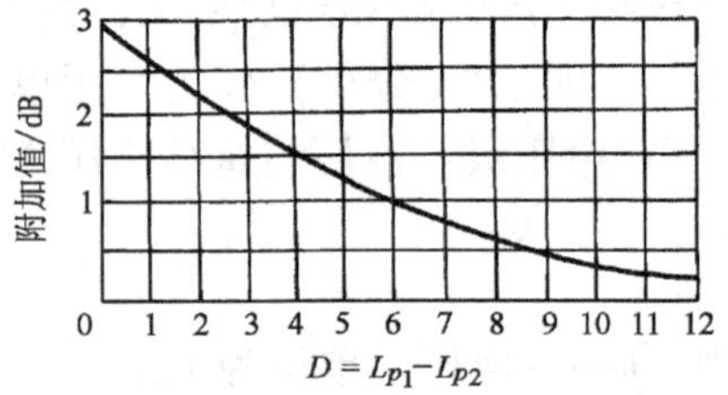

图10-1 两个不相同的声压级叠加的附加值

当有M个相同的声压级叠加时，总声压级为

$$\begin{aligned}\sum L_p &= 10\lg\left(M \times 10^{0.1L_p}\right)\\ &= 10\lg M + 10\lg 10^{0.1L_p}\\ &= 10\lg M + L_p\quad \text{dB}\end{aligned} \tag{10-6}$$

从式（10-6）可知，当两个相同的声压级叠加时，仅比单个声源的声压级大3dB（即10lg2dB）。

(4) 噪声的频谱分析 噪声一般不是具有特定频率的纯音，而是由很多不同频率的声音组成。由于人耳可听闻的频率范围从20Hz到20000Hz，高低频相差达1000倍，为方便起见，人们把宽广的声频范围划分为若干个频段，称为频程或频带。每一个频程都有其中心频率和频率范

围。在空调工程的噪声控制中，用的是倍频程。倍频程是指中心频率成倍增加的频程，即两个中心频率之比为2:1。如果倍频程中心频率为f，上、下限频率分别是f_1和f_2，则有

$$f = \sqrt{f_1 f_2} \quad f_1 = 2f_2$$

通用的倍频程其中心频率有 10 个，在噪声控制或测量中，往往只用中间的 8 个，这 8 个中心频率和频率范围参见表 10-1。

表 10-1　倍频程中心频率和频率范围

中心频率/Hz	63	125	250	500	1000	2000	4000	8000
频率范围/Hz	45 ~ 90	90 ~ 180	180 ~ 355	355 ~ 710	710 ~ 1400	1400 ~ 2800	2800 ~ 5600	5600 ~ 10200

频谱图是表示组成的各频程声压级的图，即以频程为横坐标，声压级（或声强级、声功率级）为纵坐标的图形。频谱图能清楚地表明某噪声的组成和分布，能为有针对性地噪声控制提供依据。图 10-2 为某空调器噪声的频谱图。

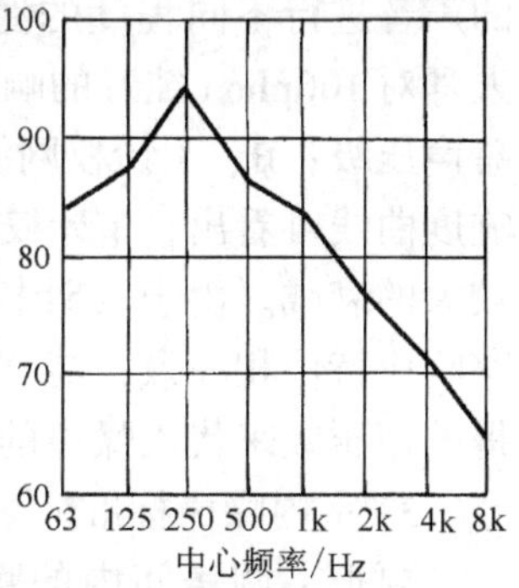

图 10-2　某空调器噪声频谱图

10.1.2　噪声的评价、测量和室内噪声标准

人耳对噪声的感觉是综合性的，但对高频声比低频声要敏感得多，通常用与人耳对噪声的频率响应特性相一致的 A 声级来表示噪声的大小和噪声标准。

1. 噪声的主观评价

噪声的危害大小不但与声音的强度、频率及作用时间有关，还与人耳的听觉特性有关，因此仅对声音做出客观的计量并不能够判断某一噪声的危害大小，在一定程度上对噪声的主观评价比客观评价更为重要。

声压级、声强级和声功率级都是描述声音强度的客观物理量，但人耳对声音的感觉不仅与声压级、声强级等声音强度有关，而且还与频率有关，声压级相同但频率不相同的两个纯音，听觉是不一样的。根据人耳的这一特性，把声压级和频率综合起来描述声音大小在主观感觉上的量称为响度级，单位为 phon（方）。它是取 1000Hz 的纯音作为基准音，若某一频率的纯音听起来与基准音有同样的响度，则该频率纯音的响度级 phon 值就等于基准音的声压级 dB 值。例如，某噪声听起来与频率为 1000Hz、声压级为 60dB 的声音同样响，则该噪声的响度级就是 60phon。故响度级为主观评价量，它把声压级和频率用一个单位统一起来了，既考虑了声音的物理效应，也考虑了声音对人耳的生理效应。

通过对人耳进行大量的听感试验，得到可听范围内的纯音的响度级，并以等响度曲线表示，如图 10-3 所示。每一条等响度曲线表示相同响度下声音的频率与声压级的关系，即每一条曲线上虽然各种频率声音对应的声压级 dB 值不相同，但人耳感觉到的响度却是相同的。每一条曲线相当于一定响度级（phone）的声音。等响度曲线上 1000Hz 时的声压级 dB 值，即为响度级的 phon 值。

从图 10-3 可以看出，在低声压级时，人耳对频率 2000 ~ 4000Hz 的声音最敏感，在低于或高于这个频率范围时，人耳的灵敏度下降，尤其是频率越低，人耳的灵敏度越差。此外，随着声压级的增加，人耳对频率响应的差别逐渐减小（曲线趋于平直）。例如，同样的响度级 40phon，对

于1000Hz的声音，其声压级为40dB；对于3000~4000Hz的声音，其声压级为33dB；但对于100Hz的声音，其声压级则为52dB。

2. A声级

测量噪声常用的仪器是声级计。它的工作原理是通过传感器把噪声的声压信号转换成电压信号，经放大后，通过计权网络，在声级计的表头上显示出分贝值。

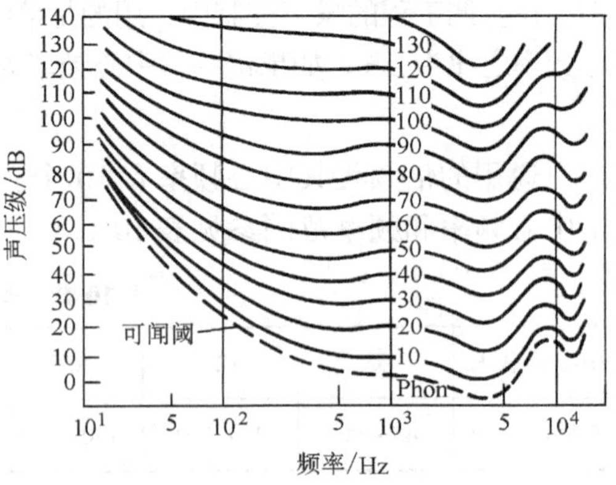

图10-3 等响度曲线

在声级计上有A、B、C三种不同的计权网络，分别设置为A、B、C三档，它们对不同频率的声音进行不同程度的滤波。C计权网络是模拟人耳对100phon纯音的响应，对所有频率的声音滤过的程度几乎一样，因此它的读数可代表总声压级；B、A计权网络是分别模拟人耳对70phon和40phon纯音的响应，由图10-3的等响度曲线可看出，B计权网络对低频段有一定的衰减，A计权网络对500Hz以下的低频段有较大的衰减。由于A计权网络对高频声敏感，对低频声不敏感，这正好与人耳对噪声的频率响应特性相一致，能够较好地反映人对各种噪声的主观评价，因此，常以A计权网络测得的声压级来代表噪声的大小，称为A声级，并记作dB（A）。

3. 室内噪声标准

要把空调房间内的噪声全部消除是不容易做到的，也没有这个必要。房间内允许的噪声级称为室内噪声标准。为减小噪声对人的危害或对工作环境的不利影响，不同场所在综合考虑技术上的可能性和经济上的合理性的前提下都有不同的噪声标准。

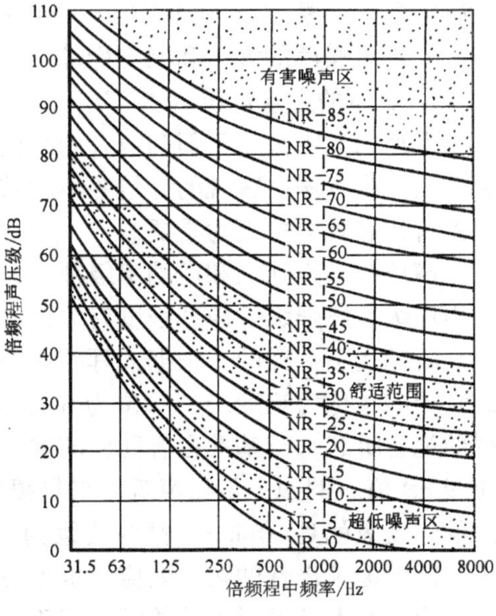

图10-4 噪声评价曲线

（1）噪声评价曲线　噪声评价的方法有很多种，我国采用的是国际标准化组织提出和推荐使用的噪声评价曲线——NR曲线（图10-4）作为噪声评价标准，用以评价噪声对听觉损伤、语音干扰和室内稳态背景噪声的影响。

图10-4中NR值为噪声评价曲线号，即中心频率1000Hz所对应的声压级分贝值。考虑到人耳对低频噪声不敏感，以及低频噪声消声处理较困难的特点，图10-4中低频噪声的允许声压级分贝值较高，而高频噪声的允许声压级分贝值较低。

噪声评价曲线号NR与声级计A档读数 L_A [dB（A）] 的关系为 $NR = L_A - 5$。

（2）空调房间的噪声标准　空调房间对噪声的要求，大致可分为以下三类：

1）生产或工作过程本身对噪声有严格的要求，如播音室、录音室等。

2）在生产或工作过程中要求为操作人员创造安静的环境，如仪表装配间、测试车间等。

3）为保证语言质量以及听觉效果，对噪声有一定的要求，如剧院、会议室等。

国家标准《民用建筑隔声设计规范》（GB 50118—2010）规定的，用 A 声级表示的某些民用建筑室内允许噪声值参见表 10-2 和表 10-3。

表 10-2　办公建筑和商业建筑室内允许噪声级［dB（A）］

建筑类型	房间名称	高要求标准	低限标准
办公建筑	单人办公室	≤35	≤40
	多人办公室	≤40	≤45
	电视电话会议室	≤35	≤40
	普通会议室	≤40	≤45
商业建筑	商场、商店、购物中心、会展中心	≤50	≤55
	餐厅	≤45	≤55
	员工休息室	≤40	≤45
	走廊	≤50	≤60

表 10-3　旅馆建筑室内允许噪声级［dB（A）］

房间名称	特级		一级		二级	
	昼间	夜间	昼间	夜间	昼间	夜间
客房	≤35	≤30	≤40	≤35	≤45	≤40
办公室、会议室	≤40		≤45		≤45	
多用途厅	≤40		≤45		≤50	
餐厅、宴会厅	≤45		≤50		≤55	

注：特级——五星级以上旅游饭店及同档次旅馆建筑。
一级——三、四星级旅游饭店及同档次旅馆建筑。
二级——其他档次的旅馆建筑。

10.1.3　噪声的危害与影响

噪声的存在严重影响人们的工作、学习和生活，危害人的身体健康，造成工作效率降低、生活质量下降，破坏室内环境的舒适性。

1. 损伤听力机构

噪声对人听力机构的损伤主要决定于噪声的强度、频率及暴露时间。噪声强度越大、频率越高、暴露时间越长，导致耳聋的发病率就越高。在不同噪声级下长期工作的耳聋发病率统计参见表 10-4。从表中可以看出，噪声级在 80dB 以下，才能保证长期工作不致耳聋；在 90dB 条件下，有 20% 左右的人会耳聋；即使是 85dB 条件下，还会有 10% 的人可能耳聋。

表 10-4　工作 40 年后噪声性耳聋发病率（%）

噪声级 dB（A）	国际标准组织统计（ISO）	美国统计
80	0	0
85	10	8
90	21	18
95	29	28
100	41	40

2. 引发多种疾病

不同强度和频率的噪声，在一定情况下会诱发多种疾病。实验结果表明，噪声会引起人体紧张的反应，使肾上腺素增加，从而引起心率改变和血压升高。噪声还会引起消化系统的疾病。通过人和动物的实验都表明，在高达80dB的噪声环境中，肠蠕动要减少37%，随之而来的是胀气和肠胃不舒适的感觉；当噪声停止时，肠蠕动由于过量的补偿，其节奏大大加快，幅度也增大，结果会引起消化不良。长时间消化不良往往造成溃疡症。

在神经系统方面，神经衰弱症候群是最明显的。噪声能引起失眠、疲劳、头晕、头痛和记忆力减退。此外，噪声还会刺激内耳腔的前庭，使人眩晕、恶心、呕吐，如晕船一般。

3. 影响正常的生活

嘈杂的环境会影响人们正常的生活。妨碍人们休息、睡眠，干扰语言交流和日常社交活动。研究结果表明，噪声会影响人们的睡眠质量和数量，连续噪声使人多梦，熟睡的时间缩短；突然的噪声可使人惊醒。一般来说，40dB的连续噪声可使10%的人睡眠受到影响，70dB可影响50%；而突发的噪声在40dB时，可使10%的人从睡眠中惊醒；到60dB时，可使70%的人从睡眠中惊醒。

噪声除了影响人们的休息、睡眠外，对人们谈话、听广播、打电话、听课、开会等也都会带来一定的不良影响。

4. 影响工作

噪声还会引起人们心理上的烦恼，容易使人疲劳，因此往往影响注意力集中，妨碍思考问题，以致使工作发生差错，不仅影响工作效率，而且降低工作质量。尤其是对一些不是重复性的作业，以及要求注意力高度集中的复杂作业影响更为明显。

10.1.4 空调系统的噪声源及噪声性质

清楚地了解空调系统的噪声源及噪声性质，是有针对性地做好噪声控制工作的基础。

1. 空调系统的噪声源

空调系统的噪声源主要分为以下三类：

1）空调设备（如风机盘管、单元式空调机）、水泵、冷却塔、人工冷热源（如冷水机组、锅炉）等设备。

2）风管道。

3）风口和变风量末端装置。

其中，空调设备和变风量末端装置配备的风机是空调系统中的主要噪声源。由于空调设备和变风量末端装置大多安装在空调房间内或附近，其运行噪声可以通过送回风口直接传出或通过送回风管道广泛传播，因此所造成的影响要比人工冷热源、水泵、冷却塔等相对远离空调房间的设备大得多。

2. 噪声性质分析

风机产生的噪声包括风机运转时的空气动力噪声（主要是气流涡流、撞击和叶片回转等噪声）和机械噪声（主要是轴承噪声和旋转部件不平衡引起的噪声），以空气动力噪声为主。其频率为200~800Hz，即处于中、低频范围。风机噪声的大小与很多因素有关，其中叶片形式和片数、风量和风压、转速以及制造质量等对风机噪声的影响尤为显著。

制冷机、水泵产生的噪声主要是机械噪声。机械噪声是由于设备本身的机械振动，即固体振动而产生的，如轴承、联轴器传动装置的偏摆、敲击和摩擦噪声，以及其他机件运转不平衡时产生的噪声。

冷却塔虽然安装在室外，但当冷却水从塔的上部落到集水盘中时，水流或水滴与水面产生的撞击噪声影响也是很大的。此外，冷却塔的风机虽然转速很慢，但运转时也还是会产生一定的噪声。

对于电动机驱动的设备，还会产生电动机噪声。电动机噪声包括空气动力噪声、机械噪声和电磁噪声三部分：空气动力噪声是由电动机冷却风扇产生的气流噪声；机械噪声有轴承噪声和电动机转子不平衡、转子受“沟槽谐波力”作用等引起的振动而产生的噪声，电磁噪声是由定子和转子之间改变电磁引力、磁滞伸缩引起的。这三部分噪声中空气动力噪声最大，机械噪声次之，电磁噪声最小。

风管产生的噪声主要是气流在风管内因不稳定流动使其压力变化而引起风管壁振动产生的噪声，以及气流经过弯头、分支管、截面突变部位（突然扩大、突然缩小）及调节阀时，因气流转弯、变流量分合流或受到阻碍而产生涡流或紊流引起的气流噪声。此外，调节阀叶片的刚度不够，在气流的冲击下也会产生振动发出噪声。

风口产生的噪声除了气流通过送、回风口时，因气流受到阻碍而产生涡流或紊流产生气流噪声外，当导流叶片的刚度不够时，在气流的冲击下也会产生振动噪声。

变风量末端装置的一次风调节阀会产生节流噪声，风机动力型变风量末端装置的内置风机也会产生噪声。

10.1.5　噪声的传播途径与自然衰减

研究噪声的传播途径与自然衰减主要是为了有针对性地预防和治理各种噪声。

1. 噪声的传播途径

空调系统噪声的传播途径主要有以下四个：

1）噪声源在空调房间内，噪声直接传入室内，如风口噪声、安装在空调房间内的风机盘管等空调设备的噪声。

2）噪声通过风口传入空调房间。这样传入的主要是风管道内的气流噪声以及沿风管道传播的风机噪声；当空调机房与空调房间之间设有集中回风口时，传入的则是空调机房内产生的综合噪声。

3）噪声通过建筑结构传入空调房间。通过这种途径传入的是各种设备产生的振动引起的固体传声。

4）噪声通过空调房间围护结构的不严密处传入空调房间。通常是空调设备的噪声直接通过空气传声。

图 10-5 所示为空调系统噪声的传播情况。

2. 噪声的自然衰减

空调系统产生的噪声在风管道中传播时，由于气流与管壁的摩擦，使得部分声能转化为热能，还有部分声能在管件（弯头、变径管、分支管等）处会被反射回声源处，因此噪声会有衰减。此外，由于房间内壁、家具和设备等的吸声作用，进入房间的噪声还会再一次被衰减。上述这些衰减统称为自然衰减。

管件的噪声自然衰减值一般是在没有气流的所谓静态情况下测得的。在有气流时，管件会由于气流撞击和形成涡流等原因而产生噪声，这种噪声称为再生噪声。它随气流速度的增高而加大。当气流速度高到一定程度时，管件有可能非但不能使噪声衰减，反而会成为系统中的一个新噪声源。因此，唯有在气流速度较低时（$v \leqslant 8\text{m/s}$），计算管件的自然衰减量才有实际意义。

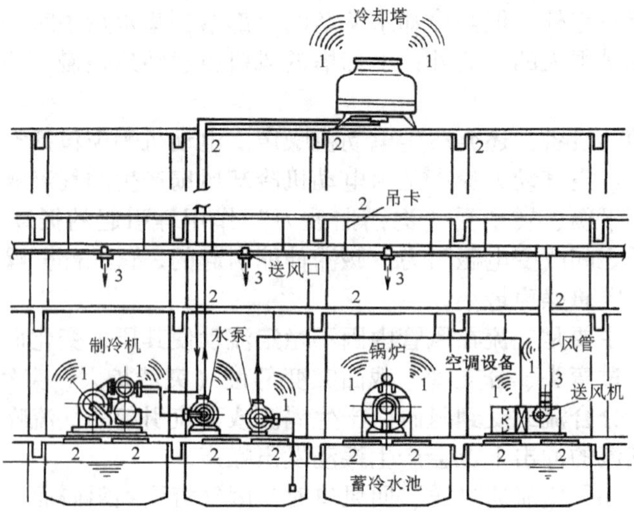

图 10-5 空调系统噪声的传播情况

1—空气传声 2—振动引起的固体传声 3—由风管传播的风机噪声

下面介绍直管及弯头、分支管（三通）、变径管等各类管件和风口噪声自然衰减量的确定方法，如果未按频程计，则均可粗略地认为各频程的噪声衰减量相同。

(1) 直管道的噪声自然衰减 在直管道中，声波沿管道传播的方向不变，故噪声衰减量很小。衰减量 ΔL_{W1} 可近似按下式计算：

$$\Delta L_{W1} = 1.1\alpha \frac{L}{R} \quad \text{dB} \tag{10-7}$$

式中 α——管道内壁吸声系数；

L——管道长度，单位为 m；

R——管道水力半径，单位为 m。

空调工程中常用的金属矩形和圆形风管的自然衰减量可由表 10-5 查得。

表 10-5 金属矩形和圆形风管的噪声自然衰减量

管形	管道尺寸/mm	倍频程中心频率的衰减量/（dB/m）						
		63	125	250	500	1000	2000	4000
矩形管	75～175	0.16	0.32	0.48	0.32	0.32	0.32	0.32
	200～375	0.48	0.64	0.48	0.32	0.23	0.23	0.23
	400～750	0.80	0.64	0.32	0.16	0.16	0.16	0.16
	800～1500	0.64	0.32	0.16	0.16	0.07	0.07	0.07
圆形管	75～175	0.07	0.10	0.16	0.16	0.32	0.32	0.32
	200～375	0.07	0.10	0.10	0.16	0.23	0.23	0.23
	400～750	0.07	0.07	0.07	0.10	0.16	0.16	0.16
	800～1500	0.03	0.03	0.03	0.07	0.07	0.07	0.07

当风管内粘贴有绝热材料时，低频噪声的衰减量可增加一倍。

(2) 弯头的噪声自然衰减 噪声经过弯头时，由于声波传播方向的改变而受到衰减。弯头的噪声自然衰减量 ΔL_{W2} 可采用图 10-6 所给的数值。

(3) 分支管（三通）的噪声自然衰减 当噪声经过风管分支处时，噪声声能基本上按比例分配给各支管，从主管到任何一根支管的三通噪声衰减量 ΔL_{W3}，可由图 10-7 查得。

图 10-7 中，F_0 是三通分支处全部支管的断面积之和，单位为 m^2；F 是计算支管的断面积，单位为 m^2。

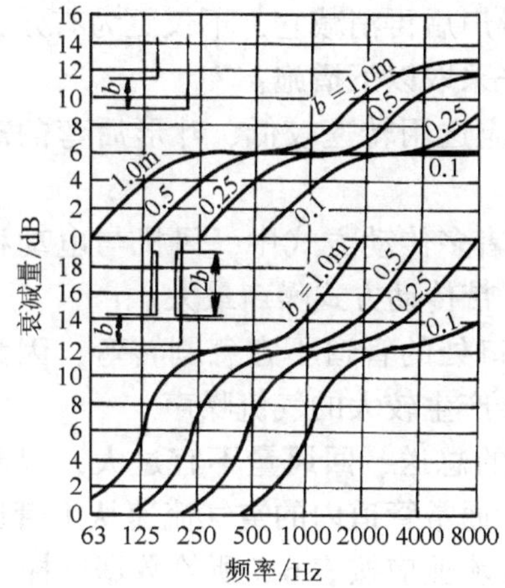

图 10-6　弯头的噪声衰减量

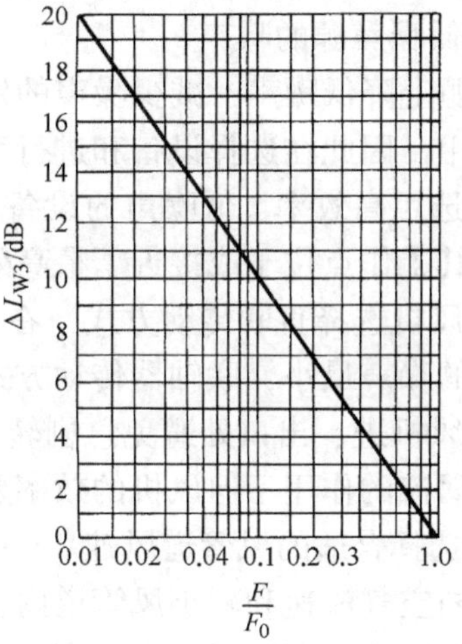

图 10-7　与每根分支管的面积和分支管总面积的比值有关的分支管噪声衰减量

（4）单变径管的噪声自然衰减　由于管道断面积突然扩大或缩小，导致噪声声能朝传播的相反方向反射而产生衰减。其衰减量 ΔL_{W4} 可由图 10-8 查得。

（5）送风口的噪声自然衰减　由于空气从送风口送入房间的送风过程为一个突然扩大的过程，因此会有部分声能反射回送风管道内，从而对送风管道传播的噪声产生衰减。送风口反射的噪声自然衰减量 ΔL_{W5} 可由图 10-9 查得。

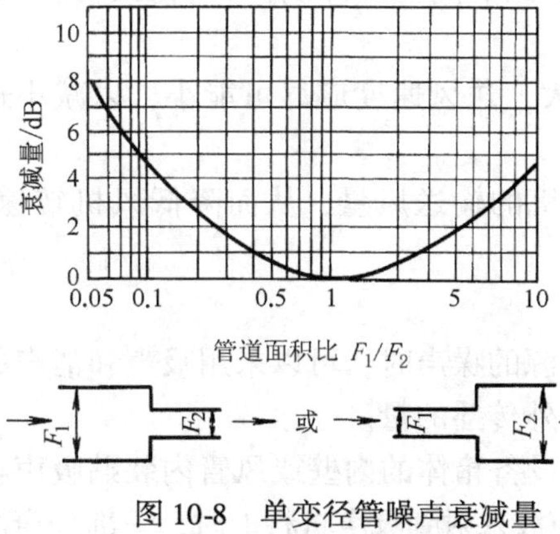

图 10-8　单变径管噪声衰减量（适用于各频率）

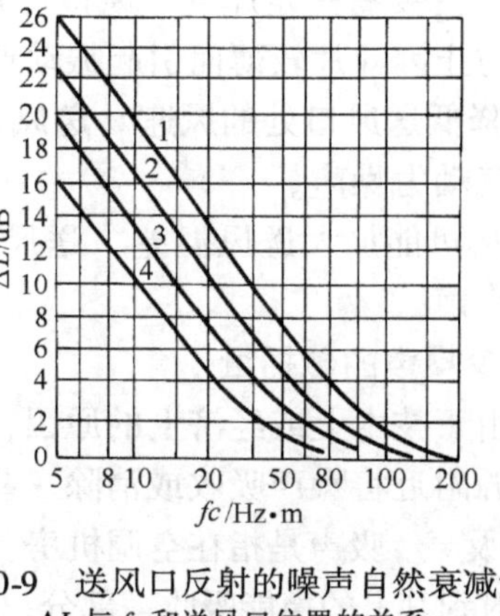

图 10-9　送风口反射的噪声自然衰减量 ΔL 与 fc 和送风口位置的关系

1—送风口在房间中央　2—送风口在墙的中央

3—送风口在顶棚和墙交角线的中间

4—送风口在房间的一个拐角

图注：f—噪声的频率，单位为 Hz；

c——风口尺寸特性，单位为 m。正方形风口的 c 为一边长；矩形风口 $c=\sqrt{ah}$（a、h 分别为风口的宽度和高度）；圆形风口 $c=D$（D 为风口直径）。

10.1.6 空调系统的噪声控制措施

控制空调系统的噪声主要应在三个方面采取措施：一是降低噪声源的噪声，二是减少噪声的传播量，三是防止噪声扩散。显然，在声源处将噪声降到最低是最经济、有效的措施。

1. 降低噪声源的噪声

从声源上降低噪声，减少噪声的发射，比起形成噪声后再消减它，不仅更为有效，而且更节省费用。因此在选择设备和进行系统设计时应首先采取以下措施：

（1）选用高效率、低噪声的设备　特别是风机，应选用转速较低、叶形后弯的离心风机，并使其工作点位于或接近于最高效率点。

（2）风机选择直联传动方式　在风机与电动机的诸多传动方式中，风机与电动机直联传动方式的噪声最小，联轴器传动方式的噪声次之，V带传动方式噪声最大。

（3）风机进、出口处避免急剧转弯　风机进、出口处的管道不宜急剧转弯，因为急转弯时由于涡流的作用不但风机的效率要降低很多，还会产生较大的气流噪声。

（4）选择合适的风管道风速　一个送、回风系统的总送、回风量不宜过大，以利于降低风管道内空气流速和减小风管道内空气流动的阻力。通常管道内的空气流速从主管道到支管道直至风口应逐渐降低。有消声要求的风管道内空气流速应按表6-5所给数据选择。

（5）注意风管的管材厚度、形状和加固处理　选择合适的管材厚度；风管尽量采用圆形断面；对矩形风管的管壁进行必要的加固处理，如压制加强肋、管内或管外加装固件等。国家标准《通风与空调工程施工规范》（GB 50738—2011）第4、2、15条对风管加固有详细规定。

（6）采用合理的管件结构　较大的弯头、三通应设置导流叶片；变截面管应做成渐缩形或渐扩形；风量调节阀的叶片应做成流线型，以减小气流通过时由于气流方向的改变、流速的变化而产生的气流噪声。

（7）叶片要有一定厚度　风口叶片和非流线型风量调节阀的叶片制作材料要达到一定厚度，以防止因叶片较薄而引起振动产生的振动噪声。

（8）降低送风口处的风速　送风口面积应尽可能大，送风速度应尽可能小，以减小送风时的空气动力噪声。

（9）尽可能加大送风温差　送风温差大可降低风机的输送风量，从而降低风机转速，减小风机噪声。

2. 减少噪声的传播量

如果由于技术上或经济上的原因，无法有效降低声源的噪声时，可以采用吸声和消声的方法在声源附近将噪声吸收或消除一些，以减少噪声向外传播的量。

（1）吸声　吸声是指在空调机房、制冷机房、空调设备箱体的内壁或风管内装贴吸声材料，把入射到其上的声能吸收一部分，减少反射声。当声波入射到吸声材料上时，一部分声波反射，一部分声波透过吸声材料继续传播，其余部分声波则被吸声材料吸收。声波被吸收，主要是由于吸声材料的疏松性或多孔性。当声波进入孔隙时，即激发材料细小纤维或孔隙中无数空气分子的振动，由于摩擦和粘滞阻力，使相当部分声能转化为热能而被吸收或散发。

吸声材料大都是疏松或多孔的，其与柔性泡沫橡塑绝热材料的主要区别是：吸声材料有许多贯穿细孔，即所谓开孔结构，而柔性泡沫橡塑绝热材料有许多互不相连的封闭的空隙，里面有空气，即所谓闭孔结构。

材料的吸声性能可用吸声系数表示，吸声系数为材料的吸收声能与入射声能之比，可用专门的仪器测出。一般材料的吸声系数值为 0 ~ 1，吸声系数值越大，说明材料的吸声性能越好。机房常用吸声材料及其吸声系数见表 10-6。

表 10-6　机房常用吸声材料及其吸声系数

材料名称	厚度/mm	密度/(kg/m³)	下述频率对应的吸声系数					
			125	250	500	1000	2000	4000
超细玻璃棉	20	20	0.05	0.10	0.30	0.65	0.65	0.65
	40	20	0.05	0.10	0.50	0.85	0.70	0.65
	50	20	0.15	0.35	0.85	0.85	0.86	0.86
	100	20	0.25	0.60	0.85	0.87	0.87	0.85
	150	20	0.50	0.80	0.85	0.85	0.86	0.80
防水超细玻璃棉毡	50	20	0.11	0.30	0.78	0.91	0.93	—
	100	20	0.25	0.94	0.93	0.90	0.96	—
珍珠岩吸声板	35	300	0.25	0.43	0.83	0.93	0.74	0.83
	50	300	0.30	0.46	0.92	0.98	0.84	0.63
	100	300	0.47	0.59	0.60	0.71	0.78	0.76
膨胀珍珠岩吸声砖	110	750	0.43	0.50	0.51	0.53	0.69	0.81
	110	750	0.50	0.56	0.61	0.50	0.69	0.89

在选用吸声材料时，应注意满足以下要求：

1）具有较大的吸声系数，而且对低频噪声有较好的吸声效果。

2）防火、防蛀、不易散乱。

3）受热受湿后变形小。

4）价廉、质轻，易于加工和拆装。

5）无臭、耐老化、使用寿命长。

6）不易附着灰尘，易清洁，抗湿性强，表面摩擦系数小。

此外，选用吸声材料时还应考虑噪声源的频谱，如风机房的噪声以低频为主，因此宜选用低频吸声性能强的材料，如石膏穿孔板、珍珠岩吸声板等；制冷机房、水泵房的噪声频谱较宽，应选用中、高频吸声性能好的材料，如超细玻璃棉毡、玻璃纤维板、矿渣棉板、聚氨酯泡沫塑料等。

对于冷却塔的水流跌落噪声，可采用柔软的吸声材料（如无纺布毡）铺设在集水盘的水面支架上，使冷却塔上部落下的水流或水滴由跌落在水面上改为跌落在柔软的吸声材料上，从而达到消声目的。此外，还可在冷却塔的进、出风口加设由吸声材料构成的消声装置，同时对水流跌落噪声和风机噪声进行吸收、消减。

（2）消声　消声是指在风管道上设置消声器来减少通过风管道传播的风机噪声，详见本章消声器部分的内容。

3. 防止噪声扩散

空调机房、制冷机房、锅炉房以及空气源热泵机组、冷却塔等是产生噪声和振动的主要地方和设备，其设置位置首先应尽量远离有较高消声和防振要求的空调房间。其次，为防止机房内外噪声源和振动源通过空气传声及固体传声、传振对周围环境产生影响，在进行空调工程设计时应考虑采用把噪声源和振动源隔绝在局部范围内的隔声、隔振措施。即将噪声和振动的传递途径隔断，阻止其扩散。

（1）隔声　隔声是指利用隔声材料和隔声结构把声源封闭起来，使其与周围环境隔绝，将噪声控制在局部空间范围内以减少噪声外传的措施，包括对空气传声和固体传声的隔绝，后者又与隔振有关。对于配备风机的空调设备，应尽量选用风机放在有隔声功能的箱体内的一体化设备。对于空调系统而言，应将空调设备、人工冷热源等噪声源尽量安放在专用机房内，借助机房围护结构的隔声性能将噪声最大限度地阻隔在机房内。

为了使机房围护结构有良好的隔声性能，各种人工冷热源机房和空调机房一定要采用隔声墙、隔声门以及隔声窗等，并加强门、窗缝的密封处理。常用的密封措施有门、窗缝单启口挤压、双启口挤压和斜口挤压。墙体的隔声结构可以采用均匀密实的单层结构，也可以采用双层或多层结构。表10-7给出了部分墙体结构的隔声性能。

表10-7　机房常用墙体结构的隔声性能

序号	构造（厚度单位：mm）	面密度/(kg/m^2)	下述频率对应的隔声量（dB）						平均隔声量/dB
			125	250	500	1000	2000	4000	
1	120厚砖墙，双面抹灰	240	37	34	41	48	55	53	44.6
2	240厚砖墙，双面抹灰	480	42	43	49	57	64	62	52.8
3	370厚砖墙，双面抹灰	700	43	48	52	60	65	64	55.3
4	490厚砖墙，双面抹灰	840	45	53	56	65	66	67	58.6
5	双层120厚砖墙，中空80	480	38	45	51	62	64	63	53.3
6	120厚砖墙与纤维板复合，中空50	320	39	40	44	53	57	58	48.5
7	240厚砖墙与岩棉及塑板复合	500	44	52	58	73	77	69	62.2
8	双层240厚砖墙，中空10，内填岩棉	970	51	63	67	74	81	—	67.2
9	120厚砖墙与240厚砖墙复合，中空80	700	45	52	54	63	67	69	58.3
10	490厚砖墙与加气混凝土复合，中空80	1160	47	59	73	82	82	—	68.6
11	78厚空心砖墙，双面抹灰	120	30	35	36	43	53	51	41
12	150厚加气混凝土墙，双面抹灰	140	29	36	39	46	54	55	43
13	200厚加气混凝土墙，双面抹灰	160	31	37	41	47	55	55	44
14	硅酸盐砌块墙，双面抹灰	450	35	41	49	51	58	60	49
15	空斗砖墙240厚，双面抹灰	300	21	22	31	33	42	46	31
16	140厚陶粒混凝土墙	240	32	31	40	43	49	56	42
17	双层75厚加气混凝土墙								
	中空：75	140	39	49	50	56	66	69	54
	100	140	40	50	50	57	65	70	55
	150	140	42	50	51	58	67	73	56
	200	140	40	52	51	59	71	76	57
18	双层100厚加气混凝土，中空50，双面抹灰	180	36	46	50	57	73	72	54
19	双层75厚加气混凝土，中空50，内填50厚矿棉毡	180	41	48	52	58	68	73	57
20	75厚与100厚加气混凝土复合，中空50抹灰	153	35	44	48	56	69	67	54
21	100厚加气混凝土与纤维板复合，中空60	84	26	34	42	53	63	65	47
22	100厚加气混凝土与三合板复合，中空80	83	31	27	31	50	57	61	43

（续）

序号	构　造 （厚度单位：mm）	面密度/ （kg/m²）	下述频率对应的隔声量（dB）						平均隔声量/dB
			125	250	500	1000	2000	4000	
23	双层 60 厚圆孔石膏板，中空 50，内填矿棉毡	—	37	41	38	41	47	52	43
24	双层石膏板（每层 2 块），中空 80	45	35	35	43	51	58	51	44
25	双层 12 厚石膏板，中空 80，内填矿棉毡	29	34	40	48	51	57	49	45
26	双层 1.5 厚钢板，中空 65，内填超细棉毡	27	32	41	49	56	62	66	50
27	双层钢板，分别为 1.0 和 2.0 厚，中空 65，内填超细棉毡	26	31	40	48	55	62	66	49
28	双层钢板，分别为 1.0 和 2.0 厚，中空 100，内填超细棉毡	27	39	43	51	58	66	70	53
29	1.5 厚钢板和 5 厚纤维板复合，中空 100，内填超细棉毡	21	37	40	51	58	64	69	52
30	2.5 厚钢板与 5 厚纤维板复合，中空 80，内填超细棉毡	20	31	43	51	57	62	65	51

从表 10-7 中可以看出：采用吸声材料与普通结构墙体做成复合墙，对于吸声和隔声两者都是有利的；墙体中增加空气层能增加隔声量，在空气层内填吸声材料则隔声效果更好。

（2）隔振　隔振实质上是消除或减少固体传声。固体传声与空气传声性质不同，其衰减缓慢，影响距离远，不易处理。通常在振动源和它的支承结构以及连接管道之间安装隔振装置，以减少从振动源传出的振动。如在风机、冷水机组和水泵等设备之下设置弹簧隔振器或橡胶隔振垫，以减少其振动向基础的传递；在风机和水泵等设备进出口与风管、水管连接处，设置软接头，以减少设备产生的振动向管道传递。

此外，在风管穿过墙体的部位，采用图 10-10 所示隔声兼隔振的软弹性材料填塞，以减小风管的振动对墙体或建筑结构的影响。同时，还可防止噪声通过风管、墙体对空调房间产生干扰。

有关隔振措施与隔振装置的详细介绍内容参见本章 10.3 节。

4. 防止管道串声

当多个相邻空调房间共用一个送回风管道系统时，为防止房间之间通过送、回风口和风管道“串声”，可采用图 10-11b ~ e 所示诸措施。

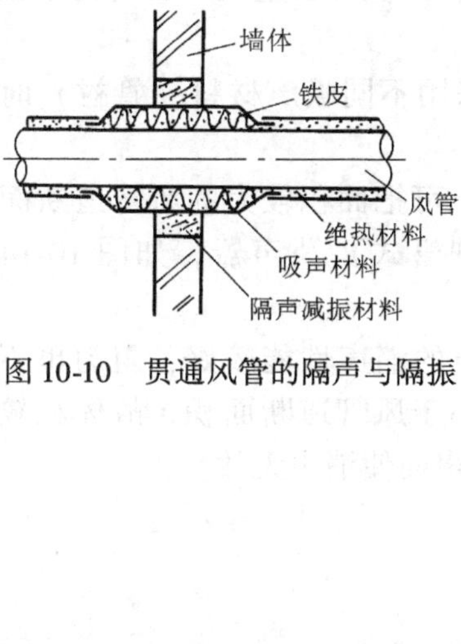

图 10-10　贯通风管的隔声与隔振

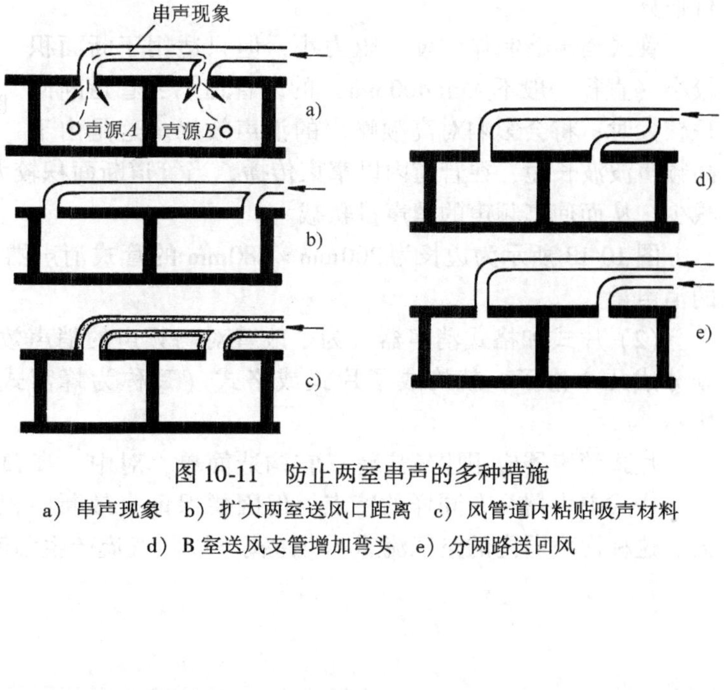

图 10-11　防止两室串声的多种措施

a）串声现象　b）扩大两室送风口距离　c）风管道内粘贴吸声材料　d）B 室送风支管增加弯头　e）分两路送回风

10.2 消声器

在空调系统中，用来消除沿风管道传播的噪声的装置称为消声器。通常把消声器作为风管道的一部分或一个管件（如消声弯头），使气流既能顺利通过又能使其噪声得到消除。

10.2.1 消声器的种类

空调工程使用的消声器种类很多，结构形式各异，消除噪声的频率范围也不一样，根据工作原理及构造的不同，可分为阻性消声器、抗性消声器、共振式消声器和复合式消声器四大类。

1. 阻性消声器

阻性消声器的消声原理主要是利用吸声材料的吸声作用，使沿风管道传播的噪声被吸收而衰减，因此阻性消声器又称为吸收式消声器。把吸声材料敷设在管道内壁，或按一定方式排列在管道或壳体内，就构成了阻性消声器。阻性消声器的声学性能（即消声性能）主要取决于吸声材料的种类、吸声层厚度及密度、气流流过通道的速度、断面形状和尺寸，以及消声器的有效长度等因素。阻性消声器的空气动力学性能（阻力）取决于其结构形式及气流速度。

阻性消声器的结构形式很多，但性能基本相似，对中、高频噪声消声效果显著，对低频噪声消声效果较差。为了提高消声量，可以改变吸声材料的厚度、密度和结构形式。常用的阻性消声器有管式、片式、格式、折板式、声流式、室式等六种，采用的吸声材料有超细玻璃棉、卡普隆纤维、岩棉毡和维尼龙废丝等。

（1）管式消声器　管式消声器又称为直管式消声器，是一种结构形式最简单的阻性消声器，它仅在管道内壁贴一层吸声材料构成，如图10-12所示。管式消声器的消声量可按直管道的噪声自然衰减量计算式（10-7）进行估算。

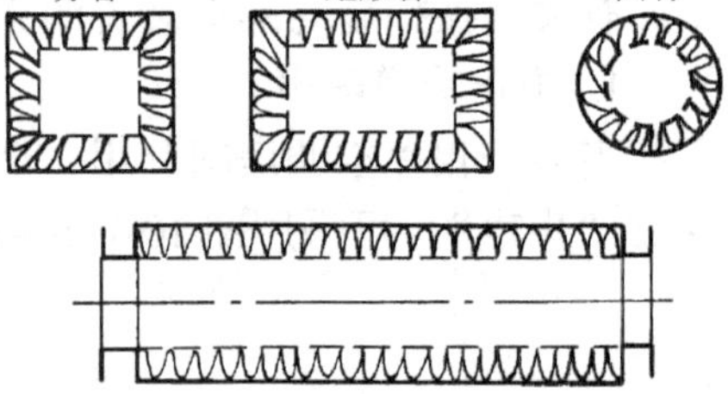

图10-12　不同断面形状的管式消声器

管式消声器制作方便、阻力小，但只适用于断面积较小（直径一般不大于400mm）的风管道。当管道断面积较大时，将会影响对高频噪声的消声效果。这是由于高频声波波长短，在管道内以窄束传播，当管道断面积较大时，声波与管壁吸声材料的接触减少，从而使高频声的消声量骤减。

图10-13所示为边长为200mm×280mm的管式消声器在采用不同吸声材料（管衬）时的消声量。

（2）片式和格式消声器　为了改善对高频声的消声效果，可把面积较大的风管道断面划分成几个格子，就构成了片式或格式（又称为蜂窝式、列管式）消声器，如图10-14所示。

片式消声器应用比较广泛，它构造简单，对中、高频噪声的消声性能较好，阻力也不大。格式消声器具有同样的特点，但因要保证有效断面积不小于风管道断面积，故体积较大。这种消声器内的空气流速不宜过高，以防气流产生湍流噪声而使消声无效。

片式消声器的片距一般为 100～200mm，格式消声器的每个通道约为 200mm×200mm，吸声材料厚度一般为 100mm 左右。图 10-15 是片式消声器的消声性能。其中隔片厚 100mm，内部填充 64kg/m³ 的玻璃棉或 96kg/m³ 的矿渣棉。图中 S 为片距。可以看出 S 加大，消声效果相应下降。

(3) 折板式和声流式消声器　将片式消声器的平直形气流通道改成折线型，就成为折板式消声器，如图 10-16 所示。声波在消声器内往复多次反射，增加了与吸声材料接触的机会，从而提高了中、高频噪声的消声量，但同时也使折板式消声器的阻力比片式消声器的阻力大。

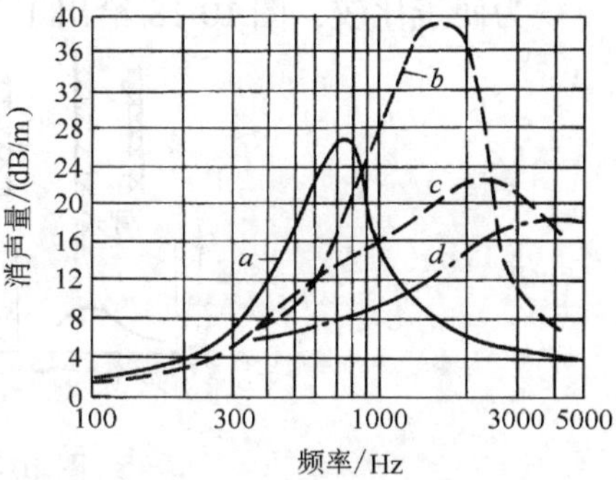

图 10-13　管衬的吸声性能图

a—表面穿孔的软质纤维板，30mm 厚

b—玻璃棉板，密度 160kg/m³，25mm 厚

c—矿渣棉板，密度 280kg/m³，25mm 厚

d—特种吸声材板，密度 320kg/m³，25mm 厚

为了使这种消声器既具有良好的消声效果，又具有较小的空气流动阻力，将消声器的吸声片纵截面制作成正弦波状流线型或菱形，使气流通道弯曲且吸声片厚度变化，这种消声器就称为声流式消声器，如图 10-17所示。其消声性能较高，消声频程较宽，但构造较复杂，制作要求较高。

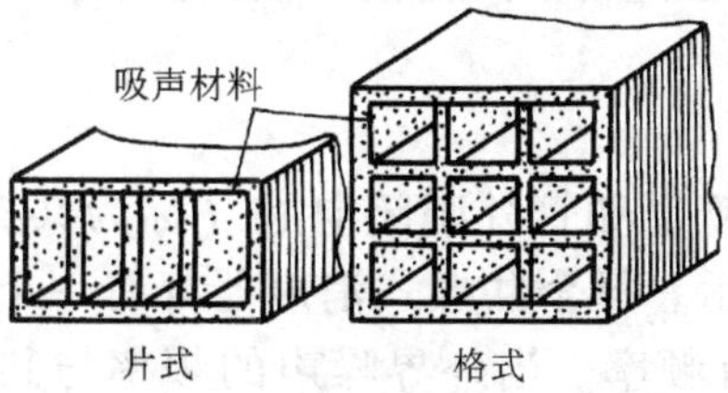

图 10-14　片式和格式消声器

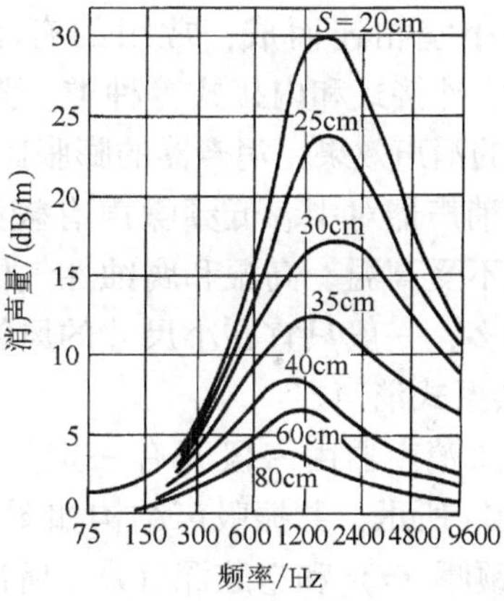

图 10-15　片式消声器的消声性能

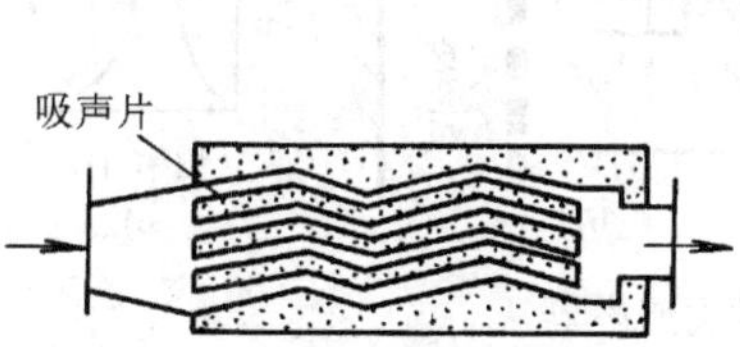

图 10-16　折板式消声器

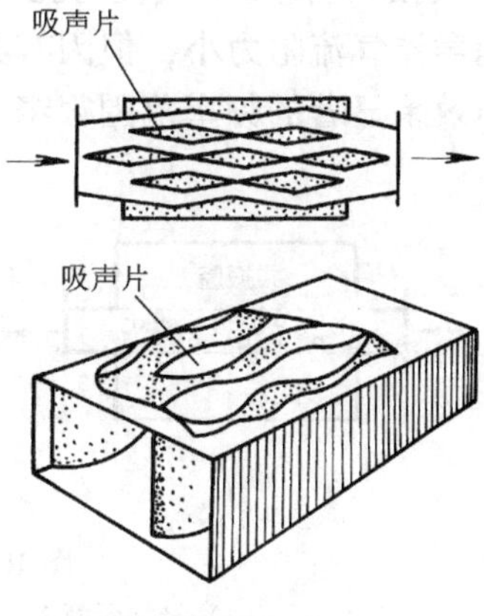

图 10-17　声流式消声器

为便于比较，图 10-18 给出了几种阻性消声器的消声频谱特性。

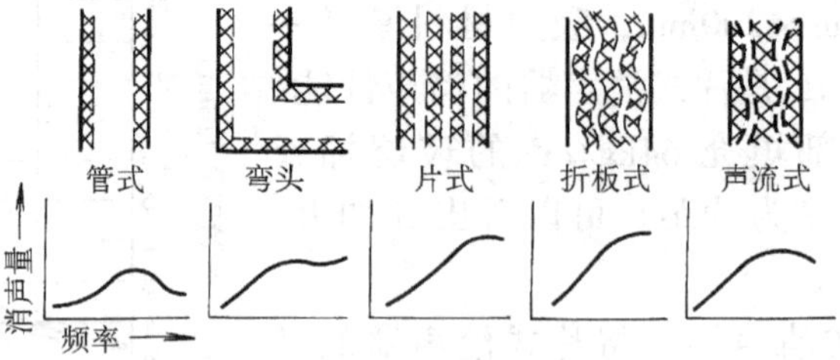

图 10-18 阻性消声器及消声频谱特性

2. 抗性消声器

抗性消声器是利用气流通道截面的突变（扩大或缩小），使沿通道传播的某些特定频段的声波在突变处向声源反射回去或产生声干涉而不再向前传播，从而起到消声作用的消声器，又称为膨胀性或膨胀式消声器，扩张式或扩张室式消声器。如图 10-19 所示，抗性消声器由管和小室相连而成，常用的有单节、多节、外接式和内接式等种类。为保证一定的消声效果，消声器的膨胀比（大断面与小断面面积之比）应大于 5。

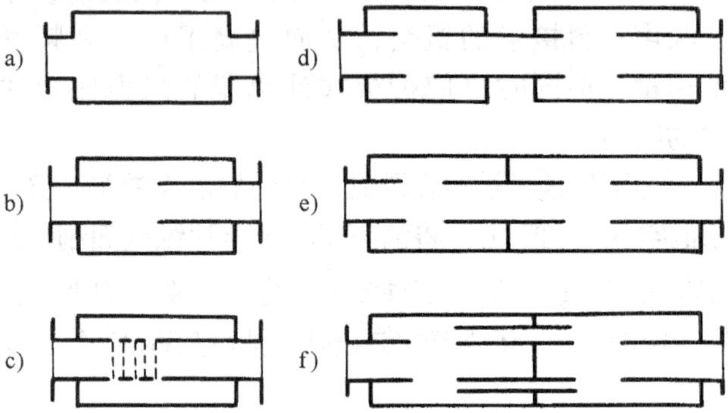

图 10-19 抗性消声器的几种基本形式

抗性消声器对中、低频噪声有较好的消声效果，而且结构简单；由于其不使用吸声材料，因此不受高温、高湿和腐蚀性气体的影响。但这种消声器消声频程较窄，气流阻力大且占用空间多，一般只宜在小尺寸的风管道中使用。

3. 共振式消声器

共振式消声器由一段开有一定数量小孔的管道和管外密闭空腔（称为共振腔）构成，如图 10-20a 所示，共振吸声结构如图 10-20b 所示。每个共振式消声器都有一个由孔颈直径（d）、孔颈厚（t）和空腔深（D）所决定的固有频率。当外界噪声的频率与共振吸声结构的固有频率相同时，会引起小孔孔颈处空气柱像活塞似地往复运动，同时使共振腔内的空气发生振动（即共振），使得空气柱与孔颈壁剧烈摩擦，从而消耗声能，起到消声作用。

共振式消声器气流阻力小，但因有共振腔而使其结构偏大；这种消声器具有较强的频率选择性，消声效果显著的频率范围很窄（图 10-20c），一般用以消除低频噪声。

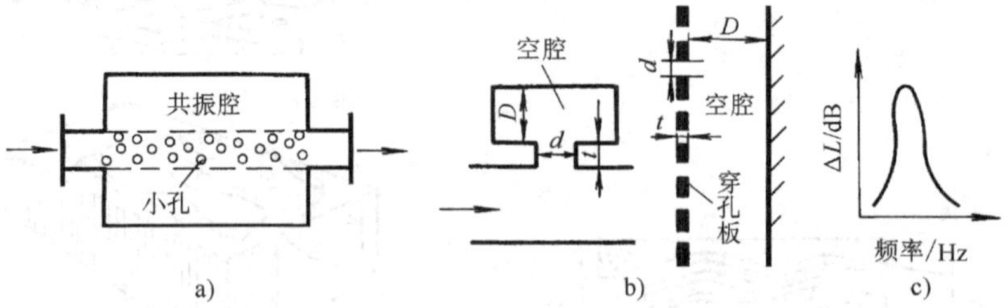

图 10-20 共振式消声器

a）结构示意图 b）共振吸声结构 c）消声特性

4. 微穿孔板消声器

微穿孔板消声器是在共振式吸声结构的基础上发展而来的。微穿孔板一般采用热浸锌钢板制作，也可以采用铝板或不锈钢板制作。微穿孔板厚度和微孔孔径均小于 1mm。由于消声器边壁设置共振腔，微孔与共振腔组成了一个共振系统，因此消声频程宽，而且气流阻力小，当风速在 15m/s 以下时，可以忽略阻力。又因这种消声器不使用吸声材料，因此具有抗潮湿、耐高温、不起尘等优点，一般多用于有特殊要求的场合，例如，高温、高速管道以及净化空调系统。为了使这类消声器在宽频带获得较好的消声效果，还可应用双层微穿孔结构，如图 10-21 所示。

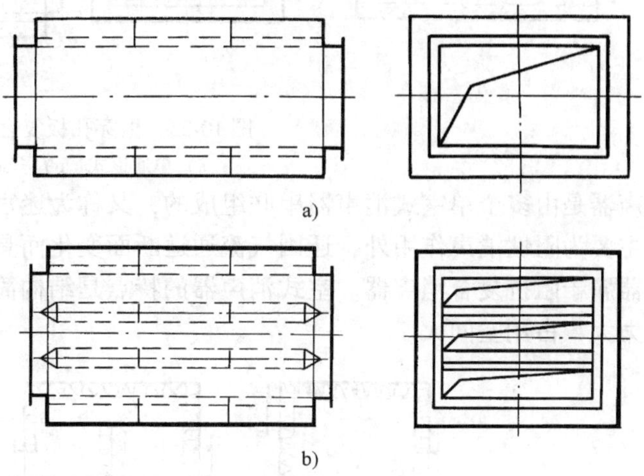

图 10-21　双层微穿孔板消声器

a）单通道式　b）多通道式

5. 复合式消声器

为了在较宽的频程范围内获得良好的消声效果，可把阻性消声器对中、高频噪声消除效果显著的特点，与抗性消声器对低频噪声消除效果显著、共振式消声器有效消声频率范围较窄的特点进行组合，设计成集两、三种消声器之长的复合式消声器，又称为宽频带消声器。这样的消声器主要有阻抗复合式消声器和微穿孔板复合式消声器。

（1）阻抗复合式消声器　阻抗复合式消声器一般由用吸声材料制成的阻性吸声片和若干个抗性膨胀室组成，如图 10-22a 所示。试验证明，阻抗复合式消声器在低频噪声的消声性能方面有很大的改善。例如，1.2m 长的阻抗复合式消声器，对低频声的消声量可达 10 ~ 20dB（图 10-22b）。

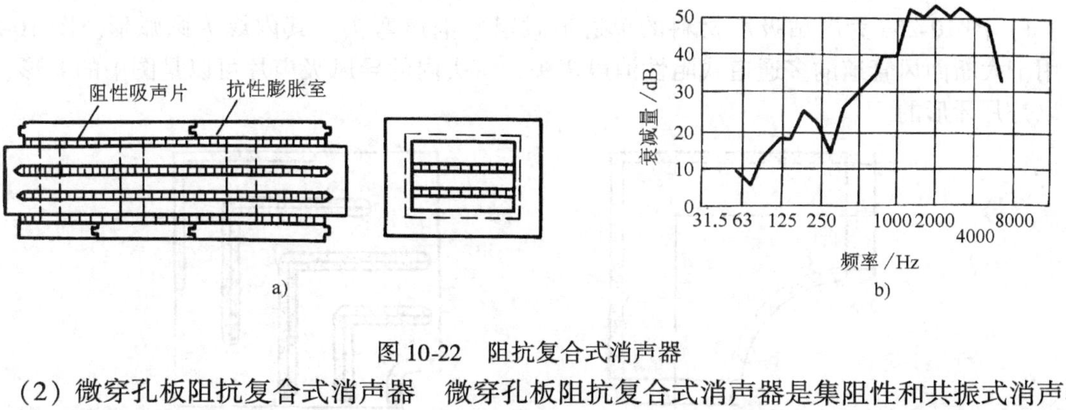

图 10-22　阻抗复合式消声器

（2）微穿孔板阻抗复合式消声器　微穿孔板阻抗复合式消声器是集阻性和共振式消声器消声原理于一体的消声器，如图 10-23 所示。该消声器与气流接触部分采用共振消声结构，因此具备了微穿孔板消声器的所有优点；而外围的消声结构一般以玻璃棉为吸声材料，这样既提高了消声性能，又减小了消声器的体积。

（3）室式消声器　在大容积的箱（室）内表面装贴吸声材料，并错开气流的进、出口位置，就构成了如图 10-24 的室式消声器。室式消声器分为单室式和多室式两种，多室式消

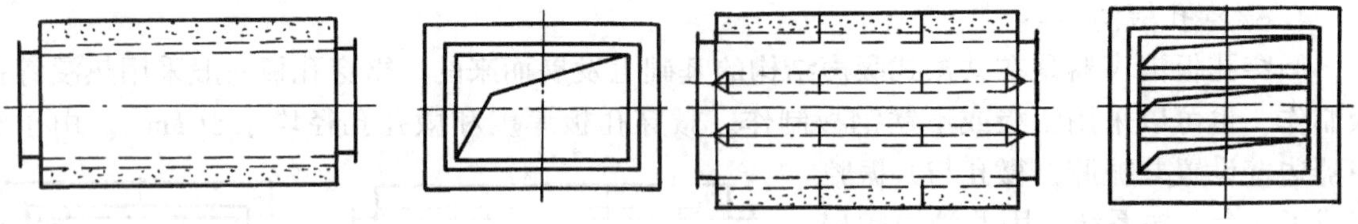

a) b)

图 10-23 微穿孔板复合式消声器

a）单通道式 b）多通道式

声器是由多个单室式消声器串联组成的，又称为迷宫式消声器。室式消声器的消声原理除了主要为阻性消声作用外，还因气流通道断面变化而具有一定的抗性消声作用，因此这类消声器属于阻抗复合消声器。室式消声器的特点是结构简单，消声频程较宽，安装维修方便，阻力大，占用空间大。

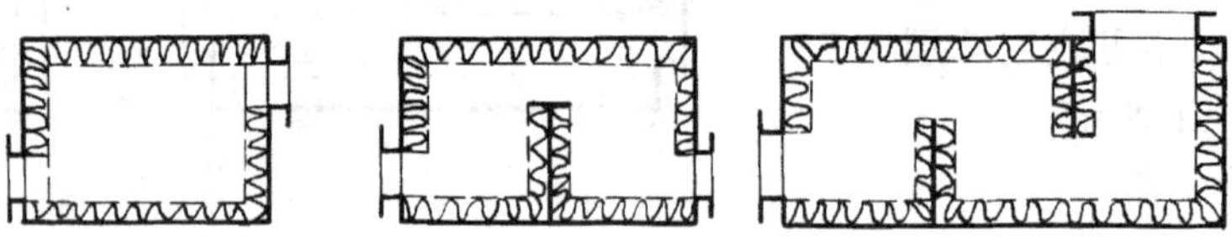

a) b)

图 10-24 室式消声器

a）单室式 b）多室式

6. 其他形式的消声器

除了上述各种专用消声器外，空调工程中还经常用到一些经过适当处理后兼有消声功能的风管配件和部件，它们具有一物两用、节约空间的优点，如消声弯头、消声静压箱、消声百叶窗等。

（1）消声弯头 当受位置限制而难以在直管段设置管道消声器，或需对原有风管道增加消声能力时，可采用弯头式消声器或将普通管道弯头换成消声弯头（即旁头式消声器）。

1）图 10-25a 为内贴吸声材料的单通道式阻性消声弯头，其内缘为圆弧形。图 10-25b 是用于大断面风管道的多通道式阻性消声弯头，弯头内的导风吸声片可以是图中的 L 形，也可以是月牙形的。

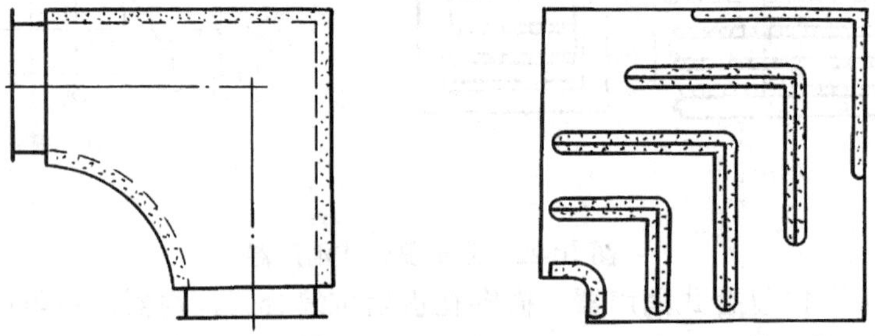

a) b)

图 10-25 阻性消声弯头

a）单通道式 b）多通道式

2）图 10-26 是微穿孔板消声弯头。微穿孔板吸声结构可以是单层的，如图 10-26a 所示；

也可以是双层的，如图 10-26b 所示。

3）微穿孔板与吸声材料共同构成的复合式消声弯头如图 10-27 所示。

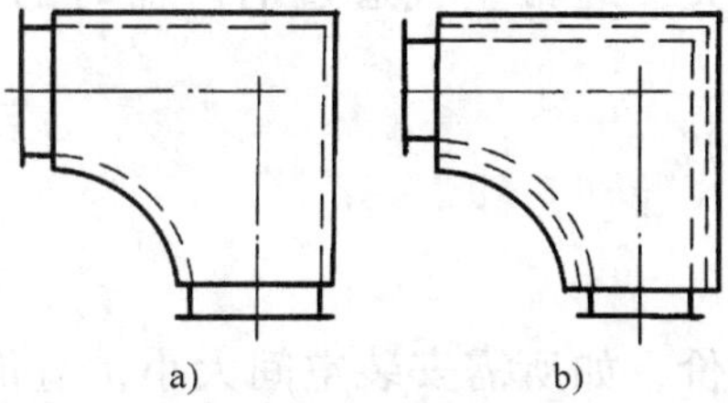

图 10-26　微穿孔板消声弯头
a）单层孔板　b）双层孔板

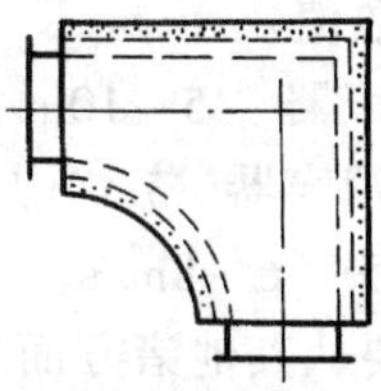

图 10-27　微穿孔板复合式消声弯头

（2）消声静压箱　在风机出口处或在送风口前设置静压箱并在其内贴以吸声材料，即构成消声静压箱。如图 10-28 所示，消声静压箱既可起到稳定气流的作用，又可起到消声器的作用，其消声量与材料的吸声能力、箱内断面积和出口侧风管的断面积等因素有关。

（3）消声百叶窗　消声百叶窗又称为百叶式消声器或消声百叶，它实际上是一种长度很短的片式、声流式或折板式消声器，其消声性能主要取决于单片百叶的形式、叶片间距、叶片安装角度和有效消声长度等。当空调机房布置在空调房间的隔壁或有走廊相通的相邻房间时，通常采用百叶窗作为集中回风口。为了减小空调机房内的噪声通过百叶窗的传出量，一般采用有消声功能的百叶窗，其结构形式如图 10-29 所示。消声百叶窗与普通百叶窗的主要不同点是前者的叶片为吸声叶片，由金属薄板（镀锌钢板、铝板和不锈钢板）做成，为空心的、表面有小孔的椭圆形、菱形或倒 V 字形，其内填有吸声材料。

消声百叶窗还广泛地用于有噪声控制要求的空调机房新风入口。

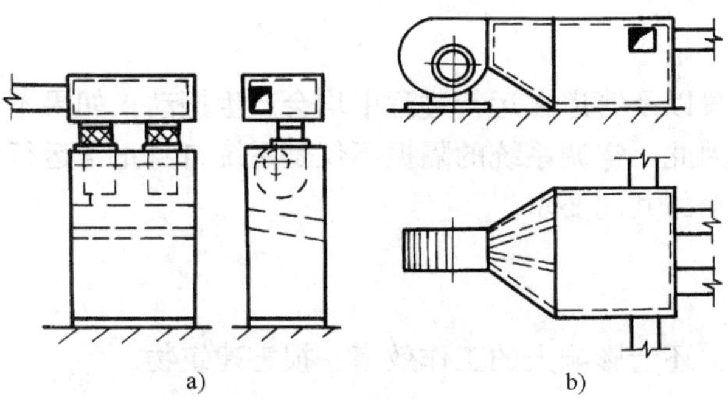

图 10-28　消声静压箱的应用
）消声静压箱装在空调机出风口　b）消声静压箱兼起分风箱作用

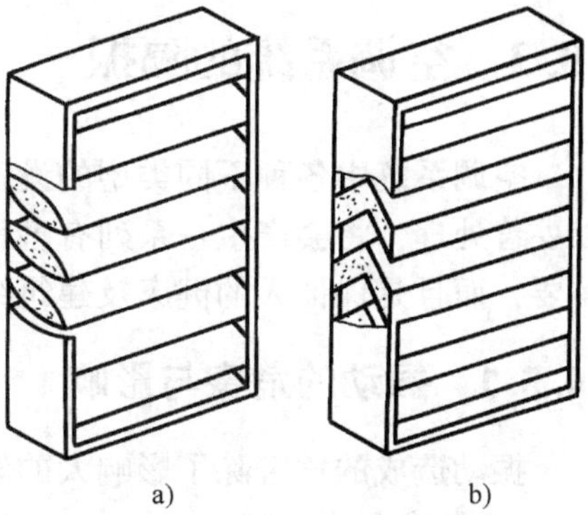

图 10-29　消声百叶窗

10.2.2　消声器的选择与设置

1）选择消声器时，首先应了解噪声源的基本情况，以便使选用的消声器声学特性在各频程的消声能力与噪声源的频率特性及各频程所需消声量相适应。例如，对于中、高频噪声源，宜采用阻性或阻抗复合式消声器；对于低、中频噪声源，宜采用共振式或抗性消声器；对于脉动低频噪声源，宜采用抗性或微穿孔板阻抗复合式消声器；对于变频带噪声源，宜采用阻抗复合式或微穿孔板消声器。其次，消声器的阻力不宜过大，应与管道系统所允许的阻力相适应。而阻力又与风速有关，通常空气通过消声器时的流速，不宜超过下列数值：

① 阻性消声器 5～10m/s（要求高时：4～6m/s）。

② 共振性消声器 5m/s。

③ 消声弯头 6～8m/s。

此外，还要从其他诸方面对消声器进行比较和评价，如所需安装空间大小，造价的高低，防火、防尘、防潮、防霉、防蛀性能等。

2）当空调系统所需的消声量（计算方法可参阅有关设计手册）确定后，可根据具体情况选择消声器的形式，然后根据已知的风量、消声器设计流速和消声量，确定消声器的种类、型号和数量。

3）消声器一般应设于空调机房和空调房间之间靠近空调机房，且气流稳定的直管段上。不宜设在空调机房内，以免噪声透入消声器后部的管段中。若必须设在机房内时，消声器的外壳及消声器后部至机房隔墙的那段风管都要做好隔声处理。

4）当风管内气流小于8m/s时，消声器应设于接近风机处的主风管上。当大于8m/s时，宜分别装在各分支管上。

5）空调系统的送风管道和回风管道均应设置消声器；对于在空调机房墙壁上开设的集中回风口，应采用消声百叶门或消声百叶窗；为防止噪声对环境的干扰，新风进风口和排风口亦应采用消声百叶窗。

6）在有些情况下，如系统所需的消声量较大或不同房间的允许噪声标准不同时，可在总管和支管上分段设置消声器。

10.3 空调系统的隔振

空调系统中各种不同类型的设备、装置以及管道在运行过程中均会产生振动，如果不予以妥善处理，将会产生一系列有害影响。因此，空调系统的隔振不仅是系统自身正常运行的需要，而且是保证人的健康及建筑结构安全的共同要求。

10.3.1 振动的危害与影响

振动造成的危害除了影响人的健康外，还会影响人的工作效率，损害建筑物。

1. 影响人的健康

有研究证明：人对振动的心烦效应和对振动感觉十分一致，这是由于振动感觉器遍布全身和振动易引起人体内脏器官的共振，故轻微振动也能引起心烦。人如果长期生活或工作在振动干扰的环境里，心理上烦恼不堪，可能对神经系统、消化系统、心血管系统、内分泌系统等造成危害。振动对人体危害主要取决于以下几个因素：

（1）振动频率 振动对人体不良影响中，频率起着主要作用，不同的频率振动所引起的感受和病变特征是不同的。人体能感知的振动频率范围是1～1000Hz，而反应特别敏感的是1～80Hz的振动。

（2）振动强度　当频率一定时，振幅越大对机体的影响越大。

（3）接触振动的时间　振动的时间特性可分为稳态振动、间歇振动和冲击振动。稳态振动的强度是不随时间变化的振动；间歇振动是指时有时无的振动，如汽车驶过而引起的马路振动等；靠冲击力做功的机械如打桩机等产生的振动称为冲击振动。人体无论受哪种振动作用，接触振动的时间越长，对肌体的不良影响越大。

2. 影响工作效率

振动影响视觉，干扰手的操作不准确，操作速度下降，甚至出现误操作。振动妨碍精力集中，特别是振动和噪声共存的环境下，人的大脑思维受到干扰，难以集中精力进行判断、思考、运算和操作，造成工作效率下降。

3. 损害建筑物

振动还有可能使建筑结构强度降低，甚至使其受到破坏，如地面和墙壁龟裂、墙皮脱落、地基变形和下沉等。

10.3.2　振动的评价与标准

人体对振动的感觉比对噪声的感觉要复杂得多。人对噪声通常情况下只通过耳器官感受，而对振动则是由身体各部位的接触位来感受。同样一种振动，人的体位不同（如立、坐、卧等），则感觉也会不一样。同时，由不同的器官接近的振动，其感觉也不尽相同。此外，振动的频率、强度或接触的时间等的不同，人的感受也不同。由此可见，评价振动对人的影响，要比评价噪声对人的影响复杂得多。

如同噪声一样，振动对人既是一种生理影响，也是一种心理影响，所以个体差异也十分明显。某些人能容忍的振动，对另一些人却可能引起强烈的反应。但用统计的方法可以找出平均值、高限值与低限值，并以此作为评价标准。国际标准化组织（ISO）推荐了一个根据振动强弱对人体影响的评价标准，它分为以下 4 类（或 4 个等级）：

1）振动的“感觉阈”，即人体刚能感觉到的振动信息，大多数人对这种振动是能够忍受的。

2）振动的“不舒适阈”，当振动的强度加大到一定程度时，人就有不舒适或讨厌的心理反应，是大脑对振动的一种判断，但还不致引起生理反应，即还没有产生生理的影响。

3）振动的“疲劳阈”，当振动强度进一步增大到某种程度，人对振动的感觉就由“不舒适”进入到“疲劳”。此时不仅有心理反应，而且也出现生理反应。也就是说，人的感觉器官和神经系统受振动的刺激，并通过神经系统对其他器官产生影响，如注意力转移、工作效率降低等。但当振动停止后，这些生理影响是能够消除的。

4）振动的“危险阈”，当振动的强度继续增加并超过一定限度时，便对人不仅有心理、生理影响，还会产生病理性的损伤，这就是“危险阈”，也称“极限阈”。超过危险阈的振动将使感受器官和神经系统产生永久性病变，即使振动停止也不能复原。

建筑物内的各种振源振动均会干扰人们的正常生活、工作和学习，因此对建筑物内的振动需要加以限制。国家标准《建筑工程容许振动标准》（GB 50868—2013）规定，建筑物内人体舒适性的容许振动计权加速度级宜按表 10-8 的规定确定。

表 10-8 建筑物内人体舒适性的容许振动计权加速度级 (dB)

地点	时段	连续振动、间歇振动和重复性冲击振动			每天只发生数次的冲击振动		
		水平向	竖向	混合向	水平向	竖向	混合向
医院手术室和振动要求严格的工作区	昼间	71	74	71	71	74	71
	夜间						
住宅区	昼间	77	80	77	101	104	101
	夜间	74	77	74	74	77	74
办公室	昼间	83	86	83	107	110	107
	夜间						
车间办公室	昼间	89	92	89	110	113	110
	夜间						

注：1. 本表适用于建筑物内人体承受 1 ~ 80Hz 全身振动对工作、学习、睡眠等活动不受干扰的人体舒适性。
2. 当建筑物内使用者和居住者以站姿、坐姿、卧姿方式活动，活动姿势相对固定时，应采用水平向或竖向数值；当活动姿势不固定时，应采用混合向数值。

10.3.3 空调系统的振动源及隔振措施

了解空调系统的振动源及隔振措施是空调专业人员必备的知识之一。

1. 空调系统的振动源

空调系统的振动源与噪声源相同，分为设备、风管道和风口三类，其中设备为主要振动源。

空调系统中的风机、水泵、冷水机组、空调机组、风机盘管等设备运转时，会由于转动部件的质量中心偏离转轴中心，或作往复运动部件的惯性而产生机械振动。该振动可直接传递给支承结构（基础或楼板）和连接的管道，并以弹性波的形式从支承结构沿建筑结构和管道传递到空调房间，同时还辐射噪声（这种噪声称为固体声或固体噪声）。

空气在管道内流动时，会在经过阀门、弯头及分合流时造成管道振动，并通过固定在建筑结构上的吊（支）架传递，激发有关的结构体振动并辐射噪声。

当风口的导流叶片刚度不够时，在气流的冲击下会产生振动。

2. 隔振措施

要消除或减弱空调系统的设备和管道因振动产生的影响，可从两个方面采取措施：一个是积极主动的，即在设备的选用时就注意选择振动小的机型；另一个是消极被动的，即采用各种有效的隔振（又称减振）方法来消除或减弱振动的传递。主要是将设备和支承结构与连接的管道之间的刚性连接，以及管道吊（支）架与其固定建筑结构间的刚性连接变为软连接（弹性连接或柔性连接）。

隔振的方法主要有三种，一是隔振沟隔振，二是大块式基础隔振，三是隔振装置隔振。空调工程中通常采用后两种隔振方法。大块式基础隔振是指将设备安装于大块（大质量）基础之上，当合理选用基础材料、尺寸、质量及恰当的基础刚度时，就能达到一定的减弱振动的效果，它适用于隔振要求不高的场合。

采用隔振装置隔振是一种经济合理的隔振方法，广泛用于空调系统的设备和管道隔振。隔振装置隔振按隔绝振动传递的对象不同分为基础隔振和管道隔振。图 10-30 和图 10-31 分别为水泵机组及风机机组采用基础隔振与管道隔振的示意图。

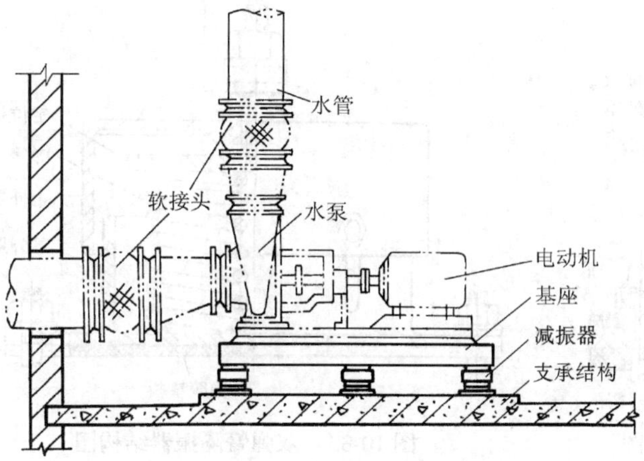

图 10-30　水泵机组隔振示意图

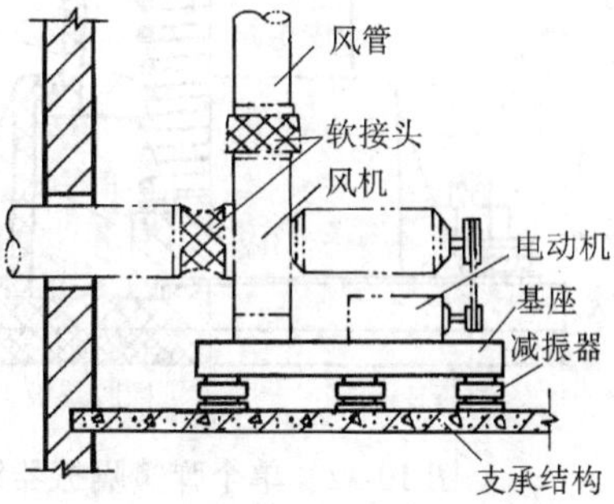

图 10-31　风机机组隔振示意图

基础隔振是利用弹簧、橡胶等弹性材料做成的隔振装置，使空调系统的设备与支承结构之间的刚性接触变为弹性接触，即将隔振装置设于被隔振设备与支承结构之间，吸收设备振动的能量，从而产生隔振效果。基础隔振有两种安装方式：一是设备直接与隔振装置连接，二是在设备与隔振装置之间设置基座（又称台座、机座）。常用基座形式有钢筋混凝土基座和全钢结构（又称为型钢）基座。

管道隔振分为两个方面，一是管道与设备间的隔振，即利用帆布、人造革、橡胶等材料做成的管状隔振装置（俗称软接头），使空调系统的设备与管道之间的刚性连接变为柔性连接；二是管道与建筑结构间的隔振，即采用悬吊隔振器或在管道支架上用弹性材料作管道的衬垫，当管道穿过楼板或墙体时预埋套管并用柔性材料填缝等措施来吸收管道的振动能量。

对于金属风管管壁的振动以及风阀和风口叶片的振动，其预防和消除的措施参见 10.1.6 部分的相关内容。

10.3.4　隔振装置

隔振装置又称为隔振器、隔振元件、减振器等。空调工程中常用的隔振装置主要有弹簧隔振器、橡胶隔振装置、弹簧与橡胶组合隔振器、悬吊隔振器以及软接头。

1. 弹簧隔振器

弹簧隔振器是金属弹簧隔振器的简称，是用弹簧钢丝制成的螺旋形构件，结构简单，加工容易，刚度低，静态压缩量大，固有频率低，承载能力大，隔振效果好，性能稳定、可靠，安装方便，使用寿命长，具有良好的耐油性、耐老化性和耐高低温性能，因此应用广泛。其主要缺点是阻尼很小，共振时放大倍数大，容易传递高频振动，水平方向的稳定性较差。弹簧隔振器通常用于空调和制冷设备的基础隔振。

弹簧隔振器可由单个弹簧加铸铁或塑料护罩构成（图 10-32、图 10-33 所示为国产 TJ_1 型弹簧隔振器的结构图），也可由图 10-34 所示的数个相同尺寸的弹簧族组成。

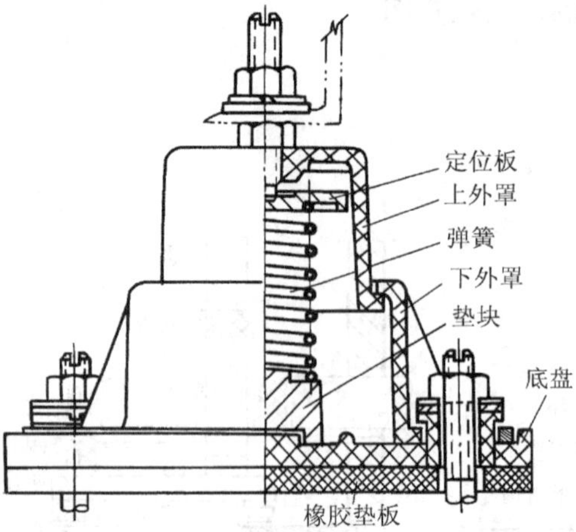

图 10-32　单个弹簧隔振器结构图

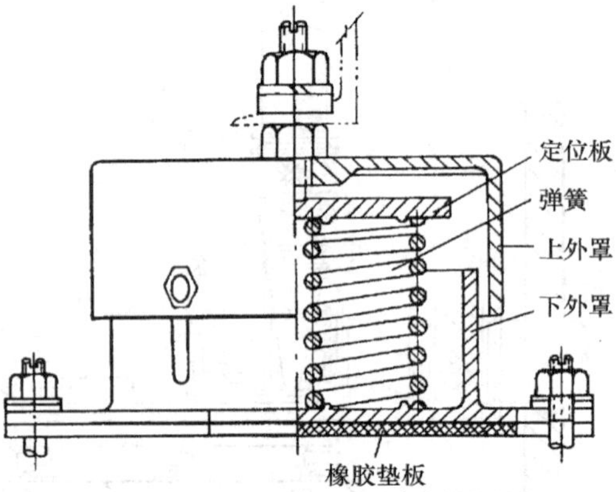

图 10-33　双弹簧隔振器结构图

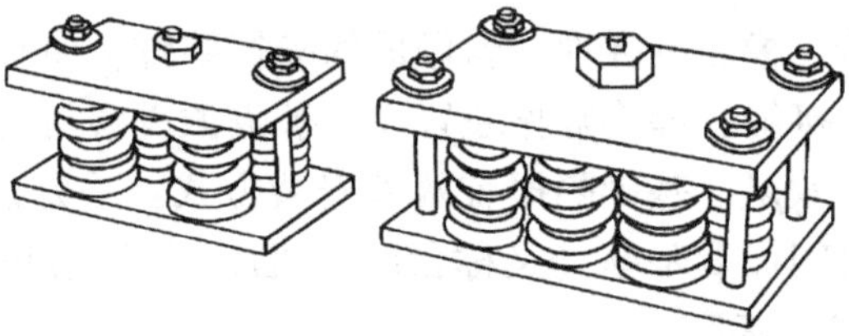

图 10-34　组合弹簧隔振器

2. 橡胶隔振装置

橡胶是一种常用的隔振材料，其特点是弹性好、阻尼大、成形简单、制作形状不受限制、各向刚度可根据要求选择，而且成本低廉。但橡胶不耐低温和高温，易于老化，使用年限较短，这些缺点也限制了它的应用范围。做隔振用的橡胶有天然橡胶（NR）与合成橡胶中的氯丁橡胶（CR）、丁腈橡胶（NBR）及顺丁橡胶（BR）等。天然橡胶的强度、延伸性、耐磨性、耐低温性较好，但耐油性和耐热性差；氯丁橡胶耐老化性和耐臭氧性较好；丁腈橡胶耐油性和耐磨性好，阻尼大；顺丁橡胶的弹性及耐磨性好。

橡胶材料的隔振装置种类很多，主要有隔振垫和隔振器两种，分别属于压缩型和剪切型橡胶隔振装置，水泵和转速较高的风机等设备采用较多。

1）橡胶隔振垫是将橡胶材料加工成压缩性更强的各种形状的块状体，常用的是图 10-35a右侧图形所示的肋形（又称为瓦楞形）橡胶隔振垫，其形式有单向单面和双面开肋、双向双面开肋等。肋形橡胶隔振垫一般用丁腈橡胶制成，耐油性能好，抗老化能力强，使用寿命长；而且具有结构简单，价格低廉，安装、更换方便，刚度较低，可根据需要切割成任意大小，还可多层叠放使用等特点。

2）橡胶隔振器是采用经硫化处理的丁腈橡胶制成的圆锥体形状的隔振器。橡胶作为隔振弹性体，粘结在内、外金属环上受剪切力的作用，因此又称为橡胶剪切隔振器。橡胶隔振器具有较低的固有频率和足够的阻尼，结构简单，隔振效果良好，且安装和更换方便，价格低廉；但有使用多年后易老化的缺陷。图 10-35b 左侧图形为国产 JG 型橡胶剪切隔振器的结构示意图。

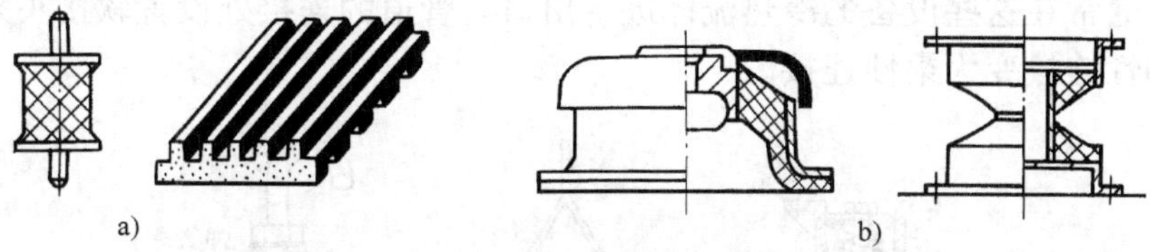

图 10-35　几种不同形式的橡胶隔振器结构示意图

a）压缩型　b）剪切型

3. 弹簧与橡胶组合隔振器

当采用橡胶隔振装置满足不了隔振要求，采用弹簧隔振器阻尼又不足时，可采用弹簧与橡胶组合隔振器。此类隔振器有并联、串联和复合型三种形式，如图 10-36 所示。

图 10-37 为橡胶隔振装置与弹簧隔振器的应用。

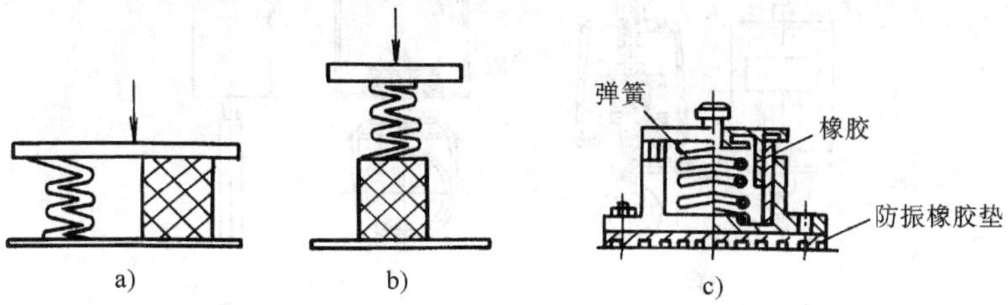

图 10-36　弹簧与橡胶组合隔振器

a）并联　b）串联　c）复合型

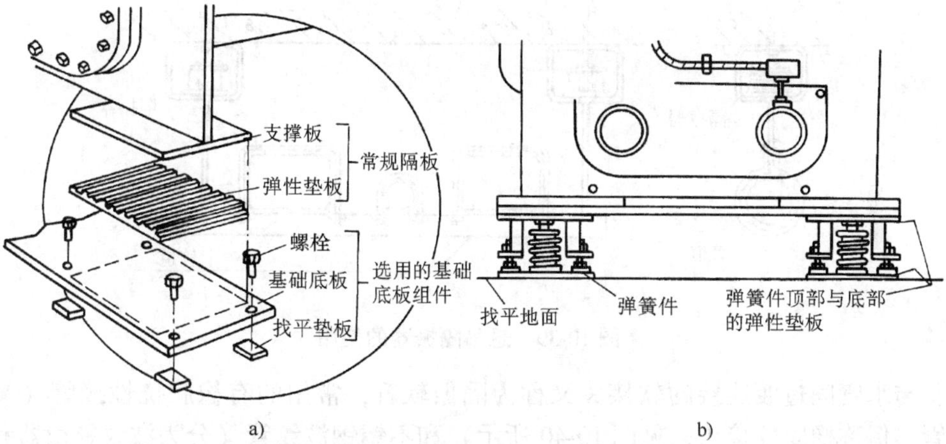

图 10-37　橡胶隔振装置与弹簧隔振器的应用

a）橡胶隔振垫隔振　b）弹簧隔振器隔振

4. 悬吊隔振器

悬吊隔振器又称为隔振吊架、弹性吊架，主要用于悬吊设备、装置和管道的隔振，以减少设备、装置和管道传递给悬吊支承结构（如楼板）的振动。其形式有弹簧悬吊隔振器和橡胶悬吊隔振器两类，如图 10-38 所示。悬吊隔振器结构简单、刚度低、隔振效果好、安装比较方便，其使用情况如图 10-39 所示。

5. 软接头

为了消除或减少冷（热）水机组、水泵、风机和空调设备通过所连接水管或风管向外传递的振动，通常在这些设备的冷热流体进、出口与管道的连接处设置软接头来过渡，使设备与管道的刚性连接变为柔性连接。

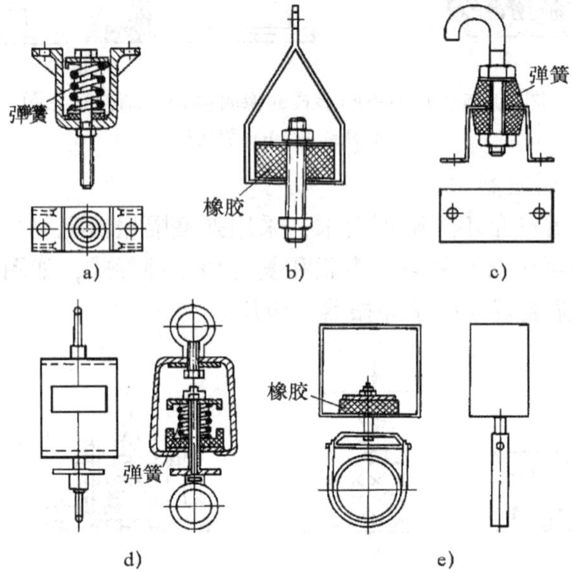

图 10-38 五种悬吊隔振器结构

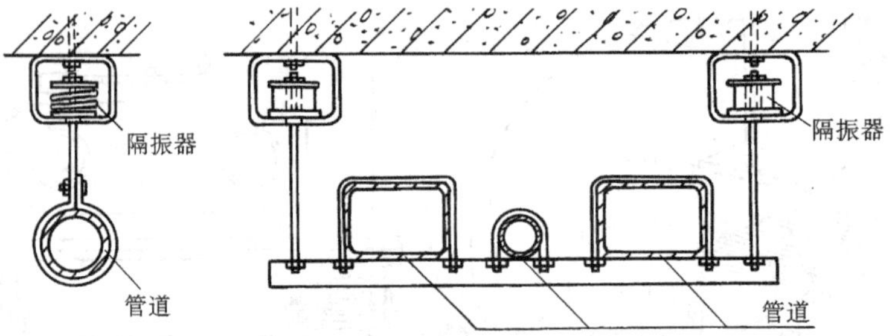

图 10-39 悬吊隔振器的使用

设备与水管间过渡连接的软接头又称为隔振软管，常用的有橡胶挠性接管（又称为橡胶软接管，俗称橡胶软接头，见图 10-40 所示）和不锈钢波纹管（分为波纹补偿器和波纹管两种，见图 10-41）两种。橡胶软接头具有弹性好、位移量大、吸振能力强等特点，但受水的温度和压力的限制，且易老化；不锈钢波纹管能耐高温、耐高压、耐腐蚀，经久耐用，但价格较高。

设备与风管间过渡连接的软接头因断面较大，无法使用橡胶软接头和不锈钢波纹管，通常采用阻燃的帆布、人造革或玻璃纤维布制作。

软接头除了能起隔振作用外，还能补偿由于温度变化引起的管道伸缩和补偿由于安装造成的设备与管道间的位置差，因此软接头又称为管道补偿软连接装置。此外，软接头不能承受机械的碰伤和轴向拉力，不能作为弯头使用。

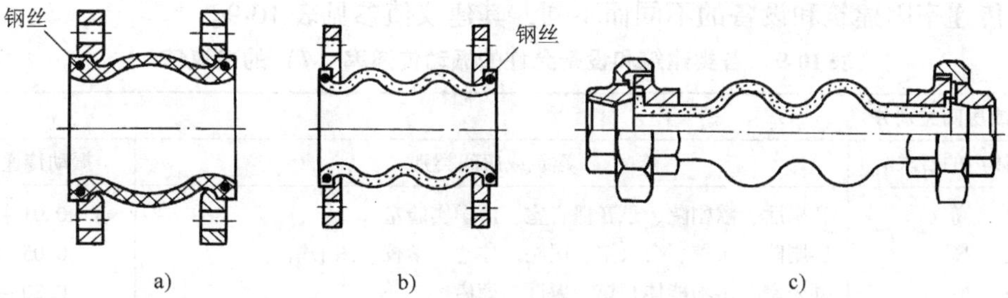

图 10-40　橡胶软接头

a）单球体　b）双球体（法兰接头）　c）双球体（螺纹接头）

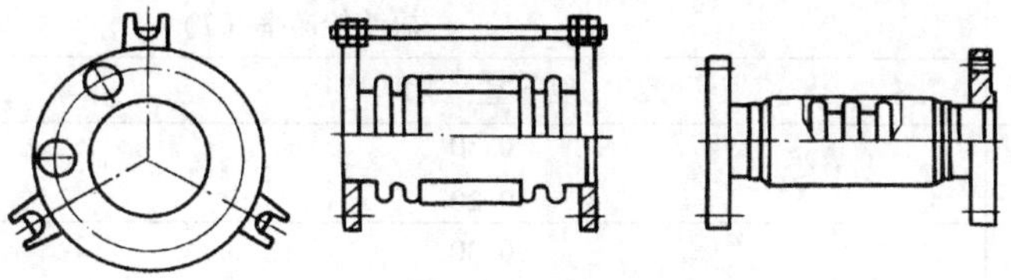

图 10-41　不锈钢波纹管

a）波纹补偿器　b）波纹软管（带网套）

10.3.5　设备基础隔振装置的选择计算

当已知建筑的类别和设备的振动传递率、每个隔振装置的荷载以及隔振装置静态压缩量后，可根据隔振装置的规格型号和技术性能参数来选定合适的设备基础隔振装置。有关计算要用到的参数和相关计算公式如下：

1. 扰动频率

扰动频率 f（Hz）是振动设备在运行过程中，由于其作周期性旋转所产生的频率，也称运转频率、驱动频率，通常可按下式计算：

$$f = \frac{n}{60} \tag{10-8}$$

式中　n——振动设备的转速，单位为 r/min。

2. 固有频率

固有频率 f_0（Hz）即隔振装置的自振频率，它与隔振装置的结构、材质及承受荷载的大小有关，通常由生产厂家给出。固有频率是衡量隔振装置隔振效果的一个关键性指标。

3. 振动传递率

隔振装置的隔振效果一般用振动传递率 T（也称振动传递比、隔振系数等）表示，它主要取决于振动设备的扰动频率 f 和隔振装置的自振频率 f_0 之比，该比值越大，隔振效果越显著，且当 $f/f_0 \geqslant 2.5$ 时隔振装置才能真正起到隔振作用。如果忽略隔振装置的阻尼作用，其关系式为

$$T = \left| \frac{1}{1 - \left(\frac{f}{f_0}\right)^2} \right| \tag{10-9}$$

振动传递率因建筑和设备的不同而不同，其建议值参见表10-9。

表10-9 各类建筑和设备允许的振动传递率（T）的建议值

A. 按建筑或房间类别分

隔离固体声的要求	建筑或房间类别	振动传递率（T）
很　高	音乐厅、歌剧院、录音播音室、声学实验室	0.01～0.05
较　高	影剧院、旅馆、会议室、医院、住宅、学校、图书馆	0.05～0.20
一　般	办公室、多功能体育馆、餐厅、商店	0.20～0.40
要求不高或不考虑	工厂、车库、仓库、地下室	0.80～1.50

B. 按设备种类区分

设备种类		振动传递率（T）	
		地下室、工厂	楼层建筑（两层以上）
泵	≤3 kW	0.30	0.10
	>3 kW	0.20	0.05
往复式制冷机	<10 kW	0.30	0.15
	10～40 kW	0.25	0.10
	40～110 kW	0.20	0.05
密闭式制冷设备		0.30	0.10
离心式制冷机		0.15	0.05
空调设备		0.30	0.20
管路系统		0.30	0.05～0.10
冷却塔		0.30	0.15～0.20
冷凝器		0.30	0.20

C. 按设备功率分

设备功率/kW	振动传递率（T）		
	底层、一楼	两层以上（重型结构）	两层以上（轻型结构）
≤4	—	0.50	0.10
4～10	0.50	0.25	0.07
10～30	0.20	0.10	0.05
30～75	0.10	0.05	0.025
75～225	0.05	0.03	0.015

4. 静态压缩量

振动体置于隔振装置上，静态时隔振装置原始自然高度的变化量称为静态压缩量（也称为静载压缩量或静态变形值）。根据简化的理论公式，可得静态压缩量δ与隔振装置固有频率f_0的关系为

$$f_0 = \frac{5}{\sqrt{\delta}}$$

即

$$\delta = \frac{25}{f_0^2} \tag{10-10}$$

将式（10-8）和式（10-10）代入式（10-9）可近似得

$$\delta = \frac{9 \times 10^4}{Tn^2} \tag{10-11}$$

当振动传递率 T 用百分数表示时，可写成

$$\delta = \frac{9 \times 10^6}{T\% n^2} \tag{10-12}$$

5. 隔振装置的载荷

隔振装置的载荷 P（N/个）是被隔振物体的总质量（设备与基础）均布在每个隔振装置上的质量，即

$$P = \frac{m \times 9.8}{n} \tag{10-13}$$

式中　m——设备和基础的总质量，单位为 kg；

n——隔振装置的个数，单位为个。

【例 10-1】　一台某型号离心式风机机组，运行时转速 $n = 1450\text{r/min}$，机组（包括电动机、型钢台座和保温材料）质量为 1320kg，要求振动传递率 $T = 15\%$，试为其选择 JG 型橡胶剪切隔振器。

【解】

1）求振源（风机机组）的运转频率

$$f = \frac{n}{60} = \frac{1450}{60}\text{Hz} = 24.17\text{Hz}$$

2）计算每个隔振器的载荷

若装 6 个隔振器则每个隔振器的载荷为

$$P = \frac{m \times 9.8}{n} = \frac{1320 \times 9.8}{6}\text{N/个} = 2200\ \text{N/个}$$

3）计算隔振器的静态压缩量

$$\delta = \frac{9 \times 10^6}{T\% n^2} = \frac{9 \times 10^6}{15 \times 1450^2}\text{cm} = 0.285\text{cm}$$

4）选择隔振器规格并校核

根据 $P = 2200\text{N/个}$，查图 10-42，对应选 JG_3-4 型隔振器，其静态压缩量 $\delta = 9\text{mm} = 0.9\text{cm} > 0.285\text{cm}$，并查得 $f_0 = 8\text{Hz}$，$f/f_0 = 24.17/8 = 3.02 > 2.5$，所选隔振器符合要求。

10.3.6　设备基础隔振装置的选择原则与布置

1）设备的扰动频率与隔振装置垂直方向的固有频率之比应大于或等于 2.5，否则会降低隔振效果。

2）弹簧隔振器固有频率较低（一般为 2～5Hz），橡胶隔振装置的固有频率较高（一般为 5～10Hz），为了充分发挥各自的隔振作用，使 $f/f_0 \geqslant 2.5$，当设备转速小于或等于 1500r/min时，宜选用弹簧隔振器；当设备转速大于 1500r/min 时，宜选用橡胶等弹性材料的隔振垫块或隔振器。

3）隔振装置承受的载荷不得超过允许的工作载荷（生产厂家规定的最大载荷）。

4）由于弹簧隔振器的压缩变形量大，阻尼作用小，振幅也较大，当设备起动与停止运行通过共振区其共振振幅达到最大时，有可能对设备及基础起破坏作用。因此，当共振振幅

较大时，弹簧隔振器宜与阻尼大的材料联合使用。

5）选择橡胶隔振装置时，还应考虑环境温度对隔振装置压缩变形量的影响，应避免太阳直接辐射或与油类接触。为了保证橡胶隔振装置的隔振效果并考虑某些安全因素，橡胶隔振装置的计算压缩变形量一般按生产厂家提供的极限压缩量的1/3～1/2采用。

6）隔振装置的布置，宜采用对称方式，数量一般取4～6个，各支点承受的荷载应相等。对于机组不组成整体的情况（如风机与电动机、水泵与电动机），隔振装置对机组的支承必须通过公共基座或机座来实现。对于小型（或轻型）设备，隔振装置可直接设置在地坪或楼板上，通常不必另做设备基础和地脚螺栓。

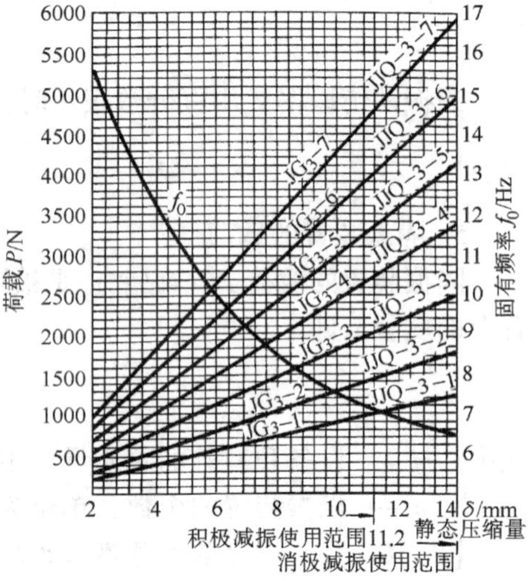

图10-42 JG$_3$、JJQ-3型橡胶剪切隔振器静态压缩量及对应固有频率

本章要点

1. 噪声作为声波的一种，它具有声波的一切特性。空调系统中噪声的量度主要采用声压、声强、声功率和声压级、声强级、声功率级。

2. 空调系统的噪声源主要分为：风机、空调设备、水泵、冷却塔、人工冷热源（如冷水机组、锅炉）等设备；风管道；风口三类。其中，风机是空调系统中的主要噪声源。

3. 空调系统的噪声主要有直接传入室内、通过风口传入室内、通过建筑结构传入室内、通过空调房间围护结构的不严密处传入室内四个传播途径。

4. 控制空调系统的噪声主要应在降低噪声源的噪声、减少噪声的传播量和防止噪声扩散三个方面采取措施。

5. 消声器是用来消除沿风管道传播的噪声的装置，根据工作原理及构造的不同，消声器主要分为阻性、抗性、共振式和复合式四种类型。阻性或阻抗复合式消声器适用于消除中、高频噪声；抗性或共振式消声器适用于消除低、中频噪声；对于脉动低频噪声源，宜采用抗性或微穿孔板阻抗复合式消声器；对于变频带噪声源，宜采用阻抗复合式或微穿孔板消声器。空调工程中还经常用到一些经过适当处理后兼有消声功能的管道部件和装置，如消声弯头、消声静压箱、消声百叶窗等。

6. 消除或减弱空调系统的设备和管道因振动产生的影响，除了在设备的选用时就注意选择振动小的机型外，还要采取各种有效的隔振措施来消除或减弱振动的传递。

7. 空调系统的设备隔振主要是减弱振源（设备）传给支承结构和管道的振动，需消除它们之间的刚性连接，可采用弹簧隔振器、橡胶隔振装置、弹簧与橡胶组合隔振器、悬吊隔振器以及软接头等隔振装置。

思考题与习题

1. 为什么要采用声级计A档来评价噪声？

2. 空调系统中的噪声源有哪些？分别产生何种噪声？

3. 空调系统产生的噪声主要通过哪些途径传入空调房间？

4. 减少空调系统噪声传入空调房间的措施有哪些？
5. 吸声材料与柔性泡沫橡塑绝热材料有什么本质的区别？
6. 消声器主要用来消除什么噪声？一般设置在哪里？
7. 空调工程常用的消声器有哪几种？各自的消声原理是什么？
8. 选择消声器应考虑哪些因素？
9. 振动会造成什么不良影响？
10. 空调系统中哪些设备、装置在使用时会产生振动？产生振动的原因分别是什么？
11. 对于空调系统中的各振动源，一般采用哪些措施来消除或减小其影响？
12. 常用的隔振装置有哪些？各有什么特点？
13. 选择隔振装置时应注意哪些共同的事项？

第 11 章

空调工程设计

设计的质量决定着空调工程的投资大小、空调系统的性能好坏和能耗高低。为了使空调工程设计能与社会、经济发展水平相适应，达到经济效益、社会效益和环境效益相统一的目标，在设计时应做到：既要设计合理，又要经济适用；既要把握设计标准，又要满足建设方要求；既要积极采用先进技术、先进设备和新型材料，又要注意节能和环保。同时，各阶段设计文件要完整，内容和深度要符合国家主管政府部门颁布的《建筑工程设计文件编制深度规定》的要求，文字说明和图样准确、规范、清晰，无错漏等。因此，空调工程设计是一项非常复杂的工作，也是一项要求很高的工作。对于设计者而言，除要求具有扎实的理论知识和严肃认真、严谨细致的工作态度外，还需要对空调工程的设计步骤、空调工程设计阶段和内容，以及有关设计文件的组成有较详尽的了解。

本章主要介绍和讨论空调工程设计前的准备工作内容、空调工程设计阶段与内容。

11.1 空调工程设计前的准备

在设计前，了解设计任务书对空调的要求并收集相关资料，熟悉有关规范和标准，准备好必要的设计资料是确定设计方案、保证设计质量、加快设计速度、使设计具有一定先进性的前提条件。

11.1.1 熟悉有关规范和标准

国家和政府部门颁布的规范和标准是设计工作必须遵循的准则，其规定的原则、技术数据及要求是设计的重要依据，也是评价设计文件的主要标准。规范和标准所提供的结论和数据，既是实践经验和科研成果的高度概括与浓缩，同时也集中反映了国家和政府部门在经济、能源、安全、环保等方面的现行政策，具有权威性和约束性。

规范和标准的条文在执行过程中一般有两种情况，一种是必须严格执行的条文，又称为强制性条文，如对人民生命财产安全有重要影响的条文，应该坚决执行；如果遇到特殊原因，在条文执行过程中确实存在困难或严重不合理而不能执行时，应该提出新的、技术可靠的措施，而且应该通过上级主管职能部门审批同意后方可采用。另一种是原则上应该执行的条文，如一般的技术数据、布置形式等；若遇到特殊情况不能按规范和标准规定执行时，应在把握规范和标准规定有关条文的精神实质基础上，提出解决方案，报技术会议研究，上级主管职能部门审定。

在规范和标准中，除了国家颁布的（用 GB、GBJ、GB/T 表示的编号）外，由于存在行业特点，国内还有许多专业性的行业规范和标准，以及一些地方性的法规，设计中也应参考执行。即便是在不能套用的特殊情况下，也应尽量与之接近。

空调工程设计常用的部分国家颁布的规范和标准有：

1. 专业类

1）民用建筑供暖通风与空气调节设计规范（GB 50736—2012）。

2）工业建筑供暖通风与空气调节设计规范（GB 50019—2015）。

3）暖通空调制图标准（GB/T 50114—2010）。

4）民用建筑热工设计规范（GB 50176—1993）。

5）公共建筑节能设计标准（GB 50189—2015）

6）工业设备及管道绝热工程设计规范（GB 50264—2013）。

7）工业企业设计卫生标准（GBZ 1—2010）。

8）工业循环冷却水处理设计规范（GB 50050—2007）。

9）锅炉房设计规范（GB 50041—2008）。

10）工业锅炉水质（GB 1576—2008）。

2. 防火类

建筑设计防火规范（GB 50016—2014）。

3. 环保类

1）民用建筑隔声设计规范（GB 50118—2010）。

2）工业企业噪声控制设计规范（GB/T 50087—2013）。

3）城市区域环境噪声标准（GB 3096—1993）。

4. 施工及验收类

1）通风与空调工程施工规范（GB 50738—2011）。

2）通风与空调工程施工质量验收规范（GB 50243—2002）。

3）制冷设备、空气分离设备安装工程施工及验收规范（GB 50274—2010）。

4）风机、压缩机、泵安装工程施工及验收规范（GB 50275—2010）。

由于国家和主管政府部门制订有各种类型建筑的专门建筑设计规范，如《办公建筑设计规范》（JGJ 67—2006）、《旅馆建筑设计规范》（JGJ 62—2014）、《商店建筑设计规范》（JGJ 48—2014）等，因此在进行设计前还应了解相关建筑设计规范中对空调设计方面的规定和要求。此外，还需引起注意的是规范和标准的制定部门会根据实际情况的变化，对规范和标准不断地进行修订，在具体使用时应采用最新公布实施的版本。

《绿色建筑评价标准》（GB/T 50378—2014）是我国颁布的第一部有关绿色建筑的国家标准，它是在总结我国绿色建筑方面的实践经验和研究成果基础上，借鉴国际先进经验制定的第一部多目标、多层次的绿色建筑综合评价标准。该标准的内容涉及住宅建筑和公共建筑有关节地与室外环境、节能与能源利用、节水与水资源利用、节材与材料资源利用、室内环境质量和运营管理六个方面，其中节能与能源利用、室内环境质量和运营管理三个方面的内容均与空调有关。其导向是要求空调系统与设备必须向全面提升满负荷和部分负荷效率，节约能耗，积极开发和利用可再生能源以及能源回收与综合利用的方向发展。因此，在进行空调工程设计时要充分利用先进的设计技术，注意选择与环境友好的设备、材料，最大限度地减少资源的消耗、降低系统运行能耗，在保证构建舒适、健康的工作生活环境基础上，将对人类赖以生存的自然环境的影响降低到最小。

11.1.2 准备专业设计资料

除了上面列出的有关规范和技术标准外，在进行空调工程设计时还要用到以下专业设计资料，也应事先准备好。

1）专业设计手册、技术措施、参考书籍（可参见本书所附《参考文献》）。

2）专业标准图——暖通空调标准图 T1 ~ T9。

3）冷热源设备、空调设备、辅助设备、有关装置等的产品选型资料，包括生产厂家、品种规格、产品质量、市场使用情况及价格等。

4）若干相同或类似工程的设计资料（如图样）、有关文字资料（如工程设计总结、技术报告、论文等）。

在有条件的情况下，最好能对若干相同或类似工程进行现场考察、调研，了解其使用效果和存在的问题；走访原设计者，了解其设计思想和心得，以便在设计时能取长补短。当重复利用其他工程的图样时，更应详细了解原图使用的条件和内容，并作必要的核算和修改，以满足新设计项目的需要。

11.1.3 了解设计对象情况并收集相关资料

在设计前，应进行充分的调查研究，把与设计有关的基本情况了解清楚，并收集必要的相关设计基础资料。

1）弄清建筑物的性质、规模和功能划分，了解建设方对空调的具体要求，掌握当地水、电、汽、燃料等能源的供应情况(包括价格)是恰当选择空调方案，进行空调分区和系统划分的依据，也是确定空调设备类型和冷热源类型的重要依据之一。

2）弄清建筑物在总图中的位置、四邻建筑物及其周围管线敷设情况，以作为计算负荷时考虑风力、日照等因素及决定冷却塔安装位置、管道外网设置方式的参考。

3）明确建筑物所在地室外空气计算参数和建筑物中各类不同使用功能的空调房间的室内空气设计参数要求，这是空调负荷计算、管路系统设计计算和设备选择的依据。

4）注意建筑物层数、层高及建筑物的总高度，看其是否属于高层建筑。按现行的规范规定：十层及十层以上的住宅、建筑高度超过 24m 的其他民用建筑，应遵守高层民用建筑设计防火规范的有关规定。

5）弄清各类功能房间、走廊、厅堂的空调面积；各朝向的外墙或玻璃幕墙及屋面的尺寸和面积，构造做法和热工性能；外窗的大小和层数，外窗框与玻璃的种类和热工性能，为计算通过围护结构的传热量做准备。

6）弄清各空调房间的使用时间、人员数量和活动情况，以及室内装置、设备、器具等散热量和使用情况，以作为计算负荷及划分空调子系统的依据。

7）了解建筑结构形式、梁的位置和高度、柱的布置和尺寸、吊顶高度、各层空间的实际尺寸以及剪力墙的位置，为设备和管道的布置做准备。

8）明确建筑防火分区的划分、防烟分区的划分、防火墙的位置，以及火灾疏散路线，便于划分空调子系统及决定防火阀的设置位置。

9）了解可能提供做冷热源机房和空调机房的位置，冷却塔可能放置的位置和设备层的安排，热力点位置等，以便充分、合理地利用。

10）了解建筑物是自用还是出租，室内装修是一次完成还是不确定，以便考虑采用合适的空调系统和划分相适应的子系统。

11）了解其他专业如电气、给水排水、消防、室内设计等的设计方案及其要求，以便与其协调，减少可能产生的矛盾。

12）对建筑物周围环境还应了解：

① 周围是开敞的还是被楼群包围的（被楼群包围时计算负荷要考虑阴影区），周围环境的背景噪声水平如何。

② 有无会反射太阳辐射热给本建筑物，增加太阳辐射热量的水面、沙地、停车场及比拟建建筑物低的建筑物屋顶。

③ 有无可能会对设置新风口有影响的工厂、锅炉房、厨房等。

11.2　空调工程设计阶段与内容

一个有空调要求的建筑工程设计，一般是由以建筑专业为主体，结构、电气、给水排水、暖通空调等专业人员共同参与的综合性设计，而且是一个不断由粗到细、由整体到部分、逐步深入和完善的过程。民用建筑工程的设计过程通常分为方案设计、初步设计和施工图设计三个设计阶段，大型和重要的民用建筑工程，在初步设计之前，一般要进行方案设计并优选；小型和技术要求相对简单的民用建筑工程，经有关主管部门同意，并且合同中有不做初步设计的约定，可在方案设计审批后直接进入施工图设计阶段。

从国家住房和城乡建设部颁布的《建筑工程设计文件编制深度规定》（2008 年版）可知，三个设计阶段的设计文件编制深度（或称设计深度）不同，其设计文件的内容也不相同。当设计合同对设计文件编制深度另有要求时，设计文件编制深度应同时满足《建筑工程设计文件编制深度规定》和设计合同的要求。

11.2.1　方案设计

方案设计阶段主要是建筑设计方案优选，空调专业人员只进行配合设计。方案设计文件的编制深度一般应满足编制初步设计文件和控制概算的需要。对于投标方案，设计文件的编制深度应满足标书的要求。

方案设计阶段空调专业人员设计的主要内容为：

（1）选择空调系统　根据建筑物的性质、规模、结构特点、内部功能划分、空调负荷特性、设计参数要求、同期使用情况、设备与管道的布置安装和调节控制的难易等因素综合考虑，经过技术经济比较后确定空调系统形式。在满足使用要求的前提下，尽量做到一次投资省、系统运行经济而且能耗少。

（2）确定冷热源方案　根据选定的空调系统形式，确定匹配的冷热源方案，粗略估算冷热负荷和冷热源设备数量，计算冷热源设备及其辅助设备布置所需要的机房面积，冷却塔布置所需面积；配合建筑专业人员确定冷热源机房和冷却塔的位置。

(3) 确定管道井位置 委托建筑专业人员在合适位置设置管道井(包括冷热水井、冷却水井、凝结水井、新风井等)，并确定管道井大小。

(4) 估算空调专业总用电量和总用水量，并提供给相关专业人员。

涉及空调专业要完成的方案设计文件，只有工程设计说明书中的空调设计说明，其主要内容为：

1) 空调设计方案要点。

2) 室内设计参数及设计标准。

3) 冷热负荷的估算数据。

4) 空调系统的形式及控制方式。

5) 冷热源的选择及其参数。

6) 新技术采用情况、节能环保措施和需要说明的其他问题。

11.2.2 初步设计

初步设计阶段应将本专业内容的设计方案或重大技术问题的解决方案，进行综合技术经济分析，论证技术上的先进性、适应性和经济上的合理性，并将其主要内容写进初步设计说明书中。

初步设计文件的编制深度应满足下列要求：

1) 能据以确定工程造价。

2) 能据以编制施工招标文件。

3) 能据以进行主要设备订货。

4) 能据以编制施工图设计文件。

5) 能据以进行施工准备。

11.2.2.1 初步设计程序

1. 准备工作

根据建筑专业人员提供的建筑各层平面布置图、剖面图、立面图和文字资料以及其他专业人员提供的设计任务资料，详细了解房间使用功能、使用特点和对空调专业人员设计所提出的要求。

2. 冷热负荷及送风量估算

以空调房间为单元，确定室内空气设计参数，估算各个房间的空调冷热负荷及送风量。

3. 空调系统设计

(1) 全空气系统设计

1) 确定全空气系统形式，如一次回风或二次回风、定风量或变风量、常规或低温送风等。

2) 根据房间的功能，使用空调的时间、性质及特点，划分子系统，确定各子系统的作用区域、空调机房的位置和主要管道的走向。

3) 初选空气处理设备。根据系统特点、使用要求及安装条件确定空气处理设备类型。根据热湿负荷大小及系统的组成，初步选择空气处理设备的型号、规格。

(2) 风机盘管加新风系统设计

1) 根据建筑总高度和设备的承压能力确定水系统是否需要进行竖向分区。

2) 确定水系统形式，如两管制或四管制、同程式或异程式、变流量或定流量、一级泵或二级泵等。确定膨胀水箱和水泵的设置位置。

3）根据房间的功能，使用空调的时间、性质及特点，划分子系统，确定各子系统的作用区域和主要管道的走向。

4）确定供、回水温度。

5）按标准或要求确定各空调房间新风量、新风处理终状态参数。

6）划分新风子系统，确定各子系统的作用区域、新风处理设备的位置和主要管道走向。

7）新风系统风量、阻力估算，初步选择新风处理设备。

4. 冷源系统设计

1）估算出建筑最大小时冷负荷(考虑同期使用系数和安全系数)，考虑到负荷特点及调节性能，经过技术经济比较，初步选择冷源设备类型、数量及型号、规格。

2）估算冷水量、水系统阻力、运行特点，初步选择冷水泵的数量、型号和规格。

3）估算冷却水量、冷却水系统阻力、运行特点，初步选择冷却水泵的数量、型号和规格。

4）根据冷却水量、冷却水系统阻力、冷却塔进出水温差、环境噪声要求，初步选择冷却塔的类型、数量及型号、规格。

5. 热源系统设计

1）估算出建筑最大小时热负荷(考虑同期使用系数和安全系数)，考虑到负荷特点及调节性能，经过技术经济比较，初步选择热源设备(蒸汽锅炉、无压热水锅炉、真空热水锅炉等)的类型、数量及型号、规格。

2）初步选择附属设备。

6. 绘制图样

1）系统流程图。

2）主要楼层系统平面图。

3）空调机房平面图。

4）冷、热源机房平面图。

7. 编制主要设备表

8. 编制初步设计说明书

9. 向有关专业人员提出配合设计要求和提供相应资料

（1）建筑专业　冷热源机房和空调机房等设备用房的位置、面积及层高（尺寸），冷却塔及放置在室外的空调有关设备安装位置和占用面积（尺寸），水管井、竖向风道井位置和面积（尺寸），有关场所要求的、设置管道或空调设备的空间高度，新风口、回风口和排风口的位置和面积（尺寸），冷热源设备的安装入口位置及尺寸，以及设备振动和噪声的有关资料等。

（2）结构专业　剪力墙、楼板、梁上留洞的大致位置及尺寸（一般为长边超过 1m 的矩形洞或直径超过 1m 的圆形洞），各机房内的设备质量或机房平均面积荷载（空调机房大约为 500～800kg/m^2），需要吊装的大口径管道质量，冷却塔及放置在室外的空调有关设备质量，设备基础要求(包括基础位置、外形尺寸、预埋件位置、设备质量)，为装运大型设备需预留的“哑巴口”等。

（3）电气专业　本专业总用电量及各种用电设备的位置、数量、电动机型号、容量、电压，设备和系统的控制要求、监测与调节方式等。

（4）给水排水专业　本专业总用水量及各种用水设备的位置、数量、用水量、水温及供水压力，有排水（包括泄水）的设备位置、排水量及水温。

11.2.2.2　初步设计文件与内容

涉及空调专业要完成的初步设计文件主要有设计说明书，除小型和技术要求简单的工程外，还应有主要设备表、设计图纸和计算书。

1. 设计说明书

（1）设计依据

1）摘录设计总说明所列批准文件和依据性资料中与本专业设计有关的内容、建设方要求等。

2）本工程采用的主要法规和标准（包括名称、编号、年号和版本号）。

3）其他专业提供的本工程设计资料，包括建筑设计确定的房间使用功能或生产工艺对空调的要求，建筑物围护结构的热工性能（如墙的构造与 K 值，窗的材料、层数与 K 值）等。

（2）设计范围

根据设计任务书和有关设计资料，说明本专业设计的内容及与有关专业的设计分工。

（3）设计说明

1）室外空气计算参数（按规范给出的数据，选择要采用的部分列出）。

2）按法规、标准或建设方要求确定的室内空气设计参数（表11-1）。

表11-1　室内空气设计参数

房间名称	夏季		冬季		新风量标准/(m^3/h·人)	噪声标准/dB(A)
	温度/℃	相对湿度(%)	温度/℃	相对湿度(%)		

3）空调冷热负荷。

4）空调系统形式及各子系统作用区域划分。全空气系统的空气处理或净化方式，气流组织及控制方法；空气-水系统的水系统形式、划分，压力分布及承压情况，新风系统形式、新风量及处理方式等。

5）冷热源方案，冷热介质和冷却水参数，水处理方式。

6）主要设备的选择。

7）设备消声与隔振措施。

8）监测与自动控制方案。

9）管道材料及绝热材料的选择。

10）节能与环保措施。

11）空调系统的防火（防烟）措施。

2. 主要设备表

列出主要设备的名称、性能参数、数量等（参见表11-2）。该表也可附在设计说明书中，或附在设计图样中。

表 11-2　主要设备表

设备编号	名　称	性能参数	单位	数量	安装位置	服务区域	备　注

注：性能参数栏应注明主要技术数据。

3. 设计图样

空调初步设计图样一般包括图例、系统流程图、系统主要平面图、机房平面图。各种管道可用单线绘制。

（1）系统流程图　包括空调系统的空气、冷冻水、冷却水等系统的流程。（注：当空调系统跨越楼层不多，系统简单，且在平面图中可较完整地表示系统时，可只绘制平面图，不绘制系统流程图）

（2）系统平面图　绘出末端装置（或送回风口）位置、管道走向，标注系统编号、主要管道的尺寸和标高。

（3）空调和冷热源机房平面图　绘出设备摆放位置、管道走向，标注设备编号、主要管道的尺寸和标高。管道交叉复杂处需绘局部剖面图。

4. 计算书(不对外,供内部使用)

对冷热负荷、风量、冷热水量、冷却水量、主要风管或水管尺寸及主要设备的选择等，做初步计算或按经验指标估算确定。主要计算数据和计算结果列入设计说明书的相关部分。

11.2.3　施工图设计

施工图设计文件编制应根据已批准的初步设计文件进行编制，除非初步设计存在重大的原则性问题或建设方的使用要求有变化等重大原因，否则在进行施工图设计时不宜对初步设计所确定的基本方案及原则进行大的修改。但是，施工图设计毕竟是与初步设计不同的设计阶段，在这一设计阶段中，对初步设计作一些变更是完全正常的，应是对初步设计的补充和完善。

施工图设计内容以图样为主，设计文件的编制深度应满足下列要求：

1）能据以编制施工图预算。

2）能据以采购设备和材料。

3）能据以安排非标准设备或装置的制作。

4）能据以进行施工。

5）能据以进行工程验收。

由于工程施工是以施工图样为依据，因此对施工图样的基本要求是消除错、漏、碰、缺，表达完整、准确、清晰、无误，以保证施工方能够正确地理解图样所表达的内容并能按图施工。

11.2.3.1 施工图设计程序

1）根据初步设计审批意见，建筑专业提供的平、剖面图和文字资料以及其他专业提出的设计要求，对初步设计计算和设备选择进行详细计算，如设计条件改变，则根据变更条件，修正设计方案和设备选择。

2）绘制平面图、剖面图、系统图和详图。

3）编制除图样外的其他设计文件。

4）向有关专业人员提出设计要求：

① 建筑专业：核实机房尺寸，管道井、竖向风道井位置及尺寸，有关场所要求的、设置管道或空调设备的空间高度，以及新风口和排风口的位置和尺寸。

② 结构专业：核实剪力墙、楼板及穿梁的较大的洞口位置及尺寸，机房地面及顶层的荷载，设备基础的外形尺寸、预埋件位置等。

③ 电气专业：核实各种用电设备的位置、数量、容量和电压。

④ 给水排水专业：核实各种用水设备的位置、数量、用水量、供水压力，有设备排水的位置和排水量。

5）图样审核（定）与修改。

6）图样会审与会签。参加设计的有关专业人员会审图样，会审内容一般是：互相委托的设计要求是否完成，各专业的设计内容是否协调，如管道有无相互碰撞等，然后进行会签。

7）出图与归档。

11.2.3.2 施工图设计文件与内容

在施工图设计阶段，空调专业要完成的施工图设计文件主要有图样目录、设计与施工说明、设备表、设计图样、计算书。

1. 图样目录

先列新绘图样，后列选用的标准图或重复利用图。

2. 设计说明和施工说明

（1）设计说明　施工图设计说明是对工程施工图设计的总体描述和设计解释，以便建设方和施工方有一个整体概念。其主要内容应包括设计概况；空调室内外设计参数；空调冷热负荷；折合冷热量指标；空调系统形式和划分（分区）；冷热源的形式、冷热媒参数、设备配置及参数；设备和构件的选型；自动控制方案及系统组成；绝热、消声和隔振措施；节能措施等。必要时，需说明空调系统的使用操作要点，如空调系统在季节变化时的转换方式等。

（2）施工说明　施工要求的总则是国家标准《通风与空调工程施工规范》（GB 50738—2011），此部分说明仅是设计者就一些施工中需特别注意的事项及特殊要求向施工方做出的说明，其内容大致包括：

1）使用的材料和附件。

2）设备就位顺序及安装方式。

3）管道的安装要求。

4）绝热层施工要求。

5）管道系统的工作压力和试压要求。

6）设备调试与系统试运行要求。

（3）图例 略。

3. 设备表

设备表参见表11-2。在施工图阶段，性能参数栏应详细列出设备的主要技术数据，如：

（1）冷水机组 制冷量及其工作条件（如冷水进、出水温度，水冷式机组冷却水进、出水温度，风冷式机组进风温度等）、使用冷媒种类、机组耗电量限制、机组外形尺寸限制、蒸发器及冷凝器水阻力限制、水侧工作压力要求、使用电源规格等。

（2）水泵 形式、流量及扬程、电动机功率、电动机转速、设计点效率、工作压力（或吸入口压力）、电源规格等。

（3）风机盘管 形式、风量、冷（热）量、余压及工作条件（进、出水温及进风干、湿球温度）、电动机功率、噪声限制、接管管径及方向等。

（4）空气处理机组 形式、出风口位置、水管接管方向、冷（热）量、加湿量、风量、机外余压、电动机功率、机外噪声及出风口噪声限制、组合式机组功能段要求、盘管水阻力限制、机组外形尺寸限制等。

（5）换热器 形式、一次热媒及二次热媒的性质及温度、换热量、一次热媒及二次热媒水阻力限制及工作压力要求、外形尺寸等。

（6）风机 形式、风量、风压、电动机功率、转速、噪声等。

（7）冷却塔 形式、处理水量及工作参数（冷却水进、出水温度及室外空气湿球温度）、风机功率、外形尺寸限制、噪声要求等。

4. 设计图样

（1）系统平面图

1）绘出建筑轮廓、主要轴线、有关的工艺设备轮廓，标注轴线号、轴线间距尺寸、室内外地面标高、与本专业有关的房间名称（或编号）、有关的工艺设备编号等。首层平面图上绘出指北针。

2）二层以上的多层建筑或高层建筑，其建筑平面及专业内容相同的层次，可合用一张图样。

3）用双线绘出风管，标注风管尺寸（圆形风管标注管径，矩形风管标注宽×高）、所在风系统的编号、主要风管定位尺寸、标高及风口的定位尺寸。

4）用单线绘出冷热水管和凝结水管等管道；绘出立管位置和编号，按图例绘出阀门、放气阀、泄水阀、固定支架、伸缩器等部件位置，标注水管管径、定位尺寸、标高、坡度、坡向和管道性质。

5）按设备外形或图例绘出设备图形以及消毒器、调节阀、防火阀等部件位置，标注设备的定位尺寸和编号。

6）管道、风口和设备的定位尺寸通常以建筑轴线或承重墙来定位。

7）一般简单的风管系统与水管系统可绘在同一张图上，当系统较复杂、重叠部分多而易混淆时，应将风管系统与水管系统分开，各自绘制平面图。

（2）系统剖面图

当管道与设备或装置连接交叉复杂时，应绘制剖面图或局部剖面图。

1）绘出对应于平面图的管道、设备及有关工艺设备的竖向位置。

2）绘出风管、水管、风口、设备等与建筑梁、板、柱及地面的尺寸关系。

3）标注风管、水管的尺寸和标高，风口和设备的底边标高。注明详图索引编号。

（3）机房平面图

1）机房平面图根据需要增大比例，绘出各种设备或装置的轮廓位置和基础尺寸；绘出连接设备或装置的管道及其附件（包括压力表、温度计、软接头、各种阀门、过滤器等）。

2）标注设备或装置中心的定位尺寸、管道的尺寸与标高。

3）列出设备及主要部件表。

（4）机房剖面图

当平面图不能表达复杂管道相对关系及竖向位置时应绘制机房剖面图。

1）绘出对应于机房平面图的设备或装置及其基础、管道及其附件的竖向位置。

2）标注设备或装置及连接管道的定位尺寸、管道尺寸与标高；注明设备或装置的编号以及详图索引编号。

（5）系统图

1）空调冷热水系统、冷却水系统、凝结水系统的管道系统图，用单线按45°或30°轴测投影绘制；冷水机组、风机盘管、柜式风机盘管、换热器、水泵、冷却塔等设备用图例表示（或用细实线绘出外形轮廓），并注明编号；绘出整个系统的管道及阀门等全部管件；所有管道应标注管径、标高、坡度和坡向，管道的走向应与平、剖面图相吻合。

2）风管系统在平、剖面图中无法表示清楚时，可按45°或30°轴测投影绘制管道系统图。空调设备、消声器、异形部件、调节阀、风口等可用图例表示，并注明编号；所有管道应标注管径或截面尺寸、标高；注明送风口的送风量，排风口的排风量。

3）二层以上的多层建筑或高层建筑，其建筑平面及专业内容相同的层次，可只绘其中一层，其他层次省略，用附注说明。

4）图中相同管道和管件非常多、标注很困难时，可用附注加说明，如风机盘管供、回水支管管径均为*DN*20。

5）规模较大的建筑，其冷热源系统可与空调系统分开绘制。

6）空调系统有检测与控制时，要绘制控制原理图。图中以图例绘出设备、传感器及执行器位置，注明控制点与测量点的联系和必要的控制参数。

（6）详图

1）各种设备及零部件施工安装，应注明采用的标准图、通用图的图名和图号。凡无现成图样可选，且需要说明设计意图的，均需绘制安装详图。绘出设备及零部件的安装方法、与建筑物之间的关系尺寸，并标注安装所用的材料。

2）简单的详图可就图引出，绘局部详图；安装复杂的详图应单独绘制。

3）对于无定型产品，又无标准图、通用图可利用的非标准件，应按标准图格式绘制制作详图，绘出构造图形，标注加工尺寸，说明加工要求及使用材料的类型和规格。

5. 计算书(不对外,供内部使用)

计算内容视工程繁简程度，按国家有关规定、规范及本单位技术措施进行计算。采用计算程序计算时，计算书应注明使用的软件名称，附上相应的简图、输入数据和计算结果。计算内容包括：

① 冷热负荷计算。

② 送风量、回风量与新风量计算。

③ 风管系统和水管系统水力计算。

④ 必要的气流组织设计与计算。

⑤ 冷热源设备、空调设备、辅助设备（水泵、冷却塔、膨胀水箱等）和消声、隔振装置的选择计算。

施工图设计完成后，设计人应进行技术交底，并配合施工。即参加施工交底会，向建设方和施工方介绍设计方案、施工要点和特殊要求，对施工方提出的问题进行解释或修改设计；在整个施工过程中，密切配合施工，及时解决设计中存在的问题和施工中出现的问题，发出设计变更通知，会签施工洽商记录单。

本章要点

1. 国家和政府主管部门颁布的规范和标准是设计工作必须遵循的准则，除了要熟悉专业类的规范和标准外，还应了解有关防火类、环保类和施工验收类的规范和标准，以及设计对象所属建筑类型的建筑设计规范中对空调设计方面的规定和要求。

2. 在设计前了解清楚设计对象与空调设计有关的基本情况，并收集全必要的相关设计基础资料是确定合适空调方案的基础；而有齐备的专业设计资料是提高设计质量和速度的基本保证。

3. 一个有空调要求的建筑工程设计，一般是由以建筑专业为主体，结构、电气、给水排水、暖通空调等专业人员共同参与的综合性设计，通常分为方案设计、初步设计和施工图设计三个设计阶段。大型和重要的民用建筑工程，在初步设计之前，一般要进行方案设计并优选；小型和技术要求简单的建筑工程，可在方案设计审批后直接进入施工图设计阶段。

4. 方案设计的主要工作内容首先是确定空调系统形式；其次是根据选定的空调系统形式，确定匹配的冷热源方案；第三是估算空调系统总用电量和总用水量；第四是编写设计说明。

5. 初步设计的主要工作内容：一是划分子系统、确定主要管道走向、估算管道尺寸、绘制系统流程图、主要楼层系统平面图、空调机房平面图和冷热源机房平面图；二是在估算的基础上初步选择空气处理设备、冷热源设备及辅助设备；三是向有关专业提出配合设计要求，并提供相应资料。

6. 施工图设计的主要工作内容除了进行精确计算外，主要是对初步设计的图样进行补充、完善和细化。对施工图样的基本要求是要详实，消除错、漏、碰、缺，使其表达完整、准确、清晰、规范，便于交流，保证施工方能够正确地理解图样所表达的内容并能按图施工。

思考题与习题

1. 空调工程设计应达到哪些基本要求？

2. 为什么在进行空调工程设计时，必须遵守国家和政府主管部门颁布的有关规范和标准中的各项规定？

3. 在设计前，需要了解清楚设计对象与空调设计有关的哪几方面基本情况？

4. 在进行空调工程设计时要用到哪些专业设计资料？各有什么作用？

5. 一个有空调要求的建筑工程设计，通常分为哪三个设计阶段？空调专业方面的设计在各个设计阶段的主要工作内容有什么不同？

6. 对施工图样的基本要求是什么？如何做到？

第 12 章

空调系统的测定与调整

空调系统在安装完工后，需要进行测定与调整。通过测定与调整，一方面可以发现系统设计、施工和设备性能等方面存在的问题，从而采取相应的措施，确保系统达到设计要求；另一方面也可以使运行管理人员熟悉和掌握该空调系统的性能和特点，为系统的经济、合理运行积累资料。

对于已投入使用的空调系统，当运行不正常或不能满足使用要求时，需要通过测定与调整查找原因，并进行改进。当更换了设备或进行检修后，需要通过测定与调整恢复系统原来的工作状态；当空调系统服务对象的功能或负荷发生变化，与设计条件不相符时，需要通过测定与调整使系统满足新的使用要求。因此，空调系统的测定与调整是检查空调系统设计、施工及日常运行是否达到预期目标的重要途径。这项工作对设计、施工和运行管理技术人员，都是非常重要的。

本章主要介绍和讨论空调系统测定与调整的类型、项目内容、基本原理和方法，测定与调整中应注意的问题及有关问题的分析与解决方法。与空调系统配套的制冷系统、自动控制系统的测定与调整，请参考有关书籍或资料。

12.1　空调系统安装完工后的测定与调整

空调系统安装完工后的测定与调整简称调试，是一项技术性很强的工作，调试的质量直接影响到空调系统功能的实现。因此，为了使工程竣工后能达到预期目标，国家标准《通风与空调工程施工质量验收规范》（GB 50243—2002）和《通风与空调工程施工规范》（GB 50738—2011）均规定必须进行系统的测定与调整。

12.1.1　调试前的准备工作

空调系统安装完工后，在调试前必须做好以下几方面的准备工作：

1. 熟悉设计资料

必须熟悉空调系统的全部设计资料，包括图样（含修改部分）和设计说明书，了解设计意图，设计参数及系统全貌。重点应了解与调试有关的部分，例如整个空调系统的组成，系统包括哪些设备，设备的性能及使用方法，必要时还应查看设备的产品说明书等。要搞清楚送、回风系统，供冷和供热系统及自动控制系统的组成、走向及特点，明确各种调节装置和检测仪表的位置。此外，还应查看隐蔽工程验收记录和施工验收记录。

2. 准备测试仪器和仪表

根据空调精度和测试要求，选择相应精度等级、最小分度值和量程范围的仪器、仪表，并经有关计量部门校验合格后才能使用，以保证测定数据的准确性。同时，准备好测试用的工具、记录表格等。

3. 准备现场

1）检查空调各个系统和设备安装质量是否符合设计要求和施工验收规范要求。尤其要检查关键性的监测仪表（例如冷水机组蒸发器、冷凝器进出水口是否装有压力表、温度计、水流开关等）和安全保护装置是否齐全，安装是否合格。

2）检查施工现场是否清理干净，设备机房门窗是否可以密闭。

3）检查电源、水源、冷源和热源等是否具备调试条件。

4）检查空调房间围护结构是否符合设计要求，以及门窗的密闭程度。

如有不合要求之处，必须整改合格，具备调试条件后，才可进行调试。

4. 编制调试方案

调试方案可指导调试人员按规定的程序、正确的方法与进度实施调试，同时也有利于监理对调试过程的监督。调试方案的主要内容包括：

1）调试的依据（设计图样和产品说明书以及所采用的设计、施工与验收规范等）。

2）调试的项目、内容、程序及要求。

3）调试的方法、使用的仪器和仪表及其精度、工具、记录表格。

4）调试时间、进度安排和安全防范措施。

5）调试人员及其资质等级。

调试方案由调试单位（一般为施工单位）编制，报送上级主管部门、建设单位和专业监理工程师审核批准后实施。

5. 培训调试人员

培训调试人员熟悉调试内容，掌握调试方法和测试仪器、仪表的使用方法。

12.1.2　调试的类型

空调系统安装完工后的调试包括设备单机空载试运转及调试、全部设备空载联合试运转及调试和空调系统带负荷的综合效能调试三种类型，其调试对象、项目、要求和目的各不相同。前两种类型的调试是必须进行的强制性调试。

1. 设备单机空载试运转及调试

设备单机空载试运转及调试的项目和要求如下：

1）风机及空调设备中的风机。叶轮旋转方向正确、运转平稳、无异常振动与声响，电动机运行功率值和噪声值符合设备技术文件的规定。在额定转速下连续运转 2h 后，滑动轴承外壳最高温度不得超过 70°C；滚动轴承最高温度不得超过 80°C。

2）水泵。叶轮旋转方向正确，无异常振动和声响，壳体密封处无渗漏，紧固连接部位无松动，轴封的温升正常，电动机运行功率值符合设备技术文件的规定。连续运转 2h 后，滑动轴承外壳最高温度不得超过 70°C；滚动轴承最高温度不得超过 75°C。在无特殊要求的情况下，普通填料泄漏量不大于 6mL/h，机械密封的不大于 5mL/h。

3）制冷机组和单元式空调机组。符合设备技术文件和国家标准《制冷设备、空气分离设备安装工程施工及验收规范》（GB 50274—2010）的有关规定，正常运转不应少于8h。

4）空气处理设备。供水管压力正常，无漏水；表冷器凝结水排放通畅；喷淋装置的喷嘴齐全、喷水均匀；风阀开关灵活，定位可靠。

5）风机盘管。三速或温控开关的动作正确，并与机组运行状态一一对应。

6）冷却塔。本体稳固、无异常振动，布水装置布水均匀，自动补水阀动作灵活、准确，噪声值符合设备技术文件的规定。风机与冷却水系统循环试运行不少于2h，运行应无异常情况。

2. 空调系统全部设备空载联合试运转及调试

全部设备的空载联合试运转及调试应在设备单机空载试运转合格后进行。联合试运转包括风系统、水系统（冷、热水系统和冷却水系统）以及冷热源系统，在无空调负荷的情况下同时运转。调试的项目与要求如下：

1）设备及主要部件：联动符合设计要求，动作协调、正确，无异常现象。

2）系统总风量：要求调试结果与设计风量的偏差不大于10%。

3）空调冷（热）水、冷却水总流量：实测结果与设计流量的偏差不大于10%。

4）各风口的风量与设计风量的允许偏差：不大于15%。

5）各空调设备的水流量与设计值的允许偏差：20%。

6）多台冷却塔并联运行时，各台冷却塔的进、出水量：达到均匀一致。

7）有压差要求的房间与其他相邻房间之间的压差：舒适性空调正压为0Pa～25Pa；工艺性空调应符合设计规定。

空调系统带冷、热源的正常联合试运转不应少于8h；当竣工季节与设计条件相差较大时，仅做不带冷、热源的试运转。

3. 空调系统带负荷的综合效能调试

空调系统带负荷的综合效能调试是在空调工程交工前，已具备满足设计负荷的工况条件下，由建设单位或业主来负责组织和实施，设计和施工单位参与配合。调试项目由建设单位或业主根据工程性质、工艺和设计要求确定，一般包括以下项目：

1）送、回风口空气状态参数的测定与调整。

2）空调设备性能参数的测定与调整。

3）室内噪声的测定。

4）室内空气温度和相对湿度的测定与调整。

5）对气流有特殊要求的空调区域做气流速度的测定。

恒温恒湿空调系统除上述项目外，还可增加下列项目：

1）室内静压的测定与调整。

2）空调设备各功能段性能的测定与调整。

3）室内温度场和相对湿度场的测定与调整。

4）室内气流组织的测定。

12.2 空调风系统的风量测定与调整

空调风系统的风量测定与调整的目的是使系统和各房间的风量达到设计要求。其内容包括送风量、回风量、排风量及新风量的测定与调整。送风量包括系统总送风量和各分支管的送风量、送风口的风量。回风量包括系统总回风量、各分支管的回风量、一次回风量、二次回风量和回风口的风量。系统的风量主要与风机、风管道及空气处理装置的空气动力特性有关，而与这些设备和装置是否起热、湿处理作用关系不大（当系统测定精度为一般要求时，温度对空气密度的影响可以忽略不计）。因此，风量的测定与调整可以在不开启空调设备的情况下独立进行。特别是对于风管暗装于吊顶内的空调系统，最好是在风管施工完毕，而建筑室内装修尚未实施前，立即进行风量的测定与调整，这对于减少吊顶拆装次数，提高施工质量、加快工程投入使用的速度是很有利的。

空调风系统风量的测定与调整应在风机正常运转，风管道经过打压试验，系统中出现的漏风、阀门动作不灵或损坏等问题被解决之后进行。

系统风量的平衡与调整工作将直接关系到空调房间空气参数能否达到设计要求，以及空调系统能否经济运行，所以需要认真细致地做好这项工作。

12.2.1　风量测定

空调风系统风量的测定是其调整的依据和基础，测定的内容以图 12-1 所示的一次回风空调系统为例，包括测定系统总送风量 q_V，总回风量 q_{Vh}，新风量 q_{VW}，一次回风量 q_{Vh1}，排风量 q_{Vp}，各干、支管内风量，各房间送风口送风量 q_{Vi}，回风口回风量 q'_{Vi} 等。图中符号 q_V 表示体积风量（m^3/h），角标 $i=1$、2、…、n 表示房间序号。

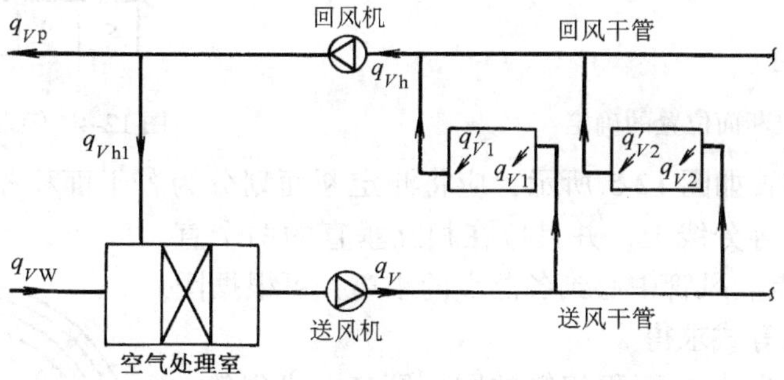

图 12-1　空调系统风量测定内容示意图

风量的测定有风管道内风量测定、风口处风量测定、空调设备内风量测定以及风机风量测定等方法。无论采用何种方法测风量，在风机起动前，首先要使风管道上和各风口处的调节阀门处于全开位置，三通阀叶片在中间位置（图 12-2），空调设备内各风阀的开度在实际运行的位置。下面介绍在风管道内及风口处测风量的方法。

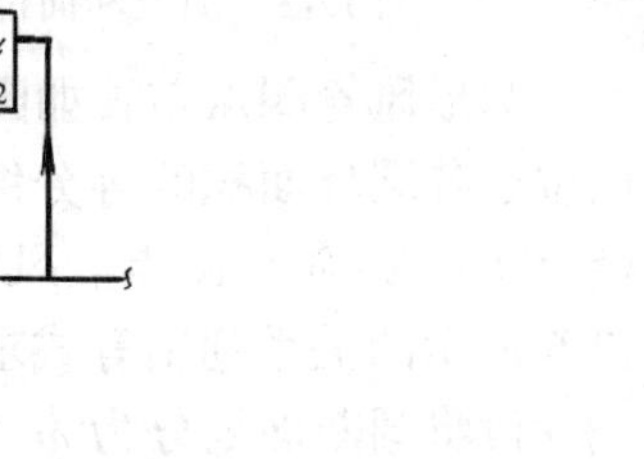

图 12-2　三通阀叶片位置

1. 风管道内风量测定方法

由于通过风管道的风量（单位 m^3/h）为

$$q_V = 3600 F v_p \tag{12-1}$$

式中　F——测定处风管道断面积，单位为 m^2；

v_p——测定断面的平均风速，单位为 m/s。

因此风管道内风量的测定实质上是测风管道内空气的流速，进而求出断面的平均风速，再用式（12-1）计算出风量。为此，需要先选择测定断面，然后确定测点及进行测定。

（1）选择测定断面　测定断面一般应考虑设在气流均匀而稳定的直管段上，离弯头、三通、变径管等产生涡流的管件要有一定的距离。一般按气流方向，要求在管件之后4～5倍管径 D（或长边 a），或在管件之前1.5～2.0倍管径 D（或长边 a）的直管段上选择测定断面，如图12-3所示。

当实际条件达不到时，上述距离可适当缩短，但应增加测点，或采用多种方法测定后进行比较、校正，力求测定结果准确、可靠。

（2）确定测点　由于风管道形状及材料等原因，使测定断面上各点的风速不完全相等，因此一般不能只以一个点的数值代表整个断面。测定断面上测点的位置与数目，主要取决于断面的形状和尺寸。显然测点越多，测得的平均风速值越接近实际；但测点太多会增加测定的工作量，因此一般采取等面积布点法来确定测点数。

矩形风管道测点布置如图12-4所示。一般要求划分的小块面积不大于0.05m²（即边长小于220mm左右的小面积），并尽量为正方形，测点位于小面积的中心。

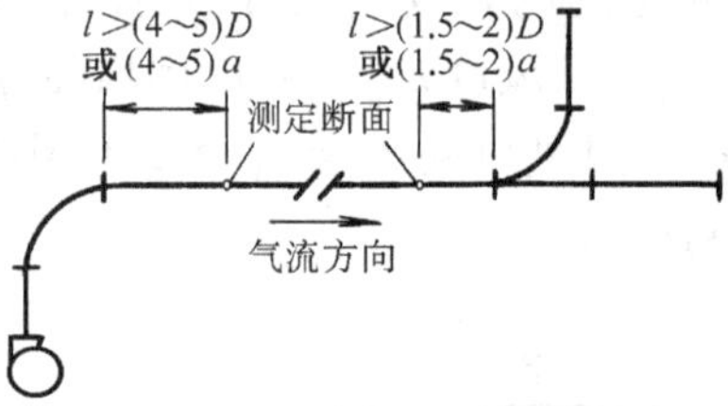

图12-3　测定断面位置的确定

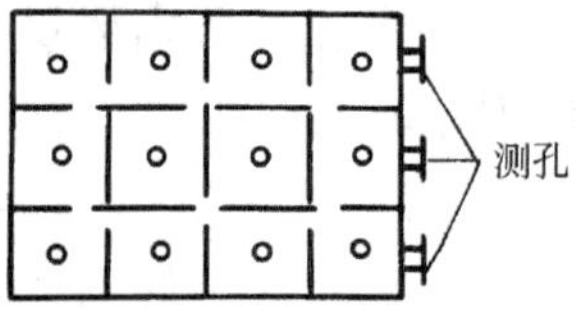

图12-4　矩形风管道测点布置

圆形风管测点布置如图12-5所示，应将测定断面划分为若干面积相等的同心圆环，测点位于各圆环面积的等分线上，并且应在相互垂直的两个直径上布置2～4个测点。风管中心到各测点的距离，可根据图12-6所示的关系列出等式求得。

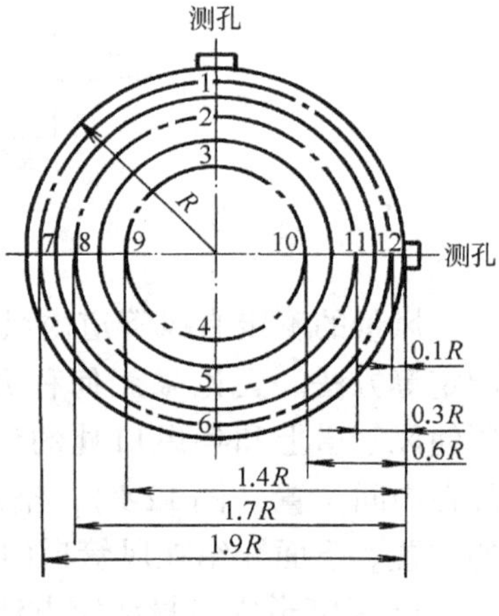

图12-5　直径200mm以下圆形风管测点布置

设将圆断面划分为 m 个面积相等的同心圆环，求得第 n 个圆环面积之半为

$$\pi R_n^2 - \pi R_{n,z}^2 = \frac{\pi R^2}{m} \times \frac{1}{2} \tag{12-2}$$

从第一个圆环到第 n 个圆环面积之和为

$$\pi R_n^2 = \frac{\pi R^2}{m} \times n \tag{12-3}$$

将式（12-3）代入式（12-2）中得

$$\frac{n}{m}\pi R^2 - \pi R_{n,z}^2 = \frac{1}{2m}\pi R^2$$

整理得

$$R_{n,z}^2 = \frac{n}{m}R^2 - \frac{1}{2m}R^2$$

$$R_{n,z} = R\sqrt{\frac{2n-1}{2m}} \tag{12-4}$$

式中　R——风管半径，单位为 m；

R_n——第 n 个圆环的外半径，单位为 m；

$R_{n,z}$——从风管中心到第 n 个圆环测点的距离，单位为 m；

n——从风管中心算起圆环的顺序号；

m——风管断面划分的圆环数，m 取决于风管直径，见表 12-1。

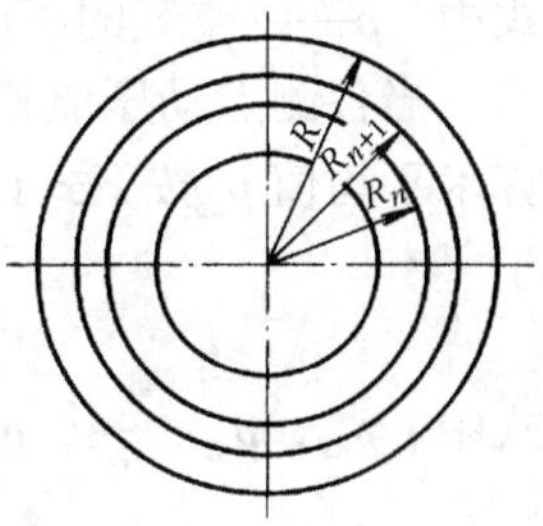

图 12-6　分环的关系图

为了便于测定时确定测点位置，应将测点到风管中心的距离换算成测点到管壁测孔的距离，参见图 12-5，具体可按表 12-1 选用。

表 12-1　圆形风管测定断面内各圆环的测点与管壁的距离

直径 / 圆环数 / 测点号	200mm 以下	200 ~ 400mm	400 ~ 700mm	700mm 以上
	3	4	5	6
1	0.1R	0.1R	0.05R	0.05R
2	0.3R	0.2R	0.2R	0.15R
3	0.6R	0.4R	0.3R	0.25R
4	1.4R	0.7R	0.5R	0.35R
5	1.7R	1.3R	0.7R	0.50R
6	1.9R	1.6R	1.3R	0.70R
7		1.8R	1.5R	1.30R
8		1.9R	1.7R	1.50R
9			1.8R	1.65R
10			1.95R	1.75R
11				1.85R
12				1.95R

（3）测定风速　风管道内风速可以间接测定，也可以直接测定。

间接测定是采用皮托管和微压差计测出各测点的动压值 p_{di}，再求得与平均风速 v_p 对应的动压值（即均方根动压）p_{dp}：

$$p_{dp} = \left(\frac{\sqrt{p_{d1}} + \sqrt{p_{d2}} + \cdots + \sqrt{p_{dn}}}{n}\right)^2 \tag{12-5}$$

然后换算出测定断面的平均风速 v_p：

$$v_p = \frac{\sqrt{2p_{dp}}}{\rho} \tag{12-6}$$

式中 ρ——空气的密度，单位为kg/m^3。

当各测点动压值相差不大时，可用各测点动压的算术平均值计算平均风速。断面动压的算术平均值p_{dp}'按下式计算：

$$p_{dp}' = \frac{p_{d1} + p_{d2} + \cdots + p_{dn}}{n} \tag{12-7}$$

式中 p_{d1}，p_{d2}，…，p_{dn}——各测点的动压，单位为Pa；

n——测点数。

在现场测定中，测定断面的选择受到条件的限制，个别点测得的动压值可能出现负值或零值（产生的原因是在该测点位置有涡旋存在），计算平均动压时，要将负值当零值处理。而测点数应包括动压为负值及零值在内的全部测点。

当风速较小时，间接测定的误差较大，因此对于风速小于4m/s的管道，可采用热球式电风速计直接测得各测点的风速，然后计算测定断面的平均风速。

2. 风口处风量测定方法

风口处的气流一般较复杂，测定风量比较困难，只有在分支管处不能测定时，才在风口处进行测定。风口处风量测定实质上是进行风口的风速测定，测得风速后用公式计算出风量。

（1）风口风量的计算式 风口的风量q_V按下式计算：

$$q_V = Cv_p\frac{(F+f)}{2} \tag{12-8}$$

式中 C——修正系数，送风口一般取$C=0.96\sim1.0$

v_p——风口断面处的平均风速，单位为m/s；

F——风口的轮廓面积，单位为m^2；

f——风口的有效面积，单位为m^2。

当送风气流有偏斜时，测定应在风口处安装长度为0.5～1.0m，与风口断面尺寸相同的短管条件下进行。此时送风口的风量也可以按下式计算：

$$q_V = KFv_p \tag{12-9}$$

式中 K——考虑格栅的结构或装饰形式的修正系数，一般取$K=0.7\sim1.0$，或参考生产厂家提供的说明书；

F——风口的轮廓面积，单位为m^2；

v_p——风口的平均风速，单位为m/s。

（2）风口平均风速的测定方法 风口的平均风速可用叶轮风速仪或热球式电风速计直接测定，其测定方法有以下两种：

1）匀速移动测量法。对面积不大的风口，可采用有累计值的叶轮风速仪或热球式电风速计紧贴风口，按图12-7所示的路线缓慢匀速地移动，测得的即是整个风口断面上的平均风速。采用匀速移动法测风口风速一般需要重复三次，取其平均值。

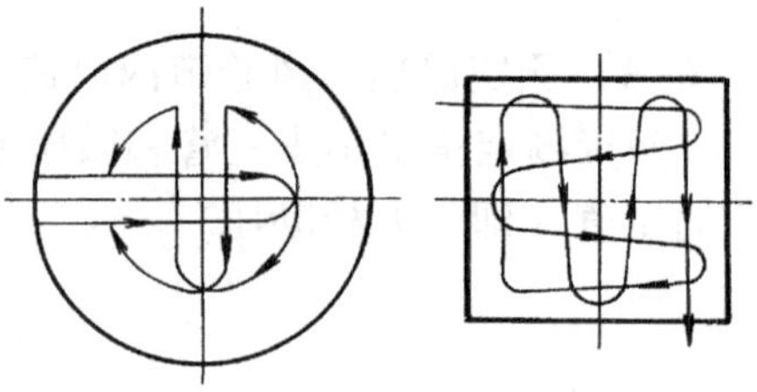

图12-7 匀速移动测量路线图

2）定点测定法。面积较大的风口可采用定点测定法，即将风口划分为若干（不少于5个）面积相等的小方块，小方块的边长约等于2倍左右叶轮风速仪的直径，在小方块的中心逐个测定其风速，然后计算整个风口断面上的平均风速（可用算术平均值）。

由于送风口送风为射流，用叶轮风速仪测量比用热球式电风速计好。

(3) 其他测定方法　如前所述，送风口气流分布是很复杂的，能准确地测出其平均风速相当困难。对于散流器送风，用上述方法就更难测准确。为此，在有条件的地方，可用“风口常数法”确定风口的风量。

这种方法是事先在实验室对系统的典型风口作测定方法的对比实验，目的是找出在风管道内测定风量的准确值与模拟现场条件测出的“实测”风量之间的转换关系。如当送风口为散流器时，在其喉部测定的准确风量为 q_V，则

$$q_V = F_h v_h \tag{12-10}$$

式中 F_h——散流器喉部面积，单位为 m^2；

v_h——散流器喉部的平均风速，单位为 m/s。

若在实验室模拟现场条件时，用叶轮风速仪紧靠散流器出口平面，测定五个点的平均风速，如图 12-8 所示，则其风量为 q_V'

$$q_V' = F_h v_p \tag{12-11}$$

式中 v_p——散流器出口平面的平均风速，单位为 m/s。

比较式(12-10)和式（12-11），并令 $k = q_V/q_V' = v_h/v_p$，则 $v_h = kv_p$，将其代入式（12-10）中，可得

$$q_V = kF_h v_p \tag{12-12}$$

式中 k——考虑测定条件的修正系数。

如在实验室预先测出 k 值，在现场测出 v_p，便可按式（12-12）计算出散流器的送风量。

还有一种更加简便的风口风量测定方法，即在送风口加罩（图 12-9）直接测定风量。这种测量罩有定型产品，称为套帽式风量罩或简称风量罩，可以现场拆装，因此携带、使用方便，风量值可在该罩附带的数字仪表上直接读取。

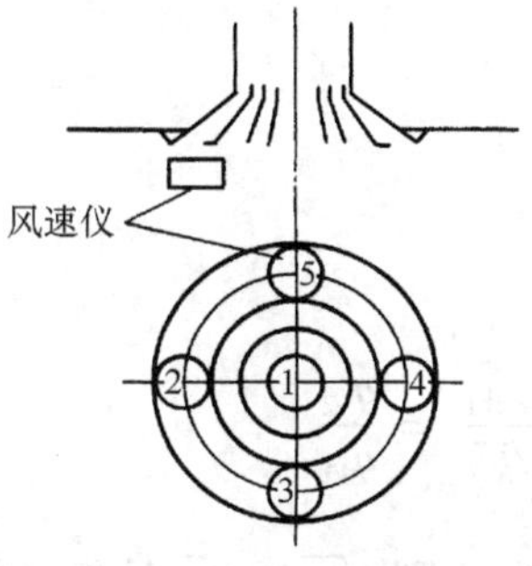

图 12-8　用风速仪测定散流器出口平均风速

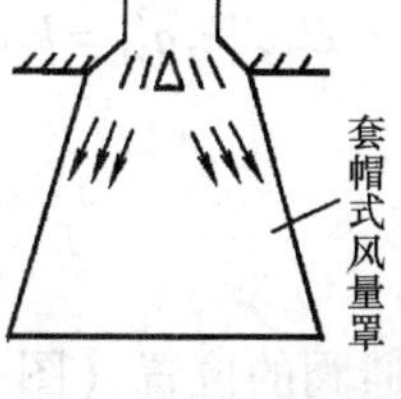

图 12-9　用套帽式风量罩测定送风口风量

回风口风量的测定方法和计算公式与送风口的相同。由于回风口的吸气作用范围较小，吸风气流比较均匀，所以在测定回风口处的风速时，只要贴近格栅或网格测量就能得到很准确的数据。此外，用风量罩也同样可以方便地测出回风口的回风量。

12.2.2 风量调整

空调系统风量调整的目的是使经空调设备处理后的空气能按照设计要求，沿着主干管、

支干管及支管通过送风口送入各空调房间，并按要求排出和部分回用，为空调房间保持所要求的空气环境提供保证。另外，当设计风量值与空调房间的实际要求有偏差时，使送、回风量与实际需要相吻合也是风量调整的目的之一。

如果不考虑漏风问题，对一个空调系统而言，送风机送出的总风量应沿着系统的干、支风管和各个送风口，按设计要求或实际需要进行分配。因此各房间送风口的实测送风量总和应等于总送风量。而回风机吸入的总回风量应等于各房间回风口实测的风量之和。

对中央空调系统的集中空气处理设备而言，其处理后的风量应等于处理前的回风量与新风量之和。

1. 风量调整原理

空调系统的风量调整，实质上是通过调节阀门的开启度来改变管路的阻力特性，使系统的总风量、新风量和回风量以及各支路的风量分配满足设计要求。空调系统的风量调整不能采用使个别风口满足设计风量要求的局部调整法，因为任何局部调整都会对整个系统的风量分配发生或大或小的影响。

根据流体力学有关理论可知，风管道的阻力近似与风量的平方成正比，即

$$H = kL^2 \tag{12-13}$$

式中 H——风管道阻力；

L——风管道中的风量；

k——风管道阻力特性系数，与风管道的局部阻力情况和摩擦阻力情况等因素有关。对同一风管道，如果仅仅改变其风量，其他条件不变，则 k 值基本不变。

在图12-10所示的送风系统中，管段Ⅰ和管段Ⅱ为并联管段，若两管段压力平衡，则 $H_1 = H_2$，而

$$H_1 = k_1 q_{V1}^2$$
$$H_2 = k_2 q_{V2}^2$$

式中 H_1、H_2——管段Ⅰ、Ⅱ的阻力；

k_1、k_2——管段Ⅰ、Ⅱ的阻力特性系数；

q_{V1}、q_{V2}——管段Ⅰ、Ⅱ的风量。

由于 $H_1 = H_2$，$k_1 q_{V1}^2 = k_2 q_{V2}^2$，所以

$$\frac{k_1}{k_2} = \frac{q_{V2}^2}{q_{V1}^2} \quad 或者 \quad \frac{\sqrt{k_1}}{\sqrt{k_2}} = \frac{q_{V2}}{q_{V1}} \tag{12-14}$$

如果三通阀的位置（图12-10中节点 A 处）不变，则 $\sqrt{k_1}/\sqrt{k_2}$ 不变（常数）；当调节风机出口处的总阀门时，由于总风量的改变，使管段Ⅰ、Ⅱ的风量分配由 q_{V1}、q_{V2} 变为 q_{V1}' 和 q_{V2}'，但Ⅰ、Ⅱ管段的阻力特性系数不变，仍为 k_1 和 k_2，因此

$$k_1(q_{V1}')^2 = k_2(q_{V2}')^2$$

则

$$\frac{\sqrt{k_1}}{\sqrt{k_2}} = \frac{q_{V2}'}{q_{V1}'} = 常数 \tag{12-15}$$

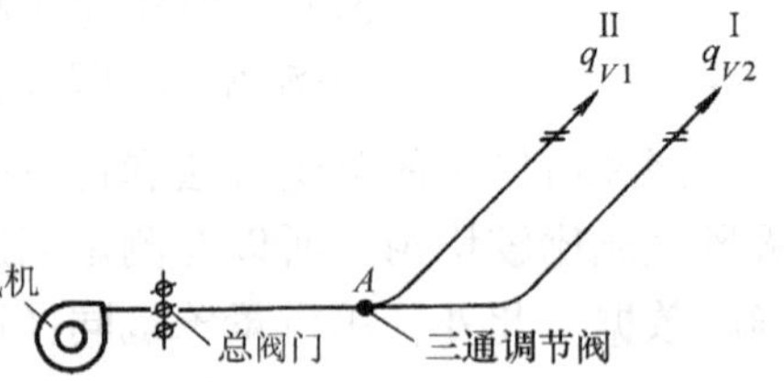

图12-10 风量调整示意图

比较（12-14）和（12-15）两式可得

$$\frac{q_{V2}}{q_{V1}} = \frac{q_{V2}'}{q_{V1}'} \tag{12-16}$$

由式（12-16）可知，只要 A 处的三通阀位置不变，不论总风量如何变化，管段Ⅰ和Ⅱ的风量总是按一定比例（$\sqrt{k_1}/\sqrt{k_2}$ = 常数）进行分配。空调系统风量的调整就是根据这一原理进行的。

2. 风量调整方法

风量调整的方法很多，但均是上述原理在不同情况下的应用。下面对常用的“流量等比分配法”及“基准风口法”进行介绍，说明空调系统风量的调整方法与过程。

（1）流量等比分配法　利用流量等比分配法对送（回）风系统进行调整，一般应从系统的最远管段（最不利的风口）开始，逐步调向风机。从图 12-11 所示的系统可知，离风机最远的 A 风口为最不利风口，因此最不利管路由 1、3、5、9 管段组成，于是应先从支管 1 开始测定调整。

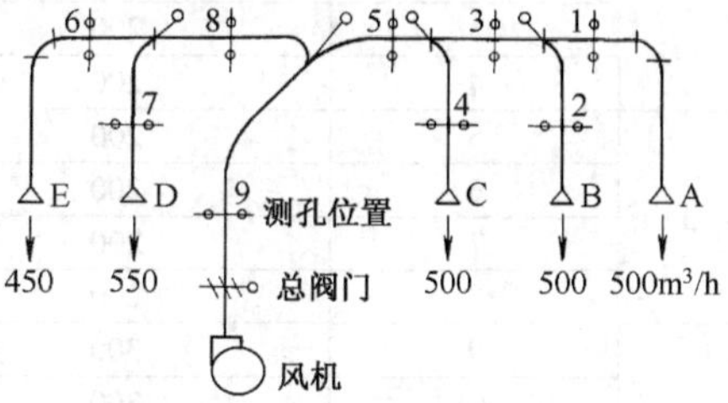

图 12-11　流量等比分配法示意图

为了加快调整速度，可使用两套仪器分别测量支管 1 和 2 的风量，并利用三通阀进行调节，使这两支管的实测风量比值与设计风量比值近似相等，即 $q_{V2}/q_{V1} = q_{V2}'/q_{V1}'$。虽然两支管的实测风量不一定能够立即调整到设计风量，但是总可以调整到使两支管的实测风量的比值与设计风量的比值近似相等。

例如支管 1 的设计风量 $q_{V1} = 550\text{m}^3/\text{h}$，支管 2 的设计风量 $q_{V2} = 500\text{m}^3/\text{h}$，经调整后的实测风量 $q_{V1}' = 520\text{m}^3/\text{h}$、$q_{V2}' = 470\text{m}^3/\text{h}$，它们的比值分别为

$$\frac{q_{V2}}{q_{V1}} = \frac{500}{550} = 0.91 \quad \frac{q_{V2}'}{q_{V1}'} = \frac{470}{520} = 0.90$$

可以认为以上两个比值近似相等。

用同样的方法测出各支管、支干管的风量，调整并使之：$q_{V4}/q_{V3} = q_{V4}'/q_{V3}'$；$q_{V7}/q_{V6} = q_{V7}'/q_{V6}'$；$q_{V8}/q_{V5} = q_{V8}'/q_{V5}'$。根据风量调整原理，只要将风机出口总干管的总风量调整到设计风量，各支干管、支管的风量就会按各自的与设计风量的比值进行等比分配，并会自动达到近似设计风量值。

流量等比分配法经实践证明其调整的结果比较准确，反复测量次数也不会很多，节省时间，所以适用于较大的中央空调系统。但采用该法测风量时必须在每一个管段上打测孔，这就增加了调整的辅助工作量。在实际安装的空调系统中，管道周围的空间往往有限，不易打测孔，因此限制了该方法的普遍使用。

（2）基准风口法　基准风口法多用于空调系统送（回）风口数量很多的情况。该法不必像流量等比分配法那样在每个管段上打测孔，因此可以减少工作量，提高调整速度。下面以图 12-12 所示的系统为例，说明采用这种方法的风量调整过程。

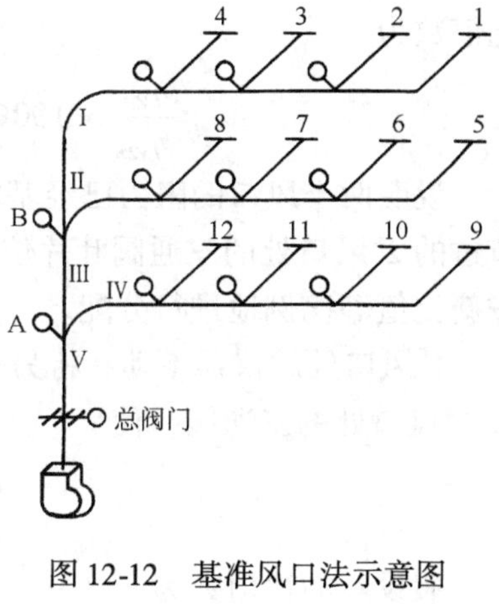

图 12-12　基准风口法示意图

图示系统共有三根支干管，每根支干管上均有四个风

口，分别为1# ~4#、5# ~8#和9# ~12#。风量调整之前应将系统中各三通阀叶片置于中间位置，而总阀门置于某实际运行开度，系统中其他阀门则置于全开位置。

风机起动后，用校验过的风速仪初测全部风口的风量，将设计风量 q_{VS} 与初测风量 q_{VC} 的数值记录到预先编制的风量记录表中，并计算每个风口 q_{VS} 与 q_{VC} 的比值，参见表12-2。

表12-2 各风口风量及比值

支干管	风口编号	设计风量/（m^3/h）	初测风量/（m^3/h）	初测风量/设计风量×100%（%）
Ⅰ	1	200	160	80
	2	200	180	90
	3	200	220	110
	4	200	250	125
Ⅱ	5	200	210	105
	6	200	230	115
	7	200	190	95
	8	200	240	120
Ⅳ	9	300	240	80
	10	300	270	90
	11	300	330	110
	12	300	360	120

选择各支干管上比值最小的风口作为基准风口，进行初调。初调的目的是使各风口的实测风量与设计风量的比值近似相等。从表12-2中可以看出，最小比值的风口分别是支干管Ⅰ上的1#风口，支干管Ⅱ上的7#风口和支干管Ⅳ上的9#风口。因此选1#、7#、9#风口作为调整各支干管风口风量的基准风口。

风量的调整一般应从离风机最远的支干管Ⅰ开始。为了加快调整的速度，使用两套仪器同时测量1#、2#风口的风量，并借助于2#风口处的三通阀，使1#、2#风口的实测风量与设计风量的比值百分数近似相等，即

$$\frac{q_{V2C}}{q_{V2S}}\times100\% = \frac{q_{V1C}}{q_{V1S}}\times100\%$$

经过这样调整，1#风口的风量必然有所增加，其比值要大于80%；2#风口的风量会有所减少，其比值会小于原来的90%，但比1#风口原来的比值数80%要大一些。假设调整后的比值数为

$$\frac{q_{V2C}}{q_{V2S}}\times100\% = 83.7\% \approx \frac{q_{V1C}}{q_{V1S}}\times100\% = 83.5\%$$

说明两个风口的阻力已经基本达到平衡。根据前述风量调整原理可知，只要不变动已调节过的2#风口处的三通阀叶片位置，无论前面管段的风量如何变化，1#、2#风口的风量总是按新比值等比例地进行分配。

1#风口处的仪器不动，将另一套仪器移到3#风口处，同时测量1#、3#风口的风量，并调节3#风口处的三通阀，使

$$\frac{q_{V3C}}{q_{V3S}}\times100\% \approx \frac{q_{V1C}}{q_{V1S}}\times100\%$$

假设新的比值数为

$$\frac{q_{V3C}}{q_{V3S}} \times 100\% = 92\% \approx \frac{q_{V1C}}{q_{V1S}} \times 100\% = 92.2\%$$

说明 1#风口和 3#风口的阻力已达到平衡，此时 2#风口的比值数也会随着增大到 92. 2%多一点。

用同样的测量、调节方法使 4#风口与 1#风口达到平衡。假设

$$\frac{q_{V4C}}{q_{V4S}} \times 100\% = 106\% \approx \frac{q_{V1C}}{q_{V1S}} \times 100\% = 106.2\%$$

相应地 2#和 3#风口的比值数也会随着增大到 106. 2%左右。至此，支干管Ⅰ上的四个风口均调整平衡，其比值数近似相等。

对于支干管Ⅱ、Ⅳ上各风口的风量，也按上述方法调整到平衡。虽然 7#风口不在支干管末端，但仍要以 7#风口作为基准风口，不过要从支干管末端的 5#风口开始向支干管的起始端逐个风口地调节。

三根支干管上的风口调整平衡后，就需要调整各支干管上的总风量。此时，须从最远处的支干管开始调节。

选取 4#和 8#风口为Ⅰ、Ⅱ支干管的代表风口，调节节点 B 处的三通阀，使 4#和 8#风口风量的比值数相等，即

$$\frac{q_{V4C}}{q_{V4S}} \times 100\% \approx \frac{q_{V8C}}{q_{V8S}} \times 100\%$$

调节后，1#～3#、5#～7#风口的风量比值数也相应地变化到 4#和 8#风口的比值数，说明Ⅰ、Ⅱ两根支干管的总风量已经调整平衡。

选取 12#风口为支干管Ⅳ的代表风口，选取Ⅰ、Ⅱ两根支干管上的任一个风口（例如选 8#风口）为管段Ⅲ的代表风口，利用节点 A 处的三通阀进行调节，使 12#和 8#风口风量的比值数近似相等，即

$$\frac{q_{V12C}}{q_{V12S}} \times 100\% \approx \frac{q_{V8C}}{q_{V8S}} \times 100\%$$

于是，其他风口风量的比值数也随着变化到新的比值数，则支干管Ⅳ与管段Ⅲ的总风量也调整平衡了。显然，此时所有风口的风量都不等于设计风量。

最后将总干管Ⅴ的风量调整到设计风量值，由于管道中各三通阀的位置不再改变，则各支干管和各支管（风口）的风量将按最后调整的比值数自动地等比分配，达到设计风量。

如果空调系统中有许多形状、规格相同，送风量也相同的侧送风口，为了减少测量工作量，加快调整进度，在用仪器测量风量之前，可以将同样尺寸的薄纸条或纤维线贴（或绑）在各个风口的同一位置上，观察送风时是否将纸条或纤维线吹起相同的角度，据此判断送风量是否均匀。如果有明显的不均匀，就要粗调各支管上三通阀的开度，调到基本均匀以后用仪器测量风量值，进而细调送风量，使其达到设计值。这种“观察法”也是一种简单易行的粗调风量的方法。

为了减少送风系统与回风系统同时投入运行而使整个风系统的风量调整复杂化，在风量调整时，一般先只起动回风机，不开送风机，打开所有空调房间的门，先调整回风系统的风量。当回风系统调整到基本平衡后，关闭房门，再起动送风机，进行送风系统的调整。这样进行几次反复调整后，使送、回风量都能达到设计要求。

空调系统风量调整完毕后，应将各调节阀的手柄用红油漆（或红色记号笔）做上标记，将叶片位置固定。由运行管理人员专门管理阀门的调整，其他人员不得随意变动。否则，一旦阀门叶片位置改变了，整个系统的风量平衡就会受到破坏，各个风口的送风量就不能达到设计风量。

12.2.3 风机性能测定与调整

风机在空调系统中是用来输送空气的动力设备，它的性能是否符合设计要求，将直接影响空调系统的使用效果和运行经济性。一般情况下，只要测出风量、风压和转数就够了。只有当风量或风压达不到设计要求时，为了查明原因，才需要进一步测出轴功率和效率等，并与产品样本数据进行比较。

风机风量的测定在风机的压出端和吸入端分别进行，然后取其平均值作为风机的风量。测定方法参见12.2.1部分的风管道内风量测定方法。

风机的压力（静压、动压和全压）在测定风量的同一断面直接测得。当风机压力≥500Pa时用U形管压力计测量，当压力<500Pa时用斜管压力计测量。

风机的转数可用机械式转数表（接触式转数表）或光电式转数表（非接触式转数表）直接测得。

在风机试运转正常之后，将空调系统所有干、支风管和送风口处的调节阀全部打开，三通阀叶片处于中间位置。这样在整个系统阻力最小的情况下，所测得的风量是风机的最大风量。其目的是测定风机的最大送风量及相应的风压，以该数据作为系统风量调整的参考。

在各干、支风管和送风口的风量调整符合设计要求后，测出空调系统在实际工作条件下风机的风量和风压（即系统实际运行时的总阻力），作为风机本身进行调整的依据。

当送、回风系统各干、支管风量，室内送、回风量及正压调整完毕后，还需要对风机的风量进行最后一次调整，使实际送风量与设计风量之间偏差不超过±10%。

12.2.4 系统漏风量检查

如果空调系统的集中空气处理设备、风管及各部件连接和安装得不严密，在系统运行时会存在不同程度的漏风现象。经热湿处理或净化处理的空气在未到达空调房间之前漏失，显然会造成能量的浪费，严重时将影响整个系统的工作能力，以致达不到设计要求。

1. 各种风管道的允许漏风量

1）矩形风管道的允许漏风量应符合以下规定：

① 低压系统（系统工作压力 $p\leqslant 500\text{Pa}$） $q_{VL}\leqslant 0.1056P^{0.65}$。

② 中压系统（系统工作压力 $500<p\leqslant 1500\text{Pa}$） $q_{VM}\leqslant 0.0352P^{0.65}$。

q_{VL}、q_{VM}分别为低、中压系统风管道在相应工作压力下，单位面积和单位时间内的允许漏风量，单位为 $m^3/(h\cdot m^2)$；p 为风管道系统的工作压力，单位为Pa。

2）低压、中压圆形金属风管、复合材料风管以及采用非法兰形式的非金属风管的允许漏风量，应为矩形风管道规定值的50%。

3）砖、混凝土风道的允许漏风量不应大于矩形低压系统风管道规定值的1.5倍。

2. 检查漏风量的方法

检查空调系统风管道与设备漏风量的方法有测试法和漏光法。测试法分正压测试和负压测试两类，一般采用正压条件下的测试来检测漏风量。检测可以整体进行也可以分段进行。测试时，被测管段或设备的所有开口均应封闭，不应漏风。测试装置可采用风管式或风室式，分别采用孔板和喷嘴作计量元件，具体测试方法参见《通风与空调工程施工质量验收规范》（GB 50243—2002）附录 A。

工程中风管道系统的严密性检测是一件比较困难的工作，采用测试法测试需要一些专业的仪器、仪表和设备，还需要对系统中的开口进行封堵。从风管道系统漏风的机理来分析，系统末端的静压小，相对的漏风量亦小，只要按工艺要求对支管的安装质量进行严格的监督管理，就能比较有效地控制它的漏风量。因此，《通风与空调工程施工质量验收规范》（GB 50243—2002）规定风管道系统严密性检测以主、干管为主。在加工工艺得到保证的前提下，低压风管道系统可采用漏光法检测。

漏光法检测是利用光线对小孔的强穿透力来对风管道严密程度进行检测的方法。检测应采用具有一定强度的安全光源，手持移动光源可采用不低于 100W 带保护罩的低压照明灯，或其他低压光源。对风管道进行漏光检测时，光源可置于风管道内侧或外侧，但其相对侧应为暗黑环境。检测光源应沿着被检测接口部位与接缝作缓慢移动，在另一侧进行观察，当发现有光线射出，则说明查到明显漏风处，并应做好记录。对发现的条缝形漏光应作密封处理。

采用漏光法检测系统的严密性时，低压系统风管道以每 10m 接缝漏光点不大于 2 处，且 100m 接缝平均不大于 16 处为合格；中压系统风管道以每 10m 接缝漏光点不大于 1 处，且 100m 接缝平均不大于 8 处为合格。

低压风管道系统一般为舒适性空调系统，对风管道的严密性要求相对较低，少量的漏风对系统的正常运行影响不太大，不宜动用大量的人力、物力进行现场系统的漏风测定。在用漏光法检测时，风管道系统没有明显的、众多的漏光点，说明工艺质量是稳定可靠的，就认为风管道的漏风量符合规范的规定要求，可不再进行漏风量的测试。当进行漏光检测时，发现大量的、明显的漏光，则说明风管道加工工艺质量存在问题，其漏风量会很大，此时必须用漏风量测试来进行验证。

中压风管道系统大都为低级别的净化空调系统、恒温恒湿空调系统等，对风管道的质量有较高的要求，应进行系统漏风量的抽查检测。

12.2.5　室内静压的测定与调整

根据设计要求，某些空调房间要求保持内部静压高于或低于周围大气压力；同时，一些相邻房间之间有时也要求保持不同的静压值。因此，在空调系统测定与调整中也包括室内静压值的测定与调整。

在一个房间内（参见图 12-13），当送风量为 q_V、回风量为 q_V'，需要通过房间的不严密处漏出或渗入的风量为 $\Delta q_V = q_V - q_V'$。

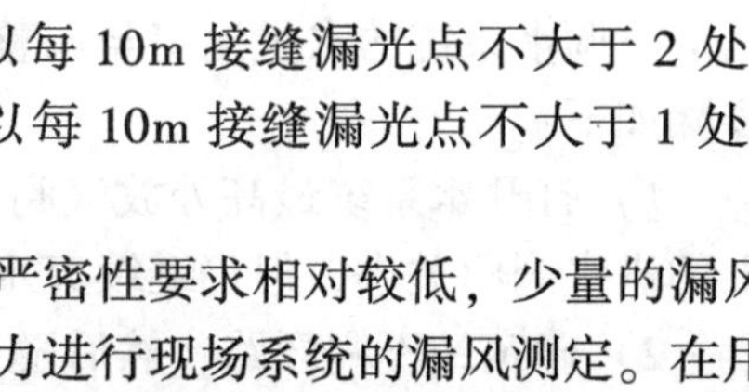

图 12-13　室内静压调整

当房间送回风量不相等时，室内外就形成了一定的静压差，显然静压差 Δp_j 的大小与回风量 q_V'的大小有关，同时与房间不严密处的缝隙大小和其结构特性有关。因此，采用同样的回风比（q_V'/q_V），在不同的房间内，可能形成不同的静压值。

在有局部排风的房间内要形成一定的室内正压，需要保证 $\Delta q_V > q_{VP}$（局部排风量）。多个相邻房间为保证洁净度或防止污染，有时需要调整成梯级正压。在这种情况下，应依次检查各房间的静压值，保证各房间之间所需维持的静压。

室内静压可用补偿式微压计来测定。在需测正压的房间，或判别相邻房间的梯级正压时，也可将合成纤维丝或薄纸条或燃着的香等置于稍微开启的门缝处，如果纤维丝或纸条等飘向室外，说明该房间内呈正压状态；反之，为负压状态。

全空气空调系统房间静压值的调整主要靠调节回风量来实现。如为风机盘管加集中供新风系统，则室内正压值要由新风系统的送风量决定。

12.3 空调水系统的水量测定与调整

空调循环水在管内流动时要准确地测定其流量比较困难，但由于水系统中各末端空调装置一般都设有温控自动调节阀门，运行中的水系统总能处于一种动平衡状态。所以从测定与调整的角度看，只要系统配备有合适的水泵，就能保证在动平衡状态下各末端空调装置的水量终能达到设计要求。因此，空调水系统水量测定与调整的主要工作，就是依据水路压力表读数和设备标定电流来检验水泵是否满足设计要求。

空调水系统的水量测定与调整应在试压合格并且管路经过清洗后进行，其测定与调整的步骤如下：

1）打开水系统最高处放气阀，从回水总管向系统中充水，当放气阀见水后可将充水管上的进水阀门关小，但仍继续充水，并同时排气直至系统中完全充满水。

2）确定最不利环路，然后随机关断非最不利环路上占系统总容量15%～20%的末端空调装置的阀门，其余的阀门均全部打开，并使冷水机组处于停机状态。

3）起动水泵，待其运行稳定后，观测冷水机组蒸发器进、出水压力，通过调节蒸发器出水口管段的阀门，使蒸发器进、出口压差等于其标定值的水压降。再用同样的方法调节进、出水管均装有压力表的柜式风机盘管或组合式空调机组等大型空调设备。

4）上述设备与装置调整完毕，观测水泵进、出口压力值，并检测其工作电流。如果水泵压头远大于设计计算值而工作电流正常，说明水泵选型过大；如果前述步骤根本调不到位或勉强调到位时，水泵的工作电流过大，则说明水泵选型偏小。出现以上两种情况都应及时更换水泵。更换水泵后系统要重新进行测定与调整。

5）配合供冷(热)量大小的流量调节基本原则，一般是先调节大环路之间的流量分配，然后调整各空调设备之间的流量分配，最后调整各支管道之间的流量分配。异程式系统要关小离主立管较近的末端空调设备的阀门开启度；同程式系统应适当关小离主立管最远以及最近处末端空调设备阀门的开启度，适当开大中间部分的末端空调设备的阀门开启度。

12.4 热湿处理装置容量的测定

风量调整完毕后，还要进行热湿处理装置容量的测定，其目的是检验空气热湿处理装置的热湿处理容量能否满足设计要求。

空气热湿处理过程包括冷却、加热、除湿及加湿等过程，因此相应地要用到冷却、加热、除湿和加湿装置，或其组合设备，对于一般空调系统来说，使用最多的主要是冷却装置和加热装置。

12.4.1 冷却装置容量测定

能对空气进行冷却处理的冷却装置主要有表冷器、蒸发器和喷水室，其中喷水室现在已很少使用，目前大量使用的是表冷器和蒸发器，其容量测定就是与空气换热量的测定。

1. 冷却装置容量的验证

冷却装置容量的测定应在设计条件（即室内、外计算参数及室内热、湿负荷均为设计工况）下进行，但实际测定时很难达到，因此可在下列两种情况下进行验证：

1）如果测定时，室外实测状态 W'接近设计状态 W，即测定时室外空气的焓值 h_W'接近设计条件下的焓值 h_W；并且室内热、湿负荷也达到了设计值，即测定时的热湿比 ε'与设计工况下的热湿比 ε 相等。则在此条件下，可将一次混合比调到使 $h_C' = h_C$（h_C'为测定工况下一次混合点的焓，h_C 为设计工况下一次混合点的焓，见图 12-14a），并采用设计条件下的水量与水温处理空气。如果空气终状态的焓也接近设计工况下的焓，说明冷却装置的容量和设计要求的一致。

2）如果测定时，室外实测状态 W'与室外设计状态 W 相差较大，即 $h_W' \neq h_W$，并且室内热、湿负荷没达到设计工况，$\varepsilon' \neq \varepsilon$（图 12-14b）。此时也可将一次混合比调到 $h_C' = h_C$，并用设计条件下的水量与水温处理空气。如果空气处理的焓差接近设计工况，说明冷却装置的容量和设计要求的一致。

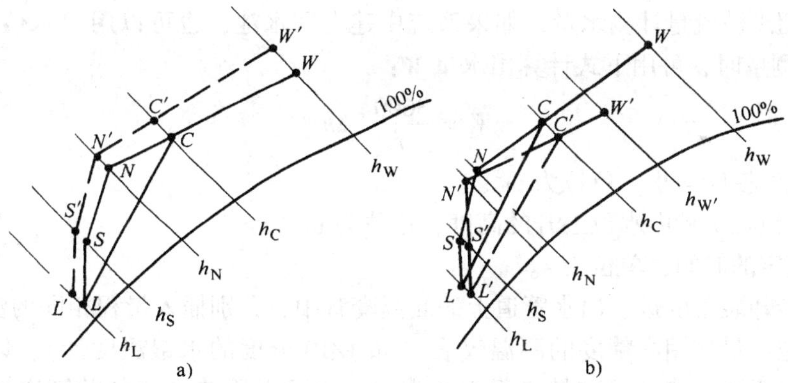

图 12-14 冷却装置容量验证的分析

a）$h_W' \approx h_W$ b）$h_W' \neq h_W$

2. 冷却装置容量的测定方法

由于空气经冷却装置处理后失去的热量就是冷却装置使用的冷媒得到的热量，因此冷却装置容量的测定（即与空气换热量的测定），既可以在空气侧进行，也可以在冷媒侧或两侧同时进行，相应的测定方法有测空气参数法和测冷媒参数法。

（1）测空气参数法 当系统工况稳定后，测出空气流过冷却装置前、后断面的平均干球温度和湿球温度，由 h-d 图查出相应的焓值，即可用下式计算出冷却装置的空气侧换热量 Q_K：

$$Q_K = q_m(h_1 - h_2) \tag{12-17}$$

式中 q_m——流过冷却装置的风量，单位为 kg/s；

h_1、h_2——冷却装置前、后空气的焓，单位为 kJ/kg$_干$。

（2）测冷媒参数法 如以水为冷媒，则测出进、出冷却装置的水的初、终温度和流量后，可用下式计算出冷却装置的冷媒侧换热量 Q_L：

$$Q_L = Wc(t_{W2} - t_{W1}) \tag{12-18}$$

式中 W——冷却装置中水的流量，单位为 kg/s；

c——水的比热容，c＝4.19kJ/（kg·K）；

t_{W1}、t_{W2}——进、出冷却装置的水的初、终温度，单位为°C。

3. 空气与冷媒参数的测量

空气侧测量的主要难点是经冷却装置冷却干燥后的空气终状态干、湿球温度不易测准，原因是该空气通常为过饱和空气，空气中夹带的细小水滴会打湿干球感温包和落在湿球纱布上。因此，必须采取防水措施才能取得较好的测量结果。此外，空气侧测量的断面一般都比较大，现场测定难于做到均匀采样，应按下式求得断面平均干、湿球温度值 t_P：

$$t_P = \frac{\sum v_i t_i}{\sum v_i} \tag{12-19}$$

式中 v_i——各测点对应的风速，单位为 m/s；

t_i——各测点对应的干球或湿球温度，单位为°C。

测水量的方法很多，可以根据实际条件选择简便可行的方法。例如可在冷却装置的进、出水管道上用超声波流量计测水量；如果系统中建有回水池，也可以用“水位法”测水量。用“水位法”测量时，可用下式计算出水量 W：

$$W = \frac{3600}{\tau} F \Delta h \tag{12-20}$$

式中 F——水池横断面积，单位为 m^2；

Δh——水池在 τ 秒内水位上升的高度，单位为 m；

τ——测定的时间，单位为 s。

水温可在冷却装置的进、出水管道上的测温套管中，分别插入量程相同的温度计直接测得。水温测量应尽量使用高精度的测温仪表（如 1/10 分度的水银温度计），以免在温升较小的情况下，由于温度测量不准带来很大的误差。也可以用热电偶紧贴管道外表面（贴热电偶处的管道表面应刮去污物和油漆），测水管外表面温度，然后计算水温。

12.4.2 加热装置容量测定

能对空气进行加热处理的常用加热装置主要有热水加热器、蒸汽加热器和电加热器，其容量的测定也就是与空气换热量的测定。

1. 测定条件

加热装置容量的测定应在冬季设计工况下进行，但为了能与冷却装置的容量一起测定，加快调试进度，也可以在非设计工况条件下进行测定，此时应尽量创造低温条件，如利用夜间，或将空气用冷却装置先预冷等。测定时，空气加热装置的旁通阀门要全闭，热媒管道阀门要全开，待加热装置的运行工况稳定后进行测定。

2. 测定方法

由于加热装置对空气的作用与冷却装置的相反，因此其容量的测定方法与冷却装置容量的测定方法相同，相应地也有测空气参数法和测热媒参数法；既可以在空气侧，也可以在热媒侧或两侧同时进行参数测量。

（1）测空气参数法　当系统工况稳定后，测出空气流过加热装置前、后断面的平均干球温度和湿球温度，由 $h-d$ 图查出相应的焓值，即可用下式计算出加热装置的空气侧换热量 Q_K：

$$Q_K = q_m(h_2 - h_1) \tag{12-21}$$

式中　q_m——流过加热装置的风量，单位为 kg/s；

h_1、h_2——加热装置前、后空气的焓，单位为 kJ/kg$_干$。

此外，加热装置空气侧的换热量可以用空气通过加热装置前、后的温差按下式计算得到：

$$Q_K' = q_m c_p(\bar{t}_2 - \bar{t}_1) \tag{12-22}$$

式中　c_p——空气的比定压热容，$c_p = 1.01$kJ/（kg·K）；

$\bar{t}_1$、$\bar{t}_2$——加热装置前、后空气的平均干球温度，单位为℃。

（2）测热媒参数法　如仍以水为热媒，则测出进、出加热装置的水的初、终温度后，可用下式计算出加热装置的热媒侧换热量 Q_R：

$$Q_R = Wc(t_{W1} - t_{W2}) \tag{12-23}$$

式中　W——加热装置中水的流量，单位为 kg/s；

c——水的比热容，$c = 4.19$kJ/（kg·K）；

t_{W1}、t_{W2}——进、出加热装置的水的初、终温度，单位为℃。

需要注意的是，用式（11-21）、式（11-22）和式（11-23）计算出的只是加热装置在非设计工况下与空气的换热量。对于使用热水的加热装置，其设计工况下的供热量可以根据实测的空气参数和热媒参数推算出来。

因为设计工况下加热装置与空气的换热量为

$$Q = KF\left(\frac{t_C + t_Z}{2} - \frac{t_1 + t_2}{2}\right) \tag{12-24}$$

测定工况下加热装置与空气的换热量为

$$Q' = KF\left(\frac{t_C' + t_Z'}{2} - \frac{t_1' + t_2'}{2}\right) \tag{12-25}$$

如果使设计工况与测定工况的空气流量和热媒流量相等，由式（12-24）与式（12-25）之比，可得热水加热装置的设计容量为

$$Q = Q'\frac{(t_C + t_Z) - (t_1 + t_2)}{(t_C' + t_Z') - (t_1' + t_2')} \tag{12-26}$$

以上三式中　K——加热装置的传热系数，单位为 W/（m²·℃）；

F——加热装置的传热面积，单位为 m²；

t_C、t_C'——设计工况与测定工况下热水流入加热装置时的温度，单位为℃；

t_Z、t_Z'——设计工况与测定工况下热水流出加热装置时的温度，单位为℃；

t_1、t_1'——设计工况与测定工况下空气流过加热装置前的温度，单位为℃；

t_2、t_2'——设计工况与测定工况下空气流过加热装置后的温度，单位为°C。

因此，只要测出加热装置前、后空气的状态参数，以及热水流入和流出加热装置时的初、终温度，由式（12-21）、式（12-22）、式（12-23）或式（12-25）求得实测条件下加热装置与空气的换热量后，再用式（12-26）就可推算出设计工况下加热装置的加热量。

3. 空气与热媒参数的测定

空气参数和水量、水温的测量方法与冷却装置容量测定部分所述方法相同。

当热媒为饱和蒸汽时，可用精度较高、分度较小的压力表测出进入加热装置的蒸汽压力，然后由干饱和蒸汽压力表查得相应的饱和蒸汽温度，并作为热媒的平均温度。

12.5 空调系统工况的测定

为了检验送入各空调房间的送风状态能否在室外新风为设计状态时达到所要求的设计送风状态，并了解系统中所有设备的工作情况，需要对整个空调系统的工况进行测定。

在空调系统的所有设备运行准备工作就绪的条件下，当夏季室外空气状态 W_X 接近设计状态时启动系统。系统工况稳定后即可测定各个过程的空气状态参数，并将各状态点描绘在 h-d 图上进行分析计算。

现以一次回风空调系统为例，说明空调系统工况测定的要点。测点位置如图 12-15 所示。需要测定的空气状态有：室外夏季新风状态 W_X，回风状态 N，回风机后（进入空气处理设备前）状态 N'，新风与回风混合状态 C_{X1}，机器露点状态 L，室内送风口处的送风状态 O。

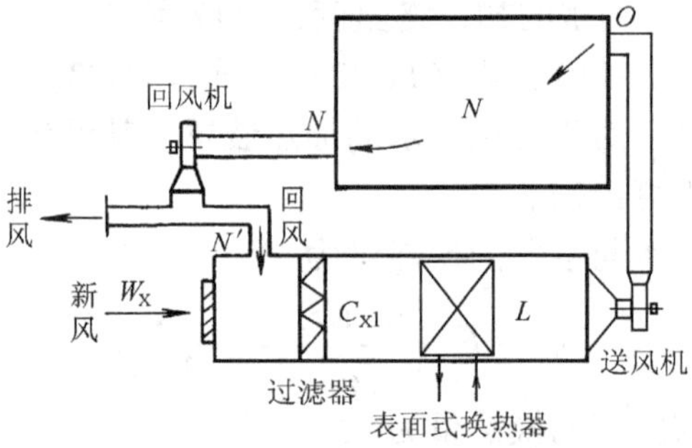

图 12-15 一次回风空调系统测点位置示意图

在空调系统工况的测定过程中，尽管实测的室内状态 N 并不一定符合设计状态，但只要冷却装置等空调设备的最大容量符合设计要求，风机和风管温升也符合设计要求，就可以认为系统能够满足送风要求。当室内实际热、湿负荷值与设计值相符合时，即能够达到所要求的室内状态 N。

由于空调系统工况的测定实质上是空气状态参数的测定，为保证测定结果准确程度高，误差小，在测定时应做到：

1）测定仪表一般采用经过校正的刻度为 0.1°C、量程为 0～50°C 的水银温度计或热电偶温度计等。

2）测定湿球温度时，将水银温度计的感温包裹于湿纱布中，并将纱布下端置于盛水的容器中，使纱布保持湿润状态。

3）测定干球温度时，为了防止加热装置对温度计的辐射作用和防止水滴（如测定机器露点状态时，温度计置于后挡水板之后时）落到感温包上，可在温度计感温包上加镀镍或铝箔作的罩子。

4）测量点应尽量选在气流比较稳定而且混合较均匀的断面。如果在同一断面上不同点测得的数据相差较大，则应多测几点取平均值。即将测定断面分为多个面积相等的小方块，在其中心测定干、湿球温度与风速。如果测定断面上速度分布比较均匀，断面平均温度可采用各测点多次测定的算术平均值，即

$$t_p = \frac{\sum_{i=1}^{n} t_i}{n} \tag{12-27}$$

式中 n——测定断面上划分的面积相等的小方块数。

5）回风状态（即室内状态 N）应尽可能在回风管道内测定，如有困难也可测靠近回风口的室内状态。如果一个房间有几个回风口，且各回风口空气状态及风量各不相同，则应在回风干管上测定空气混合状态。

6）新风状态应在新风采气口附近遮阳通风处测定，要防止受到太阳辐射热的影响。

12.6 空调效果的测定

空调效果的测定包括空调房间内的空气参数（如温度、相对湿度、流动速度）及噪声等测定。空调效果的测定应在系统风量及空调设备均已调整完毕，送风状态参数已符合设计要求，室内热、湿负荷及室外气象条件接近设计工况条件下进行。

12.6.1 室内温度和相对湿度测定

根据国家标准《公共场所卫生检验方法第一部分：物理因素》（GB/T 18204—2013）的规定，测点的确定和要求为：

1）测点数量：室内面积不足 50m² 的设置 1 个测点，50 ~ 200 m² 的设置 2 个测点，200m² 以上的设置 3 ~5 个测点。

2）测点位置：1 个测点的设置在室中央，2 个测点的设置在室内对称点上，3 个测点的设置在室内任一对角线四等分的 3 个等分点上，5 个测点的按梅花布点。

3）测点距离：测点距地面高度 1 ~1.5m，距墙壁和热源不小于 0.5m。

如果希望了解整个工作区的空气状态是否均匀，可以在各标高平面上按上述要求布置测点，测量不同标高平面上的温湿度，这样就可以得到不同平面的区域温差值。

当室内有集中热源时，应在其周围布置测点，以便了解集中热源对周围空气参数的影响。

温度的测定方法可采用玻璃液体温度计法或数显式温度计法；相对湿度的测定方法可采用干湿球法、氯化锂露点法或电阻电容法。

温度和相对湿度的测定应在空调系统运行基本稳定后，且在空调房间工作时间内每隔半

小时或一小时进行一次。连续测量时间视具体情况确定，一般可连续一个白天或一昼夜。测量结果要绘制出温湿度分布图。

当不需要或无条件全面测定时，可以在回风口处测定，一般认为回风口处的空气状态基本上代表工作区的空气状态。

在测定过程中，当自控系统尚未投入运行时，测出的区域温差（Δt_{jy},）应满足 $\Delta t_{jy} \leqslant 0.4\Delta t_j$（$\Delta t_j$ 为室内允许的温度波动范围）的要求。此时，各测点的平均温度为室内温度基数实测值。当自控系统投入运行后，各控制点的平均温度为室内温度基数实测值。

12.6.2 室内气流组织测定

室内气流组织的测定包括室内气流速度的测定和气流流型的测定两部分内容。对于空调精度等级高于 ±0.5°C 的房间、恒温恒湿房间、洁净房间以及对气流速度有特殊要求的房间，一般均需要进行气流组织的测定。

1. 气流速度测定

气流速度测定的目的主要是检查工作区内的气流速度是否达到设计要求。测点的确定和要求与上述室内温湿度的测点确定及要求相同。

气流速度测定的方法应采用电风速计法，测定值应满足 $v_S \leqslant v_Y$（v_S 表示工作区气流速度实测值，v_Y 表示工作区允许的气流平均速度）关系。如果气流速度偏大，应调整送风口的活动叶片，改变出流方向或扩散角度。

2. 气流流型测定

气流流型测定的目的是了解送风射流的衰减过程、贴附情况、作用距离及是否有涡流区，其测点布置与气流速度测定的相同。测定方法有烟雾法和逐点描绘法。

1）烟雾法。将棉花球蘸上发烟剂（如四氯化钛，四氯化锡等）放在送风口，烟雾随气流在室内流动，通过观察烟雾流动的方向和范围来了解送风射流的情况。这种方法虽然简单易行，但准确性较差，只能在粗测时采用。由于发烟剂具有腐蚀性，对于已投产或安装好工艺设备的房间禁止使用。

2）逐点描绘法。在测杆头部绑上一支电风速计测头，并捆上一根细合成纤维丝，在各断面的测点位置从上至下逐点进行测量（最好每个测点测 2 次，取其平均值）。仔细观察纤维丝飘动的方向，将各测点流速及流向记录在图上，逐点描绘气流流型图，还可以进一步绘制出射流速度衰减曲线。

由于气流组织测定的工作量很大，通常情况下（如舒适性空调），只需在测定空气温湿度时，在工作区各代表点上，捎带着用电风速计测定气流速度即可，气流流型一般不测。

12.6.3 室内噪声测定

空调系统的消声效果最终会在空调房间内的噪声级大小上反映出来。室内噪声级应在工作区内用声级计测定，国家标准《公共场所卫生检验方法第一部分：物理因素》（GB/T 18204—2013）对测点的要求是：测点数量设置 3 个；测点位置在噪声源中心至对侧墙壁中心的直线上 4 等分的 3 个等分点；测点距地面高度 1 ~ 1.5m，距墙壁和其他主要反射面不小于 1m。

对于文化娱乐场所和商场（店），要测定营业前 30min、营业后 30min 以及营业结束前

30min 的噪声；对于酒店、图书馆、博物馆、美术馆、展览馆、医院候诊室、公共交通等候室、公共交通工具等，均要在营业后 60min 测定噪声。

室内噪声测定时应排除本底噪声的影响，故应在空调系统（包括室内发声设备）停止运行时测出房间的本底噪声；空调系统运行后，测定由于空调系统运行所产生的噪声。如果被测房间的噪声级比本底噪声级（指 A 档）高出 10dB 以上，则本底噪声的影响可忽略不计；如果二者相差小于 3dB，则所测结果没有实质性意义；如果两者相差 3～9dB，则应按表 12-3 进行修正。

表 12-3　考虑本底噪声的修正

被测噪声级与本底噪声级的差值/dB	3	4～5	6～9
修正值	−3	−2	−1

噪声测定一般以声级计 A 档值为准。在条件允许时，室内噪声级不仅以 A 档数值来评价，还可以按倍频程中心频率分档测定，并在噪声评价曲线上画出各频程的噪声级，以检查被测房间是否满足设计要求。同时，可以利用测定的数据分析影响室内噪声级的主要噪声源。

此外，在测定噪声时，要注意现场反射声的影响，不应在传声器或声源附近有较大的反射面。

涉及室内空气质量控制标准的其他参数的测定方法，可参阅第 9 章表 9-2 给出的相关国家标准。

12.7　测定与调整中的问题与解决方法

在空调系统的测定与调整过程中，产生问题的原因是多方面的，要做具体分析。测定与调整的质量取决于测量的可靠性，但在现场要取得准确的测量数据是很困难的。因此，切实可行的解决问题的方法也应根据具体条件，结合现场情况，结合理论知识，灵活掌握和运用。

下面将一般中央空调系统的测定与调整时可能出现的问题、产生的原因及基本解决方法列于表 12-4 中，以供参考。

表 12-4　中央空调系统测定与调整过程中可能出现的问题、产生原因及解决方法

序号	可能出现的问题	产生原因	解决方法
1	系统送风量不足	系统阻力过大	检查风管道和相关装置有无堵塞；适当改进或更换阻力大的管件；加大部分管段的断面尺寸
		风机转数不对	检查传动带是否有“掉转”现象，调紧传动带
		风机反转	更换三相中任意两相间接线
		风机选择不当或性能低劣	在可能的条件下适当提高风机转数或更换风机
		系统漏风量过大	对风管道和相关装置进行检漏并堵漏
2	系统送风量过大	系统阻力过小	关小总调节阀或降低风机转数
		风机选择不当	更换风机或降低风机转数

（续）

序号	可能出现的问题	产生原因	解决方法
3	空气处理设备容量不足	设备选择不当或性能低劣	适当调节冷、热媒的进口参数或流量，仍不满足要求则更换或增加设备
		冷、热媒参数或流量不满足要求	检查冷、热源的供冷、供热能力及水泵流量和扬程是否满足设计要求；检查管道系统有无堵塞，管道绝热情况是否良好
4	空气处理设备存水和漏水	凝结水管堵塞，接水盘坡度错误，水封高度不够，未接凝结水管	逐项检查，针对具体问题采取相应措施
5	送风状态参数达不到设计要求	空气处理设备容量不足	参见上述第3点
		空气处理设备容量过大	适当调节冷、热媒的进口参数或调小流量
		风管温升或温降过大	检查风管绝热情况是否良好
6	工作区空气参数不满足设计要求	室内实际热湿负荷与设计值有较大出入，使温湿度达不到设计要求	先通过室内送、回风量和焓差的测定进行校核，然后适当调整送风量或送风参数
		风口出流速度过大或出流方向不合理，造成工作区气流速度过大	减小送风量；增大送风口面积；调整风口出流方向，必要时更换风口结构形式
		过滤器未检漏，风管道未清洁，造成含尘浓度高于设计要求	进行过滤器检漏或更换效果更好的过滤器；清洁风管道
7	室内噪声超过允许值	风口部件松动	紧固松动部件
		风口风速过高	减小送风量；调整风口调节部件；更换风口结构形式
		消声器选择不当或性能低劣	更换或增加消声器
		消声器设在机房内，其后风管未隔声	采取管外隔声措施或将消声器改装到机房外

本章要点

1. 空调系统安装完工后的调试包括设备单机空载试运转及调试、全部设备空载联合试运转及调试和空调系统带负荷的综合效能调试三种类型，其调试对象、项目、要求和目的各不相同。前两种类型的调试是必须进行的强制性调试。

2. 空调风系统风量测定与调整的目的是使系统和各房间的风量达到设计要求。其内容包括送风量、回风量、排风量及新风量的测定与调整。

3. 冷却装置与加热装置容量的测定（即与空气换热量的测定），既可以在空气侧进行，也可以在冷媒侧或两侧同时进行。相应的测定方法有测空气参数法和测媒介质参数法。

4. 空调系统工况测定的目的是检验送入各空调房间的送风状态能否在室外新风为设计状态时达到所要求的设计送风状态，了解系统中所有设备的工作情况。

5. 空调效果的测定包括空调房间内的空气参数（如温度、相对湿度、气流速度、含尘浓度）和噪声的测定。该测定应在系统风量和设备均已调整完毕，送风状态参数已符合设计要求，室内热、湿负荷及室外气象条件接近设计工况条件下进行。

6. 空调系统经过全面的测定和调整后，将空气状态变化过程中各状态点描绘在 $h-d$ 图上。通过对空调全过程的分析，可及时发现问题，为系统运行的可靠性和经济性打下良好的基础。

思考题与习题

1. 空调系统测定与调整分别在什么情况下进行？其目的是什么？
2. 空调系统安装完工后进行测定与调整之前要做好哪些准备工作？与调试的类型有什么关系？
3. 空调系统安装完工后的调试有哪几种类型？调试的内容和要求分别有哪些？
4. 空调风系统风量的测定与调整包括哪些相关项目？
5. 测定风管道内空气流量应注意哪些问题？
6. 如何较精确地测定送风口的出风量？
7. 空调风系统调整的目的是什么？需要对哪些风量按什么要求进行调整？
8. 为什么两支路的三通阀定位后，无论总管内风量如何变化，两支路的风量比总维持不变？
9. 冷却装置与加热装置容量的测定实质上是测什么？相应的测定方法有哪些？
10. 为什么要进行空调系统工况的测定？测定的内容主要是什么？
11. 空调效果的测定一般有哪些项目？是否一定都要测？为什么？
12. 试分析实测系统送风量与设计值不符时，可能有哪些方面的原因？
13. 送风状态参数达不到设计要求时，可从哪些方面分析原因？
14. 室内气流速度超过允许值时，可以采取哪些措施加以改进？

附 录

附录 A　空气温度与对应饱和状态参数值($p_B = 1013 \times 10^2$Pa)

空气温度 t/℃	饱和空气的水蒸气分压力 $p_{q,b}$/($\times 10^2$Pa)	饱和空气的含湿量 d_b/(g/kg$_{干}$)	饱和空气的焓 h_b/(kJ/kg$_{干}$)
-20	1.02	0.63	-18.55
-19	1.13	0.70	-17.39
-18	1.25	0.77	-16.20
-17	1.37	0.85	-14.99
-16	1.50	0.93	-13.77
-15	1.65	1.01	-12.60
-14	1.81	1.11	-11.35
-13	1.98	1.22	-10.05
-12	2.17	1.34	-8.75
-11	2.37	1.46	-7.45
-10	2.59	1.60	-6.07
-9	2.83	1.75	-4.73
-8	3.09	1.91	-3.31
-7	3.36	2.08	-1.88
-6	3.67	2.27	-0.42
-5	4.00	2.47	1.09
-4	4.36	2.69	2.68
-3	4.75	2.94	4.31
-2	5.16	3.19	5.90
-1	5.61	3.47	7.62
0	6.09	3.78	9.42
1	6.56	4.07	11.14

（续）

空气温度 t/℃	饱和空气的水蒸气分压力 $p_{q,b}$/(×10^2Pa)	饱和空气的含湿量 d_b/(g/kg$_干$)	饱和空气的焓 h_b/(kJ/kg$_干$)
2	7.04	4.37	12.89
3	7.57	4.70	14.74
4	8.11	5.03	16.58
5	8.70	5.40	18.51
6	9.32	5.79	20.51
7	9.99	6.21	22.61
8	10.70	6.65	24.70
9	11.46	7.13	26.92
10	12.25	7.63	29.18
11	13.09	8.15	31.52
12	13.99	8.75	34.08
13	14.94	9.35	36.59
14	15.95	9.97	39.19
15	17.01	10.6	41.78
16	18.13	11.4	44.80
17	19.32	12.1	47.73
18	20.59	12.9	50.66
19	21.92	13.8	54.01
20	23.31	14.7	57.78
21	24.80	15.6	61.13
22	26.37	16.6	64.06
23	28.02	17.7	67.83
24	29.77	18.8	72.01
25	31.60	20.0	75.78
26	33.53	21.4	80.39
27	35.56	22.6	84.57
28	37.71	24.0	89.18
29	39.95	25.6	94.20
30	42.32	27.2	99.65
31	44.82	28.8	104.67
32	47.43	30.6	110.11
33	50.18	32.5	115.97
34	53.07	34.4	122.25
35	56.10	36.6	128.95
36	59.26	38.8	135.65

（续）

空气温度 t/℃	饱和空气的水蒸气分压力 $p_{q,b}$/（$\times10^2$Pa）	饱和空气的含湿量 d_b/（g/kg干）	饱和空气的焓 h_b/（kJ/kg干）
37	62.60	41.1	142.35
38	66.09	43.5	149.47
39	69.75	46.0	157.42
40	73.58	48.8	165.80
41	77.59	51.7	174.17
42	81.80	54.8	182.96
43	86.18	58.0	192.17
44	90.79	61.3	202.22
45	95.60	65.0	212.69
46	100.61	68.9	223.57
47	105.87	72.8	235.30
48	111.33	77.0	247.02
49	117.07	81.5	260.00
50	123.04	86.2	273.40
55	156.94	114.0	352.11
60	198.70	152.0	456.36
65	249.38	204.0	598.71
70	310.82	276.0	795.50
75	384.50	382.0	1080.19
80	472.28	545.0	1519.81
85	576.69	828.0	2281.81
90	699.31	1400.0	3818.36
95	843.09	3120.0	8436.40
100	1013.00	—	—

附录B 风管常用管件局部阻力系数

<table>
<tr><th>序号</th><th>名称</th><th>图形</th><th colspan="10">局部阻力系数 ζ（按图内所示速度 v 计算）</th></tr>
<tr><td>1</td><td>直管出口</td><td>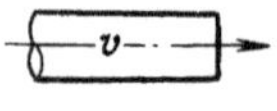</td><td colspan="10">1.05</td></tr>
<tr><td rowspan="2">2</td><td rowspan="2">直管进口</td><td rowspan="2">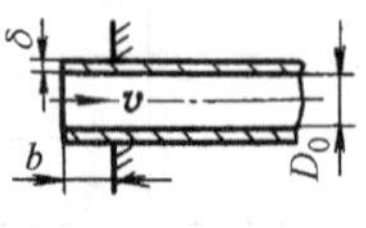</td><td>b/D_0</td><td>0.0</td><td>0.002</td><td>0.005</td><td>0.01</td><td>0.02</td><td>0.05</td><td>0.1</td><td>0.2</td><td>0.5</td></tr>
<tr><td>ζ</td><td>0.5</td><td>0.57</td><td>0.63</td><td>0.68</td><td>0.73</td><td>0.80</td><td>0.86</td><td>0.92</td><td>1.0</td></tr>
</table>

（续）

序号	名称	图形	局部阻力系数 ζ（按图内所示速度 v 计算）									
3	喇叭管进口	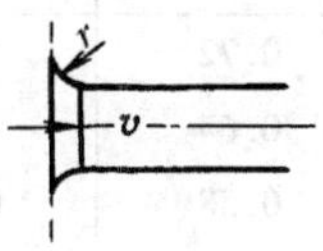	r/D_0	0	0.01	0.02	0.03	0.04	0.05	0.06	0.08	0.12
			无壁面 ζ	1.0	0.87	0.74	0.61	0.5	0.4	0.32	0.2	0.1
			有壁面 ζ	0.5	0.44	0.37	0.31	0.26	0.22	0.19	0.15	0.09
4	孔板进、出口	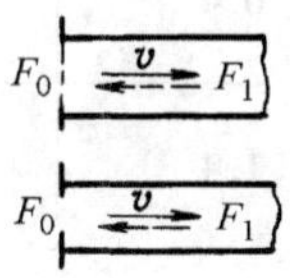	F_0/F_1	0.2	0.3	0.4	0.5	0.6	0.7	0.8	0.9	1.0
			进风 ζ	57	24	11	5.8	3.5	2.0	1.3	0.8	0.5
			出风 ζ	57	30	15	9.0	6.2	3.9	2.7	1.9	1.05
5	固定直百叶风口	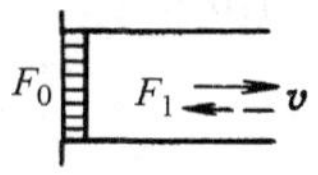	F_0/F_1	0.2	0.3	0.4	0.5	0.6	0.7	0.8	0.9	1.0
			进风 ζ	33	13	6.0	3.8	2.2	1.3	0.79	0.52	0.5
			出风 ζ	33	14	7.0	4.0	3.5	2.6	2.0	1.75	1.05
6	固定斜百叶风口	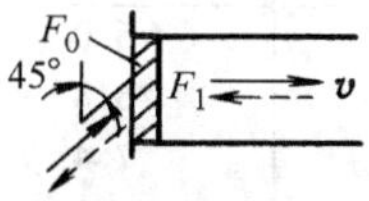	F_0/F_1	0.2	0.3	0.4	0.5	0.6	0.7	0.8	0.9	1.0
			进风 ζ	45	17	68	4.0	2.3	1.4	0.9	0.6	0.5
			出风 ζ	58	24	13	8.0	5.3	3.7	2.7	2.0	1.5
7	活动百叶风口	图同上	进风 1.4；出风 3.5（$F_0/F_1=0.8$）									
8	管道侧口出流	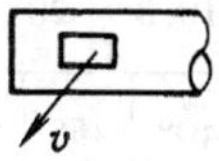	2.5									
9	管道侧口出流	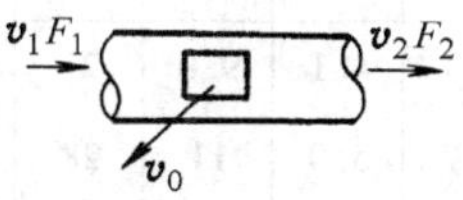	直流（v_1）	v_2/v_1								
				0.4	0.5	0.6	0.8	1.0	>1.2			
				0.06	0.01	−0.03	−0.06	−0.03	—			
			分流（v_0）	v_0/v_1								
				0.4	0.8	1.0	1.2	1.6	2.0			
				1.8	1.7	1.8	1.9	2.3	3.0			
10	渐缩喷口	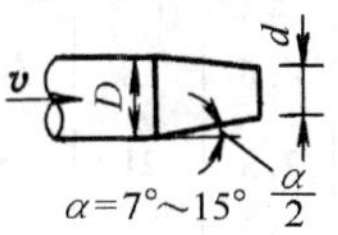	d/D	0.5	0.7	1.0						
			ζ	17	4.4	1.05						

（续）

序号	名称	图形	局部阻力系数ζ(按图内所示速度 v 计算)				
11	渐扩出口	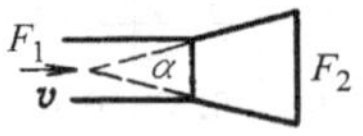	F_1/F_2	$\alpha=10°$	20°	30°	40°
			0.7	0.64	0.72	0.79	0.86
			0.6	0.55	0.64	0.74	0.83
			0.5	0.48	0.58	0.70	0.79
			0.4	0.40	0.53	0.65	0.76
			0.3	0.34	0.48	0.62	0.73

序号	名称	图形	局部阻力系数ζ			
12	散流器（盘式）	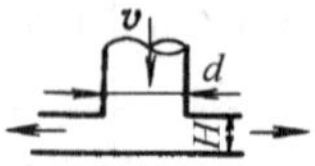	H/d	0.2	0.4	0.6~1.0
			ζ	3.4	1.4	1.05

序号	名称	图形	局部阻力系数ζ
13	散流器	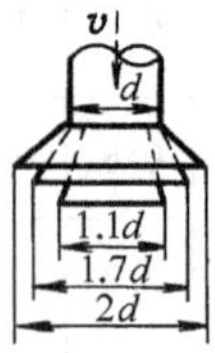	1.0

序号	名称	图形	v	开孔率		
14	送风孔板	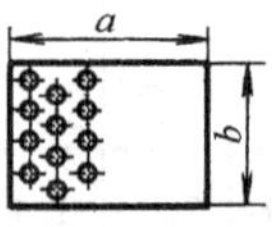开孔率 $=\frac{孔面积}{a\times b}$ v——面风速		0.2	0.4	0.6
			0.5	30	6.0	2.3
			1.0	33	6.8	2.7
			1.5	36	7.4	3.0
			2.0	39	7.8	3.2
			2.5	40	8.3	3.4
			3.0	41	8.6	3.7

序号	名称	图形										
15	圆形风道内蝶阀	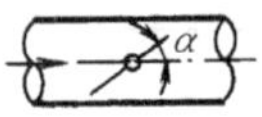	α	10°	15°	20°	30°	40°	45°	50°	60°	70°
			ζ	0.52	0.95	1.54	3.80	10.8	20	35	118	751

序号	名称	图形												
16	矩形风道内四平行叶片阀	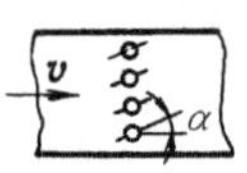	α	0°	10°	15°	20°	30°	40°	45°	50°	60°	70°	75°
			ζ	0.83	0.93	1.05	1.35	2.57	5.19	7.08	10.4	23.9	70.2	144

序号	名称	图形	$\frac{nb}{2(a+b)}$	α								
17	矩形风道对开式阀	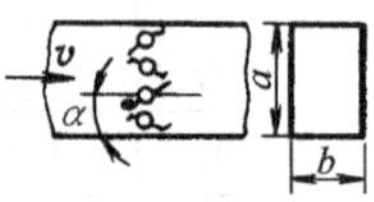n——叶片数		0°	10°	20°	30°	40°	50°	60°	70°	80°
			0.3	0.52	0.85	2.1	4.1	9.0	21	73	284	807
			0.4	0.52	0.92	2.2	5.0	11	28	100	332	915
			0.5	0.52	1.0	2.3	5.4	13	33	122	377	1045
			0.6	0.52	1.0	2.3	6.0	14	38	148	411	1121
			0.8	0.52	1.1	2.4	6.6	18	54	188	495	1299
			1.0	0.52	1.2	2.7	7.3	21	65	245	547	1521
			1.5	0.52	1.4	3.2	9.0	28	107	361	677	1654

（续）

序号	名称	图形	局部阻力系数ζ（按图内所示速度 v 计算）
18	插板阀	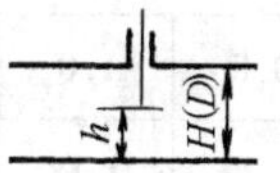	见下表

$h/H(h/D)$	0.1	0.2	0.3	0.4	0.5	0.6	0.7	0.8	0.9	1.0
圆管ζ	97.8	35	10.0	4.6	2.06	0.98	0.44	0.17	0.06	0
矩形管ζ	193	44.5	17.8	8.12	4.0	2.1	0.95	0.39	0.09	0

序号	名称	图形
19	突缩管	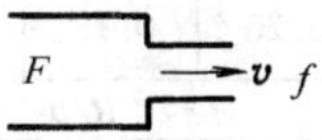

f/F	0	0.1	0.2	0.3	0.4	0.5	0.6	0.7	0.8	0.9	1.0
ζ	0.5	0.47	0.42	0.38	0.34	0.30	0.25	0.20	0.15	0.09	0

序号	名称	图形
20	突扩管	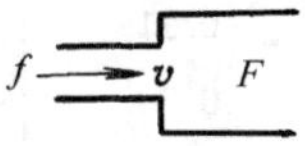

f/F	0	0.1	0.2	0.3	0.4	0.5	0.6	0.7	0.8	0.9	1.0
ζ	1.0	0.81	0.64	0.49	0.36	0.25	0.16	0.09	0.04	0.01	0

序号	名称	图形
21	渐扩管（圆形）	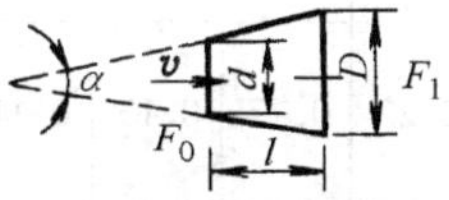 $l=\dfrac{D-d}{2\tan\dfrac{\alpha}{2}}$

F_1/F_0	α					
	10°	15°	20°	25°	30°	45°
1.25	0.01	0.02	0.03	0.04	0.05	0.06
1.5	0.02	0.03	0.05	0.08	0.11	0.13
1.75	0.03	0.05	0.07	0.11	0.15	0.20
2.0	0.04	0.06	0.10	0.15	0.21	0.27
2.25	0.05	0.08	0.13	0.19	0.27	0.34
2.5	0.06	0.10	0.15	0.23	0.32	0.40

序号	名称	图形
22	渐扩管（矩形）	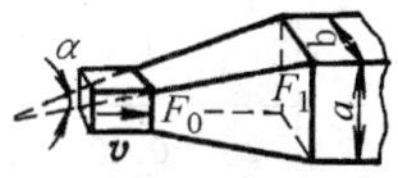

F_1/F_0	10°	15°	20°	25°	30°	45°
1.25	0.02	0.03	0.05	0.06	0.07	—
1.5	0.03	0.06	0.10	0.12	0.13	—
1.75	0.05	0.09	0.14	0.17	0.19	—
2.0	0.06	0.13	0.20	0.23	0.26	—
2.25	0.08	0.16	0.26	0.30	0.33	—
2.5	0.09	0.19	0.30	0.36	0.39	—

序号	名称	图形	局部阻力系数ζ
23	渐缩管		$\zeta=0.1$（$\alpha\leqslant45°$）（矩形） $\zeta=0.47\sqrt{\dfrac{\tan\alpha}{2}}\left(\dfrac{F_1}{F_0}\right)^2$（圆形）
24	变断面短管	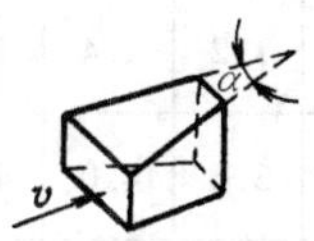	$\alpha<14°$　$\zeta=0.15$
25	直角弯头（变截面）	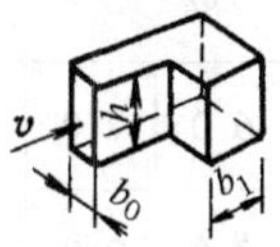	见下表

h/b_0	b_1/b_0						
	0.6	0.8	1.0	1.2	1.4	1.6	2.0
0.25	1.76	1.43	1.24	1.14	1.09	1.06	1.06
1.0	1.70	1.36	1.15	1.02	0.95	0.90	0.84
4.0	1.46	1.10	0.90	0.81	0.76	0.72	0.66

(续)

序号	名称	图形	局部阻力系数ζ(按图内所示速度 v 计算)
26	90°弯头(变截面)	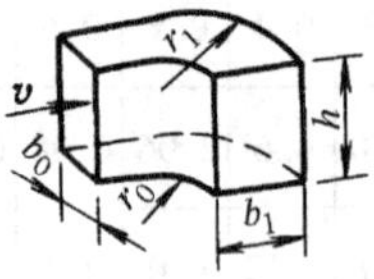 $\frac{r_0}{b_0}=1;\frac{h}{b_0}=2.4$	见下表

r_1/b_0	b_1/b_0 = 0.4	0.6	0.8	1.0	1.2	1.4	1.6
0	0.38	0.29	0.22	0.18	0.20	0.30	0.50
1.0	0.38	0.29	0.26	0.25	0.28	0.35	0.44
2.0	0.49	0.33	0.20	0.13	0.14	0.22	0.34

序号	名称	图形
27	矩形90°弯头	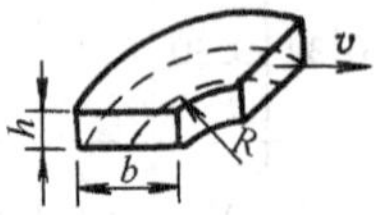

b/h	R/b = 0.75	1.0	1.25	1.5
0.5	0.40	0.26	0.19	0.13
1.0	0.47	0.29	0.21	0.14
1.5	0.52	0.31	0.22	0.15
2.0	0.55	0.34	0.24	0.16
2.5	0.57	0.36	0.25	0.17

序号	名称	图形
28	带导流片90°弯头(方形)	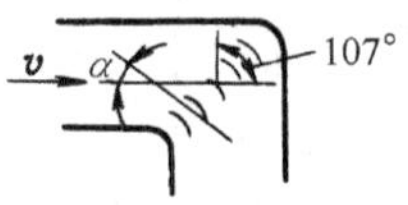

α	35°	37°	39°	41°	43°	45°	47°	51°	55°
ζ	0.45	0.36	0.29	0.22	0.17	0.13	0.11	0.12	0.14

序号	名称	图形
29	带导流片90°弯头(矩形)	同上,按矩形管高(h)宽(b)对比28的ζ进行修正

h/b	1.0	1.5	2	3	4	5	6	8
修正系数 C	1.0	0.7	0.5	0.39	0.35	0.34	0.34	0.34

序号	名称	图形
30	圆管弯头	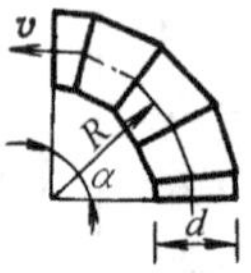

α	R/d = 0.75	1.0	2.0
30°	0.23	0.12	0.07
45°	0.32	0.16	0.09
60°	0.39	0.19	0.12
90°	0.50	0.25	0.15

序号	名称	图形
31	乙字弯(矩形)	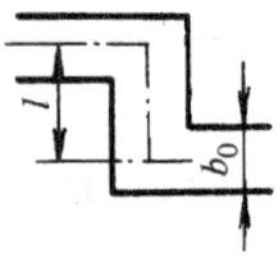 管宽 $=2b_0$

l/b_0	0	0.4	0.6	0.8	1.0	1.2	1.4	1.6	1.8	2.0
ζ	0	0.62	0.89	1.61	2.63	3.6	4.0	4.2	4.2	4.18

l/b_0	2.4	2.8	3.2	4.0	5.0	6.0	7.0	9.0	10.0	∞
ζ	3.8	3.3	3.2	3.1	3.0	2.8	2.7	2.5	2.4	2.3

（续）

序号	名称	图形	L_2/L	旁通，F_2/F_1					直通，F_2/F_1				
				0.2	0.4	0.6	0.8	1.0	0.2	0.4	0.6	0.8	1.0
32	合流三通	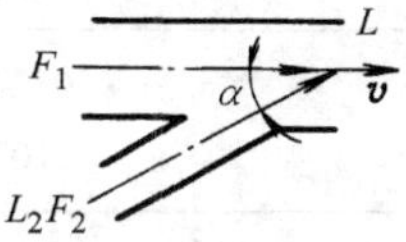 $\alpha=30°$	0.1	−2.0	−9.86	−22.0	−382	−50.9	0.10	0.16	0.21	0.25	0.30
			0.2	0.33	−1.11	−3.32	−6.28	−9.62	−0.03	0.17	0.25	0.30	0.34
			0.3	0.65	0.16	−0.53	−1.48	−2.55	−0.59	0.05	0.22	0.30	0.35
			0.4	0.73	0.50	0.22	−0.15	−0.55	−1.95	−0.39	0.03	0.21	0.31
			0.5	0.75	0.60	0.46	0.29	0.13	−5.11	−1.48	−0.49	−0.08	0.13
			0.6	0.76	0.63	0.54	0.45	0.39	−12.6	−4.18	−1.85	−0.89	−0.38
			0.7	0.75	0.63	0.56	0.50	0.46	−32.2	−11.6	−5.70	−3.32	−1.93
		同上图 $\alpha=45°$	0.1	−1.97	−9.8	−21.9	−38.0	−50.7	0.12	0.17	0.21	0.26	0.30
			0.2	0.38	−1.02	−3.2	−6.14	−9.46	0.05	0.21	0.27	0.31	0.35
			0.3	0.71	0.26	−0.41	−1.34	−2.39	−0.33	0.15	0.28	0.34	0.38
			0.4	0.78	0.59	0.34	−0.01	−0.39	−1.35	−0.13	0.18	0.31	0.38
			0.5	0.81	0.69	0.58	0.44	0.29	−3.78	−0.91	−0.16	0.14	0.29
			0.6	0.81	0.72	0.66	0.59	0.55	−9.6	−2.91	−1.11	−0.40	−0.03
			0.7	0.81	0.72	0.68	0.64	0.62	−25.0	−8.48	−3.91	−2.04	−1.07
		同上图 $\alpha=60°$	0.1	−1.9	−9.6	−21.7	−37.3	−50.5	0.14	0.18	0.22	0.26	0.30
			0.2	0.45	−0.33	−3.04	−5.96	−9.35	0.16	0.26	0.29	0.33	0.36
			0.3	0.77	0.37	−0.25	−1.16	−2.18	−0.01	0.29	0.36	0.39	0.42
			0.4	0.85	0.71	0.50	0.17	0.18	−0.59	0.19	0.37	0.44	0.47
			0.5	0.87	0.81	0.74	0.62	0.50	−2.06	−0.17	0.27	0.43	0.50
			0.6	0.88	0.84	0.82	0.77	0.76	−5.72	−1.25	−0.14	0.25	0.44
			0.7	0.88	0.84	0.83	0.82	0.83	−15.6	−4.47	−1.57	−0.46	0.05

序号	名称	图形	L_2/L	旁通，F_2/F			直通，F_2/F	
				0.25	0.50	1.0	0.5	1.0
33	合流三通	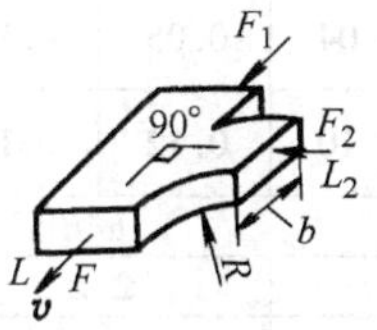 $R=3b$ $F=F_1$	0.1	−0.6	−0.6	−0.6	0.2	0.20
			0.2	0.0	−0.2	−0.3	0.2	0.22
			0.3	0.4	0.0	−0.1	0.1	0.25
			0.4	1.2	0.25	0.0	0.0	0.24
			0.5	2.3	0.4	0.1	−0.1	0.20
			0.6	3.6	0.7	0.2	−0.2	0.18
			0.7	—	1.0	0.3	−0.3	0.15
			0.8	—	1.5	0.4	−0.4	0.0

序号	名称	图形	L_2/L	旁通，F_2/F				直通，F_2/F	
				0.25	0.50	0.75	1.0	0.25	1.0
34	分流三通	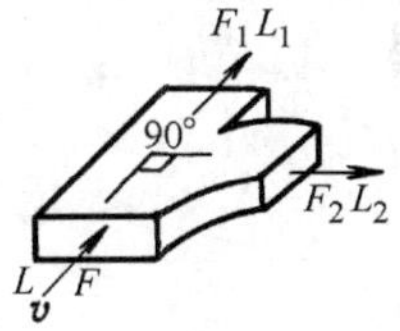	0.1	0.70	0.61	0.65	0.68	—	—
			0.2	0.50	0.50	0.55	0.56	—	—
			0.3	0.60	0.40	0.40	0.45	—	—
			0.4	0.80	0.40	0.35	0.40	0.05	0.03
			0.5	1.25	0.50	0.35	0.30	0.15	0.05
			0.6	2.0	0.60	0.38	0.29	0.20	0.12
			0.7	—	0.80	0.45	0.29	0.30	0.20
			0.8	—	1.05	0.58	0.30	0.40	0.29
			0.9	—	1.50	0.75	0.38	0.46	0.35

（续）

序号	名称	图形	局部阻力系数ζ(按图内所示速度 v 计算)	
35	分叉三通	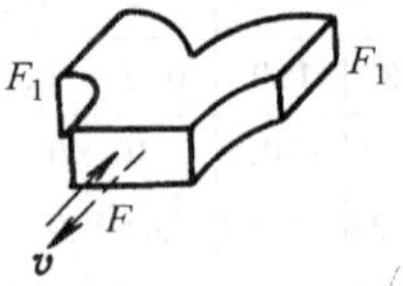	F_1/F	
			0.5	1.0
			分流:0.304 合流:0.233	0.247 0.072

序号	名称	图形	$\frac{v_i}{v}$	α						
36	分流三通	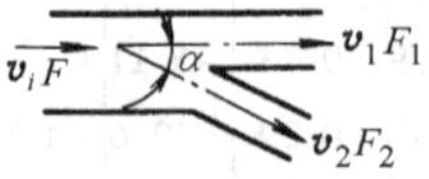 适于直通时:$F=F_1+F_2$ 旁通时:$F=F_1$ $F_1+F_2>F$ $\frac{v_i}{v}$:旁通时为$\frac{v_2}{v}$ 直通时为$\frac{v_1}{v}$		旁通					直通	
				15°	30°	45°	60°	90°	15°~60°	90°
			0.4	0.22	0.36	0.54	0.79	1.57	0.36	0.68
			0.5	0.19	0.34	0.50	0.75	1.53	0.25	0.45
			0.6	0.15	0.29	0.47	0.72	1.50	0.16	0.28
			0.8	0.14	0.28	0.46	0.71	1.49	0.04	0.06
			1.0	0.20	0.34	0.52	0.77	1.55	0.0	0.0
			1.2	0.33	0.47	0.65	0.90	1.68	0.09	0.09
			1.4	0.50	0.64	0.82	1.08	1.85	0.43	0.43
			1.6	0.75	0.89	1.07	1.32	2.10	0.89	0.89
			1.8	1.06	1.20	1.38	1.63	2.41	2.0	2.0
			2.0	1.44	1.58	1.76	2.01	2.79	3.20	3.20
			2.2	1.90	2.04	2.22	2.47	3.25	—	—
			2.4	2.40	2.56	2.74	3.0	3.80	—	—
			2.6	3.08	3.22	3.40	3.65	4.43	—	—

序号	名称	图形	h/d	0.1	0.2	0.3	0.4	0.5	0.6	0.7	0.8	0.9	1.0
37	倒锥体伞形帽	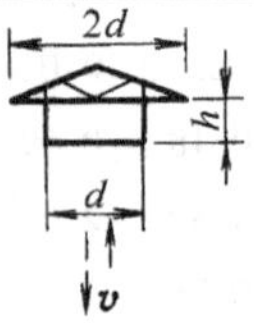	进风ζ	2.9	1.9	1.59	1.41	1.33	1.25	1.15	1.10	1.07	1.06
			排风ζ	—	2.9	1.90	1.50	1.30	1.20	—	1.10	—	

序号	名称	图形	α	10°	20°	30°	40°	90°	120°	150°
38	伞形罩	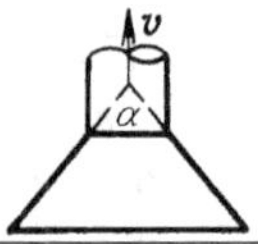	圆形ζ	0.14	0.07	0.04	0.05	0.11	0.20	0.30
			矩形ζ	0.25	0.13	0.10	0.12	0.19	0.27	0.37

序号	名称	图形	l/b	b/B		
39	风机出口	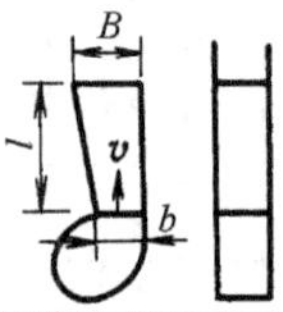		1.6	2.2	3.0
			2	0.12	0.28	—
			3	0.07	0.17	0.38
			4	—	0.12	0.25

附录C 空气焓湿图

空气焓湿图见附图C(见书后插页)。

附录D 某商业综合楼四层通风空调系统风管道平面图

某商业综合楼四层通风空调系统风管道平面图见附图D(见书后插页)。

附录 E　某酒店风机盘管加新风系统风管、水管平面图

某酒店风机盘管加新风系统风管、水管平面图见附图 E－1(见书后插页)、附图 E－2(见书后插页)。

附录 F　某高层写字楼一级泵系统制冷原理图

某高层写字楼一级泵系统制冷原理图见附图 F(见书后插页)。

附录 G　某超高层写字楼空调末端水系统图

某超高层写字楼空调末端水系统图见附图 G(见书后插页)。

参考文献

[1] 赵荣义，等．空气调节［M］．4 版．北京：中国建筑工业出版社，2009.
[2] 李岱森．空气调节［M］．北京：中国建筑工业出版社，2000.
[3] 王天富，买宏金．空调设备［M］．北京：科学出版社，2003.
[4] 何天祺．供暖通风与空气调节［M］．2 版．重庆：重庆大学出版社，2008.
[5] 李娥飞．暖通空调设计与通病分析［M］．2 版．北京：中国建筑工业出版社，2004.
[6] 马最良，姚杨．民用建筑空调设计［M］．3 版．北京：化学工业出版社，2015.
[7] 吴继红，李佐周．中央空调工程设计与施工［M］．2 版．北京：高等教育出版社，2001.
[8] 杨昌智，刘光大，李念平．暖通空调工程设计方法与系统分析［M］．北京：中国建筑工业出版社，2005.
[9] 李峥嵘，等．空调通风工程识图与施工［M］．合肥：安徽科学技术出版社，2000.
[10] 李鸿发．设备及管道的保冷与保温［M］．北京：化学工业出版社，2002.
[11] 朱天乐．室内空气污染控制［M］．北京：化学工业出版社，2003.
[12] 宋广生．室内环境质量评价及检测手册［M］．北京：机械工业出版社，2003.
[13] 陈霖新，等．洁净厂房的设计与施工［M］．北京：化学工业出版社，2003.
[14] 尉迟斌．实用制冷与空调工程手册［M］．2 版．北京：机械工业出版社，2011.
[15] 陈焰华．家用中央空调系统设计与实例［M］．北京：机械工业出版社，2003.
[16] 陆亚俊，等．暖通空调［M］．3 版．北京：中国建筑工业出版社，2015.
[17] 陈沛霖．空调技术问答［M］．上海：同济大学出版社，2003.
[18] 宋孝春．建筑工程设计编制深度实例范本：暖通空调［M］．北京：中国建筑工业出版社，2004.
[19] 姚杨，等．水环热泵空调系统设计［M］．2 版．北京：化学工业出版社，2011.
[20] 张立志．除湿技术［M］．北京：化学工业出版社，2005.
[21] 石文星，等．多联式空调技术及相关标准实施指南［M］．北京：中国标准出版社，2011.
[22] 王志刚，等．变频控制多联式空调系统［M］．北京：化学工业出版社，2006.
[23] 孙晓光，等．地源热泵工程技术与管理［M］．北京：中国建筑工业出版社，2009.
[24] 赵庆珠，等．蓄冷技术与系统设计［M］．北京：中国建筑工业出版社，2012.
[25] 陆亚俊．建筑冷热源［M］．2 版．北京：中国建筑工业出版社，2015.
[26] 连之伟，马仁民．下送风空调原理与设计［M］．上海：上海交通大学出版社，2006.
[27] 刘晓华，江亿，张涛．温湿度独立控制空调系统［M］．2 版．北京：中国建筑工业出版社，2013.
[28] 项端祈．空调系统消声与隔振设计［M］．北京：机械工业出版社，2005.
[29] 黄翔．空调工程［M］．2 版．北京：机械工业出版社，2014.
[30] 陆耀庆．实用供热空调设计手册［M］．2 版．北京：中国建筑工业出版社，2008.
[31] 许宏禊，等．酒店空调设计［M］．北京：中国建筑工业出版社，2012.